高等学校“十四五”食品科学与工程类规划新形态教材

食品工艺学

主　编　梁　鹏　郑宝东　庞　杰
副主编（按姓氏拼音排序）
董士远　方　婷　胡　杨　黄　群　姜泽东
李学鹏　滕　慧　熊国远　张　宾
编　者（按姓氏拼音排序）
董　锐（陕西师范大学）　董士远（中国海洋大学）
董晓静（威海海洋职业学院）　方　婷（福建农林大学）
胡　杨（华中农业大学）　黄　群（贵州医科大学）
黄　莹（福建农林大学）　姜泽东（集美大学）
李刚凤（铜仁学院）　李海燕（鲁东大学）
李学鹏（渤海大学）　梁　鹏（福建农林大学）
林　娈（泉州师范学院）　林雅文（渤海大学）
刘纯友（广西科技大学）　刘振东（西藏农牧学院）
陆健康（塔里木大学）　栾东磊（上海海洋大学）
庞　杰（福建农林大学）　齐宏涛（青岛大学）
石菲菲（福建农林大学）　史晓霞（内蒙古农业大学职业技术学院）
水珊珊（浙江海洋大学）　孙　鹤（信阳农林学院）
滕　慧（广东海洋大学）　田美玲（福建农林大学）
王　宁（河南牧业经济学院）　夏光华（海南大学）
相兴伟（浙江工业大学）　熊国远（安徽科技学院）
薛　山（闽南师范大学）　杨　倩（福建农林大学）
院珍珍（青海大学）　曾　峰（福建农林大学）
张　宾（浙江海洋大学）　郑宝东（福建农林大学）
郑明静（集美大学）　周　艳（贵州医科大学）
朱俊向（青岛农业大学）

中国教育出版传媒集团
高等教育出版社·北京

内容简介

本书是食品科学与工程类专业主干课程“食品工艺学”教材，全书共13章，分上篇和下篇。上篇为食品加工基础，系统性阐述了食品低温、热处理、干制、腌制与烟熏及发酵加工过程中的各种技术原理，以及食品质地结构和风味品质的变化。同时，编有食品有效组分与分离章节，主要阐述食品有效成分分离提取纯化工艺及其对人体健康的影响。下篇为各类食品加工工艺，内容包括粮油、果蔬、饮料、乳及乳制品、肉品与蛋制品及水产品加工工艺，全面阐述各类食品加工特性、原理及工艺要点。本教材理论知识体系完善、工艺技术水平先进，较为全面地反映了当前国内外食品加工的相关知识和食品学科的前沿与进展。

本教材每章设有知识目标、能力目标和素养目标，方便学习者带着目的学习，同时利用知识导图梳理和串联章节主要知识要点，通过重点及难点、问题导读和关键词使学习者更好地掌握各章知识。

本教材为新形态教材，配套的数字课程为读者提供了延伸阅读、自测题、主要参考文献等学习资源。

本书适合作为食品科学与工程类专业的本科生教学用书，同时适合食品生产人员和科研人员参考使用。

图书在版编目（CIP）数据

食品工艺学 / 梁鹏，郑宝东，庞杰主编．-- 北京：高等教育出版社，2025. 3. -- ISBN 978-7-04-062699-5

Ⅰ. TS201.1

中国国家版本馆 CIP 数据核字第 2024TR0440 号

SHIPIN GONGYIXUE

策划编辑　田　红　　责任编辑　田　红　　封面设计　张　楠　　责任校对　马鑫蕊
责任印制　高　峰

出版发行	高等教育出版社	网　　址	http://www.hep.edu.cn
社　　址	北京市西城区德外大街4号		http://www.hep.com.cn
邮政编码	100120	网上订购	http://www.hepmall.com.cn
印　　刷	山东新华印务有限公司		http://www.hepmall.com
开　　本	889mm × 1194mm　1/16		http://www.hepmall.cn
印　　张	24.25		
字　　数	720 千字	版　　次	2025 年 3 月第 1 版
购书热线	010-58581118	印　　次	2025 年 3 月第 1 次印刷
咨询电话	400-810-0598	定　　价	59.00元

本书如有缺页、倒页、脱页等质量问题，请到所购图书销售部门联系调换

物 料 号　62699-00

新形态教材网 Abooks

数字课程（基础版）

食品工艺学

主编　梁鹏　郑宝东　庞杰

abooks.hep.com.cn/62699

使用方法：

1. 电脑或移动设备访问课程网站。
2. 注册并登录后，进入“个人中心”。
3. 刮开图书封底防伪码涂层，通过扫描二维码或手动输入 20 位密码，完成防伪码绑定。
4. 绑定成功后，即可开始本数字课程的学习。

如有使用问题，请点击页面下方的“疑问”按钮。

前 言

随着消费者对食品品质要求的提高，食品加工技术得以迅速发展，食品工业向着现代化、品质化、科学化和智能化方向发展，食品行业对食品创新型人才的需求也逐步增加。为适应我国食品工业对食品工程技术和创新人才的需求，提高企业生产及创新能力，本教材着重介绍食品加工技术和加工新工艺及其对食品品质的影响。为响应健康中国战略，落实大食物观育人理念，本教材充分挖掘食品加工技术背后的育人元素，增加食品有效组分与分离章节，同时与企业案例实现紧密结合，加强教材内容的实践性，将理论与实际应用有机融合。此外，本书编写过程中，注重知识目标、能力目标和素养目标的培养，旨在培养智能时代食品科技创新型人才。

全书共 13 章，分为上下两篇，上篇为食品加工基础，包括绪论、食品的低温与冷冻、食品热处理和杀菌、食品的干制与脱水、食品的腌制与烟熏、食品的发酵和食品的有效组分与分离。下篇为各类食品加工工艺，内容包括粮油、果蔬、饮料、乳及乳制品、肉品与蛋制品及水产品等加工工艺。

本书由梁鹏（福建农林大学）、郑宝东（福建农林大学）和庞杰（福建农林大学）担任主编，董士远（中国海洋大学）、方婷（福建农林大学）、胡杨（华中农业大学）、黄群（贵州医科大学）、姜泽东（集美大学）、李学鹏（渤海大学）、滕慧（广东海洋大学）、熊国远（安徽科技学院）和张宾（浙江海洋大学）担任副主编。全书作者均为来自食品工艺学教学一线和长期从事食品加工研究与实践的专家学者，他们积累了丰富的教学经验和实际生产经验，为全书内容的高质量作出了重要贡献。此外，本书编者来自“双一流”大学、省属高水平大学及地方职业技术院校，确保了教材广泛的适用性和实用性。

本书编写过程中得到福建农林大学研究生钟榕斌、周静、张华丹、吴晨昕、杜艳瑜和祝玉杰等同学的帮助；本书还得到了高等教育出版社的大力支持，以及福建农林大学教材出版基金资助。在此，谨向所有为本书编写和出版付出艰辛努力的人员表示衷心的感谢！

由于本书涉及内容广，编者水平有限，难免有错误和不当之处，敬请同行专家及广大读者给予指正。

编者
2024 年 4 月

目　录

上篇　食品加工基础

下篇 各类食品加工工艺

上篇

食品加工基础

第一章 绪论

食物是人体生命活动所需物质和能量的主体来源，也是人类赖以生存和繁衍的重要物质基础。学习食品工艺学的相关知识，可以为今后进一步学习食品领域的专业课程或从事食品科研、产品开发、工业生产管理及相关领域的工作打下坚实的专业基础。

知识目标

1. 了解食品工艺学的内容和任务。
2. 了解食品工艺学相关名词概念及与其他学科之间的联系。
3. 了解食品工业的发展现状和展望。

能力目标

1. 掌握食品加工保藏的基本原理和方法。
2. 注重社会调查、实地考察、文献与网络资料积累。
3. 能够分析食品生产过程中存在的技术问题，并提出解决方案。

素养目标

1. 掌握基本的食品工艺学知识及学习方法。
2. 培养理论联系实际的能力。
3. 为今后学习食品专业知识或从事相关科研、产品开发、工业生产管理及相关工作打下坚实的理论基础。

知识导图

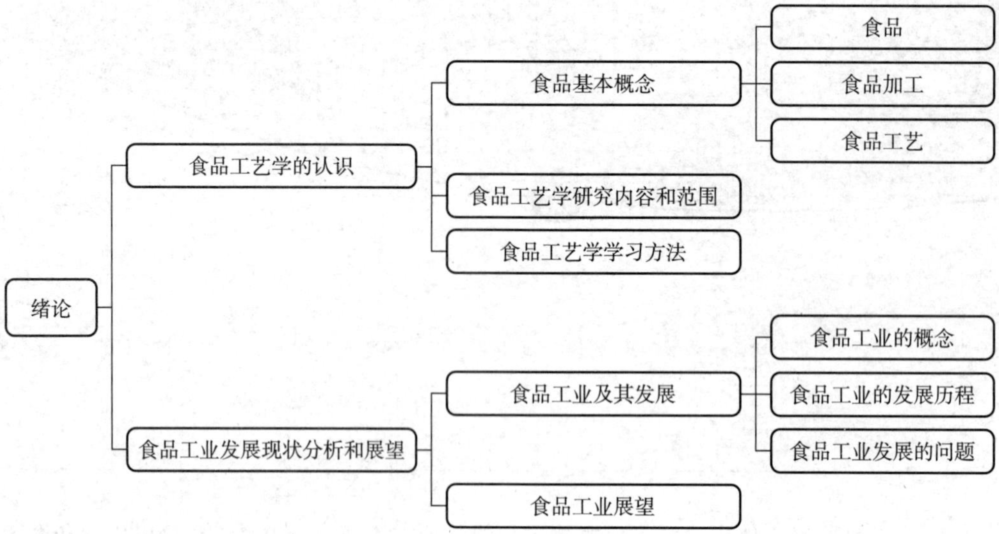

重点及难点

食品工艺学的相关概念；食品工业发展现状分析和展望

问题导读

1. 试说明食品工艺学的研究内容和范畴。
2. 试分析我国食品工业的发展现状和存在的问题。
3. 试分析我国食品工业的未来发展趋势。

关键词

食品　食品工艺　食品工艺学　食品工业　食品工业发展

第一节　总　论

一、食品基本概念

1. 食品

食物是人类生存最基本的物质需要，是人体生长发育、更新细胞、修复组织、调节机能必不可少的营养物质，也是产生能量、保持体温、进行体力活动的能量来源。食品（food）在《中华人民共和国食品安全法》（简称《食品安全法》）第九十九条中的定义如下：食品，指各种供人食用或饮用的成品和原料及按照传统既是食品又是药品的物品，但是不包括以治疗为目的的物品。“食品”按照我国国家标准《食品工业基本术语》（GB/T 15091—1994），是指“可供人类食用或饮用的物质，包括加工食品、半成品和未加工食品，不包括烟草或只作药品用的物质”。这一概念明确了食品与药品的主要区别，是广义上的食品概念。而从食品工业技术角度来讲，经过加工制作的食物统称食品。

食品种类繁多，由于不同的人群对食品关注的侧重不同，不同地区也有不同的消费习惯，导致食品名称多种多样，目前尚无统一、规范的分类方法，常采用不同的分类法进行分类，如可以按照食品的物理状态、消费对象、加工方式、原料来源、产品特点和包装方式等进行分类。

按食品的物理状态可以将食品分为液态食品、固态食品、半固体食品。

按消费对象可以分为老年食品、儿童食品、婴儿食品、妇女食品、运动员食品、航空食品、军用食品等。这种分类方法反映了食品消费的适用性。

按加工方式可以分为罐藏食品、冷冻食品、干制食品、腌制食品、烟熏食品、辐照食品、发酵食品、膨化食品等。从这些名称可以知道这类食品所用的加工工艺或保藏方法（图 1–1）。

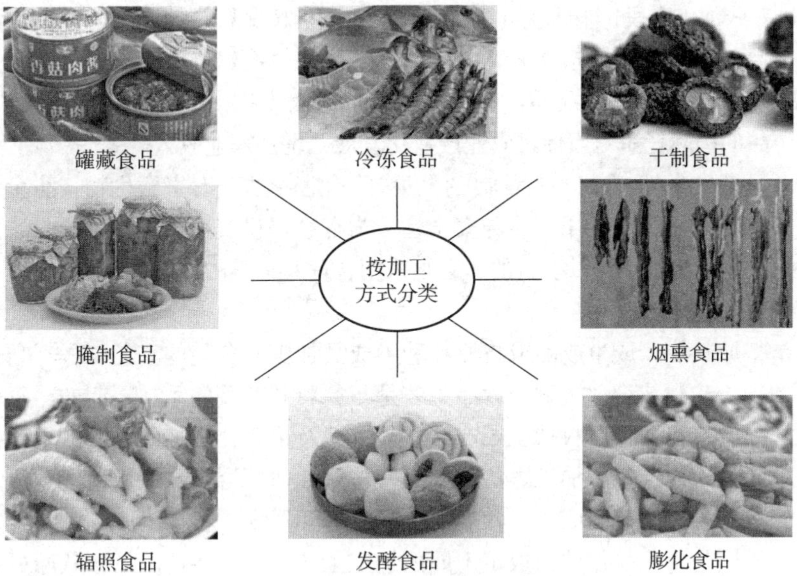

图 1–1　食品按加工方式分类

按原料来源可以将食品分为动物性食品、植物性食品。还可以进一步分为肉制品、乳制品、水产制品、谷物制品、果熟制品、豆制品、蛋制品、糖果、巧克力等。这种分类方法反映了原料的加工特点与要求。

按包装方法可以将食品分为罐头食品、袋装食品、散装食品等；包装食品根据包装材料的不同又分为纸包装食品、塑料包装食品、金属包装食品、玻璃包装食品、陶瓷包装食品等。也可以根据包装原理的不同分为保鲜包装食品、气调包装食品、真空包装食品、防潮包装食品、缓冲包装食品、防氧化包装食品、无菌包装食品等。

按产品特点可以将食品分为方便食品、快餐食品、休闲食品、保健食品、工程模拟食品、微波食品等。

2. 食品加工

食品加工是指利用物理、化学、微生物、酶工程等方法处理可食资源，以保持和提高食物的可食性、营养性和利用价值，提高食物的贮藏性能，并开发各类食品和工业产物的全过程。或者说，是将食物或原料经过劳动力、机器、能量及科学知识，把它们转变成半成品或可食用的产品或食品的过程。食品加工可以分为不同的单元操作，如清洗、粉碎、混合、分离、成型、发酵、热处理、冷冻、装罐、输送和包装等，而每一部分亦称作业或工序。每一种单元操作根据所起的作用或简单或复杂的程度，又可以归为预处理、普通加工、复杂加工以及热加工、冷加工、脱水加工、包装等。按原料的被加工程度，食品加工又可分为初级加工和精深加工。由此可见，要完整地介绍某种食品的加工工艺，既要包括其主要加工单元操作的基本原理，又要包括针对具体产品原辅料、产品特点的工艺条件和生产过程。

大多数食品的加工操作旨在通过减少或抑制微生物生长而延长产品的货架期。目前，在食品工业中普遍的做法是用加工操作作为提高食品物理和感官特性的一种方式。食品加工的目的与意义可以归为以下几个方面：

（1）增加食品的多样性，满足消费者需求。随着经济不断发展，人们的生活品质不断提高，消费需求呈现出了多样化的趋势。食品的多样化是伴随我国高质量发展，人民对美好生活向往的食品消费需求的一个重要标志，如初级食品原料变成日常食物，就像稻谷经过脱皮变成大米、小麦经过一定的工序变成高筋粉、低筋粉或者小麦纤维等满足不同食品产品的消费需要。

（2）延长食品的保存期，延伸食物的销售半径。为了维持食物原有的优良品质和风味，在食品加工过程中通过一些加工手段，来防止食物腐败变质，以延长食品的保质期，确保食品的市场供应。

（3）提高食品的附加值，包括提升食品的口感、风味、营养价值等。通过对食品原料进行精深加工，可以进一步提高食品的品质，使食品的附加值大大提高。特别是提高农产品的附加值，增加农业及农产品的国际竞争力，促进农业产业化发展，增加农业收入。

（4）提升食品的安全性。通过食品加工技术去除有害物质、有害微生物，防止食品变质和有害物质生成等，来提高食品的食用卫生与安全性，为社会提供安全、卫生、营养、健康、风味独特、品种丰富的食物。为了达到以上目的，必须采用合理及科学的加工工艺。

3. 食品工艺

食品工艺是将原料加工成半成品或将原料和半成品加工成食品的工艺工程，它包括了从原料到成品所需要的加工步骤或全部过程。食品工艺是与原料和产品联系在一起的，每种产品都有相应的工艺。也就是说，将一种原料加工成产品，其中涉及采用什么加工方法或单元操作、需要几种加工方法或单元操作以及这些加工方法或单元操作是如何组合的。从原材料到成品的途径可能有多种，具体到每一种过程，则取决于食品加工的目的和要求，根据不同的食品要求可以选用相应的单元操作，不同的单元操作就组成了不同的加工工艺。在一些情况下，从原材料到食品的加工是一步转变，但有些情况下，加工转变步骤数量不断增加。将这些单元操作中的某种或某些加工步骤有机地和合理地组合起来就是一个完整的食品加工工艺。食品工艺决定了加工食品的质量，每道工序通过不同的技术来实现，应用不同技术得到的产品质量也会不一样，这被认为是食品的核心技术。

二、食品工艺学的研究内容和范围

食品工艺学（food technology）是一门运用化学、物理学、生物学、机械学、食品工程原理和食品营养学等各方面的基础知识，研究食品的加工保藏条件，并研究加工对食品质量方面的影响，以及保证食品在包装、运输和销售中保持质量所需的加工条件，应用新技术创造满足消费者需求的新型食品，探讨食品资源利用以及资源与环境的关系，实现食品工业化、科学化和现代化的一门应用型学科。可以简单概述为：采用先进的加工技术、设备，并根据经济合理的原则，系统地研究食品原材料、半成品和成品的加工工艺、原理及保藏的一门应用型学科。

食品工艺学的研究内容和范围包括：

（1）研究原材料特性以及充分利用现有食品资源和开辟新食品资源的途径；

（2）研究食品保藏原理，探索在生产、储运和分配过程中食品腐败变质的原因及其控制策略；

（3）研究影响食品质量、包装和污染的因素，优化生产方法、工艺设备和生产组织；

（4）研究先进的食品生产方法以及科学的生产工艺，提高食品质量的同时提高食品的生产效率和企业的生产效益。

（5）研究人工智能技术在优化食品加工工艺等方面的应用，旨在更好地提高食品生产效能，减少食品营养组分在加工过程中的损失等，助力数字化工厂或车间建设工作。

三、食品工艺学的学习方法

食品工艺学的发展一方面是由于其他自然科学技术的发展推动，另一方面是由于其自身的研究基础的发展，发现了新的结果，提出了新的方法和概念。食品工艺学是食品科学与工程类专业的主干课程，通过学习该课程，掌握食品原料加工特性、加工原理，以及相应的生产工艺化培养目标，从而使学生毕业后能为食品生产和管理、产品贮运和营销以及新产品开发等环节服务。

食品工艺学包含很多门类，不同门类的产品均可形成一门自身的工艺学，如罐藏工艺学、果蔬加工工艺学、肉类加工工艺学、乳制品工艺学、饮料工艺学等。这些内容也是不同学科在食品工艺学中的应用和扩展，这对于每一个从事具体产品生产的人来说，是很难全面深入地去涉及的。在如此之多的门类中，就必须学习掌握一种基本方法去学习这些内容，以备对不同的产品应用打下坚实的理论基础。

（1）加工原理及原辅助材料的性质及预处理对加工过程所产生的影响是所有食品加工中共同面临的问题。因此，在学习过程中应将这些部分作为重点，较深入地理解。

（2）在分门别类的工艺学中，更加注重通用过程的阐述。在学习过程中，应着重学习其过程的理论，以便学习之后能够举一反三。

（3）对于具体的工艺技术条件，学生可以在参观实习或实践中进一步自学，结合已学的原理加以理解，发挥自主学习地主动性。

（4）在课堂学习的基础上，可以结合创新试验设计工作，在理论学习的基础上加以实践，使学生的创新能力得以提高。

第二节　食品工业发展现状与展望

民以食为天。随着生活水平提升，我国居民的食物消费需求不断升级，食物需求更加强调多元化、营养化。我国始终坚持以人民为中心的发展思想，统筹推动食品工业发展取得历史性成就，产业规模进一步壮大，产品种类不断丰富，质量安全状况持续改善。为了更好地满足人民美好生活需要，党的二十大报告提出“树立大食物观，发展设施农业，构建多元化食物供给体系”。食品工业通过对各类农产品原料的精深加工和高效利用，有效拓展了供应链、产业链和价值链，同时也为增加农村居民收入、改善乡村面貌、服务乡村振兴提供了有力支撑。食品工业作为我国产业中的重要支柱产业，在国民经济和人民生活中发挥着越来越重要的作用。

一、食品工业发展现状

1. 食品工业的概念

食品工业是指从食物或食品原料开始，具有一定生产规模、相当的动力和设备，采用科学生产和管理方法，生产商品化食品的工业体系。食品工业可按多种方式划分。在我国按国民经济行业分类，食品工业主要包括 4 个大类，分别为食品加工业、食品制造业、饮料制造业和烟草加工业，这种划分方式体现了以加工为主的工业体系。近年来，一种简单的方式是将食品工业按功能来划分，分成原料生产、加工、运输、销售和消费，形成食品工业链或称为食品行业。

2. 食品工业的发展历程

1949 年以前，中国食品工业的发展十分落后。从中华人民共和国成立到 1978 年改革开放的历史时期，我国食品工业取得了一定的成就。1978 年我国食品工业产值比 1952 年增加了 469.86%，主要大类食品的产量均大幅增加。在 1979—1992 年，我国食品工业进入了全新的发展阶段，总产值增加了 3.72 倍，年均增长率为 9.84%，为保障食品供应作出了重要贡献。1993—1998 年间食品工业总产值由 3 428.66 亿元增加到 5 900 亿元，年均增长 11.60%。

2001 年中国加入 WTO 后，食品工业迎来了发展最快的历史时期。2002—2008 年间食品工业年均增速达到 30%。尽管 2008 年暴发了席卷全球的金融危机，但在 2008—2012 年间我国食品工业仍然保持着 10% 以上的增长率，成为拉动经济增长和扩大内需的重要产业。2013 年以来，食品工业进入了由数量保障向安全保障转变的新时期，得益于市场化、工业化、国际化的助力，我国食品工业得到快速发展，经济质量和综合效益稳步提升。

据工业和信息化部统计数据，2020 年全国食品工业规模以上企业实现利润总额 6 206.6 亿元，同比增长 7.2%，高出全部工业利润增长 3.1 个百分点。根据国家统计局数据，2021 年 1—10 月，全国规模以上食品工业企业实现营业收入 73 184.1 亿元，同比增长 12.3%；利润总额 4 757.0 亿元，同比增长 4.0%。其中，食品工业主要指标完成情况见表 1–1。总体上，食品工业规模以上企业保持了稳定发展，体现了食品行业的韧劲和可持续性。

表 1–1　2021 年 1—10 月食品工业经济效益指标

行业	营业收入 / 亿元	同比增长 /%	利润总额 / 亿元	同比增长 /%
食品工业总计	73 184.1	12.3	4 757.0	4.0
农副食品加工业	43 183.9	13.3	1 324.8	–10.0
食品制造业	16 960.4	9.5	1 275.2	3.5
酒、饮料和精制茶制造业	13 039.8	12.7	2 157.0	21.2

3. 食品工业发展的问题

尽管我国食品工业取得了巨大成就，满足了 14 多亿人民的需求，但是，产业格局总体上仍偏小弱散、产业链融合延伸不充分、食品安全仍存在风险隐患，部分关键原辅料受制于全球供应链、资源环境约束等问题依然是制约我国食品工业高质量发展的“绊脚石”。

（1）产业格局总体上仍偏小

中国食品工业协会数据显示，2020 年，食品工业规模以上企业比 2016 年减少了 15.1%，全国获得许可证食品生产经营企业中，大型企业数量不足 10%，中小企业达 90% 以上。行业集中度低，发展方式粗放，集群基础薄弱，抗风险能力低。

（2）产业链融合延伸不充分

产业链与创新链融合尚待加强，基础研究薄弱、技术储备不足、自主研发水平低、科技转化制约多，精深加工、循环加工、高附加值加工占比低，产品结构低端化、同质化普遍，高品质食品有效供给滞后市场需求。食品制造产业长期以来的以数量扩张为主的粗放型发展方式仍然未得到全面改变，随着市场需求的转变和国际竞争日趋激烈，产业结构亟待优化调整。一方面，我国食品生产企业品牌发展良莠不齐，自主品牌的培育建设能力不足，食品制造企业组织结构、产品结构不尽合理。另一方面，我国食品制造企业规模与产业集中度近年来虽有所提升，但仍然存在大企业不大，小企业不小，大中型企业数量偏少的问题。市场竞争结构离散，食品工业兼并重组力度尚且不足，集约化进程比较缓慢，以至于无法形成规模经济和专业化协作优势。推动产业升级和结构优化调整，促进食品制造业发展方式改变的任务依然不可懈怠。

（3）食品安全仍然存在风险隐患

行业标准化程度低，风险评估预警薄弱，基层监管手段不足，重金属污染、农兽药残留、微生物污染、添加剂使用不规范、制假售假等食品安全事件时有发生，食品冷链、新业态、新资源潜在风险增多，影响到人民群众的获得感、幸福感和安全感。

（4）全球供应链的瓶颈影响

部分关键原辅料受制于全球供应链，大豆、糖、牛肉等大宗原料进口依赖度高，关键酶制剂和配料国产化程度低，面临“卡脖子”问题。大型无菌冷灌装、肉制品加工关键装备、大型乳品生产线、食品品质在线检测等装备长期依赖进口。进口质量、数量及价格波动对产业发展形成了长期制约。出口贸易形势的日趋严峻，加剧了企业出口成本和风险损失。全球经济发展进入了创新推动和产业振兴的时代，食品行业竞争格局不断向多领域、全链条、深层次、全利用、高效益、可持续方向发展，从根本上发生了广泛深刻的转变，对我国食品制造业的发展产生重大影响。食品跨国集团在全球范围内通过资本整合，以专利、标准、技术和装备的垄断及人才的争夺，将人才、技术优势迅速转化为市场垄断优势，不断提升核心竞争力，采用兼并、控股、参股等多种手段实现食品工业重组，给竞争力相对较弱的食品企业带来严峻的挑战。

（5）社会和经济发展始终面临着资源和环境的双重约束

一方面，由于传统的食品制造设备很少考虑环境及食品安全等属性，一定程度上导致了资源浪费和生态环境污染，加工食品的质量安全也难以得到保证。另一方面，产业链上部分环节的食品制造及包装机械耗能颇高，废弃物排放量大，大功率电机、废水处理、烘干及食品制造产业长期以来的以数量扩张为主的粗放型发展方式仍然未得到全面改变，随着市场需求的转变和国际竞争日趋激烈，产业结构亟待优化调整。当前，我国的整体经济正走向可持续发展，创造环境友好型、资源节约型食品工业成为共同目标，有效解决食品工业环境资源问题迫在眉睫。

二、食品工业展望

食品工业随着食品加工业的范围和深度不断扩展，目前已成为我国第一大产业。面对国际食品工业快速发展的趋势，需要我国食品行业工作者主动承担新使命，努力走好新征程。食品工业具有如下发展趋势。

（1）规模将进一步扩大

受益于国家内需政策的推进、城乡居民收入水平持续增加、食品需求刚性以及供给侧结构性改革红利的逐步释放，未来食品工业仍将平稳增长，产业规模稳步扩大，继续在全国工业体系中保持“底盘最大、发展最稳”的基本态势。

（2）市场空间“无边界化”

食品企业将加大融入全球市场的深度和广度，实现市场空间的“无边界化”，如主食产品工业化速度加快，家庭厨房的社会化得以实现；高端食品、保健食品、功能食品的开发加速，使供给和消费需求更加契合。食品工业领域国际产能、技术、资金、人才等方面的合作日趋广泛，越来越多的食品企业将“走出去”参与国际竞争，布局全球化。线上平台已成为食品工业发展速度最快的分销渠道，企业通过电子商务重构市场网络，培育新的市场需求。

（3）食品安全监管更严密

党和政府将以更大力度推进实施食品安全战略，以“严密监管 + 社会共治”确保“四个最严”落到实处，食品工业将呈现大安全发展趋势。法制建设将进一步加快，以新修订《食品安全法》为核心的食品安全法律法规体系逐渐构建完善。食品安全标准与国际全面接轨，我国日益成为国际规则和标准制定的重要力量。

（4）品牌形象显著提升

随着国家品牌战略的推进，各地培育、包装、推广食品工业品牌的长效机制逐步建立健全，食品行业品牌文化建设热情将空前高涨，品牌发展基础和外部环境将大幅改善，企业品牌、区域品牌、产业集群品牌交相辉映。全国各地将涌现出更多全方位、多层次、创新型、国际化的品牌运营平台。区域品牌培育、产业集群品牌培育的步伐将进一步加快，食品工业区域整体形象、产业整体形象趋优。

（5）科技创新成为发展新动能

在人工智能下，现代科技与食品工业将在原料生产、加工制造和消费的全产业链上实现无缝对接，科技创新会成为食品行业发展新动能，产学研融合更加紧密，行业整体研发能力不断提升，研发和成果转化更加高效，充分适应生产运营中节能、高效、连续、低碳、环保、绿色、智能化的新挑战，从而开辟新的价值创造空间。

开放讨论题

随着人工智能的发展，你认为我国未来食品工业的发展趋势将会如何？

思考题

1. 食品有哪些功能和特性？
2. 简述食品、食品加工、食品工艺的概念。
3. 谈谈食品工艺学研究的内容和范围。
4. 浅析人工智能发展对食品科技带来的影响。

自测题

撰写人：梁鹏、郑宝东、庞杰

第二章

食品的低温与冷冻

食品冷藏是指将易腐食品先预冷，然后在略高于冰点的温度下贮藏食品的保藏方法。新鲜食品的腐败变质是多种酶类和微生物生长繁殖所引起的一系列生物化学反应造成的。酶的催化作用和微生物的繁殖都需要适当的温度，若降低食品的温度，则两者的活性都将受到相应抑制。本章重点介绍食品低温与冷冻的概念、原理、方法及低温贮藏过程中食品品质的变化等知识。

知识目标

1. 理解食品低温与冷冻的概念。
2. 掌握低温与冷冻的方法。
3. 掌握食品在低温与冷冻过程中品质的变化。

能力目标

1. 能够准确描绘低温加工对食品中微生物、酶活性及食品品质的影响。
2. 能够查阅相关资料，选取合适的食品冷藏或冷却方法。
3. 能够掌握食品冻结的原理、预处理以及冻结过程中食品品质的变化。

素养目标

1. 熟悉食品低温冷冻学科发展现状。
2. 培养理论联系实际的能力。
3. 培养安全生产意识和环保意识。

知识导图

- 食品的低温与冷冻
  - 食品低温加工原理
    - 低温对微生物的影响
      - 低温与微生物活动的关系
      - 低温导致微生物失活和死亡的原因
    - 低温对酶活性的影响
    - 低温对食品品质的影响
  - 食品的冷却与冷藏
    - 食品冷却原理
    - 食品冷却前的预处理
      - 植物性原料的预处理
      - 动物性原料及其预处理
    - 食品的冷藏方法
      - 空气低温冷藏法
      - 调压冷藏
      - 气调冷藏法
    - 食品的冷却方法
      - 空气冷却法
      - 压差冷却法
      - 真空冷却法
      - 水冷却法
      - 接触冰冷却法
  - 食品的冻结与冻藏
    - 食品冻结原理
    - 食品的冻结方法
      - 鼓风冻结
      - 平板或接触冻结
      - 喷雾和浸渍冷冻机
    - 食品冻结前的预处理
    - 食品冻藏过程中的品质变化
      - 体积变化
      - 溶质重新分布
      - 冰晶损伤
      - 浓缩影响
      - 蛋白质冻结变性
      - 脂类变化
      - 色泽变化
    - 冻藏食品的TTT
    - 食品的冷链流通

重点及难点

食品低温加工与冻结的原理；冻结过程；食品冷藏和冷冻方法；食品冷藏和冷冻过程中品质的变化规律

问题导读

1. 试分析食品冷藏冷冻主要方法。
2. 简述影响食品冷藏效果的因素。
3. 试分析食品在冷藏过程中的品质变化。
4. 简述冻藏食品 TTT 的概念、计算方法及其意义。

关键词

食品冷藏与冷冻　冻结原理　冷藏与冷冻的方法　影响冷藏的因素　品质变化

第一节　食品低温加工原理

一、低温对微生物的影响

1. 低温与微生物活动的关系

冷冻食品中主要的微生物涉及酵母菌、霉菌和细菌三大类。一般而言，动物性食品是微生物侵染最好的对象，而植物性食品在受到损伤及处于衰老阶段时，也容易被微生物所利用。微生物按其适宜生长的温度范围可以分为三大类：嗜热微生物、嗜温微生物和嗜冷微生物（表 2-1）。微生物的生长温度范围一般在 -10 ~ 100℃，极端下限为 -30℃，极端上限为 105 ~ 300℃。

表 2-1　微生物类型及其生长温度范围

微生物类型	生长温度范围 /℃			适宜环境
	最低温度	最适温度	最高温度	
嗜热微生物	25 ~ 40	50 ~ 55	70 ~ 80	温泉、堆肥、土壤等
嗜温微生物	10 ~ 20	25 ~ 40	40 ~ 45	食品、土壤、动植物等
嗜冷微生物	-10 ~ 6	10 ~ 20	25 ~ 30	海洋、湖泊、冷藏库等

任何微生物都有其一定的正常生长和繁殖的最高温度、最适温度和最低温度。其中，微生物生长繁殖最快的温度称为最适温度，超过或低于此温度，微生物的生命活性就会逐渐减弱甚至停止。大多数腐败菌的最适繁殖温度为 25 ~ 37℃。温度超过最高生长温度时，微生物停止生长，温度过高，甚至会死亡；处于最适生长温度时，生长速度最快，代时最短；低于最低生长温度时，其体内新陈代谢减弱至极低的程度，呈现休眠状态，进一步降温时，微生物停止生长甚至出现死亡。有些微生物的生命力很强，当处于比它们的最低生长温度还要低的温度时（如部分霉菌、酵母菌），仍能缓慢地进行新陈代谢，等到温度恢复到适宜条件，微生物可以继续生长并恢复正常代谢。

在食品中生存的微生物主要是嗜温微生物和嗜冷微生物，降低温度可以有效抑制这类微生物的生长繁殖。一般而言，温度降低时，微生物的生长和繁殖速率降低，当温度降低到 -10℃时，大多数微生物会停止繁殖，部分会出现死亡，只有少数微生物可缓慢生长。在冻结条件下，大多数微生物的生长活动受到抑制，但需要注意的是，冷冻并不能完全杀死微生物。冻结对微生物的影响，主要取决于冻结温度及冻结速度。冻结的温度越低，微生物的损失越大；冻结的速度越慢，食品温度长时间处于 −12 ~ −1℃（特别是 −5 ~ −1℃），形成量少粒大的冰晶体，对微生物造成的机械伤害越大。速冻时，食品在对微生物细胞威胁最大的温度范围内停留时间较短，只有部分微生物会死亡。食品解冻后，残存的微生物开始活动，进而造成食品腐烂变质。

2. 低温导致微生物失活和死亡的原因

（1）低温降低微生物体内酶的活性

微生物的生长繁殖是其体内酶活动下物质代谢的结果。温度下降，微生物体内酶活性随之下降，使得体内物质代谢和呼吸作用减缓，微生物的生长繁殖就随之减慢。低温虽能显著降低酶的生物活性，但并不能使酶完全失活。

（2）低温影响微生物的生化反应

在正常情况下，微生物细胞内各种生化变化是相互协调一致的。降温时，由于各种生化反应的温度各系数不同，破坏了原有各种反应的协调一致性，从而影响了微生物的生理机能。温度降得越低，微生物体内各种生化反应的失调程度越大，微生物死亡程度越高。

（3）低温破坏微生物的代谢活动

温度下降时，微生物细胞内原生质黏度增加，胶体吸水性下降，蛋白质分散度改变，并且导致不可逆性蛋白质凝固变性，从而破坏微生物体内的正常代谢，对微生物细胞造成严重损害。

（4）低温促使冰晶体的形成

微生物生长繁殖需要水分，其对营养物质的利用也需要水分作为溶剂。冷冻时，食品介质中冰晶体的形成，会促使微生物细胞内胶质体脱水、原生质黏度增加和细胞内 pH 改变，进而促使微生物中部分蛋白质变性；同时，冰晶体的形成还降低了食品中水分活度，导致营养成分无法被微生物所利用；此外，冰晶的物理生长还会使微生物细胞遭受巨大的机械性破坏。

3. 影响微生物低温致死的因素

低温条件下，食品中微生物是否死亡与微生物种类、菌种及菌龄、介质温度、降温速率、结合水分和过冷状态、食品介质、贮藏期等多种因素有关。

（1）微生物种类

在对食品进行低温处理时，嗜温微生物和嗜热微生物对低温的适应性较差，首先发生死亡，而嗜冷微生物对低温的适应性较强，容易在冷藏和冻藏食品中存活。大多革兰氏阴性杆菌比革兰氏阳性菌更耐低温，球菌比革兰氏阴性杆菌对冻结具有更强的抗性。金黄色葡萄球菌或梭状芽孢杆菌的营养细胞比沙门氏菌抗冻性强，而孢子和细菌毒素完全不受冻藏的影响。酵母菌和霉菌比细菌更耐低温，有些酵母菌和霉菌可以在 −12 ~ −8℃范围内活动。

（2）介质温度

介质温度是决定微生物存亡的关键因素。在冻结点或冻结点以上时，低温只能抑制部分微生物的生长，而一些能适应低温的微生物继续繁殖，导致食品的变质，这也是冷藏食品不能久放的原因。在冻结点或略低于冻结点时，低温对微生物抑制作用较大，尤其是在 −5 ~ −2℃温度范围内，微生物的抑制效果最显著。当温度下降到 −25 ~ −20℃时，微生物细胞内的生化反应几乎完全停止，胶质体变性也变慢，微生物死亡率开始逐渐降低，致使微生物细胞能在较长一段时间内保持其生命力。

（3）降温速率

降温速率对微生物生命活动的影响很大。在冻结温度以上时，降温速率越快，微生物适应性越差，死亡率越大。这是因为迅速降温过程中，微生物细胞内新陈代谢所需要的各种生化反应的协调一致性被迅速破坏而未能及时重新调整。冻结时，降温速度越慢，微生物的死亡率越高，而速冻则恰恰相反。这是因为在缓慢冻结时易形成量少粒大的冰晶体，对微生物细胞产生严重的机械破坏作用，同时引起微生物体内蛋白质变性；而速冻形成的微小冰晶对微生物造成的损伤程度则低得多，且此时微生物细胞内的酶反应降低，使得微生物死亡率降低。一般情况下，速冻过程中的微生物死亡率为原菌数的 50% 左右，而缓冻可达 70%～80%。

（4）结合水分和过冷状态

食品中结合水多，水分不易冻结，形成的冰结晶小且少，对微生物细胞的损伤小；反之，食品中游离水多，形成的冰结晶大，对微生物细胞的损伤较大。细菌和霉菌芽孢中水分含量较低，且主要是结合水，在冷却时较易进入过冷状态，而不形成冰晶体，这就有利于保持细胞内胶质体的稳定性，从而使低温下的细菌和霉菌芽孢的稳定性高于生长细胞。

（5）食品介质

食品的水分含量较高且 pH 较低时，可以加速微生物的死亡速度，而食品中的糖、盐、蛋白质和脂肪等物质对微生物有保护作用，特别是产毒菌的存活率。酸性条件可以增加低温对微生物细胞的致死率，冷冻条件下酸性食品的微生物致死率比低酸性食品高。水分活度低，即结合水含量高的食品，在急剧降温时，容易转化成过冷状态，降低微生物致死率。浓缩果汁、咸肉、冰淇淋和部分水果含有抗冻性物质如糖类、蛋白质等，能降低水分的冻结点，即使在温度低于 0℃条件下，对微生物生长的影响也较小。又如冰淇淋中所含的大量脂肪，对微生物起到良好的保护作用。

（6）贮藏期

低温对微生物的影响还与食品的贮藏期有关。理论上，冻藏食品中微生物的数量随着贮藏期的延长而减少，但贮藏温度越低，减少的数量越少，有时甚至维持相对稳定的状态。贮藏初期（最初数周内），食品中微生物残留数量下降较快，后期则下降缓慢。此外，低温冻藏过程的温度变化，也会影响微生物活性，如温度变化频率大，则微生物受破坏速度快。一般来说，贮藏 1 年后，微生物死亡数为原菌数的 60%～90%。

二、低温对酶活性的影响

温度对酶的活性有很大的影响，其影响因素及程度较为复杂。任何一种酶都有一定的最适温度范围，在最适温度范围内，酶可呈现最大的生物活性，大多数酶的适宜活动温度范围为 30～50℃。一般来讲，在 0～40℃范围内，温度每升高 10℃，酶促反应速率增加 1～2 倍；当温度高于 60℃时，绝大多数酶活性急剧降低，主要是由于受热发生蛋白质变性所致。

在低温区，降低食品温度可以降低酶促反应速率，但低温贮藏并不能完全破坏酶的活性，只能抑制酶活性或降低酶促反应速率，因此长期低温贮藏条件下，食品中酶的作用仍可使之变质。例如，胰蛋白酶在 −30℃下仍有微弱的活性，脂肪水解酶在 −20℃下仍能引起脂肪的缓慢水解。从低温可以抑制酶反应的角度考虑，食品的冻藏温度应低于 −18℃，才能够有效减缓因酶促反应而导致的各种食品腐败变质问题，如食品色泽的改变、风味的降低、营养物质的损失等；而对于含有大量不饱和脂肪酸的多脂鱼类的水产食品，则需在 −30～−25℃低温条件下进行贮藏，才能达到较好的抑制或钝化酶活性的目的。

食品冻结过程中，水分子的冻结和游离水含量的降低，增加了酶和底物基质的相对浓度，在一定程度上会加速食品中的酶促反应。如当温度降低至 −5～−1℃（最大冰晶生成带）时，部分食品中会出现酶催化反应速率比高温时更快的现象，其原因可能是未冻结的底物基质和酶浓度增加的结果。因此，从底物基质和酶反应角度，在食品低温冻结过程中也应快速通过最大冰晶生成带，在减少冰晶造成物理损伤的同时，也会有效降低酶对食品的酶促催化作用。

冻结食品解冻时，酶将会重新发挥生物活性，从而加速食品的变质。例如，荔枝在速冻前外果皮的多酚氧化酶活性为 14.30 活性单位，解冻后活性急剧上升为 39.99 活性单位，致使解冻后荔枝果皮很快发生褐变。因此，为了将冻结、冻藏和解冻过程中由于酶活性而引起的不良变化降低到最低限度，食品在冻结前可以进行短时预煮或漂烫，以钝化酶活性，从而进一步提高冷冻食品的质量。冻结前烫漂的菠菜在 −18℃冷冻保存 3 个月，多酚氧化酶活性被钝化，但过氧化物酶和脂肪氧化酶仍然具有活性；未经烫漂处理的菠菜，在同等条件下这三种酶的活性都较高。即使经过烫漂的蔬菜，在低温冻藏中过氧化物酶的活性还会重新活跃，牛奶中的碱性磷酸酶也是如此。对于具有生命活性的新鲜果蔬类植物性食品，低温贮藏前的烫漂对保持食品品质具有非常重要的意义。

此外，一些特殊酶类在低温下仍具有较高的活性，会导致食品保质期变短，如马铃薯在较高温度下，淀粉酶催化淀粉生成糊精、麦芽糖和葡萄糖，而葡萄糖迅速氧化成为其他物质；而在低温下葡萄糖的氧化速度比淀粉转化速度慢得多，造成马铃薯生理性伤害和甜味的出现。

三、低温对食品品质的影响

食品在低温贮藏时，由于贮藏温度、时间、食品原料及各类加工制品性质的不同，食品品质会发生不同程度的变化。除了肉类的成熟有助于提高肉的品质外，其他变化均会不同程度引起食品品质下降。

1. 物理变化

低温贮藏时，食品经常出现的物理变化有干缩（干裂）和表面斑点等。

食品在冷却、冷藏、冻结、冻藏过程中，由于食品表面蒸气压高于空气介质蒸气压，促使食品失去水分，造成质量损失（俗称干耗）。对于果蔬而言，通常水分蒸发会抑制果蔬的呼吸作用、影响果蔬的新陈代谢、造成果蔬的凋萎、新鲜度下降，果肉软化收缩、氧化反应加剧。肉类食品水分蒸发，会在肉的表面形成干化层，会加剧肉制品脂肪的氧化。

在低温贮藏时，有些果蔬的贮藏温度低于某一临界温度时，果蔬的正常代谢活动受到破坏，使果蔬出现病变，如果蔬表面出现斑点、内部变色（褐心）等现象。低温伤害症状通常是食品处于低温时出现的，但有时直到从低温移到较高温度时才表现出来，在随后的几小时内会很快变质。影响低温伤害的因素，有贮藏温度、时间、果蔬组织成熟度、贮藏环境气体组成及失水速率等。

2. 化学变化

食品低温贮藏过程中，除了物理变化外，还会伴随着一系列的化学变化，并对低温制品的品质如营养、色泽、风味和贮藏期等会产生一定的影响。

食品在低温贮藏过程中，含较多不饱和脂肪酸的脂肪组织，在有氧情况下易被氧化。食品中所含的油脂在脂酶和磷脂酶的作用下，水解产生游离脂肪酸，游离脂肪酸发生氧化、聚合等复杂的变化，影响食品风味，并伴随变色、酸败等现象。如不饱和脂肪含量丰富的鱼类，在低温贮藏中会发生褐变；含类脂物多的食品，由于氧化作用也易产生异味。肉类因肌红蛋白的氧化而褐变；虾体因酪氨酸氧化而黑变；红色鱼皮因类胡萝卜素氧化而褪色；鱼肉的绿变。无烫漂处理的果蔬，当叶绿素脱镁后会发生酶促褐变。果蔬组织中也会累积羰基化合物和乙醇等，产生挥发性异味。

第二节　食品的冷却与冷藏

一、食品冷却原理

食品冷却又称为食品预冷，是根据食品加工或贮藏的要求，将食品或食品原料从常温或高温状态，经过一定的处理降低到低温状态的过程，是食品冷藏或冻藏前必经的阶段。通过冷却单元操作，可以抑制微生物的繁殖、降低各类反应或作用的速率、延长食品保质期。例如，在温度范围 41～46℃之间，熟肉类产品中的有害微生物会快速繁殖并产生毒素。因此，熟肉应快速地采用冷却方法，通过危险温度区，以减少熟肉制品被微生物污染的机会。许多国家对煮熟后的肉制品冷却时间提出了严格的要求，以保证食品安全（表 2–2）。

表 2–2　不同国家对熟肉制品冷却时间的要求

国家	降温范围 /℃	允许冷却最长时间 /min
美国	54.4 ~ 4	300
爱尔兰、英国	74 ~ 10	150
德国	85 ~ 15	120
法国	70 ~ 10	120
丹麦	65 ~ 10	180

对于植物性食品，应在植物性食品物料采收后迅速进行冷却。冷却有利于植物性食品排除呼吸热和田间热，使呼吸作用受到抑制，将其新陈代谢活动维持在较低水平上，从而延缓植物性食品的衰老过程，冷却的速率一般尽可能快。

此外，冷却还有其他作用。如动物性食品物料屠宰或捕获后尽快地进行冷却，促使肉在低温下成熟，提高商品价值；为啤酒和其他酒类发酵、乳制品加工等提供合适的温度条件进行后续反应。

二、食品冷藏预处理

食品物料在冷藏前通常需要进行一定预处理，通常前处理包括挑选、去杂、清洗、分级和包装等。不同性质的物料，预处理方式也不尽相同。食品物料主要分为两大类：植物性原料和动物性原料。

1. 植物性原料及其预处理

植物性食品原料主要是水果、蔬菜，该类原料的显著特点是组织较脆弱、易受机械损伤；含水量高、冷藏时易萎缩；营养成分丰富，易被微生物利用而腐烂变质；此外它们又具有呼吸作用，有一定的天然抗病性和耐贮藏性等特点。

植物性原料在冷却前采取的处理措施主要有：挑选、分级、整理和适当的包装。挑选的目的是去除杂质和不合格原料，将原料中未熟或过熟的、腐烂发霉的，有机械损伤、虫害、发黄和其他杂质去除，从而保证产品的质量，为后续的冷藏和加工提供保障。分级是对挑选后的原料按大小和成熟度进行分级、整理和适当的包装。以水果为例，水果外部品质的主要分级指标是水果的果形、大小、色泽、表面质量和颜色等。其中水果的表面质量可以通过表面光洁度、表面缺陷斑点、污点、烂坏、损伤来描述。内部品质可借助糖度、硬度、酸度、可溶性固形物等指标来判断。经过分级整理之后的水果需要进行适当的包装，既可增加保护作用，也可以减少冷藏过程中的水分蒸发。包装材料、加工工具和容器在使用前应进行消毒。整个预处理过程均应在清洁、低温条件下快速进行。

2. 动物性原料及其预处理

动物性原料一般应选择动物屠宰或捕获后的新鲜状态进行冷藏，主要包括畜肉类、水产类、禽蛋类等。不同的动物性原料，具有不同的化学组成及特点，在处理过程中应采取不同措施分类处理。比如，牛羊肉易发生寒冷收缩，使肌肉嫩度下降；多脂的鱼虾贝类易自动氧化发生酸败，使其品质严重劣变等。因此，动物性食品在冷却前的处理因种类而异。畜肉类及禽类主要是检验、静养、空腹、屠宰及清洗等处理。对于个体较大的原料，还可以将其切分成较小的个体，以便于后续加工和贮藏；水产类包括清洗、分级、去内脏、放血等步骤；禽蛋蛋类则主要是进行外观检查以剔除各种变质蛋，分级、装箱等过程。

动物性原料组织中酶类活性强，且富含蛋白质和脂质等营养物质，极易发生品质劣变。因此，在预处理过程中必须保持在低温下进行，以降低酶活性及相关生化变化速率，保持原料的新鲜度。同时，原料处理环境、操作人员等应保持清洁卫生，避免微生物交叉污染。

三、食品的冷藏方法

食品冷藏方法主要有空气低温冷藏、调压冷藏和气调冷藏等方法。

1. 空气低温冷藏法

这种方法是将冷却（也有不经冷却）后的食品放在冷藏库内进行保藏，其效果受冷藏温度、空气的相对湿度、空气流速、包装及堆码方式等因素的影响。

（1）冷藏温度

根据食品物料特性选择合适的冷藏温度，是保证冷藏食品质量的关键。贮藏温度不仅指的是冷库内的空气温度，更重要指的是食品温度，是重要的冷藏参数。冷藏温度的设定一般参考食品的冻结点。在食品冻结点以上，冷藏温度越接近食品冻结点则冷藏期越长。植物性食品物料的冷藏温度，通常要高于动物性的食品物料，这主要是因为植物性食品物料的活态生命可能会受到低温的影响而产生低温冷害。而植物性食品的冷藏温度则因种类而有较大的差异，比如葡萄的冷藏温度是 −1 ~ 0℃，而香蕉的冷藏温度却是 12 ~ 13℃。

接近冰点冷藏法是在精准控制温度的基础上发展起来的，一般用于肉品的冷藏。其优点是不仅可以降低微生物和酶的作用，减缓氧化过程，而且不会形成冰结晶造成肉类组织结构的破坏。

在空气低温冷藏的贮藏期内，应尽量保持冷藏温度的恒定，避免产生温度波动。任何温度的变化都可能对冷藏的食品物料造成不良的后果。比如苹果、桃和杏子在 0.5℃下的贮藏期要比 1.5℃下延长约 25%。因此，对于长期冷藏的食品，温度波动应控制在 ±1℃以内。对于蛋、鱼、某些果蔬等，温度波动应在 ±0.5℃以内，否则会引起这些食品的霉变或冷害，影响冷藏食品的质量。

（2）空气的相对湿度

冷藏室内空气中的水分含量对食品物料的耐藏性有直接的影响。当空气中的相对湿度较高时，低温食品物料表面会有水分凝结，引起微生物的生长繁殖，导致食品物料容易发霉、腐烂；当空气的相对湿度过低时，食品物料中的水分会快速向空气迁移，引起减重、皱缩或萎蔫等现象，导致食品品质下降。一般大多数水果冷藏时的适宜相对湿度为 85% ~ 90%，而绿叶蔬菜、根类蔬菜以及脆质蔬菜适宜的相对湿度为 90% ~ 95%。坚果类冷藏时适宜的相对湿度为 70%。乳粉、蛋粉等颗粒状食品应控制相对湿度 50% 以下。若食品物料具有阻隔水汽的包装时，空气的相对湿度对食品物料影响较小，控制的要求相对也较低。

（3）空气流速

冷藏室内的空气流速也会影响食品的冷藏效果。空气通过强制对流的方式，以一定的速度在冷藏室进行流动循环，既可以带走热量，有助于保持冷藏室的温度均匀，又可以带走某些物料（果蔬、干酪等）贮藏期间产生的气味。

循环空气风速太慢，达不到带走热量、平衡温度、通风换气的目的；循环速度太快，又会使水分蒸发太多而严重减重，并且会消耗过多的能源。因此，需要根据食品物料的性质、包装等情况，确定合适的空气流速。部分食品冷藏适宜环境条件，见表 2–3。

表 2–3　部分食品的冷藏条件

品种	温度 /℃	相对湿度 /%	贮藏期 / 天	品种	温度 /℃	相对湿度 /%	贮藏期 / 天
苹果	0 ~ 4	90	60 ~ 180	鸡蛋	−1 ~ 0	90	180 ~ 210
杏子	0	90	60 ~ 120	鲜鱼	−0.5 ~ 4	90 ~ 95	7 ~ 14
樱桃	0	90 ~ 95	30 ~ 60	油脂	−1 ~ 0	85 ~ 95	120 ~ 240

续表

品种	温度 /℃	相对湿度 /%	贮藏期 / 天	品种	温度 /℃	相对湿度 /%	贮藏期 / 天
鲜枣	0	80 ~ 90	30 ~ 60	羊肉	−1.5 ~ 0	85 ~ 95	21 ~ 28
葡萄	0	90 ~ 95	30 ~ 120	消毒牛奶	4 ~ 6	85 ~ 95	7
梨	0	90 ~ 95	60 ~ 150	肉馅	4	85 ~ 95	1
李子	−4 ~ 0	80 ~ 95	21 ~ 56	猪肉	−1.5 ~ 0	85 ~ 95	21 ~ 28
橘子	0 ~ 4	85 ~ 90	90 ~ 120	去内脏禽类	−1 ~ 0	85 ~ 95	7 ~ 14
桃	0	90	14 ~ 28	贝类	0	85 ~ 95	4 ~ 6
柠檬	5 ~ 10	85 ~ 90	60	小牛肉	−1.5 ~ 0	85 ~ 95	21
黄瓜	2 ~ 7	75 ~ 85	10 ~ 14	咸肉	4	85 ~ 95	21 ~ 35
草莓	0	90 ~ 95	1 ~ 5	酸奶	2 ~ 5	85 ~ 95	14 ~ 21
芦笋	0 ~ 2	0 ~ 95	14 ~ 21	西瓜	5 ~ 10	85 ~ 90	14 ~ 21
花菜	0	90 ~ 95	21 ~ 35	菜豆	7 ~ 8	92 ~ 95	7 ~ 14
卷心菜	0	95	30 ~ 90	土豆	4 ~ 6	90 ~ 95	120 ~ 240
胡萝卜	0	95	150 ~ 180	香蕉（青）	12 ~ 13	85 ~ 90	10 ~ 20
菜花	0	95	14 ~ 21	香蕉（熟）	13 ~ 16	85 ~ 90	5 ~ 10
芹菜	0	95	28 ~ 84	石榴	8 ~ 10	90	14 ~ 21
甜玉米	0	95	7	柚子	10	85 ~ 90	30 ~ 120
大蒜	0	65 ~ 70	180 ~ 210	柠檬（未熟）	10 ~ 14	85 ~ 90	30 ~ 120
韭菜	0	95	30 ~ 90	芒果	7 12	90	21 ~ 49
莴苣	0	95	7 ~ 14	甜瓜	7 ~ 10	85 ~ 90	7 ~ 84
蘑菇	0	90 ~ 95	5 ~ 7	菠萝（未熟）	10 ~ 13	85 ~ 90	14 ~ 28
干洋葱	0	65 ~ 70	180 ~ 240	菠萝（熟）	7 ~ 8	90	14 ~ 28
带皮豌豆	0	95	7 ~ 21	龙须菜	0 ~ 2	85 ~ 90	21 ~ 28
小红萝卜	0	90 ~ 95	7 ~ 14	茄子	7 ~ 10	90 ~ 95	300
菠菜	0	95	7 ~ 14	生姜	13	65	180
大头菜	0	95	7 ~ 14	南瓜	10 ~ 13	50 ~ 75	14 ~ 35
牛肉	−1.5 ~ 0	85 ~ 95	21 ~ 35	甜椒	7 ~ 10	90 ~ 95	7 ~ 21
黄油	0 ~ 4	85 ~ 95	14 ~ 28	西红柿（青）	12 ~ 13	85 ~ 90	7 ~ 14
干酪	0 ~ 5	80 ~ 85	90 ~ 180	西红柿（红熟）	8 ~ 10	85 ~ 90	7
奶油	−2 ~ 0	80 ~ 85	15	芋头	16	85 ~ 90	90 ~ 150
食用内脏	−1.5 ~ 0	85 ~ 95	7	奶粉	10 ~ 12	65	150

2. 调压冷藏

冷藏环境的压力对食品物料的冷藏，也起到非常重要的作用。根据食品物料的特性，在适当调节环境压力的基础上，减压和高压冷藏已经进入到商业化应用。

（1）减压冷藏

减压冷藏是持续不间断地营造“低压、低温、高湿、换气”的贮藏环境，是长期贮藏、运输中采用的一种较先进的冷藏技术，已广泛地应用于蔬菜、水果、肉类、花卉、种子和苗木等的贮藏保鲜。以肉类减压冷藏为例，在减压系统中，冷藏环境压力从 760 mmHg 降至 10 mmHg 时，氧的含量降到 0.2% 以下，低氧环境可有力地抑制细菌和霉菌对肉类的侵染。再结合低温（−1℃）和高湿（95%以上）环境，冷却肉类在减压条件下，保质期可达50天左右。同时，在减压冷藏期间，由于酶的作用可使肉进一步成熟，能大大改善冷却肉的风味和嫩度。

对于果蔬类食品，通过减压冷藏可以降低空气的压力，降低空气中O_2含量，进而降低了果蔬的呼吸强度，抑制乙烯的生物合成。另外，低压可推迟叶绿素的分解，降低冷害和一些生理病害，抑制类胡萝卜素和番茄红素的合成，减缓淀粉的水解、糖酸的消耗等过程，从而延缓果蔬的成熟和衰老。由于容器内气体交换及时，减压室内的有害气体（如乙烯、乙醇、乙醛、乙酸乙酯等）被迅速地排除，因而能防止和减少生理病害（如乙醇中毒、虎皮病等）的发生。减压贮藏还可以抑制微生物的生长和孢子的形成，降低某些侵染性病害的发病率。经过减压冷藏的产品，在低压解除后，其后熟衰老依然缓慢，产品货架期较长。可见，减压冷藏有利于果蔬新鲜品质、硬度、色泽的保持，在相同贮藏环境下，减压贮藏的效果明显好于冷藏。

（2）高压冷藏

高压冷藏是在一定压强或极高压强下，压强瞬间作用于整个食品和整体贮藏环境中，使得食品中各种微生物和酶很快失去活性，因此不需要很低温度甚至在常温下，就能达到长期贮藏各种食品的目的。一般而言，压强越高效果越好，食品贮藏期越长。由于高压对食品的加工和贮藏并没有也不会产生什么不良的影响，这应是一项很有发展前途和应用价值的食品贮藏方法。

3. 气调冷藏法

气调冷藏是指在冷藏的基础上，利用调整环境气体组成及比例来延长食品贮藏期和货架期的技术。气调冷藏技术早期主要应用在果蔬保鲜方面，且取得了较好的应用推广。目前，随着技术的不断进步，该项技术的应用领域已经拓展到肉制品、家禽、鱼、焙烤产品、油炸食品及其他方便食品的贮藏保鲜，而且正在推向更广的领域。

（1）气调冷藏的原理及特点

气调冷藏基本原理是在一定的封闭体系内（如具有气体阻隔性包装材料内），将食品物料密封于一定比例的混合气体环境中，改变包装内食品物料的气体环境、环境温度和湿度，从而达到抑菌、减缓食品新陈代谢，延长其保质期和货架期的目的。

与一般空气冷藏相比，气调冷藏优点多、效果好、能更好地延长食品物料的贮藏期限。以果蔬气调冷藏为例，气调冷藏能抑制果蔬的呼吸作用，阻滞乙烯的合成，推迟果蔬的成熟，延缓其衰老过程；能抑制果蔬色素的分解，保持其原有色泽；能阻止果蔬的软化，保持其原有的形态；能抑制果蔬有机酸的减少，保持其原有的风味；能阻止昆虫、鼠类等有害生物的生存，使果蔬免遭损害。另外，气调冷藏由于长期受低O_2和高CO_2的影响，解除气调后，仍有一段时间的滞后效应，在保持相同品质的条件下，气调冷藏的货架期是空气冷藏的2~3倍；在相同条件下，气调冷藏的损失率不足4%，而一般空气冷藏为15%~20%。此外，气调冷藏中所用的措施都是物理因素，不会造成任何形式的污染，符合绿色食品标准，有利于推行食品绿色保藏。

◎ **延伸阅读**
气调冷藏对果蔬贮藏品质的副作用

（2）冷藏气体控制

气调控制主要集中控制三种气体，包括CO_2、N_2和O_2。气调冷藏有很多方法，根据达到气调气体组成的方式不同，分成以下几类。

① 改良气体贮藏（modified atmosphere storage，MAS）。选用一种适合食品物料贮藏的混合气体，置换贮藏库或者包装容器中的空气，这种混合气体的组成不同于空气，其中气体的各个组分的比例在进入贮藏库或包装容器时就已经固定，保藏过程中不再对气体的组成做任何控制，或者仅定期放风。根据改良气体方式的不同，可以分为被动气调法和主动气调法。主动气调法又称自然降氧法、自然呼吸降氧法和普通气调冷藏法，是指利用果蔬通过自身的呼吸代谢消耗周围氧气，一定程度上调节环境中的气体比例，有效延长贮藏时间。被动气调是人为地在贮藏库或包装容器中填充固定的气体成分，借以抑制其呼吸，减缓养分消耗、品质下降的一种贮藏方法，贮藏过程气体组分不进行实时监控。主动气调贮藏方法简单、成本低，但O_2和CO_2浓度很难达到理想的比

例。被动气调贮藏的时间长、效果好，但成本相对也较高。

② 控制气体贮藏（controlled atmosphere storage，CAS）。在食品物料贮藏全过程中，不断地检测和控制气体组分，以适应食品物料在不同贮藏时间的气体环境需要。这种技术最早用于产品的大量贮存，需要根据检测冷藏库内 O_2 和 CO_2 浓度的变化，并及时进行调整。例如，可以通过消石灰洗涤、活性炭洗涤、氢氧化钠溶液洗涤及膜交换等方法，去除多余的 CO_2。利用催化燃烧装置降低贮藏环境中空气含氧量，也可以利用制氮机（或氮气源）直接对贮藏室充入氮气，以造成低氧环境。目前，已有成套的专用气调设备，可以按照要求事先将适宜比例的人工气体制备好，再引入气调库。

③ 减压降氧贮藏。又称为低压气调冷藏法、真空冷藏法，是气调冷藏的进一步发展。利用真空泵，将贮藏室或包装容器进行抽气，形成部分真空，室内或包装容器中的空气各组分的分压都相应下降，进而达到抑制微生物生长繁殖或产品的新陈代谢可能发生的变化。例如，当气压降低至正常的 1/10，空气中的 O_2、CO_2、乙烯等分压也都降至原来的 1/10，从而有效抑制果蔬的成熟衰老过程，以达到保鲜的目的。减压降氧冷藏系统体现出“减压、增湿、通风、低温”的特点，具有较好的贮藏效果。

基于以上三种气调控制技术，国内外又发展出许多新型方法。例如，快速气调贮藏、低氧贮藏、低乙烯贮藏、短期高 CO_2 贮藏、动态气调贮藏、双相变动气调贮藏等。

（3）气调冷藏技术的应用

① 果蔬类食品。CAS 技术在果蔬类食品物料的冷藏中应用较广。表 2-4 列出了部分果蔬的适宜气调贮藏条件。

◎ **延伸阅读**

CAS 在果蔬贮藏方面的应用

表 2-4　部分果蔬的气调贮藏条件

果蔬品种	贮藏温度 /℃	气调条件		对低 O_2 和高 CO_2 的耐受度	
		O_2/%	CO_2/%	低 O_2/%	高 CO_2/%
苹果：红玉	0	3	3 ~ 5	2	2
苹果：元帅	−1.1 ~ 0	2 ~ 3	1 ~ 2	—	—
洋梨：巴梨	0 ~ 1	2 ~ 3	0 ~ 1	—	—
洋梨：凤梨	10 ~ 15	5	10	3	7
甜樱桃	0 ~ 5	3 ~ 10	10 ~ 12	—	20
无花果	0 ~ 5	5	15	—	8
猕猴桃	0 ~ 5	2	5	2	—
桃	0 ~ 5	1 ~ 2	5	2	20
李	0 ~ 5	1 ~ 2	0 ~ 5	2	20
草莓	0 ~ 5	5 ~ 10	10	—	—
梅子	0	2 ~ 3	3 ~ 5	—	—
栗子	0	3	10	—	—
香蕉	12 ~ 14	5 ~ 10	5 ~ 10	—	—
蜜橘	3	10	0 ~ 2	—	5
柿子	0 ~ 5	3 ~ 5	5 ~ 8	3	5
豌豆荚	0	10	3	4	—
菠菜	0	10	10	1	—
马铃薯	3	3 ~ 5	2 ~ 5	—	—
胡萝卜	0	2 ~ 4	5 ~ 8	4	5

② 其他食品。MAS 技术在肉类、水产及谷物制品中应用较多，因为高浓度的 CO_2 可以杀灭昆虫和抑制微生物生长繁殖。因此，此类食品物料的气调环境中 CO_2 均较高。肉类及肉制品在含 10% ~ 20% CO_2 环境中贮藏期明显增加；家禽肉类气调贮藏的最适 CO_2 浓度为 25%；鱼类气调贮藏的 CO_2 浓度范围是 50% ~ 100%。100% CO_2 气调包装草鱼可以有效抑制草鱼体内大多数微生物的生长繁殖，延缓草鱼中蛋白质的氧化变性，保持良好的色泽及肌肉品质，从而改善草鱼的贮藏品质。冷藏结合气调包装技术能有效延缓水产品变质，尤其是高浓度 CO_2 气体能够有效延长草鱼肉货架期。

此外，N_2 是一种惰性气体，可以置换包装环境中的氧气，延缓氧化酸败并抑制需氧微生物生长繁殖。而且 N_2 的溶解度低，可以用作填充气体，防止包装在高 CO_2 环境中出现“包装塌瘪”现象。冷却肉在 -1℃下进行充氮冷藏可大大延长贮藏期和货架期。

（4）影响气调冷藏效果的因素

① 食品物料的初始状态。气调冷藏效果与食品物料贮藏前的初始状态有关。例如，果蔬的初始温度、成熟度、机械损伤程度等；鱼肉被污染程度、贝类的净化程度、携带微生物种类和数量等。

② 温度。微生物生长繁殖受温度的影响较大。一般情况下，温度越高微生物的增殖速度越快。贮藏温度决定了食品物料的劣变速度，直接影响其贮藏期和货架期。鱼在 5℃的腐败速率是 0℃的 2 倍；扇贝在 0℃、CO_2 含量为 50% 条件下进行气调贮藏，贮藏期比室温状态下延长 5 ~ 10 天。

③ 气体成分和组成。气调贮藏中广泛使用的气体包含 CO_2、N_2 和 O_2，其中 CO_2 能穿透细菌的细胞，使细胞内的 pH 下降和酶活降低，具有良好的抑菌作用；并且 CO_2 低毒，对食品感官品质影响小，因而对于肉类、水产、果蔬、烘焙点心等食品具有防腐和防霉的作用。此外，CO_2 的抑菌选择性、CO_2 浓度等因素，也会影响其气调贮藏效果。例如，青霉属比曲霉属对 CO_2 的耐受性更强；梭状芽孢杆菌在无氧条件下繁殖迅速，CO_2 的引入会降低贮藏体系中 O_2 含量，不利于抑制其繁殖。对于肉制品及水产类食品而言，若微生物以好氧细菌或霉菌为主，CO_2 含量低于 10% 时即可表现出抑制作用；CO_2 含量达到 20% ~ 30% 时，可以抑制大多数好氧微生物；当 CO_2 含量超过 50% 后，抑菌效果不会出现明显增加。果蔬类食品 CO_2 的填充量以低于 10% 为佳，虽然提高 CO_2 含量能降低成熟速率，抑制叶绿素的分解，以保持果蔬新鲜的品质；但 CO_2 含量过高反而会引起 CO_2 伤害。

N_2 属于惰性气体，可以很好地保持食品的色、香、味、脆、形等特性，延缓油脂氧化反应，尤其适用于高脂性食品物料的贮藏。

O_2 会参与大部分微生物生长繁殖和生化反应，降低贮藏环境中 O_2 含量，可以很大程度上延长食品物料的贮藏期和货架期。但也有例外，如肉制品及水产类食品物料，一定量的 O_2 可与肌红蛋白结合生成氧合肌红蛋白，使肉质呈现鲜红色；但高浓度 O_2 又会加快肉中脂肪氧化和微生物的繁殖。因此，该类食品物料的气调贮藏需要同时调控 O_2 和 CO_2 浓度。对于果蔬类食品物料，降低 O_2 浓度可以降低其呼吸作用，延缓成熟；但若 O_2 浓度过低，果蔬发生无氧呼吸，也易导致缺氧障碍。

④ 包装材料。气调贮藏的使用多数需要依赖合适的包装材料，维持食品物料所处的气体环境。气调贮藏过程中，包装内部环境中气体构成和含量，会随着贮藏时间的延长而发生变化，进而影响贮藏效果。除了食品物料本身的呼吸作用外，气体含量变化的原因主要来自气体的渗透和泄漏。气体透过包装材料从高浓度端向低浓度端迁移的过程，称为气体渗透。气体的渗透率与包装材料的阻隔性能有关。气体泄漏是因为包装材料的密封性未达到要求，而产生的包装内气体外泄。这些情况都会影响气调包装的保质效果。采用高阻隔性的包装材料和良好的密封技术，可以有效维持气调包装环境中的气体组分。

四、食品的冷却方法

食品冷却的目标是通过一定的工艺方法制造低温条件。获得低温条件的途径可分为自然降温和人工降温。自然降温是最早采用的方法，利用自然低气温环境来达到降温的目标，常用于我国北方果蔬贮藏。但是，该法受自然气候条件的限制，不能很好地控制适宜的贮藏温度，已经不能满足现代食品工业的发展。目前工业常用的方法是采用人工降温的贮藏方法，即通过特定设备和方法，达到快速冷却目的。

人工降温冷却的方法，常用的有空气冷却、压差冷却、真空冷却、水冷却、接触冰冷却等。根据食品的种类及冷却要求的不同，选择适用的冷却方法。

1. 空气冷却

空气冷却是采用空气作为冷却介质，借助制冷系统和通风系统，控制空气的温度、湿度及风速，使得食品物料与空气进行强制对流换热，达到冷却的目的。空气冷却效果与空气温度、循环速度及相对湿度等因素有关。冷却空气的温度因食品的种类而异。一般情况下，动物性食品物料的适宜空气冷却温度为0℃左右，植物性食品物料空气冷却温度在0～15℃之间。在一定的冷空气温度下，空气的流速越快，降温的速率也就越快，但机械耗能也越大。同时，空气的相对湿度和空气的流速，也会影响食品表面的水分蒸发，引起食品干耗。因此，采用空气冷却时，要综合考虑食品干耗以及设备的耗能情况，以寻求最佳风冷效果。根据工业经验值，一般的空气流速控制在0.5～3.0 m/s范围。此外，空气冷却效果还受食品物料堆垛、气流流向等因素的影响。表2–5列出了部分食品物料的空气冷却工艺条件。

表2–5　部分食品物料的空气冷却工艺条件

食品	冷却室温度/℃		冷却室湿度/%	最高风速/（m·s^{-1}）		食品温度/℃		冷却时间/h	冷却率因素[②]
	初温	终温		初期	末期	初温	终温		
菠萝	7.2	3.3	85	1.25	0.75	29.4	4.4	3	0.67
桃	4.4	0	85	0.75	1.30	29.4	1.1	24	0.62
鳄梨	4.4	0.56	85	1.25	0.45	26.7	3.9	22	0.67
李	4.4	0	80	1.25	0.45	26.7	1.1	20	0.67
浆果	4.4	0	85	0.75	0.30	26.7	0.67	20	0.67
杏	4.4	0	85	0.75	0.30	26.7	0	20	0.67
榅桲	4.4	0	85	0.75	0.30	26.7	0	24	0.67
苹果	4.4	–1.1	85	0.75	0.30	26.7	13.9	24	0.67
柠檬	15.6	12.8	85	1.25	0.45	23.9	1.1	20	1.0
葡萄柚	4.4	0	85	1.25	0.45	23.9	0	22	0.70
橙	4.4	0	85	1.25	0.45	23.9	1.1	22	0.70
梨	4.4	0	85	0.75	0.30	21.1	1.1	24	0.80
葡萄	4.4	0	85	1.25	0.75	21.1	13.3	20	0.80
香蕉	21.1	13.3	95～90[①]	0.75	0.45	15.6	11.0	12	0.10
青番茄	4.4	10.0	85	0.75	0.45	26.7	1.7	34	0.67
青刀豆	4.4	0.56	85	0.75	0.30	26.7	1.1	20	0.67
青豆	4.4	0.56	85	0.75	0.45	26.7	1.1	20	0.90

续表

食品	冷却室温度 /℃		冷却室湿度 /%	最高风速 /（$m \cdot s^{-1}$）		食品温度 /℃		冷却时间 /h	冷却率因素②
	初温	终温		初期	末期	初温	终温		
瓜类	4.4	0	85	1.25	0.75	26.7	1.1	24	0.80
抱子甘蓝	4.4	0.56	90	0.75	0.30	26.7	1.1	24	0.80
包菜	4.4	0	90	0.75	0.30	21.1	1.1	24	0.80
菜花	4.4	0	90	0.75	0.30	21.1	1.1	24	0.80
胡萝卜	4.4	0	90	0.75	0.30	21.1	1.1	24	0.80
大头菜	4.4	0	95	0.75	0.30	21.1	1.1	24	0.80
洋葱	4.4	0	75	1.25	0.75	21.1	1.1	24	0.80
猪肉	7.22	−11	90	1.25	0.75	40.6	1.7	18	0.67
猪肉	3.3	−1.67	90	1.25	0.75	40.6	1.7	14	0.67
羊肉	7.22	−1.1	90	1.25	0.45	37.8	4.4	5	0.75
牛肉	7.22	−1.1	87	1.25	0.75	37.8	6.7	18	0.56
家禽	7.22	0	85	0.75	0.45	29.4	4.4	5	1.00
内脏（心、肝）	4.4	0	85	0.75	0.45	32.2	1.7	1/8	0.70

注：①最初相对湿度为 95%，末期相对湿度为 90%。②冷却率因素用于矫正冷却设备热负荷分布不均匀性：冷却初期每小时热负荷量 = 每小时平均冷却率 / 冷却率因素。

2. 压差冷却

压差冷却（又称强制通风冷却）是在冷库空气冷却的技术基础上发展起来的，主要用于果蔬的冷却。其原理是将果蔬放入两侧带有通风孔的压差冷却专用包装箱内，利用压差风机使得制冷机组产生的冷空气经过包装箱内部与果蔬充分接触换热带走包装箱内果蔬的热量。压差冷却设备包含：制冷系统（提供冷量）、加湿系统（维持内部果蔬湿度）、静压箱和压差风机（提供压力差）、压差冷却专用包装箱。设备投资略高，但冷却时间可明显缩短，通常仅需 3 ~ 5 h，仅为冷库空气冷却的 1/10 ~ 1/4，冷却效率可提高至冷库空气冷却的 2 ~ 6 倍，但比水冷却和真空冷却所需的时间至少延长 2 倍。果蔬的种类、形状、热物性，冷风送风温度、速度，预冷包装箱的开孔形状、大小、位置等，都对压差预冷的效果有重要影响。大部分果蔬均适合采用压差冷却，目前国内对于甜瓜、番茄、草莓和葡萄的压差冷却研究较为全面和完善，如 0.5℃冷空气在 75 min 内可以将草莓的温度从 24℃降到 4℃。

3. 真空冷却

真空冷却主要依靠水分在低压下发生气液相变过程，通过水分蒸发吸取大量相变潜热（约 2 520 kJ/kg）来实现食品物料温度下降。真空冷却是一种快速冷却方法，与冷风和水冷等方式相比，冷却速度可提升 4 倍左右，这是真空冷却的最大优点。一般 20 到 30 min 即可将蔬菜从 20℃左右冷却到 1℃左右。真空冷却的另一个显著特点是降温均匀。真空冷却速度更多地依赖于食品结构的疏密程度和孔隙的分布，而和食品尺寸大小没有明显的关系。因此，当冷却尺寸较大的食品时，真空冷却将表现出更加明显的优势。如蔬菜中的叶菜类，对于这类食品物料，由于蒸发的速率快，所需的降温时间短，造成的水分损失并不是很大。

真空冷却过程中因水分的大量蒸发会导致食品重量大大缩水，这是制约真空冷却技术工业推广的最主要因素之一。为了减少干耗，果蔬原料在进入真空室前要进行喷雾加湿。此外，真空冷却设备的成本较高，少量食品真空冷却时并不经济。

4. **水冷却**

水冷却是以冷水作为介质，将食品温度冷却到指定温度的方法。冷水可以是淡水或盐水（海水），但是必须是干净无污染的，然后用此冷却水通过浸泡或喷淋的方式冷却食品，也可以利用热交换器冷却一些流体物料，如牛乳、果汁等。与普通空气冷却相比，水冷却食品需要的时间要短很多。利用冷水喷淋法，大部分食品可在 10 ~ 15 min 内冷却。但喷淋法操作过程中，冷却水与食品接触，会受到食品的污染，循环冷却时冷却水中容易污染微生物，需经常更换冷却水或消毒，还需不断补充清洁水。淡水和海水的制冷效果也有所差异，淡水冷却水的温度一般在 0℃以上，而盐水（海水）冷却水的温度可在 –2 ~ –0.5℃。

除降温速度快之外，水冷却采用水浸渍或喷淋方式，可使食品物料避免干耗。水冷却可用于禽类、鱼类、某些水果和蔬菜等多种食品物料，但是大多数产品不允许用冷水浸渍冷却，因为外观会受到一定程度的损害，同时冷却以后难以贮藏。因此，一些食品物料在采用水冷却时，常常需要有一定的包装。目前水冷却在水产品中应用较广泛，如在远洋作业的渔轮上，采用海水冷却法，可使鱼体会浮在海水之上，装卸时采用吸鱼泵不会挤压鱼体，提高工作效率，降低劳动强度；但用冷海水冷却鱼体，可能会使鱼体吸水膨胀、肉变咸、变色，也易发生污染。

水冷却除了受冷水温度的影响之外，还受水流速度的影响。例如，在冷却沙丁鱼的实验中，在静态海水（–2.0 ~ –1.5℃）中鱼温从 22℃降至 0.5℃需要 16 min，而在循环海水中仅需 9 min。冷却水循环速度越大，冷却速度越快，但流速过大就会起泡，影响冷却效果。一般海水循环流速不宜超过 0.2 m/s。总之，水冷却的优点是速度快、无干耗、占用空间少等，但易引起食品外观损害、二次污染及水溶性营养素流失等不利现象。

5. **接触冰冷却**

该方法是利用冰来冷却食品，利用冰融化时的吸热作用来降低食品物料的温度。可以用淡水或海水制冰，但必须是清洁无污染。冰冷却法的效果主要取决于冰与食品物料的接触面积、用冰量、食品种类和大小、冷却前食品原始温度等。冰粒越小，则冰与食品的接触面越大，冷却速度越快。因此，用于冷却的冰事先需粉碎。用冰量须充足，否则不容易达到较好的冷却效果。常用的处理方法有层冰层鱼法和拌冰法。前者是将破碎后的冰按照一层鱼一层冰的方式撒在鱼层上，其适合于大鱼的冷却；后者是将碎冰与鱼混拌在一起，适合中小鱼的冷却。在用冰冷却时，还应注意及时补充冰和排除融冰水，以免发生脱冰和交叉污染，导致食品变质。

接触冰冷却可达到快速冷却的效果，还可保持食品表面湿润。但冰块融化过程属于相变过程，温度恒定不变，故用冰块冷却时，食品温度不可能低于 0℃。此外，在使用接触冰冷却的时候，还应注意冰的形状对食品质量可能产生的影响。例如，鱼类冷却时应避免使用棱角锐利的碎冰，易损伤鱼体，降低鱼的品质。

◎ **延伸阅读**
流化冰及其应用

以上这些冷却方法各有优缺点，在选择冷却方法时，必须要根据食品的种类和特性，结合现有的设备、包装类型、成本等多种因素综合考虑。各类冷却方法的特点见表 2–6。

表 2–6　不同冷却方法的特点

冷却方法	特　点
空气冷却	操作简单易行，成本低，适用于大多数食品，但冷却速度较慢、效果较差，易引起干耗
压差冷却	冷却速度稍快，但需要增加设备，且食品水分蒸发量较大
真空冷却	冷却速度快，效率高，不受包装限制，但需要减压设备，成本高，适用于表面积大的食品，如叶类蔬菜、蘑菇和烹调后的土豆

续表

冷却方法	特　点
水冷却	冷却速度快而均匀，无干耗，操作简单，成本比较低，适用于表面积小的食品，但接触水后的食品易被病菌侵染，需要不断补充清洁水，适用于家禽、水产、罐头食品、部分果蔬
接触冰冷却	冷却速度较快，无干耗，但需冷库采冰或机械制冰，碎冰会造成产品表面伤害，过程控制困难，耐水性差的产品不适用，适用于水产品、某些果蔬

五、食品冷却冷藏过程中的品质变化

食品在冷却贮藏过程中品质会发生一定的变化，其变化程度受冷藏方法、冷藏温度、食品种类、成分、加工条件等众多因素的影响。所有变化除了肉类在冷却贮藏过程中的成熟作用外，其他均会使食品的品质下降。因此，需采取相应的措施减缓变化速度，比如采用合适的包装，对易于变化的新鲜果蔬及新鲜鱼肉类采用冷藏结合气调贮藏等。

1. 水分蒸发

食品在冷却冷藏过程中，食品表面水分会向贮藏环境蒸发，导致重量减轻，这种现象也称为“干耗”。食品的干耗除了引起重量的降低外，还会引起食品组织细胞收缩，使食品口味和外形发生变化，从而影响食品品质。对于果蔬类食品而言，当水分蒸发大于 5% 时，会造成果蔬的凋萎，同时抑制果蔬的呼吸作用、影响果蔬的新陈代谢，造成果肉软化收缩、氧化反应加剧。部分水果蔬菜的水分蒸发特性见表 2–7。对于肉类、鱼类食品而言，水分蒸发会使肉的表面形成干化层，加剧脂肪的氧化酸败。干耗引起的重量损失和品质降低都会给食品企业带来经济损失。

影响食品干耗的因素包含食品本身的物性、形状大小、表面状态、堆放形式、冷藏时间、周围空气状态（温度、湿度、流速）等。控制措施有：①合理操作，缩短冷加工时间，如采用风速为 1.5 ~ 2 m/s 快速冷却猪胴体，与自然对流冷却相比，干耗减少 50%。②减少食品与空气接触的表面积，如采用气密性好、透湿性小的材料包装食品，或定期喷淋水分，都可以减少干耗。③控制空气的流速。④提高库内的相对湿度。⑤合理码垛可以减少干耗，如长期贮存的货物应维持较高的容积率，容积率越低，干耗越大。

表 2–7　部分水果蔬菜的水分蒸发特性

水分蒸发特性	果蔬种类
A 型（蒸发量小）	苹果、橘子、柿子、梨、西瓜、马铃薯、洋葱
B 型（蒸发量中等）	白桃、李子、无花果、番茄、甜瓜、莴苣、萝卜
C 型（蒸发量大）	樱桃、杨梅、龙须菜、叶菜、蘑菇

2. 低温冷害

低温冷害（chilling injury）是冰点以上的不适宜低温（一般 0 ~ 15℃）对果蔬产品造成的伤害，它是一些冷敏果蔬低温贮藏时常出现的一种生理失调现象。当冷藏的温度低于果蔬可以耐受的限度时，果蔬的正常代谢活动受到破坏，使果蔬出现病变，表面出现斑点、内部变色（褐心）等现象。因此，在果蔬的冷藏中应该重点注意冷藏温度的调控。

一些水果与蔬菜，特别是热带或亚热带种的植物，当贮藏在最适温度之下时，虽然温度在冻结点之上，但代谢不平衡已严重到不足以提供代谢基础物质或积累有毒物质的程度，致使细胞发生生理失调。原产温带的一些果蔬种类，也会发生冷害现象。低温伤害症状通常是产品处于低温时出现的，但有时直到从低温移到较高温度时才表现出来，在随后的几小时内就很快变质。影响低温伤害的因素有贮藏温度、时间、果蔬组织成熟度、贮藏气体组成及失水速率等。

不同品种、成熟度、形状、大小的果蔬的冷害症状各不相同，见表 2-8。受冷害的柑橘、茄子和甜瓜等果蔬，最常见的症状是果皮凹陷，它是由表皮下层细胞塌陷引起的。表面凹陷几乎是冷害产品普遍的早期症状，不适低温使细胞受伤死亡，进而低湿条件又使细胞脱水导致组织塌陷。高湿虽然能减轻或避免出现凹陷，但并不能避免冷害的产生。果皮凹陷处常常变色，蒸腾失水会加重凹陷程度。在冷害的发展过程中，凹陷斑点会连接成大片洼坑。

◎ **延伸阅读**

防止冷害的方法

表 2-8　部分果蔬的冷伤害温度和现象

品种	最低安全温度 /℃	冷害现象
苹果	2 ~ 3	内部褐变，部分软化
鳄梨	7 ~ 13	凹陷性病变，果肉和维管束褐变
香蕉	12 ~ 13	成熟后外观变暗，果肉上出现褐色条纹
青刀豆	7 ~ 10	穿孔及枯褐色
柑橘	3.0 ~ 9.0	果皮凹陷及腐烂，水肿
黄瓜	7	凹陷性病斑，水渍状斑点，腐烂
茄子	7	凹陷瘢痕或赤褐色增加
柚子	10	穿孔及脱水
柠檬	12 ~ 14	外皮赤斑，内部变色及脱水
芒果	10 ~ 13	表皮呈灰色及成熟不良
香瓜	7	凹陷斑，表面腐败
西瓜	2 ~ 10	穿孔，不能成熟
秋葵	4 ~ 7	变色，凹陷，穿孔，变软
荔枝	0 ~ 1.0	果皮变黑
木瓜	7	穿孔，不能成熟，异味及枯萎
菠萝（青熟）	7 ~ 10	成熟后仍呈绿色，果肉褐变
甜椒	7	凹陷斑，变色，穿孔
马铃薯	3 ~ 4	变甜及褐变
南瓜	10 ~ 12	枯萎，部分部位软化
番薯	12 ~ 13	凹陷斑，枯萎，穿孔，内部褐变
番茄 - 青熟	12 ~ 13	成熟后色泽不良，链格孢菌霉烂
柿子椒	7.2	凹陷，种子变褐

3. 寒冷收缩

寒冷收缩是畜禽屠宰后在未出现僵直前快速冷却造成的，其中以牛肉和羊肉较严重，而禽类肉较轻。冷却温度不同、肉体部位不同，寒冷收缩的程度也不相同。寒冷收缩后的肉类，经过成熟阶段后也不能充分软化，肉质变硬，嫩度变差。一般来说，宰后牛肉在 10 h 内，肉温降低到 8℃以下，容易发生寒冷收缩。但这一温度和时间未必是固定的，如成年牛与小牛，或者同一头牛的不同部位都有差异。成年牛肉温低于 8℃时容易发生寒冷收缩，而小牛肉温低于 4℃时才易发生寒冷收缩。

4. 组分成分及质构变化

为了运输和贮存便利，果蔬在收获时还未完全成熟，因此采后还有生理后熟过程。在冷藏过程中，果蔬体内的淀粉、糖、果胶物质及维生素等都会发生变化，并伴随着风味、色泽、硬度的变化。对于大多数水果来说，随着果实由未熟向成熟过渡，果实内的糖分、果胶增加，果实的质地变得软化多汁，糖酸比更加适口，食用口感变好。但在冷藏过程中果蔬的一些营养成分，如维生素 C 等也会有一定程度的损失。

肉类宰后主要发生的是成熟作用。刚屠宰的动物肉是柔软的，并且具有很高的持水性，经过一段时间的放置，肉质会变得粗硬，持水性也会降低。继续延长放置时间，则粗硬的肉又变成柔软的肉，持水性也有所恢复，风味也有极大地改善。这一系列的变化过程，实际上是动物体死后，体内继续进行着的一系列生物化学和物理变化的结果。正是由于这种变化，使肉类变得柔软，并具有特殊的鲜香风味。在冷却贮藏条件下，肉类在低温下缓慢地进行着成熟作用，一般可在 0 ~ 1℃下进行。由于动物种类不同，成熟作用的表现也不同，特别是牛、羊、禽等成熟作用十分重要，它对于肉质软化与风味增加有显著的效果。但成熟作用过度也会使肉类的商品价值下降。

鱼类在冷却和冷藏过程中，其质构也会受到一定的影响。新鲜鱼肌肉比较坚硬而有弹性，但在常温或冷却温度下贮藏，会发生僵硬、解僵及自溶等过程，鱼肉的硬度会随僵硬的进行逐渐增加，达到顶点后，再呈现逐渐下降的趋势。因此，鱼肉在低温贮藏过程中，发生明显软化的现象，与畜肉有着明显的区别。新鲜的鱼肉之所以有良好的咀嚼感，主要与将肌纤维连接一起的结缔组织的机械强度有关。在冷藏过程中，由于胶原蛋白、肌原纤维蛋白的降解。导致结缔组织机械强度降低，使得鱼肉变软、弹性变差。这还与内源性水解酶的作用是分不开的，但水解酶在不同鱼种中也存在较大差异。

富含淀粉的食品在冷却冷藏过程中，极易发生淀粉老化，影响食品品质。淀粉老化作用最适温度是 2 ~ 4℃。例如，面包在冷却贮藏时淀粉迅速老化，味道就变得很不好。又如，马铃薯放在冷藏陈列柜中贮存时，也会有淀粉老化现象发生，当贮存温度低于 -20℃或高于 60℃时，均不会发生淀粉老化现象。因为低于 -20℃时，淀粉分子间的水分急速冻结，形成了冰结晶，阻碍了淀粉分子间的相互靠近而形成氢键，所以不会发生淀粉老化现象。

5. 变色、变味和变质

果蔬的色泽会随着成熟过程而发生变化，如果蔬的叶绿素和花青素会减少，而胡萝卜素等会显露。肉类在冷藏过程中常会出现变色现象，如红色肉变成褐色肉，白色脂肪变成黄色。前者是由于肉中的肌红蛋白和血红蛋白被氧化生成高铁肌红蛋白和高铁血红蛋白，而后者是由于脂肪水解后的脂肪酸被氧化的结果。

6. 微生物的增殖

低温环境下，细菌的繁殖变得缓慢，但如要使其停止繁殖，一般来说温度要降到 -10℃以下，而个别低温细菌在 -40℃条件下仍有繁殖能力。

在冷却贮藏中，当果蔬渐渐衰老或有伤口时，霉菌就会繁殖。肉类也会有霉菌、细菌的增殖，如细菌增殖时，肉的表面会出现黏湿现象。鱼类在冷却贮藏时也有细菌增殖，因为鱼体上附着的细菌，如极毛杆菌、无芽孢杆菌、弧菌等都是低温细菌。在冷却贮藏的温度下，微生物特别是低温细菌的繁殖分解作用并没有被充分抑制，只是速度变得缓慢些，长时间贮藏后因低温细菌的增殖，仍会使食品发生腐败。

第三节　食品的冻结与冻藏

一、食品冻结原理

食品冻结是指将食品温度降低到冻结点以下的温度，使得食品中大部分水分冻结成冰晶体，以降低微生物活动和酶的活性，从而达到远途运输和长期贮藏的目的。食品的腐败变质主要是由微生物活动和食品中的酶所催化的生物化学反应所造成。微生物活动和酶促反应都与温度相关，随着环境温度的降低，微生物活动和酶的活力都会受到抑制。在食品冻结后，冰晶体会对微生物细胞结构造成破坏，导致微生物活力下降或丧失活力，甚至死亡。同时，酶的活性也会受到抑制，其他反应也会随着温度的降低而减缓。因此，食品冻结可以有效防止腐败变质的发生，延长食品的保存期。

1. 冰晶形成的原理及过程

（1）冻结曲线

当食品温度降低至水的冰点以下时，食品中的液态水会转变成冰。当冰晶开始出现时的温度，即为食品的冻结点或冰点（freezing point）。当液体温度降低至冻结点时，液体和晶体会处于相对平衡状态，而要使液体转变为晶体则需破坏这种平衡态，即使液体温度低于冻结点，这种现象叫作液体的过冷。水在降温过程中开始形成相对稳定的晶核时的温度，或在开始回升时的最低温度被称为过冷温度，而过冷温度往往相对低于冰点。

水的冻结过程会伴随着两种现象的发生，包含：晶核形成和晶体生长。随着温度的降低，晶核形成和晶体生长的速度不同。图 2–1 为结晶过程的示意图，简称结晶曲线。当温度较高时，如图中 a 部分，晶核生成数量较少，而结晶生长的速率较快，导致食品中形成少量的大型结晶；在 b 部分，晶核生成数量多，结晶生长速率也较快，此时的冰晶状态为大量大小参差不齐的结晶颗粒；在 c 部分，晶核数量较多，但冰晶生长速度较慢，结果是形成大多数较小的冰晶颗粒；在 d 部分，温度降低到一定程度时，食品转变为玻璃态，此时仅有极少量的晶核生成，而晶体不生长。

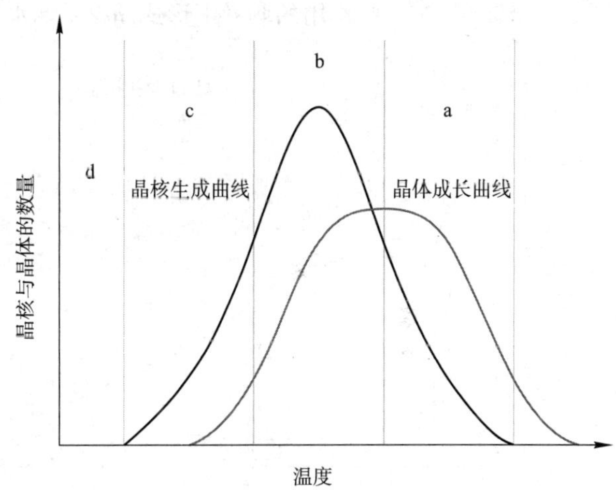

图 2–1 结晶曲线示意图

食品冻结时，随着时间的推移其温度变化的过程曲线称为食品冻结曲线，如图 2–2 所示，在冻结过程中，食品的温度始终以表面最低，越接近中心部位温度越高，不同部位的温度下降速度也不同。

食品冻结的过程可分为三个阶段：第一阶段，食品由初温降低至冻结点，释放“显热”，此热量值与全部放出的热量值相比较小，故而降温速度较快；第二阶段是食品温度到达冻结点后，食品中大部分水冻结成冰晶。该过程中释放的潜热通常是“显热”的 50～60 倍，因此曲线较为平坦。对于新鲜食品来说，温度降低至 –5℃时，约有 80% 水分转化为冰结晶；第三阶段是食品中残留的水分继续转变为冰晶，同时冰晶体进一步降温至冻结终温的过程。由于水转变为冰后比热容下降，冰进一步降温的“显热”较小，而残留水分结冰可释放冻结潜热，故而降温较第一阶段慢，曲线也较为平缓。

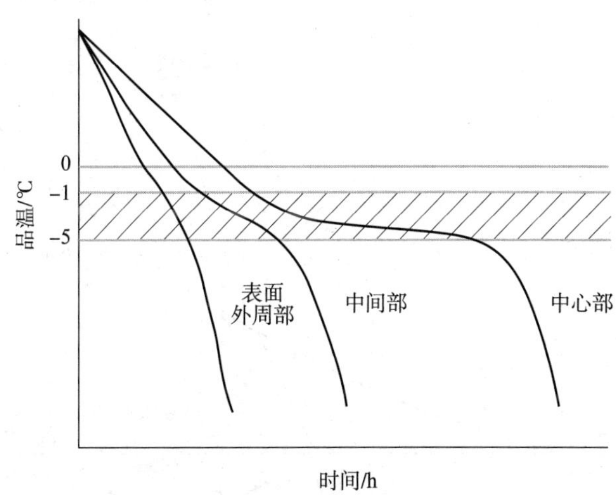

图 2–2 食品冻结曲线示意图

（2）冻结水分含量和最大冰晶生成带

食品温度在降低至 0℃时开始出现冰晶，冰晶开始出现时的温度就是该食品的冻结点。一般食品的冻结点从 –3～–0.6℃不等，如表 2–9 所示。

食品的水分冻结率是指在食品冻结的过程中，某一温度下食品中冰晶体的量与同一温度下食品内所含水分和冰晶体的总量之比。

食品中大部分水分会在 –5～–1℃区间内冻结，这种大量

表 2–9　常见食品的冻结点（杨瑞，2006）

品种	冻结点 /℃	含水量 /%	品种	冻结点 /℃	含水量 /%
牛肉	–1.7 ~ 0.6	71.6	干酪	–8	55
猪肉	–2.8	60	葡萄	–2.2	81.5
鱼肉	–2 ~ –0.6	70 ~ 85	苹果	–2	87.9
蛋白	–0.45	89	青豆	–1.1	73.4
牛奶	–0.5	88.6	香蕉	–3.4	75.5

生成冰晶的温度带即为冰晶最大生成带，即食品冻结过程中生成冰晶最多的温度区间。一般来说，食品的中心温度在冰晶最大生成带的温度区间内停留的时间不超过 30 min，就达到了速冻的要求。

（3）冻结温度变化

水溶液温度降低至冻结点时并不会全部结冰，大多数场合下需温度降低至冻结点以下，造成溶液过冷状态时，水溶液才会结冰。随着冰晶的生成释放出相变热，会致使水溶液的温度再次小幅度上升，如图 2–3 所示。

（4）晶核的形成

水或水溶解结冰时，晶核的形成是必要条件。当液体处于过冷状态时，液体中的物质会在某些作用的刺激下形成晶核。如水溶液中的气泡、微粒，以及容器内壁，都有可能在低温的刺激下形成晶核。由温度波动而形成的晶核为均一晶核，而其他晶核被称为非均一晶核。食品由于其组成复杂，冻结过程中生成的晶核均为非均一晶核。

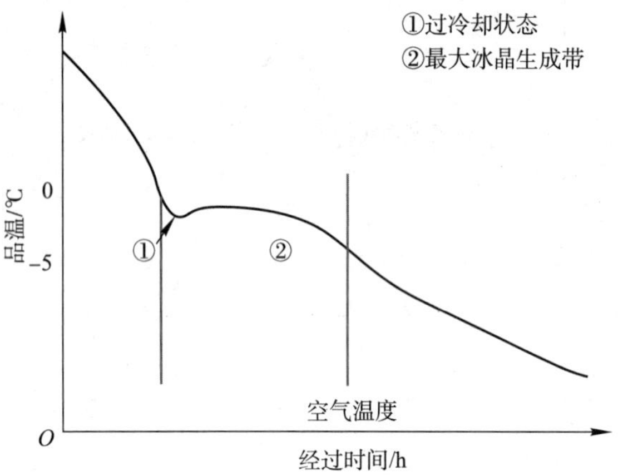

图 2–3　冻结时食品中心温度变化示意图

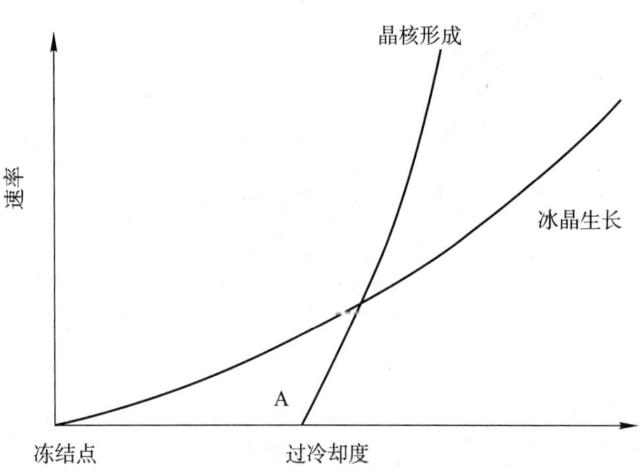

图 2–4　晶核形成、冰晶生长速度与过冷却度的关系

晶核形成后，冰晶体开始生长。冷却的水分子逐渐向晶核移动，凝结在晶核或冰结晶的表面，最终生成冰晶颗粒。晶核生成速度、冰晶生长速度以及过冷却度的关系如图 2–4 所示。图中 A 点为晶核形成的临界温度。在过冷却度较小的区域，即冻结点至 A 点之间，晶核形成数较少，但这些以晶核为中心的冰晶生长速度快；当过冷却度超过 A 点，晶核形成的速度急剧增加，而冰晶生长的速度相对缓慢。

在冻结过程中，当温度降低至食品冻结点时，细胞间隙内的水分，尤其是和亲水胶体结合较弱的水分，会首先形成冰晶体。随着冰晶体附近溶液浓度增加，与细胞内溶液形成渗透压差；同时由于水转变为冰，体积增大，对细胞产生挤压作用；再加上细胞内溶液的蒸气压大于冰晶体的蒸气压，使得细胞内水分不断向细胞外转移，并积聚在细胞间隙的冰晶体周围，最终导致冰晶体不断增大。食品的冻结速度对冰晶体的大小、形状、数量和分布状况影响很大。在食品的不同部位，食品温度下降的速度是不一样的。因此，在食品的不同部位中冰晶大小不一。

（5）冻结膨胀

当 0℃的水变成同温度的冰时，体积增大 9%。食品冻结时表面水分首先冻结成冰，然后冰层逐渐向内部延伸。当内部水分冻结膨胀时会受到外部冻结层的阻碍，于是产生内压，即冻结膨胀压。当外部无法承受这样的内压时就会破裂。采用温度很低的液氮冻结，食品的厚度较大时产生的龟裂就是此内压造成的。

2. **冻结时间与冻结速度**

食品的冻结时间是指食品开始生成冰晶到形成共晶点所经历的冻结过程的时间。冻结时间是为保证食品加工品质而选择适宜冷冻系统时的最关键参量。食品的冻结时间受食品本身热导率、热量在食品内部传递的距离、换热面积、食品与冷介质的温度差、冷介质与食品表面传热系数等许多因素的影响，冻结时间计算应用最广泛的是采用普朗克（Planck）方程：

$$t=\frac{q_i\gamma}{\Delta T}\left(\frac{Px}{\alpha}+\frac{Rx^2}{\lambda}\right)$$

式中，t 为冻结时间（s）；γ 为食品密度（kg/m^3）；q_i 为融化热（J/kg）；ΔT 为冰点与冷介质温度差（℃）；x 为食品的特征尺寸（m）；α 为表面传热系数［W/（$m^2\cdot K$）］；λ 为热导率［W/（m·K）］；P、R 为食品物料的几何形状常数。对于无限大平板，$P=1/2$，$R=1/8$；对于无限长圆柱体，$P=1/4$，$R=1/16$；对于球体，$P=1/6$，$R=1/24$。对于平板，x 为厚度；对于圆柱体或球体，x 为半径。

该方程的应用具有一定的局限性，如冻结食品密度难以测定时，只考虑了形成冰时放出潜热的时间，而未考虑从物品初温到冻结点的时间；λ 为常数，而实际上随冻结进行 λ 是不断变化的；假定传热时两侧的温度不变，而实际冻结中两侧温差往往会发生变化。

冻结速率（freezing rate）是指食品物料开始冻结的温度和冻结终了温度之差与冻结时间的比值，单位为℃/s，通常用℃/h 表示。如果用 r_f 表示冻结速率，则：

$$r_f=(T_f-T_F)/t_f$$

式中，T_f 为开始冻结的温度（℃）；T_F 为冻结终了温度（℃）；t_f 为冻结时间（s）。

食品物料表面与中心间的最短距离与食品表面达到 10℃后食品中心温度降到冰点所需时间之比，称为食品的冻结速度（freezing velocity），单位为 m/s，通常用 cm/h 表示。如果用 V_f 表示冻结速度，则：

$$V_f=d/(t_2-t_1)$$

式中，d 为食品表面到中心间的最短距离（m）；t_1 为食品表面温度达到 10℃的时间（s）；t_2 为食品中心温度降至冰点的时间（s）。

按食品冻结过程的快慢，可将食品的冻结分为缓慢冻结（0.1 ~ 1.0 cm/h）、中速冻结（1 ~ 5 cm/h）、快速冻结（5 ~ 10 cm/h）和超快速冻结（10 ~ 100 cm/h）。

3. **影响冻结速度的因素**

食品冻结过程中，不同食品冻结速度有所不同，影响冻结速度的因素主要有：①冷却截止的温度，在相同条件下，冷却介质温度越低，冻结速度越快；②对流换热系数，即空气或流体的流动速度，流速越快，对流换热系数越大，冻结速度越快；③食品成分，食品中含水量高，冻结速度快，脂肪和空气含量高，冻结速度慢；④食品规格，食品的形状、大小、薄厚是影响的主要因素。在其条件不变的情况下，冻结时间和食品的厚度平方成正比。一般认为厚度在 3 ~ 100 mm 的食品可以获得最有利的冻结条件。

在食品冻结过程中，食品组织内冰晶的大小与分布情况对食品品质有很大影响。在慢速冻结过程中，细胞外的水分首先结晶，造成细胞外溶液浓度增大，细胞内的水分不断渗透到细胞外并继续凝固，最后在细胞外空间形成较大的冰晶。细胞受冰晶挤压发生变性或破裂，破坏食品的组织结构，解冻后汁液流失大，不能保持食品的原有外观和鲜度，质量明显下降。因此，若能使食品快速冻结，以最短的时间通过最大结晶区，在食品组织中形成均匀分布的细小结晶，对组织结构破坏程度将极大降低，解冻后的食品基本能保持原有的色香味。

二、食品的冻结方法

按照冻结速度，可以分成缓冻和速冻两大类。缓冻就是食品放在绝热的低温室中（如 -40 ~ -18℃，常用 -29 ~ -23℃），并在静态的空气中进行冻结的方法。速冻方法主要有三类：鼓风冻结，采用连续不断的低温空气在食品物料周围流动；平板冻结或接触冻结，食品物料直接与中空的金属冷冻盘接触，其中冷冻介质在中空的盘中流动；喷雾或浸渍冻结，食品物料直接与冷冻介质接触发生冻结。

1. 鼓风冻结

鼓风冻结法实际上就是空气冻结法，主要是利用低温和空气高速流动，促使食品快速散热，以达到迅速冻结的要求。不论所用的方法如何不同，鼓风冻结设备的关键就是空气流畅，并使之和食品物料所有部分都密切接触。

设备内所用空气温度一般为 -46 ~ -29℃，而强制的空气流速则为 5 ~ 15 m/s，这是速冻设备和缓冻室的不同之处。尽管风速 5 m/s 左右比较经济，但在采用续带式冷冻时，会将风速调整到更高（10 ~ 15 m/s）。高风速也被用于船上冻结加工，风速可达 15 ~ 25 m/s。空气流动方式有多种，可在食品物料上面流过，也可在食品物料下面流过，还有流经食品物料堆层的（流化床冻结）。逆向气流是速冻设备最常见的气流方式，即冷空气的流向和食品传送方向相反。这样，在离开隧道或直立井筒体时与食品相接处的空气最冷，故冻结食品的温度不会一直降低，也可能出现部分解冻的可能。顺流时冷空气的流向和食品传送的方向一致，冻结过程中，在食品冻结时向空气放出热量的影响下，冷空气的温度就会上升，这就会导致已冻结的食品有出现部分解冻的可能。

鼓风冻结机的主要优点是用途的多面性，可适用于不规则形状、不同大小和不易变形的食品物料，尤其对于生产单体速冻制品非常有利，包括各种蔬菜、水果、甲壳类制品、鱼片及附加值高的食品。然而，与浸渍冻结相比，鼓风冻结的速度相对较慢而且需要不断除霜，其另一个缺点是风速小幅度提高需要大幅度提高动力来支持。延长高速冻结过程，可能会导致食品表面严重脱水，如食品进入冷冻间前没有冷却则特别容易发生这种问题。高风速也会导致食品被吹出输送带，这种情况特别容易发生在输送带表面光滑、食品与输送带间的摩擦因数很小时。鼓风冻结机连续操作过程中结霜，这个问题尤其在使用网格状传送带时情况特别严。鼓风冻结时，当需要很高的生产能力或延长冻结时间时，传送带的长度将会变得过长，这个问题可通过多次传送系统来解决。

2. 平板或接触冻结

用湿冷剂或低温介质（如各类盐水）冷却的金属板和食品密切接触下，使得食品冻结的方法称为间接接触冷冻法。平板多采用挤压过的铝制作，这种平板的截面上有通道可供液态制冷剂在其中流动，热传递在平板上下表面发生，通过冷却面与食品直接接触完成冷冻。在接触制品的各个平板上加压有助于接触紧密，从而提高平板与食品间的热传递系数。所使用的压力通常为 0.1 ~ 1.0 MPa，可使平板紧密与食品密切接触。

平板冻结机可用于冷冻未包装的、用塑料袋、玻璃纸或纸盒包装的食品。金属板有静止的，也有可上下移动的。这种方法也常用于制冰块，将装满水后的方形深底金属管固定地浸入盐水中，经一段时间冻结后即可制成大型的冰块。冰棒同样是用金属模盒装满配料液后浸在盐水中，并在不断向前推进中冻结而成。冻制鱼类时也可采用此法，不过有的用浅盘装盛冻结，有的则用薄壁探底金属盒冻结成不同尺寸的冻块。

3. 喷雾或浸渍冻结

散态或包装食品在低温介质或超低温制冷剂直接接触下进行冻结的方法，称为直接接触冻结法，具体有浸渍冷冻和喷雾冻结两种类型。通常用于速冻制品，如虾制品、高附加值产品或调味制品等。

（1）浸渍冻结

浸渍冻结机可以保证食品表面与冷冻介质之间紧密接触，保证良好的传热。冷冻介质有盐水、糖液和甘油溶液等。通常采用氯化钠盐水，其低共熔点为 -21.2℃，因此，在冷冻过程中可采用 -15℃左右的盐水温度。在盐水中冷冻的大型金枪鱼，可能需要 3 d 才能彻底冻结。采用现代的鼓风冷冻机在 -60 ~ -50℃下操作，鱼的冷冻时间会低于 24 h。对于捕获后鱼的保藏，盐水冷冻曾经在金枪鱼渔业工业中非常流行，但现在正逐渐被鼓风冷冻所取代。水果一般可用甘油 - 水混合液浸渍冻结，如 67% 甘油水溶液的温度可降低到 -46.7℃。丙二醇是另一种和甘油类似的低冻结点液体。60% 丙二醇水溶液在温度降低到 -51℃还不会冻结。

（2）喷雾冻结

喷雾冻结也可称为深冷冻结，通过将未包装或仅薄层包装的食品暴露在具有低沸点、温度极低的制冷剂中，即当食品通过冷冻隧道二氧化碳喷嘴时，液态二氧化碳喷到食品上，在离开喷嘴时食品发生相态变化而快速冻结。在一些系统中将固体二氧化碳（干冰）层被置于传送带上，食品则置于干冰之上，让液态二氧化碳从上喷下；由于干冰在 -78℃时升华，因此冷却食品至少在 -75℃时发生。在这种情况下食品冻结速度非常快，产品解冻汁液损失也下降到小于 1%。

在液氮冻结机中，当食品在移动的传动带上经过隧道时，液化的氮气气体喷射到食品的表面，氮气与传动带逆向流动；在大气压下，液氮沸点是 -196℃，因此在进入冷冻隧道前预冷非常重要，否则食品可能会由于冷却太快而出现应力破碎现象。在喷嘴后，必须要有个回温区，使食品在出冷冻隧道前回温，这可使食品表面与中心的温度梯度趋向于一定程度的平衡。食品被移入冻藏库后，通常会发生完全的平衡。

三、食品冻结预处理

食品物料尤其是果蔬等细胞组织较为脆弱的物料，在冻结过程中会受到不同程度的损伤，故而在冻藏前往往进行一定的前处理，以减少冻结、冻藏及解冻过程对品质的损伤。常见的预处理包括以下几种。

1. 热烫（杀青）处理

新鲜果蔬细胞组织中含有大量的酶，在冻结时细胞被破坏，氧化酶活性增强，致使果蔬产生褐变，通常采取热处理使其酶变性失活。通常采用热水或蒸汽对果蔬进行热烫，热烫后需注意沥干其附着水分，使得果蔬能够以较为干爽的状态进入冻藏环节。动物性食品，往往不需热烫工序。

2. 加糖处理

水果冻藏前可将其简单切分后渗糖，使其组织内游离水分减少，可有效防止其冻结过程中冰晶的形成，防止冷冻品质衰变。同时，糖液也可以降低水果的氧化现象。渗糖完成后，可沥干糖液，也可将水果与糖液一起冷冻。实际生产中，可在糖液中加入一定的抗氧化剂，以增强抗氧化效果。

3. 加盐处理

对于水产品及肉类，加入一定量的氯化钠可以降低物料与氧气的接触，防止氧化现象。该处理多用于海产品，如海藻、鲑鱼卵等均可经食盐腌制后再冻结。

4. 浓缩处理

对于液态食品，如牛乳、果汁等，如直接冻结则会产生大量冰晶，使得冻结体系浓度增加，导致蛋白质变性等不良后果。液态食品经浓缩后，冻结点会大幅降低，冻结时冰晶量较少，对冻结体系影响较小，解冻后也易复原。

5. 抗氧化处理

水产品等原料，在冻结时极易发生氧化现象，出现变色、变味等品质劣变。在冻结前加入一定的水溶性或脂溶性抗氧化剂，可以有效减少水溶性物质（如酪氨酸）及脂质的氧化。

6. **镀冰衣处理**

镀冰衣可以起到较好的包装阻隔作用，有效保持冻藏食品品质。纯水制作的冰衣质地较脆、易脱落，往往使用一些增稠剂作为糊料，提高冰衣在食品物料表面的附着性和完整性。同时，也可在冰衣液中加入一定的抗氧化剂或防腐剂，以提高贮藏效果。

7. **包装处理**

冻结时，通常采用密封包装食品物料，以减少其氧化、水分蒸发以及预防微生物污染等。

四、食品冻藏过程中的品质变化

冻结食品时如操作处理不当，会引起食品组织瓦解、质地改变、乳液被破坏、蛋白质胶体变性及其他理化变化。因此，合理控制冻结条件是保证冻结食品品质的重要条件。冻结及冻藏对食品品质的影响，大致有下列几个方面：

1. **体积变化**

一般来说，食品物料在冻结后会发生体积膨胀，膨胀的程度与食品中的水分和气体含量有关，如液态食品（如牛奶）冻结时体积膨胀较严重；液体和冰块都无压缩性，瓶装液体食品冻结时食品体积增大，常会引起跳盖或玻璃瓶爆裂等现象。因此，在使用玻璃瓶或塑料瓶等硬质容器盛放液态食品时，必须为冻结时的体积增大留有余地。

2. **溶质重新分布**

冻结使溶液中的溶质按几何梯度重新分布，越到中心浓度越高。在冻结开始时，食品物料内理论上是以纯水的形式形成冰结晶，原来水中溶解的组分会转移到冻结层表面附近的溶液中使其浓度增加，与远离冻结层的溶液之间形成了浓度差和渗透压差。在浓度差的推动下，溶质不断向食品中心部位移动，而溶剂则在渗透压差影响下，逐渐向冻结层附近溶液浓度较高的方向前进。随着冻结过程进行，即冻结层厚度的增加，溶液或液态食品内不断地进行着扩散与平衡。由于食品温度不断下降，冻结点与食品温度相等的低浓度溶液不断被冻结，未冻结层内溶质度则不断增大，从而使冻结溶液内的溶质从内向外按几何梯级重新分布。

因扩散作用是在溶液或液态食品开始冻结后才发生的，冻结层分界面的位移必然先于溶质的扩散。因此，溶质在冻结溶液内的重新分布，完全决定于分界面位移速率和溶质扩散速率的对比关系，分界面位移速率快，那些尚处于原来状态的水分全部形成了冰晶体，则溶质分布均匀。值得注意的是，即使冻结层分界面高速位移也难使冻结溶液内溶质分布完全均匀，而缓慢的位移也难使最初形成的冰晶体达到完全脱盐的程度。

冷冻浓缩是利用上述冻结规律来浓缩果汁等一类具有热敏性物质的新技术。浓缩过程中溶液水分的排出不是用加热蒸发的方法，而是靠从溶液到冰晶的相际传递，因此可避免芳香物质因加热所造成的挥发损失和热敏性物质的变性或分解，因此所生产的产品可以很好地保持原有的风味和营养。

3. **冰晶损伤**

动植物组织构成的固态食品（如鱼类、肉类和果蔬等），都是由娇嫩细胞壁或细胞膜包围住的细胞构成，在所有的细胞内都有胶质状原生质存在。水分则存在于原生质或细胞间隙中，或呈结合状态或呈游离状态。一般情况下，细胞内溶液的浓度总要和细胞外溶液的浓度基本相同，即保持内外等渗的条件。冻结过程中温度降低到食品冻结点时，那些和亲水胶体结合较弱、存在于低浓度溶液内的部分水分（主要是处于细胞间隙内水分）就会首先形成冰晶体；从而引起冰晶体附近的溶液浓度升高，即胞外溶液的浓度上升，高于胞内溶液的浓度；此时，胞内水分就透过细胞外膜向外渗透，达到新平衡的趋势。在缓慢冻结的情况下，细胞内的水分不断穿过细胞膜向外渗透，以致细胞收缩，过度脱水。如果水的渗透率很高，细胞壁可能被撕裂和折损。同时，冰晶体对细胞产生挤压，且细胞和肌纤维内汁液形成的水蒸气压大于冰晶的蒸气压，导致水分向细胞外扩散，并围绕在冰晶体的周围。随着食品温度不断下降，存在于细胞与细胞间隙内的冰晶体就不断地增大（直至它的温度下降到足以使细胞内部所有汁液转化成冰晶体为止），从而破坏了食品组织结构，使其失去了复原性。冻结速率越慢，水分重新分布越显著，冰晶体对食品的危害越严重。

冻结过程中食品冻结速率越快，水分重新分布的现象也就越不显著。因为速冻时组织内的热量迅速向外扩散，温度迅速下降到能使那些尚处于纤维内或细胞内的水分或汁液，特别是那些尚处于原来状态的水分全部形成了冰晶体，所以形成的冰晶体小、数量多，分布也比较均匀，在最大程度上保证了冻结食品的品质。有些食品本身虽非细胞构成，但冰晶体的形成对其品质同样会有影响，如奶油类乳胶体、冰淇淋类冻结泡沫体。奶油的脂肪为连续相而水分为分散相，奶油冻结时分散的水滴，会越过奶油层聚合在一起形成冰晶体，因此，奶油解冻后就会出现水孔和脱水的现象。缓冻制成的冰淇淋不仅会因形成大粒冰晶体而质地变得粗糙，不像速冻制成的那样细腻，而且冰晶体会破坏冰淇淋内的气泡，使其在部分解冻时或在贮藏过程中出现容积缩小的现象。

4. 浓缩影响

大多数冻藏食品，只有在全部或几乎全部冻结的情况下，才能保持良好的品质。食品内如尚有未冻结核心或部分冻结区存在，就极易出现色泽、质地和胶体性质等方面的变质现象。未冻结核心或部分冻结区的高浓度溶液，是造成部分冻结食品变质的主要原因。由于浓缩区水分少，可溶性物质浓度高，可能会导致很多危害。例如，溶液中若有溶质结晶或沉淀，那么其质地就会出现沙粒感；在高浓度溶液中若仍有溶质未沉淀出来，蛋白质就会因盐析而变性；有些溶质属酸性，浓缩会引起 pH 下降，当 pH 下降到蛋白质等电点时，会导致蛋白质凝固；胶体悬浮中阴、阳离子处于微妙的平衡状态中，其中有些离子还是维护悬浮液中胶质体的重要离子。这些离子的浓度增加或沉淀，会对悬浮液内的平衡产生干扰作用；食品内部存在着气体成分，当水分形成冰晶体时溶液内气体的浓度也同时增加，可能导致气体过饱和，最后从溶液中挤出；如果食品微小范围内溶质的浓度增加，会引起相邻的组织脱水，解冻后这种转移水分难以全部复原，组织也难以恢复到原有的饱满度。

5. 蛋白质冻结变性

食品中的蛋白质在冻结过程中会发生冻结变性，在冻藏过程中，因冻藏温度的变动和冰结晶的长大，会增加蛋白质的冻结变性程度。通常认为，冻藏温度越低，蛋白质的冻结变性程度越小。鱼类因鱼种不同，其蛋白质的冻结变性程度有很大差异，这与鱼肉蛋白质本身的稳定性有关。例如，鳕鱼肉的蛋白质很容易冻结变性，而鲈鲉、狭鳞庸鲽却不容易变性。此外，鱼肉蛋白质的冻结变性还要受到共存物质的影响，如脂肪的存在，特别是磷脂质的分解产生的游离脂肪酸，是促进蛋白质变性的因素之一。又如，钙、镁等水溶性盐类会促进鱼肉蛋白质的冻结变性，而磷酸盐、糖类和甘油等可减缓鱼肉蛋白质的冻结变性。

◎ 延伸阅读

低温保护剂——糖类物质

6. 脂类变化

冷冻鱼脂类的变化主要表现为水解、氧化，以及由此产生的油烧。鱼的脂类主要是甘油三酸酯，还有一些其他脂类，如磷酸甘油酯、固醇类等。它们在脂酶和磷脂酶作用下易水解，产生游离脂肪酸。鱼类的脂肪酸大多为不饱和脂肪酸，特别是一些多脂鱼，如鲱鱼、鲭鱼等，其多不饱和脂肪酸的含量更多。鱼类在冻藏过程中，脂肪酸往往因冰晶的压力由内部转移到表层中，因此很容易在空气中氧的作用下发生自动氧化，发生酸败。脂肪酸败并非油烧，脂类氧化产物与蛋白质的分解产物发生反应，初步生成黄褐色物质，进一步生成褐色物质的现象称为油烧。只有与蛋白质的分解产物共存时，脂类氧化产生的羰基与氨基反应，脂类氧化产生的游离基与含氮化合物反应，氧化脂类互相反应，其结果使冷冻鱼发生油烧，产生褐变。此外，脂类氧化会促进鱼肉冻藏中的蛋白质变性和色素的变化，使鱼体的外观恶化，风味、口感及营养价值下降。

7. 色泽变化

冻结食品在冻藏过程中，除了因制冷剂泄漏造成变色（例如，氨泄漏时，胡萝卜的橘红色会变成蓝色，洋葱、卷心菜和莲子的白色会变成黄色）外，其他凡在常温下发生的变色现象，在长期冻藏过程中都会发生，只是进行的速度十分缓慢。植物细胞的表面有一层以纤维素为主要成分的细胞壁，其没有弹性，当植物细胞冻结时，细胞壁就会胀破，在氧化酶的作用下，果蔬类食品容易发生褐变。所以蔬菜在速冻前一般要将原料进行烫漂处理，钝化过氧化酶。如果烫漂温度与时间不够，过氧化酶失活不完全，绿色蔬菜在冻藏过程中会变成黄褐色；如果烫漂时间过长，绿色蔬菜也会发生黄褐变，这是因为蔬菜叶子中含有叶绿素而呈绿色，当叶绿素变成脱镁叶绿素时，叶子就会失去绿色而呈黄褐色。蔬菜在热水中烫漂时间过长，蔬菜中的有机酸溶于水中使其变成酸性的水，也会发生上述变色反应。

五、冻藏食品的 TTT

1. TTT 概念

为了探究冷冻食品可能存在的质量变化、温度变动及其对冷冻食品质量的影响，美国西部农产物利用研究所在 1948 年开始了大量研究。他们制备了不同冷冻食品，分别放在不同温度的冷藏箱中进行实验。经过长达十年的研究，在大量实验数据的基础上，Arsdel 等总结了冷冻食品由时间、温度变化所确定的品质贮藏性，提出了保持冷冻食品品质所容许的贮藏时间和温度的界限，即 TTT 理论。

冷冻食品在流通过程中的质量变化主要取决于温度，冷冻温度越低，其品质保存时间越长。感官实验显示，大多数冷冻食品的质量稳定性随食品温度的降低，而呈现出指数型增强。将冷冻食品品质变化所需时间与冻藏温度作图，基本呈现出倾斜的直线状（如图 2–5）。

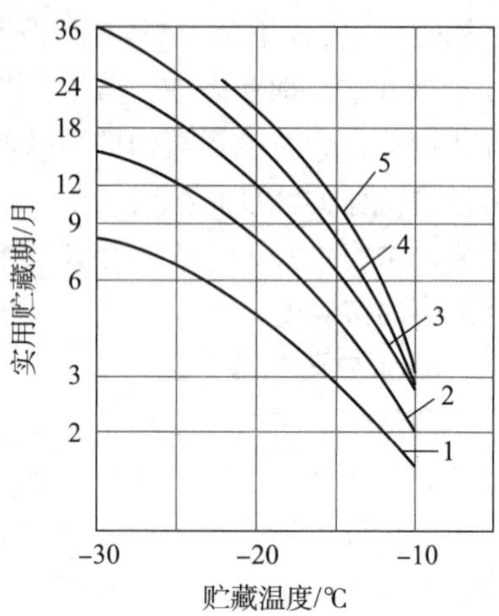

图 2–5　冷冻食品的 TTT 曲线

1. 多脂鱼（鲑）和炸仔鸡；2. 低脂鱼；3. 四季豆和汤菜；4. 青豆和草莓；5. 木莓

由图 2–5 可知，为了尽可能地保持食品品质，尤其是水产品品质，冷冻食品的贮藏温度应尽可能低。温度对于冷冻食品品质稳定性的影响，可用温度系数 Q_{10} 表示，其可表示温差 10℃，品质降低的速度比，即温度下降 10℃，冷冻食品品质保持的时间比原来延长的倍数。TTT 研究结果同样表明，冷冻食品在流通过程中因时间 – 温度的变化而引起的品质劣变是可累积、不可逆的。这一结果对于掌握流通过程中冷冻食品的品质变化有重要意义。将某个冷冻食品在实际流通过程中所经历的温度和时间记录下来，根据其 TTT 曲线，按顺序计算出各个阶段的品质变化量，就能确定其品质变化，这种方法被称为 TTT 计算法。

2. TTT 计算

根据 TTT 曲线可知，某冷冻食品在某个温度下的实用贮藏期为 A，也就是说该冷冻食品原来的品质是 100%，经过 A 时间后，其品质下降到 0。那么，在此温度下该冷冻食品每天的品质降低量 $B = 100/A$。根据此关系式，可作出其品质保持特性曲线（如图 2–6 所示），然后在此基础上作出 TTT 图进行计算。

图 2–7 中横坐标为天数，纵坐标是各种温度下冻结鳕鱼肉每天的品质降低量。由此可知，冻结包装鳕鱼肉从生产结束一直到消费者手上，共经历了 7 个流通环节。用 TTT 曲线图进行计算，各流通环节的品质降低量 = 每天的品质降低量 × 天数，即下图中 1、2、3、4、5、6 和 7 的面积。经过 192 天的流通，冻结包装鳕鱼肉的品质降低总量 D 为 1.352。当 $D < 1$ 时，该冷冻食品的品质量较好，即仍可低温贮藏；当 $D > 1$ 时，该冷冻食品发生明显的品质劣变，失去商品价值。本例中的冻结包装鳕鱼肉，在流通 192 天后品质明显劣化，失去商品价值，不应继续销售（表 2–10）。

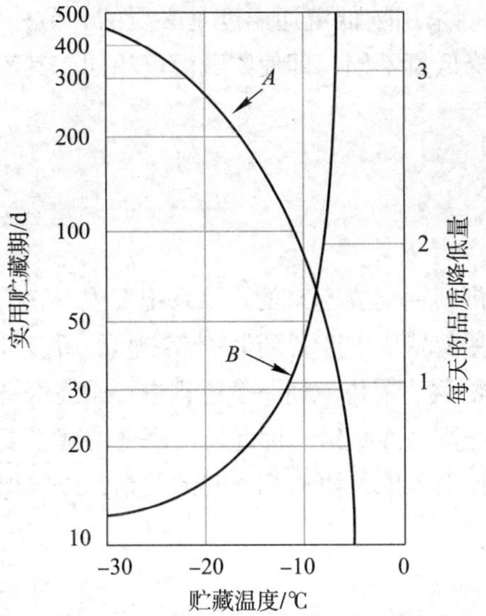

图 2-6　实用贮藏期与每天品质降低量的关系曲线

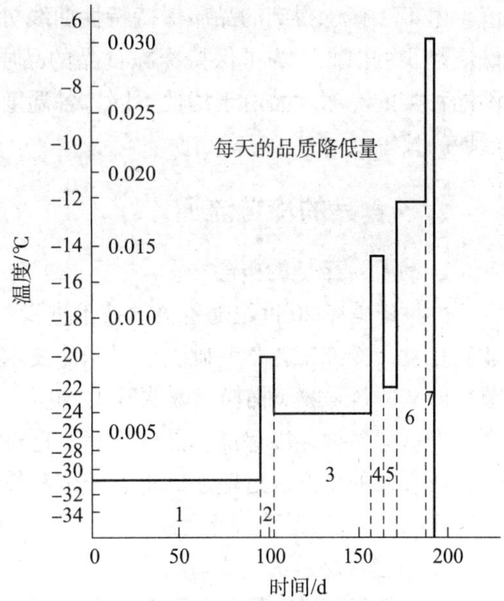

图 2-7　冻结包装鳕鱼肉的 TTT 曲线

表 2-10　冻结包装鳕鱼肉流通期间的品质降低量与时间、温度的关系

流通环节	温度 /℃	时间 /d	每天品质降低量	阶段品质降低量
生产者的低温保管	–30	95	0.003 62	0.344
生产者向批发商的低温运输	–18	2	0.011	0.022
批发商的低温保管	–22	60	0.007 4	0.444
批发商向零售商的低温运输	–14	3	0.016	0.048
零售商的低温保管	–20	10	0.008	0.080
零售商的低温销售	–12	21	0.018	0.378
零售商向消费者的低温送货	–6	1	0.036	0.036
合计		192		1.352 > 1.0

3. 冷藏链与 TTT

为了防止冷冻食品品质劣变，必须要保证其在低温冻结状态下流通，同时在贮藏、运输、批发、销售的各个环节间建立完善的冻结冷藏链，进行连续的低温处理。

在冷冻食品的冷藏链中，时间最长的环节是贮藏。冷冻食品不仅生产出来后要放入冷藏库内贮藏，进入销售环节如菜市场或超市后，也要放入冷藏库中，甚至消费者购买后也要放入家用冰箱或冰柜。根据 TTT 理论，影响冷冻食品品质的最主要因素是温度，因此贮藏温度的管理十分重要。近年来，国际上冷冻食品的贮藏温度进一步趋向低温化，并要求温度稳定，减少波动。

运输环节可看作贮藏的延长。虽时间相对较短，但仍需避免因温度变动对冷冻食品带来的品质影响。因此，冷冻食品必须用冷藏列车、冷藏船或冷藏汽车运输，并要进行严格的温度管理，使得冷冻食品的品温保持在 –18℃以下。在销售环节中，冷冻食品必须放在 –18℃的低温冷藏库中出售。

冷冻食品的流通期虽然不易预先确定，但作为商品一般要求保持 6 个月到 12 个月的商品价值。由TTT概念得到的品质保持特性曲线可知，冷冻食品的流通期越长，每天所容许的品质降低量应越少。因此，为了保持冷冻食品的品质，实施冷藏链、采用较低流通温度是必要的。另外，不同种类的冷冻食品由于特性不同，各温度下每天的品质降低量不同，即使贮藏温度相同，其流通期的长短也不同。

六、食品的冷链流通

1. 食品冷藏链的概念

◎ **延伸阅读** 冷链在食品工业中的应用现状

冷藏链是在20世纪随着科学技术进步、制冷技术的发展，而建立起来的一项系统工程。它是建立在食品冷冻工艺学基础上，以制冷技术为手段，使易腐食品从生产者到消费者之间的所有环节，即从原料采收（捕捞、收购等）、生产、加工、运输、贮藏、销售流通整个过程中，始终保持合适的低温条件，以保证食品的质量。这种连续的低温过程称为冷藏链。因此，冷藏链的建设要求把所涉及的生产、运输、销售、经济和技术性因素集中起来考虑，协调相互间的关系，以确保易腐食品的加工、运输和销售。

2. 食品冷藏链的组成与结构

食品冷藏链的主要组成包括：原料前处理、预冷、速冻、冷藏、流通运输、销售与分配等。

① 食品冷加工阶段。包括原料前处理、预冷和速冻环节，可以称之为冷藏链的“前端环节”，包括肉类、鱼类的冷却与冻结，果蔬的预冷与速冻，各种冷冻食品的加工等，主要涉及冷却和冻结装置。

② 冷藏阶段。主要是冷却物的贮藏和冻结物的冷藏，是冷藏链的“中间环节”，主要涉及各类冷藏库、冷藏冷冻柜、冰箱等设备。

③ 冷藏运输阶段。贯穿于整个冷藏链的各个阶段，包括食品的中、长途运输及短途送货等，主要涉及铁路冷藏车、冷藏汽车、冷藏船、冷藏集装箱等低温运输工具。

④ 销售与分配阶段。是冷藏链的“末端环节”，包括冷藏冷冻食品的批发与零售等，超市中的冷藏陈列柜兼有冷藏和销售功能，是食品冷藏链的主要组成部分之一。

冷藏链中的各个环节都起着非常重要的作用。同时，要保证冷藏链中食品的品质，对食品本身也有一定要求：原料及食品应新鲜度良好。若腐败变质已经发生，低温也不能使其恢复至初始状态；食品生产、收获与冷冻间隔的时间越短越好。

3. 冷藏运输工具

冷藏运输是食品冷藏链中十分重要而又必不可少的一个环节，由冷藏运输设备来完成。冷藏运输设备是指本身能造成并维持一定的低温环境，用来运输冷冻食品的设施及装置，包括冷藏汽车、铁路冷藏车、冷藏船和冷藏集装箱等。从某种意义上说，冷藏运输设备是可以移动的小型冷藏库。

虽然冷藏运输设备的使用条件不尽相同，但一般来说，他们均应满足以下条件：能产生并维持一定的低温环境，保持食品低温的恒定；隔热性好，尽量减少内部外部的热交换；可根据食品的品种特性及环境变化调节温度；制冷装置在设备内所占空间要尽可能小；制冷装置重量轻，安装稳定，安全可靠，不易发生故障；运输成本低。

① 冷藏汽车。公路冷藏汽车具有使用灵活、建设投资少、操作管理与调度方便等特点，是食品冷藏链中重要的、不可或缺的运输工具之一。它既可以单独进行易腐食品的短途运输，也可配合铁路冷藏车、水路冷藏船进行短途转运。虽然冷藏汽车可采用不同的制冷方法，但设计时应考虑以下因素：车厢内应保持的温度及允许的偏差；运输过程中所需要的最长时间；历时最长的环境温度；运输的食品种类；开门次数。根据制冷方式，冷藏汽车可以分为机械冷藏汽车、液氮或干冰冷藏汽车、蓄冷板冷藏汽车等多种。这些制冷系统彼此间差别很大，选择时应根据食品特性、运行经济性、可靠性及使用寿命等方面综合考虑。除上述冷藏汽车外，还有一种保温汽车，它本

身没有任何制冷装置，只在箱体上加装了隔热层。这种汽车不适宜长途运输冷冻食品，只能用于市内短途配送。

② 铁路冷藏车。在食品冷藏运输中，铁路冷藏车具有运输量大、速度快的特点，在食品冷藏链中占有重要地位。良好的铁路冷藏车，应具有以下特点：良好的隔热性能，并设有可控制温度的制冷、通风和加热装置；能适应恶劣气候；耐冲击和抗震性良好；维修方便，大修期长；具有备用机组；操作自动化等。铁路冷藏车是我国食品冷藏运输的主要承担者，主要包括铁路加冰冷藏车、铁路机械冷藏车、铁路蓄冷冷藏车、铁路干冰冷藏车等类型。

③ 冷藏船。冷藏船主要用于渔业，尤其是远洋渔业。远洋渔业的作业时间很长，有的长达半年以上，必须用冷藏船将捕捞物及时冷藏或冷冻加工。此外，由海路运输易腐食品也必须用冷藏船。冷藏船可分为三种：冷冻母船、冷冻运输船和冷冻渔船。冷冻母船是万吨以上的大型船，它配备冷却、冻结装置，可进行冷藏运输。冷冻运输船包括集装箱船，其箱内温度波动不超过 ±5℃。冷冻渔船一般是指备有低温装置的远洋捕鱼船或船队中较大型的船。

④ 冷藏集装箱。集装箱已是国内外公认的一种经济合理的运输工具，它在海、陆、空运输中占有重要的地位和作用。冷藏集装箱及其运输技术具有特殊的意义，大力发展集装箱运输是我国交通运输的重要发展趋势。冷藏集装箱出现于 20 世纪 60 年代后期，具有钢质轻型骨架，内、外贴有钢板或轻金属板，两板之间充填隔热材料。常用的隔热材料有玻璃棉、聚苯乙烯、发泡聚氨酯等。

4. 冷藏柜与冰箱

① 冷藏陈列柜。在超市或零售商店中，用于陈列、销售食品和其他商品的存放设备，均称为陈列柜。冷藏陈列柜是菜场、副食品商场、超市等销售环节的冷藏设施，目前已成为冷藏链建设中的重要一环。根据陈列柜的结构形式，可分为敞开式和封闭式。而敞开式又包括卧式敞开式和立式多层敞开式，封闭式又包括卧式封闭式和立式多层封闭式。一般来说，冷藏柜均应具有如下特点：装配制冷装备，有隔热层；能很好地展示食品的外观；具有一定的贮藏容积；日常运转与维修方便；安全、卫生、低噪声；能保证冷冻食品处于适宜的低温下；便于顾客选购。

② 家用冰箱。在冷藏链中，家用冰箱是最小的冷藏单位，也是冷藏链的终端。随着经济发展和人们生活水平的提高，家用冰箱已大量进入普通家庭，对冷藏链的延伸起了很好的促进作用。家用冰箱的种类很多，按照制冷系统可分为压缩式、吸收式和半导体式等；按照箱体外形可分为立式、卧式、台式、壁式、茶几式和炊具组合式等；按照箱门形式可分为单门、双门、三门、四门和多门等。

开放讨论题

你认为随着消费需求的转变，未来食品冷藏链如何实现跨越式发展？

思考题

1. 简述影响微生物低温致死的因素。
2. 简述低温导致微生物失活和死亡的原因。
3. 简述气调冷藏法的原理及特点。
4. 食品冷却冷藏过程中的品质变化如何？
5. 试述食品冻结前预处理的方法。
6. 试述食品冷藏过程中的品质变化。

7. 说明冻藏食品 TTT 的概念、计算和意义。

8. 说明食品冷藏链的组成与结构。

自测题

撰写人：张宾、水珊珊、李海燕

第三章

食品热处理和杀菌

不同的热处理和杀菌方法可以有效改善食品的品质、加工性能，还可以延长食品的贮藏期。食品热处理和杀菌方法与设备的迅速发展，对食品加工业的发展将起到积极助推作用。本章介绍热处理的作用、杀菌原理、热处理与杀菌方法及对食品品质的影响。

知识目标

1. 理解食品杀菌的概念。
2. 掌握商业杀菌的工艺。
3. 探究杀菌对食品品质的影响。

能力目标

1. 能够掌握不同类型的食品热处理及其特点。
2. 能够选取合适的杀菌工艺并进行相应的工艺控制。
3. 能够熟练应用不同食品的热处理与杀菌方法。

素养目标

1. 认识食品杀菌技术的优缺点。
2. 认识食品杀菌技术的应用与发展。
3. 培养理论联系实际的能力。

知识导图

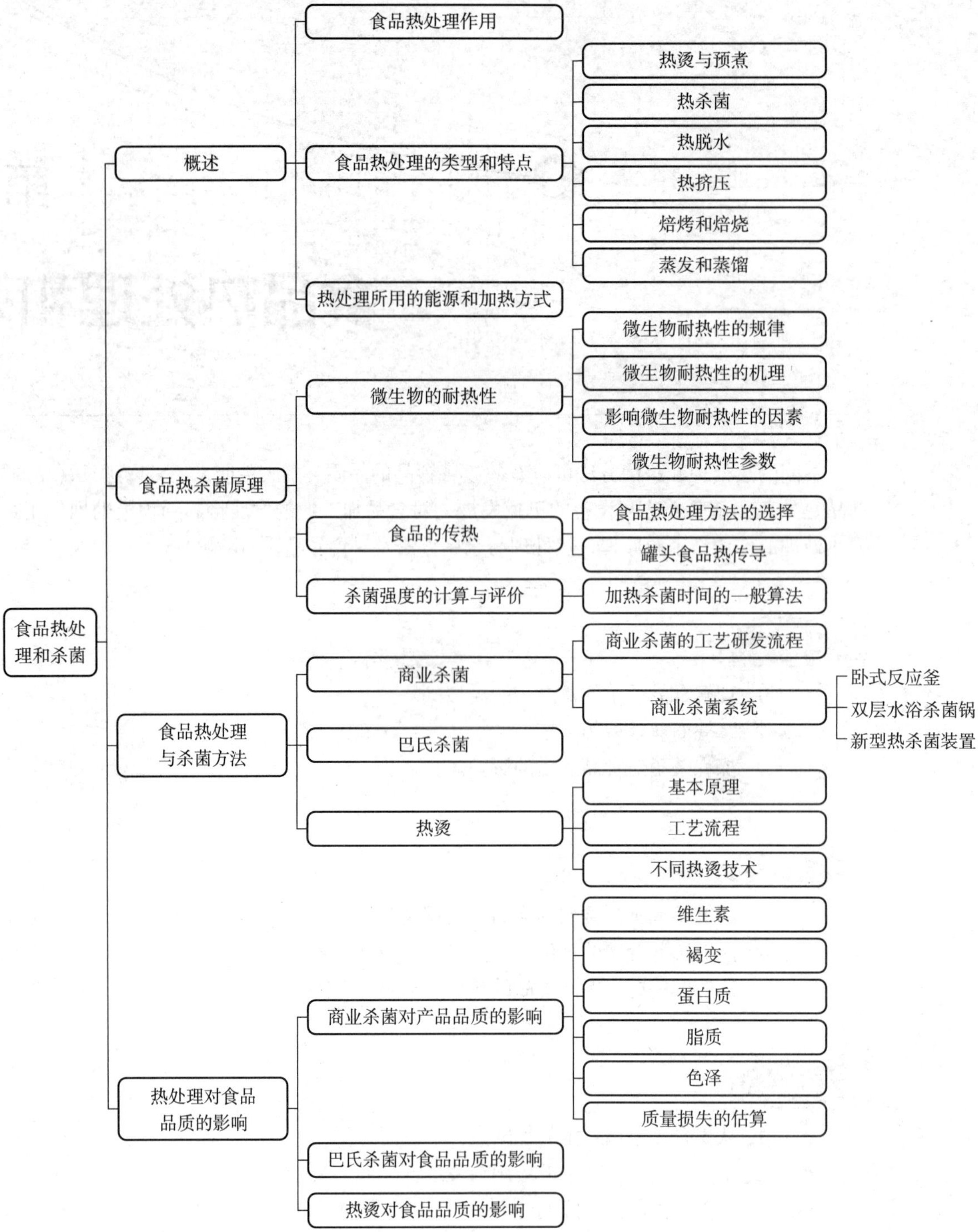

重点及难点

食品传热；微生物的耐热性；杀菌强度的计算；热处理程度对食品品质的影响

问题导读

1. 试述热处理对食品品质的调控作用。
2. 试分析微生物的耐热性。
3. 查阅资料了解热处理方式及设备的情况。
4. 试分析杀菌条件如何确定。

关键词

热处理　热杀菌　传热　热烫　巴氏杀菌　微生物耐热性

第一节　概　述

一、食品热处理作用

热处理（thermal processing treatment）是食品加工与保藏中用于改善食品品质、加工性能、延长食品贮藏期的最重要的处理方法之一。食品工业中所采用的热处理的方式较多，不同种类的热处理目的和作用各异，但热处理过程对微生物、酶和食品成分的作用以及传热的规律却有相同或相近之处，热处理作用主要包括：①杀死致病菌等微生物和其他寄生虫等生物；②钝化酶；③破坏食品中不需要或有害成分，如大豆中的胰蛋白酶抑制因子；④改善食品的品质与特性，如产生需宜的风味和改善食品质构等；⑤提高食品中营养成分利用率和消化性等。另外，热处理可能造成食品中某些营养成分及热敏性成分的损失，导致食品的色泽和口感等品质发生不良的变化。

二、食品热处理的类型和特点

食品工业中热处理的类型主要有热烫、热杀菌、热脱水和热挤压等。

1. 热烫与预煮

热烫，又称烫漂、杀青、预煮。热烫处理主要应用于蔬菜和部分水果，通常是果蔬冷冻、糖制、干燥或罐藏前的主要预处理工序。

热烫的作用主要是破坏或钝化食品中导致其品质变化的酶类，防止或减少食品在加工和保藏中因酶引起的食品色泽、风味的劣化和营养成分损失，以保持食品的品质。热处理是破坏或钝化酶活性的最主要和最有效方法之一。另外，热烫具有一定的杀菌和清洗作用，可以减少食品表面的微生物数量；排除食品组织中的气体，使食品装罐后形成良好的真空度及减少氧化作用；热烫还能软化食品组织，有利于食品往容器中装填；热烫也起到一定的预热作用，有利于装罐后缩短杀菌升温的时间。

对于果蔬的干藏和冷冻保藏，热烫的主要目的是破坏或钝化酶的活性；对于罐藏加工中的热烫，热烫主要起到护色、软化组织等作用。

2. 热杀菌

热杀菌是以杀灭微生物为主要目的的热处理方式，根据要杀灭微生物的种类的不同可分为巴氏杀菌（pasteurization）和商业杀菌（sterilization）。

巴氏杀菌是一种较温和的热处理形式，其处理温度通常在100℃以下，典型的巴氏杀菌的条件是62.8℃、30 min，如达到同样的杀菌效果，可以由不同的温度和时间组合。巴氏杀菌破坏食品中热敏性的微生物和致病菌，可使食品中的酶失活。食品经巴氏杀菌的贮藏期主要取决于杀菌工艺、食品成分和包装情况。

商业杀菌通常是将食品加热到较高的温度并维持一定的时间以达到杀死所有致病菌、腐败菌和绝大部分微生物的目的，使杀菌后的食品符合货架期的要求，但对食品营养成分的破坏较大。杀菌后食品通常也并非达到完全无菌，只是杀菌后食品中不含致病菌，处于休眠状态的非致病菌在正常的食品贮藏条件下不能生长繁殖，这种无菌程度被称为“商业无菌”。这种杀菌效果一般需密封在容器内的食品才能防止杀菌后再污染。例如，罐头食品就是先密封于容器内再进行杀菌处理，而饮料、牛奶等经超高温瞬时（UHT）杀菌后在无菌条件下进行包装。

从杀菌时微生物被杀死的耐热程度来看，细菌的芽孢具有更高耐热性，它通常较营养细胞难被杀死。另外，专性好氧菌的芽孢较兼性和专性厌氧菌的芽孢容易被杀死。杀菌后食品所处的密封容器中氧的含量通常较低，这在一定程度上也能阻止因微生物繁殖而导致的食品腐败。在考虑确定具体的杀菌条件时，通常以某种具有代表性的微生物作为杀菌对象，通过这种对象菌的杀灭情况反映杀菌的效果。

3. 热脱水

热脱水是指在控制条件下运用热能，以蒸发的形式除去食品中的大部分水分，其主要目的是通过适度脱水而降低产品中的水分活度，以控制微生物的生长和酶的活性，从而延长食品的货架期，如肉制品的脱水、果蔬的脱水等。

食品物料经非水介质加热后，如油炸后具有了特有的质地、香气和色泽。油炸脱水根据热介质的使用程度的不同分为油炸和煎炸。油炸是将食品置于热油中进行加热的过程，其表面的温度迅速升高，水分以蒸汽的形式蒸发，随着加热过程的进行，蒸发层向食品内部移动，形成脆性外皮。煎炸是指用少量的油加热食品，使其表面脱水的过程。加热后，煎炸油的温度比沸水的温度高，煎炸食物需时较短。

4. 热挤压

挤压是将食品物料放入挤压机中，物料在旋转螺杆的作用下被混合、压缩，然后在卸料端通过模具出口被挤出的过程。挤压过程中物料可通过剪切摩擦自行产热，也可对物料进行外加热。根据挤压过程中物料的受热程度分为热挤压和挤压成型。热挤压过程中物料的温度在蒸煮温度之上，故也被称为挤压蒸煮。热挤压所产生的高温、高压、剪切力、摩擦力等对食品原料产生了混合、蒸煮、揉搓、剪切、成型、干燥、杀菌等作用。一般来说，物料在机械力的作用下通过挤压模具，让产品成型，从而达到所需的产品形状和组织状态。挤压加工过程中蛋白易发生结构降解，淀粉易发生凝胶化，而且脂肪、淀粉、蛋白之间会形成复合物，进而导致产品微观结构、物理化学性质等发生改变。

通过挤压可以生产不同形状、质地、色泽和风味的食品。热挤压是一种高温短时的热处理过程，它能够减少食品中的微生物数量和钝化酶的活性，但无论是热挤压或是挤压成型，其产品的保藏主要是靠其较低的水分活度和其他条件。

5. 焙烤和焙烧

焙烤（baking）和焙烧（roasting）均是采用热气来改善食品食用品质。焙烤应用于主要成分为面粉和谷物的食品，而焙烧则应用于肉类和坚果等食物。焙烤和焙烧的还能够通过杀灭微生物、降低食品的水分活度来达到防腐的目的。咖啡豆的焙烧的受热温度为 165 ~ 250℃，通过焦糖化反应形成咖啡的滋味和气味。

6. 蒸发和蒸馏

蒸发是指通过沸煮去掉水蒸气从而除去液态食品中部分水分的方法。蒸发用于食品干燥、冷冻灭菌前的预浓缩以减少其重量和体积。这样可以节省后续工序中的能源消耗及储藏、运输和分销的成本。蒸发可大幅度增加食品中固形物的含量，降低水分活度，可以取得防腐的效果。通过正确选择设备及操作可以尽量减少剧烈的热处理而引起的食品品质变化。蒸发的能耗成本比其他浓缩方式和冷冻浓缩高，但可获得较高的浓缩水平。

蒸馏在化学工业中的应用很普遍，但它在食品加工中大多局限于烈性酒的生产及发性风味和芳香成分的分离，如蒸汽蒸馏生产精油。含有不同挥发性的成分的食品受热时，其蒸气压较高的成分首先被分离出来，这些分离出来的成分称为“馏出液”，而那些挥发性较低的成分则称为“底液”或残余物。

三、热处理所用的能源和加热方式

食品热处理可采用不同的能源作为加热源，主要能源种类有：电、气（天然气或液化气）、液体燃料（燃油等）、固体燃料（如煤、木、焦炭等）。加热的方式有直接方式或间接方式。直接方式指加热介质（如燃料燃烧的热气、水蒸气等）与食品直接接触的加热过程，这种加热方式存在因燃料燃烧不完全而影响食品的风味和品质等问题。因此，一般仅有气体燃料可作为直接加热源。

从食品安全角度考虑，食品热处理中应用更多的是间接加热方式，它将燃料燃烧所产生的热能通过换热器或其他中间介质（如空气）加热食品，从而将食品与燃料分开。间接方式最简单的形式是由燃料燃烧直接加热金属板，金属板以热辐射加热食品。而间接加热最常见的类型是利用热能转换器（如锅炉）将燃烧的热能转变为蒸汽作为加热介质，再以换热器将蒸汽的热能传给食品或将蒸汽直接喷入待加热的食品。另外，采用直接蒸汽喷射对食品进行热处理或杀菌，由于对所采用的蒸汽的质量要求必须具有食品级纯度，目前应用仍然不普遍。在干燥或干式加热时则利用换热器将蒸汽的热能传给空气。

非直接的电加热一般采用电阻式加热器或红外线加热器。电阻式加热器包含于固态夹层间的镍、铜丝里，夹层为器壁相连，在软式夹层中则包围容器，或埋没于食品中的浸入式加热器中。用电或燃气加热热油，再用于间接加热食品，也在食品工业广泛使用。选择适当的加热介质，可降低能耗、提高食品质量，并可改善劳动条件。

第二节　食品热杀菌原理

食品热杀菌条件主要受微生物的耐热性及传热特性的影响，要求既能够达到特定贮藏期限，同时又尽可能减小食品的色、香、味、质构及营养成分等质量变化。

一、微生物的耐热性

1. 微生物耐热性的规律

细菌、霉菌和酵母都可能引起食品的变质，其中，酵母菌和霉菌的耐热性均不高，酵母（包括酵母孢子）在100℃以下的温度容易被杀死。因此，微生物的耐热性规律，通常是指细菌的耐热性规律。

根据细菌耐热性程度可将其分为四类：嗜热菌、中温性菌、低温性菌、嗜冷菌；各类细菌具有不同生长温度范围（见表 3–1）。

大多数细菌以常温或稍高（或稍低）于常温为最适生长温度，当温度高于（或低于）其最适生长温度时，细菌的生长会受到抑制；而当温度超过其最高生长温度，甚至足以使细菌体内的蛋白质发生变性时，细菌就会死亡。一般来说，嗜冷菌对热最敏感，其次是低、中温菌，而嗜热菌的耐热性最强。

在自然界中，非芽孢细菌存在的种类最多，污染食品的可能性也最大，但其耐热性并不强，

表 3-1　细菌的耐热性

细菌种类	最低生长温度 /℃	最适生长温度 /℃	最高生长温度 /℃
嗜热菌	30 ~ 40	50 ~ 70	70 ~ 90
中温性菌	5 ~ 15	30 ~ 45	45 ~ 55
低温性菌	–5 ~ 5	25 ~ 30	30 ~ 35
嗜冷菌	–10 ~ –5	12 ~ 15	15 ~ 25

大多数的致病菌也不耐热，因此巴氏杀菌法即可将其杀灭。产芽孢细菌耐热性较强；同时，芽孢也比其营养细胞更耐热。芽孢菌中还分需氧性的、厌氧性的和兼性厌氧的，一般厌氧性芽孢菌耐热性较需氧性芽孢菌强。

2. 微生物耐热机理

嗜热菌的芽孢耐热性最强。关于芽孢的耐热机理主要有以下三种观点：①芽孢具有很高的耐热性与其结构有关；芽孢的外皮很厚，约占芽孢直径的 1/10，由网状构造的肽聚糖组成，它对酶的抵抗力强，透过性不好，可以防止脆弱的蛋白质和 DNA 分子外露而发生变化，从而保护细胞不受伤。②渗透调节皮层膨胀学说。该学说认为，芽孢外层所包裹的疏水性蛋白（芽孢衣），对阳离子和水通透性较差，而离子强度较强的皮层可掠夺核心区水分，使芽孢核心部分失水而皮层吸水而膨胀，使得芽孢可能抗热性增加。③芽孢的耐热性与芽孢的原生质脱水有关。由于芽孢耐热性与原生质（含有较高的钙和吡啶二羧酸（DPA））的含水量有很大的关系。芽孢的原生质本身含水量较低，因此具有较高的耐热性；而上述带凝胶状物质的皮膜在营养细胞形成芽孢之际还会产生收缩，使原生质脱水，紧缩的原生质及特殊的外皮构造组织芽膜吸收水分，进一步降低了原生质的含水量，从而增强了芽孢的耐热性。

3. 影响微生物耐热性的因素

微生物耐热性是复杂的化学性、物理性以及形态方面的性质综合作用的结果。微生物耐热性首先决定于其微生物种类，即受到其遗传性的影响；其次，与它所处的环境条件（包括微生物生长和细胞（芽孢）形成的环境条件和热处理时的环境条件）密切相关。

（1）微生物的遗传性（菌种和菌株）

微生物种类不同，其耐热性程度也不同，而且即使是同一菌种，其耐热性也因菌株而异。正处于生长繁殖期的营养体的耐热性比它的芽孢弱。不同菌种芽孢的耐热性也不同，嗜热菌芽孢的耐热性最强，厌氧菌芽孢次之，需氧菌芽孢的耐热性最弱。同一菌种芽孢的耐热性也会因热处理的菌龄、培养条件、食品加工与贮存环境的不同而异。

（2）微生物所处的环境

1）微生物生长和细胞（芽孢）形成的环境条件

① 微生物的生理状态。微生物营养细胞的耐热性随其生理状态而变化。一般处于稳定生长期的微生物营养细胞比处于对数期者耐热性更强；刚进入缓慢生长期的细胞也具有较高耐热性，而进入对数期后，最初的对数生长期会增强，随后其耐热性将逐渐下降至最小。细菌芽孢耐热性与其成熟度有关，成熟后的芽孢比未成熟者更为耐热。

② 微生物的培养环境。不同培养基所形成的芽孢对耐热性影响很大，实验室培养的芽孢都比在大自然条件下形成的芽孢耐热性要低。

菌体在其最高生长温度生长良好并形成芽孢时，其芽孢的耐热性通常较高。一般情况下，培养温度越高，所培养的细胞及芽孢耐热性就越强，这可以看作是“热驯化”现象。培养温度对枯草芽孢杆菌芽孢耐热性的影响，见表 3–2。

培养基的组成也影响微生物的耐热性。离子环境：尽管离子环境会影响芽孢的耐热性，但没有明显规律；Ca^{2+}、Mg^{2+}、Fe^{3+}、PO_4^{3-}、Mn^{2+}、Na^+、Cl^- 等离子的存在均会影响芽孢的耐热性。蛋白胨：培养基中的蛋白胨会提高微生物的耐热性。脂类：低浓度的饱和与不饱和脂肪酸对微生物有保护作用，能使肉毒杆菌芽孢的耐热性提高。

2）热处理时微生物所处的环境条件

① 热处理温度和时间。热处理温度越高则杀菌效果越好。如图 3-1 所示，炭疽杆菌芽孢加热时死亡率，90℃ > 85℃ > 80℃。值得注意的是，加热时间延长，有时并不能使杀菌效果提高。因此，在杀菌时，保证足够高的温度比延长杀菌时间更为重要。

② 初始活菌数。微生物耐热性与初始活菌数之间有很大关系。食品中初始菌数越多（尤其是细菌的芽孢），杀菌时间就越长，或所需温度越高。例如，将一种从污染罐头中分离到的嗜热菌芽孢，接种于 pH 6.0 的玉米糊中，处理温度为 120℃，其结果见表 3-3。初始活菌数多之所以能增强细菌耐热性，原因可能是细菌细胞分泌出较多类似蛋白质的保护物质，以及细菌存在耐热性差异有关。

③ 水分活度。水分活度或加热环境的相对湿度对微生物耐热性有显著影响。一般水分活度越低，微生物细胞的耐热性越强。如肉毒芽孢杆菌的干芽孢在干热下的杀灭条件是 120℃、120 min，而在湿热条件下为 121.1℃、4 ~ 10 min，这种差异的原因可能是芽孢的蛋白质在干热和湿热环境下被破坏的机制不同：湿热条件下，蛋白质被破坏是因为蛋白质的变性作用；而干热条件下蛋白的破坏主要是氧化作用，由于氧化所需的能量高于变性，故在相同的热处理温度条件下，湿热使微生物更易于死亡，其杀菌效果要好于干热杀菌。

另外，水分活度对于细菌营养细胞及其芽孢的影响明显不同。图 3-2 是两种细菌芽孢在 110℃加热时的死亡时间和水分活度的关系比较：随水分活度增大，肉毒梭菌（E 型）的芽孢致死时间减少，而嗜热脂肪芽孢杆菌芽孢的死亡速率所受其水分活度变化影响较小。

④ pH。环境 pH 是影响微生物耐热性的重要因素。由于多数微生物生长于中性或偏碱性的环境中，因此其耐热性在中性或接近中性的环境中最强，而偏酸性或偏碱性的条件均会降低其耐热性，其中尤以酸性条件影响更大（图 3-3）；大多数芽孢杆菌在 pH 低于 5 时不耐热（图 3-4）。

因此，在食品加工时，通过添加柠檬酸、醋酸及乳酸等酸类提高食品的酸度（即酸化食品，acidified food）来降低其杀菌温度或缩短杀菌时间，从而更好地保持食品原有品质和风味。值得注意的是，酸化处理通常仅适用于某些蔬菜和汤类食品。

⑤ 蛋白质。热处理过程中，食品介质中如有蛋白（包括明胶、血清等在内）存在，将对微生物起保护作用，能增加其耐热性。研究表明，蛋白胨、肉膏对产气荚膜梭菌的芽孢有保护作

表 3-2　培养温度对枯草芽孢杆菌芽孢耐热性的影响

培养温度 /℃	100℃加热死亡时间 /min
21 ~ 23	11
37	16
41	18

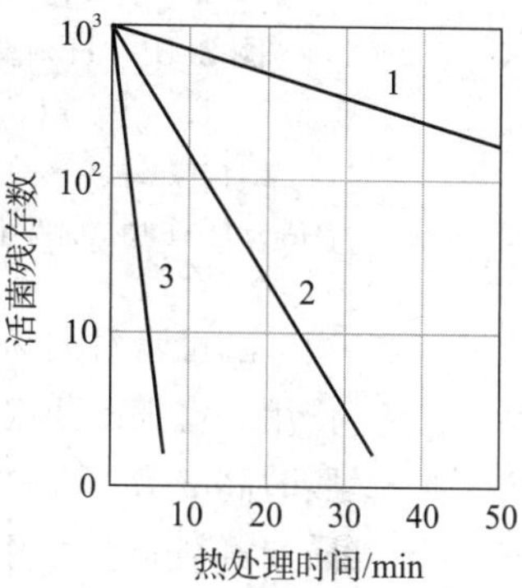

图 3-1　不同温度下炭疽杆菌芽孢残存活菌数曲线（扈文盛，1989）

1. 80℃；2. 85℃；3. 90℃

表 3-3　细菌芽孢数量与加热时间的关系

孢子浓度 /（个 · mL^{-1}）	杀死芽孢需要时间 /min
50 000	14
5 000	10
500	9
50	8

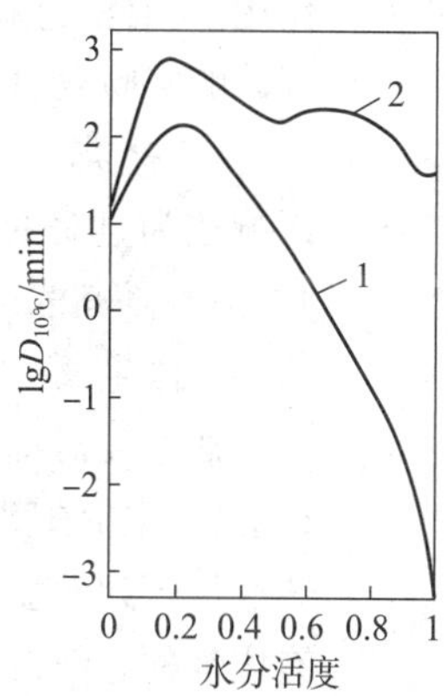

图 3-2　细菌芽孢在 110℃加热时的死亡时间（D）和水分活度的关系（曾名湧，2000）

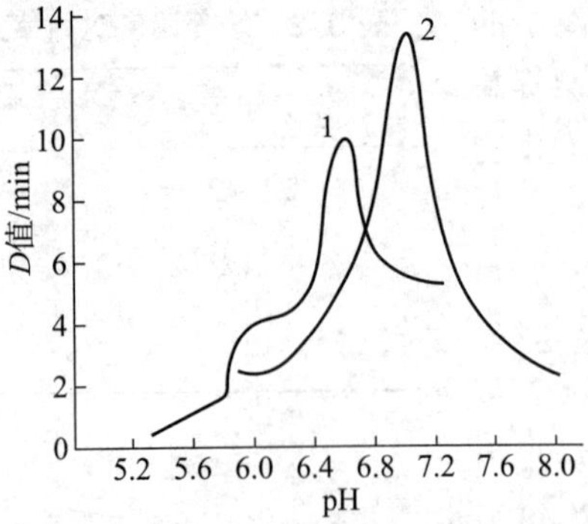

图 3–3　pH 对粪便肠球菌耐热性的影响（Jay，1992）

1. 柠檬酸盐－磷酸盐缓冲液；2. 磷酸盐缓冲液

D值为110℃加热时芽孢杆菌的死亡时间（即杀菌时间）

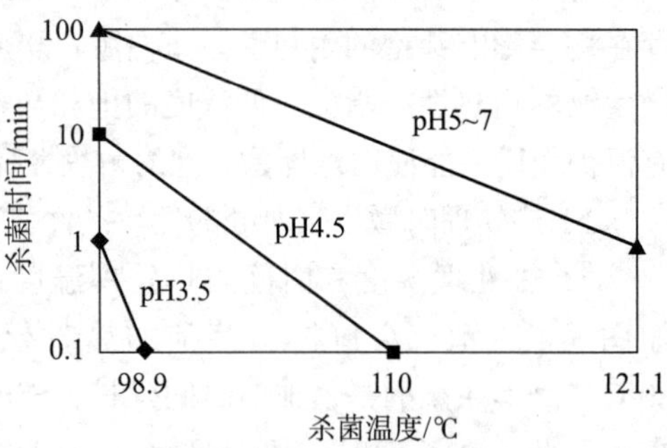

图 3–4　pH 对芽孢耐热性的影响（夏文水，2007）

用，酵母膏对大肠埃希氏菌有保护作用，氨基酸、蛋白胨、大部分蛋白质等对鸭沙门氏菌有保护作用。将细菌芽孢接种于 pH 6.9 的 1/15 mol/L 磷酸和 1% ~ 2% 明胶混合液中，其耐热性比没有明胶时高 2 倍。蛋白质对微生物保护作用的机制尚不清楚，有人认为可能是蛋白质分子之间或蛋白质与氨基酸之间相互结合，进而增加了微生物的蛋白质热稳定性所致。

⑥ 脂肪。肪对细菌芽孢也有一定的保护作用，可以增强细菌耐热性。例如，存在于油、石蜡及甘油等介质中的细菌及芽孢，需在 140 ~ 200℃温度下进行 5 ~ 45 min 的加热处理才能杀灭；埃希氏杆菌在不同含脂食物中的耐热性（表 3–4）。

表 3–4　埃希氏杆菌在不同介质中的热致死温度（加热时间为 10 min）（Jay，1992）

食品介质	热致死温度 /℃
奶油	73
全乳	69
脱脂乳	65
乳清	63
肉汤	61

脂肪促进细菌耐热性增强是通过减少细胞含水量来达到的，即油脂对细菌有隔离水或蒸汽的作用。因此，增加食品介质含水量，即可部分或基本消除脂肪的热保护作用。另外，对肉毒梭状杆菌的实验表明，长链脂肪酸比短链脂肪酸更能增强细菌的耐热性。

⑦ 盐类。盐类对细菌耐热性的影响主要取决于盐的种类、浓度等因素。食盐是对细菌耐热性影响较为显著的盐类。当食盐浓度低于 4% 时，对细菌耐热性有一定的增强作用；食盐浓度超过 4% 时，随其浓度增加，尤其是达到 8% 以上，导致细菌耐热性减弱；如果浓度高于 14%，一般细菌将无法生长。

盐浓度对细菌耐热性的影响因腐败菌的种类而异。例如在加盐的青豆汤中做芽孢菌的耐热性试验，当盐浓度为 3% ~ 3.5% 时，芽孢的耐热性有增强的趋势，盐浓度为 1% ~ 2.5% 时芽孢的耐热性最强；而盐浓度增至 4%，影响甚微。其中肉毒杆菌芽孢的耐热性在盐浓度为 0.5% ~ 1.0% 时，有增强的趋势，当盐浓度增至 6% 时，耐热性不会减弱。

其他盐类如氯化钙、硝酸钠、亚硝酸钠等对细菌耐热性有一定影响，但比食盐弱。苛性钠、碳酸钠或磷酸钠等对芽孢有一定的杀菌力，这种杀菌力常随温度的提高而增强，因此如果在含有一定量芽孢的食盐溶液中加入苛性钠、碳酸钠或磷酸钠时，杀死他们所需要的时间可大为缩短。

⑧ 糖类。糖对微生物耐热性受糖的种类及浓度的影响。以蔗糖为例，当其浓度较低时，对微生物耐热性的影响较小；但浓度较高时，则会增强微生物的耐热性。其原因主要是高浓度糖类可使细菌细胞中的原生质脱水，从而影响了其蛋白质的凝固速率，对受热处理的细菌芽孢有保护作用。不同糖类对受热细菌的保护作用由强到弱，其顺序如下：蔗糖 > 葡萄糖 > 山梨糖醇 > 果糖 > 甘油。

⑨ 植物杀菌素。有些植物汁液及提取物对微生物有抑制、杀灭作用，这类物质通常称为植物杀菌素。食品中常用的含有植物杀菌素的原料有辣椒、桂皮、葱、姜、豆蔻和胡椒等香辛料。如果在食品中加入这些原料，可降低杀菌前微生物数量，减弱微生物耐热性，也可认为对杀菌效果有促进和协同作用。

⑩ 其他因素。当微生物生存环境中含有 SO_2、防腐剂、杀菌剂时，微生物耐热性将会降低。另外，对牛奶培养基中的大肠埃希氏菌、鼠伤寒沙门氏菌分别进行常压加热和减压加热处理，在真空下的 D 值均比常压下要低。低酸性食品中一些典型的芽孢菌的耐热性参数如表 3–5 所示。

表 3–5　作为低酸性食品杀菌依据的典型芽孢菌的耐热性参数

芽孢菌	$D_{121.1℃}$/min	Z/℃	食品
嗜热脂肪芽孢杆菌	4.0	10	蔬菜、乳
嗜热解糖梭状芽孢杆菌	3.0 ~ 4.0	7.2 ~ 10	蔬菜
生芽孢梭状芽孢杆菌（PA3697）	0.8 ~ 1.5	8.8 ~ 11.1	肉
枯草芽孢杆菌	0.5 ~ 0.76	4.1 ~ 7.2	乳制品
肉毒梭状芽孢杆菌 A 型和 B 型	0.1 ~ 0.3	5.5	低酸性食品
肉毒梭状芽孢杆菌 E 型	3.0（D_{60}）	10	低酸性食品

4. 微生物耐热性参数

在对食品进行热处理时，需了解食品中可能存在的微生物的种类、数目等，并通过一些方法获取微生物的耐热性参数，从而确定合理的杀菌条件。

（1）加热时间与细菌芽孢致死率之关系

食品中有些成分的热破坏反应遵循一级反应动力学，即各成分的热破坏反应速率与反应物的浓度呈正比关系。这一关系通常被称为热灭活或破坏的对数规律（logarithmic order of inactivation or destruction）：在单位时间内，在某一热处理温度（达到热灭活或热破坏的温度）下，食品成分被灭活或被破坏的比例是恒定的。食品中的微生物的致死反应也符合此规律。

（2）热力致死速率曲线

在恒定的温度下，食品中细菌的死亡率与加热时间遵循按照指数递减或按照对数循环下降的规律。以嗜热脂肪芽孢杆菌的芽孢在 121.1℃下，加热时间与对应的现存活菌数之关系为例（如图 3–5），纵坐标为残存活菌数，横坐标为热力致死时间（thermal death time，TDT），此关系在半对数坐标图中为一直线，称为热力致死速率曲线或残存活菌数曲线。

TDT 是指在某一恒定温度条件下，将食品中的某种微生物活菌（细菌和芽孢）全部杀死所需要的时间（min）。TDT 与食品原料中的初始菌数有关。要使不同批次的食品经热处理后残存活菌数达到同一水平，食品热处理前的初始活菌数必须相同，但实际生产中则难以实现。

（3）D 值

D 值是指在一定环境和热力致死温度下，杀死某细菌群原有残存活菌数的 90% 时所需加热时间，又称指数递减时间（decimal reduction time）。如图 3–5，D 值为热力致死速率曲线横过一个对数循环所需要的时间。

D 值可从致死速率曲线图中直接求得，也可根据下式计算得到。

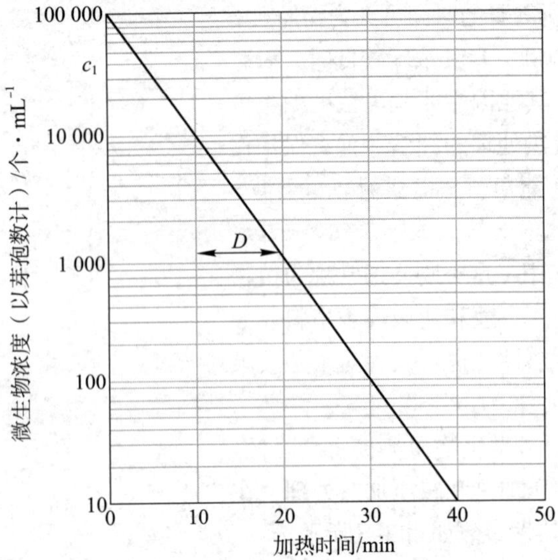

图 3–5　热力致死速率曲线

$$\tau = 1/m\ (\lg a - \lg b) = D\ (\lg a - \lg b) \qquad (3\text{–}1)$$

其中：τ 为加热时间；$\lg a$ 为食品初始活菌数的对数；$\lg b$ 为杀菌过程结束时残存活菌数的对数；m 为热力致死速率曲线的斜率。

为区分不同温度下微生物的 D 值，一般热处理的温度 T 作为下标，标注在 D 值上，即为 D_T。比如，在 110 ℃下处理某细菌，每杀死其原有残存活菌数的 90% 所需时间为 5 min，则 $D_{110℃} = 5$ min。D 值是细菌死亡率（直线斜率）的倒数，能够显示细菌耐热性强弱。D 值越大，则细菌死亡速率越慢，细菌耐热性就越强，反之就越弱。D 值与初始活菌数无关，但会因热处理温度、菌种、细菌所处环境等因素而异。

（4）TRT 值

由于热处理时微生物的死亡按照指数规律递减，人们提出了热力指数递减时间（thermal reduction time，TRT）的概念。热力指数递减时间实际上是 D 值概念的外延，是指在一定的热力致死温度下将细菌或芽孢数减少到原有残存活菌数的 $1/10^n$ 时所需加热时间（min）。指数 n 称为递减指数（reduction exponent），并表示在 TRT 的右下角。

TRT_n 可根据下式计算：

$$TRT_n = D\ (\lg 10^n - \lg 10^0)\ = nD \qquad (3\text{–}2)$$

如果 $n = 1$，也即热力致死速率曲线横过一个对数循环所需加热时间，则 $TRT_1 = D$，单位为 min。

TRT 就是该曲线横过 n 个对数循环所需加热时间，即 $TRT_n = nD$。因此，TRT 值本质上与 D 值相同，也表示细菌的耐热性强弱。TRT 值不受原始微生物活菌数影响，可以将它用作确定杀菌工艺条件的依据。

加热温度和细菌芽孢致死率之关系 – Z 值

热力致死速率曲线是在某一特定的热处理温度下取得的，而食品在实际热处理过程中温度往往是变化的，所以要了解在温度变化的热处理过程中微生物致死情况，必须了解不同（致死）温度下微生物的致死规律，也便于比较不同温度下的热处理效果。

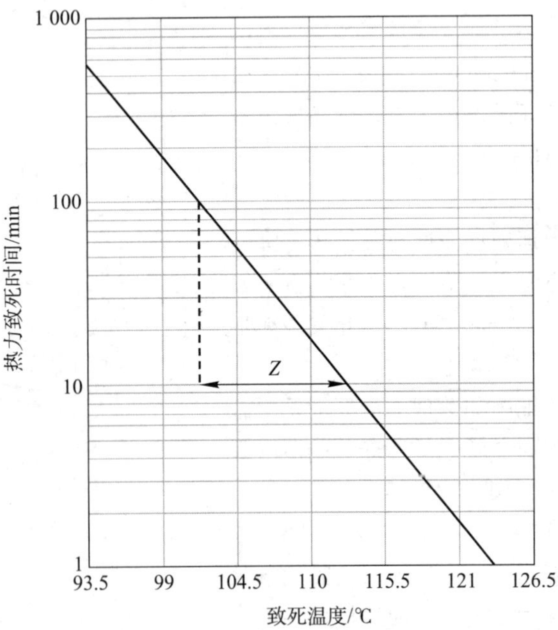

图 3–6　热力致死时间曲线

热力致死时间曲线 热力致死时间曲线（thermal death time curve）是采用类似热力致死速率曲线的方法而制得的。以加热温度为横坐标，以其所对应的杀死某一菌种的全部细菌或芽孢所需最短加热时间（TDT）为纵坐标，在半对数坐标图中作出如图 3–6 所示的曲线，称作热力致死时间曲线。由于 TDT 值与初始活菌数有关，应用起来不方便，人们采用 D 值代替 TDT 值，得到与 TDT 值做的热力致死时间曲线很相似的曲线，称为拟（仿）热力致死时间曲线（phantom thermal death time curve），如图 3–7。

（5）Z 值

如图 3–6，热力致死时间曲线为一直线，说明致死时间与致死温度两者之间的关系同样遵循指数递减规律，按 Arrhenius 法则表示如下：

$$\lg \tau/\tau' = (t_0 - t)\ /Z \qquad (3\text{–}3)$$

式中，t_0 和 t——分别为标准杀菌温度和实际杀菌温度；

τ 和 τ'——分别为在 t 和 t_0 温度下的致死时间，min；

Z——$\lg\tau/\tau' = 1$ 时的（$t_0 - t$）的值，即 D 值变化 90%，也即热力致死时间曲线横过一个对数循环所对应的温度差，℃。

从式 3-3 可看出，较高温度的热处理所取得的杀菌效果要高于低温度热处理的杀菌效果。要取得同样的热处理效果，在较高温度下所需的时间比在较低温度下的短，这也是高温短时（HTST）或超高温瞬时杀菌（UHT）的理论依据。

不同微生物对温度的敏感程度可从 Z 值反映，Z 值小表明微生物对温度的敏感程度高。

上述 D 值和 Z 值不仅能表示微生物的热力致死情况，也可用于反映食品中的酶、营养成分和食品感官指标的热破坏情况。

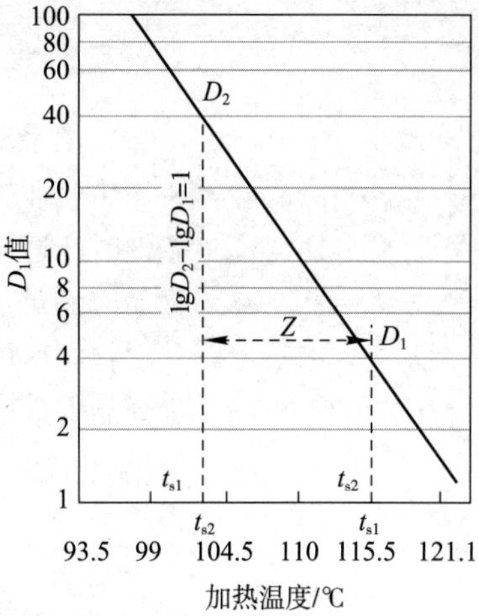

图 3-7 拟热力致死时间曲线

（6）F 值

F 值，又叫热处理程度值。是基于微生物的 Z 值，将其全部的热处理经历（时间温度）换算成某一参考温度下的热处理时间（min）。因此 F 值可定义为：相当于某参考温度下的热杀菌时间。无论经历的时间温度是怎样的组合，高温短时或者低温长时，只要计算出的 F 值相同，就表明该微生物经过热杀菌后下降的数量级是相同的。一般将目标温度为 121.1℃（250 ℉）下的 F 值记为 F_0。如果 $F_0 = 3$ min，表示微生物所经历的热杀菌程度与 121.1℃下处理 3 min 相同。因此只要知道该温度下微生物的 D 值即可计算出下降的数量级。

（7）D 值、F 值和 Z 值三者之间的关系

从图 3-7 中可以得到以下关系式：

$$\lg D_2 - \lg D_1 = (t_1 - t_2)/Z \quad (3\text{-}4)$$

假如 $\lg D_2 - \lg D_1 = 1$，则该直线斜率为 Z 值的倒数，即：

$$\tan\alpha = (\tan D_2 - \tan D_1)/Z = 1/Z \quad (3\text{-}5)$$

$$\lg(nD/F) = (121.1 - t)/Z \quad (3\text{-}6)$$

或

$$Z = (121.1 - t)/\lg(nD/F) \quad (3\text{-}7)$$

或

$$D = F/n \times 10^{121.1-t/Z} \quad (3\text{-}8)$$

$$F_0 = nD\ (t = 121.1℃) \quad (3\text{-}9)$$

罐头食品要求达到的杀菌程度为商业无菌（commercial sterility），经过试验，确定了罐头食品杀菌达到商业无菌的理论杀菌值。n 的大小并非固定不变，应根据工厂卫生状况、食品污染的细菌种类和数量等因素来确定。表 3-6 为几种常见的细菌（芽孢）的 n 值。

表 3-6 几种常见的细菌（芽孢）的 n 值

菌名	n 值
肉毒梭状芽孢杆菌	12
P.A.3679（生芽孢梭状芽孢杆菌 3679）	5
嗜热芽孢杆菌	6

$F = nD$ 从概率学上说明了热处理对微生物的致死情况。以肉毒梭状芽孢杆菌为例，$F = 12D$ 表示经过 $12D$ 的时间（min）杀菌后，罐内食品中肉毒梭状芽孢杆菌的活菌数（包括芽孢）降低了 10^{12} 数量级。比如，对于一罐 1 000 g 包装的罐头而言，若原来罐内食品中肉毒梭状芽孢杆菌的活菌数为 10^2 个 /g，经过杀菌后，罐内食品中肉毒梭状芽孢杆菌的活菌数减少到了 10^{-10} 个 /g，但这不是意味着每个罐内（1 000 g）有 10^{-7} 个活菌存在，而是应从概率的角度来理解，它意味着 10^7 个 1 000 g 装的罐头中可能有一个罐头中有一个活菌存在。

二、食品的传热

1. 食品热处理方法的选择

热处理的作用效果不仅与热处理的种类有关，而且与热处理的方法有关。选择热杀菌方法和条件时应遵循下列基本原则。首先，热处理应达到相应的热处理目的。以加工为主的，热处理后食品应满足热加工的要求；以保藏为主要目的的，热处理后应达到相应的杀菌、钝化酶等目的。其次，应尽量减少热处理造成的食品营养成分的破坏和损失。热处理过程不应产生有害物质，满足食品安全要求。热处理过程要重视热能在食品中的传递特征与实际效果。表 3-7 列出了热处理的优化方法。

表 3-7　一些热处理的优化方法

热处理的种类	优化方法
热烫	考虑非热损失所造成的营养成分的损失（沥滤、氧化降解等）
巴氏杀菌	若食品中无耐热性的酶存在时，尽量采用高温短时工艺
商业杀菌	对流传热和无菌包装的产品，在耐热性酶不成为影响工艺的主要因素时，尽量采用高温短时工艺；对传导传热的产品，一般难以采用高温短时工艺

罐头食品的杀菌通常是采用热处理或其他物理处理如辐射、加压、微波、阻抗等方法杀死食品中所污染的致病菌、产毒菌及腐败菌，并破坏食品中的酶，使食品保藏二年以上不腐败变质。

2. 罐头食品热传导

在评估热处理的效果时，一方面要了解微生物等热处理目标的耐热性参数，另外一方面要了解食品在热处理的温度变化过程。具体的热处理过程通常采用两种方式完成：一种是先用热交换器将食品杀菌并达到商业无菌的要求，然后装入经过杀菌的容器并密封（无菌灌装）；另一种是先将食品装入容器，然后再进行密封和杀菌。前一种方法多用于流态食品，由于热处理是在热交换器中进行的，呈稳态传热；后一种方法是传统的罐头食品加工方法，传热过程热能必须通过容器传给食品，属非稳态传热，传热的效果与罐头容器、罐型、食品的状态，灭菌锅的形式等多种因素有关，传热过程的控制较为复杂。下面着重说明第二种情况下食品的传热。

3. 罐头容器内食品的传热

要能准确地评价罐头食品在热处理中的受热情况，必须找出能代表罐头容器内食品温变化的温度点，通常人们选罐内温度变化最慢的冷点（cold point）温度，加热时该点的温度最低（此时又称最低加热温度点，slowest heating point），冷却时该点的温度最高。热处理时，若处于冷点的食品达到热处理的要求，则罐内其他各处的食品也肯定达到或超过要求的热处理程度。

（1）热传导方式

罐头冷点的位置与罐内食品的传热方式有关。罐头食品在杀菌过程中的热传导方式主要有传导、对流、传导与对流混合传热等。

对于传导传热方式的罐头，由于传热的过程从罐壁传向罐头的中心处，罐头的冷点在罐内的几何中心（图 3-8，左）；对于对流传热的罐头，由于罐内食品发生对流，热的食品上升，冷的食品下降，罐头的冷点将向下移，通常在罐内的中心轴上罐头几何中心之下的某一位置（图 3-8，右）；而传导和对流混合传热的罐头，其冷点在上述两者之间。每种罐头冷点的位置最好是通过实际测定来确定。

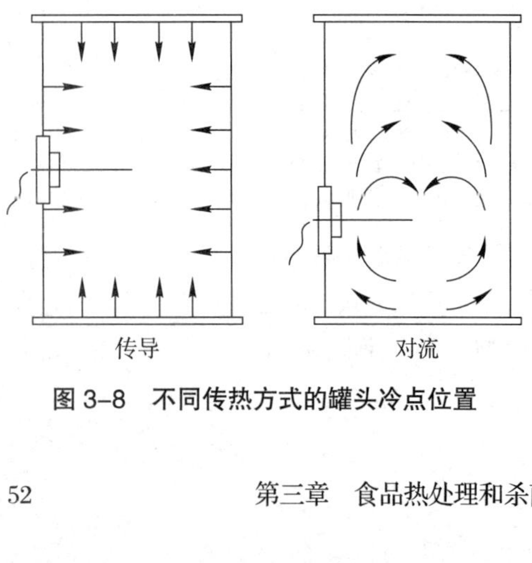

图 3-8　不同传热方式的罐头冷点位置

① 传导传热

由于物体各部分受热温度不同，分子所产生的振动能量也不通过，依靠分子间的相互碰撞，导致热量从高能量分子向邻近的低能量分子依次传递的热传导方式即传导传热。属于传导方式的罐头食品有固态及黏稠食品。由于食品的导热性较差，以传导方式传热的罐头食品加热杀菌时，冷点上温度的变化都比较缓慢，因此，热力杀菌需时较长。

② 对流传热

这是借助于流体的流动来传递热量的方式，也即流体各部分的质点发生相对位移而产生的热交换。对流有自然对流与强制对流之分，罐头内的对流通常为自然对流。

属于对流换热方式的罐头食品有果汁、汤类等低黏度液体状食品。罐内液态食品在加热介质与食品间温差的影响下，部分食品受热迅速膨胀，密度下降，比未受热的或温度较低食品轻，重者下降而轻者上升，形成了液体循环流动，并不断进行热交换。如此使罐内各处的温差较小，传热速度较快，所需加热时间就短。

③ 传导与对流混合传热

许多情形下，罐头食品的热传导往往是对流和导热同时存在，或先后进行。含小块或颗粒状果蔬的罐头食品属于导热和对流同时存在的情况，而糊状玉米等含淀粉较多的罐头食品，先对流传热，淀粉受热糊化后变稠，即由对流转变为导热。这种混合型传热情况比较复杂。

（2）传热曲线

在评价热处理的效果时，可以通过罐头食品的传热曲线确定罐头食品的传热情况。传热曲线是罐内冷点温度随时间的变化，在半对数坐标上所得的曲线：以传热推动力，即杀菌锅内加热温度与罐头的冷点温度之差的对数值为纵坐标，以加热时间为横坐标，得到相应的加热曲线。

单纯的导热和单纯的对流传热的加热曲线为一条直线，如图 3–9 所示，称为简单加热曲线（simple heating curve）。从该曲线的斜率就可判断加热速度的快慢，直线斜率以 f_h 表示，其物理意义就是杀菌温度与罐头中心温度之差减少到 1/10 时所需要的加热时间。如果食品的热传导是混合型的，则加热曲线就由两条斜率不同的直线组成，如图 3–10 所示，中间有一个“转折点”，为转折型加热曲线（broken heating curve）。

为了能用数学的方法计算热处理过程的杀菌效果，以罐头食品冷点温度随时间的变化做成传

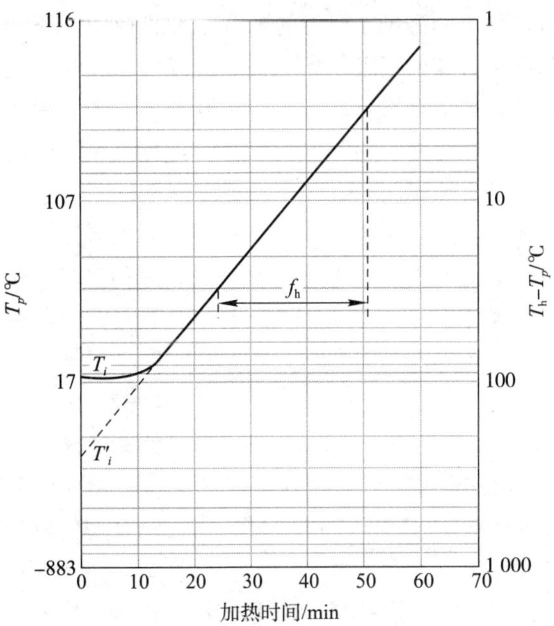

图 3–9 简单加热曲线

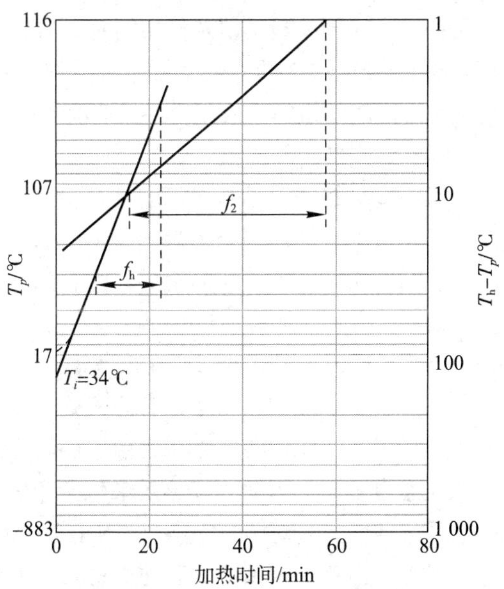

图 3–10 转折型加热曲线

热曲线（理论上认定在整个传热过程中罐头食品的冷点温度接近杀菌温度）。

传热曲线的特性可以通过直线的斜率和截距来反映。将传热曲线的直线穿过一个对数周期所需的时间（以 min 计）定义为 f 值，对简单型加热曲线标记为 f_h，对转折型加热曲线转折点前的部分记为 f_h，转折点后的部分记为 f_z。可以看出，f 值愈小，传热的速率愈快。直线的斜率与 f 值的关系为：斜率 $= \tan = \Delta y/\Delta x = 1/f$

另一特征参数是直线的截距，做法是传热曲线的直线部分反向延长，使其与纵坐标相交，即传热时间为零时的冷点温度，为了便于区分，我们将传热曲线的真实初始温度记为 T_i，而将上述直线的截距点记为假初始温度 T_i'（如图 3–9）。

4. 影响罐头传热的因素

影响罐头传热的因素包括：表面传热系数；食品和容器的物理性质；加热介质（蒸汽）的温度和食品初始温度之间的温度差；杀菌锅的形式和罐头在杀菌锅中的位置等。

（1）表面传热系数

对于蒸汽加热的情况，通常认为其表面传热系数很大（相对于食品的导热性而言），此时传热的阻力主要来自包装及食品。

（2）罐头食品的物理特性

食品的热透过率受食品热阻的影响，构成食品热阻的因素包括：食品的形状、大小、浓度、密度及黏度等物理特性。一般浓度、密度及黏度越小的食品，其流动性越好，加热时主要以对流传热方式进行，加热速度快；而随着浓度、密度及黏度的增大，其流动性变差，因此传热方式也逐渐由对流为主变成以导热为主，热穿透率较慢；如果是固体食物，则基本上是导热，传热速度很慢。另外，小颗粒、条、块形食品，在加热杀菌时，罐内的液体容易流动，以对流传热为主，传热速度比大的条、块食品快。还有一些食品的传热可能是混合形式的，当食品的温度较低时，传热为热传导，而食品的温度升高后，传热可能以对流为主。

（3）罐藏容器材料的物理特性、厚度和几何尺寸

罐藏容器的热阻主要与材料的物理性质及罐壁厚度等有关。罐壁的热阻 R 与壁厚 δ 成正比，与材料的热导率 λ 成反比，即 $R = \delta/\lambda$。一般马口铁罐的罐壁热阻为（5.1 ~ 7.7）$\times 10^{-6}$ $m^2 \cdot K/W$，而玻璃罐罐壁的热阻为（3.4 ~ 10）$\times 10^{-3}$ $m^2 \cdot K/W$。因此，玻璃罐壁的热阻比马口铁罐壁的热阻大数百倍甚至上千倍，铝罐的热阻则比铁罐的还要小。

罐头容器的几何尺寸和容积对传热有影响。以两种不同罐型（二者的罐高 H 和直径 D 均不相等）的罐头为例，当其他条件相同时，加热时间与罐头容器的高度（H）和直径（D）成正比，也即与罐头容积（V）成正比；罐头容器的 H/D 大小对传热也有影响，当 H/D 为 0.25 左右时，罐头的加热杀菌时间最短（或相对加热速度最快）。

（4）罐头食品的初温

罐头食品的初温是指杀菌刚刚开始时，罐内食品冷点的平均温度。一般初温与杀菌温度之差越小，罐头中心加热到杀菌温度所需要的时间越短，但对流传热型食品的加热受食品初温的影响较小。与之相反，食品初温对导热型食品的加热时间影响很大。因此，对于导热型食品，热装罐比冷装罐更有利于缩短加热时间。

（5）杀菌锅的形式和罐头在杀菌锅中的位置

罐头工业中常用的杀菌锅有静置式、回转式或旋转式等类型。一般回转式杀菌锅的传热效果要好于静置式。而回转式杀菌锅由于回转方式不同，罐头在杀菌锅中的运动方式不同，罐头食品搅动状态也不同，因此，传热效果就会产生差异。回转式杀菌对于加快导热 – 对流结合型传热的食品及流动性差的食品的传热，尤其有效。

另外，回转式杀菌锅的转速应适当。如果太快或太慢，则均起不到搅动作用，也就不能加快食品的传热。对于午餐肉类的罐头，由于内容物不能运动，因而回转也就失去意义。

在静置式杀菌锅中，罐头所处位置对于食品的传热效果也有影响。这主要是由于杀菌锅中各处的温度不同，空气分布不同等因素导致的。

除了以上几种因素外，杀菌锅内的传热介质的种类、传热介质在锅内的循环速度、热量分布情况等，对传热效果也有不同程度的影响。

三、杀菌强度的计算及评价

加热杀菌时间的一般计算方法包括基本推算法、改良基本法、公式计算法、列线图解法等。

1. 基本推算法

在杀菌过程中，食品的温度会随着杀菌时间的变化而不断发生变化，当温度超过微生物的致死温度时，微生物就会出现死亡。温度不同，微生物死亡的速度不同。在微生物的致死温度停留一段时间，就有一定的杀菌效果。因此，整个杀菌过程中达到致死温度的阶段都具有杀菌效果。

1920 年 Bigelow 根据细菌致死率和罐头食品传热曲线推算出杀菌时间，这种方法被称为基本推算法（general method）。它通过计算包括升温和冷却阶段在内的整个热杀菌过程中的不同温度－时间组合时的致死率，累积求得整个杀菌过程的致死效果。基本推算法的关键是找出罐头食品传热曲线与各温度下细菌热力致死时间的关系。为此 Bigelow 提出部分杀菌效率值（partial sterility）的概念。

对罐头食品而言，在某一特定的温度 T 下，将罐内微生物全部杀死所需的热力致死时间为 τ min；那么罐头在该温度下加热 t min，所取得的部分杀菌量为 t/τ，将其记为 A，则：

$$A = t/\tau$$

比如肉毒杆菌在 100℃下致死时间为 300 min，加热时间为 10 min，那么在该加热时间内的杀菌效率值为 $A = \tau/\tau_1 = 10/300 = 0.033$。这表明在 100℃下加热杀菌时间 10 min，仅能杀灭罐中全部细菌的 3.3%。

我们将杀菌过程分为 n 个温度段，在每个温度段各自的平均温度为 T_i，对应的热力致死时间为 τ_i min，在该温度段停留的时间分别为 t_i min，则在每个温度段取得的部分杀菌量为：$A_i = t_i/\tau_i$

整个杀菌过程的总杀菌量为：$A = A_1 + A_2 + \cdots + A_n = \sum A_i = \sum t_i/\tau_i$

因此，基于以上分析，总的杀菌效率值就是各个很小温度区间内的部分杀菌效率值之和，即：

或

$$A = \int 1/\tau_e \mathrm{d}\tau \quad (3\text{–}10)$$

当 $A = 100\%$ 时，表示整个杀菌过程达到了 100% 的杀菌量，罐内微生物被完全杀死。而当 $A < 100\%$ 时，表示杀菌不充分，$A > 100\%$ 时，表示杀菌过度，由此可以推算出所需的杀菌时间。

Bigelow 从上述基本理论出发，把微生物致死时间和罐头食品的加热过程绘成加热曲线和致死时间曲线，如图 3-11 所示。曲线上的每一点代表罐头中心温度，然后以此为基础来推算杀菌时

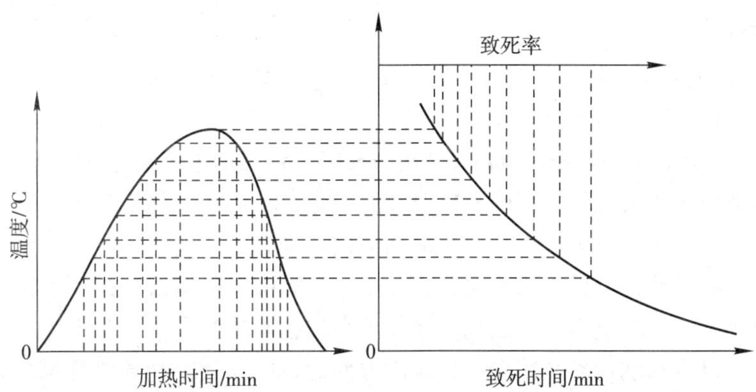

（a）加热曲线　（b）致死时间曲线

图 3-11　加热曲线与致死时间曲线

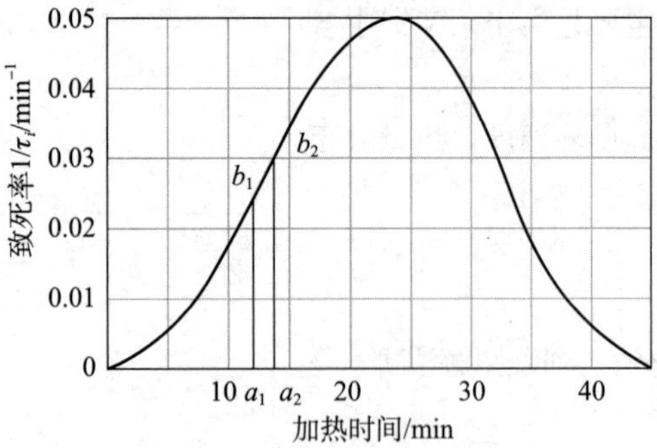

图 3-12　致死率曲线

间。如果以加热时间为横坐标、以致死率为纵坐标，则可得到致死率曲线图，如图 3-12 所示。用积分方法求出致死率曲线所包含的面积，即为杀菌效率值 A。

计算加热致死率曲线下所包含的面积方法有两种，即图解法和近似计算法。前者相当繁琐，这里不再赘述。近似计算法是根据加热间隔时间，把致死率曲线相应地分成若干小区间，每个小区间的面积就是该加热时间内的杀菌效率值。利用梯形求面积公式计算出各个小面积 A_i 值，其总和就是杀菌效率值 A。

$$A_{i,\ n} = L_{i,\ n} + L_{i,\ n+1} / 2\Delta\tau_{i,\ n}$$

$$A = \sum A_{i,\ n} \qquad (3\text{-}11)$$

2. 改良基本法

Bigelow 杀菌时间的基本推算法，须根据一定罐型，杀菌温度及内容物的初始温度条件下得到的传热曲线才能推算，因此不能用于比较不同杀菌条件下的加热杀菌效果。1923 年鲍尔（Ball）根据加热杀菌过程中罐头中心所受的加热效果用积分计算杀菌效果的方法，提出了杀菌值（sterilizing value）或致死值（leathality）的概念，形成了改良基本法（improved general method）。该法提高了计算的准确性，成为一种广泛使用的方法。

在计算实际杀菌值时，鲍尔将杀菌过程中各温度下的致死值转换成标准温度（121.1℃）下的致死值，然后累计求出整个杀菌过程的杀菌值，以便和理论杀菌值比较，控制杀菌的程度。

$$\lg F_i/F_0 = 121.1 - T_i/Z \qquad (3\text{-}12)$$

式中，F_i，F_0——温度在 T_i，121.1℃时的 F 值，min

Z——D 值变化 90% 所对应的温度变化值，℃

设 $F_0 = 1$，则上式变为：

$$\lg F_i = (121.1 - T_i)/Z \qquad (3\text{-}13)$$

F_i 表示在任何温度下达到相当于在标准杀菌条件下 121.1℃下处理 1 min 的杀菌效果所需的时间（min）。

为了便于计算非杀菌温度下的杀菌效果，学者提出了致死率（lethal rate）L_i 的概念：

$$L_i = 1/F_i$$

L_i 表示在任何温度下处理 1 min 所取得的杀菌效果相当于在标准杀菌条件下（121.1℃）处理 1 min 的杀菌效果的效率值。

人们已将不同温度下的 F_i 值和 L_i 值制成表格，以便于查询。以 L_i 为纵坐标，杀菌时间 t 为横坐标，还可以做出致死率曲线。采用积分的方法求整个杀菌过程的杀菌值：

$$F = \int L\mathrm{d}t \qquad (3\text{-}14)$$

3. 公式计算法

鲍尔（Ball）还根据罐头传热曲线，推导出加热杀菌时间的基本公式。后经美国制罐公司热工学研究组简化，用来计算简单型和转折型传热曲线的杀菌时间和 F 值。此法已经列入美国 FDA 的有关规定中，在美国得到普遍应用。具体算法可查阅罐头食品加工手册等参考资料。

公式法根据罐头在杀菌过程中罐内容物温度的变化在半对数坐标纸上所绘出的加热曲线，以及杀菌结束冷却水立即进入杀菌锅进行冷却的曲线进行推算。它的优点是可以在杀菌温度变更时算出杀菌时间，其缺点是计算繁琐、费时，还容易在计算中发生错误，又要求加热曲线必须呈有规则的简单型加热曲线或转折型加热曲线，才能求得较正确的结果。近几十年来许多学者对这种方法进行了研究，以达到既正确又简单，且应用方便的目的。随着计算机技术的应用，公式法和改良基本法一样准确，但更为快速、简捷。

4. 列线图解法

列线图解法是将有关参数制成列线计算图，利用图计算出杀菌值和杀菌时间。该法适用于 $Z=10℃$，$m+g=76.66℃$（$m+g$ 为杀菌温度与冷却水温度的差值）的任何简单型加热曲线，快捷方便，但不能用于转折型加热曲线的计算。当有关数据越出线外时，也不能用此法计算。

第三节 食品热处理与杀菌方法

杀菌是现代食品加工业的核心技术之一，是延长食品货架期的重要处理方式。虽然各种新型的杀菌技术不断涌现，但是，迄今为止热处理是最有效、应用最广泛的杀菌技术。高温可以杀灭食品中致病性和腐败性的微生物，钝化酶的活性，从而获得品质稳定、货架期长的产品。根据处理的程度不同可以将热处理分为：商业杀菌、巴氏杀菌和热烫。

一、商业杀菌

热处理是常温罐装食品的必要杀菌方式，在高温下对密封包装后的食品进行足够长时间的处理，以杀灭影响公众健康和导致食品腐败的微生物。理论上，根据微生物的热失活动力学，如果要杀灭食品中所有的微生物，需要无限长的时间。因此在实际生产中，一般用商业杀菌代替完全灭菌，保证产品在货架期内的安全即可。商业杀菌可以杀灭食品中的致病菌和腐败菌，而某些可能残存的嗜热菌在常温密闭环境下不会生长并且在货架期内不会对食品的安全和品质造成影响。商业杀菌处理一般作用于包装食品，其中，罐头食品是最早的，最经典的商业杀菌产品。在密封的包装条件下，经过杀菌处理的食品，可以在常温下长期贮藏。金属是最早最常见的包装材料，因其良好的阻隔性，传热性和耐压性，一经应用便得到迅速推广。随着科技的发展，一些软包装材料（铝箔、PE 薄膜、塑料 PP）被应用于商业杀菌，软包装食品和罐头食品都可以称为包装食品。

包装提供了一个密闭的环境，该环境抑制了其他未被完全杀灭的高耐热性微生物的生长。此外，包装可以防止食品在贮藏期间的二次污染，保证商业杀菌产品在常温下达到预期的货架期。

商业杀菌的目标对象一般为肉毒梭状芽孢杆菌及其芽孢，杀菌程度一般设计为使杀菌目标降低至少 12 个数量级。商业杀菌处理的对象一般为低酸性食品。低酸性食品是指最终的平衡 pH 大于等于 4.6 并且水分活度大于等于 0.85 的食品。研究表示，肉毒梭状芽孢杆菌的芽孢不会在 pH 低于 4.6 的环境下生长。

（一）商业杀菌的工艺研发流程

杀菌是保证食品安全延长其货架期的重要处理方式，所有的工艺流程设计都是为了达到这个目标。

首先，根据微生物热失活动力学参数确定杀菌的目标对象，通常选择 Z 值最大即耐热性最强的微生物。接着根据产品的包装尺寸和规格，确定其冷点的位置，然后根据传热动力学和灭菌釜内的温度推导杀菌程度，或者直接利用温度传感器记录冷点位置的时间温度曲线。最后通过时间温度曲线计算出杀菌程度。一般来说，商业无菌的最低杀菌程度为 $F_0=3$ min，F_0 是相当于 121.1℃下的杀菌时间，也就是将冷点位置经历的时间温度过程根据微生物的 Z 值，全部换算成 121.1℃下的处理时间。将计算的杀菌程度与目标杀菌程度进行对比，调节杀菌的时间和温度，以获得合适的杀菌工艺。此外，还要对该杀菌工艺进行微生物验证，以保证产品的安全性，即：在冷点位置接种目标微生物，或者与目标微生物耐热程度相同的替代菌，然后利用获得的杀菌工艺进行处理，验证杀菌工艺的有效性。工艺研发的所有流程都是为了保证食品的安全性。

1. 原料选择与预处理

首先原材料的品质一定要保证，然后根据原料自身特点进行预处理，如油炸，切块，调味等。这些处理都是为了满足消费者需求以及市场化需求。

在工业生产中，大部分的包装食品生产都需在包装内注入汤汁，如汤水、糖水和调味液等，目的是增加产品内部的传热速率，降低杀菌时间，节省能量，并且可以提高产品品质。

2. 包装

包装容器的选择需要根据食品的种类、物性、加工方法、产品要求及有关规定确定，装罐前需要检查空罐的完好性并且对容器进行清洗和消毒。

罐头食品对容器的基本要求是无毒耐腐蚀、密封性良好、适用于工业生产以及便于携带等。对于软包装食品而言，一般会采取抽真空的方法进行包装，这样做的目的是加快灭菌时的传热速率。

3. 排气

包装食品的排气，就是通过抽真空以及同等效用的方法，排出包装内的空气，防止食品的氧化及耐热好氧菌的生长繁殖。排气有助于防止需氧菌和酵母菌的生长繁殖；防止或减轻罐藏容器在高温杀菌时的变形和损坏以及罐头在贮藏过程中的内壁腐蚀现象；有利于食品色、香、味及营养成分的保存。

排气方法主要有热力排气、真空排气和蒸汽喷射排气法。热力排气法包括热装罐排气法和排气箱加热排气法，热装罐排气法是先将需罐藏的食品加热至一定温度，趁热装罐并密封，适用于液态或半液态的食品，或组织形态不会受加热、搅拌等影响而被破坏的食品；真空排气法是借助于真空封罐机将罐头置于真空封罐机的真空密封室内，在抽气的同时进行密封的排气方法，该方法适用范围广，封罐机体积小，能较好地保存维生素和其他营养素；蒸汽喷射排气法是在封罐的同时向罐头顶隙内喷射具有一定压力的高压蒸汽，以高压蒸汽驱赶、置换顶隙内的空气，并迅速密封。

4. 密封

不同的容器，要求采用不同的方法进行密封。

软包装食品一般采用热封的方式进行密封。即利用高温条件，使塑料薄膜的封口部位变成黏流状态，借助刀具压力使薄膜融合为一体，冷却后达到密封效果；金属罐的密封采用封罐机来完成，通过封罐机将罐身和罐盖的边缘紧密卷合进行密封。按使用动力的不同，封罐机分为手动式、半自动和全自动封罐机。按封罐机风管式气压不同可分为真空封罐机和常压封罐机；玻璃罐的密封，根据玻璃罐本身边缘造型和盖子的不同，密封方法也不同。封口方式一般有卷边式密封法和旋转式密封法。卷边式密封与金属罐密封相似，依靠封罐机进行密封，旋转式密封法适用于有螺纹线的玻璃瓶，瓶盖上有相应数量的盖爪，密封时将盖爪和螺纹线始端对准，拧紧。

5. 杀菌

包装食品的杀菌，是为了达到“商业无菌”的状态，一般的杀菌对象是芽孢。由于微生物及其芽孢的耐热性受生长环境的影响较大，食品的平衡 pH，水分活度甚至脂肪含量都会影响微生物的耐热性。因此，必须在所研发的产品的内部环境下对其进行耐热性分析，获得微生物的热失活动力学参数，即 D 值和 Z 值。此外，产品的初始微生物含量也是杀菌工艺设计的一个重要依据。

热杀菌是通过将食品加热到一定的温度并持续一段时间来灭活微生物，即：时间温度的综合效应。热处理程度通常也用时间温度的综合效应来进行评价，通过微生物的 Z 值可以将不同的时间温度过程换算成目标杀菌温度下的处理时间，即 F 值。为了评价杀菌程度，需要对热处理过程进行温度测量，以获得食品内部最冷点的时间温度曲线。

在之前的研究中，食品冷点温度的测量一直是一个难题，最常用的方法就是根据包装的尺寸和物料的传热性能，通过测量加热腔内的温度来推算冷点的温度，进而计算杀菌程度。现在的研究中，可以利用无线温度传感器直接测量冷点温度，然后根据时间温度曲线，计算杀菌强度。

对于杀菌强度的计算，如果仅仅知道加热腔内的温度变化，可以通过经典的有比奇洛和鲍尔改良法方法推导技术。随着科技的发展，可以直接测出时间温度曲线，继而根据公式，计算出杀菌强度。

$$F_0=\int_0^t 10^{\frac{T(t)-121.1℃}{Z}}\mathrm{d}t \qquad (3\text{-}15)$$

其中，F_0 是 121.1℃下的杀菌时间，T 是时间 t 对应的冷点处的温度，Z 是目标微生物的 Z 值。

实际测量中获得的数据是离散形式，用以下数学式进行计算：

$$F_0=\Delta T\cdot\sum_{i=1}^{n}10^{\frac{T_i-121.1℃}{Z}} \qquad (3\text{-}16)$$

其中，F_0 是 121.1℃下的杀菌时间，ΔT 是采样时间间隔，Z 是目标微生物的 Z 值，T_i 是该时间段内的温度。当数据是离散形式的时候，使用该公式进行无线细分求和。

获得 F_0 值之后，可以根据目标微生物在 121.1℃下的 D 值，计算出目标微生物下降数量级的个数，公式如下：

$$F_0=nD_{121.1℃} \qquad (3\text{-}17)$$

传统热杀菌的加热介质一般为高温蒸汽和热水。最早是法国人阿佩尔（Appert）发明了罐头食品，他把食物装进玻璃瓶，用软木塞密封，然后在沸水中加热 7～8 h，发现可以实现常温保存。随着科技进步和设备发展，逐渐使用了高温蒸汽作为加热介质，由于蒸汽的灭菌效率高、时间短，所以得到了广泛使用。但是为了保证蒸汽灭菌的均匀性，需要循环进气、排气，能耗较高。

之后的研究中，发现高温热水与蒸汽相比具有传热快，携带能量高，可重复利用等优点。因此利用高温热水进行杀菌，在缩短杀菌时间，提高产品品质的同时可以节省能量。所以近年来，121℃的热水被逐渐应用到热杀菌处理中。

6. 冷却

杀菌时间达到后，需要对产品进行迅速冷却处理。如果使食品在灭菌釜内自然冷却，则需要较长的冷却时间，对食品的品质造成负面影响。冷水喷淋式是最常用的冷却方式，但刚刚达到最高热处理温度的包装食品，不能直接用冷水喷淋的方式降温，需要其他辅助处理。这是因为不管用蒸汽还是热水作为加热介质，在冷却之前加热腔内都充满着大量的饱和蒸汽，直接喷入冷水会将加热腔内的水蒸气冷却凝结，进而导致腔内压强急剧下降。而此时食品内部温度较高（接近121℃）压强很大，这将产生较大的内外压强差，导致食品包装的破裂，尤其对于抗压性能较差的软包装材料。因此，在冷水喷淋的同时一般利用压缩空气来维持腔体的压强，进行反压杀菌，防止胀袋和破袋。当食品温度降低到 38～40℃时完成冷却处理，从加热腔中取出。食品的余温可以用以干燥包装表面的水分，方便后续的贴标签及包装处理。

7. 检验

杀菌后的食品，必须在 37℃的条件下保温一周，观察是否有胀罐胀袋等现象，并对产品进行抽查检验，合格批次的产品可以投放到市场销售。根据现行法规要求，抽查检验的指标有感官要求、微生物限量、污染物限量和真菌毒素限量、食品添加剂和食品营养强化剂以及理化指标，其中理化指标包括针对沙丁鱼、鲐鱼等高组胺鱼类罐头设置的组胺限量值和极易受到米酵菌酸污染的银耳罐头设置的米酵菌酸的限量。

（二）商业杀菌系统

常用于商业杀菌过程的加热介质有两种，高压饱和蒸汽和热水，加热介质不同，商业杀菌的装备也有所不同。

1. 卧式灭菌釜

卧式灭菌釜（图 3-13）是最经典、应用最广泛的热杀菌装备，它是利用高温饱和蒸汽作为加热介质。饱和蒸汽在灭菌釜外部通过加热获得，之后经过管道输入灭菌釜。为了保证灭菌釜内的加热温度分布均匀，一般在灭菌釜底部设计多个蒸汽入口，同时在上部设计一个或者多个排气孔，用以初期排出加热腔内的空气，以及在灭菌过程中促进灭菌釜内的蒸汽流动避免产生低温区，影响食品的安全性。因为有关商业杀菌的现行法规要求，利用卧式灭菌釜进行灭菌时，必须准确记录腔体内的温度和时间，所以该设备还应配有温度监控和记录装置。此外，压力监测和控制系统也是必要配置，可以用以控制灭菌釜内蒸汽压力水平，以及在冷却阶段开始时控制压缩空气及排气开关维持所需压强。

总之，经典的卧式灭菌釜是通过不断输入饱和蒸汽对产品进行高温灭菌，之后注入冷水或温水进行冷却，同时可以利用压缩空气进行反压操作保护食品包装。

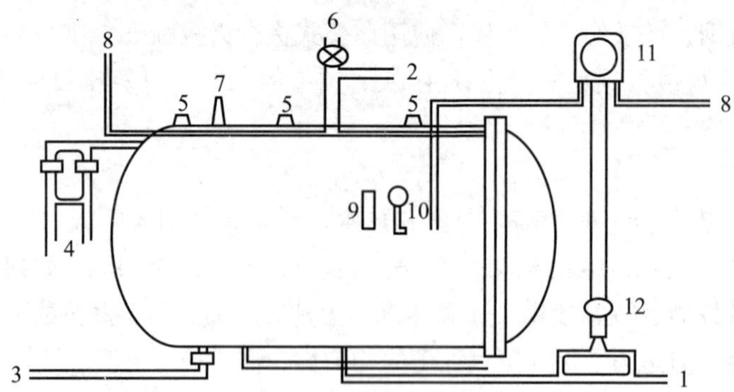

图 3-13　卧式灭菌釜

1. 进蒸汽管；2. 进水管；3. 排水管；4. 溢流管；5. 泄气阀；6. 排气阀；7. 安全阀；8. 压缩空气管；9. 温度计；10. 压力计；11. 温度记录控制仪；12. 蒸汽压力控制阀

2. 双层水浴杀菌锅

利用高温蒸汽作为加热介质的灭菌设备，传热速率慢，杀菌时间长，能耗高。与蒸汽相比，水的传热速率更快，比热高，可以利用同样温度的热水取代热蒸汽，提高加热速率，并且可以回收热水降低能耗。利用高温热水作为加热介质时，需要先对热水进行加热，因此，该类设备设计了双层罐，其中一个是储水罐。水浴式灭菌釜（图 3-14）首先将储水罐内的水加热到预定温度。将加热好的热水输入到加热腔内，同时排出空气，在加热过程中对腔内的水不断循环加热保持温度和维持腔体内部的加热均匀性。杀菌时间到后，首先将热灭菌釜内的热水抽到储水罐，然后对灭菌釜内的杀菌产品进行降温。降温过程中，也需要利用压缩空气进行反压冷却以保护食品包装。经过 1～2 次冷水冷却，等到杀菌锅内的产品温度降温到 38～40℃，冷水排出，产品出锅。

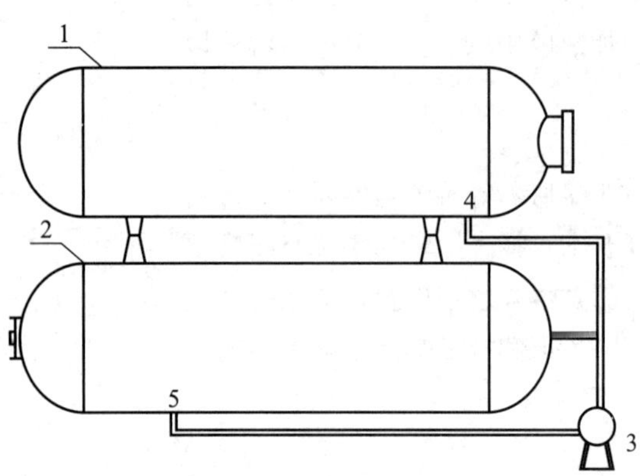

图 3-14　双层水浴杀菌锅

1. 储水罐；2. 灭菌罐；3. 循环泵；4. 出水口；5. 进水口

双层水浴杀菌锅加热速率快，温度分布均匀，可以降低杀菌时间，并且可以回收热水的能量，降低能耗，正在逐渐取代传统的卧式蒸汽灭菌釜，在食品杀菌领域迅速普及。

3. 新型热杀菌装备

虽然高温热水相比于蒸汽在加热速率上有所提升，但是传统的商业杀菌始终受限于食品本身较低的传热系数，传热速率无法通过外部因素大幅提升，杀菌时间长，导致食品营养物质损失较大。传统上，为了提高传热速率，在产品设计上一般会加入液体的汤汁，此外，为了抑制微生物生长，降低热处理的时间，罐装食品在配料上往往加入大量的盐、糖以及其他添加剂，这导致罐装食品风味过重，无法作为主食消费，只能作为零副食。研究表明，微生物的耐热性远小于食品营养成分的耐热性，即微生物的 Z 值（7 ~ 12℃）远小于食品营养成分的 Z 值（25 ~ 45℃）。基于此，高温短时（high temperature short time，HTST）杀菌处理，可以在保证食品微生物安全的前提下，大幅提高杀菌产品品质。

流体或者半流体食品可以通过热交换实现对流传热和快速升温，达到实现高温短时处理的目标。但固体食品的加工却很难实现高温短时杀菌处理，这是因为固体食品只能通过热传导的方式进行加热，传热效率低，很难在短时间内完成杀菌。为了解决这个问题，专家们尝试通过减少样品尺寸，在加热腔内部增加转盘、传送带等方式来增加罐装食品内部的传热速率，缩短加热时间，提高产品品质。但是这些技术始终没有突破固体食品本身缓慢的传热速率，无法从本质上大幅提高加热速度。为了解决该问题，一些新型的热处理技术也在不断研发，如微波杀菌。

微波可以穿透到食品内部对其进行整体加热，突破了传统的低传热效率，可以对固体食品实现高温短时处理。微波杀菌技术在美国已经通过 FDA 认证，是生产高品质长货架期产品的理想技术。微波杀菌技术在美国已经实现中试生产，其工业化应用正在逐步推进。在国内，微波杀菌系统也已经达到中试阶段。为了保证微波杀菌产品的微生物安全，微波杀菌产品的工艺研发遵循了与传统杀菌工艺相同的原理，只考虑了微波的热效应，通过记录食品冷点位置的时间温度曲线，依据时间和温度的综合效应评估微波的杀菌效果。

图 3-15 是上海海洋大学自主研发的微波杀菌系统，可以对多种水产品进行微波杀菌工艺的研究及品质评价。该系统主要由样品等候区，样品载入区，微波加热腔，保温区以及冷却和样品载出区构成。样品首先在等候区通过船闸式设计进入高压载入区，经传动链条依次通过两个微波加热腔，经过微波加热腔后，样品冷点达到目标杀菌温度；之后到达保温区进行保温处理，完成杀菌过程；最后经船闸式设计进入冷却区进行反压冷却处理和载出。

微波杀菌技术是新型热杀菌技术的代表，也是当前离工业应用最近的杀菌新技术，未来有着广阔的应用前景。

图 3-15　微波杀菌系统

1. 样品等候区；2. 样品载入区；3. 微波加热腔 1；4. 微波加热腔 2；5. 保温区；6. 冷却 – 样品载出区

二、巴氏杀菌

商业无菌由于其较高的热处理程度，食品虽然达到了常温下长期贮藏的要求，但长时间的高温处理导致食品的营养价值及感官品质均严重受损。因此，传统的商业杀菌已经不能满足人们对高品质长货架期食品的需求。随着当代科技的不断进步，冷藏技术不断发展并应用于食品加工业，逐渐建立起从工厂到商场再到家庭的冷链系统。基于此，一种较温和的杀菌方式联合冷藏技术被用于生产更高品质的食品，并逐渐被人们所接受，这就是巴氏杀菌。

巴氏杀菌在杀灭食品中大部分微生物的同时对食品营养成分及感官特性的影响较小。但巴氏杀菌后残存的菌落在常温下会快速繁殖，不能满足产品在常温下运输贮藏的要求。因此，巴氏杀菌处理后的产品，需放置于0～4℃的低温条件下运输贮藏，从而使产品保质期达到2～4周，满足现代物流及消费者的需求。巴氏杀菌一般是利用温度低于100℃的介质对产品进行热处理以杀灭大部分微生物，进而延长食品货架期。巴氏杀菌的热处理程度较低，目标是保证杀灭至少6个数量级的微生物，该杀菌方式在液体产品杀菌领域应用较为广泛，利用热交换器实现对流传热和快速杀菌处理，而高温巴氏杀菌牛奶是典型的产品之一。美国食品和药物管理局（FDA）(2012）和欧盟（EU）(2011）分别描述了美国和欧盟的巴氏杀菌奶法规，其他国家也采用了类似的标准。

1. 不同食品中的巴氏杀菌

巴氏杀菌食品所需的热处理程度由产品的性质及其被污染的微生物决定。pH 4.6是酸性食品和低酸性食品的分界线，将$pH < 4.6$的食品称为酸性食品，$pH > 4.6$的食品称为低酸性食品。

在酸性食品中，大多数病原体无法在该类食品（$pH < 4.6$）中生长，所以巴氏杀菌主要是针对产品中的耐热酶或耐酸的腐败微生物（如乳酸菌、酵母菌和霉菌）。在果汁等酸性产品（$pH < 4.6$）中，通过降低腐败微生物（主要是酵母或霉菌）的数量和钝化酶活性将其保质期延长至数周。在水果产品中存在一种称为果胶酯酶的耐热酶，该酶比产品中的酵母菌更为耐热，巴氏杀菌处理旨在使这种酶失活，以有效延长产品货架期。

对于低酸性产品，将巴氏杀菌法应用在牛奶或液蛋等低酸性产品中，旨在最大限度地减少病原微生物对公众健康的危害，并延长此类产品的保质期至数天或数周。牛奶的巴氏杀菌过程是基于对病原体布鲁氏菌、结核分枝杆菌和伯尼氏杆菌的病原体数量的$12D$减少，因为它们具有公共健康意义。该过程基于$D_{63} = 2.5$ min和$Z = 4.1$℃（即12倍的2.5 min的D值 = 在63℃下的处理时间30 min）。但一些耐热性更强的腐败菌，可能不会被最低限度的热处理所破坏，所以巴氏杀菌奶需要冷藏储存以延长其保质期。含糖量或黏度较高的配方奶制品（如冰淇淋、牛奶冻或蛋酒等）其巴氏杀菌条件（时间或温度）要高于牛奶的最低杀菌条件。表3–8为应用于酸性产品和低酸性产品中的巴氏杀菌。

无论是酸性产品还是低酸性产品，经过巴氏杀菌处理后其感官特性和营养品质均变化较小。因此，巴氏杀菌技术在食品加工领域（包括无菌包装产品和预包装产品）中被广泛应用。

2. 巴氏杀菌和无菌包装

低黏度液体产品（如牛奶、奶制品、果汁、液态鸡蛋、啤酒和葡萄酒等）的大规模巴氏杀菌通常采用连续式设备——换热器。换热器因具有以下优点而被广泛使用：热处理更均匀、更低的空间要求和劳动力成本，能为不同产品提供更好的灵活性、更好控制的巴氏杀菌条件和更高的能源效率。根据传热面的形状和结构可将换热器分为板式换热器和管式换热器。

板式换热器于1923年首次推出，其紧凑的设计和高吞吐量使其广泛用于巴氏杀菌。板式换热器是由一系列具有特定波纹形状的金属片叠装而成的一种高成效的换热设备。各个板片之间形成薄矩形通道，通过板片进行热量交换。它是液–液、液–气进行热交换的理想设备。在相同压力损失情况下，其传热系数较高，占地面积较小，热回收率可高达90%以上。用板式换热器（图3–16）进行巴氏杀菌处理时，产品从平衡罐被泵送到再生段，使用正排量泵，在那里它被已经巴氏杀菌的液体换热。然后在加热区将其加热至巴氏杀菌温度，并通过保温管，在该管中保留达到巴氏杀菌所需的时间。如果未达到巴氏杀菌温度，温度传感器会启动分流阀，自动将食物送回平衡罐再进行巴氏杀菌。随后巴氏杀菌的产品在再生段冷却（并同时预热进入的食物)，然后在冷却部分用冷水进一步冷却，如有必要需用冷冻水冷却。以这种方式再生热量可显著节省能源，并且可以回收高达97%的热量。

表 3–8　酸性产品和低酸性产品的巴氏杀菌

产品类型	主要目的	次要目的	最低处理条件
pH < 4.6			
果汁	促进酶失活（果胶甲酯酶和聚半乳糖醛酸酶）	破坏腐败微生物（酵母菌，霉菌）	65℃，30 min；77℃，1 min；80℃，10～60 s
啤酒	破坏腐败微生物（野生酵母，乳酸杆菌）和残余酵母（酵母菌）		65～68℃，20 min（在瓶内）；72～75℃，1～4 min
pH > 4.6			
牛奶	破坏病原微生物（布鲁氏菌、结核杆菌、伯纳特氏立克次氏体）	破坏腐败微生物和酶	63℃，30 min；71.1℃，15 s；88.3℃，1 s；90℃，0.5 s
冰淇淋，牛奶冻，蛋酒	破坏病原微生物	破坏腐败微生物	69℃，30 min；71℃，10 min；80℃，25 s；82.2℃，15 s
乳脂肪含量 >10% 或加糖的奶油或巧克力乳	破坏病原微生物	破坏腐败微生物	66℃，30 min 或 75℃，15 s
液蛋	破坏病原微生物（沙门氏菌）	破坏腐败微生物	64.4℃，2.5 min；60℃，3.5 min

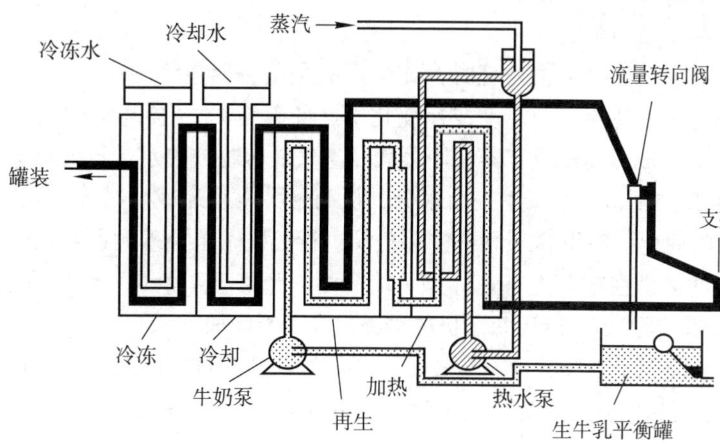

图 3–16　用于巴氏杀菌的板式热交换器

管式换热器（又称管壳式或列管式换热器）（图 3–17）被广泛用于食品的巴氏杀菌处理，该设备对产品的适应范围较广，适用于更黏稠的非牛顿食品（例如乳制品、蛋黄酱、番茄酱和婴儿食品）。凡是用板式换热器会产生焦熟或阻塞而其黏度又不足以动用刮板式换热器的产品，都可采用管式换热器。该设备主要由壳体、管束、管板等部分组成，壳体多呈圆形，内部装有平行管束或者螺旋管，管束两端固定于管板上。在管式换热器内进行换热的两种流体，一种（A 流体）在管外流动，其行程称为壳程；一种（流体 B）在管内流动，其行程称为管程。管程和壳程内的流体温度不同时，则温度高的流体将会通过换热管壁，将热量传递给温度较低的流体，进而使得温度高的流体得到降温，而温度低的流体被加热，实现换热工艺。管束壁面即为传热面。管壳式换热器因其具有螺旋管束设计，可以最大限度地增加湍流效果，在减少结垢的同时能够提高换热效率。

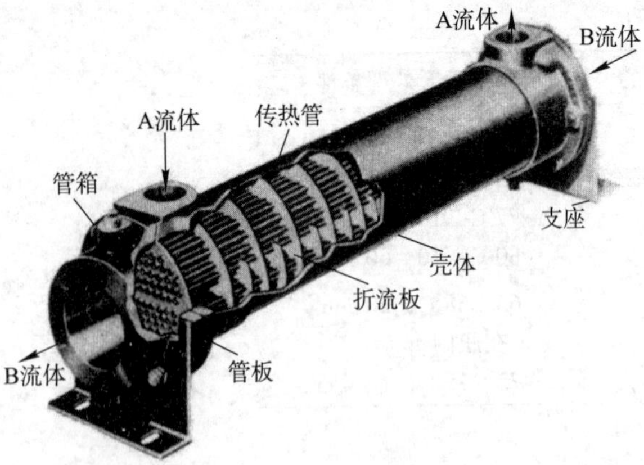

图 3–17 管式换热器

A. 流体–加热介质 B. 流体–液体产品

这大大提高了食品行业的生产效率，节约了生产成本。但与板式换热器相比，管式换热器传热效率较低。

液体产品在换热器中经巴氏杀菌处理后应立即装入预先经过杀菌的包装容器内，在无菌的条件下进行密封以防止产品被再次污染，即无菌包装。无菌包装处理过程中需要严格控制灌装设备的卫生和清洁，以防止因巴氏杀菌后污染而导致有害微生物生长的风险。果汁制造商的既定做法是对果汁进行两次巴氏消毒：第一次巴氏杀菌是提取后尽快在 95～98℃下处理 10～30 s，主要是为了灭活酶，同时也为了破坏有害微生物；在将果汁装入容器之前，在 95℃下进行第二次巴氏消毒 15 s，以消灭在散装储存期间二次污染 NFC（非浓缩）果汁的任何微生物，或由浓缩物复原的受污染果汁，果汁中通常存在不同类型的酵母菌，但它们通常不耐热，因此很容易被巴氏杀菌杀死。经过无菌包装的产品，可在常温下贮运而具有较为理想的保质期。如经巴氏杀菌处理后的鲜奶在密封无菌条件下用六层铝塑复合无菌包装材料进行灌装、封合，其常温保质期可达 45 天。无菌包装食品比罐（瓶、袋）内杀菌食品，在产品质量和包装、贮运费用等方面有更高的效益。该产品的色、香、味和营养价值损失小，能耗少，还可实现连续杀菌、罐装、密封，大幅提升生产线的工作效率，因此被广泛应用于食品加工业。

3. 预包装食品的巴氏杀菌

对于需要预先定量包装以及预先定量制作的产品，要先进行包装并加标签（包括食品名称、配料表、净含量和规格、生产者或经销者的名称、地址和联系方式、生产日期和保质期、贮存条件、食品生产许可证编号、产品标准代号及其他需要标示的内容）标识后再进行巴氏杀菌处理，这称为预包装食品的巴氏杀菌。

在对预包装食品进行巴氏杀菌处理时，如果产品是用玻璃包装的，通常会使用温和的水浴，以降低容器受到热冲击的风险（即温度快速变化引起的破裂）。容器与水的最大温差在加热时为 20℃，冷却时为 10℃。金属或塑料容器使用蒸汽–空气混合物或热水进行处理，因为热冲击的风险很小。将容器冷却至约 40℃以蒸发表面水分，从而最大限度地减少对容器或瓶盖的外部腐蚀，并加速标签黏合剂的固化。使用热水对预包装食品进行巴氏杀菌处理时通常用到的设备是热水巴氏杀菌机。该设备的类别在市面上有迷你型、简易型、豪华型、柜式、酸奶鲜奶一体机等种类，随着巴氏杀菌工艺的不断发展，巴氏杀菌机的种类也在不断增加。

随着科技的发展出现了一些其他新型技术，如果这些新型技术的杀菌程度达到了巴氏杀菌处理后的程度，那么也可以将其称之为巴氏杀菌，如超高压，辐照等杀菌技术。

三、热烫

热烫是在商业杀菌和巴氏杀菌外的另外一种热处理方式，主要目的是钝化蔬菜中酶的活性。为了使酶失活，需要将食物快速加热到预设温度，保持一定的时间，然后快速冷却到接近环境温度。热烫具有多种功能，包括去除或减少某些蔬菜的不良风味（如菠菜的涩味、芦笋的苦味等），使绿色蔬菜变得更加鲜脆，减少微生物、虫卵、农药残留等。热烫处理后，植物组织内的空气受热膨胀，从细胞间空隙逸出，由细胞中汁液或外来水分填补空隙，同时加热后细胞壁变软，易于将空气压出。空气的排出不但能阻止氧化，还增加了食品的透明度，改进外观，使绿色蔬菜也显得更加鲜绿。

1. **热烫的基本原理**

热烫是非稳态传热的一个例子，是指通过蒸汽或热水对表面对流加热，并将热量从食物表面传导到食物内部。热烫的主要目的为抑制或破坏食品中酶以及减少微生物数量。如果食物没有经过热烫，在储存过程中酶会导致感官特性和营养特性发生不良变化。因此，有必要在这些操作之前对食物进行热烫处理。热烫处理足以减少微生物的营养细胞，杀死部分细菌微生物，尤其是那些残留在产品表面的微生物。而且热烫可去除水果或蔬菜细胞间的空气，对罐藏制品，在密封前这一处理是非常有利的。

以下因素会影响热烫条件：食物块的大小和形状；食物的热导率，受种类、品种和成熟度的影响；热烫温度及加热方法；对流传热系数。

在实践中，评估每种原料用于热烫的时间 – 温度组合的方法为：以在食品块的热中心达到特定温度，达到特定程度的过氧化物酶失活，或保留特定比例的维生素 C 作为指标。典型的时间 – 温度组合在 70 ~ 100℃下从 1 ~ 15 min 不等。

2. **热烫的处理方法**

最普遍的商业热烫方法分别是蒸汽热烫和热水热烫。这两种类型的设备都相对简单且便宜。但是，选择的热烫方法取决于需要接受处理的食品的类型。对于用于处理像水果和蔬菜这样的固体食品，要求达到最大的传热系数而不对产品品质造成较大损害。

在商业上，热烫后食物的重量是决定特定方法成功与否的重要因素。在一些方法中，冷却阶段可能会导致比热烫阶段更大的产品或营养损失。因此，在比较不同方法时，必须同时考虑热烫和冷却。当通过冷空气或冷水喷雾冷却时蒸汽热烫导致更高的营养保留。然而，空气冷却会因蒸发而导致产品重量减轻，这可能超过在营养保留方面获得的任何优势。用流水冷却会显著增加浸出损失，但产品可能会因吸水而增加重量，因此总产量会增加。由于热烫和冷却方法（表 3–9）、食物类型和制备方法的不同，如果食物在热烫前将食物切片或切块，在产量和营养保留方面也存在显著差异。

表 3–9　不同的热烫处理方法对选定蔬菜抗坏血酸损失率的影响

处理方式	抗坏血酸损失率 /%		
	豌豆	西蓝花	青豆
热水加热 – 水冷却	29.1	38.7	15.1
热水加热 – 空气冷却	25.0	30.6	19.5
蒸汽加热 – 水冷却	24.2	22.2	17.7
蒸汽加热 – 空气冷却	14.0	9.0	18.6

3. **热水热烫**

热烫机有多种不同的设计，每一种都将食物在 70 ~ 100℃的热水中保持指定时间，然后将其传递到冷却部分。表 3–3 描述了热水热烫机的优点和局限性。在卷盘热烫机中，食物通过缓慢旋转的圆柱形网状滚筒移动，该滚筒部分浸没在热水中。滚筒的旋转速度和长度决定了加热时间。管道热烫机由装有进料口和排料口的连续绝缘金属管组成。热水通过管道再循环，食物被计量加入。管道的长度和水的速度决定了食物在热烫机中的停留时间。这些热烫机的优点是容量大，占地面积小，在某些应用中，它们可同时通过工厂运输食物。

基于单体快速热烫（IQB）原理的热水热烫机的开发降低了能耗并最大限度地减少了废水的产生。例如，热烫机有三个部分：预热阶段、热烫阶段和冷却阶段（图 3–18）。食物在每个阶段都保留在单个传送带上，因此不会受到传统热水热烫过程中湍流造成的物理损坏。热交换器加热预热

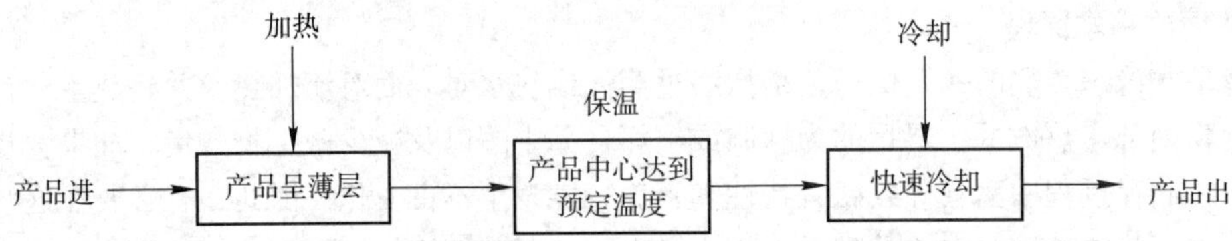

图 3-18 单体快速热烫（IQB）示意图

水并同时冷却水，从而实现高达 70% 的热回收。再循环的水蒸气混合物用于烫食物，最后通过冷空气冷却，废水产生可以忽略不计。每 10 吨产品的用水量减少到大约 1 m^3。热烫产品的质量为每千克蒸汽 16.7 ~ 20 kg，而传统热水热烫机每千克蒸汽热烫的产品质量为 0.25 ~ 0.5 kg。其他研究使用低温长时间（LTLT）热烫，通常在 50 ~ 70℃，来提高产品的硬度，或使用高温短时（HTST）热烫来提高能源效率。两者结合，称为“逐步热烫”，食物在 LTLT 后冷却，然后进行 HTST。

4. 蒸汽热烫

表 3-10 描述了蒸汽热烫和热水热烫的优点和局限性。一般来说，这是具有大面积切割表面的食物的首选方法，因为发现浸出损失比使用热水热烫机低得多。最简单的蒸汽热烫机由一个网状输送机组成，该输送机将食物运送到绝缘隧道中的蒸汽环境中。食物的停留时间由输送机的速度和隧道的长度控制。蒸汽热烫机可以对皮带速度（停留时间）和热烫温度进行微处理器控制，也可以针对个别产品对不同的热烫条件进行编程设计。

表 3-10 蒸汽热烫和热水热烫的优点和局限性

设备	优点	局限性
蒸汽热烫机	水溶性成分损失更小，产品收率更高	对食物的清洁有限，需要再次清洗
	与水漂白机相比，出水量更小，处理成本更低，尤其是用空气冷却代替水冷却	食物在输送机上堆得太高，烫不均匀
		食物中的一些质量损失
	更好的能源效率	更大、更复杂的设备，维护成本更高
	更好地保留产品的颜色、风味和质地	较难清洗
热水热烫机	比蒸汽漂白机更低的资本成本	稀释出水量大，购水成本和出水处理成本均较高
	产品加热更均匀	食品被嗜热菌污染的风险
	使用更少的地面空间	湍流可能会对某些产品造成物理损坏

通常，涡轮弗洛蒸汽热烫机隧道长 15 ~ 20 m，宽 1 ~ 1.5 m。当在入口和出口处使用喷水来冷凝逸出的蒸汽时，能量消耗效率（即用于加热食物的能量除以提供的能量）约为 19%。或者，食物可以通过旋转阀或静压密封进入和离开热烫机，以减少蒸汽损失，并将能源效率提高到 27% 左右，蒸汽可以通过文丘里阀重新使用。使用组合静压和文丘里装置可将能源效率提高到 31% 左右。

传统的热烫机使用约 1 kg 的蒸汽焯 3 ~ 4 kg 的蔬菜，但最近的设计能够在高达 30 $t \cdot h^{-1}$ 的容量下每千克蒸汽热烫多达 16 kg 的蔬菜（约翰逊，2011 年）。逆流冷却蒸汽热烫可以实现多级逆流冷却，实现低能耗，这是由于多级逆流冷却过程中，冷却水从热烫产品中吸收热量，并被泵送到预热部分对产品进行预热升温（图 3-19）。预热后的产品仅需在热烫部分进行少量的额外加热。冷却部分采用喷雾使冷空气充满水分，这减少了食物的蒸发损失和产生的废水量。然而，蒸发空气冷却不允许热回收。通过短暂的初步干燥操作（称为预处理）后将进入的食物暴露于热空气（65℃），也可以减少蒸汽热烫过程中的营养损失。在单体快速热烫（IQB）期间，表面水分蒸发，表面吸收冷凝蒸汽与传统的蒸汽热烫相比，重量损失和营养损失减少，热烫食物的产量没有减少。

IQB 蒸汽热烫设备由加热段组成，在该段中，单层食物在传送带上加热，在冷却前保持在传送带上。用于装载和卸载食物的斗式提升机位于紧密配合的隧道中，热烫室装有旋转阀，两者都最大限度地减少了蒸汽损失。通常，热烫机有一个 1.5 m×6 m 的腔室，该腔室完全封闭并使用静压水密封进行隔热，以防止蒸发并提高热效率。它能处理 13 000 kg · h^{-1} 的食品，仅产生 130 L · h^{-1} 废水，是热水热烫机产生的废水的 10%。Williams 描述了一种设计紧凑的转鼓蒸汽热烫机，与传统的隧道蒸汽热烫机相比，它减少了能源和水的消耗，并且投资和维护成本更低。

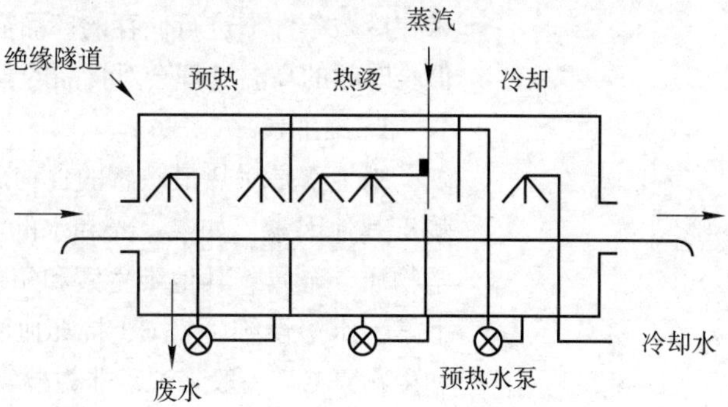

图 3–19 逆流冷却蒸汽热烫机

流化床热烫机使用空气和蒸汽的混合物运行，以 4.5 m · s^{-1} 移动，同时流化和加热产品。热烫室的设计促进了食物的连续和均匀循环，直到它被充分热烫。尽管这些热烫方法并未在商业规模上广泛使用，但它们的优点包括：加热速度更快、加热更均匀，加工时间更短，维生素和食物中其他可溶性热敏成分的损失更小，污水排放量少。

5. **新型热烫技术**

虽然传统热烫方法在果蔬领域应用广泛，也在不断探索一些新型热烫技术，例如微波加热、欧姆加热、高湿热风冲击热烫。但大多数人已经证实，微波热烫与传统热烫相比，其主要缺点是设备成本较高、能量分布不均匀以及难以预测和监测加热模式。微波热烫已在欧洲和日本使用，但并不广泛。

欧姆加热尚未在商业上用于热烫，但研究表明其具有用于蘑菇热烫的潜力。将欧姆加热应用于豌豆泥，发现过氧化物酶在比使用热水热烫更短的时间内灭活。在欧姆加热朝鲜蓟中发现了类似的结果。研究发现欧姆热烫（24 V · cm^{-1} 和 80℃）比 100℃ 热水热烫能更快地灭活朝鲜蓟头中的过氧化物酶和多酚氧化酶，并更好地保留了它们的颜色和质地。后来有学者研究了蘑菇的超声波辅助热烫并得出结论，与常规热烫相结合的处理可以减少加工时间并保持热烫产品的颜色。

高湿热风冲击热烫（HHAIB）是一种正在开发的热技术。它结合了蒸汽热烫和热风冲击技术的优点，以产生均匀、快速和节能的热烫过程，从而最大限度地减少水溶性营养物质的损失。研究评估了在催化红外热烫机和干燥机中使用中远红外加热在没有水或蒸汽的情况下热烫和干燥水果和蔬菜的可行性。将梨块、小胡萝卜、甜玉米等用 5.7 kW · m^{-2} 的辐射能量强度热烫 1 ~ 3.5 min 以灭活过氧化物酶。热烫后用辐射能干燥梨块，与蒸汽热烫和热风干燥生产的梨块相比，时间减少了 44%，干梨的质地和外观更优。这种催化红外处理系统可用于食品的干燥、去皮、烘烤和消毒。

第四节 热处理对食品品质的影响

热处理对微生物和酶产生作用的同时，也对食品的质构及营养成分产生影响，包括导致食品的品质下降，营养成分损失等不良后果。一般来说，食品受到的热处理程度越大，其品质受到的影响也越大。

一、商业杀菌对食品品质的影响

商业杀菌是常温罐装食品的必要杀菌方式，它可以杀灭食品中大部分的致病菌和腐败菌，同时剩余的残菌在常温密闭环境下不会生长并且不会对食品品质造成影响。商业无菌的杀菌程度一般为 $F_0 = 3$ min，F_0 是相当于 121.1℃下的杀菌时间。为了防止产品腐败变质和产生致病微生物，未在冷藏条件下进行储存的产品需要经过充分的热处理。尽管热处理会带来一些令人满意的结果，但长时间的高温处理会对食品的营养成分和感官特征（如外观、颜色、味道和质地）造成损失。

1. **维生素**

维生素是对热最敏感的食物成分之一。热处理过程中维生素的降解不是简单地进行，而是依赖于其他因素，如氧、光和水的溶解度。此外，维生素的降解也与 pH 有关，并可能被存在的化学物质、金属、其他维生素和酶催化。热敏维生素有脂溶性维生素 A（有氧存在）、D、E 和胡萝卜素、水溶性维生素 C（抗坏血酸）、维生素 B_1（硫胺素）、B_2（核黄素）在酸环境、烟酸、泛酸和生物素 C。一般来说，非柑橘类食品中维生素 C 的最大损失发生在加热过程中。在罐装果汁中，维生素 C 的损失往往遵循连续的一级反应；例如，一种快速的氧依赖反应，持续到氧气耗尽，接着是厌氧降解。在热敏维生素中，硫胺素似乎具有最稳定的变性动力学。商业杀菌处理的牛奶中，维生素的损失可以忽略不计，而脂类、碳水化合物和矿物质几乎不受影响。经过商业杀菌处理的食品，在储存过程中其维生素降解可归因于包装材料的溶解氧和顶空氧、包装材料的透氧性和透光性，以及贮藏温度。

2. **褐变**

美拉德反应即使在温和的热处理条件下也会发生，该反应是蛋白质和还原糖之间通过 Amadori 重排而发生的一系列复杂反应。美拉德反应开始，以无紫外吸收的无色溶液为特征，随着反应不断进行，会形成一种棕色或黑色的不溶性化合物，这种化合物称为黑色素。虽然这种反应会使一些食品产生令人满意的特征风味，但是基于蛋白质的破坏和氨基酸（比如赖氨酸、L– 精氨酸和 L–组氨酸）的损失，产品的营养价值会受到影响。因为赖氨酸是人体必需氨基酸之一，它能够促进人体的发育，增强免疫力并有助于提高中枢神经组织功能，所以它的损失是需要引起注意的。在热处理过程中，通过降低水分含量，降低 pH 和温度以及增加稀释度的方法可以有效抑制美拉德反应产生的褐变。此外，还可以通过降低美拉德反应中某种反应底物的含量，来降低美拉德反应的产物，通常是糖分。对于不同厚度软包装的灭菌釜杀菌研究表明，在 130℃、20 mm，135℃、15 mm 和 140℃、8 mm 三种温度和厚度的组合条件下，美拉德反应产生的褐变最小。

3. **蛋白质**

热处理对蛋白质的影响可分为两种：改变蛋白质分子的二级、三级和四级结构，或者改变蛋白质分子的一级结构。破坏二级、三级和四级结构可以使蛋白质展开并提高其生物利用度，因为肽键很容易被消化酶利用。另一方面，初级蛋白质结构的改变可能会降低消化率，产生生物上不可利用的蛋白质。热处理还会对蛋白质的功能特性造成影响，蛋白质的功能特性是指在加工、贮藏和销售过程中蛋白质所表现出的人们所期望的物理化学性质，主要包括水化性质、表面性质、结构性质和感观性质。

凯式定氮法是测定化合物或混合物中总氮量的一种方法，由于蛋白质含氮量比较恒定，可由其含氮量计算蛋白质含量，所以此法是经典的蛋白质定量方法。但是热处理对蛋白质的影响，关注点在蛋白质的结构，而不是氮含量。所以不可以使用凯式定氮法评价热处理过程对蛋白质的影响。

4. **脂质**

热处理是常用的肉及肉制品加工方式，脂质是肉类制品中主要的营养成分，对肉制品的颜色、风味、感官特征都有较大影响。脂质的化学性质不稳定，易发生氧化和降解，温度、氧浓度、光照、微生物等因素均会在不同程度上引起脂质氧化。在加热过程中，过度加热或者不当的加工处理方式会导致肉及肉制品的脂质氧化程度增加，且脂质氧化产物易生成醛类、酯类、醇类等化合物，导致肉产品产生哈喇味和有害氧化产物。脂质氧化方式主要有 3 种，自由基链式反应是肉品热处理过程中主要的氧化反应，不饱和脂肪酸在自由基和活性氧的作用下，双键断裂，形成饱和脂肪酸。脂质氧化受到很多因素的影响，其中在加热过程中，加热温度、加热时间、加热方式均在不同程度上影响脂质氧化的进程，所以在商业杀菌加工过程中，热处理对脂质氧化的影响较大。

5. **色泽**

热处理也会对食品的颜色造成影响，产品的色泽会影响消费者的接受度。在热的作用下，食物中的天然色素容易发生变化或降解。叶绿素（在光合组织中）、花青素（与许多水果和蔬菜相关的红色和蓝色）、类胡萝卜素（存在于水果、乳制品、鸡蛋、鱼类和蔬菜中）和甜菜素（存在于红甜菜根和肉类中）是主要的色素类。叶绿素通过水果和蔬菜中的叶绿素转化为焦叶绿素，而类胡萝卜素从5,6-环氧化物异构化为5,8-环氧化物，5,8-环氧化物的颜色较浅。花青素受热会变为棕色色素。传统的灭菌由于产品在高温下处理较长的时间，色泽会发生改变，这些变化不可避免，但高温短时操作可能会减少这些变化。人们对绿色蔬菜中叶绿素的含量进行了大量的研究，发现产品在高温短时处理的帮助下，更好地保留色泽。

6. **质量损失估算**

热处理技术强调在实现商业无菌的同时，还应尽量减少食品营养价值和品质的变化。但是，无论热处理过程中的加热程度多低，热处理都会对食品的整体品质造成影响。质量损失既包括无法量化的主观因素（如口感），也包括可量化因素（如营养物质降解）。可量化的因素需要使用允许对整个产品进行比较和建立一致性的原则进行评价。

科学家仿照微生物的热失活动力学，研究了营养成分的 *D* 值和 *Z* 值，接着仿照 *F* 值，创立了 *C* 值（cook-value），用以描述热处理对营养成分的影响程度。某些营养成分的 *D* 值和 *Z* 值见表3-11。

表3-11　某些营养成分的 *D* 值和 *Z* 值

	温度范围/℃	温度/℃	*D*/s	*Z*/℃
维生素A	—	—	—	—
胡萝卜汁	104～132	104	23.60	25.5
维生素 B_1，硫胺素	—	—	—	—
缓冲溶液 pH6	109～150	109	9.50	24.0
维生素C，抗坏血酸	—	—	—	—
豌豆	110～132	121.1	50.0	18.2
葡萄柚汁 11.2° 白利糖度	61～96	96	53.0	130.0
葡萄柚汁 62.5° 白利糖度	61～96	96	8.2	57.5

用来估算质量损失的一个常见的计算公式是“Cook or C values”，这个公式用于低酸性食品的商业杀菌过程中：

$$C=\int_0^t 10^{\frac{(T-T_{refq})}{Zq}}\mathrm{d}t \tag{3-18}$$

式中 Zq 和 T_{refq} 代表最不耐热组分的 *Z* 值和参考温度。*C* 值和食品的品质成反比。为方便起见，参考烹饪值（the reference cook value）的特点是 $Zq=33.1$℃和 $T_{refq}=100$℃，并将参考烹饪值用 C_0 表示。在质量评价方面，这个公式只是评价冷点的。相反，质量平均烹饪值（C_{mavg}）一般是质量评价的首选，因为它更适合描述不同的时间－温度组合对热敏感营养物质的影响。在100～200 min区域的最大范围通常被认为是超过其质量受损的范围。质量平均烹饪值定义为：

$$C_{mavg}=D_{ref}\lg\left(\frac{N}{N_0}\right) \tag{3-19}$$

其中，N、N_0 和 D_{ref} 分别为时间0、时间 t 时的营养物浓度和参考值 *D* 值。N/N_0 比值定义如下：

$$\frac{N}{N_0}=\frac{1}{D_{\mathrm{ref}}}\int_0^t 10^{\frac{(T-T_{\mathrm{refq}})}{Zq}}\mathrm{d}t \tag{3-20}$$

对于罐头食品，将式（3-20）对整个体积进行积分，得到体积平均烹饪值（the volume-average cook value）。体积为 V 的容器的容积平均烹饪值为：

$$C_{\mathrm{mavg}}=\frac{1}{V}\int_0^t\int_0^V 10^{\frac{(T-T_{\mathrm{refq}})}{Zq}}\mathrm{d}t\,\mathrm{d}V \tag{3-21}$$

涉及 D 值和 Z 值的质量保留替代方案（the quality retention alternative）（Q/Q_0）如下：

$$\frac{Q}{Q_0}=\frac{1}{V}\int_0^V 10^{-(1/D_{\mathrm{ref}}V)}\int_0^t 10^{\frac{(T-T_{\mathrm{refq}})}{Zq}}\mathrm{d}t\,\mathrm{d}V \tag{3-22}$$

评价产品质量的两个概念，平均烹饪值（the average cook value）和体积平均质量保留量（the volume average quality retention），对于高参考 D 值（>150 min）是等价的。然而，对于较低的参考 D 值，平均蒸煮值可能因为低估了最佳加工温度，加工时间将不得不增加。

二、巴氏杀菌对食品品质的影响

巴氏杀菌是一种相对温和的热处理方法，它对大多数食品的品质影响较小。但在巴氏杀菌处理过程中一些产品的感官特性（色泽、风味等）和营养成分难免会受到不良影响。

食品色泽的变化能够直观地展现出其经巴氏杀菌处理后的影响。果汁经巴氏杀菌处理后其色泽发生改变（颜色加深），但其变色主要是由果汁中存在的多酚氧化酶引起的酶促褐变反应导致的，因此在巴氏杀菌之前，可以通过除氧来防止褐变。不仅色泽，产品的风味也会在巴氏杀菌过程中有所变化，果汁经巴氏杀菌处理后其中的挥发性芳香化合物会有所损失从而导致产品品质下降，同时还有可能会暴露出其他的蒸煮味。挥发性成分的回收可用于生产高质量的果汁，但加工成本较高。

巴氏杀菌处理过程中，除了产品色泽和风味的劣变还包括其营养成分的改变，尤其是产品中不耐热维生素的损失。例如，巴氏杀菌牛奶中硫胺素损失 7%，维生素 C 损失 20%～25%（尽管牛奶在饮食中不是这种维生素的重要来源），叶酸、维生素 B_{12} 和核黄素损失 0%～10%，血清蛋白损失 5%。在果汁中，维生素 C 和胡萝卜素的损失是通过脱气来减少的。而对于巴氏杀菌母乳来说，不仅维生素会受到影响，蛋白质生物活性也会发生变化。巴氏杀菌热处理可最大限度地减少细菌负荷，但也会导致蛋白质生物活性的大量损失（表 3-12）。例如，乳铁蛋白、分泌型免疫球蛋白 A（sIgA）和溶菌酶的免疫保护功能通过巴氏杀菌处理降低多达 80%，这可能导致新生儿免疫功能低下。研究表明，与喂食未经巴氏杀菌的母乳的早产儿相比，喂食巴氏杀菌母乳的早产儿坏死性小肠结肠炎和迟发性败血症的发病概率更高。

表 3-12　不同巴氏杀菌技术对母乳蛋白质活性的影响

巴氏灭菌的类型	杀菌条件	杀菌结果
低温长时（LTLT）	62.5 ± 0.5℃；30 min	延长保存时间，可能使蛋白质变性，降低蛋白质活性
高温短时（HTST）	62～78℃；1～18.5 s	对蛋白质的影响取决于使用的温度范围和保温时间
超高温（UHT）灭菌	140℃；6 s	降低蛋白质活性
其他改良的巴氏杀菌技术	57 ± 0.5℃；15～30 min	蛋白质活性高于低温长时处理

三、热烫对食品品质的影响

食品在热烫过程中受到高温的影响，不可避免地会导致一些营养成分的降低。例如，一些矿物质、水溶性维生素和其他水溶性成分在热烫过程中会损失。损失主要是由于浸出、热破坏以及较小程度的氧化。其中维生素的损失取决于许多因素，包括食物的种类和成熟度、食物块的表面积体积比、烫漂时间和温度（高温短时处理维生素损失少）。有学者研究了热烫对20种常见蔬菜的影响，发现大部分蔬菜的膳食纤维不受影响或略有增加，类胡萝卜素和甾醇不受影响，矿物质稳定，但可溶性矿物质有浸出损失。

热烫处理对食品感官质量的影响类似于营养成分的减少。热烫可以去除植物组织中的细胞间气体，同时去除表面灰尘，改变食物反射光的波长，从而使某些蔬菜的颜色变亮。研究表明对于热烫引起的颜色和风味的改变而言，可以将碳酸钠（0.125% w/w）或氧化钙添加到沸水中以保护叶绿素并保持蔬菜的颜色。水果和蔬菜中的大多数色素是热敏性的，因此经过热烫处理后色度会降低，但也有热烫在增强色泽方面产生积极影响的例子。此外，在热烫过程中，食品的质构也会受到影响。热烫会导致食物软化和产生不良风味，根据产品的不同以及物料在热烫后的处理过程的不同，这种软化效果可以是积极的或是消极的。例如，温和的热烫处理可以除去细胞间隙中的气体，使产品更容易装入最终的容器中。但是在果酱加工过程中，若软化不足，果酱中容易出现果块，果肉内溶出的果胶少，制品凝胶不良，影响风味及外观。

总之，通过热处理来灭活病原体和腐败生物体，会对食品感官和营养特性造成不良的变化。由于安全是首要关注的问题，所以热加工食品的冷点必须满足目标致死率要求。质量平均烹饪价值、保留概念结合过程优化程序及最新的计算机建模能力，为最大化质量保留提供了强大的科学依据。在优化程序中通常考虑的因素可能包括实际操作的最高温度、营养物质的最低降解和产品适销性方面可接受的感官属性。但最重要的是，热加工食品需要满足目标微生物要求的致死率。

开放讨论题

如何将杀菌技术运用到预制菜的生产加工中，推动预制菜肴行业的发展？

思考题

1. 简述热处理的类型和特点。
2. 简述热杀菌的原理。
3. 简述巴氏杀菌的概念和目的。
4. 影响微生物耐热性的因素有哪些？
5. 简述商业杀菌处理系统类型及特点。
6. 巴氏杀菌对食品品质的影响有哪些？
7. 简述商业杀菌的工艺流程。
8. 举例说明商业杀菌对食品品质的影响。

自测题

撰写人：董士远　栾东磊　齐宏涛

第四章

食品的干制与脱水

食品干制方法作为一种保存技术被广泛应用于食品加工中，是食品工业中重要的加工技术之一。随着现代食品干制技术的迅速发展，干制技术的研究可有效推动我国食品工业发展。本章介绍食品干制的概念、基本原理、过程变化、影响因素及主要方法等知识。

知识目标

1. 理解食品干制的概念。
2. 理解食品干制的基本原理。
3. 理解食品干制过程中营养成分的变化。

能力目标

1. 能够准确描绘内热性和外热性干燥湿热传递过程。
2. 能够准确掌握食品中水分活度对食品品质变化的影响。
3. 能够掌握食品干制的影响因素。
4. 能够选取合适的食品干燥工艺，并进行相应的工艺控制。

素养目标

1. 提高对传统与现代食品干燥装备的认知。
2. 培养理论联系实际的能力。
3. 培养安全意识和节能意识。

知识导图

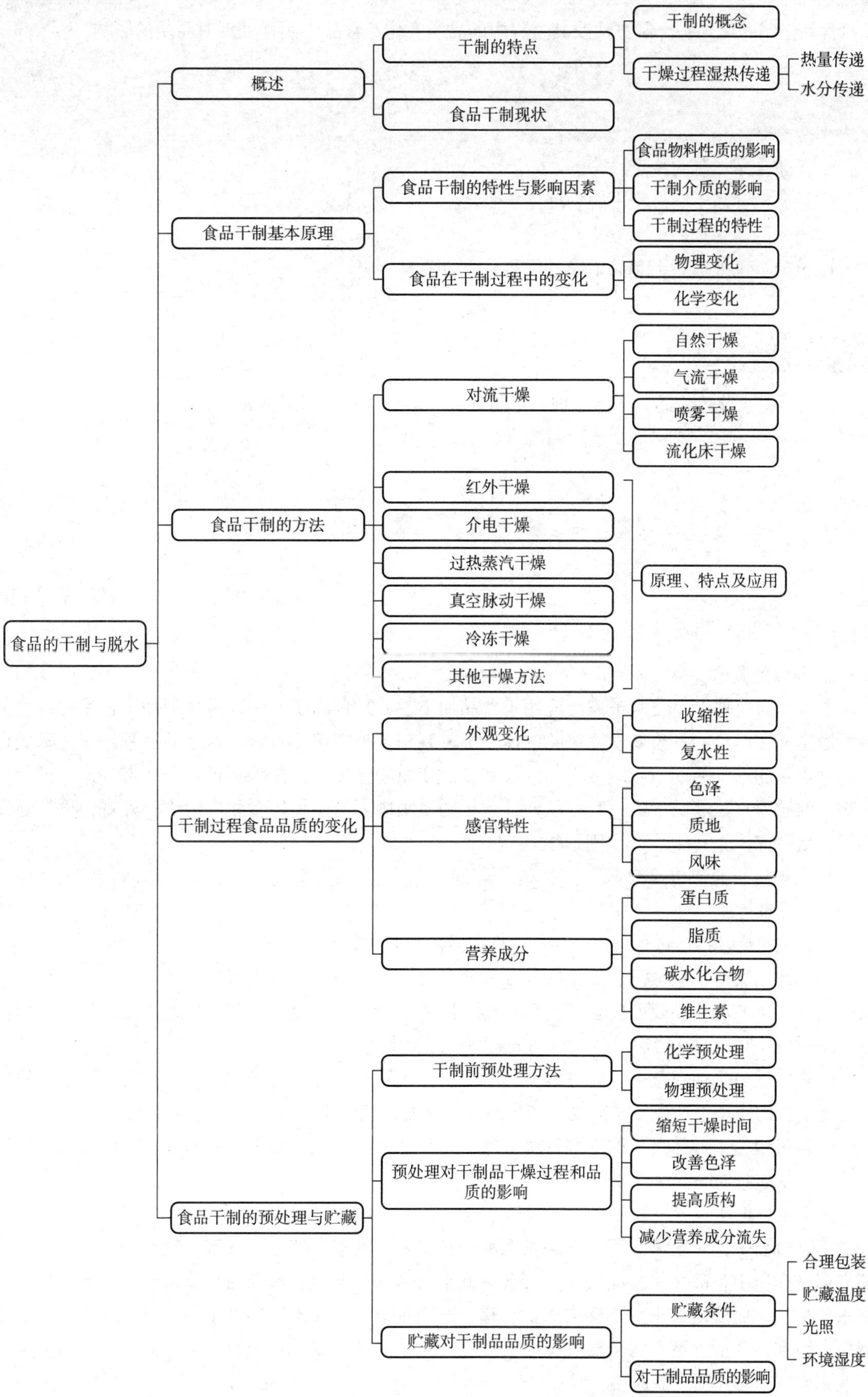
食品的干制与脱水
概述
干制的特点
干制的概念
干燥过程湿热传递
热量传递
水分传递
食品干制现状
食品干制基本原理
食品干制的特性与影响因素
食品物料性质的影响
干制介质的影响
干制过程的特性
食品在干制过程中的变化
物理变化
化学变化
食品干制的方法
对流干燥
自然干燥
气流干燥
喷雾干燥
流化床干燥
红外干燥
介电干燥
过热蒸汽干燥
真空脉动干燥
冷冻干燥
其他干燥方法
原理、特点及应用
干制过程食品品质的变化
外观变化
收缩性
复水性
感官特性
色泽
质地
风味
营养成分
蛋白质
脂质
碳水化合物
维生素
食品干制的预处理与贮藏
干制前预处理方法
化学预处理
物理预处理
预处理对干制品干燥过程和品质的影响
缩短干燥时间
改善色泽
提高质构
减少营养成分流失
贮藏对干制品品质的影响
贮藏条件
合理包装
贮藏温度
光照
环境湿度
对干制品品质的影响

重点及难点

食品干制的原理；干制方法及其过程中的品质变化；食品干制预处理对品质的影响

问题导读

1. 简述食品干制的特点。
2. 试分析食品干制过程中的物理化学变化。
3. 简述主要的食品干制方法。
4. 试分析预处理对干制品干燥过程和品质的影响。

关键词

食品干制　湿热传递　干制原理　干制方法　品质变化　干制预处理

第一节　概　述

一、干燥的特点

1. 干燥的概念

干燥作为一种保存技术被广泛应用于食品加工中，是食品工业中最重要的加工技术之一。食品干燥是指在尽可能不改变食品风味的前提下，利用各种方法进行食品脱水的过程。通过降低食品水分含量和水分活度，减缓微生物生长和食品变质的速度，并能保持低水分状态。这一过程是食物中的游离水显著减少的过程，从而导致干物质集中，而不损害食物的组织和外观，更好地保存了食品高营养价值，延长了保质期。

2. 干燥过程湿热传递状态

（1）热量传递

干燥按照热量传递过程可以分为外热性和内热性两大类。

外热性干燥是指用蒸汽、热空气等方法使热交换对物料从外到内进行的干燥方法。外热性干燥过程中，热量从食品表面向食品内部传递，形成由食品表面至内部的温度差或温度梯度，促使热量不断由外部向内部传递，最终食品表面和内部温度达到一致。

内热性干燥是指在整个干燥过程中，不直接施予物料热量，而是把物料置于能量场中，使食品在能量场的作用下产生分子运动、产生热量，从而达到干燥的目的，如介电干燥、红外干燥等。由于干燥过程中，食品所处的外部环境温度低于食品内部温度，使得热量整体上从内部向外部传递，形成由内向外的温度差或温度梯度。

（2）水分传递

干燥过程中，一般情况下，食品表面水分受热后，由液态转化为气态，随后水蒸气从食品表面向周围介质中扩散，使食品表面水分含量低于内部水分含量，形成由食品内部至外部的水分差或水分梯度，促使内部水分不断向表面迁移，表面水分（蒸发）和内部水分（向外迁移）均不断减少。但在某些情况下，水分蒸发也会在食品内部某些区域或整体进行，可能促使食品内部水分以液态或气态向外部扩散迁移。

对于外热性干燥过程，热量传递方向和物料内部水分传递方向相反；而内热性干燥过程中，热量传递方向和物料内部水分传递方向相同。因此，内热性干燥速率一般快于外热性干燥速率。外热性和内热性干燥湿热传递过程如图 4–1 所示。

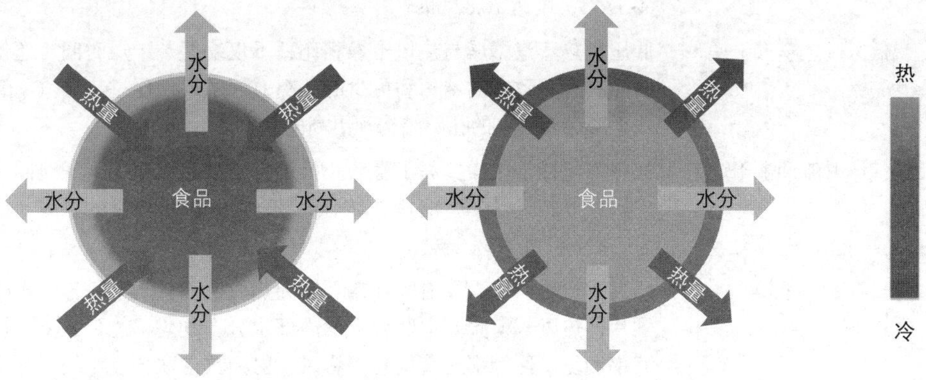

（A）外热性干燥湿热传递过程　　（B）内热性干燥湿热传递过程

图 4–1　外热性和内热性干燥湿热传递过程

二、干制食品现状

1. 粮食干燥

干燥是粮食加工过程中必要过程之一，通过干燥可显著减少重量和体积，从而降低运输和包装成本，并有利于粮食的储藏管理。现今主要的粮食干燥方法为晒干、热风干燥、热泵干燥、红外干燥和真空干燥等。我国仍然以热风干燥为主，其他干燥方式为辅的发展模式，但目前对这些干燥技术的研究还不够深入。

2. 果蔬干燥

果蔬干燥是用于提高果蔬稳定性的最常见方法之一，干燥过程不仅降低了果蔬的水分活度，减少了果蔬的体积和质量，还降低了微生物和酶的活性，并使储存期间的物理和化学反应降到最低。目前果蔬干燥常用的方法有晒干、热风干燥、冷冻干燥、微波干燥和远红外干燥等，但其都有各自的不足，如干燥效率低、产量低、干燥不均匀和干制品品质差等。近年来，一些新型干燥技术，如流化床干燥、过热蒸汽干燥和射频干燥等，在果蔬干燥领域显露出新的潜力。表 4–1 显示了新型果蔬干制技术的应用及主要结论。

3. 水产品干燥

新鲜水产品季节性强，含水量高、蛋白质含量高、内源酶活性高、微生物生长速率高，在贮运和销售过程中极易发生蛋白质变性和脂肪氧化，严重影响产品的风味和口感。干燥是延长水产品货架期的一种常见的方法，通过抑制酶的活性和微生物的生长，从而防止水产品腐败变质。

为了提高水产品的干燥效率和产品品质，现已开发了许多新型干燥方法，包括热泵干燥、红外辐射干燥、真空冷冻干燥和微波干燥等。不同的干燥方法会使水产品产生不同的感官、色泽、质构、挥发性风味、营养成分和复水特性等品质。

4. 禽畜肉干燥

禽畜肉类是一种非常易腐烂的食物，因此其加工和储存对其产业价值尤为重要。干燥是肉类的主要加工技术，通过干燥过程使微生物和酶失活，有效保持了肉制品的品质。热风干燥由于其成本较低，在工业上应用较广泛，热风温度越高，风速越快，肉干干燥速度越快，但热风条件会影响肉干的色泽，温度越高，风速越快，肉干色泽越暗。微波干燥具有时间短、质量高和能耗低等优点。冷冻干燥可以防止肉制品的芳香成分和热敏成分损失，防止结构改变导致纹理紊乱。

表 4-1　新型果蔬干燥技术

产品	干燥技术	主要结论
红甜椒	微波辅助流化床干燥	利用响应面法得出最优干燥参数为微波功率 468.04 W，流化干燥温度 60.14℃，风速 16.82 m/s
芒果干	低压过热蒸汽干燥	低压过热蒸汽干燥与热风干燥相比，不仅缩短了干燥时间，还使芒果干制品具有更致密的结构和更少的孔隙，间歇式低压过热蒸汽干燥比连续式干燥拥有更大的孔隙结构和更高的复水率
番茄	气体射流冲击干燥	气体射流冲击干燥提高了番茄片的干燥速度，缩短了干燥时间、提高了干燥速度、降低了番茄片总多酚含量，并且番茄红素的损失和抗氧化能力方面都优于热风干燥
猕猴桃	射频真空干燥	通过对比热风干燥、射频真空干燥和热风－射频真空联合干燥处理猕猴桃片，热风－射频真空联合干燥内部水分布均匀，能量效率、色泽、收缩率和复水性等都显著提高。热风－射频真空联合干燥技术可为猕猴桃片提供高效、均匀、节能和高品质的干燥工艺

◎ **视频**
乳粉生产视频

5. 乳粉干燥

在乳粉制作过程中，干燥过程是乳粉制作最重要环节之一，通常使用喷雾干燥和冷冻干燥。喷雾干燥具有时间短、速度快、加工量大、成本低等优点，但可能会导致风味物质的损失和乳酸菌的死亡。冷冻干燥能更好地保存乳中营养物质，降低乳酸菌的死亡率，但生产周期长、能耗高、产量低。

6. 调味料干燥

调味料干燥过程是调味料生产过程中重要的一环。表 4-2 显示了调味料常用的干燥方法和主要结论。

7. 茶制品干燥

干燥可以降低茶叶水分含量，延长其保质期，同时促进香气、味道和颜色的形成。茶的干燥

表 4-2　常见调味料干燥

产品	干燥技术	主要结论
豆蔻	热风对流干燥	在干燥的早期阶段，干燥速率较高，并且随着样品含水量的降低而降低。随着干燥时间的延长，亮度值降低，其中红绿值和黄蓝值增加，精油产量也随之升高
花椒	射频辅助热风干燥	射频辅助热风干燥和热风干燥的干燥率相似，射频辅助热风干燥能有效控制花椒的天然菌群，但也导致胡椒风味和颜色显著下降
黑胡椒	喷动床干燥	黑胡椒的干燥速度和干燥时间取决于干燥条件，如空气温度、空气流速和滞流床高度。随着干燥温度的升高，黑胡椒的有效水分扩散系数增加，在 75℃下获得了 2.03×10^{-10} m^2/s 的最高有效水分系数，在 65℃获得最高的精油产率
八角	红外联合热风干燥	红外联合热风干燥提高了干燥速率和有效水分扩散系数，降低了活化能。红外联合热风干燥处理的八角与热风干燥相比，香气浓郁度更高，表面色泽更好
孜然	微波辅助流化床干燥	增加空气温度和空气流速会导致能耗值降低，但在给定范围内增加微波功率会增加能耗值。微波辅助流化床干燥的最佳干燥条件为：流化速度 3.6 m/s，微波输出功率 900 W，空气温度 65℃

大多是采用晒干或烘房干燥，不仅干燥效率低、干燥不均匀，而且还不易形成自动化生产线。采用热风干燥、微波干燥和远红外干燥对红茶进行加工，发现微波干燥红茶中的多酚、儿茶素和茶黄素的含量最高，远红外干燥和热风干燥可以显著提高氨基酸和可溶性糖的含量。

第二节　食品干制基本原理

一、食品干制的概念

食品干制（dehydrated）是指在自然条件或人工控制条件下使食品中水分蒸发的过程。干制包括自然干制（如晒干、风干等）和人工干制（如热空气干制、真空干制、冷冻干制等）。

干制过程中，食品物料表面水分受热后，首先由液态转化为气态（即水分蒸发），而后水蒸气从食品表面向周围介质中扩散，物料表面又被它内部向外扩散的水分所湿润，食品表面水分含量低于它的内部，随即在食品表面和内部之间建立了水分差或水分梯度，同时，食品高水分区水分子就会向低水分区转移或扩散，会促使食品内部水分不断减少。这种由于水分梯度使得食品水分从高水分处向低水分处转移或扩散的现象称为导湿现象，也可以称它为导湿性。但是在复杂的情况下，水分蒸发也会在食品内部某些区间甚至全面进行，因而食品内部水分就可能以液态或蒸汽状态向外扩散转移。同时，当食品置于热空气的环境或条件下，食品一与热空气接触，热空气中的热量就会首先传到食品表面，表面的温度则相应高于食品内部，于是食品表面和内部就会出现相应的温度差或温度梯度，促使物料内部的水分逆着温度梯度的方向转移。这种由温度梯度引起的导湿现象被称为导湿温性。

◎ 延伸阅读
食品中水分存在形式

食品中的结合水和游离水之间的界限很难定量，只能根据物理、化学性质做定性区别（表 4–3）。

表 4–3　食品中水的性质

性质（与纯水比较）	结合水	游离水
一般描述	存在于溶质或其他非水组分附近的水，包括化合水	位置上远离非水组分，以水–水氢键作用存在
冰点	冰点大为降低，甚至在 –40℃不结冰	能结冰，冰点略微降低
溶剂能力	无	大
平均分子水平运动	大大降低甚至无	变化很小
蒸发焓（与纯水比）	增大	基本无变化
高水分食品中占总水分比例	<0.03% ~ 3%	约 96%
微生物利用性	不能	能

1. 水分活度

食品中的水分被利用的难易程度主要是依据水分结合力或程度的大小而定。游离水或自由水最容易被微生物、酶、化学反应所利用，而结合水难以被利用。结合力或程度越大，越难以被利用。

食品的稳定性和安全性与食品中水的含量并不是直接相关，而是与水的“状态”，或者说与食品中水的“可利用性”有关。已有证据表明，不同种类的食品即便水分含量相同，其腐败变质的难易程度也存在明显的差异。而且，食品中的水与其非水组分结合的强度是不同的，处于不同的存在状态，强烈结合的那一部分水是不能有效地被微生物和生物化学反应所利用的。因此，引出了水分活度（water activity）的概念。水分活度（A_w）是指食品中水的逸度与纯水的逸度之比，如公式 4–1 所示。

$$A_w = \frac{f}{f_0} \tag{4–1}$$

式中：A_w—水分活度；f—食品中水的逸度；f_0—纯水的逸度。

在低压或者室温时，水分逃逸的趋势通常可以近似的用水的蒸气压（p）来表示，由于 f/f_0 和 p/p_0 之间差别小于 1%，故可以用 p/p_0 来定义 A_w。

在食品加工中，水分活度通常定义为食品表面测定的水蒸气压（p）与相同温度下纯水的饱和蒸气压（p_0）之比，但这个定义仅适合于理想溶液和热力学平衡体系。由于大多数食品不符合这些假设，因而依据蒸气压的水分活度仅是一个近似值，如公式 4–2 所示。

$$A_w = p/p_0 \tag{4–2}$$

由于蒸气压与相对湿度有关，因而一种食品的 A_w 与该产品环境的平衡相对湿度（ERH）相关，也就是说 A_w 也可以用 ERH 来表示，如公式 4–3 所示。

$$A_w = p/p_0 = \text{ERH} \tag{4–3}$$

ERH 平衡相对湿度，即用物料既不吸湿也不散湿时的大气相对湿度来定义水分活度大小取决于：水存在的量、温度、水中溶质的浓度、食品成分、水与非水部分结合的强度。水分活度值一般在 0 ~ 1，纯水的 $A_w = 1$。食品中有一部分水分是以结合水的形式存在，而结合水的蒸气压远低于纯水的蒸气压，因此食品的水分活度一般小于 1。食品中结合水分含量越高，水分活度越低。

2. 水分吸附等温线

在恒定温度下，用来联系食品中的水分含量（以每单位干物质的含量表示）与其水分活度的图，称为水分吸附等温线（moisture sorption isotherm，MSI）。

水分吸附等温线对于了解以下信息是十分有意义的：

① 测定什么样的水分含量能够抑制微生物的生长；

② 预测食品的化学和物理稳定性与水分含量的关系；

③ 在浓缩和干燥过程中样品脱水的难易程度与相对蒸气压的关系；

④ 配制混合食品必须避免水分在配料之间的转移；

⑤ 对于要求脱水的产品的干燥工艺、货架期和包装要求都有很重要的作用。

图 4–2 是高水分含量食品的水分吸附等温线。它表示食品脱水时各种食品的水分含量范围，但是低水分区域一些最重要的数据并未十分详细地表示出来。而低水分区域的数据对于食品研究来说显得更为重要，因此如图 4–3 所示的是更实用的吸附等温线。

◎ **延伸阅读**
水分吸附等温线

3. 水分活度与食品保藏性的关系

（1）水分活度与微生物生命活动的关系

水是微生物生长繁殖所必需的物质。如表 4–4 所示，为种常见腐败微生物的适宜水分活度范围及其污染的对象食品。由表可知，当食品的 $A_w \geq 0.91$ 时，细菌是引起食品腐败的主要微生物。当食品的 $A_w < 0.91$ 时，大多数细菌生长受到抑制。而食品的 A_w 在 0.50 ~ 0.90 时，食品的腐败主要由酵母菌和霉菌所引起，其中 $A_w < 0.80$ 的蜂蜜、糖浆和浓缩果汁的腐败主要由酵母菌引起。当食品的 $A_w < 0.50$ 时，几乎所有的微生物都不能生长繁殖。

（2）低水分活度对微生物的抑制作用

低水分活度会抑制微生物的生命活动。水分活度降低时，首先抑制细菌生长，其次是酵母菌，然后才是霉菌。革兰氏阴性菌对水分活度的要求比革兰氏阳性菌高。绝大多数腐败细菌在水分活

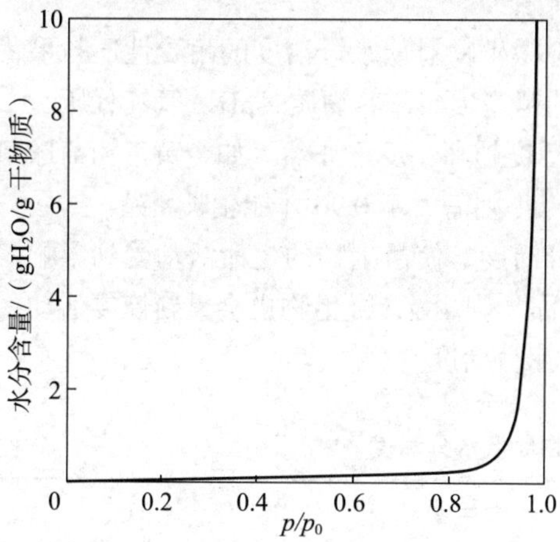

图 4–2　水分吸附等温线（高水分含量食品）

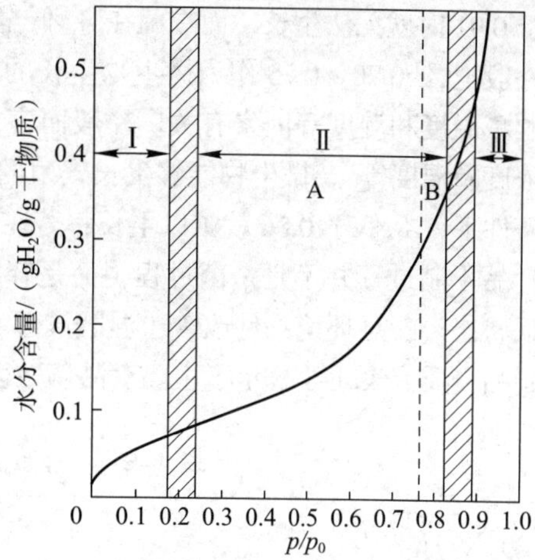

图 4–3　水分吸附等温线（低水分含量食品）

表 4–4　各种常见腐败微生物的适宜水分活度范围及其污染的对象食品

A_w 范围	主要食品腐败微生物	主要污染的食品
0.95 ~ 1.00	假单胞菌属。埃希氏杆菌属、变形杆菌属。志贺氏杆菌属，芽孢杆菌属。克雷伯氏菌属。梭菌属、产荚膜杆菌。个别酵母菌	极易腐败的新鲜食品、水果、蔬菜；鱼、肉和乳制品。罐头、熟香肠和面包、含约 10% 的蔗糖或 7% NaCl 的食品
0.91 ~ 0.95	沙门氏菌属、副溶血性弧菌。肉毒杆菌。沙雷氏菌属、乳杆菌属。足球菌属，个别霉菌、酵母（红酵母属、毕赤酵母属）	奶酪咸肉和火腿某些浓缩果汁、含 55% 的蔗糖或 12% NaCl 的食品
0.87 ~ 0.91	许多酵母菌（假丝酵母、汉逊氏酵母属，球拟酵母属）、微球菌属	发酵香肠、蛋糕、干奶酪、人造黄油、含 65% 的蔗糖或 15% NaCl 的食品
0.80 ~ 0.87	大多数霉菌（产生毒素的青霉菌）、金黄色葡萄球菌、德巴利氏酵母	大多数果汁浓缩物、甜冻乳、巧克力糖枫糖浆、果汁糖浆、面粉、大米、含 15% ~ 17% 水分的豆类、水果糕点火腿、软糖
0.75 ~ 0.80	大多数嗜盐杆菌、产霉菌毒素的曲霉菌	果酱、马莱兰。橘子果酱、杏仁软糖、果汁软糖
0.65 ~ 0.75	嗜干性霉菌，双孢子酵母	含 10% 水分的燕麦片、牛轧糖块、曲奇糖（一种软质奶糖）、棉花糖、糖蜜、某些干果。坚果、蔗糖
0.60 ~ 0.65	嗜高渗酵母、个别霉菌（*Aspergillus echinulatus*，*Monascus biporus*）二孢虹曲霉	含水 15% ~ 20% 的干果、某些太妃糖和焦糖、蜂蜜
0.50	微生物不繁殖	水分含量约 12% 的面条和水分含量约 10% 的调味品
0.40	微生物不繁殖	水分含量约 5% 的全蛋粉
0.30	微生物不繁殖	水分含量为 3% ~ 5% 的甜饼。脆点心和面包屑
0.20	微生物不繁殖	水分含量为 2% ~ 3% 的全脂奶粉、水分含量 5% 的脱水蔬菜、水分含量约 5% 的玉米花、脆点心、烤饼

度低于 0.91 时就无法生长，而霉菌在 A_w 低至 0.8 时均能生长。

一般把 A_w 0.70 ~ 0.75 作为微生物生长的下限值，但微生物对低水分活度的耐受性还与果蔬种类、贮藏温度和湿度等因素有关。一般而言，环境条件越差（如营养物质、pH、氧气分压、二氧化碳浓度及温度等），微生物能够生长繁殖的最低水分活度越高；反之亦然。如金黄色葡萄球菌在正常条件下，A_w 低于 0.86 就难以生长；若在缺氧状态，A_w 则需大于 0.90 才能生长繁殖。

食品干制过程并不是杀菌过程，而是降低原料水分活度，使微生物的生命活动受到影响，进入休眠状态。一旦环境条件改善（温暖潮湿气候），食品物料吸湿，微生物也会重新恢复活动，引起干制品变质。表 4–5 显示了主要食品腐败微生物最低水分活度。

表 4–5　主要食品腐败微生物最低水分活度

微生物	A_w	微生物	A_w
肉毒梭状芽孢杆菌，E 型	0.97	产蛋白假丝酵母	0.94
假单胞菌	0.97	副溶血弧菌	0.94
不动杆菌	0.96	灰葡萄孢	0.93
大肠杆菌	0.96	葡枝根霉	0.93
产气肠杆菌	0.95	刺囊毛霉	0.93
枯草芽孢杆菌	0.95	Scottii 假丝酵母	0.92
肉毒梭状芽孢杆菌，A、B 型	0.94	普鲁兰丝孢酵母	0.91

（3）水分活度与酶活性的关系

水分活度对酶活性的影响主要如下：

① 水作为运动介质促进扩散作用；

② 稳定酶的结构和构象；

③ 水是水解反应的底物；

④ 破坏极性基团的氢键；

⑤ 从反应复合物中释放产物。

随 A_w 的提高而增大，通常在 A_w 为 0.75 ~ 0.95 的范围内酶活性达到最大。在 $A_w < 0.65$ 时，酶活性降低或减弱，但要抑制酶活性，A_w 应该在 0.15 以下。因此通过 A_w 来抑制酶活性不是很有效。在低水分食品的干制中，特别是在它吸湿后，酶仍然会缓慢活动，从而引起食品品质下降或者变质。一般来说只有干制品水分降低到 1% 以下时，酶的活性才会完全失活。酶在湿热条件下容易钝化，如在 100℃的湿热条件下，它的活性可被瞬间破坏。但是在干热的条件下难以钝化，即使用 204℃这样的高温热处理，钝化效果也不理想。因此，未来控制干制品中酶的活性，就有必要在干制前对食品进行湿热或化学钝化处理，以达到使酶失活的目的。

（4）水分活度对化学变化的影响

水对食品中化学反应的影响比对微生物的影响更复杂。水分活度并不是确定最低化学反应的唯一参数。因为水在食品中可作为化学反应物及生成物的溶剂、作为反应物（如水解反应）、作为反应的产物（如发生于非酶褐变的缩合反应）、作为另一种物质的催化或抑制活性的改良剂（如抑制一些金属对脂过氧化反应的催化作用），因此要进行综合分析。很多化学反应属于离子反应，反应发生的条件是反应物首先必须进行离子化或水化作用，而发生离子化或水化作用必须有足够的自由水才能进行。其次，很多化学反应和生物化学反应都必须有水分子参加才能进行（如水解反应）。若降低 A_w，就减少了参加反应的自由水的数量。反应物（水）的浓度下降，化学反应的速度也就变慢。

A_w 与脂肪氧化反应的关系见图 4–4。A_w 不能抑制氧化反应，即使水分活度很低，含有不饱和脂肪酸的食品放在空气中也极容易氧化酸败，甚至水分活度低于单分子层水分下也很容易氧化酸败。而随着水分活度增加到 0.30 ~ 0.50，脂肪自动氧化速率和量却减小；此后，随着水分活度增加，氧化反应也增加。因为氧化反应是自由基反应，A_w 小于 0.1 的干燥食品因氧气与油脂结合的机会多，氧化速度非常快。当 A_w 大于 0.55 时，水的存在提高了催化剂的流动性而使油脂氧化的速度增加。而 A_w 在 0.30 ~ 0.40 之间时，食品中水分子与过氧化物发生氢键结合，减缓了过氧化物分解的初期速率；水能与微量的金属离子结合，产生不溶性金属水合物而使其失去催化活性或降低其催化活性。

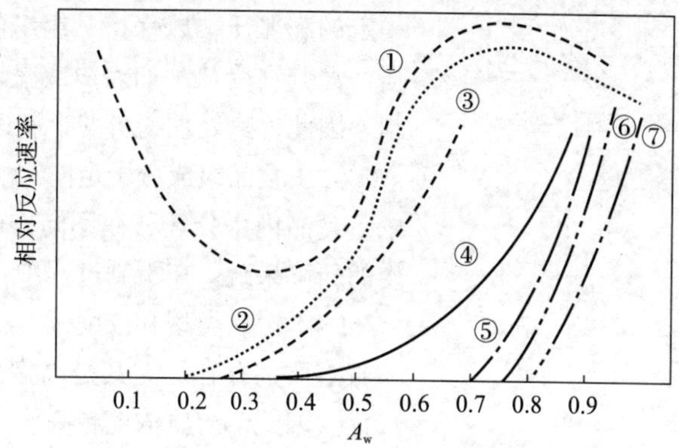

图 4–4　水分活度与食品中各种反应速率之间的关系

①脂肪氧化作用　②非酶褐变　③水解反应　④酶活力

⑤霉菌生长　⑥酵母生长　⑦细菌生长

A_w 也不能完全抑制非酶褐变反应。食品 A_w 为 0.60 ~ 0.80 时，最适合非酶褐变。果蔬制品发生非酶褐变的水分活度范围是 0.65 ~ 0.75；肉制品褐变 A_w 一般在 0.30 ~ 0.60；干乳制品主要是非脂干燥乳褐变，A_w 大约在 0.70。即使同一种食品，加工工艺不同，引起褐变的最适水分活度也有差异。

4. 水分活度与食品化学变化的关系

① 淀粉。淀粉的食品学特性主要体现在老化和糊化上。在含水量到 30% ~ 60% 时，淀粉的老化速度最快；含水量降低，老化速度变慢；当含水量降至 10% ~ 15% 时，淀粉中的水主要为结合水，则不会老化。

② 脂肪。在Ⅰ区，氧化反应的速度随着水分增加而降低；在Ⅱ区，氧化反应速度随着水分的增加而加快；在Ⅲ区，氧化反应速度随着水分增加又呈下降趋势。

③ 蛋白质。当食品中的水分含量在 2% 以下时，可有效阻止蛋白质变性；而达到 4% 或以上时，蛋白质变性越来越容易。

④ 酶促褐变。食品体系中大多数的酶类物质在 A_w 小于 0.85 时，活性大幅度降低。如淀粉酶、酚氧化酶和多酚氧化酶等。但有些酶例外，如酯酶在 A_w 为 0.3 甚至 0.1 时也能引起甘油三酯或甘油二酯的水解。

⑤ 非酶促褐变。指食品通过一些非酶氧化而导致食品变色的反应。当食品中的 A_w 在 0.6 ~ 0.7 之间时，非酶促褐变最为严重；A_w 下降，褐变速度减慢，在 0.2 以下时，褐变难以发生。但当 A_w 超过褐变高峰要求的值时，其褐变速度又由于体系中溶质的减少而下降。

⑥ 水溶性色素。一般而言，当食品中的 A_w 增大时，水溶性色素（常见的是花青素类）分解的速度就会加快。

二、食品干制的特性与影响因素

（一）影响干制速度的因素

1. 食品物料性质的影响

（1）食品表面积

为了加速湿和热的传递，通常将有待干燥的食品切分成小块或薄片。分切后增大了食品的表面积，便增加了湿热交换的效率，缩短了热量传递到食品中心的距离和食品中心的水分运行到表面而逸出的距离，增加了物料与加热介质相互接触的表面积，为物料内水分外逸提供了更多途径及表面，加速水分蒸发和物料的干制过程。

（2）细胞结构

天然动植物组织是具有细胞结构的活性组织，在其细胞内及细胞间维持着一定的水分，具有一定的膨胀压，以保持其组织的饱满与新鲜状态。当动植物死亡后，其细胞膜对水分的可透性加强，尤其在受热（如漂烫或烹调）时，细胞蛋白质发生变性，失去对水分的保护作用，有利于干制。因此，热处理物料的干制速率要比新鲜状态快得多。

（3）食品组成分子定向

食品内水分迁移在不同方向上是完全不同的，这取决于食品组成分子的定向。如富含纤维结构的新鲜果蔬，在干制过程中，其干制速率在沿纤维方向比横穿细胞结构方向要快得多。

（4）溶质类型和浓度

溶质的存在，尤其是高糖分食品或低分子质量溶质的存在，会提高溶液的沸点，影响水分的汽化。因此，溶质浓度越高，维持水分的能力越强，相同条件干制速率下降。

（5）物料中水分存在的状态

随着干制过程的进行，最初出来的是结合力最弱的机械结合水，然后是一部分结合力较弱的物理化学结合水，最后才是结合力较强的物理化学结合水。当物料 A_w 等于空气的相对湿度时，即当物料与一定状态的空气平衡、物料趋于稳定，此时，物料所含的水分称为平衡水分，这时物料的含水量就是该干燥介质条件下可以干燥的极限。

2. 干制介质的影响

（1）干燥介质的温度

食品的初温一定时，干燥介质温度越高，也就是传热温差越大，则传热速度越快。当加热介质是空气时，空气的温度越高，其饱和蒸气压越高，能够容纳的水分越多。水分以蒸汽形式逸出时，将在食品周围形成饱和的蒸汽，若不及时排除，将阻碍食品内部水分的进一步外逸，从而降低水分的蒸发速度。因此，以空气加热时空气流动的作用较温度更大。

食品干制多采用预热空气作为干燥介质。干燥时，热空气与湿的物料接触，将所带热量传递给被干燥物料，物料所吸收的热量使其含有的部分水分汽化，所以干燥介质的温度会下降，而此时干燥介质是空气和水蒸气的混合物。如果要加快干燥速度，应提高空气和水蒸气温度，增大干燥介质和果蔬间的温差，加快热量向果蔬传递速度，同时加快水分外逸速率。如果以空气作为干燥介质，温度、湿度和空气流速要保持平衡，此时温度变为次要因素。因为物料内水分以水蒸气状态从它表面外逸时，其表面形成饱和水蒸气层，如果不及时排出，将阻碍物料内水分的外移和蒸发，从而降低水分的蒸发速度。所以，温度的影响也将因此而降低。

如果干燥介质的温度低，物料表面水分蒸发速度就慢，干燥速度慢，干制时间延长，就可能会造成干制品质量下降。如果干燥介质的温度高，物料表面水分蒸发速度快，当内部水分扩散速度小于表面水分蒸发速度时，水分蒸发就会从表面向内层深处转移。但是，食品干制时，特别是干制初期，一般不宜采用过高的温度。具体所用的干燥温度高低，应根据干制品的种类和性质来决定，一般在 40～90℃。含水量高的食品，干燥温度可以采用前期持续高温，后期适当降低温度的方法，使水分的内外扩散相适应。含水量低的食品干燥时通常用较低的温度，相对湿度不宜过低，避免形成硬壳、龟裂和焦化现象。

◎ **延伸阅读**
高温对干制食品品质的影响

（2）干燥介质的湿度

食品干制时，作为干燥介质的空气相对湿度越小，水分蒸发的速度就越快，而相对湿度又受到温度的影响，空气温度升高，相对湿度将减小，食品表面与干燥空气之间的蒸气压差越大，传热速度加快，食品干燥速度也越快；反之，温度降低，相对湿度就会增大，导致食品干燥速度减慢。在温度不变的条件下，相对湿度越低，空气饱和差越大，干燥速度越快。干制过程中，采用升高温度与降低相对湿度的方法可以缩短干燥的时间。空气的相对湿度不仅能够影响食品干燥的速度，而且决定了食品干制品的最终含水量。因为食品干制后能够达到的最小含水量与干燥空气的相对湿度相对应，相对湿度越低，食品干制品的含水量越低。

（3）空气流速

加速干制品表面的空气流速，不仅有利于发挥热空气携带水分的能力，还能及时将积累在物料表面附近的饱和湿空气带走，以免阻止物料内水分的进一步蒸发。同时与物料表面接触的热空气增加，有利于进一步传热，加速物料内部水分的蒸发，因此，空气流速越快，食品干制也越迅速。

（4）空气的相对湿度

干制过程中水分以物料的水蒸气分压与空气中水蒸气分压差为推动力由内部向表面移动，再从表面外逸。当物料表面的水蒸气分压大于空气水蒸气分压，表面进行干制，水分由内部不断向表面移动，完成整个干制过程。反之，当空气的水蒸气分压高于物料表面水蒸气分压，则物料吸湿。空气的相对湿度达到平衡，干制就不再发生。图 4–5 显示了土豆吸湿等温线。

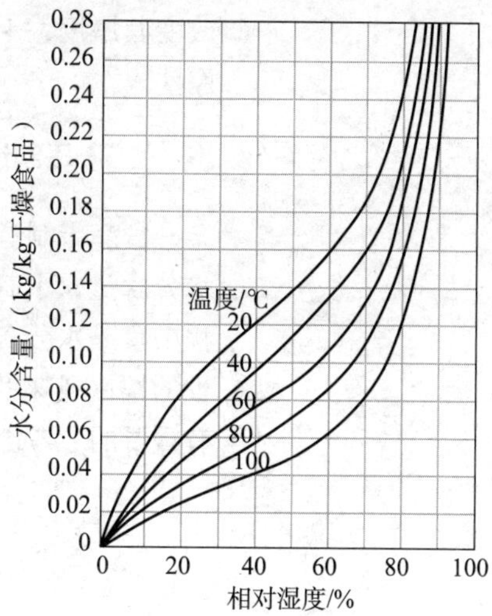

图 4–5 土豆吸湿等温线

（5）真空度

温度不变时，大气压力降低，水的沸点随之降低，水分蒸发加快。真空加热干燥即是利用这一原理。在真空室内加热干燥，可以在较低的温度条件下进行，使食品内的水分以沸腾形式蒸发，同时提高产品的溶解性，较好地保存营养价值，延长产品的贮藏期。对于热敏感食品的脱水干燥，降低加热温度与缩短干燥时间对制品的品质极为重要。干制条件对食品干燥速率的影响见表 4–6。

表 4–6 干制条件对食品干燥速率的影响

干制条件	恒速干燥阶段	降速干燥阶段
温度升高	干燥速率加快	干燥速率加快
相对湿度下降	干燥速率加快	无变化
空气流速加快	干燥速率加快	无变化
真空度上升	干燥速率加快	无变化

3. **原料性质和状态**

原料因素对干燥速率影响也很明显，主要包括原料的种类、预处理、装载量和装载厚度。

（1）食品种类

不同种类的食品原料，由于所含各种化学成分的保水能力不同，其理化性质、组织结构也不同。即使在同样的干燥条件下，其干燥速度也不相同。一般地，可溶性物质含量高、组织致密的产品干燥速度慢；反之，干燥速度快。物料呈片状或小颗粒状可以加速干燥过程。因为这种状态缩短了热量向物料中心传递和水分从物料中心向外扩散的距离，从而加速了水分的扩散和蒸发，缩短了干制时间。

（2）食品干制前的预处理

食品干制前的预处理包括去皮、切分、热烫、浸碱、熏硫等，对于干制均有促进作用。去皮使原料失去表皮的保护，有利于水分的蒸发。因为传热介质与食品的换热量及食品水分的蒸发量均与食品的表面积成正比，所以切分后原料的比表面积（表面积与体积之比）增大，增加了食品与传热介质的接触面积，而且缩短了热与质的传递距离，提高了蒸发速度，缩短了干燥时间。切分的越细、越薄，所需干燥时间越短。热烫和熏硫均能改变细胞壁的透性，降低细胞持水力，使水分容易移动和蒸发。

（3）装载量和装载厚度

原料的装载量和装载厚度对于食品的干燥速度影响也很大。干燥设备的单元装载量越大，厚度越大，越不利于空气流动和水分蒸发，干燥速度越慢。干燥过程中可以随原料体积的变化，改变其厚度，干燥初期宜薄些，后期再合并，加厚料层。自然气流干燥的宜薄，鼓风干燥的可以厚些。

（二）干制过程的特性

食品干制过程的特性可以由食品干制曲线来反映，如图 4–6 所示。干制曲线可由干制过程中水分含量、干制速率和食品温度的变化组合在一起较全面地加以表达。水分含量曲线就是干制过程中食品水分含量变化和干制时间的关系。干制速率曲线反映食品干制过程中任何时间内水分减少的快慢或速度大小。食品温度曲线可反映干制过程中食品本身温度的高低，对于了解食品质量有重要的参考价值。

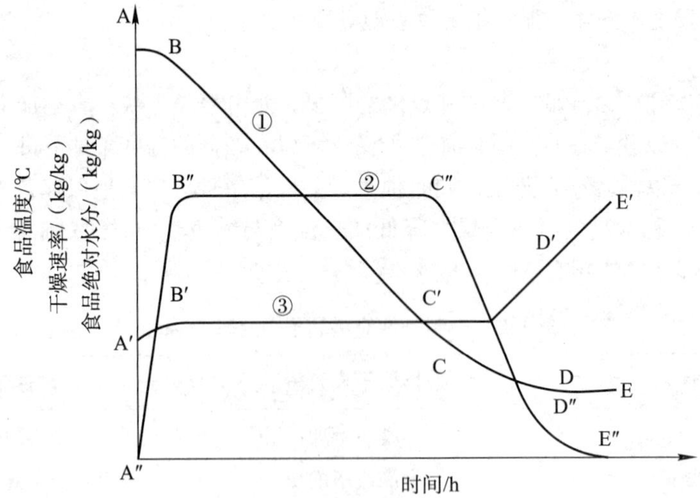

图 4–6　食品干制过程的特性

①水分含量曲线　②干燥速率曲线　③食品温度曲线

1. 水分含量曲线

图中曲线 1 表示水分含量曲线，由 ABCDE 线段组成。当湿物料被置于加热的空气中进行干燥时，首先物料被预热，物料表面受热后水分就开始蒸发，但此时由于存在温度梯度会使水分的迁移受到阻碍，因而水分下降较缓慢（AB）；随着温度的传递，温度梯度减小或消失，则物料中的自由水蒸发和内部水分迁移快速进行，水分含量出现下降，几乎是直线下降（BC）；当达到较低水分含量（C 点）时，水分下降缓慢，此时物料中水分主要为多层吸附水，水分的转移和蒸发则相应减少，该水分含量被称为干燥的第一临界水分；当水分减少趋于停止或达到平衡（DE）时，最终物料的水分含量达到平衡水分。平衡水分取决于干燥时的空气状态。水分含量曲线特征的变化主要由内部水分迁移与表面水分蒸发或外部水分扩散所决定。

2. 干燥速率曲线

干燥速率是水分子从食品表面跑向干燥空气的速度。如图曲线 2 所示，由 A″B″C″D″E″ 组成。物料被加热，水分开始蒸发，干燥速率由小到大一直上升，随着热量的传递，干燥速率很快达到最高值（A″B″），为升速阶段；达到 B″ 点时，干燥速率为最大，此时水分从表面扩散到空气中的速率等于或小于水分从内部转移到表面的速率，干燥速率保持不变，是第一干燥阶段，又称恒速干燥阶段（B″C″）。在此阶段，物料内部水分很快移向表面，并始终为水分饱和，干燥机理为表面汽化控制，干燥所去除的水分大体相当于物料的非结合水分。

干燥速率曲线达到 C″ 点，对应于食品第一临界水分（C）时，物料表面不再全部为水分湿润，干燥速率开始减慢，由恒速干燥阶段到降速干燥阶段的转折点 C″，称为干燥过程的临界点。干燥过程跨过临界点后，进入降速干燥阶段（C″D″），这就是第二干燥阶段的开始。该阶段开始汽化物料的结合水分，干燥速率随物料含水量的降低，迁移到表面的水分不断减少而使干燥速率逐渐下降。此阶段的干燥机理已转为被内部水分扩散控制。

当干燥速率下降到 D″ 点时，食品物料表面水分已经全部变干，原来在表面进行的水分汽化则全部移入物料内部，汽化的水蒸气要穿过已干的固体层而传递到空气中，使阻力增加，因而干燥速率降低更快。在这一阶段食品内部水分转移速率小于食品表面水分蒸发速率，干燥速率下降是由食品内部水分转移速率决定的，当干燥达到水分平衡时，水分的迁移基本停止，干燥速率为零，干燥就停止（E″）。

3. 食品温度曲线

图中曲线 3 表示食品温度曲线，由 A′B′C′D′E′ 组成。干制初期食品接触空气传递的热量，温度由室温逐渐上升达到 B′ 点，是食品初期加热阶段（A′B′）；达到 B′ 点，此时干燥速率稳定不变，该阶段热空气向食品提供的热量全部消耗于水分蒸发，食品物料没有受到加热，故温度没有变化。物料表面温度等于水分蒸发温度，即热空气干球温度和湿度相适应的湿球温度。在恒速阶段，食品物料表面温度等于湿球温度并维持不变（B′C′）；达到 C′ 点时，干燥速率下降，在降速阶段内，水分蒸发减小，由于干燥速率的降低，空气对物料传递的热量已大于水分汽化所需的潜热，因而物料的温度开始不断上升，物料表面温度比空气湿球温度越来越高，食品温度不断上升（C′D′）；当干燥达到平衡水分时，干燥速率为零，食品温度则上升到和热空气温度相等，为空气的干球温度（E′）。

（三）干燥阶段

在典型的食品干燥中，干燥过程一般要经历干燥速率恒速阶段和干燥速率降低阶段（表 4–7）。

1. 恒速干燥阶段

在大部分食品中，干燥速率就是水分子从食品表面移向干燥空气的速度。在这种情况下，食品表面水分含量被认为是恒定的，因为水从产品内部迁移的速度足够快，可保持恒定的表面湿度。也就是说水分子从食品内部迁移到表面的速率大于（或等于）水分子从表面移向干燥空气的速度，于是干燥速率是由水分子从物料表面向干燥空气进行对流质量传递的推动力所决定的。

恒速干燥阶段内，食品表面始终保持湿润，水分进行蒸发，故它的表面水分蒸发强度也可以按照温度计理论进行估算，如公式 4–4 所示。

$$I_W = C(p_B - p_L)\frac{760}{p} \tag{4–4}$$

式中：I_W——食品表面水分蒸发强度，kg/（m^2 · h）；

p_B——潮湿物料表面湿球温度相应的饱和水蒸气压，mm Hg；

p_L——热空气的水蒸气分压，mm Hg；

C——潮湿物料表面的给湿系数，kg/（m^2 · m · mm 汞柱），可按 $C = 0.020\,9 + 0.017\,4v$ 进行计算（v 为空气流速，m/s），空气垂直流向液面时 C 值加倍；

p——大气压，mm Hg。

显然恒速干燥阶段中干燥推动力是食品表面的水分蒸气压（p_B）和干燥热空气的水分蒸气压（p_L）两者之差。在这一时期的干燥速率主要取决于空气参变数（湿度和相对湿度）和流速以及食品表面向外部扩散蒸汽的条件，如物料蒸发面积和形状等。

水分子从食品表面释放到干燥空气中所需的能量是来自热量传递。然而，在干燥的恒速期，热量传入食品的速率刚好与蒸发水量所需要的热量相平衡。在最简单的情况下，干燥的全部热量来自吹向食品的干燥空气和食品表面之间的对流热量传递。但是，实际生产中，干燥体系涉及复杂的热量传递，使干燥分析十分困难。

2. **降速干燥阶段**

在降速期，食品中水分含量的分布取决于干燥条件及食品的性状。食品中水分迁移有多种方式，在某一给定的干燥条件下，可存在一种或多种干燥机制。在干燥过程中，可应用一个或多个机制，每种机制的相关作用在干燥过程中可以变化。例如，在降速期的早期，液体扩散是内部质量传递的控制机制，而在干燥后期，由热力流动和蒸汽扩散共同控制干燥。因此，在降速期要预测干燥速率常常是困难的。

① 液体扩散。一旦表面的水分含量减少到低于食品中剩余水分的含量时，水分迁移到表面的推动力是扩散，扩散的速率取决于食品的性质、温度和表面与体相之间的浓度差。

② 蒸汽扩散。有时在食品表面之下存在汽化作用（特别在长时间干燥时），此时水分子以蒸汽形式扩散，通过食品扩散到干燥空气中。蒸汽扩散是因为蒸汽压差，干燥空气的蒸气压决定扩散速率。

③ 毛细管流动。表面张力也能影响食品结构中水分迁移，特别是对于多孔状的食品。根据多孔食品基质的性质和定向，毛细管流动可通过其他机制增加或阻止水分迁移。

④ 压力流动。干燥空气和食品内部结构之间的压力差会引起水分迁移。

⑤ 热力流动。食品表面和食品内部之间的温度差会阻止水分迁移到表面，这在干燥后期尤其重要。

表 4–7　由导湿性和导湿温性解释干燥过程特征

干燥阶段	曲线特征	作用
预热阶段	干燥速率上升，温度上升，水分略有下降	导湿性引起水分由内向外；导湿温性相反，但随着内外温度差的减小，其作用减弱。
恒速干燥阶段	干燥速率不变，温度不变，水分下降	导湿性引起水分由内向外；导湿温性由于几乎没有温差，因此不起作用。
降速干燥阶段	干燥速率下降，表面温度上升，水分下降变慢	低水分含量时，导湿性减小；导湿温性减小。

干燥曲线的特征因水分和物料结合形式、水分扩散历程、物料结构和形状大小而异。物料内部水分转移机制、水分蒸发的推动力以及水分从物料表面经边界层向周围扩散介质扩散的机制都将对物料干制过程的特性产生影响。此外，食品干燥是把水分蒸发简单地限定在物料表面进行，事实上水分蒸发也会在其内部某些部分或甚至于全面进行，因为，其情况比所讨论的要复杂得多。

3. **湿物料与环境介质间的传热与传质**

在食品干燥过程中，不论采用哪一种干燥方法，将热量传递给食品并促使食品组织中水分向外转移是食品干燥的基本过程。因此，食品干燥过程中既有热的传递也有质（即水分）的外移。为此，湿热的转移就是食品干燥基本原理的核心问题。

干燥进行前，物料内部温度和湿度分布基本均匀。物料与外界所进行的湿传递是自然蒸发或吸湿，这取决于物料的湿度和环境空气的状态参数。即使是蒸发，蒸发的速度也是很小的。也就是说在自然条件下，即使物料中水分能自行蒸发，物料的干燥速度也是很小的，要使物料中水分蒸发速度加快，必须对物料施加外部条件。

干燥过程中，湿物料表面水分受热后首先由液态转化为气态（即水分蒸发），而后水蒸气从物料表面向周围介质扩散，于是物料表面和它内部各区间建立了水分梯度，促使物料内部水分不断地向表面方向移动，不仅减少了物料表面水分，而且也减少了它的内部水分。在简单情况下，水分蒸发只在物料表面进行，因而物料内部水分就有可能以液态或蒸汽状态向外扩散转移。

物料水分受热蒸发时，在恒速阶段物料内部一般不会出现温度差，在降速阶段就会出现一定的温度差，低温空气加热时温度差并不大，若用辐射热或高温空气加热时就会出现较大的温度差，这将对物料内水分扩散转移产生影响。因而干燥过程中物料水分和热量的传递相互有着密切的联系和影响。与此同时，物料内部水分传递机理、水分蒸发的推动力（热力）以及水分从物料表面经边界层向周围介质扩散的机理将对物料干燥过程产生影响。

三、食品在干燥过程中的变化

1. 物理变化

（1）干缩

食品在干燥时因水分被除去而导致体积缩小，肌肉组织细胞的弹性部分或全部丧失的现象称作干缩。干缩的程度与食品的种类、干燥方法及条件等因素有关。一般情况下，含水量多、组织脆嫩者干缩程度大，而含水量少、纤维质食品的干缩程度较轻。与常规干燥制品比，冷冻干燥制品几乎不发生干缩。在热风干燥时，高温干燥比低温干燥所引起的干缩更严重；缓慢干燥比快速干燥引起的干缩更严重。

干缩有两种情形，即均匀干缩和非均匀干缩。实际上，干燥物料不是完全具有弹性，干制时食品块、片内的水分难以均匀地排除，故物料干燥时均匀干缩比较少见。

干缩之后有可能产生所谓的多孔性结构。当快速干燥时，由于食品表面的干燥速度比内部水分迁移速度快得多，因而迅速干燥硬化。在内部继续干燥收缩时，内部应力将使组织与表层脱开，干制品中就会出现大量的裂缝和孔隙、形成所谓的多孔性结构。

密度低（即质地疏松）的干制品容易吸水，复原迅速，与物料原状相似，但它的包装材料和贮运费用较大，内部多孔易于氧化，以致贮期较短。高密度干制品复水缓慢，但包装材料和贮运费用较为节省。

（2）表面硬化

表面硬化是指干制品外表干燥而内部仍然软湿的现象。有两种原因会造成表面硬化，其一是食品干燥时，其内部的溶质随水分不断向表面迁移和积累而在表面形成结晶所造成的；其二是由于食品表面干燥过于强烈，内部水分向表面移动的速度滞后于表面水分汽化速度，从而使表层形成一层干硬膜所造成的。前者常见于含糖或含盐多的食品干燥过程。后者与干燥条件有关，是可以调控的。

发生表面硬化之后，食品表层的透气性将变差，使干燥速度急剧下降，延长了干燥过程。另外，在表面水分蒸发后，其温度也会大大升高，这将严重影响食品的外观质量。

（3）热塑性

不少食品具有热塑性，即温度升高时会软化甚至有流动性，而冷却时变硬，具有玻璃体的性质，糖分及果肉成分高的果蔬汁就属于这类食品。例如，橙汁或糖浆在平锅或输送带上干燥时，水分虽已全部蒸发掉，残留固体物质却仍像保持水分那样呈热塑性的黏质状态，黏结在带上难以取下，而冷却时它会硬化成结晶体或无定形玻璃状而脆化，此时就便于取下。为此，大多数输送带式干燥设备内常设冷却区。

（4）物料内多孔性

快速干燥时，物料表面硬化及其内部蒸气压的迅速建立会促使物料形成多孔性制品。膨化马铃薯、苹果、柑橘等正是利用内部大的蒸气压外逸促使其膨化。食品运用真空干燥会促使水分迅速蒸发并向外扩散，从而形成多孔性的产品。

2. 化学变化

（1）脱水干燥对食品营养成分的影响

脱水干燥后食品失去水分，故每单位质量干制食品中营养成分的含量反而增加。若将复水干制品和新鲜食品相比较，则和其他食品保藏方法一样，它的品质总是不如新鲜食品。

（2）脱水干燥对食品色素的影响

干燥过程温度越高，处理时间越长，色素变化量也就越多。湿热条件下叶绿素失去镁原子而转化成脱镁叶绿素，呈橄榄绿色；类胡萝卜素、花青素也会因干燥处理有所破坏；硫处理会促使花青素褪色。

酶或非酶褐变反应是促使干燥品褐变的原因。植物组织受损伤后，组织内氧化酶能将多酚或其他（如鞣质、酪氨酸等）类物质氧化成有色色素。这种酶褐变会给干制品品质带来不良后果。为此，干燥前需进行酶钝化处理以防止变色。酶钝化处理应在干燥前进行，因为干燥过程中物料的受热温度常不足以破坏酶的活性，而且热空气还具有加速褐变的作用。

焦糖化反应和美拉德反应是脱水干制过程中常见的非酶褐变反应。脱水干制时，高温和残余水分中反应物质的浓度对美拉德反应有促进作用。美拉德反应在水分下降到 20% ~ 25% 时最迅速，水分继续下降则它的反应速率逐渐慢，当干制品水分低于 1% 时，褐变反应可减慢到甚至于长期贮存也难以觉察的程度，水分在 30% 以上时褐变反应随水分增加而减缓，低温贮藏也有利于减缓褐变反应速率，真空干燥可改善制品的品质。

（3）干燥时食品风味的变化

食品失去挥发性风味成分是脱水干燥时常见的一种现象。即使低温干燥也会导致化学变化，而出现食品变味的问题。即使一般处理牛奶时所用的温度不高，蛋白质仍然会分解并有挥发硫放出。要完全防止干燥过程风味物质损失是比较难的。有效的解决办法是从干燥设备中回收或冷凝外逸的蒸汽，再加回到干制食品中，以便尽可能保存它的原有风味。此外，也可从其他来源取得香精或风味制剂再补充到干制品中，或干燥前在某些液态食品中添加树胶和其他包埋物质将风味物质微胶囊化以防止或减少风味的损失。

总之，食品脱水干燥设备的设计应当根据前述各种情况加以慎重考虑，尽一切努力在干制速率最高、食品品质损耗最小、干制成本最低的情况下，建立最合理的脱水干燥工艺条件。

第三节　食品干制的方法

一、对流干燥

（一）自然干燥

1. 原理

利用自然条件（阳光及空气），把食品物料置于晒场、晒席或晒架上，直至其水分含量降低到和空气温度及其相对湿度相适应的平衡水分为止。自然干燥通常分为晒干和阴干两种方式。将原料直接接受日光暴晒进行干燥，称为晒干；将原料放在通风良好且能避雨的室内，利用风能脱水干燥，称为阴干。

2. 优缺点

（1）优点

自然干燥不需要特殊设备、方法简单、成本低廉、不受场地局限。由于这种干制品长时间在自然状态下受干燥温度和各种因素的作用，物理化学性质发生了变化，导致变成了具有特殊风味的制品。

（2）缺点

干燥时间长，直接露天干燥可能会因过热使物料品质恶化或者蒸发水分发生冷凝、导致传热效率低和制品变色，对维生素类营养成分破坏较大。受环境和气候条件限制，食品容易被灰尘、蝇和鼠等污染，卫生得不到保证，难以规模化生产。

3. **改善方法**

选择其他干燥方式，如热风干燥、冷冻干燥和微波干燥等，替代自然干燥。

4. **影响因素**

受气候、地区等外界条件影响较大。干燥速率受日光温度、风速和空气湿度等因素的影响较大，同时日晒过程中产品易受到风尘污染和虫鸟侵袭等发生损耗。若遇阴雨天，制品脱水减慢，干燥时间延长。

5. **应用**

自然晾晒干燥多用于粮食谷物的晒干、菜干和果干的加工。我国许多有名的土特产品都是用这种方法制成，如干枣、柿饼、葡萄干和腊肉等。

（二）气流干燥

气流干燥也称“瞬间干燥”，是固体流态化的稀相输送技术在干燥方面的应用。

1. **原理**

气流干燥是一种连续高效的固体流态化干燥方法。它是把湿物料送入热气流中，物料一边呈悬浮状态与气流并流输送，一边进行干燥。被干燥的物料由进料器加入气流干燥管内，然后通过鼓风机或者引风机将高温干燥介质吹入气流干燥管的底部，形成高速热气流，使加入的粉状物料加速并迅速分散悬浮在气流中，气固两相直接接触，接触面积大，对流传热传质剧烈，物料在气流的加速和输送过程中完成干燥。气流干燥设备流程示图见图 4-7。

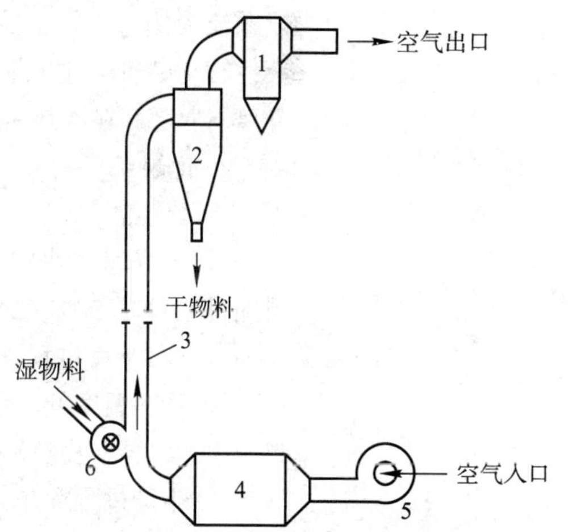

图 4-7　气流干燥设备流程示意图

1. 袋滤器；2. 旋风分离器；3. 干燥管；4. 空气加热器；5. 风机；6. 加料器

2. **优缺点**

（1）优点

① 干燥强度大，干燥时间短。干燥时物料在热风中呈悬浮状态，每个颗粒都被热空气包围，因而能使物料最大限度地与热空气接触。同时气流速度较高，一般可达 20 ~ 40 m/s，空气涡流的高速搅动使气固边界层的气膜不断受到冲刷，减少了传热和传质的阻力。

② 传热效率高。对于完成一定的传热量，所需干燥器的体积可以大大减小，能实现小设备大生产的目的。热损失小，最多不超过 5%，因而热效率高，干燥非结合水分时，热效率可达 60%，干燥结合水分的效率也可达 20% 左右。

③ 物料热损伤小。热量主要用于物料中水分的蒸发汽化，在水分未蒸发完前，物料本身的温度不会急剧上升，干燥时间短，在干燥过程中本身的温度变化不大，不会出现物料的过热损伤。

气流干燥操作连续且稳定，故可以把干燥、粉碎、输送、包装等工序在内的整个过程控制在密闭条件下进行，以减少物料飞扬、防止污染，不但提高了制品品质，同时也提高了产品得率。

（2）缺点

由于气流干燥方法干燥时间短，物料内部水分不易扩散到物料表面，所以气流干燥的水分形式以物料表面的水为主，对含内部水较多的物料比较难达到工艺要求。其次，由于气流速度高，对物料有一定的磨损，故对晶体形状有一定要求的产品不宜采用。另外，由于气流速度大，全系统的阻力大，因而动力消耗大。

3. **改善方法**

根据气流干燥的局限性，可以采用与其他干燥技术相结合的方式，从而提高干燥性能。或采用新型的气流干燥器，如多级气流干燥器、脉冲式气流干燥器和旋风式气流干燥器等。

4. **影响因素**

（1）气流温度

通常，气流温度越高，干燥越快，但高温不利于干制品品质。

（2）气流速度

通常，气流速度越高，干燥越快。

5. **应用**

气流干燥技术主要应用于粉末状和颗粒状食品的干燥加工。

（三）喷雾干燥

◎ **视频**
喷雾干燥

1. **原理**

喷雾干燥是指用雾化器将溶液、浆液或微粒的悬浮液喷雾成细小的液滴，在其下落过程中，经空气加热系统水分迅速汽化而成为粉末状或颗粒状的产品。

喷雾干燥设备的类型很多，各有特点。根据喷雾系统内气流与物料的流向，可分为并流、逆流和混流喷雾干燥三种类型。三种类型干燥器示意图如图 4–8 所示。喷雾干燥系统是由空气加热系统、喷雾系统、干燥室、从空气中收集干燥颗粒的收集装置及供压送液体装置组合而成，此处以顺流为例介绍其主要结构，如图 4–9 所示。料液由蠕动泵送至干燥塔顶，并同时导入热风，料液经雾化装置雾化成液滴，与高温热风在干燥室内迅速进行热量交换和质量传递。干制品从旋风分离器底部卸料，热风降温增湿后，作为废气从旋风分离器上部排出。

2. **优缺点**

（1）优点

① 干燥速度快。料液经雾化器雾化之后体积增大几千倍，细小雾滴与热空气接触过程当中瞬间即可完成 90%～95% 以上的水分蒸发量，根据不同形式的设备差异，干燥时间可以控制在 5～30 s，其干燥过程非常迅速。

② 物料温度低。在喷雾干燥过程中，物料虽与热空气直接接触，但是大部分热量都用来蒸发料液中的水分，物料不会因为高温而影响其质量品质，适用于热敏性物料的干燥。

③ 生产过程简单、操作控制方便。喷雾干燥技术非常适用于料液固含量在 0～60% 内物料的干燥，通过改变工艺参数，可以以非常高效的方式生产出符合粉末粒度和形状、密度、分散性、多态性和流动特性等精准粉末特性的复杂粉末。

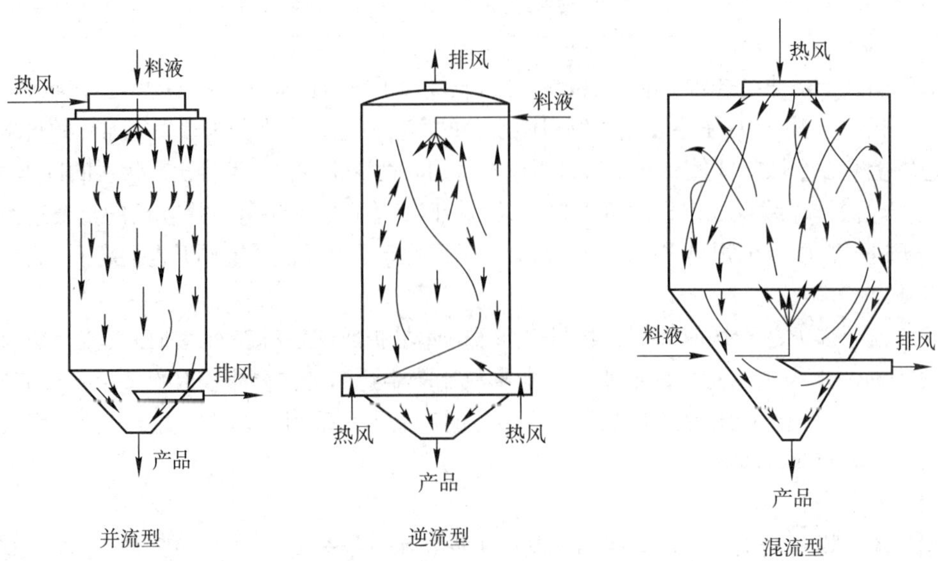

图 4–8　三种干燥器示意图

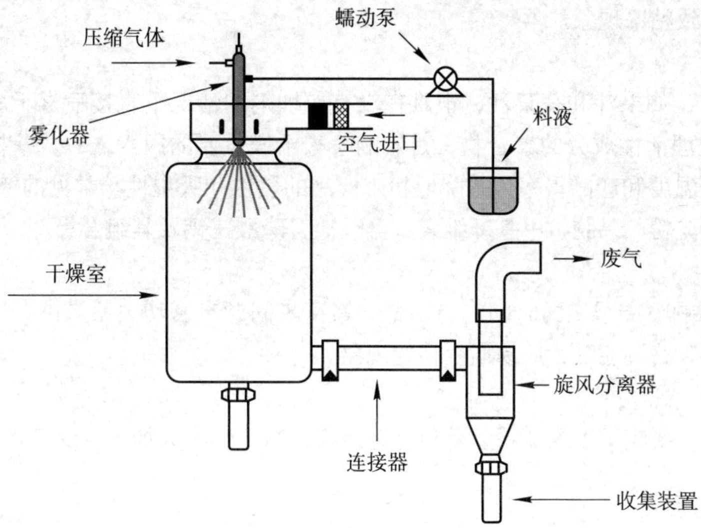

图 4-9　喷雾干燥示意图

喷雾干燥适宜于连续化大规模生产。通过喷雾干燥获得的产品大部分都不需要再进行粉碎和筛选，从而减少了生产工序，简化了生产工艺流程。在一定的范围内，可以改变操作条件对产品的粒径、松密度和水分进行调整，控制管理都很方便，而且能适应工业化大规模生产的要求。

（2）缺点

① 进风温度较低。进风温度低于 150℃时易导致喷雾干燥过程传质效率降低，低温操作时空气消耗量大，因而动力消耗随之增大，设备的热效率低。

② 易发生粘壁现象。在喷雾干燥过程中如果发生粘壁，物料由于长时间停留在热的内壁上，有可能被烧焦或变质，影响产品品质。

③ 附属装置费用高。在生产粒径小的产品时，废气中带 20% 左右的微粒，需选用高效的分离装置，附属装置比较复杂，费用较高。

3. 改善方法

① 喷雾干燥过程中最常见的问题是粘壁，该现象与被干燥物的性质有关。因此可以采取增加助喷剂、改变清扫装置等措施改善粘壁问题。

② 喷雾干燥可快速脱水，但密度高的物料含水量并不大，此时可使用热喷射气流干燥机或闪蒸干燥器进行干燥。

③ 开发专用喷雾干燥设备，以适应特殊物料的干燥，如超声波喷雾干燥机可以进一步降低物料的干燥温度，保护热敏性物料的活性。

④ 采用联合干燥方式，当喷雾干燥技术无法达到要求时，可以采用“流化床 + 喷雾干燥”“旋闪干燥 + 喷雾干燥”等多种组合干燥技术完成节能生产目标。

4. 影响因素

（1）进出口温度

每一种物料因其物性，例如分子结构、比重、比热和含水率等因素的不同，对于进出口温度会有一定的要求。温度太高时会使物料中的一些添加物挥发变质或结块，太低又会使某些结晶性物料不能达到所需干燥条件。

（2）进料速度

在喷雾干燥过程中，进料速度是重要影响因素之一。进料速度决定物料在干燥室、旋风分离器和供压送装置中的停留时间，同时还影响着物料雾化以及液滴的大小。进料速度基本上取决于泵的速度，泵速越高，进料速度越快。但是，较高的进料速度会使热量传递变慢，使得液滴难以充分干燥，容易导致粘壁现象。

（3）壁材

富含糖的物质，如果汁和蔬菜汁，很难在没有包埋剂的情况下直接喷雾干燥，而壁材就是在喷雾干燥过程中包埋活性成分的聚合物，是影响喷雾干燥重要的因素之一。壁材在喷雾干燥中可以提高玻璃化转变温度和产品得率，并降低粉末产品的黏性和吸湿性。常见的壁材有阿拉伯树胶、麦芽糊精、明胶、淀粉、果胶、甲基纤维素、藻酸盐、磷酸三钙及其组合等。

（4）进料浓度

进料浓度会影响喷雾干燥的时间，与粘壁和堵塞等问题有密切关系。进料浓度越高，黏稠度就越大，容易阻塞管路及喷嘴，还易产生粘壁现象。

5. 应用

喷雾干燥技术主要应用于果蔬粉、乳粉、速溶茶饮料、食品添加剂及保健食品等的生产加工。

二、红外干燥

红外辐射也称红外线辐射，是指介于可见光和微波之间人们肉眼看不到的一种电磁波辐射，波长范围是 0.75 ~ 1 000 μm。传统上把红外光分为 3 个区域：波长 0.75 ~ 2 μm 的红外光称作近红外；波长为 2 ~ 4 μm 称作中红外；波长为 4 ~ 1 000 μm 称作远红外。电磁波谱图如图 4–10 所示。

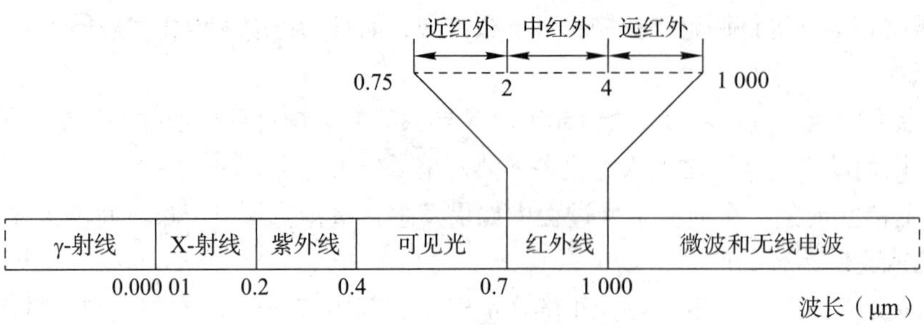

图 4–10　电磁波谱图

1. 原理

不同物料对红外线的吸收都具有一定的选择性，在红外辐射加热过程中，当不同频率的红外线照射到物料上时，物料就会吸收红外产生的热能，同时热能通过分子间传递，分子内能增加，原子或分子通过热运动，发生能级跃迁，物料内部温度升高，外部表面温度较低，从而形成内高外低的温度梯度，最后达到干燥的目的。

2. 优缺点

（1）优点

① 加热效率高。红外辐射热能因可直接把热量传给物料，所以热能损失小，加热效率高，同时因其以电磁波形式传递，不需要任何媒介，因此既节能又环保。

② 干燥速率快。红外辐射温度是由内向外升高，物料中的水分同样是由内向外移动，传热、传质方向一致，表面和内部同时加热，所以物料干燥速率快、加热时间短。

③ 干制品品质高。传统热风对流干燥对物料表面结构和形状有很大影响，而红外加热对其影响很小，物料的物理化学性质不易改变，所以加热后的产品营养品质高、皱缩和形变小。

（2）缺点

红外干燥是对物料表层进行加热，穿透深度只能达到距物料表面几毫米处，物料吸收的红外能通过传导的方式到达其他部位，随着物料体积的增加，这种传导会受到限制，红外辐射的内部加热作用不明显。

3. 改善方法

红外线穿透深度有限，所以红外干燥技术的应用还具有一定的局限性。因此，为了更好的应用红外干燥技术，采用与其他干燥技术联用的方式进行干燥，可解决其应用过程中所存在的局限性。

4. 影响因素

红外干燥技术的影响因素及主要结论如表 4–8 所示。

表 4–8 红外干燥技术的影响因素及主要结论

影响因素	物料	条件	主要结论
干燥温度 /℃	白果	60、70、80 和 90	干燥温度从 60 ℃升高到 80 ℃，干燥时间显著减少（$p < 0.05$）；干燥温度从 80 ℃升高到 90 ℃，白果干燥时间没有显著性差异（$p > 0.05$）
红外功率 /W	甘薯片	104、125、146 和 167	随着红外功率的增加，甘薯片的干燥速率增加。
辐射距离 /mm 切片厚度 /mm	哈密瓜	辐射距离（80、120 和 160）和切片厚度（3、5、7、9 和 11）	辐射距离越短、切片厚度越薄，干燥速率越快，干燥时间越短
红外波长 /μm	海藻	2.4、3.0、5.0、6.0	海藻红外干燥时间约需 120 min，比热风干燥时间（275 min）缩短了 56%；红外波长为 2.4 μm 时干燥的样品和热风干燥的样品比较一致，干燥速率较高

5. 应用

红外干燥技术主要应用于果蔬、粮油作物、食用菌和水产品的干燥加工。

三、介电干燥

介电干燥是将需要加热的物料置于高频电场内，利用高频电场的交变作用将湿物料加热，水分汽化，物料被干燥。介电干燥主要包括微波干燥和射频干燥。

物料在电场中既可以储存电能，也可以耗散电能，这种描述物料与电磁场之间相互作用的能力被定义为介电特性（DPs）。物料的介电特性主要包括磁导率和介电常数。一般物料的磁导率通常被认为接近真空磁导率，因此对介电加热没有影响，故介电常数在介质加热中起着重要的作用。介电常数通常称为相对介电常数 ε，如公式 4–5 所示。

$$\varepsilon = \varepsilon' - j\varepsilon'' \qquad (4\text{–}5)$$

式中：$j = \sqrt{-1}$，ε' 表示物料在电场中储存能量的能力，ε'' 是相对介电损耗因子，表示物料在电场中耗散能量的能力，通常导致热量的产生。

（一）微波干燥

微波干燥是微波辐射和穿透物料时所产生的热量，使物料水分蒸发而干燥。因此，微波干燥实际上是微波加热在食品干燥上的应用，食品工业中所使用的微波设备主要是利用微波的热效应加热物料。食品中的水分、蛋白质、脂肪和碳水化合物等都属于电介质，微波对它们的加热称作介电加热，因此微波干燥也称介电干燥。

1. 原理

微波是指频率在 300 MHz ~ 300 GHz 之间，波长为 1 mm ~ 1 m 的一种电磁波。国内目前将 915 MHz 和 2 450 MHz 这两种频段用于工业微波加热，将 2.45 GHz 频段用于家用微波加热。微波加热是靠具有穿透性的电磁波把能量传播到被加热物体的内部，依靠高频电磁场造成物料内部分

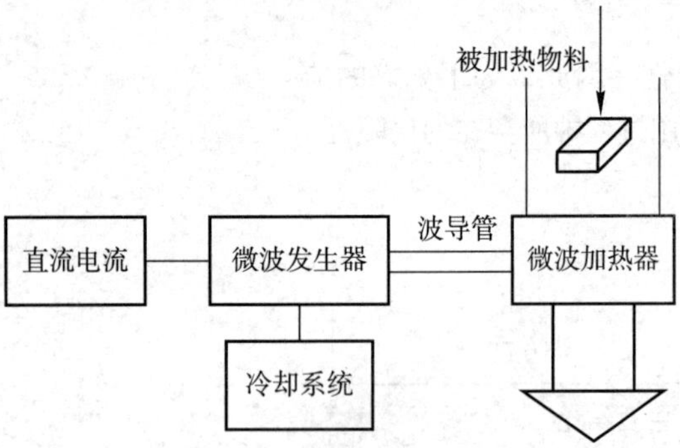

图 4–11 微波加热设备示意图

子的运动和相互摩擦，从而产生大量摩擦热使得介质温度升高，水分子从物料逸出而达到干燥目的。微波加热设备主要由电源、微波管、连接波导、加热器及冷却系统等组成，如图 4–11 所示。

根据结构及发射微波方式的不同，微波加热主要分为四种类型，即箱式微波加热器、波导型加热器、辐射型加热器及慢波型加热器，它们的结构如图 4–12 所示。

2. 优缺点

（1）优点

① 升温速度快。微波加热通过微波辐射并穿透物料直接作用于分子内部，代替了传统热源传导和对流形式将热量由表到里传给被加热物料的加热方式，整个物料同时升温，表现出整体式加热的特点。在微波干燥应用中，随着物体表面水分蒸发，会使物体产生由里向外的温度梯度，从而使水分迁移方向和热量传递方向相一致，可以大大提高干燥速率。

② 能量损耗少。在微波加热系统中，加热腔体、波导管和加热容器等部件一般为金属或者玻璃等介电损耗很小的材料构成，基本对微波不吸收，因而微波主要作用于被加热物料，能量损耗较小。

③ 选择性加热。微波加热过程中，温度场分布受物料本身介电性质的影响，而介电性质又受物料本身温度或含水率的影响。在微波干燥过程中，温度高或含水率较高的位置，一般具有较高的介电常数和介电损耗因子，微波能会集中在相应位置，致使该位置升温更快。

④ 控制简单。物料在微波入射的情况下温度会上升，而随微波输入的停止，温度会直接下降，不会存在传统加热系统中滞后的问题，简化了未知滞后的控制问题。

⑤ 具有非热效应。在微波化学反应中有非热效应存在，可以按照需求提高或降低化学物的化学反应速率，提高希望化学产物的比率。同时，在微波食品加热领域，非热效应和热效应对细菌都具有良好的灭杀作用。

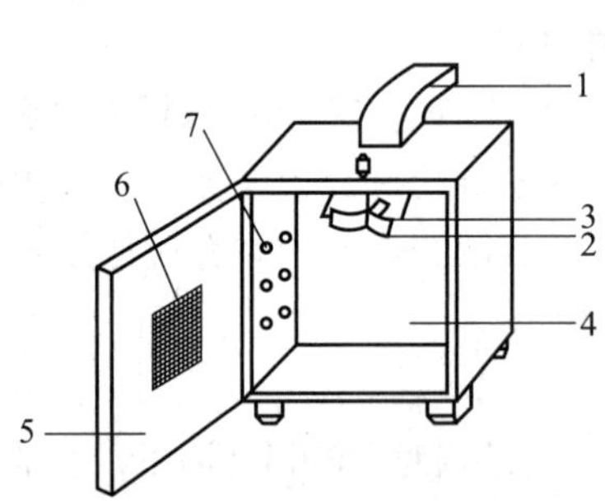

1. 波导；2. 搅拌器；3. 反射板；
4. 腔体；5. 门；6. 观察窗

（A）箱式微波加热器

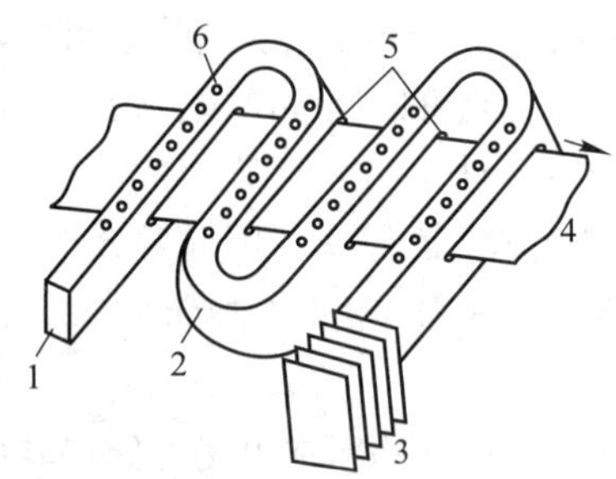

1. 微波输入；2. 弯曲波导；3. 终端负载；
4.传输带；5. 宽壁中心无辐射缝；6. 排湿孔

（B）波导型加热器

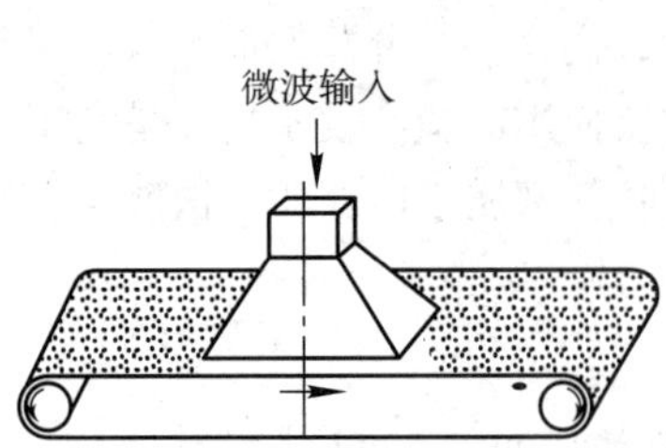

（C）辐射型加热器

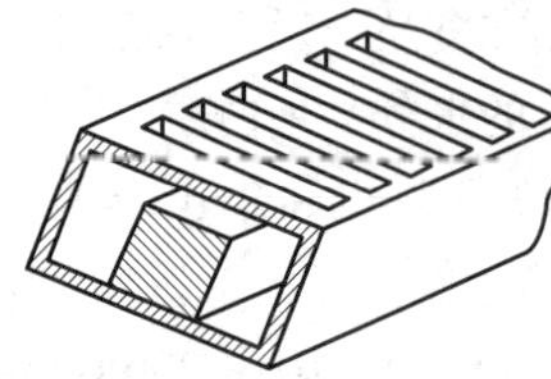

（D）慢波型加热器

图 4–12 四种类型的微波加热器示意图

（2）缺点

① 存在温度不易测量问题。微波加热腔体内部存在强电磁场，现有的温度检测传感器如热电偶、热电阻、光纤温度计、红外温度计和红外热成像仪在加热物料温度场检测方面均存在一定问题。热电偶和热电阻等金属材料温度计在电磁场作用下会产生感应电流，引起测温元件和引线自身发热，从而影响测温准确性。光纤温度计只能测量物料离散点温度，并且成本较高。红外温度计与红外热成像仪只能测量物体表面温度，不能完整的描述物体整体温度的变化状态。

② 存在加热不均匀问题。在微波加热过程中，由于微波功率分布的非均匀性，加热介质的某些部位一直具有很高的微波功率分布值，致使该位置的温度迅速上升，导致热点的产生，热点常出现于物质分相界面附近。另一种情况是，有些介质的热平衡对温度变化很敏感，输入功率的微小变化，会引起介质温度迅速发生剧烈变化，这种现象称为热失控。由于物料水分分布不均匀，而不同的物质吸收微波能力不同，水分子由于呈强极性，是吸收微波的最好介质，因此在干燥过程中会出现局部“热点”和“冷点”以及由“热失控”现象引起产品过热而产生焦煳，从而导致物料干燥不均匀。

3. 改善方法

长期以来，微波场的不均匀性一直是实现食品均匀加工的技术障碍，通常会导致食品中冷 / 热点的存在。虽然微波已广泛应用于食品加工，但在某些领域仍需进一步深入研究，以最大限度地减少对食品质量和安全的负面影响。微波由于其高效性，可通过开发新型的复合干燥技术，如真空微波干燥、热风微波干燥、微波 – 远红外组合干燥、微波对流干燥、微波冷冻干燥等，以提高加工效率，同时保持产品的质量和安全。

4. 影响因素

（1）微波功率

微波功率是影响微波加热的重要因素。微波功率越大，加热速度越快。

（2）介电特性

食品的组成成分对温度均匀性改善有着重要的作用，利用添加盐的方式可调整食品的介电特性。除了通过添加适当的材料改变食品的组成成分外，对于不均匀食品来说，还应考虑食品自身组成成分对介电特性的影响，以鸡蛋为例，液体蛋清和液体全蛋的热变性会影响其介电常数和介电损耗。

5. 应用

微波干燥技术主要应用于果蔬、肉制品和水产品的干燥加工。

（二）射频干燥

射频（radio frequency，RF）加热技术，是一种利用频率在 1 ~ 300 MHz 范围的高频交流电磁波加热物料的技术。为了防止频率波段的滥用对通信等行业产生影响，美国联邦通信委员会在目前应用于工业射频加热的频率范围内，选定了三个国际上工业应用的频率：13.56、27.12 和 40.68 MHz 作为常用的射频加热频率。

1. 原理

射频与微波加热的原理相似，是一种介电加热技术，当物料被置于交变电场中，物料中的带电离子会发生振荡迁移，极性分子发生旋转，相互摩擦产生热量，如图 4–13 所示，将电磁能转化为热能，使物料整体式加热，水分蒸发，从而达到干燥的目的。射频加热系统根据其加热处理方式大致分为三种，包括平行

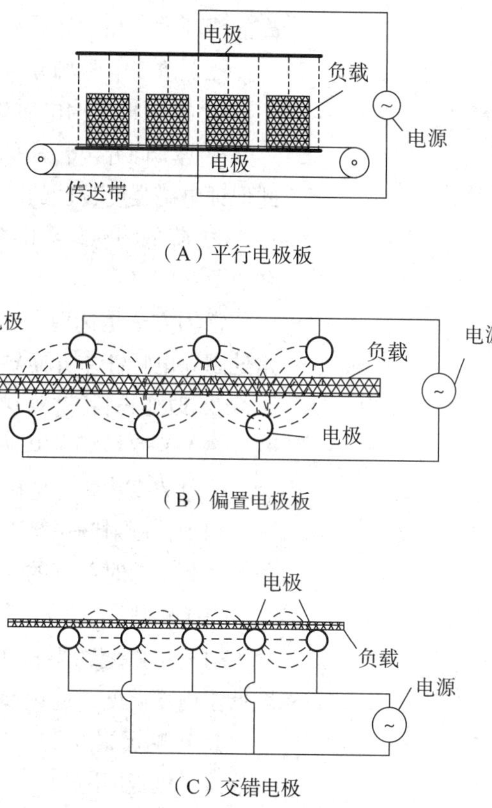

（A）平行电极板

（B）偏置电极板

（C）交错电极

图 4–13　射频加热示意图

极板式，偏置电极式和交错电极式射频加热系统。

2. 优缺点

（1）优点

① 加热速率快，穿透深度大，整体式加热，能量利用率高。射频的波长（在 27.12 MHz 时 11 m）远大于微波频率的波长，因此射频波能穿透整个物料，对物料进行整体式加热，能量利用率高，且相比于微波干燥，加热更均匀。

② 选择性加热。在一定范围内，物料的介电损耗因子越大，加热速率越快，反之，加热速率越慢。可通过调节物料的介电损耗因子，实现选择性加热。

③ 适用范围广。当使用射频加热时，电极不直接接触食物，以避免焦耳热的产生。因此这项技术既适用于液体食品，也适用于固体食品。

④ 利于工业化生产。大规模射频加热设备的投建更容易，便于工业化生产。

（2）缺点

① 尖角效应。射频加热形状不规则的物料时，射频能量将集中在物料厚度最大的部位，即存在“尖角效应”，导致该部分升温速度快，从而出现过热现象。

② 热偏移。射频加热过程中，物料的介电损耗因子随着温度的升高而增大，在物料温度较高的地方则会出现能量集中，导致局部过热，产生“热偏移”。

③ 造价高。由于其高效率和输出质量，射频干燥设备比传统干燥系统使用的设备更昂贵。

3. 改善方法

射频干燥存在着加热不均匀的现象，这严重限制了射频加热的实际生产应用。针对这一问题，研究学者通过试验和模拟的方法，提出了多种改善方法。

（1）采用联合干燥方式

干燥均匀度是衡量干燥工艺质量好坏的重要指标之一。将射频加热与热风、真空等传统干燥方法相结合，在提高加热干燥均匀性方面具有很大的潜力。此外，与射频相关的组合干燥具有较高的能源效率和产品质量，在经济上更可行。

（2）改变电磁场分布

① 利用特殊的电磁波导体增加冷点处对电磁波的吸收以提高冷点温度而改善加热均匀性。

根据不同介电性质间的电场线弯曲理论，将电磁导体放置在食品内部或覆盖在食品表面，以此保证电磁强度较低的区域引入更多电磁能量。

② 降低物料与周围介质介电特性差异，减少射频能量在物料边缘和角落的聚集，抑制热偏移和边角效应。

常用方法是选取与物料介电特性相似的材料作为容器材料或包覆于物料周围，减少了物料边角处因介电特性差异而导致的电磁场聚集。

③ 改变物料整体形状或体积，减少射频能量在边角区域的聚集。

（3）改变物料在电磁场中的位置

通过改变物料在电磁场中的位置使样品中热点与冷点位置不断变化，提高加热均匀性。

（4）控制射频系统工作参数

射频加热时系统的电极配置、顶部电极电压及电极间隙等因素均能影响加热的均匀性。

（5）预热

射频可以使物料整体式加热，但由于物料外表面与环境之间存在热交换，导致物料外表面温度低于内部温度，通过预热可以缓解这一部分的温度差异，因而改善了加热均匀性。

4. 影响因素

（1）极板间距

通过调节射频干燥系统上下极板间的距离，可以调整系统的输出功率。功率是影响加热均匀性的关键因素之一，功率增加会使射频产生的能量逐渐增加，从而加快干燥进程，缩短干燥时间。

（2）介电特性

物料的介电特性也是影响射频加热的主要因素，介电特性会随电磁场分布和温度的变化而变化，进而影响电磁波和物料的相互作用。

（3）切片厚度

切片厚度是影响物料射频干燥的重要因素，当物料切片厚度超过射频的穿透深度时，射频加热的效率就会显著降低，而适当增加物料切片厚度，干燥速率不仅不会因厚度的增加而降低，且可能会加快样品升温速率、增加样品干燥的均匀性。

（4）环境真空度

在射频真空干燥过程中，真空度的增加会使干燥样品内外压力差增加，从而提高水分扩散速率。然而，在射频加热过程中的真空度存在阈值，真空度过低可能会引起一些如电弧放电和辉光放电等潜在的技术问题，导致样品局部过热和焦煳。

5. 应用

由于射频能量穿透深度大，具有整体、快速加热的优势，因此逐渐被用于食品的加热、解冻、漂烫、灭酶、灭菌和杀虫等加工领域，在干燥领域主要应用于坚果、果蔬、肉制品和粮油制品的干燥加工。

四、过热蒸汽干燥

过热蒸汽干燥技术是一种新型食品干燥技术。相比传统干燥技术，过热蒸汽干燥技术既能实现高温烹饪，又能达到干制物料的目的。过热蒸汽干燥实验装置主要包括蒸汽发生器、电加热式过热器、干燥室和离心风机，如图 4–14 所示。

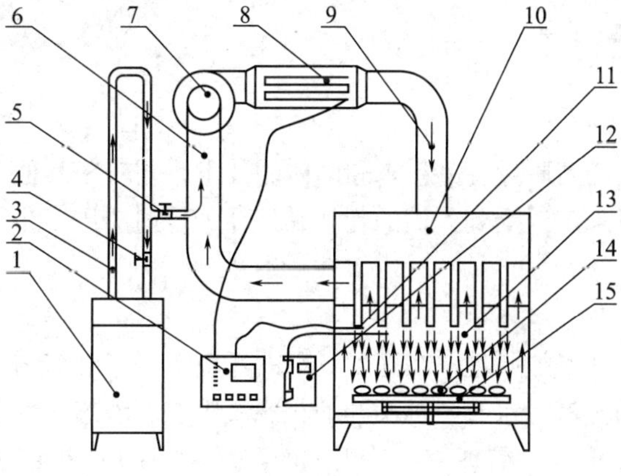

图 4–14　过热蒸汽设备示意图

1. 蒸汽发生器；2. 控制器；3. 蒸汽管；4. 开阀；5. 关闭阀；6. 蒸汽循环通道；7. 离心风机；8. 电加热器；9. 蒸汽通道；10. 漂烫蒸汽分配室；11. 温度传感器；12. 温湿度传感器；13. 带有系列圆喷嘴的冲击腔；14. 待烫漂材料；15. 样品盘

1. 原理

水在特定压力（100℃，1 个大气压）下受热，达到沸点后形成饱和蒸汽。对饱和蒸汽进一步加热，使其达到沸点以上温度，饱和蒸汽就会转化为过热蒸汽。

2. 优缺点

（1）优点

① 传热效率高。过热蒸汽的传热方式包括对流传热、凝结传热和辐射传热。常规热风干燥的传热方式一般是靠对流和热传导达到加工的目的。过热蒸汽加工除对流和热传导传热外，在加工

过程中蒸汽在冷物料表面凝结，释放很高的热量，水蒸气凝结热为 2 256.7 J/g，使物料快速升温。

② 物料受热均匀。加工过程中，过热蒸汽在物料表面的凝结趋向于在低温区域优先凝结，可使物料均匀升温，避免物料因受热不均而发生品质劣变。

③ 抑制物料酶活、减少氧化，改善产品品质。过热蒸汽加工过程中，过热蒸汽可有效抑制物料中的酶活反应。蒸汽充满加热室，原本的空气被排出，环境中氧气含量大幅降低。因此，过热蒸汽技术可使物料在加工过程中处于较低氧含量的环境中，从而减少氧化反应的发生，改善产品品质。

（2）缺点

① 在干燥加工中，初始阶段过热蒸汽在常温下与冷固相接触，蒸汽在物料表面发生凝结。蒸汽的初始凝结延迟了干燥过程，并增加了使用过热蒸汽干燥的干燥时间。

② 过热蒸汽干燥温度太高，最低温度 100℃，不适合干燥热敏性物料、药品等。

3. 改善方法

过热蒸汽干燥仍存在一定的局限性，且对干燥物料有很大的选择性，干燥后期不适合用于热敏性物料的干燥。因此，需要对过热蒸汽进行改进，寻求新的联合干燥方式来满足生产需要，将过热蒸汽干燥技术与其他技术相结合可显著弥补其不足。

4. 影响因素

干燥温度及时间是影响过热蒸汽干燥的重要因素，通常温度越高，干燥速度越快。

5. 应用

过热蒸汽技术早期主要应用于工业干燥。近些年，逐渐应用到食品加工的各个领域中，目前主要的应用领域为食品干燥、杀菌、灭酶、焙烤、食品预调理等。过热蒸汽技术主要分为常压过热蒸汽技术，高压过热蒸汽技术和低压过热蒸汽技术。在 500 ~ 2 500 kPa（5 ~ 25 bar）的高压范围内进行过热蒸汽干燥，可获得更高的干燥速率。过热蒸汽干燥技术在食品加工中主要应用于肉制品、水产品、果蔬和谷物的干燥。

五、冷冻干燥

◎ **延伸阅读**
压差闪蒸干燥

冷冻干燥，是一种生产高质量食品粉末和固体的技术，相较于其他干燥技术，真空冷冻干燥技术优势明显，自问世以来广泛受到人们的青睐和好评。普遍应用于生物制剂、医学、药学、食品生产等方向。

1. 原理

冷冻干燥是利用冰晶升华的原理，在高度真空的环境下，将已冻结了的物料水分不经过冰的融化直接从固态冰升华为蒸汽。水有三种不同的相态：固态、液态、气态。根据热力学中的相平衡理论，随压力的降低，水的冰点变化不大，而沸点却越来越低，向冰点靠近。当压力降到一定的真空度时，水的沸点和冰点重合，冰就可以不经液态而直接汽化为气体，这一过程称为升华。而在低温低压条件下进行的食品真空冷冻干燥，就是利用升华脱去食品中冻结的水分，即在水的三相点以下。根据水的三相图（图 4–15），曲线 OL 为固态与液态的界限，称液化曲线；曲线 OK 为液态与气态的界限，称汽化曲线；曲线 OS 为固态与气态的曲线，称升华曲线。在每条曲线上，两相可同时存在，三条曲线的交点 O 则三相同时存在，称三相点（温度 0.01℃，压力 610 Pa）。

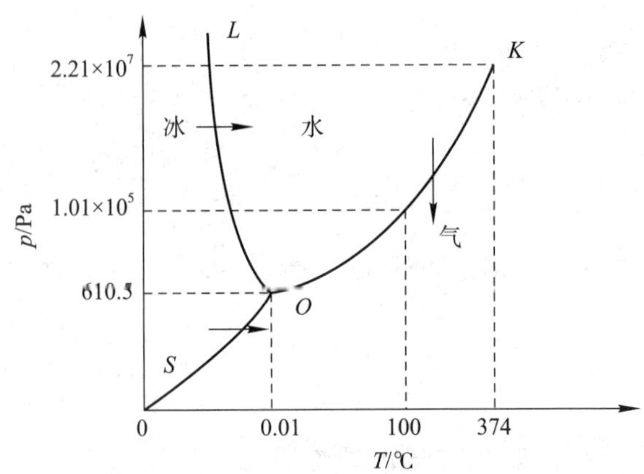

图 4–15　水的相平衡示意图

升华干燥本质上是一个传热和传质同时进行的过程，即传热过程是供给热量，传质过程是排除蒸汽。冷冻过程中升华界面的温差是传热驱动力，而升华界面与蒸汽捕集器（或冷阱）之间的蒸汽分压差是传质驱动力。因此，传热速率随温差的增大而加快；传质（即蒸汽排除）速率随蒸汽分压差增大而加快。

保持产品优良的品质和较快的干燥速率是冷冻干燥过程中的基本要求。首先，被干燥的物料表面的热源必须通过外界传热过程完成。然后，物料内部的升华则通过内部传热过程完成。过程中产生的水蒸气必须通过内部传质过程到达物料的表面，再通过外部传质过程转移到蒸汽捕集器（冷阱）中。整个升华干燥过程中的任一过程或者几个过程中出现的问题，都可能使整个干燥过程无法顺利完成。它是由冷冻干燥设备的设计、操作条件及被干燥物料的特征所决定。因此，为了获得更高效的干燥速率，必须同时提高传热传质效率，增加单位体积冻干物料的表面积。

2. 干燥过程

冷冻干燥过程包括三个阶段，即预冻阶段、初级干燥阶段（升华干燥）和二级干燥阶段（解析干燥），三个阶段中产品的温度分布如图 4–16 所示。在预冻阶段，所有材料都被冷却到处于冷冻状态的温度。在初级干燥阶段，通过升华去除冻结的溶剂，此时，干燥产品的冷冻干燥机的压力必须小于或接近冷冻溶剂的平衡蒸气压。由于水通常以结合状态存在，因此，必须将物料冷却到 0℃以下以保持水处于冻结状态。出于这个原因，在初级干燥阶段，冷冻层的温度通常在 –10℃或更低，绝对压力约为 2 mmHg 或更低。随着冰升华，从外表面开始的升华界面会消退，并留下干燥材料的多孔外壳。升华潜热的热量可以通过干燥材料层和冷冻层传导，蒸汽通过干燥材料的多孔层传输。在初级干燥阶段，干燥层中的一些吸附水（非冷冻水）可能会解吸。干燥层中的解吸过程会影响到达升华界面的热量，因此，它会影响移动的升华前沿（界面）的速度。不再有冻结层（即不再有升华界面）的时间代表初级干燥阶段的结束。二级干燥阶段去除未结冰的水（称为吸附水或结合水）。二级干燥阶段在一级干燥阶段结束时开始，解吸的水蒸气通过被干燥材料的孔隙输送。

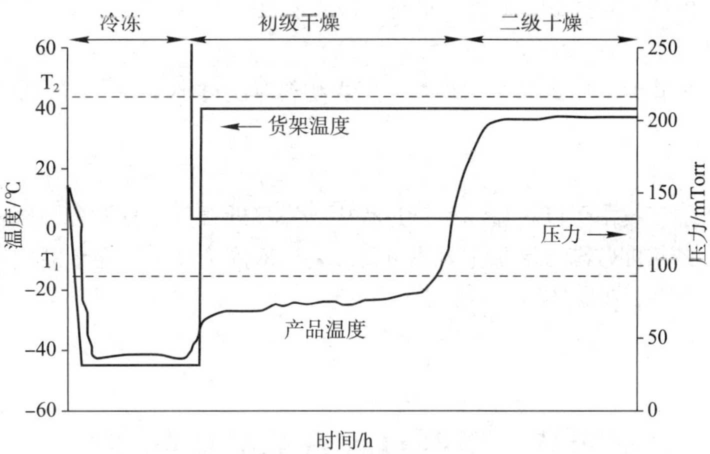

图 4–16　冷冻过程中产品温度分布图

T_1 塌陷温度，T_2 玻璃化转变温度

3. 优缺点

（1）优点

① 物料处于低温及真空环境，可以较好保持食品的色、香、味、形及营养成分，特别适合热敏性和易氧化食品的干燥。

② 水分存在的空间因水分排出后形成了多孔性结构，因此干制品具有良好的速溶性及快速复水性。

③ 由于冷冻干燥过程是水分的直接升华，避免了一般干燥方法因物料内部水分向表面扩散时携带无机盐和糖类物质等而造成表面硬化现象。

④ 水分升华时所需热源温度不高，采用常温或稍高于常温的加热载体即可满足要求，整个干燥设备往往不需要绝热处理，不会有很多热损失，热能利用率高。

（2）缺点

① 设备投资费用高

设备操作需要在高真空及低温下进行，投资费用高。

② 设备能耗大

对常规干燥方法和冷冻干燥所需能量的分析表明，冷冻干燥去除 1 kg 水所需的基本能量几乎是常规干燥的两倍。

③ 物料冻干时间长

真空状态下多孔性物料的导热系数低、传热速率低，导致冻干的时间较长。

4. 改善方法

干燥过程中由于冰升华后水分子外逸留下了原冰晶体大小的孔隙，形成了多孔性结构，这种结构限制了传热。为了加快升华，采用真空冷冻干燥与其他干燥联合干燥，就能有效地加快干燥速率。

5. 影响因素

（1）温度

温度是影响冷冻干燥效果的关键因素，因此，严格控制加工温度是确保食品加工质量的重要步骤。

（2）干燥室压力

干燥室压力也是影响冷冻干燥效果的关键因素。当干燥室压力较大时，物料干燥层的有效导热系数较大，传热效果好，但干燥层中的有效传质系数较小，不利于水蒸气的逸出。因此，在升华干燥阶段应严格控制干燥室内的压力。

（3）切片厚度

冷冻干燥时间随物料厚度的减小而缩短，但当物料厚度过小时将影响干燥生产能力，因此应选取合适的切片厚度。

6. 应用

真空冷冻干燥加工技术可以在食品生产过程中干燥接近百分之百的食品原材料。该技术对于一些容易氧化、热敏感度较高食品加工效果良好。真空冷冻干燥技术在食品加工中的应用主要包括果蔬、肉制品、水产品和饮品的干制加工。

第四节　干制过程食品品质的变化

一、食品收缩性和复水性的变化

1. 收缩性

食品干制时，温度升高会使细胞失去活力，但它仍能不同程度地保持原有的弹性。当压力大到超过弹性极限时，即便外力消失，食品物料也很难恢复到原来的状态。干缩正是物料失去弹性时出现的一种变化，也是不论有无细胞结构的食品干制时最常见、最显著的变化之一。

弹性完好并呈饱满状态的物料全面均匀地失水时，物料将随着水分消失均衡地进行线性收缩，即物体大小（长度、面积和容积）均匀地按比例缩小。而实际上，物料的弹性并非均匀，干制时食品物料内的水分也难以均匀地排除，所以物料干燥时均匀干缩极为少见。此外，物料组成和结构不同，干制过程中的干缩程度也各有差别。

红枣在干制过程中的体积变化如图 4-17 所示，总体呈收缩与小幅度膨胀交替的规律进行，至干制结束。由图 4-18 可知，对于不同温度干制的红枣，随着红枣水分含量的降低，红枣体积收缩量总体呈上升趋势，但在某段水分含量范围内红枣体积没有变化或变化量很小，由此可见在干制过程中，水分含量的变化并不是导致红枣收缩唯一的因素。由图 4-19 可知，在干制初期，不同温度干制红枣的收缩体积比近乎等于失水体积比，但在干制中后期枣果内存在的空腔、气道、维管束组织和果核及表皮的支撑作用使得枣果失水体积远大于收缩体积，因此枣果在干制时大量失水后还能保持较好的果形。

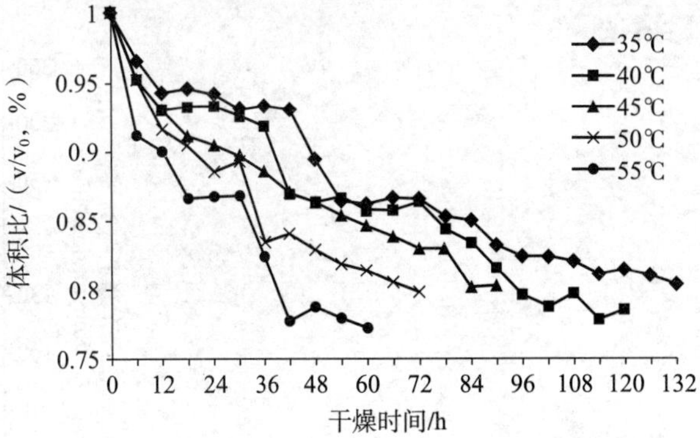

图 4-17　红枣体积变化与干燥时间的关系

2. 复水性

干制品一般都要经过复水后才能食用，如干蔬菜（笋干、干香菇、干蕨菜、方便面中的葱、胡萝卜等）。但干制品的复水并不是干燥历程的简单逆反应，若采用向干燥样品中添加水的方法绘制水分吸附等温线和按解析过程绘制的等温线并不相互重叠，许多食品的水分吸附等温线都表现出滞后现象，也就是说通常干制品都不可能吸回在干制过程中失去的全部水分。

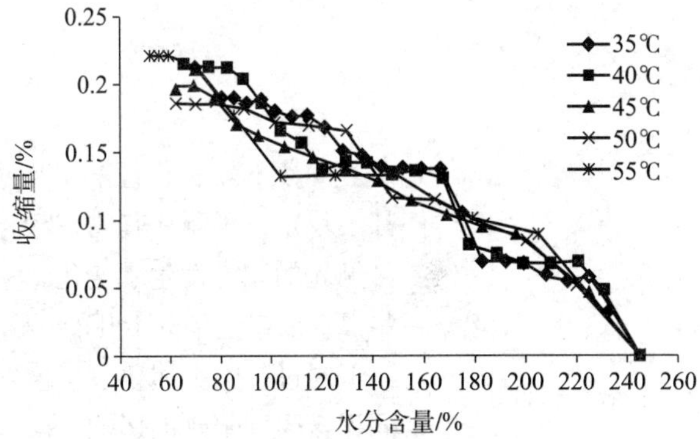

图 4-18　红枣收缩量与水分的关系

干制品的复水性是指新鲜食品干制后能重新吸回水分的程度，一般用干制品吸水增重的程度来表示，或用复水比、复重系数等来表示。

复水率（$R_{复}$）是物料复水后沥干质量（$m_{复}$）和干制品试样质量（$m_{干}$）的比值。

复水系数（$K_{复}$）是复水后制品的沥干质量（$m_{复}$）与该干制品在干制前相应原料质量（$m_{原}$）之比。

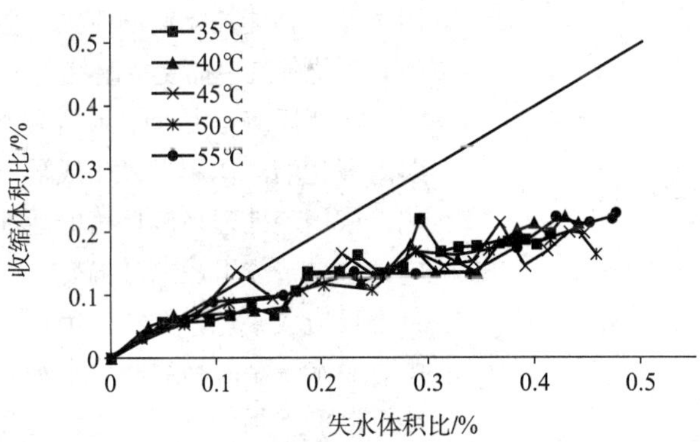

图 4-19　红枣收缩体积比与失水体积比的关系

干制品复水性下降有些是细胞和毛细管萎缩变形等物理变化的结果，但更多的还是胶体中物理变化和化学变化所造成的结果。这些变化有：食品失去水分后盐分增浓和热的影响促使蛋白质部分变性，食品失去了再吸水或与水分相互结合的能力，同时还会破坏细胞壁的渗透性；淀粉和树胶在热力的影响下同样会发生变化，以至于它们的亲水性有所下降；细胞受损失如干裂和起皱后，在复水时就会因糖分和盐分流失而失去保持原有饱满状态的能力。正是这一系列变化，降低了干制品的吸水能力，使其达不到原有的水平，同时也改变了食品的质地。

对于同一种食品，干制品的复水性部分受原料加工处理的影响，部分受干燥方法的影响。采用不同干燥温度的中短波红外干燥（MIRD）和热风干燥（HAD）对香菇进行干燥，由图 4-20 可知，相同干燥温度下，中短波红外干燥（MIRD）香菇的复水率明显高于热风干燥（HAD），因为 MIRD 香菇内部萎缩和变形程度较小，复水时较易恢复原状。MIRD 50℃的复水率最高，比 HAD 50℃增加 13%。

二、食品色泽和质地的变化

1. 色泽

食品的色泽与食品自身的性质及食品所在的环境有关。新鲜食品的色泽一般比较鲜艳，主要

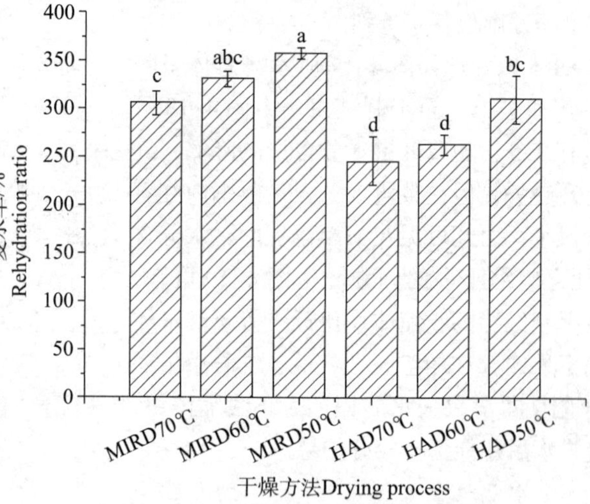

图 4–20　不同干燥方法对香菇复水率的影响

是由类胡萝卜素、花青素、叶绿素、血红素（肉类）等色素所提供，这些色素一般对光、热等条件都不稳定，干制后其物理和化学性质均发生了一定程度的变化，使食品反射、散射、吸收和传递可见光的能力发生了变化，从而使食品色泽发生变化。此外，食品色泽的变化与加工过程中的一些褐变反应也是分不开的，通常包括酶促褐变和非酶褐变两个途径。

干制过程中类胡萝卜素会发生变化。温度越高，处理时间越长，色素变化量也就越多。花青素同样会受到干制的影响。硫处理会促使花青素褪色，应加以重视。所有呈天然绿色的高等植物中存在叶绿素 a 和叶绿素 b 的混合物。叶绿素呈现绿色的能力和色素分子中镁的保存量成正比。湿热条件下叶绿素将失去一部分镁原子而转化成脱镁叶绿素，呈橄榄绿，不再呈草绿色。虽然利用微碱条件能控制镁的流失，但很少能改善食品品质。而血红素对热极不稳定，受热后很容易就失去鲜艳的红色而变成暗红色。

褐变反应是促使干制品变色的一个主要原因，其一是多酚类物质如鞣质、酪氨酸等在组织内多酚氧化酶的作用下氧化成褐色物质，这可在干制前用预煮和巴氏杀菌方法对果蔬中的酶进行钝化，或用硫处理来破坏酶的活性，从而减少褐变程度。其二是非酶褐变，包括焦糖化和美拉德反应，这是造成干燥食品褐变的主要原因。焦糖化反应中糖分首先分解成各种羰基中间物，而后再聚合反应成褐色聚合物。美拉德反应是氨基酸和还原糖之间的反应，常出现于水果脱水干制过程中。脱水干制时高温和残余水分中反应基团的浓度对美拉德反应有促进作用。水果熏硫处理不仅能抑制酶促褐变，而且还能延缓美拉德反应。糖分子中醛基和二氧化硫反应形成磺酸，能阻止褐色聚合物的形成。美拉德褐变反应在水分活度 0.6 ~ 0.8 范围内最迅速，水分活度下降到 0.6 以下时则它的速度逐渐减慢，当干制品水分活度低到 0.2 以下时，褐变反应可减慢到甚至于长期贮存时也难以觉察的程度，水分活度在 0.8 以上时褐变反应随水分增加而减缓。低温贮藏也能使褐变反应减慢。

枸杞干制过程中色泽由鲜红色变为暗红色，随着贮藏期的延长，干枸杞色泽会变得更深。通过测定多酚氧化酶活性、还原糖和氨基酸态氮的含量，结合色泽变化，确定宁夏枸杞在热风干制过程中，前期有酶促褐变发生，后期有美拉德反应存在。在脱苦杏仁干制过程中，半胱氨酸和蛋氨酸与杏仁颜色变化存在较好的相关性，初步判断美拉德反应为影响脱苦杏仁颜色变化的主要反应。

2. 质地

食品物料在干制过程中会发生表面硬化、多孔性形成、热塑性、溶质迁移等现象，造成干制食品的质地远不同于新鲜食品。

表面硬化实际上是食品物料表面收缩和封闭的一种特殊现象。如物料表面温度很高，就会因为内部水分未能及时转移至物料表面使表面迅速形成一层干燥薄膜或干硬膜。它的渗透性极低，以致将大部分残留水分保留在食品内，同时还使干燥速率急剧下降。

快速干燥时食品物料表面硬化及其内部蒸气压的迅速建立会促使物料成为多孔性制品。膨化马铃薯正是利用外逸的蒸汽促使它膨化。实际上多孔性海绵结构为最好的绝热体，会减慢热量的传递，为此并不一定能加速干燥速率。最后的效果却决定于干制体系和该种食品物料的多孔性对两者的影响何者大。不论怎样，多孔性食品能迅速复水或溶解，为其食用时主要的优越性。

不少食品为热塑性物料，即加热时会软化的物料如糖浆或果浆，因为它所含的物质在高温时会软化或熔化。例如糖浆在平锅或传输带上干燥时，水分虽然已全部蒸发掉，残留的固体物质却仍像保持水分那样呈热塑性为黏质状态，黏结在上面难以收集，然而如果冷却时则会硬化成晶体或无定形玻璃状而脆化，此时就便于取下。为此，大多数输送带式干燥设备内常设有冷却区。

食品物料中常含有糖、盐、有机酸、可溶性含氮物等，当水分在脱水过程中由物料内部向表面迁移时，可溶性物质也随之向表面迁移，随着水分汽化逸出，脱水的溶质将会堆积在物料表面结晶析出，如柿饼表面的白霜。

三、食品风味与气味的变化

1. 风味

在热干燥过程中，由于食品物料组成成分发生化学变化，使得一些风味非挥发性物质如可溶性糖、呈味核苷酸、游离氨基酸、呈味蛋白 / 肽等物质的组成或含量发生改变，造成脱水食品风味变化。如鲜香菇采用真空低温油炸和真空冷冻干燥工艺经脱水处理后制成香菇脆片，比较两种干燥工艺制得的香菇脆片中甘露醇、葡萄糖、海藻糖及各类呈味核苷酸等非挥发性成分含量，结果发现真空冷冻干燥制得的香菇脆片的可溶性糖含量较高，而真空低温油炸制得的香菇脆片呈味核苷酸含量较高，且油炸香菇脆片含有更丰富的 5′– 腺苷酸、5′– 鸟苷酸和 5′– 尿苷酸，经过油炸后的香菇产生了更多的呈香物质，其香气也更加浓郁。

2. 气味

食品物料干制过程中，风味挥发性物质比水更易挥发，因为如醇、醛、酮、酯等沸点更低。干制品的风味物质比新鲜制品要少，干制品在干燥过程中会产生一些特殊的蒸煮味，如牛乳干燥后会有少量硫味，笋干制后会有少量烤地瓜的焦香味。加热会带来一些异味、煮熟味、硫味、焦香味等。

食品失去挥发性风味成分是脱水干制时常见的一种现象，干制时至少会导致风味成分轻微的损耗。如果牛乳失去极微量的低级脂肪酸，特别是硫化甲基，虽然它的含量实际上仅亿分之一，但其制品却已失去鲜乳风味。

干制时即使低温干燥也会导致化学变化，而出现食品变味的问题。例如奶油内的脂肪有 δ– 内酯形成时就会产生像太妃糖那样的风味，而这种产物在乳粉中也经常见到。低热处理极易促使风味发生变化，因为乳、蛋一类高蛋白质食品会分解出硫化物，它的变化程度则随硫化物分解情况而各异。条斑紫菜的主体风味成分主要是醛类、醇类、酮类和烷烃类，但烤制后出现吡嗪类特征风味物质，吡嗪、甲基吡嗪、2,5– 二甲基 – 吡嗪、2– 乙基 –5– 甲基 – 吡嗪、3– 乙基 –2,5– 二甲基吡嗪和 2– 乙基 –6– 甲基 – 吡嗪等物质含量显著增加。

为了减少食品干制时挥发性风味成分的损失，通常有三种方法：一是芳香物质回收，在干燥设备中添加冷凝回收装置，回收或冷凝外逸的蒸汽，再加回到干制食品中，以便尽可能地保存它的原有风味。也有通过添加其他香精或风味制剂以补充干制品中风味的损耗，如浓缩果汁加工；二是采用低温干燥以减少挥发，如采用真空冷冻干燥技术；三是在干燥前预先添加包埋物质如树胶等，将风味物质包埋、固定，从而阻止风味物质外逸，微胶囊技术就是基于这一目的发展起来的。

四、食品营养成分的变化

1. 蛋白质

蛋白质对高温敏感，在高温下蛋白质易变性，对蛋白质的一些功能性质产生影响。在热以及水分脱除的作用下，维持蛋白质空间结构稳定的氢键、二硫键、疏水相互作用等遭到破坏，从而改变了蛋白质的空间结构而导致变性。含蛋白质较多的干制品在复水后，其外观、含水量及硬度等均不能回到新鲜时的状态，这主要是由于蛋白质的变性而导致的。蛋白质在干燥过程的变化程度主要取决于干燥温度、时间、水分活度、pH、脂肪含量以及干燥方法等。如热风干燥后的肉类、鱼类会变硬、复水性差，烹调后无香味又感觉坚韧，目前已经少用。真空干燥由于氧气分压低和温度较低，可减少氧化反应和美拉德反应的发生，对肉类品质影响较小。冷冻干燥可使食品保持原有形状、食品具有多孔性且具有较好的回复性，仍会使部分蛋白质的持水性下降，但对蛋白质的营养价值及消化吸收率无影响，特别适用于酶、益生菌等生物活性蛋白的加工。喷雾干燥由于液体食品以雾状进入快速移动的热空气，高温干燥时间极短，对蛋白质性质影响较小，是乳粉等蛋白质固体食品或一些蛋白质配料常用的脱水方法。

组成蛋白质的氨基酸与还原糖发生作用，发生美拉德反应而褐变。褐变的速度因温度和时间而异。一般情况下，干燥温度越高，蛋白质变性速度越快，而随着干燥温度的增加，氨基酸损失也增加。在高温下蛋白质会发生氨基酸的脱氨、脱硫、脱二氧化碳反应，使氨基酸被破坏，产生硫味，降低蛋白质的营养价值。高温长时间的干燥，使褐变明显加重。当物料的温度达到某一个临界值时，其变为棕褐色的速度就会很快。褐变的速度还与物料的水分含量有关。另外，干燥时间也是影响蛋白质变性的主要因素之一。在高温长时间处理，蛋白质分子中的肽键在无还原剂存在时发生转化，生成了蛋白酶无法水解的化学键，降低了蛋白质的生物利用率。

通常认为脂质对蛋白质的稳定有一定保护作用，但脂质氧化的产物将促进蛋白质的变性。而水分含量也与蛋白质干燥过程的变性有密切的关系。研究发现当水分含量在 20%～30% 及高温条件下，鲈鱼肌原纤维蛋白质将发生急剧变性。

2. 脂肪

高温脱水时脂肪氧化比低温时严重得多，应注意添加抗氧化剂。油脂氧化的初级产物是氢过氧化物，主要有自动氧化、光敏氧化和酶促氧化等三种形成途径。若能事先添加抗氧化剂，通过自由基清除剂、单线态氧淬灭剂、氢过氧化物转化剂、金属螯合剂等及时阻断氧化进程，就能有效地控制脂肪氧化。脂肪含量高的食品对脂肪氧化的预防是保证干制品品质的主要问题，如方便面的加工、鱼肉干制。一般情况下食品中脂肪含量越高且不饱和度越高，储藏温度越高，氧分压越高，与紫外线接触以及存在铜、铁等金属离子和血红素，将促进脂质氧化。

3. 碳水化合物

水果中含有丰富的碳水化合物，葡萄糖、果糖等糖类很不稳定，在高温长时间的条件下，易分解而导致损耗。在高温下碳水化合物含量高的食品容易焦化，还原糖在酸性条件下与氨基酸容易发生美拉德反应。缓慢晒干过程中初期的呼吸作用也会导致糖分分解。因此，碳水化合物的变化会引起果蔬变质和成分损耗。动物组织内碳水化合物含量低，除乳蛋制品外，碳水化合物的变化就不至于成为干制过程中的主要问题。

4. 维生素

食品干制过程中维生素容易损失，如何减少维生素的损失是富含维生素食品物料干制工艺的研究重点。部分水溶性维生素易被氧化而损失掉，预煮和酶钝化处理也使其含量下降。维生素损耗程度取决于干制前的物料预处理条件及选用的脱水干燥方法以及干制食品贮藏条件和情况。

抗坏血酸和胡萝卜素易因氧化而遭受损耗，其中以抗坏血酸被氧化破坏的速度最快。抗坏血酸在酸性环境（$pH < 4$）中稳定，遇空气中氧、热、光、碱性（$pH > 7.6$）物质，特别是有氧化酶及痕量铜、铁等金属离子存在时，可促进其氧化破坏。氧化与高温共同影响，常可能使抗坏血酸全部破坏，但在缺氧加热的条件下，抗坏血酸免遭破坏。果蔬晒干时维生素 C 损耗也很大，真空冷冻干燥能将维生素 C 和其他营养素大量保存下来，快速干燥也比缓慢干燥对维生素 C 破坏程度小，胡萝卜素在日晒时损耗极大，在脱水（特别是喷雾干燥）时则损耗极少。

维生素 B_1（硫胺素）对热敏感，易被氧化，还原性物质亚硫酸盐、二氧化硫等能使硫胺素失活，故熏硫处理时常会有所损耗，但在室温和低水分活度的条件下，硫胺素显示出极好的稳定性。维生素 B_1（核黄素）对光极其敏感，在中、酸性介质中加热稳定，在食品干制过程中损失不大。

乳制品中维生素含量取决于其在原料乳内的含量及其加工技术。采用滚筒或喷雾干燥时维生素 A 的保存量较好。虽然滚筒或喷雾干燥时会出现硫胺素、核黄素的损耗，但若和一般果蔬干制法相比，它的损耗量仍然比较低。抗坏血酸对热并不稳定又易氧化，故它在牛乳干制过程中会全部损耗掉。若采用真空干燥或冷冻干燥，制品内抗坏血酸保留量将和原乳大致相同。干制将导致维生素 D 大量损耗，而其他维生素如维生素 B_6（吡哆醇）和烟碱酸实质上损耗很少，故干制前牛乳中常需加维生素 D 进行强化。

通常肉类制品中维生素含量略低于鲜肉。加工中硫胺素会遭受损耗，高温干制时损耗量就比较大。核黄素和烟碱酸的损耗量则比较少。

第五节　食品干制的预处理与贮藏

一、干制的预处理方法及其对干制品干燥过程和品质的影响

为了提高食品干制效率和改善干制品品质，食品干制的预处理方法越来越受到人们的关注。适宜的预处理技术具有绿色、低成本、操作简易等特点，通过干燥前预处理与食品干制技术联合可有效提高干制食品品质。目前常用的预处理技术有化学预处理和物理预处理。

1. 化学预处理

（1）渗透脱水预处理

渗透脱水是指在一定温度条件下，将食品物料浸入到高浓度的糖或盐溶液中，利用细胞膜内外两侧的渗透压脱去物料中部分水分的一种脱水方法，这种方法常用于果蔬食品。渗透脱水存在两个相反的过程，即果蔬中水分的渗出和溶液中溶质的渗入，其传质推动力为溶液的渗透压，可在常温无相变的条件下自发进行，有效地减少了热处理对果蔬的色泽、质构、营养品质等的破坏，也缩短了后续干燥时间，是一种特殊的非热脱水方式，具有耗能低、设备简单和易于操作等特点，便于与其他干燥方式联合使用。但渗透脱水效率相对较低，如何提高该过程的脱水效率达到进一步缩短干燥时间也成为近年来果蔬非热加工领域的研究热点。

（2）乙醇预处理

乙醇在常温常压下是一种易挥发的无色透明液体，能与水以任意比互溶。由于存在氢键，乙醇具有较强的吸湿性，能很快吸收周围介质中的水分。因此，乙醇溶液常被用作脱水剂，作为一种无残留的化学试剂用于预先脱除果蔬中的部分水分，缩短后续干燥时间。此外，由于乙醇具有固定细胞的作用，乙醇预处理对于果蔬干制过程中出现的收缩现象也有改善。目前在苹果、菠萝、香蕉和茄子等果蔬中有应用。

（3）其他化学试剂预处理

采用亚硫酸盐或硫酸盐对果蔬原料进行预处理防止酶促褐变，其中亚硫酸盐也可与美拉德反应的羰基发生作用，阻止羰氨缩合的进行，减少干制过程中的非酶褐变。采用预处理试剂丙二醇

2%+ 丙三醇 3%+NaCl 1% 对罗非鱼片进行预处理，发现干燥罗非鱼片 Ca^{2+}-ATPase 活性和盐溶性蛋白溶解度有了明显提高，干制样品的组织结构得到明显的改善，预处理能有效防止鱼片干燥过程的蛋白质变性，明显减少肌肉组织的机械损伤，有效保护细胞的完整性和肌纤维排列的有序性，改善干鱼片品质。采用碳酸钠溶液预处理枸杞的干燥效率高于未处理组，达到干燥终点所需时间缩短 22%～28%，而且干燥后枸杞的总酚含量、总黄酮含量、抗氧化活性等品质与未处理组相近。

2. 物理预处理

（1）烫漂预处理

烫漂是果蔬干制和冷冻加工中重要的前处理工序之一，主要目的是破坏和抑制果蔬中过氧化物酶（POD）和多酚氧化酶（PPO）等的活性，阻止因酶促褐变造成的产品营养成分损耗和颜色、风味的变化。此外，烫漂预处理还会软化果蔬组织、增加细胞膜与细胞壁的通透性，提高后续干制加工效率，缩短干制时间。

传统的烫漂方法主要是热水烫漂法、蒸汽烫漂法等，在工业生产中广泛使用，具有效率高、成本低、适用性强、操作简便等优点，但也同时存在水溶性营养成分流失、产品质量恶化、水资源浪费和造成环境污染等缺点。随着高新技术在食品领域中的应用发展，烫漂方式还出现超高压法、微波法等，但由于设备投入高、操作复杂等因素，目前还很少用于工业化生产中。因此，寻找一种营养成分损失少、节约水资源、无环境污染的烫漂方法具有非常重要的意义。红外干法烫漂技术已成功应用于胡萝卜、苹果、土豆、芒果等果蔬干制中，可以钝化过氧化物酶活性，脱除部分水分，为后续干燥降低负荷，正成为新型烫漂技术的研究热点和重点。

（2）超声波预处理

超声波是频率为 $2 \times 10^4 \sim 2 \times 10^6$ Hz 的一种机械波，在液体介质中引发一系列的综合效应，包括声空化效应、海绵效应、微射流效应和声波扰动等。这一系列效应会使生物组织中细胞壁与细胞膜破裂、微孔道形成，减小组织内部水分流动阻碍，增加水分流通量。果蔬干制前进行超声波预处理，可增加果蔬组织中细胞间隙转移通路和胞间连丝转移通路的数量，增加水分流通量来提高果蔬干燥效率。目前成功应用于胡萝卜、苹果、梨、香蕉和菠萝等多种果蔬中，提高了干燥效率。但由于不同食品物料组织结构复杂多样，对超声波的响应也不尽相同，所以如何提高超声波预处理在食品干制中的广泛适用性有待进一步研究。

（3）冻融预处理

冻融处理是近年来兴起的一种新型预处理方式，包括冻结和解冻两个过程。当外界温度低于物料冰点时，物料组织内部的自由水开始冻结形成冰晶，随着冻结时间的延长冰晶体积逐渐膨胀，细胞膜与细胞壁结构被冰晶刺穿，细胞壁及细胞膜的结构和通透性发生改变。在解冻过程中，随着外界温度升高，冻结过程中形成的冰晶开始融化，融化形成的自由水通过破损的细胞膜与细胞壁结构逸出至胞外。在冻融预处理过程中，细胞壁及细胞膜结构的改变被认为可提高物料在干燥过程中水分的迁移扩散效率，缩短干燥时间。由图 4–21 可知，经冻融预处理 1 次或 2 次的大果山楂干制品组织比未经冻融预处理大果山楂干制品呈现出较松散的结构，有利于内部水分迁移至表层，增大有效扩散系数，水分更易脱去。但冻融 3 次的则呈不均匀的大孔洞结构，可能是由于在经过多次冻结和解冻后，物料部分组织结构受损严重，出现坍塌，部分结构出现粘连堆积，反而影响内部水分的迁移。

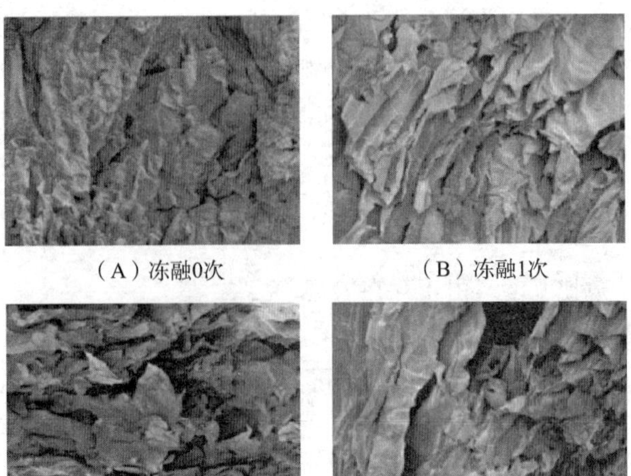

（A）冻融0次　（B）冻融1次

（C）冻融2次　（D）冻融3次

图 4–21　大果山楂干制品的电镜扫描

二、贮藏对干制品品质的影响

干制品的耐贮藏性主要取决于干燥后的水分活度，只有将食品物料的水分活度降低到一定程度，才能抑制微生物的生长发育、酶的活力、氧化反应、非酶褐变等，从而保持产品的优良品质。然而，干制并不能将微生物全部杀死，只能抑制它们的活动，若微生物遇到适宜（如温暖潮湿）的环境仍会生长繁殖，导致干制品腐败变质。为了控制水分活度处在微生物不能生长的界限，就需要在贮藏过程中，通过包装创造一个防止干制品水分活度改变的适宜环境。因此，合理的包装和良好的贮藏环境是保持干制品的品质特性、延长贮藏期的重要因素。

贮藏温度是一个要考虑的重要条件，对干制品品质的影响也较大，这是因为一切反应无论是氧化还是褐变都是随温度的升高而加快，随时间的延长而增加。如高温贮藏会加速高水分乳粉中蛋白质和乳糖之间的美拉德反应，导致产品的颜色、香味和溶解性发生不良的变化。高温和光照同时存在的情况下，会促进很多化学反应的发生，进而使干制品变色、失去香味。如光照条件下会导致乳粉脂肪的氧化、蔬菜中类胡萝卜素的褪色。另外，在贮藏和运输过程中要避免较大的温差，采用有效的保温隔温措施。如包装完好的乳粉出口到非洲地区发生结块，正是由于高温引起的水分活度增大所造成的。因此，对于一些吸湿性干制品，即使包装完好且装有干燥剂，也应在21℃左右温度下贮藏。茶叶经密封包装后，在低温下贮藏 1 年以上，仍然有很好的茶香和色泽。

贮藏干制品的库房要求清洁卫生、通风良好且不能密封，具有防鼠设施，切忌同时存放潮湿、有异味的其他物品。空气越干燥越好，相对湿度应控制在 65% 以下。干制品如用不透光包装材料包装时，光线不再成为影响品质的重要因素，可不贮藏在较暗的地方。总之，为了保持干制品的品质特性，干制品应尽量贮存在光线较暗、干燥和低温的环境。

开放讨论题

你认为未来食品干制技术如何实现创新发展？

思考题

1. 简述食品干制的概念及干制过程中湿热传递过程。
2. 简述干制过程中食品化学变化的影响因素。
3. 简述干燥的两个阶段。
4. 简述食品喷雾干燥的原理及其主要影响因素。
5. 简述食品冷冻干燥过程的三个阶段。
6. 为什么干制前通常要对食品物料进行预处理？预处理对干制品的品质有什么影响？
7. 食品干制前预处理的方法有哪些？各有什么优缺点？
8. 如何提高干制食品的耐贮藏性？适宜干制食品贮藏的条件有哪些？
9. 以一种果蔬食品为例，说明不同干燥方法对其营养成分和复水性的影响。
10. 查阅文献，论述一种食品物料干制前后的品质差别。

自测题

撰写人：李学鹏、林蛮、刘振东、林雅文

第五章

食品的腌制与烟熏

食品腌制的发现，延长了食品贮藏的时间，是早期保存食物的有效方法之一。我国腌制食品种类繁多，风味独特，在国内外享有很高的声誉。熏制食品因具有独特的烟熏色泽和风味，深受消费者喜爱，通常和腌制结合使用。经过长期的摸索与实践，腌制与烟熏加工技术逐渐升级。本章介绍食品的腌制原理、腌制剂的作用、食品烟熏的作用等知识。

知识目标

1. 掌握腌制和烟熏的基本原理、腌制剂的防腐作用，以及影响食品腌制的因素。
2. 熟悉腌制、烟熏对食品品质的影响及加工方法。
3. 了解腌制与烟熏食品的发展现状。

能力目标

1. 能根据食品的原料特性合理选择腌制、熏制的方法。
2. 能发现食品在腌制、熏制过程中出现的质量问题，并提出解决方案。
3. 能够查阅相关文献资料，追踪腌制与烟熏食品发展动态。

素养目标

1. 培养从现象出发，通过基本的理论原理，解决实际问题的能力。
2. 树立开发新型绿色腌制、熏制技术，对传统技术进行传承与创新的理念。
3. 培养食品安全意识和营养健康意识。

知识导图

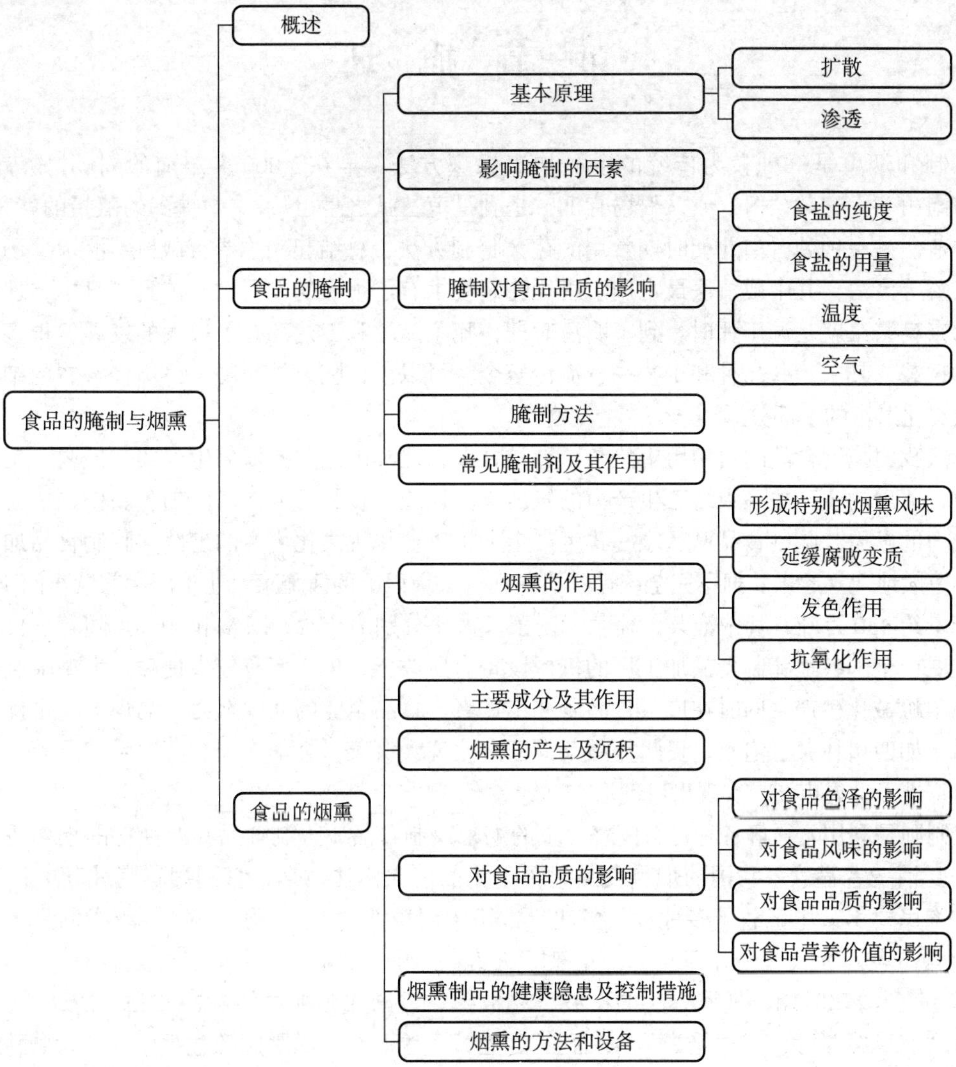

重点及难点

腌制及烟熏的基本原理及对食品品质的影响；腌制剂的作用；烟熏剂的主要成分及其作用

问题导读

1. 试分析食品腌制的原理。
2. 简述腌制剂分类及其作用。
3. 试分析烟熏的原理。
4. 试分析腌制及烟熏对食品品质的影响。

关 键 词

食品腌制　烟熏　腌制剂　烟熏剂　腌制方法

第一节 概 述

腌制和烟熏是一种较为传统的食品加工保藏方法。早在 3 000 多年前的周朝，《诗经·小雅·信南山》中记载“田有庐，疆场有瓜，是剥是菹，献之皇祖”，文中提到的菹指的就是酸菜、腌菜。菹法是一种魏晋南北朝时期常用的蔬菜腌制方法，总结起来主要有咸菹、淡菹、汤菹、酿菹、卒菹等诸法，其中咸菹法最常用。唐代腌制技术有了很大的发展，并传到了日本，现今日本著名的奈良酱菜就是源于那时。到了明清时期，腌菜品种和工艺都有了很大的发展，很多书籍都有详尽记载，其中一些品种和工艺一直流传至今。可以说，腌菜是我国人民历代智慧的结晶，也是宝贵文化财富的一部分。

虽然我国腌制食品的食用历史悠久，种类繁多，但其工艺主要依靠生产实践经验。至新中国成立前，落后的生产关系束缚着生产力的发展，也使腌制食品行业停滞不前。新中国成立后，随着生产力的发展，腌制食品已从家庭式生产走上了工业化规模化生产的道路，腌制食品加工厂如雨后春笋般地建立起来。据不完全统计，我国现有县级以上的酱腌菜专业工厂和兼营车间 1.6 万多家，产量约 450 万吨，其中泡菜、榨菜、酱菜，占比分别为 45%、22% 和 11%。随着现代科学技术的发展，全国各地腌制食品加工厂的机械设备有所改善，生产率有较大提高，大型腌制食品企业实现了机械化生产。同时在广大食品研究工作者、食品企业的共同努力下涌现了一批优质酱腌菜制品，如四川榨菜、泡菜，贵州盐酸菜，云南玫瑰大头菜，金华火腿、高邮咸鸭蛋等，现已走出国门，进入世界市场，实现出口创汇。

◎ **延伸阅读**
酱腌菜产品的消费市场

熏制则是利用木屑等各种材料闷烧产生的烟来熏制食品，熏制食品具有独特的烟熏色泽和风味，深受消费者喜欢。我国的烟熏食品起源于史前的火熟法时期，直到魏晋南北朝时期的贾思勰的《齐民要术》中记载了多种食品炙法，古籍中记载的“炮”“燔”“炙”，既指的是烧烤，同时也包含熏炙。元代《易牙遗意》中记载“火肉”，明代《宋氏养生部》中记载有“熏鸡”“熏牛肉”。直到清朝时期，烟熏方法的发展日趋成熟，逐渐成为独立的烹饪方法。清朝《养小录》记载有“熏豆腐”“熏笋”“熏蕈”“熏面筋”“熏鲫”等。在食品熏制的过程中，通常和腌制结合使用。

腌制和熏制在漫长的使用过程中，其工艺并没有多大的变化，这些加工得到的食品大多具有独特的风味并成为名特优的传统食品，如酸菜、火腿、咸蛋、腊肉等。其加工工艺操作简单，经济实用，因此仍然是当今食品加工的重要组成部分。但随着食品与健康研究的不断深入，以及不断受重视的食品安全问题，腌制和熏制食品存在的问题仍不容忽视：①腌制食品大多为高盐高糖制品，大部分腌腊肉含盐量 5% 以上，酱渍菜 10%~15%，盐渍菜 15%~20%，虾油渍菜 15%~22%，果脯蜜含糖量 60% 左右。在“健康中国”和“减油、减盐、减糖”的背景下，高盐高糖的酱腌菜显然不能满足人们对低盐、低糖类健康食品的需求。②虽然有些腌制食品加工厂采用了较先进的机械设备，但大多数使用手工工具，某些腌制操作还是繁重的体力劳动。③在腌制食品工业中，某些加工厂由于工作人员的理性认识浅薄，控制条件不当，即使具备良好的设备，也不能生产出优良品质的腌制食品。④对传统腌制食品的基础研究还远远不够，仍然没有完全摆脱知其然而不知其所以然的状态，应大力投资传统腌制食品的基础研究，从而提高腌制食品的营养保健技术含量及产品档次，增强市场竞争力。

未来，腌制和熏制食品将朝着轻盐轻糖化、天然化、方便化、健康化等方向发展。

第二节 食品的腌制

腌制食品是利用食盐、糖等腌制材料处理食品原料，使其渗入食品组织内部，提高其渗透压，降低水分活度，从而抑制有害微生物的活动，达到防止食品腐败，改善食品使用品质的加工方法。腌制所使用的腌制材料统称为腌制剂，经过腌制加工的食品统称为腌制品。根据腌制品的原料不同，腌制品可以分为腌肉制品、腌制蛋、蔬菜腌制品、果蔬糖制品等。根据腌制剂的不同，可以分为腌制、糖渍和酸渍。其中盐腌的过程称为腌制，加糖腌制称为糖渍，加调味酸浸渍称为酸渍。

一、腌制保藏的基本原理

食品腌制过程中，不论是盐、糖或其他酸味剂作为腌制剂，会使食品发生渗透和扩散作用，腌制剂扩散到食品组织内部，食品内部的水分渗出，从而降低了食品游离水的含量，相应地降低了水分活度，提高结合水及其渗透压。正是在这种高渗透压的影响下，微生物的正常生理活动被抑制，腌制品的贮藏期得以延长。因此，扩散和渗透成为食品腌制过程中重要的理论基础，这是一个动态平衡过程，其根本动力就是由于浓度差的存在，当浓度差逐渐降低直至消失时，扩散和渗透过程就达到平衡。

1. 扩散

食品的腌制过程实际上是腌制液向食品组织内部扩散的过程。扩散是分子或微粒在不规则热运动下固体、液体或气体（蒸汽）浓度均匀化的过程。在溶液浓度不均衡的情况下，会产生出一种推动力，使处于稳定运动状态的溶剂和溶质能够向低分子区移动，从而把溶液产生的这种推动力称为渗透压。溶液的扩散往往是由高浓度向低浓度的方向迁移，并持续到各处浓度平衡时才停止。

物质在扩散过程中，其扩散量和通过的面积及浓度梯度成正比，扩散方程式为：

$$\mathrm{d}Q = -DA\frac{\mathrm{d}c}{\mathrm{d}x}\mathrm{d}t \tag{5-1}$$

式中：Q——物质扩散量

D——扩散系数（随溶质及溶剂的种类而异）

A——扩散通过面积

$\frac{\mathrm{d}c}{\mathrm{d}x}$——浓度梯度（$c$ 为浓度，x 为间距）

t——扩散时间

式中等号右边的负号表示扩散方向与浓度梯度的反向相反。如果将上式两边同除以 $\mathrm{d}t$，即得扩散速度方程式：

$$\frac{\mathrm{d}Q}{\mathrm{d}t} = -DA\frac{\mathrm{d}c}{\mathrm{d}x}$$

扩散系数 D 可表示为：

$$D = -\frac{\mathrm{d}Q/\mathrm{d}x}{A\left(\frac{\mathrm{d}c}{\mathrm{d}x}\right)}$$

D 表示在单位浓度梯度时，扩散物质通过单位截面积的扩散速度。

爱因斯坦假设扩散物质的粒子为球形时，扩散系数 D 的表达式可写为：

$$D=\frac{RT}{6N\pi r\eta} \tag{5-2}$$

式中：D——扩散系数，在单位浓度梯度的影响下，单位时间内通过单位面积的溶质量，m^2/s

R——气体常数，8.314 J/（K · mol）

T——热力学温度，K

N——阿伏伽罗常数，6.023×10^{23}

r——溶质微粒（球形）直径，应比溶剂分子大，且只适用于球形分子，m

η——介质黏度，Pa · s

式中的 R、N、π 均为常数，令 $K=R/(6N\pi)$，则上式可简写为：

$$D=K\frac{T}{r\eta}$$

在食品腌制过程中，溶质扩散速率因扩散系数、扩散通过面积和糖或食盐溶液浓度梯度而异。扩散系数则取决于扩散物质的种类和温度。一般来说，温度越高，粒子的直径减小，介质黏度越低，则扩散系数就越大。

由此可见，食盐或不同糖类在腌制食品的过程中，其扩散速度是各不相同的。如不同糖类在溶液中的扩散速度由大到小：葡萄糖 > 蔗糖 > 饴糖中的糊精（5.21 ∶ 3.80 ∶ 1.00）。此外，腌制剂的扩散速度还与温度及浓度差有关。由于温度的增加，分子热运动加快，溶剂黏度降低，溶质分子容易从溶剂分子间通过的缘故，扩散速度随着温度的升高而增大。一般来说，温度每增加 1℃，各种物质在水溶液中的扩散系数平均增加 2.6%（2% ~ 3.5%）。由于物质扩散方向总是从高浓度向低浓度扩散，浓度差增大，扩散速度亦随之增加。

但当溶液浓度增加时，可能会造成黏度的增加，如糖液，扩散系数就会随着黏度的增加而降低。因而，如从增加浓度的角度来提高扩散速度，要考虑浓度差的增加对黏度的影响。

2. 渗透

渗透是指溶剂从浓度较低的溶液经过半透膜向高浓度溶液扩散的过程。半透膜对物质的透过性具有选择性，是只允许溶剂（或小分子）通过而不允许溶质（或大分子）通过的膜。细胞膜属于半透膜，它能通过的物质包括水、糖、氨基酸和各种离子等。不同的细胞在不同条件下，对不同物质的通透性是不同的，如水分子通过细胞膜比溶解于其中的离子和其他成分要迅速得多，这与这些物质通过细胞膜的输运机制不同有关。从热力学角度来解释，溶剂只从外逸趋势较大的区域（蒸汽压高）向外逸趋势较小的区域（蒸汽压低）转移，由于半透膜孔眼微小，所以于液体溶液而言，溶剂分子只能以蒸气状态（分子状态）迅速地从低浓度溶液经半透膜孔眼向高浓度溶液内转移。

溶剂的渗透作用是在渗透压的作用下进行的。溶液的渗透压，可由下面的公式进行计算：

$$p=\rho_1\mathrm{CRT}/100M_r \tag{5-3}$$

式中：p——渗透压，MPa

ρ_1——溶剂的密度，Kg/m^3 或 g/L

C——溶液浓度，100 g 或 1 kg 溶剂

R——气体常数，8.314 J/（K · mol）

M_r——溶质相对分子质量

此计算公式对于理解食品腌制过程中的渗透过程（盐腌、糖渍、酸渍等）极为重要。食品的腌制速度取决于渗透压，渗透压与温度和浓度成正比。在进行食品腌制时，可以提高腌制温度和腌制剂的浓度来增大原料细胞内外的渗透压差，从而达到加快渗透速度的目的。

◎ **延伸阅读**

不同食品种类腌制采用的温度

从温度来说，每增加 1℃，渗透压就会增加 0.30% ~ 0.35%。因此，在高温条件下进行食品腌制则会加快腌制速度。但在实际生产加工中，很多食品原料如在高温下腌制，则会在腌制过程中

出现组织软烂、腐败变质及变形凝固等问题。

提高腌制剂的浓度会加快腌制剂的渗透速度，但同时也加快了原料细胞内水分向外渗透。如果采用的腌制剂溶液浓度过高，则会导致细胞在腌制剂渗入之前出现皱缩以及质壁分离等现象。如蜜饯加工时一开始添加的腌制剂浓度过高，将会导致果蔬里组织细胞内水分过分流失而糖分无法充分渗入，最终出现干缩现象。

另外，渗透速度还与溶剂密度及溶质相对分子质量间有一定的关系。但腌制选用的溶剂范围有限，一般常以水作为溶剂。至于溶质相对分子质量则对腌制过程中有一定的影响，因为对建立一定渗透压来说，溶质相对分子质量越大，需要的溶质质量也就越大。但是若溶质能离解为离子，则能提高渗透压，用量显然减少。

◎ **延伸阅读**
溶液浓度与渗透压的关系

食品腌制过程实际上是扩散和渗透两者相结合的过程。食品外部溶液和组织细胞内部溶液之间借助溶质的扩散及溶液的渗透过程来达到平衡，当浓度差逐渐降低甚至消失时，扩散和渗透过程就会趋向平衡。

二、腌制剂的防腐作用

食品腌制时的重要目的之一就是通过腌制以防止食品腐败变质，延长其保质期。腌制过程中的防腐作用主要是通过不同腌制剂的防腐抑菌作用来实现。

1. 对微生物的影响

微生物细胞在等渗溶液中能保持原有的形态，并可以进行正常的生长繁殖。如果微生物处于低渗溶液中，则外界溶液的水分会穿过微生物的细胞壁通过细胞膜向细胞内渗透，致使微生物细胞呈膨胀状态，如果内压过大，就会使细胞膜胀裂，最后微生物无法正常生长繁殖。如果微生物处于高渗溶液中，细胞内的水分会透过细胞膜向外渗透，将会导致细胞因脱水而发生质壁分离，使得细胞变形，微生物的生长呈抑制状态，脱水严重时还会造成微生物停止生长或死亡，从而达到防腐的作用。因而不同微生物因细胞液渗透压不同，其所需满足的最适渗透压（即等渗溶液）也同样不同。由于微生物细胞膜通透性不同，对外界高渗溶液的适应能力也不一样。微生物等渗溶液的渗透压越高，其对盐溶液浓度的耐受就会越大，反之就越小。大多数微生物细胞内的渗透压为 30.7 ~ 61.5 kPa。

◎ **延伸阅读**
腌渍白菜液中原核微生物群落结构

（1）盐渍

食盐的主要成分为氯化钠，其在水溶液中离解为 Na^+ 和 Cl^-，可以形成较高的渗透压，1% 的食盐溶液可以产生 61.7 kPa 的渗透压。一般来说，盐含量在 1% 以下时，微生物的生理活动不会受到任何影响，使得有些腐败菌大量生长繁殖而致制品腐败。当盐含量为 1% ~ 3% 时，大多数微生物会受到暂时性抑制。当盐含量达到 6% ~ 8% 时，大肠杆菌、沙门氏菌和肉毒杆菌停止生长。当盐含量超过 10% 后，大多数杆菌便不再生长。对于球菌，在盐含量达到 15% 时就会被抑制，其中葡萄球菌则需要盐含量达到 20% 时才能受到抑制。酵母在 10% 的盐溶液中仍然能够正常生长，霉菌必须在盐含量达到 20% ~ 25% 时，基本可以防止其生长繁殖（表 5–1）。故而，腌制食品易受酵母和霉菌的污染而腐败变质。

表 5–1　不同微生物对食盐的耐受性

微生物种类	食盐浓度 %
大肠杆菌、沙门氏菌、肉毒杆菌	6 ~ 8
杆菌	10
乳酸菌	12 ~ 13
球菌	15
葡萄球菌	20
霉菌、酵母	20 ~ 25

对于耐酸菌而言，虽酸性盐溶液能够抑制蛋白质分解菌的活动，但有些耐酸菌对酸性的敏感性高于盐分，其在盐溶液中生长，将溶液中的酸分解掉，使溶液酸度降低，食品仍能因腐败菌和蛋白质分解菌的生长而腐败。有研究者发现，如需氧菌、兼性厌氧菌和专性厌氧菌在动物组织的高渗盐溶液中依然能够生长，且大部分于组织和盐水交界处肉眼可见。值得注意的是，若以血取代动物组织，耐盐菌在 15% ~ 20% 的盐含量中就不再生长。腌制食品时，微生物虽不能在高浓度的盐溶液中生长，但采取短时间的盐液处理

后，当微生物再次遇到适宜环境时仍能恢复正常的生理活动功能。

◎ 延伸阅读

糖渍对青梅中挥发性和特征香气物质的影响

（2）糖渍

糖的种类和浓度决定其加速或抑制微生物生长的作用，浓度升高则抑制作用就会加强。在腌制食品过程中，食糖借用扩散原理进入食品组织中，利用其亲水性性质和本身含有的羟基与水分子形成氢键，从而降低自由水的含量，致水分活性随之降低，最后微生物因无法获取足够的自由水而停止生长繁殖。同时，由于糖汁产生很高的渗透压，致使微生物严重脱水，以此来抑制微生物生长繁殖，从而达到防腐的效果。此外，糖溶液中的氧浓度下降而糖浓度升高时，起到隔绝氧的作用，其中不仅防止维生素 C 的氧化作用，还能显著地抑制需氧性微生物的生理活动。

对于糖的种类而言，在同样的浓度下葡萄糖和果糖溶液的抑菌效果与乳糖和蔗糖相比效果较好。这是由于葡萄糖和果糖属于单糖，相对分子质量为 180；而乳糖和蔗糖是双糖，相对分子质量为 342，因此在相同浓度条件下，葡萄糖和果糖的质量摩尔浓度要比乳糖和蔗糖的高，故而其渗透压也高，对微生物也起到较强的抑制能力。例如，抑制食品中葡萄球菌需要的葡萄糖浓度为 40%～50%，而蔗糖为 60%～70%。一般来说，浓度为 1%～10% 的糖溶液实质上会促进某些菌的生长；浓度达到 50% 时才会阻止大多数细菌的生长，而要抑制酵母和霉菌的生长，则要求其浓度达到 65%～75%。总的来说想要达到保藏食品所需的防腐效果，糖液的浓度至少要达到 50%，最适宜的浓度为 70%～75%。

高浓度的糖液虽能抑制微生物的生长，但实际上尚存不少耐糖的微生物，其中酵母就是对高浓度糖溶液耐受力最强的微生物，因此蜂蜜常常由于耐糖酵母的存在而发生变质。综上，霉菌和酵母耐糖的浓度要比细菌高的多，所以在进行糖渍食品时防止霉菌和酵母成为一个主要问题。

2. 降低水分活度的作用

水分活度（A_w）表示食品中的水分可以被微生物利用的程度。一般情况下，$A_w < 0.9$ 时，细菌无法生长；$A_w < 0.87$ 时，大多数酵母受到抑制；$A_w < 0.80$ 时，大多数霉菌不能生长。

水分活度与不同微生物生长的关系见表 5–2、表 5–3。

表 5–2　食品中主要微生物种类生长的最低 A_w 值范围

微生物种类	最低 A_w 值范围	微生物种类	最低 A_w 值范围
大多数细菌	0.99～0.91	嗜盐性细菌	0.80～0.75
大多数酵母菌	0.91～0.87	耐高渗酵母	0.65～0.60
大多数霉菌	0.87～0.80	干性霉菌	0.75～0.65

表 5–3　食品中 A_w 值与微生物生长

A_w 值范围	在此范围内的最低水分活度一般能抑制的微生物	在此水分活度范围内的食品
1.00～0.95	假单胞菌、大肠杆菌、变形杆菌、志贺氏菌属、克雷伯氏菌属、芽孢杆菌、产气荚膜梭状芽孢杆菌、某些酵母菌	极易腐败变质食品、罐头水果、蔬菜、肉、鱼、牛乳，含有约 40%（质量分数）蔗糖或 7% 氯化钠的食品
0.95～0.91	沙门氏杆菌、如溶血红蛋白弧菌、肉毒梭状芽孢杆菌、沙雷氏杆菌、乳酸杆菌属、某些霉菌、酵母（红酵母、毕赤氏酵母）	一些干酪、腌制肉、某些浓缩果汁、含有 55%（质量分数）蔗糖或 12% 氯化钠的食品
0.91～0.87	多数酵母菌（假丝酵母、汉逊酵母）、小球菌	发酵香肠、松蛋糕、干酪、人造奶油、含 65%（质量分数）蔗糖或 15% 氯化钠的食品
0.87～0.80	大多数霉菌（青霉菌）、金黄色葡萄球菌、大多数酵母菌属（拜耳酵母、德巴利氏酵母菌）	大多数浓缩果汁、甜炼乳、巧克力糖浆、水果糖浆、面粉、米、水果蛋糕等

续表

A_w 值范围	在此范围内的最低水分活度一般能抑制的微生物	在此水分活度范围内的食品
0.80 ~ 0.75	大多数嗜盐细菌、产真菌毒素曲霉	果酱、糖渍水果、酥糖
0.75 ~ 0.65	嗜旱霉菌、白曲霉、二孢酵母	约含 10% 水分的燕麦片、颗粒牛轧糖、砂性软糖、果冻、果干、坚果
0.65 ~ 0.60	耐渗透压酵母（鲁酵母）、少数霉菌（二孢红曲霉）	含 15% ~ 20% 水分的果干、某些太妃糖、焦糖、蜂蜜
<0.5	微生物不增殖	

食盐溶于水后，Na^+ 和 Cl^- 与极性水分子在静电引力的作用下，在每个 Na^+ 和 Cl^- 周围聚集一群水分子，形成水化离子，然后这些被离子吸引的水就变成结合水，导致溶液中的自由水减少，水分活度下降。溶液的水分活度随食盐浓度的增大而下降，当处于饱和状态（食盐溶液浓度为 26.5%，即在 20℃时，100 g 水仅能溶解 36 g 盐）时由于水分全部被 Na^+ 和 Cl^- 所结合，没有自由水，微生物因没有可利用的水分而导致无法生长。

以食糖腌制时，蔗糖在水中的溶解度很大，饱和溶液的浓度可达 67.5%。蔗糖分子中含有许多羟基和氧桥，可以和水分子形成氢键，从而降低了自由水的量，使水分活度降低。例如 67.5% 的饱和蔗糖溶液，水分活度可降到 0.85 以下，这样在糖渍食品中，可使入侵的微生物因得不到足够的自由水分，导致其正常生理活动受到抑制。因此，降低环境的水分活度是腌制能够防腐的又一个重要原因。

3. **抗氧化作用**

氧气在糖溶液和食盐溶液中的溶解度小于在水中的溶解度，如在 20℃时，60% 的蔗糖溶液氧气的溶解度仅为纯水的 1/6。因此，食糖具有一定的抗氧化作用，这对于糖制品的色泽、风味和维生素等营养的保持和阻止需氧菌的生长起着非常重要的作用。

食品腌制时，以食盐作为腌制剂，其该溶液中氧的含量很低，同时通过渗透作用可排除组织中的氧气，从而减少氧化作用，抑制好氧微生物活动，降低微生物的破坏作用。糖或盐溶液的浓度越大，氧气的溶解度就越小。

三、影响腌制的因素

在进行食品腌制过程中，扩散和渗透速度是腌制过程的关键，若两者的控制受到影响，则难以获得优质腌制食品。影响腌制的因素有以下几个方面。

1. **食盐的纯度**

食盐的主要成分为 NaCl，不过还含有一些杂质如 $CaCl_2$、$MgCl_2$、$FeCl_3$ 等，这些杂质在腌制过程中可影响食盐的溶解度，进而影响食盐向食品组织内部的渗透速度。因此，为保证食盐迅速渗入食品内，应尽可能选用纯度较高的食盐，以便尽早阻止食品发生腐败变质。此外，杂质如硫酸镁和硫酸钠含量过高还会使腌制品具有苦味。

2. **食盐用量或盐浓度**

采用各种盐浓度腌制鲱鱼，并测定食盐向鱼体内渗量，可得盐浓度或盐用量越高，则食品中食盐内渗量越大（图 5-1），因此扩散渗透速度随盐浓度或盐含量而异。干腌时用盐量越多或湿腌

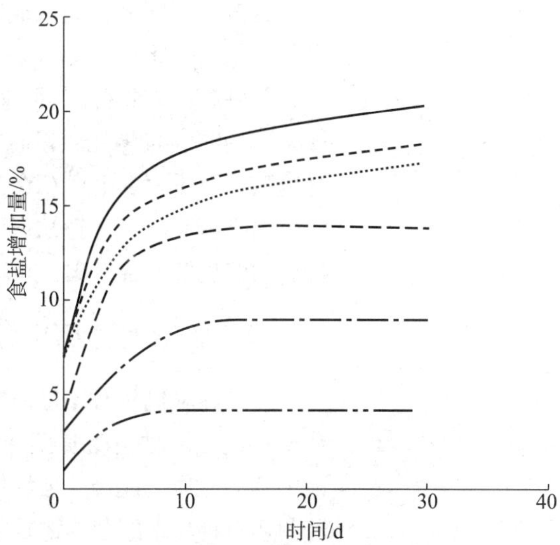

图 5-1　鲱鱼腌制盐浓度对食盐的内渗量的影响

时盐水浓度越大，则渗透速度越快，食品中食盐的内渗透量越大。腌制时食盐用量需根据腌制目的、环境条件如气温、腌制对象、腌制品种和消费者口味而有所不同。为了达到完全防腐的目的，要求食品内盐含量至少在 17%，而所用盐浓度至少要达到 25%。

3. **温度**

由扩散渗透理论可知，温度越高，扩散渗透速度越迅速。鲱鱼腌制温度对食盐内渗量的影响见图 5–2。不过选用适宜腌制温度必须谨慎小心，因为温度越高，微生物生长活动也可能越迅速，特别对于易腐食品，可能会出现还没有完成腌制就可能会发生腐败变质的情况。就肉类来说，为了防止在食盐深入肉内部以前就出现腐败变质的现象，它们的腌制应在低温 10℃以下进行。为此，历来我国肉类腌制都在立冬后和立春前的冬季里进行。当然，为了利用高温加速腌制，也可以将肉、鱼在盐水锅中煮沸，煮沸可使酶失活，杀死微生物和加快腌制；如果将盐水熬干，然后再在肉或鱼上撒上一层盐并用纸密封好，那么即使在热带环境中也可以使保藏期能达到 3 个月。动脉或肌内注射腌液采用高温腌制法极为适宜，腌液可在注射前或刚开始注射时加热，而后放置在高温腌液中。

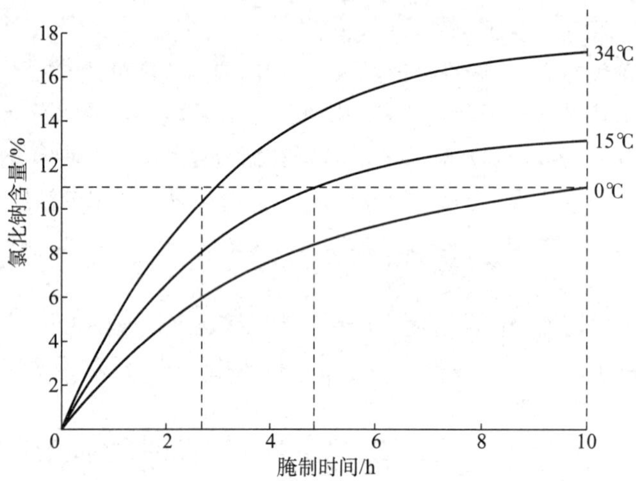

图 5–2　鲱鱼腌制温度对食盐内渗量的影响

4. **空气**

缺氧是腌制蔬菜中必须重视的一个问题。果蔬腌制时，在缺氧条件下乳酸菌进行乳酸发酵，该过程减少了因氧化而造成的维生素 C 的损耗。为此采用蜜制或减压煮制可以减轻氧化导致的产品品质下降。此外，发酵时产生的 CO_2 也能将菜内空气或氧排除掉，形成缺氧环境。

在用清洁原料和迅速旺盛发酵所制成的腌酸菜（包心菜）中能保存的维生素 C 达 90% ~ 100%。发酵比较慢时能保存的维生素 C 仅为 50% ~ 80%。若没有将蔬菜浸没，露出部分极易腐败，而所含维生素 C 在 24 h 内可以完全流失殆尽。

肉类腌制时，保持缺氧环境将有利于避免褪色。当肉类无还原物质存在时，暴露于空气中的肉表面的色素就会氧化，并出现褪色现象。

四、腌制对食品品质的影响

食品在腌制过程中随着腌制剂的吸附、扩散和渗透，食品组织内会发生一系列的化学和生物化学反应，同时还伴随着复杂的微生物发酵过程。正是这一系列的变化不仅助于改善和提高腌制品的食品品质，还产生独特的色泽和风味。色泽和风味构成了食品品质最重要的组成成分。此外，腌制还对食品中的营养物质造成一定的影响。

1. **腌制对食品营养价值的影响**

食品在腌制加工过程中，蛋白质、可溶性糖、维生素、脂肪、无机盐等营养物质发生变化，使得腌制食品的品质受其影响。在腌制中，蛋白质受到微生物和酶的作用被分解为胺类物质，随着腌制时间的延长，蛋白质含量逐渐下降，而盐浓度的增加会使得原料细胞渗透压增高抑制微生物利用食品中的蛋白质进行代谢，能够较好地减少腌制食品中蛋白质的损失。同时腌制食品由于利用微生物发酵产酸则导致糖含量逐渐降低。矿物质和维生素在腌制品的加工中，受到工艺条件的影响，容易造成损失。腌制果蔬加工过程中，果蔬本身含有膳食纤维和一定量的钙、镁、钾等矿物质以及其中的天然抗氧化成分受盐浓度的影响造成较大的损失，使得与新鲜果蔬相比其中的营养成分大部分受到破坏。有研究表明，肉制品的腌制在加工过程中蛋白质与亚硝酸盐会发生化学反应，使可利用的赖氨酸、色氨酸和半胱氨酸等的含量下降。因此，腌制食品中的大部分营养物质会因加工条件的影响而受到损失。

◎ **延伸阅读**
狭鳕鱼片盐渍过程中品质及风味物质的变化

2. **腌制对食品色泽的影响**

色泽是评价食品品质的重要指标之一。虽然食品的色泽本身不影响食品的营养价值和风味，但色泽的好坏直接影响消费者对食品的选择。因此，在腌制食品加工过程中，色泽主要通过褐变作用、吸附作用及添加的发色剂作用而产生。

（1）褐变作用产生的色泽。食品褐变作用按其发生机制分为酶促褐变和非酶促褐变两种类型。果蔬中因含有多酚类物质以及过氧化物酶等，在加工中有氧气存在的情况下多酚类物质会在氧化酶的作用下形成醌，醌再进一步聚合星辰褐色物质，聚合程度越高颜色越深，最后变成褐黑色物质，这一反应即为酶促褐变。酶促褐变在蔬菜腌制中较为普遍，产生的色泽是某些腌制品良好品质的表现。其褐变机制为蛋白质的分解产生酪氨酸在微生物或原料组织中所含的酪氨酸酶的作用下，会在有氧气供给时发生酶促褐变，逐渐变成黄褐色或黑褐色的黑色素，使腌制品呈现较深的色泽。

腌制食品中的非酶促褐变又称为美拉德反应，由原料中的蛋白质分解产生的氨基酸与还原糖反应生成褐色至黑色的物质。褐变的程度与温度及反应时间的长短有关，温度越高、时间越长，则色泽越深。

但对于果蔬糖制品来说，褐变作用往往会降低产品的质量，所以一般在腌制这类产品时，就要采取措施来抑制褐变的产生，保证产品的质量。在实际工作中，通过钝化酶和隔氧等措施可以抑制酶促褐变，通过降低反应物的浓度和 pH、避光及降低温度等措施可以抑制非酶褐变的进行。

（2）吸附作用产生的色泽。在食品腌制过程中所使用的腌制剂，红糖、酱油、食醋等有色调味料均含有一定的色素物质，辣椒、花椒、桂皮、小茴香等香辛料也分别具有不同的色泽。食品原料经腌制后，这些腌制剂中的色素会被吸附在腌制品的表面，并向原料组织内扩散，结果使产品具有了相应的色泽。通过吸附形成的色泽也是某些腌制品色泽的重要组成成分。

（3）发色剂作用产生的色泽。肉类制品在腌制过程中形成的腌肉颜色主要是加入的发色剂与肉中的色素物质作用的结果。肉的颜色是由肌红蛋白（Mb）和血红蛋白（Hb）的氧化，形成高铁肌红蛋白（MetMb）和高铁血红蛋白（MetHb），使肌肉失去原有的色泽，变成带紫色调的浅灰色。肌红蛋白为肉自身的色素蛋白，肉色的深浅与其含量多少有关。血红蛋白存在于血液中对肉颜色的影响要视放血的好坏而定。放血良好的肌肉中肌红蛋白色素占 80%～90%，比血红蛋白丰富得多。肉经硝酸盐腌制后，硝酸盐在酸性条件和硝酸盐还原菌的作用下形成亚硝酸盐，亚硝酸不稳定，腌制过程中在还原性物质作用下形成 NO，NO 与肌红蛋白结合形成一氧化氮肌红蛋白，在加热、烟熏的作用下形成稳定的一氧化氮血色原（图 5-3）。

3. **腌制对食品风味的影响**

腌制品的风味是评定腌制品质量的重要指标。每种腌制品都有自己独特的风味，都是多种风

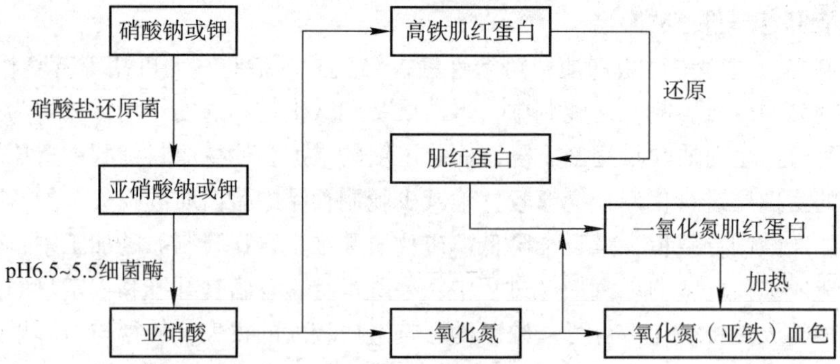

图 5–3　腌制剂对肉颜色变化的影响

◎ **延伸阅读**
料酒腌制对油炸罗非鱼风味的变化分析

味物质综合作用的结果。这些风味物质有些是食品原料本身具有的，有些是食品原料在经加工过程中通过物理、化学和生物化学及微生物的发酵作用而形成的，还有一些是腌制剂本身所具有的。腌制品中风味物质的含量虽少，但其组成和结构十分复杂。

（1）原料成分以及加工过程形成的风味

腌制品产生的风味有些直接来源于原料本身含有的风味物质，原料在加工过程中所含的化学物质经过一系列化学反应也可以产生一定的风味物质。食品在腌制过程中，其中的蛋白质在水解酶的作用下，会分解为一些带甜味、苦味、酸味和鲜味的氨基酸。腌肉制品的特殊风味是由蛋白质的水解产物组氨酸、谷氨酸、丙氨酸等氨基酸及亚硝基肌红蛋白等形成的。蔬菜腌制过程中蛋白质分解产生的氨基酸可以与醇发生酯化反应生成具有芳香的酯类物质，与戊糖的还原产物作用生成含有氨基的烯醛类芳香物质，与还原糖发生美拉德反应生成具有香气的褐色物质。

在食品腌制过程中，经常添加一些调味科，这些调味料均含有独特的风味成分。大蒜中含有蒜氨酸，当大蒜的组织细胞被破坏后，其中的蒜酶将蒜氨酸分解，产生具有刺激性气味的蒜素，蒜素进一步被还原为具有特殊辛辣味的二烯丙基二硫化物。此外，生姜、许多十字花科的蔬菜中也含有辛辣成分。

脂肪在腌制中的变化对于腌制品的风味也有很大的影响。脂肪在弱碱性条件下会缓慢分解为甘油和脂肪酸，少量的甘油可使腌制品带有甜味，并使产品润泽。脂肪酸与碱类化合物发生的皂化反应可减弱肉制品的油腻感。因此适量的脂肪有利于增强腌肉制品的风味。

（2）发酵作用产生的风味

在发酵型蔬菜腌制过程中，以乳酸发酵为主，并伴随轻度的酒精发酵和微弱的醋酸发酵，有些风味物质便随着这些发酵而产生。在乳酸发酵中，产生乳酸，可以使腌制品具有爽口的酸味。酒精发酵在酵母菌的作用下进行，其产物主要是酒精，除此之外还有异丁醇和戊醇等高级醇，对腌制品后期芳香物质的形成起着非常重要的作用。醋酸发酵只有在氧气条件下进行，且主要发生在腌制品表面。正常情况下，醋酸积累量在 0.2% ~ 0.4%，这可以增进腌制品的风味。

由于腌制品的风味与微生物的发酵有着密切的关系，为保证腌制品具有独特的风味，需要控制好腌制的条件，使之有利于微生物的正常发酵。

（3）吸附作用产生的风味

在腌制过程中，通常要加入各种调味料和香辛料等腌制剂，腌制品通过吸附作用可使其获得一定的风味物质。不同的腌制品添加的调味料和香辛料不一样，因此它们表现出的风味也大不一样。腌制品通过吸附作用产生的风味，与腌制剂本身的质量以及吸附的量有直接关系。非发酵型的调味料风味单一，有些发酵型的调味料风味十分复杂，如酱油中的芳香成分包括醇类、酸类、酚类、酯类等多种风味物质。在实际中可通过采取一定的措施来保证产品质量，如加大腌制剂的浓度、增加扩散面积、保证产品的腌制时间、控制腌制温度等。

五、腌制方法

1. 盐腌

◎ **延伸阅读**

新型腌制技术

食品盐腌随着食品种类、地区及消费者的要求各有差异，按照用盐方式的不同，可分为干腌、湿腌、混合腌制及肌肉或动脉注射腌制等，其中干腌和湿腌是基本的腌制方法，肌肉或动脉注射腌制仅适用于肉类腌制。不论采用何种方法，腌制时都要求腌制剂渗入到食品内部深处并均匀地分布于其中，这时腌制过程才基本完成，因而腌制时间主要取决于腌制剂在食品内均匀分布所需要的时间。

腌制剂通常用食盐。腌肉时除用食盐外，还用到食糖、硝酸钠、亚硝酸钠及磷酸盐、抗坏血酸盐或异抗坏血酸等混合制成的混合盐，以改善肉类色泽、持水性、风味等。其中硝酸盐、亚硝酸盐除了可改善色泽及风味外，还具有抑制微生物尤其肉毒杆菌的作用，不过研究表明亚硝酸盐具有致癌风险，因此要严格控制用量。

（1）干腌法

腌法是利用干盐（结晶盐）或混合盐，先在食品表面擦透，使之有汁液外渗脱水现象（腌鱼时则不一定先擦透），然后层堆在腌制架上或层装在腌制容器内，各层间均匀地撒上食盐，依次压实，在外加压力或不加压的条件下，依靠外渗汁液形成盐液进行腌制的方法。由于开始腌制时仅加食盐不加盐水，故称干腌法。在食盐的渗透压和吸湿性作用下，使食品组织渗出水分并溶解食盐，形成食盐溶液，称为卤水。腌制剂在卤水内通过扩散作用向食品组织内部渗透，均匀地分布于食品内。但由于盐水形成缓慢，开始时，盐分向食品内部渗透较慢，延长了腌制时间。因此这是一种缓慢的腌制过程，但腌制品的风味较好。常用于火腿、咸肉、咸鱼以及多种蔬菜腌制品的腌制。在国外，干腌法虽不是主要的腌制方法，但仍应用于某些特种腌制品，如乡村腌腿、干腌烟熏肋肉，并作为优质产品流通于市场。

干腌法一般腌制常在水泥地、缸或坛内进行。食品外渗汁液和食盐形成卤水聚积于容器的底部，为此腌肉时有时加用假底，以免出现上下层腌制不均匀现象。因而，在腌制过程中常需定期地将上下层食品依次翻倒，又称翻缸。翻倒的方式因腌制品种类别不同而异。例如，腌肉采取上下层依次翻倒；腌菜则采用机械抓斗倒地，工作效率高，节省大量劳动力和费用。翻缸时同时要加盐复腌 2 ~ 4 次，视产品种类而定。采用容器腌制时需面积较大的腌制室，地面和空间利用率也较低，装容器腌制时常需加压，以便保证食品浸没在卤水中。

干腌也常用于腌制架上进行，我国特产火腿就是在腌制架上腌制，腌制过程中常须翻腿。腌制架一般可用硬木制造，但不能渗水，采用腌制架的主要优点是清洁卫生。

干腌法的用盐量根据食品原料和季节来决定的，一般腌肉的食盐用量，1 kg 原料用盐 0.17 ~ 0.20 kg；冬季用盐量可以少一些，为 0.14 ~ 0.15 kg；夏季尚需添加发色剂硝酸钠（以亚硝酸钠计其含量 < 20 mg/kg）。生产西式火腿、腌制品及午餐肉时，常采用混合盐，并要求在冷藏条件下进行，以防止微生物的污染。

干腌蔬菜时，一般用盐量为菜重的 7% ~ 10%，夏季增加至 14% ~ 15%。腌制酸菜时，由于需要乳酸发酵产酸，其食盐用量可低至 2.0% ~ 3.5%。为利于乳酸菌繁殖，需将蔬菜原料以干盐揉搓，然后装坛、捣实和封坛，防止好氧性微生物繁殖造成的产品劣变。

干腌法的优点是设备简单、操作简便、腌制品含水量低、利于储藏，同时食品营养成分流失较少。其缺点为食品内部盐分不均匀、产品失水量大和减重多、色泽较差（可加硝酸钠改善），而且由于盐卤不能完全浸没原料，使得肉、禽、鱼暴露在空气中的部分容易引起油烧现象，蔬菜则会出现发酵等现象。

（2）湿腌法

湿腌法又称为盐水腌制法，是将食品原料浸没在盛有一定浓度食盐溶液的容器设备中，利用溶液的扩散渗透作用使腌制剂均匀地深入原料组织内部，直至原料组织内外溶液浓度达到动态平衡的一种腌制方法。湿法腌制的时间主要取决于盐液浓度和腌制温度。分割肉、鱼类和蔬菜均可采用湿腌法进行腌制。此外，果品中的橄榄、李子、梅子等加工凉果所采用的坯料也是采用湿腌法来保藏的。

湿腌法的腌制操作因食品原料而异。肉类多采用混合盐液腌制，盐含量与砂糖量的比值对腌制品的风味影响较大。用湿腌法腌制一般在2～3℃进行，将处理好的肉块堆积在腌制池中，注入为肉质量约1/2的盐溶液，盐液温度2～3℃，在最上层放置格形木框，再压重石，避免腌肉上浮。鱼类湿腌时，常采用饱和食盐溶液，由于鱼体内水的渗出会使盐水浓度降低，因此需要经常搅拌并补充食盐以加快盐液渗入鱼肉的速度。因此，可采用高浓度盐液缩短腌制过程。果蔬湿腌时，盐液浓度一般为5%～15%，有时可低至2%～3%。特别注意的是，如非发酵型蔬菜腌制品可采用浮腌法，即将蔬菜和盐水按一定比例放入腌制容器中，定时搅拌，随着日晒水分蒸发，菜卤浓度增高，最终腌制品呈深褐色产品，而且菜卤越老品质越佳；发酵型蔬菜腌制品可利用低浓度混合盐水浸泡，在厌氧条件下使其进行乳酸发酵，腌制品咸酸可口，味道醇香。

湿腌法的优点是食品原料完全浸没在浓度一致的盐溶液中，既能保证原料组织中的盐水分布均匀，又能避免原料接触空气而出现油烧现象。其缺点是腌制品的色泽风味不及干腌制品；腌制时间较长；劳动量比干腌法大；腌肉时肉质柔软，但蛋白质流失较大（0.80%～0.90%）；因含水量多不易保藏。

（3）动脉或肌内注射腌制法

注射腌制法，也可以称之注射法，是在湿腌法的基础上进一步改善的一种措施，为加快腌制时的扩散过程，缩短腌制时间，最先出现动脉注射腌制法，后又发展肌内注射腌制法。同时也由原来的单针头注射发展为多针头注射。注射法目前在生产西式火腿、腌制分割肉时使用最广。

① 动脉注射腌制法。动脉注射法是用泵及注射针头将盐水或腌制液经动脉系统送入分割肉或腿肉的腌制方法。由于一般分割胴体时并没有考虑原来动脉系统的完整性，所以此法仅用于腌制前、后腿。该法在腌制肉时先将注射用的单一针头插入前、后腿的股动脉切口内，然后将盐水或腌制液用注射泵压入腿内各部位上。其优点是腌制速度快且产品得率高；缺点为只能用于腌制前、后腿，胴体分割时要注意保证动脉的完整性，并且腌制品易腐败变质，需冷藏。

② 肌内注射腌制法。肌内注射法可采用单针头和多针头两种方法，目前多针头注射使用较广，主要用于生产西式火腿和腌制分割肉。肌内注射法与动脉注射法基本相似，唯一的区别在于，肌内注射法不需经动脉而直接将腌制液或盐水通过注射针头注入肌肉中。肌内注射法因注射时腌制液会过多聚积在注射部位，短时间内难以扩散渗透到其他部位，因而通常在注射后进行按摩或滚揉方式进行操作，即利用机械作用促进盐溶液蛋白的释放及腌制液的渗透，增加黏着力和持水性，改善产品的切片性，从而提高出品率。目前，在西式火腿的生产加工中，盐水注射、嫩化和滚揉都是广泛使用的腌制方式。

（4）混合腌制法

该法是由两种或两种以上的腌制方法相结合的腌制技术，常用于鱼类（尤其适用于多脂鱼）、肉类和蔬菜等。鱼类腌制时，先经湿腌后，再进行干腌或加压干腌后，再进行湿腌；或用酸调节鱼肉的pH至3.5～4.0，再湿腌；或者采用减压湿腌及盐液注射法等。于果蔬中的非发酵型腌制品而言，可以采用混合腌制法，即先经过低盐腌制，然后脱盐或不脱盐，按照产品用料配比加入含有食用有机酸的汤液进行酸渍。

混合腌制法的优点对于肉制品来说，色泽好、营养成分流失少、咸度适中且由于干盐及时溶解于外渗水内，可避免因湿腌时食品水分外渗而降低盐水的浓度；对果蔬来说，咸酸甜味俱有，制品风味独特，同时腌制时不像干腌那样会使食品表面发生脱水现象。该法的特点为生产工艺较复杂且周期长。

2. **糖渍**

食糖在腌制食品时可以降低水分活度，减少微生物对自由水的利用而生长繁殖，并借用渗透压导致细胞质壁分离，抑制微生物的生长活动。食品的糖渍常用于某些果品和蔬菜，以蔗糖为主要辅料，在糖渍前对原料进行必要的预处理，但在加工中仍在一定程度上保持着原料的组织结构和形态。在糖渍时，都会采用高浓度的糖溶液腌制食品，使糖渗入到食品组织内，以达到腌制的目的。

用于糖渍的果蔬原料应选择适于糖渍加工的品种，且具备适宜的成熟度。食品糖渍法按照产品的组织形态不同可分为果脯蜜饯类、凉果类和果酱类。

（1）果脯蜜饯类糖渍法

果脯蜜饯的糖渍在原料经预处理后，还需经糖制。烘晒、上糖衣、整理和包装等工序方能制成产品。其中糖制是果脯蜜饯加工生产中的关键工序。糖渍过程是果蔬原料吸收糖分的过程，糖液中的糖分首先扩散进入组织细胞间隙，通过渗透作用进入细胞内，最终达到糖制品要求的糖浓度。根据是否对原料加热，糖制可分为蜜制和糖煮两种。

蜜制即果品原料以浓度为60%～70%的冷糖液浸渍，不需要加热处理，适用于肉质柔软而不耐糖煮的果品。蜜制产品的优点是冷糖液浸渍能够保持果品原有的色泽、香味及完整的果形，果品中的维生素C不易流失，但该法的缺点为产品含水量较高，不利于保藏。在生产加工中一般常用分次加糖法、一次加糖分次浓缩法、减压蜜制法等方法来加快糖分在果蔬原料组织内部的扩散渗透。

糖煮其是将原料热糖液煮制和浸渍的操作方法，多用于肉质致密的果品。该方法的优点是生产周期短、应用范围广，但因经热处理，产品的色香味不及蜜制产品，而且维生素C等热敏性营养物质损失较多。按照原料糖煮过程的不同，糖煮又分为常压糖煮和真空糖煮，其中常压糖煮可再分为一次煮成法和多次煮成法。

（2）凉果类糖渍法

凉果是以梅、橄榄、李等果品为原料，先腌成盐坯贮藏，再将果坯脱盐，添加多种辅助原料，如甘草、精盐、食用有机酸及天然香料，拌砂糖或糖液蜜制而成的半干态产品。主要产于我国东南地区，凉果类产品种类繁多，具有咸、甜、酸和香料的特殊风味，代表性产品有话梅、橄榄等。

（3）果酱类糖渍法

果酱类产品包括果酱、果泥、果糕、果冻、马末兰等。果酱类经加糖煮制浓缩，其目的是排除果浆（或果汁）中大部分水分，提高糖浓度，使果浆（或果汁）中糖、酸、果胶形成最佳比例，有利于果胶凝胶的形成，从而改善制品的组织状态。煮制浓缩还能杀灭细菌，破坏酶的活性，利于制品的保藏。因此糖煮及浓缩是果酱类产品加工的关键工序。目前越来越多的研究表明高糖食品对某些人群有一定的危害，故作为糖渍食品中的蜜饯食品正面临着如何降低成品含糖量的问题。

3. **酸渍**

酸渍法是利用食用有机酸腌制食品的方法。根据有机酸来源不同大致可分为人工酸渍和微生物发酵酸渍两类。

人工酸渍法是以食醋或冰醋酸及其他辅料配制而成的腌制食品方法，应用于蔬菜中酸黄瓜、糖醋大蒜等产品。在酸渍前，一般先对蔬菜原料进行低盐腌制，然后根据产品风味要求再进行脱盐或不脱盐，之后按照不同产品的用料配比加入腌制液进行酸渍。

微生物发酵酸渍法是利用乳酸发酵所产生的乳酸对食品原料进行腌制的方法，应用于酸菜、泡菜等。乳酸发酵时乳酸菌在厌氧条件下所进行的发酵，因此在发酵过程中要使食品原料浸没在腌制液中并完全与空气隔绝，注意坛沿水的卫生，以及水分不缺失，这也是保证酸渍食品质量的关键技术。

六、几种常见的食品腌制剂及其作用

1. 咸味剂

咸味剂主要是食盐。食盐除在工业上的用途外，在烹调和食品加工中也是一种不可缺少的调味料，具有调味和防腐作用，是食品腌制加工的主要辅料之一。

食盐的主要成分是氯化钠，是人体钠离子和氯离子的主要来源，它有维持人体正常生理功能、调节血液渗透压的作用。但过量摄入食盐会导致心血管病、高血压及其他疾病，原因是：一旦人体摄入的钠、钾、钙、镁等处于极不平衡状态时，身体中的电解质将失去平衡，导致人体功能病变，其中最易引起的就是高血压。《中国居民膳食指南 2022》推荐日常饮食中食盐摄入量为每人每天 5 g。

食盐根据来源不同，可分为海盐、湖盐、井盐及矿盐等。我国主要以海盐为主，主产于浙江、山东等沿海地区。而山西、陕西等省则以井盐为主，其中以自贡的井盐最具盛名。

食盐质量好坏直接影响腌制食品质量，应选择色泽洁白、氯化钠含量高、水分及其杂质含量少、卫生状况符合《国家标准　食用盐》（GB2721—2015）的粉状精制食盐为食品腌制的咸味剂。

2. 甜味剂

糖渍食品中所使用的甜味剂主要是食糖，食糖可分为白糖、冰糖、红糖、饴糖、蜜糖等。

白糖有白砂糖、绵白糖、方糖之分，以蔗糖为主要成分，色泽白亮，含蔗糖 99%，甜度较大，味道纯正，在腌制食品中使用最为广泛。

红糖又名黄糖，以色浅黄红而鲜明、味甜浓厚者为佳。红糖含蔗糖约 84%，含游离果糖、葡萄糖较多，水分 2% ~ 7%，由于未脱色精制，杂质较多，容易结块、吸潮。除用于增加腌制食品甜味外，还可以增加色泽，多用在红烧、酱、卤等肉制品加工中。

饴糖又称糖稀、水饴，是将米或淀粉质原料蒸熟后，用麦芽糖化、过滤、浓缩而成，含多量的麦芽糖和糊精，以颜色鲜明、汁稠味浓、洁净不酸者为上品，能增加酱腌菜的甜味及黏稠性，用于糖醋大蒜等，具有增色、护色作用。

在肉品腌制中，还原糖（葡萄糖、果糖、麦芽糖等）能吸收氧而防止肉品脱色。在快速腌制时最好选用葡萄糖，长时间腌制时使用蔗糖。蔗糖为双糖，可在微生物发酵作用下水解成葡萄糖和果糖。在肉制品长时间腌制时，加入糖对微生物的生长有影响。糖与盐呈相反滋味，在一定程度上可缓冲腌肉的咸味，提高盐液的渗透压，使氢离子浓度发生改变。

肉制品在腌制过程中，在糖和亚硝酸盐共存的条件下，当 pH 为 5.4 ~ 7.2 时，盐水可在微生物的作用下形成氨水，可钝化微生物体内过氧化氢酶，抑制对腌制有害的微生物。当温度升高时，可引起盐水发酵和肉变质发酵，需要引起注意。

3. 酸味剂

酸味剂用于腌制食品时最常用的是食醋。食醋可分为酿造醋和人工合成醋两种，酿造醋又分为米醋、熏醋和糖醋三种。

米醋是以谷子、糯米、高粱等含淀粉的粮食为主料，以麸皮、谷糠、盐等为辅料，用醋曲发酵，使淀粉水解为糖，糖发酵成酒，酒氧化为醋酸。其色泽玫瑰红色而透明，酸味醇和且略带甜味。

熏醋又名黑醋，原料与米醋基本相同，发酵后略加花椒、桂皮等熏制而成，颜色颇深。

糖醋用饴糖、醋曲、水等为原料搅拌均匀，封缸发酵而成。色浅且易长白膜，由于味淡、缺乏香气，不如米醋、熏醋味美。

人工合成醋是以食用醋酸与水按一定比例合成，称为醋酸醋或白醋，品质不如酿造醋，多用于西菜。

食醋的主要成分是醋酸，它是一种有机酸，具有良好的抑菌作用，含有丰富的钙、氨基酸、B

族维生素等益于身体的营养成分。当醋酸浓度大于0.2%时，便能发挥出抑菌的效果；当保藏液中醋酸浓度达0.4%时，就对各种毒菌以及酵母菌发挥优良的抑菌防腐作用。

4. 肉类发色剂

发色剂又称护色剂、呈色剂或助色剂，是能与肉及肉制品中的呈色物质发生作用，在食品加工过程中不被分解破坏，使得食品色泽得到改善或保护的食品添加剂。在肉及肉制品腌制中最常用的发色剂是硝酸盐和亚硝酸盐。其中，硝酸盐通过微生物作用可以还原为亚硝酸盐，从而起到发色作用。

硝酸钠：分子式 $NaNO_3$，为无色透明结晶或白色结晶性粉末，可稍带浅色，无臭、味咸、微苦，溶于水，微溶于乙醇和甘油。我国《食品安全国家标准 食品添加剂使用标准》（GB2760—2014）规定：肉类制品最大使用量为0.5 g/kg；以（以亚硝酸钠）残留量计，不得超过30 mg/kg。

亚硝酸钠：分子式 $NaNO_2$，为白色至淡黄色粉末或粒状，味微咸，易潮解，水溶液呈碱性反应，易溶于水，微溶于乙醇。我国《食品安全国家标准 食品添加剂使用标准》（GB2760—2014）规定：亚硝酸钠在腌腊肉制品中的最大使用量为0.15 g/kg；以亚硝酸钠计，残留量不超过30 mg/kg。

◎ **延伸阅读**
亚硝酸盐替代品的研究

亚硝酸盐具有一定的毒性作用，其可以与胺类物质发生化学反应生成强致癌物亚硝胺。硝酸盐的毒性作用在婴幼儿胃肠道内被还原成亚硝酸盐所致。为此，人们一直致力于选取适当的物质取而代之。目前为止，尚未发现既能发色又抑制肉毒梭状芽孢杆菌等有害微生物，同时还能增强肉制品风味的发色剂，因此需要在保证安全和产品质量严格控制的前提下，应该严格按照国家标准进行使用。

◎ **延伸阅读**
亚硝酸盐抑菌作用

5. 肉类发色助剂

在肉类腌制品中作发色助剂使用的主要是L-抗坏血酸及其钠盐、异抗坏血酸及其钠盐以及烟酰胺等。

其中抗坏血酸和异抗坏血酸是目前肉类腌制食品中最常用的发色助剂，通常用来加速生产并稳定肉的颜色。抗坏血酸即维生素C，其具有很强的还原性，对热和金属极其不稳定；而异抗坏血酸是抗坏血酸的异构体，其性质与抗坏血酸相似。主要有四种作用：一是参与将氧化型的褐色高铁肌红蛋白还原为红色的还原型肌红蛋白，加快腌制速度，以助发色；二是抗坏血酸盐与亚硝酸盐共同使用，可增加肉制品的弹性；三是防止亚硝胺的生成；四是抗坏血酸盐具有抗氧化作用，有助于稳定肉制品的颜色和风味。

作为发色助剂使用的L-抗坏血酸及其钠盐或异抗坏血酸及其钠盐，在肉品加工中的使用量一般为原料肉的0.02%～0.05%。

6. 品质改良剂

品质改良剂是指能改善或稳定制品的物理性质或组织状态，如增加产品的弹性、柔软性、附着性、保水性和保油性等的一类食品添加剂，属于水分保持剂、增稠剂和乳化剂等范畴。

其中磷酸盐最为常用，它是一类具有多种功能的物质，在食品加工中广泛用于各种肉禽、蛋、水产品、谷物制品、饮料、果蔬、油脂以及变性淀粉等，具有明显改善品质的作用，主要是改善肉的保水性能。

肉制品加工中使用的磷酸盐主要有正磷酸盐、焦磷酸盐和偏磷酸盐等，几种磷酸盐通常复配使用，其保水效果优于单一成分。对于磷酸盐的作用机制目前尚无一致说法，一般有以下几种解释：一是可以提高pH来增加肉中蛋白质的等电点，以此增加肉的持水性；二是增加离子强度，使处于凝胶状态的球蛋白的溶解度增加而成为溶胶状态，从而提高肉的持水性；三是对金属离子有较强的螯合作用，使蛋白质的羧基解离出来，从而使蛋白质结构松弛，以提高肉的持水性；四是增加肌球蛋白，将肌动球蛋白解离成肌球蛋白和肌动蛋白，其中肌球蛋白的增加可使肉的持水性提高；五是抑制肌球蛋白的热变性，由于肌球蛋白对热极其不稳定，过早变性会使肉的持水性下降，因此焦磷酸盐对肌球蛋白变性具有一定的抑制作用，提高肌肉蛋白质的持水能力稳定。

研究结果表明，在几种磷酸盐中，以三聚磷酸盐和焦磷酸盐效果最好，而只有当三聚磷酸盐水解形成焦磷酸盐时，才起到有益作用。焦磷酸钠可因酶的作用分解失去其效用。因此，焦磷酸盐最好在腌制以后搅拌加入。使用磷酸盐后，由于 pH 升高，对发色有一定影响，特别注意的是过量使用时有损风味，使呈色效果不佳。故磷酸盐用量要慎重，须控制在 0.1% ~ 0.4% 范围内。

第三节　食品的烟熏处理

烟熏保藏技术有着悠久的历史，可以追溯到公元前。古时候人们发现肉悬挂在树枝燃烧的火焰上方能获得诱人的风味，并可以延长该肉的保藏期。食品烟熏保藏技术是利用木材不完全燃烧产生的烟气熏制食品，以赋予食品特殊风味并能延长食品保藏的方法。主要用于动物性食品，如肉制品、禽制品和鱼制品，大部分西式肉制品如火腿、培根等均经过烟熏；像中国许多传统的特色食品也是经过烟熏加工制成，如腊肉、熏鸡等。

一、烟熏的作用

自古至今，烟熏一直作为食品加工保藏技术的方法之一，烟熏的特别风味成为食品烟熏的首要目的。烟熏的主要目的有以下几个方面。

1. 形成特殊烟熏风味

熏烟气相中的酚类化合物被食品表面吸收而得到烟熏的风味。尤其是酚类中的愈创木酚和 4-甲基愈创木酚是最重要的风味物质，所有烟熏香味的生成是由多种复杂的化合物混合形成的。熏制品的特有风味可能是由熏烟成分本身、熏烟成分与食品成分发生一系列反应生成新物质和食品本身成分在烟熏过程中所引起的反应产物形成的。

2. 防止腐败变质

熏烟的防腐作用主要来源于熏烟中的有机酸、醛类、酚类三类物质。熏烟成分主要附着于食品的表层，可以使食品表面存在的腐败菌和病原菌减少，但食品内部存在的菌所受影响较小，特别是未经腌制处理过的生肉，如果只进行烟熏则会迅速腐败。由此可见，烟熏所产生的防腐作用大体上是比较弱的，烟熏制品的贮藏性主要是由烟熏前的腌制和烟熏中后的干燥脱水所赋予的。

3. 发色作用

烟熏制品中的羰基化合物与食品中的蛋白质发生美拉德反应，形成褐色物质。烟熏食品表面所形成的褐变色素会阻止羰基化合物及其他熏烟成分的渗入，其色泽与风味在表面上较内部浓。

4. 抗氧化作用

烟熏中最主要的抗氧化成分为酚类及其衍生物，尤其以邻苯二酚和邻苯三酚及其衍生物的抗氧化最为显著。该类化合物不仅防止脂溶性维生素的氧化分解，减少维生素的损失和食品的营养成分的损失。烟熏中的酚类和蛋白质中的巯基反应，羰基与氨基发生不可逆的反应，可导致食品中一些氨基酸的减少，使之营养价值有所降低。

二、烟熏的主要成分及其作用

熏烟是由木材燃烧产生的蒸汽、气体、液体（树脂）和微粒固体的混合物。其成分较复杂，常因燃烧温度、燃烧室的条件、形成化合物的氧化反应及其许多因素的变化而有差异。一般认为熏烟中主要的成分有酚、酸、醇、羰基化合物和烃类以及一些气体物质。

1. 酚类

从木材熏烟中分离出并经鉴定的酚类达40多种，其中以愈创木酚及4-甲基愈创木酚为主。在肉、鱼等烟熏制品中，酚的作用主要有三种：抗氧化作用，抑菌防腐作用，形成特有的“烟熏”味。

其中，抗氧化为酚类最重要的作用之一，故熏烟的抗氧化作用成为烟熏食品重要任务之一。酚还有强大的抑菌能力，特别是高沸点酚类抑菌效果较强，因此酚杀菌常数常被用作衡量和酚相比时各种杀菌剂相对有效值的标准方法。

大部分熏烟都集中在烟熏肉的表面层内，也有部分内渗，内渗的深度和浓度有时可用不同渗出总酚浓度进行估测。各种酚所呈现的色泽和风味并不全一样，同时总酚量并不能反映各种酚的组成，因而用总酚量衡量风味不一定能感官鉴定完全一致。

2. 醇类

木材熏烟中醇的种类繁多，甲醇是最简单和最常见的，由于甲醇是木材分解蒸馏中的主要产物之一，故又称其为木醇。熏烟中还含有伯醇、仲醇和叔醇等。它们常被氧化成相应的酸类。

在烟熏过程中醇的主要作用是作为挥发性物质的载体，对风味的形成并不起主要作用。醇的杀菌作用极弱。

3. 有机酸

熏烟中还含有碳数小于10的简单有机酸，其中含1~4个碳的有机酸主要存在于蒸气相内，含5~10个碳的有机酸则附着在固体载体微粒上。因而熏烟内蒸汽相中常见的酸为甲酸、醋酸、丙酸、丁酸等；附着在微粒上的酸有戊酸、异戊酸、己酸、庚酸等。

有机酸对熏制品的风味影响极弱，它们在杀菌方面的作用只有当积聚在制品表面，以至酸度有所增长的情况下才显示出来。在烟熏加工时，有机酸最重要的作用是促使肉制品表面蛋白质凝固，形成良好的外皮。

4. 羰基化合物

熏烟中存在大量的羰基化合物，同有机酸一样，分布于蒸气相内的固体颗粒上。现已确定的有：如2-戊酮、戊醛、2-丁酮、丁醛、丙酮、丙醛、巴豆醛、乙醛、异戊醛、丙烯醛、异丁醛、联乙酰、3-甲基-2-丁酮等。

虽然绝大部分羰基化合物为非蒸发蒸馏性的，但蒸气蒸馏组分内有着非常典型的烟熏风味，而且还含有所有羰基化合物形成的色泽。因此，对熏烟色泽、风味和芳香味来说，简单短链化合物极为重要。

熏烟中出现的许多相同羰基化合物可以从种类相当广泛的食品中分离出来。熏烟的风味和芳香味可能来自某些羰基化合物，但更可能来自熏烟中浓度特别高的羰基化合物，从而促使烟熏食品具有特有的风味和芳香味。总的来说，烟熏的风味和色泽主要是由熏烟中蒸气蒸馏成分所致。

5. 烃类

从熏烟食品中能分离出许多多环烃类，其中有苯并[a]蒽、二苯并[a，h]蒽、苯并[a]芘、芘、4-甲基芘（4-methylprene）等多环烃类。不过目前已证实苯并[a]芘和二苯并[a，h]蒽为致癌物质。

多环芳烃对烟熏制品并不起重要的防腐作用，也不会产生特有风味，研究已表明它们多附着在烟熏的颗粒上，因此可以通过过滤去掉。如今，已研制出不含苯并[a]芘和二苯并[a，h]蒽的液体烟熏制剂，使用时就可避免食品因烟熏而含有致癌物质。

6. 气体物质

烟熏过程中产生气体物质包括CO_2、CO、O_2、N_2、N_2O等，这些气体物质的作用尚不明确，大多数对烟熏制品无关紧要。在烟熏制品加工过程中CO和CO_2可被吸收到鲜肉表面，产生一氧化碳肌红蛋白，而使产品产生亮红色；氧可以与肌红蛋白形成氧含肌红蛋白或高铁肌红蛋白，但还没证据证明烟熏过程会发生此反应。

气体物质中的 N_2O 在熏制中形成亚硝酸，亚硝酸可与胺类物质进一步反应生成亚硝胺，酸性条件不利于亚硝胺的形成，而在碱性条件下则有利于亚硝胺的形成。

三、熏烟的产生及沉积

1. 熏烟的产生

用于熏制食品的熏烟，主要是由植物性材料如不含树脂的阔叶树的木材、竹叶或柏枝等缓慢燃烧或不完全氧化所得。这些材料中含有的纤维素、半纤维素和木素受热后氧化分解为酸、酚、醛等化合物。一般来说，硬木为烟熏最适宜的燃料，胡桃木为优质烟熏肉的标准燃料，但很难获得。熏烟中包括固体颗粒，液体小滴和气相，颗粒大小一般在 50 ~ 800 μm，气相成分大约占全部成分的 10%。熏烟中的许多有效成分都是水溶性的，这对生产液体烟熏制剂具有重要的意义。用水处理熏烟可使水溶性的成分溶于其中，而不溶性物质包括固体颗粒（煤灰）、多环烃和焦油等，可通过降低温度和静电处理来除去。在烟气进入烟熏室之前通过冷却处理，可将高沸点成分，如焦油、多环烃等减少；将熏烟通过静电处理，可以分离出熏烟中的固体颗粒。

熏烟成分受很多因素影响，而且熏烟中的许多成分与烟熏的香气和防腐作用无关。烟的成分和供氧量、燃烧温度等因素有关，与木材种类也有很大的关系。一般来说，硬木、竹类风味较佳，间软木、松叶类因树脂含量多，燃烧时产生大量黑烟，使肉制品表面发黑，并合有多萜烯类的不良气味。

木材在高温燃烧时产生烟的过程大致可分为两步：第一步是木材的高温分解；第二步是高温分解产物发生聚合反应、缩合反应以及形成产物的进一步热分解，形成环状或多环状化合物。在缺氧条件下木材燃烧会产生热解作用，半纤维素热分解温度在 200 ~ 260℃之间；纤维素在 260 ~ 310℃之间；木质素在 310 ~ 500℃之间。因此，不同的燃烧温度其产生的熏烟的成分是不同的。缺氧条件下的热分解作用会产生不同的气相物质、液相物质和一些煤灰，其中约有 35% 木炭、12% ~ 17% 对熏烟有用的水溶性化合物，还产生 10% 的焦油、多环烃及其他有害物质。

木材和木屑热分解时表面和中心存在温度梯度，当外表面正在氧化时内部却正在进行着氧化前的脱水，在脱水过程中外表面温度稍高于 100℃，此时外逸的化合物有 CO、CO_2 以及醋酸等挥发性短链有机酸；当木屑中心水分接近零时，温度就迅速上升到 300 ~ 400℃之间，此时就会发生热分解并出现熏烟。实际上大多数木材在 200 ~ 260℃温度范围内已有熏烟发生，温度达到 260 ~ 310℃则产生焦木液和一些焦油，温度再上升到 310℃以上时则木质素裂解产生酚及其衍生物。

熏烟的成分及质量还与燃烧的条件有关。正常情况下木屑燃烧的温度范围在 100 ~ 400℃，此时燃烧和氧化同时进行。产生熏烟需要有足量的氧气，供氧量增加时，酸和酚的量增加。研究表明，供氧量超过完全氧化时需氧的 8 倍左右，酸和酚的形成量就达到了最高值，如果温度较低，酸的形成量就较大；若燃烧温度增加到 400℃以上，酸和酚的比值就下降。因此，以 400℃温度为界限，高于或低于它时所产生熏烟成分就有显著的区别。适宜于产生酚的温度也会将它们氧化成为其他产物，其中有些就会对烟熏的芳香味产生有害的影响。

燃烧温度在 340 ~ 400℃以及氧化温度在 200 ~ 250℃间所产生的熏烟质量最高。在实际操作条件下很难将燃烧过程和氧化过程完全分开，因烟熏为放热过程。但是设计一种能良好控制熏烟发生的烟熏设备却是可能的。欧洲已使用了木屑流化床，它能较好地控制燃烧温度和速率。

虽然 400℃燃烧温度最适宜形成最高量的酚，然而同时也有利于苯并芘及其他烃的形成。如考虑将致癌物质形成量降低到最低程度，实际燃烧温度以控制在 343℃左右为宜。

2. 熏烟的沉积

在烟熏的过程中，熏烟在与制品接触时，有些成分沉积在制品表面。熏烟在制品上的沉积量及沉积速度与很多因素有关：如食品表面的含水量、熏烟的浓度、熏烟室内空气流速和相对湿度等。一般来说食品表面越干燥，沉积的量越少（用酚的量表示）；熏烟的浓度越大，熏烟的沉积量也越大，烟熏室内适当的空气流速有利于熏烟的沉积，空气流速越大，熏烟和食品表面接触的机会越多。但如果气流的速度太大，则难以形成高浓度的熏烟，反而不利于熏烟沉积。因此实际操作时要求既能保证熏烟和食品的接触，又不致使浓度明显下降，通常采用 7.5 ~ 15 m/min 的空气流速。相对湿度高有利于加速熏烟的沉积，但不利于色泽的形成。在实际生产过程中，为了保证产品的质量，必须考虑熏烟的沉积与色泽间的平衡，通过改进烟熏工艺来满足不同产品的要求。

烟熏过程中，熏烟成分首先在制品表面沉积，随后各种熏烟成分向制品的内部渗透，使制品呈现特有的色、香、味。影响熏烟成分渗透的因素很多：如熏烟的成分、浓度、湿度、产品的组织结构、脂肪和肌肉的比例、水分的含量、熏制的方法和时间等。

四、烟熏对食品品质的影响

◎ **延伸阅读**

液熏鲟鱼片生产工艺优化与品质影响分析

1. 对食品色泽的影响

烟熏对食品色泽的影响不仅仅是由于熏烟颗粒在食品表面的沉积，也由于熏烟成分与食品组分的相互作用。

在熏制品加工过程中，所给予的食品颜色是由于美拉德反应所致，它与熏烟中羰基基团数量减少有密切相关。据报道，表面组织棕褐色色素的形成会阻碍羰基化合物和其他熏烟成分向食品组织内部进一步渗透。同时有研究表明在规范的熏制品加工中，原料的状态和不新鲜程度均会影响褐变深度。熏制品的色泽与木材的种类、烟气浓度、树脂含量、熏制温度及制品表面的水分等因素有关。

2. 对食品风味的影响

有报道指出，尽管从熏烟中分离出大量的化合物，并对其中的一些成分的风味特征和口味做了相关的鉴别与验证，但这些化合物是否在烟熏食品中能够体现出一样的风味还有待进一步探索与研究。在熏制品的制作中，其风味的形成不仅与原料本身、配料、工艺条件、熏烟的组成成分有关，还与这些化合物与食品成分间的相互作用、化合物之间的作用以及反应后生成的新化合物是否呈强烈风味等相关。

3. 对食品质构的影响

食品质构的影响因素很多，如受到烟熏操作的影响、原料品质、斩拌和肉糜的形成阶段对肌肉的作用、肌肉中自身的蛋白酶的作用、外面侵入的微生物产生的蛋白酶的作用等都会影响最终烟熏品的质构。此外，食品 pH 也将与上述因素相互作用并直接影响产物的质构。

烟熏操作对蛋白质的组成有明显的影响，显著降低肉肌纤维蛋白和肌浆蛋白的含量，提高基质蛋白的含量。蛋白质的变化导致制品质构向硬和韧的方向转变，这就是烟熏制品表面韧而内部柔软的原因之一。另外也有研究表明，烟熏操作受食品 pH 的影响会导致制品的质构和持水性的变化。不过，在分析 pH 影响食品质构的时候，要考虑不同的烟熏工艺对最终 pH 的影响，由于烟熏工艺与原料或产品之间有相互作用，最终产品的 pH 不仅仅受烟熏工艺本身的影响。

4. 对食品营养价值的影响

不同的加工工艺都会对熏制品的营养成分产生影响。如熏制加工对鱼体营养价值的影响主要体现在降低其蛋白质的生物利用率上。在较剧烈的熏制方法中，可能发生的过热会严重地降低蛋氨酸和赖氨酸的利用率。在大多数温度适中的熏制加工中，不会仅仅因为受热引起的交联和褐变反应而降低食品的生物价和蛋白质净利用率。不过熏烟成分与食品中蛋白质的氨基酸发生反应而减少氨基酸含量，这样的损失还是相对较小的。

烟熏时间、温度、贮藏时间和贮藏过程中的水分活度都会影响赖氨酸的损失。同时烟熏操作还会影响熏制品的消化性。大部分研究者认为，烟熏能够提高制品蛋白质的消化性；而一些研究者认为是烟熏成分起到酶激活的效果，从而促进蛋白质的消化。

烟熏除了对蛋白质和氨基酸有影响外，还对维生素也有影响，尤其是B族维生素。有研究表明，在鱼的腌制、烟熏、杀菌操作过程中，核黄素、烟酸、泛酸和维生素B_6在烟熏过程中损失50%左右，而在后面的加热过程中还有10%的损失。

五、烟熏制品的健康隐患及控制措施

1. 烟熏制品的健康隐患

传统烟熏制品是以木材、锯木屑等易发烟物料用电或炭火加热至烟点，产生大量浓烟进行熏制。该制作方法简单易行，但容易污染环境，如若管理不当，容易引发火灾。同时在形成烟熏风味和色泽的过程中，会产生一些对身体健康有害的物质，存在健康隐患。

（1）多环芳烃类化合物。多环芳烃是指两个以上苯环连在一起的一类有机化合物，包括萘、蒽、菲等，是木材、天然气、作物秸秆、烟草等含碳氢化合物的物质，经不完全燃烧形成的污染物，是最早发现且数量最多的致癌物，目前已查出500多种主要致癌物中，有200多种都属于多环芳烃类化合物，其中苯并[a]芘是多环芳烃类化合物中最具有代表性的强致癌物。苯并[a]芘也被用来作为多环芳香类化合物总体污染的标志。几种肉制品烧烤熏制前后苯并[a]芘的含量见表5–4。

表5–4 几种肉制品烧烤熏制前与烧烤熏制后苯并[a]芘的含量

肉类制品	Bap含量	
	烧烤熏制前	烧烤熏制后
猪肉	$(0\sim0.04)\times10^{-9}$	$(1\sim9)\times10^{-9}$
红肠	1.5×10^{-9}	88.5×10^{-9}
鱼肉	$(1\sim2.7)\times10^{-9}$	$(5.9\sim15.2)\times10^{-9}$
羊肉	$(0\sim0.05)\times10^{-9}$	$(3.9\sim31.0)\times10^{-9}$

（2）亚硝胺。腌制时添加物可能使食品污染亚硝胺外，烟熏也可能引发亚硝胺的形成。一氧化氮与食品表面的仲胺直接相互反应或间接于食品表面形成亚硝酸盐或硝酸盐，气相中一氧化二氮的存在也能使烟熏食品中亚硝胺与亚硝酸盐增加。

（3）甲醛。在熏制过程中，木材在缺氧状态下干馏会生成甲醇，甲醇进一步氧化成甲醛，吸附聚集在产品表面。

2. 控制措施

（1）改良前处理。在烟熏探索前用蒸汽或微波对牛肉、肌肉进行预加热或用铝箔、香蕉叶等包裹，可显著降低产品中多环芳烃类化合物的含量。同时采用茶多酚、某些中草药及植物或其提取物对苯并[a]芘的毒性也具有一定的抑制作用。

（2）烟熏过滤技术。将直接烟熏改为间接烟熏。间接烟熏是采用现代的工业炉，外部设有烟发生器，熏烟被引入烟熏室前以粗棉花或刚毛加以过滤，或以经典沉淀法加以去除，或以冷却方法使其冷凝去除，从而降低烟熏食品苯并[a]芘污染。

（3）采用液体烟熏技术。液体烟熏是用烟熏液替代气体烟进行熏制食品的一种方法。以天然植物，如枣核、山楂核等，为原料经干馏、提纯精制而成，具有与气体烟几乎相同的风味成分。用液体烟熏技术加工的产品具有浓郁的烟熏香气，且色香味均匀一致，无异味。烟熏液目前使用广泛，美国烟熏液使用量每年达到10 000 t，日本年用量700 t。

（4）控制熏制温度。生烟温度在400℃以下时，只生成极微量的3,4–苯并[a]芘。在温度

380℃时，酚类、羰基化合物和有机酸等的生成量较少，而在600℃时各种有用成分的含量达到最高，超过600℃时又逐渐减少。可采用湿式法生烟，或利用摩擦生热产烟。

（5）隔离法。选择能使烟熏的有用成分透过而不让大分子多环芳烃类物质透过的材料包在需要烟熏的食品外面，能防止烟熏食品被多环芳烃类物质的污染。

六、烟熏的方法和设备

1. 烟熏的方法

食品的烟熏方法主要有三种：冷熏法、热熏法和液熏法。

（1）冷熏法

制品周围熏烟和空气混合气体的平均温度不超过22℃（一般为15～20℃）的烟熏过程称为冷熏。冷熏所需时间较长，一般为4～7 d，最长可达20～35 d，为此熏烟成分在制品中内渗比较深。食品采用冷熏时，制品干燥虽比较均匀，但程度较深，水分损失量大，制品含水量低（35%以下），含盐量和烟熏成分聚积量相对提高，保藏期增长。其缺点是加工时间长、肉色差、产品的重量损失大，在夏季由于气温高，温度很难控制，容易出现腐败现象。冷熏法制品的耐藏性比其他烟熏方法稳定，特别适用于干制香肠、带骨火腿和培根的熏制。

（2）热熏法

热熏法是原料经过适当的腌制后在30～50℃的温度范围内进行的烟熏方法。一般烟熏时间为2～12 h。由于热熏法温度较高，表面蛋白质会迅速凝固，以致制品的表面很快形成干膜，妨碍了制品内的水分外渗，延缓了干燥过程，同时也阻碍了熏烟成分向制品内部渗透。所以制品的含水量高（50%～60%），盐分及熏烟成分含量低，且脂肪因受热容易融化，不利于储藏。其优点是产品重量损失少、风味好。但耐贮藏性不如冷熏产品。烟熏结束后，应立即从烟熏室内取出制品，若继续放置在烟熏室内使其冷却，则会引起收缩，不仅影响外观。

（3）液熏法

液熏法又称为湿熏法或无烟熏法，是利用木材干馏生成的烟气成分采用一定方法液化或者再加工形成的烟熏液，浸泡食品或喷涂食品表面，以代替传统的烟熏方法。和前两种方法相比，液熏法有以下要点：一是使用烟熏液不需要使用熏烟发生器，因而减少大量的投资费用；二是液态烟熏制剂的成分比较稳定，便于实现熏制过程的机械化和连续化，可以缩短熏制时间；三是液态烟熏剂中固体颗粒已除净，无致癌危险；四是通过后道加工使产品具有不同风味和控制烟熏成品的色泽，这在常规的气态烟熏法中是无法实现的。

液熏法一般由硬木屑热解而制，将产生的烟雾引入吸收塔的水中，熏烟不断产生并反复循环被水吸收，直至理想的浓度。经过一段时间后，溶液中有关成分相互反应、聚合，焦油沉淀，过滤除去溶液中不溶性的烃类物质后，液态烟熏剂就基本制成了。这种液熏剂主要含有熏烟成分，包括酚、有机酸、醇、羰基化合物。

液态烟熏剂使用时可采用直接混合法和表面添加法：

直接混合法。直接将烟熏剂与食品按一定的配比混合均匀而成。适用于肉糜、鱼糜型，粉末型或尺寸较小的食品的熏制。而对大尺寸的食品，通常用成排的针，将烟熏剂或稀释液注入食品组织内，再经按摩或滚揉，使熏液分散均匀。

表面添加法。在食品表面抹上烟熏剂或稀释液而实现熏制目的的方法。该法适用于大尺寸的食品熏制，其基本原理与烟作用于食品表面类似。烟熏剂或稀释液浓度、作用时间、食品表面的湿度和温度等，对最终熏制结果都有重要的影响。如浓度高，则作用时间少；反之，作用时间长。

2. 烟熏设备

随着科学技术的进步，烟熏装置已由简单的烟熏设备（图5-4），逐渐发展到能自动控制温度、相对湿度、燃烧速度等现代化的烟熏设备。

按照烟熏发烟方式，其设备可分为三种：直接发烟式、间接发烟式和连续式。

（1）直接发烟式

直接发烟式又称为空气自然循环式，是在烟熏室内燃着发烟材料，使其发生烟雾，利用空气自然对流的方法，把烟分散到室内各处。该设备具有千年以上的历史，常见的有单程烟熏炉、塔式烟熏室等。简单烟熏装置如图所示，是从最下面的一层发烟，需要强熏的培根等放在最下层，需要淡熏的维也纳香肠放在上层，这种烟熏设备，一次可以熏制好几种制品。烟熏室整体细而高，呈塔状。直接发烟式的设备由于依靠空气自然对流的方式，使烟在烟熏室内流动和分散的，存在温度差、烟流不均，原料利用率低、操作方式复杂等缺陷，目前只有一些小型企业仍在使用。

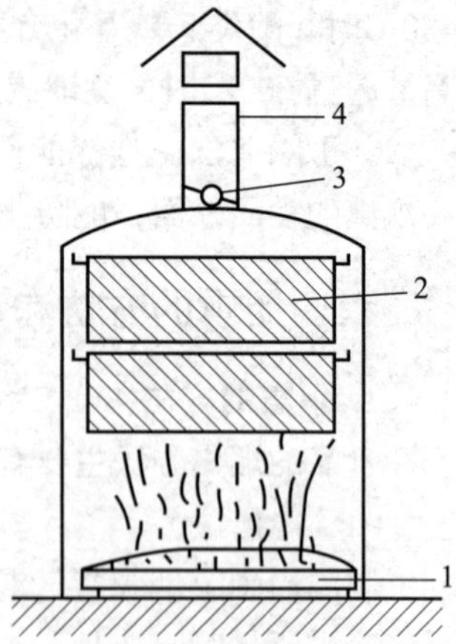

图 5–4　简单烟熏装置

1. 烟熏发生器　2. 食品挂架
3. 调节阀门　4. 烟囱

（2）间接发烟式

间接发烟式烟熏炉是被广泛采用的烟熏设备。这种装置的烟雾发生器放在炉外，通过鼓风机强制将烟送入烟熏炉，对制品进行烟熏，故称为强制通风式烟熏炉。大多应用于生产全煮熟和半煮熟产品。使用该设备不仅能控制整个烟熏过程的工艺参数，而且能控制蒸煮和干燥程度。同时还可以解决前述的直接发烟式设备所存在的温度和烟流分布不均匀、原材料利用率低及操作复杂等问题。另外，这类型的烟熏炉还能够调节相对湿度和控制空气和烟熏流速。

（3）连续式

目前的连续生产系统中，有专供生产香肠制品用的连续烟熏炉设备。该设备生产能力通常可达 1.5 ~ 5.0 t/h，温度和相对湿度可专门控制，还能在设备工作的情况下清理和检修，控制好制品的干缩度。其优点是占地面积较小，减少劳动力，生产效率高，但设备投资费用较高。

开放讨论题

你认为随着消费者的健康意识愈发增长，如何开发出更符合消费者需求的腌制及烟熏产品，未来腌制及烟熏食品的发展方向如何？

思考题

1. 腌制与烟熏食品各有何特点？
2. 传统腌制与现代腌制技术有哪些？两者各有何优缺点？
3. 根据你所学的知识，谈谈现代烟熏技术有何优点和不足。
4. 简述腌制能延长食品保藏期的原因是什么。
5. 要加快腌制速度，可采取哪些方法？
6. 腌制的方法有哪些？各有何优缺点？
7. 腌制对食品的品质有什么影响？
8. 简述食盐用量与微生物的关系。
9. 简述泡菜生花的原因是什么。
10. 简述烟熏保藏的基本原理是什么？
11. 简述烟熏剂的主要成分及其作用。
12. 烟熏产生的条件是什么？

13. 食盐作为常用的腌制剂，在腌制过程中，有哪些作用？

自测题

撰写人：滕慧、刘纯友、陆健康、史晓霞

第六章

食品的发酵

食品发酵在食品领域已有数千年的历史，该技术的发展和应用极大地丰富了食品的种类、风味和品质，同时也满足了消费者多元化的食品需求。随着现代食品发酵技术的迅速发展，食品发酵对我国食品工业发展必将产生巨大的推动力。本章介绍食品发酵的概念、原理、发酵特点、发酵工艺控制及主要设备等知识。

知识目标

1. 理解食品发酵的概念。
2. 理解发酵过程中微生物的作用。
3. 掌握食品发酵的基本工艺。

能力目标

1. 能够准确描绘微生物在食品发酵中的主要代谢途径及其发酵类型。
2. 能够根据相关资料，选取合适的发酵工艺进行相应的工艺控制。
3. 能够掌握食品发酵主要设备的特点。

素养目标

1. 充分认识传统食品发酵知识的传承与创新的意义。
2. 培养理论联系实际的能力。
3. 培养安全意识和环保意识。

知识导图

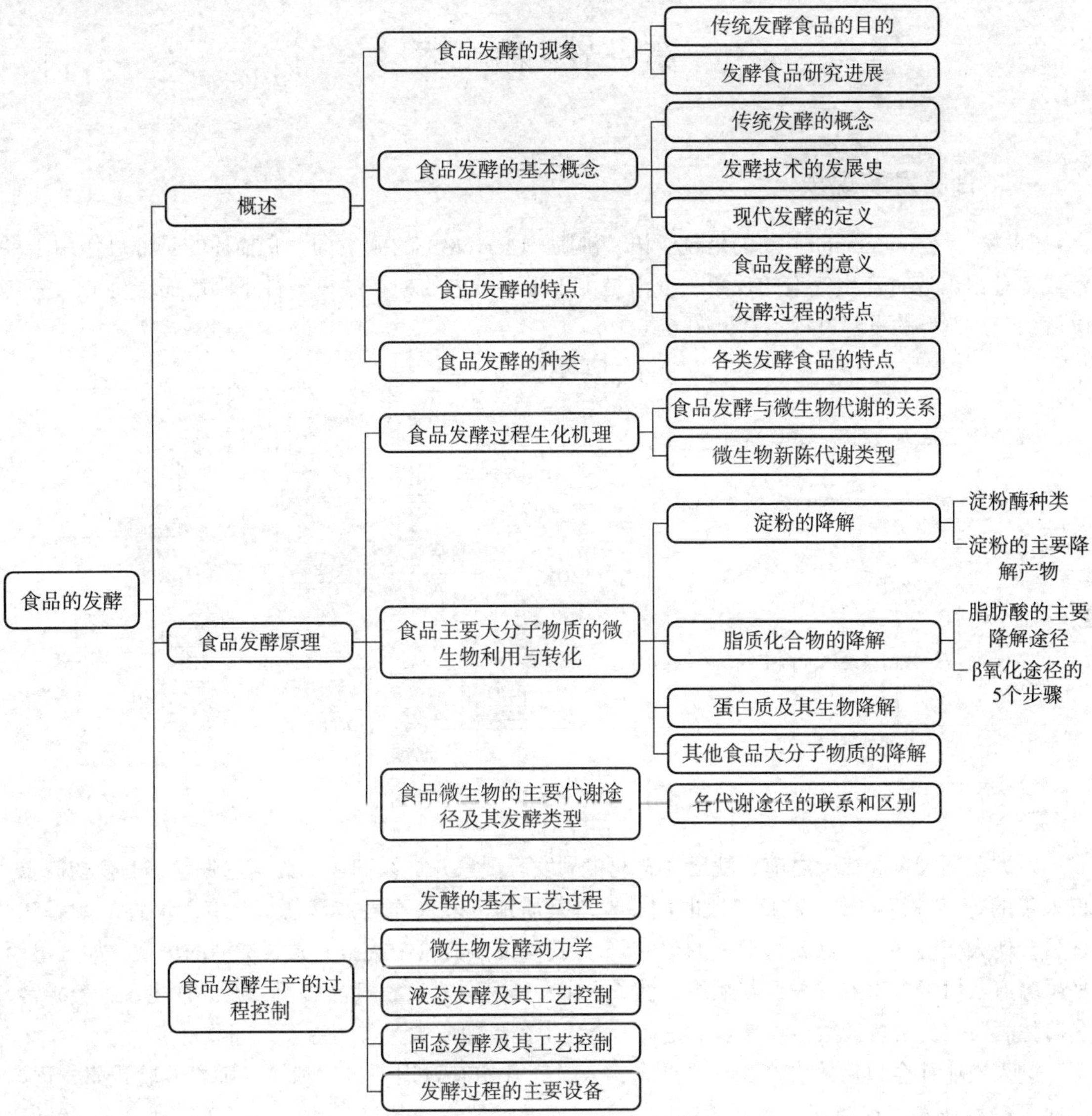

重点及难点

食品发酵生化机理；微生物作用及其主要代谢途径；食品发酵工艺的控制

问题导读

1. 试分析食品微生物主要发酵类型。
2. 简述食品发酵过程的特点。
3. 试分析各类发酵食品的特点。
4. 试分析液态发酵和固态发酵工艺过程。

关键词

食品发酵　发酵特点　发酵种类　发酵生化机理　发酵类型　发酵过程控制

第一节　概　述

一、食品发酵现象

“发酵”（Fermentation）一词是拉丁语“沸腾”（fervere）的派生词，它描述的是酵母作用于果汁或麦芽浸出液时产生气泡的现象。气泡是由于浸出液中的糖在缺氧条件下降解而产生的二氧化碳所引起。典型的发酵过程示意见图 6-1。

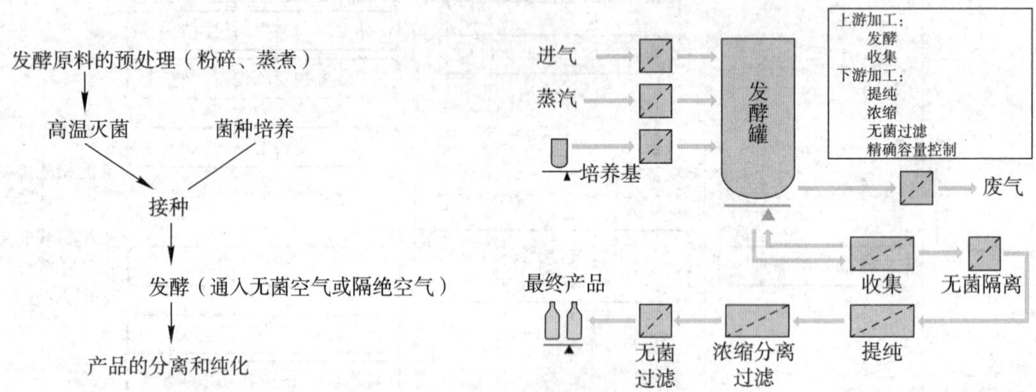

图 6-1　典型的发酵过程示意图

人类在进入农业社会之前，就已经发现食品发酵现象并加以利用。为了保障冬季的食物需求，将采集的野果进行贮藏，贮藏一段时间后发现其质地变软甚至变成液态，且有刺激性的醇香味，食后会使人变得兴奋，这就是最早的“酿酒”。我国许多典籍中甚至有猿猴造酒的记载，如“粤西平乐等府，山中多猿，善采百花酿酒。樵子入山，得其巢穴者，其酒多至娄石。饮之，香美异常，名曰猿酒”；“黄山多猿猱，春夏采杂花果于石洼中，酝酿成酒，香气溢发，闻数百步”。

进入农业社会以后，农产品出现剩余，人类就开始有意识地进行酿酒。随着经验积累，逐渐形成了酿酒技术。在商朝，发现酒因贮存不当而变酸，食味却是酸甜沁心，还发现，这“酸酒”能治腹泻和感冒、增加食欲，因而出现了醋，当时称之为“醯”。到汉朝时，“醯”成为指定贡品。尽管当时人们已经开始利用发酵进行食品生产，但并不知道是微生物的作用。

传统的发酵食品大多以在不同季节延长可食用性、延长贮藏时间、防止腐败等为目的，是保障食品安全的一种古老的手段。传统的发酵食品种类繁多，主要涉及鱼贝虾、肉蛋奶、蔬菜、粮油等原料。典型的传统发酵食品有食醋、黄酒、腐乳、干酪等，大多采用开放的发酵系统，其发酵过程中涉及复杂的微生物系统，会产生许多对人体有益的活性物质并提高整体风味，但同时也会产生生物胺等有害物质。

传统的大豆发酵食品在我国和东南亚国家有悠久的历史，其中腐乳、酱油、豆酱、豆豉是我国传统四大发酵食品。发酵大米制品也在我们日常生活中常见。用大米发酵而成的传统制品有很多种类，例如醪糟，其发酵物中含有乙醇，故不容易滋生病原微生物，安全性比较高。不同发酵食品有不同风味，如酸奶制品的酸甜、酱油的鲜美、白酒的辛辣等等，这是不同的原辅料、发酵工艺、优势菌种及主要风味物质造成的。泡菜属于发酵蔬菜制品，对泡菜而言，乳酸菌是主要的发酵菌群。菠萝作为有着较高营养价值、糖酸含量比较适中、香气浓郁的水果，对于发酵酿酒而言是良好的原料。

从全球范围来看，传统的发酵食品工业化程度并不高，现阶段只有干酪、酸奶、葡萄酒、醋、酱油等产品达到了工业化的程度，大部分的传统发酵食品使用的加工手段仍然比较原始，比如豆豉、腐乳等。近些年来，国内外的很多研究学者发现，一些传统的发酵食品具备某些特殊的营养和生理功能，全球针对传统发酵食品的研究也迎来了新的热潮。为了更好地满足大众的需求，传统发酵食品的工业化水平也在不断提高。在使用现代化的高科技手段大力发展工业化的同时，也必须让传统发酵食品在安全性方面得到有效的保障，从而促进传统发酵食品产业更加科学、健康、合理地发展。

二、食品发酵的基本概念

传统意义上的发酵是指酵母菌在无氧条件下的呼吸过程，是生物获得能量的一种形式。19 世纪中叶，法国微生物学家路易斯·巴斯德的“曲颈瓶实验”揭示了发酵是微生物作用的结果。后来，德国细菌学家罗伯特·科赫，建立了单种微生物的分离和纯培养技术，开始了纯种发酵技术。1897 年，德国生物化学家布赫纳的“无细胞发酵体系”建立，阐明了微生物发酵的化学反应本质——酶，证明了乙醇发酵是酵母细胞中的酶催化了一系列化学反应的结果（图 6–2）。从此，发酵技术在科学理论的基础上得以迅速发展，建立了酒精发酵、乳酸发酵、丙酮丁醇发酵等厌氧发酵技术，青霉素发酵、味精发酵、柠檬酸发酵等好氧发酵技术。随着微生物诱变育种、代谢调节与控制、生物转化、DNA 重组等技术出现，食品发酵逐渐与现代生物技术融合，形成现代食品发酵技术。

路易斯·巴斯德　　罗伯特·科赫　　布赫纳

图 6–2　著名微生物学开拓者

食品发酵涉及生物科学与农业、工业等许多领域，如抗生素、有机酸、酶制剂、氨基酸工业，还有新能源的开发及生态环境治理等。在这些领域中，各种具体的生产工艺，从原材料到菌种、生物反应器、产物的分离与提纯等都有着很大的差异，但其基本生产模式和理论基础是相同的。随着人们对微生物的深入研究和利用，发酵被赋予了新的内涵，现代发酵的定义则是：生物为获得能量所进行的氧化还原反应的过程。由此可见，地球上有了生命的同时也就有了发酵现象。

三、食品发酵的特点

传统发酵食品制造和贮存过程工艺复杂，生产周期较长，影响因素多。传统发酵食品为混菌发酵体系，微生物群落具有高度的多样性和复杂性，发酵过程与风味和健康物质的产生密切相关，难以准确追溯。食品保存会受到各种因素的影响，面临着保存的难度大，食品容易变质的问题，应用发酵工程能够有效延长食品的储存时间。现实生活中，许多方面运用了微生物发酵技术，例如，通过微生物的发酵方法，使肉类食品发生一定的变化，可以进行长时间的储存，同时使其口感变得更加有层次感。其次，人们平时用于提升菜肴口感所使用的调味品也是通过微生物发酵而形成的。此外，利用各种益生菌发酵食品可以提高食品的营养价值进而促进人体的新陈代谢。由此可见，合理运用微生物发酵技术不仅可以改善食品的口感和风味，在提高其本身的营养价值和促进人体健康方面也有一定的帮助。

发酵工业和其他化学工业的最大区别在于前者是生物体进行的化学反应。其主要特点如下：

（1）发酵过程以生命体的自动调节方式进行，数十个反应过程能够在发酵设备中一次完成；

（2）常温常压下进行，条件温和，能量消耗少，设备较简单；

（3）原料通常以糖蜜、淀粉等碳水化合物为主，可以是农副产品、工业废水或可再生资源，微生物本身能有选择地摄取所需物质；

（4）容易生产复杂的化合物（酶、核苷酸），能高度选择性地在复杂化合物的特定部位进行氧化、还原、官能团引入或去除等反应；

（5）产物富含维生素、蛋白质、酶等有用物质，除特殊情况外，发酵液一般对生物体无害；

（6）发酵过程中需要防止杂菌污染，大多情况下设备需要进行严格的冲洗、灭菌，空气需要过滤等；

◎ 延伸阅读

发酵食品对肠道微生物的影响

（7）通过微生物菌种的改良，尤其是高产菌株的选育，能够利用原有设备较大幅度地提高生产水平。

发酵是一个非常复杂的生物过程，需要无懈可击的卫生措施和严格精密的条件控制，以确保发酵所需的微生物能够不受其他有害微生物的影响，并且满足人类的生产要求，随着科技水平的快速提升，发酵工程技术也得到了不断发展。总体来说，相比直接提取和化学合成法，发酵能产生更高质量和纯度的成分，而且发酵过程是安全可控、可追溯的，未来发酵生产的食品能够得到更多消费者的认可。

四、食品发酵的主要种类

1. 酒类

传统发酵酒类主要包括黄酒、白酒、啤酒等酒种，由于发酵工艺、环境、气候等差异，不同酒体的风味也各有不同，传统发酵酒的主要成分为氨基酸、醇类、酸类、酯类、酚类等，对风味物质的研究对提升酒体风味具有重要意义。

◎ 延伸阅读

酒体发酵过程中菌群的变化

传统发酵酒类主要以淀粉为原料，经过淀粉糖化和酒精发酵两个过程发酵而成。由于系统相对开放，多种微生物共同参与其中，在淀粉酶、酒化酶等作用下产生酒精。在酒窖中经过时间的积累，有益微生物不断富集纯化，酿造出的酒体风味香浓。

2. 调味品

日常生活中的美味都是通过调味品进行调制的，调味品在饮食中占据着重要的地位。人们普遍使用的酱油和醋也是通过发酵而获得，可以有效提升食品的风味和口感。调味品的使用可以使人们的味觉得到一定的满足，调味品中保留了对人体有益的成分。譬如利用大豆进行酱油的生产，保留其中的黄酮成分；利用大米酿造食用醋，其中也有膳食纤维的成分存在。通过微生物发酵制作的腐乳、黄酱等调味品可以使人们的饮食变得更丰富，口感更佳，将美味与营养有效地结合在一起。

◎ 延伸阅读

镇江香醋醋酸发酵过程中的菌群结构

现如今市面上有很多发酵醋类产品，由于微生物群落结构的差异，风味也大不相同，对其微生物群落结构的研究可以更好地了解发酵机制，获得优势菌种，为食醋产品的工业化和标准化提供理论基础。

3. 食品添加剂

食品添加剂主要用来改善食品的品质和防止食品腐败变质。目前，食品添加剂在人们生活中被广泛使用，发酵技术已成为食品添加剂生产的首要方法。以食品胶（黄原胶）和食用色素（β-胡萝卜素）生产为例。黄原胶是20世纪70年代左右研发出来的新型食品胶，由黄单孢细菌和碳水化合物为原料进行发酵所得，它是世界上生产规模最大的微生物多糖。因黄原胶具有强的亲水性、稳定性、增稠性、乳化性等优质性能，常被加入果汁饮料中作为增稠稳定剂，在蛋白饮料中作为乳化剂，在面包、糖果中作为高黏度填充剂，在肉制品中加入黄原胶可提高肉制品的嫩度和持水性，在罐头食品中加入黄原胶有利于改善口感、增强风味，在果蔬中加入黄原胶可防止果蔬褐变、失水，增强食品新鲜度。总的来说，用微生物发酵产出的黄原胶安全无毒。β- 胡萝卜素是一种重要的着色剂，具有营养强化功能。在食品中添加该色素可使食品光泽鲜亮，同时对降低体内血脂、预防心血管疾病和刺激免疫有积极作用。β- 胡萝卜素的生产菌种是布拉克须霉菌和三孢布拉霉菌等。目前，俄罗斯等国家已经实现了 β- 胡萝卜素的工业化生产。

随着社会的进步，人们也愈发注重食品的质量与安全问题，利用发酵技术生产食品添加剂已经十分普遍。另外，随着基因工程的发展，人们可以有针对性地将目的产物的基因导入到枯草芽孢杆菌或者酵母这些安全的宿主菌中进行表达，再结合发酵工程技术来生产相应的食品添加剂，不仅能够提升食品的开发效率，同时也能够保障食品的品质。相信在未来的食品工业中所运用的发酵工程技术能够安全有效地生产出越来越多的增强食品风味和营养活性的新型食品添加剂。

4. 发酵乳制品

乳制品的发酵通常是以牛奶为基础原料，运用微生物发酵技术对牛奶进行适当的加工，使得发酵的乳制品满足人们的需求，充分将乳制品的营养价值发挥出来。中国发酵乳制品的制作工艺历史悠久，一方面源于北方的游牧民族，另一方面来自中原地区。其中，北方游牧民族主要是通过将容易变质的乳汁转变为固态的乳制品以利于保存和携带，而中原地区的乳品发酵主要是侧重于降低乳品中的乳糖成分并生产其他高附加值产品。现代发酵乳制品是以乳为原料，经乳酸菌或酵母等特定微生物发酵而制成的产品。根据所用微生物的种类及发酵作用的特点，发酵乳制品主要分为两大类：酸性发酵乳和醇性发酵乳。根据杀菌与否，酸性发酵乳又分活菌制品和死菌制品。活菌制品包括酸奶、活性乳酸菌饮料、发酵酪乳等。死菌制品主要为乳酸饮料等。醇性发酵乳又称为酒精发酵乳，如牛奶酒、马奶酒。相对来说，乳制品没有进行生产加工之前，在口感方面相对欠缺，加之储存的时间较短，容易在炎热的天气下出现变质，造成了食品的浪费。微生物发酵技术对乳制品的适用性良好，不仅赋予其更加鲜美的口味，更易于延长乳制品货架期，同时保证乳制品的营养成分不流失。如酸奶含有丰富的益生菌，一方面可以减少有害物质的出现，有效延长乳制品的储存时间；另一方面也可以促进人体肠道循环，加强人体对其营养物质的吸收。酸奶还能促进人体的消化，提升人体自身的免疫力。

5. 发酵豆类制品

发酵豆类制品是指用大豆或大豆制品接种微生物发酵后制成的食品，包括豆豉、豆酱、酱油、腐乳等。大豆经过微生物处理后，还可以对食品进行调味。通过微生物发酵技术制作豆制品的过程相对简单。发酵后的豆制品不仅保留了其本身的营养成分，更有利于人们对其营养进行吸收，大豆本身具有大豆异黄酮类、大豆低聚糖、大豆皂苷以及磷脂等丰富的营养成分，而微生物发酵后产生的大豆多肽、氨基酸类化合物、消化酶、维生素、大豆异黄酮、功能性低聚糖、褐色色素、矿物质等营养素和功能性成分，使得发酵豆类食品具有促进消化吸收、减慢血管老化、降血压、溶解血栓、抗氧化、抗癌、抗菌等生理功能。豆制品可以有效补充人体中的蛋白质，减少人体对油脂的摄取，而且通过微生物发酵后生成了大量的核黄素类物质，对改善人体的记忆力有很大的帮助。

6. 发酵果蔬制品

我国水果和蔬菜资源十分丰富，但具有时令性，保藏加工性较差，鲜销状况比较严峻等问题，导致部分果蔬原料的浪费。通过有益菌对其进行发酵，不但解决了资源浪费的问题，而且发酵制品的营养价值和益生功效得到了提高，改善了风味，延长了产品的保质期，并且可提高产品的安全性。发酵果蔬制品以一种或多种新鲜水果、蔬菜为原材料，经过益生菌发酵形成富含维生素、氨基酸、矿物质和次生代谢产物等多种营养成分的功能性发酵产品。由于益生菌在发酵过程中产生细菌素、胞外多糖、多酚类物质、酶等多种功效成分，使得发酵果蔬制品具有改善营养健康、调节胃肠道功能、提高免疫能力、抑制有害菌和抗氧化等作用；而且乳酸菌和（或）酵母菌等益生菌发酵果蔬后产酸、生香而赋予发酵产品一些特有的风味。发酵果蔬制品的品质和功效不仅取决于原材料本身，发酵剂亦是关键影响因素，功能性发酵菌株的筛选和优化是发酵果蔬制品研发的重中之重，建立果蔬发酵益生菌资源库是当务之急。而且可采用多菌种协同发酵以发挥多种益生菌的功效，因此针对不同的果蔬研发复配发酵剂是发展趋势。

◎ **延伸阅读**

发酵蔬菜微生物的多样性

菌种对发酵蔬菜的风味起到了至关重要的作用，发酵群落结构不同，发酵蔬菜口味也大不相同，其风味物质的变化与微生物的代谢密切相关，因此对发酵蔬菜的微生物群落结构进行研究，能更好地提高产品品质。

7. 发酵肉制品

通过微生物发酵的肉制品色泽鲜艳，并且很容易对其进行保存，发酵的肉制品风味独特，深受人们喜爱。在我国部分地区，香肠及腊肉都是最常见的肉制品，它们是通过微生物发酵制成的，不仅易于储存，还保留了肉质自身的营养成分。在微生物的发酵过程中会产生大量的酶，对肉中的蛋白质成分进行分解，有效提高谷氨酸等氨基酸的含量，增加了发酵肉制品的营养成分。对肉制品中的水分进行有效的蒸发，能够抑制微生物中有害成分的产生，延长肉制品的储存时间。通过微生物发酵的肉制品在分解完水分之后很容易被人体吸收，微生物发酵中亚硝酸盐含量较少，降低了其对人体的危害，很好地保留了肉制品的营养价值。

虽然我国发酵肉制品具有悠久的历史，但手工作坊式生产仍占据主流地位，缺乏标准的生产工艺和技术，卫生条件及产品质量缺乏保障，难以实现工业化生产。在发酵肉制品中，如何选择和制备发酵剂是生产的首要因素。从发酵成品或环境中分离、选育优良的微生物菌株，运用发酵工程生产高效的浓缩发酵剂以及相关的商品酶或细菌素，从而获得高生产性能的优良发酵剂是未来的研究重点。同时，发酵肉制品中的致癌性物质亚硝胺是一个备受人们关注的安全性问题。

8. 发酵茶

茶文化在我国有着悠久的历史。现如今发酵茶制品对我国的茶文化发展具有重要的意义。发酵茶制品具有较高的营养价值与保健功能。发酵茶中最具代表性的就是普洱茶与红茶。

根据发酵程度的不同发酵茶可分为轻发酵茶（不发酵茶）、半发酵茶、全发酵茶和后发酵茶。发酵茶保留了茶叶本身含有的大量咖啡碱、维生素等化学成分，能加速脂肪氧化，具有瘦身减肥的效果。同时，发酵茶在发酵烘制的过程中，在氧化酶的影响下，茶多酚发生氧化反应，从而降低其含量，缓解了茶叶本身对胃的伤害。其发酵产物还可有效调节人体的血脂、血糖，加速人体对食物的消化吸收。

第二节　食品发酵原理

一、食品发酵过程的生化机理

食品发酵与微生物的代谢活动紧密相关。微生物代谢是指微生物与周围环境进行物质和能量交换的过程，包括合成代谢和分解代谢、能量代谢和物质代谢，见图 6–3。食品发酵是将微生物代谢活动人为地引入食品生产中，利用不同的代谢活动，完成生物转化，得到所需的代谢产物。在发酵过程中，单个的微生物细胞是有效的动态生物转化场所，即最小生产工具，它们既要完成自身的制造（生长与繁殖），又要完成目的产物的转化与积累（发酵活动）。因此，微生物为维持自身生命活动发生的各种代谢活动，是食品发酵的基本理论基础。

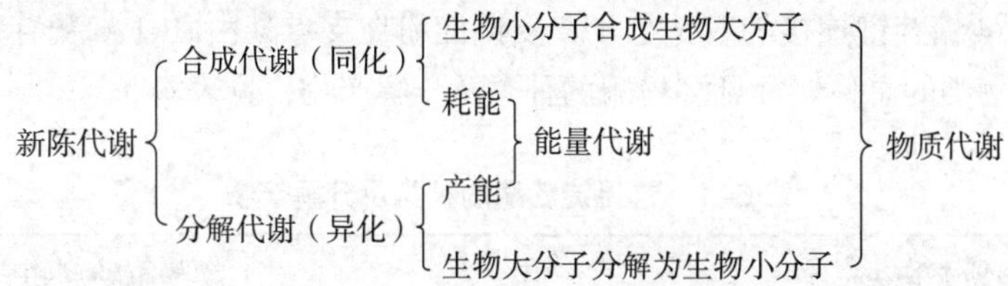

图 6–3　微生物新陈代谢类型

微生物的生长与繁殖交替进行，在适宜条件下，微生物不断从环境中吸收各种营养物质，并按一定的代谢方式进行多种多样的代谢活动，完成细胞的生长繁殖。

食品的发酵实际就是微生物利用食品中的主要成分作为营养物质和能源物质，在其生命活动过程中积累来自三大代谢体系的各种代谢产物，完成微生物对原料的生物转化，形成风味各异的发酵食品。

能被微生物发酵利用的原料多为糖类、蛋白质、脂类等，原料被微生物转化的过程，实质就是微生物将多糖、脂肪、蛋白质、纤维素等大分子物质降解的过程，同时也是醇类、有机酸、氨基酸等小分子物质形成的过程，以及后期对前两个阶段微生物转化产物进行生物与非生物的再平衡过程。

食品发酵中微生物的中间代谢可以将同一类物质（如多糖）的降解与再生有机联系起来，还可以将看似不相关的蛋白质、脂类、核酸等大分子物质也联系起来，完成各类物质的相互转化，极大地扩展了微生物的能源物质与营养，增强了其环境适应能力。一般情况下，微生物将自然界广泛存在的糖、脂类、蛋白质及核酸等物质作为最初的能源物质与营养物质，对这些物质进行分解，释放大量的能量及生成小分子物质（部分为中间代谢物质），后者被用于合成细胞所需的糖、脂类、蛋白质及核酸等。整个过程中，各类大分子物质的分解代谢、小分子（中间产物）物质的生成及大分子物质的再合成都伴有丰富的代谢产物分泌。人类利用微生物的这种性能以获取所需的目标代谢产物，便形成了发酵工业。

对发酵食品而言，改变食品风味、香气或原有的组织状态都是微生物作用的主要结果，微生物利用食物原料中大分子物质的降解代谢及产物生成转化，完成了实际意义上的发酵过程。但对发酵食品来说，这并不意味着发酵过程的结束，大多数发酵食品还要经过后发酵阶段。后发酵阶段是原料原有物质与经微生物改变或产生的新物质，在短期或长期的贮藏条件下，经过一系列有机、无机、生物与非生物等错综复杂的反应，形成色香味俱全且风味独特的酿造食品。经过自然陈酿的平衡阶段有时也未必能达到预期风味效果，故对发酵食品人为控制、勾兑以及后修饰也十分重要。

发酵食品最大的特点是风味的多样性与独特性。发酵食品的风格特征不仅取决于其色、香、味、体物质及其构成比例和组合方式，还取决于其文化底蕴。随着科学技术的发展，目前人们对发酵食品色、香、味、体的主要构成成分能够进行有效检测与分析，如对发酵乳品的风味组成、各种名优白酒的香气组成等都有了比较透彻的了解。但在实际生产中，如何控制原料品质、菌种性能及生产工艺，并使这些风味物质能够与人体感官感觉达到完美统一，使其特有风格有效表达，是一个无止境的科学问题。

二、食物主要大分子物质的微生物利用及转化

微生物细胞在酶的作用下对糖、蛋白质、脂肪、核酸大分子物质的生物分解与生物合成形成生命活动的有效循环。食品中能被微生物利用的大分子主要包括：淀粉、脂类、蛋白质、核酸等，还包括纤维素、果胶等人体不能直接消化吸收的大分子物质。

1. 淀粉的降解

淀粉有直链淀粉和支链淀粉之分。一般天然淀粉中，直链淀粉约占 20%，支链淀粉约占 80%。

直链淀粉是由 α–1,4 糖苷键连接的直链分子；支链淀粉在支点处由 α–1,6 糖苷键连接。淀粉酶是水解淀粉和糖原的酶类的总称。常见淀粉酶的种类及分解产物，见表 6–1。

表 6–1　常见淀粉酶的种类及分解产物

淀粉酶种类		淀粉降解的产物
液化型淀粉酶	α– 淀粉酶	糊精、麦芽糖、少量葡萄糖
糖化型淀粉酶	β– 淀粉酶	麦芽糖、极限糊精
	糖化酶	葡萄糖
	异淀粉酶	较短直链淀粉

2. 脂质化合物的降解

脂质化合物包括脂肪、磷脂、游离脂肪酸、蜡类及油类等。脂质化合物水解的主要产物是脂肪酸和甘油。在有氧条件下脂肪酸可进行 β 氧化（Knoop 的 β 氧化学说）。脂肪酸的降解比较缓慢，在厌氧条件下更加缓慢。

微生物分解脂肪酸的 β 氧化途径是从羧基端开始，逐步将碳原子成对地从脂肪酸链上切下，即以每氧化一次失去两个碳原子的方式逐步使碳链缩短。因为脂肪酸碳链氧化断裂发生在 β 位碳原子上，所以称为 β 氧化作用。常见的脂肪酸降解的 β 氧化途径如图 6–4 所示。

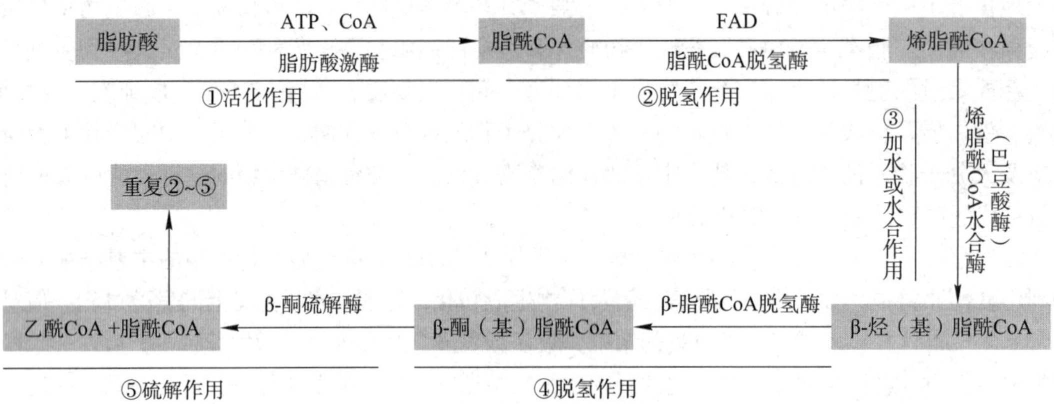

图 6–4　脂肪酸降解的 β 氧化途径

偶数碳链（C_{2n}）脂肪酸最终产生 n 个乙酰 CoA，而奇数碳链（C_{2n+1}）脂肪酸可产生 n–1 个乙酰 CoA 和 1 个丙酰 CoA。丙酰 CoA 与 ATP、CO_2 反应，生成甲基丙二酸单酰 CoA，经分子内部重排转变成琥珀酰 CoA，进入 TCA 循环。

微生物除可以通过 β 氧化作用分解脂肪酸外，还可通过 ω 氧化作用（即脂肪酸 ω 位的碳原子首先氧化），生成二羧酸，再通过 β 氧化作用脱下二碳化合物。

3. 蛋白质及其生物降解

蛋白质水解是在酶的催化作用下，通过加水分解，使蛋白质肽链断裂，生成氨基酸的生化过程。微生物利用蛋白质是先分泌蛋白酶至体外，再将蛋白质分解为大小不等的多肽或氨基酸等小分子化合物，然后使这些小分子化合物进入细胞并加以利用，通式如下：

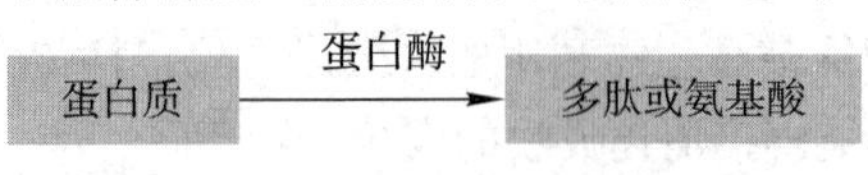

微生物对氨基酸的分解，主要是脱氨作用和脱羧基作用。脱氨方式随微生物种类、氨基酸种类以及环境条件的不同而不同，主要有以下 5 种方式：

（1）氧化脱氨

在有氧条件下进行，专性厌氧菌不能进行氧化脱氨。微生物催化氧化脱氨的酶有两类：一类是氨基酸氧化酶，以 FAD（黄素腺嘌呤二核苷酸）或 FMN（黄素单核苷酸）为辅基；另一类是氨基酸脱氢酶，以 NAD 或 NADP 作为氢载体。氧化脱氨生成的酮酸一般不积累，被微生物继续转化成羟酸或醇，如丙氨酸氧化脱氨生成丙酮酸，丙酮酸可借三羧酸循环（TCA 循环）而继续氧化。

（2）还原脱氨

还原脱氨在无氧条件下进行，生成饱和脂肪酸。能进行还原脱氨的微生物是专性厌氧菌和兼性厌氧菌。腐败的蛋白质中常分离到的饱和脂肪酸便是由相应的氨基酸生成的，如梭状芽孢杆菌可使丙氨酸还原脱氨生成丙酸。

（3）水解脱氨

不同氨基酸经水解脱氨生成不同的产物。同种氨基酸水解之后也可形成不同的产物，如丙氨酸水解之后可形成乳酸，也可形成乙醇。

（4）减饱和脱氨

氨基酸在脱氨的同时，其 α 键和 β 键减饱和，生成不饱和酸，如天冬氨酸减饱和脱氨生成延胡索酸。

（5）脱水脱氨

含羟基的氨基酸在脱水过程中脱氨，如丝氨酸脱水生成 α- 氨基丙烯酸、α- 亚氨基丙酸，这两种产物再水解脱氨成丙酮酸。

4. 核酸的降解

核酸是多个核苷酸通过磷酸二酯键连接起来的多聚物。RNA 主要含有的碱基是腺嘌呤、鸟嘌呤、胞嘧啶和尿嘧啶，而 DNA 主要含有腺嘌呤、鸟嘌呤、胞嘧啶和胸腺嘧啶。RNA 的碳水化合物是 β-D- 核糖，而 DNA 则为 β-D- 脱氧核糖。核苷酸经核苷酸酶催化，水解为核苷及无机磷酸。核苷经核苷磷酸化酶作用，分解生成嘌呤碱或嘧啶碱和 1- 磷酸核糖，后者在磷酸核糖变位酶催化作用下转变为 5- 磷酸核糖，参与磷酸戊糖途径或核苷酸合成代谢。嘌呤碱或嘧啶碱可进一步分解为尿酸、β- 丙氨酸或 β- 氨基异丁酸而排出，也用于核苷酸的补救合成。

5. 其他食品大分子物质的降解

食品中其他大分子物质的降解主要有：纤维素在纤维素酶的水解作用下生成纤维二糖，再经过 β- 葡萄糖苷酶作用，最终变为葡萄糖。

果胶是植物细胞的间隙物质，使邻近的细胞壁相连。它是半乳糖醛酸以 α-1,6 糖苷键相连形成的直链大分子化合物，在果汁加工、葡萄酒生产的过程中应用果胶酶的分解起到澄清的作用。

木质素在食品成分中很少测定其含量。目前根据已有数据推断木质素的发酵代谢产物可能和某些重要的芳香成分的形成有关，即与名特优发酵食品的香气之间有某种关系。

关于食品中存在着各种芳香族化合物，如植物组织中含有带一个苯环的化合物及较复杂的环状化合物，如维生素、生物碱、萜类、单宁等的发酵原理与终产物研究比较少。

三、食品微生物的主要代谢途径及发酵类型

生物的代谢活动是获得发酵产物的根本，底物可通过微生物的各种代谢途径形成不同的代谢产物。微生物对底物的转化途径和产物的积累不仅取决于细胞内的酶系，而且受到复杂生存环境的作用与影响。因此，难于对微生物代谢途径及代谢产物进行逐一介绍。这里仅从碳架入手，介绍产生单一初级产物的发酵途径，为微生物发酵类型的掌握奠定必要基础。

1. 由 EMP 途径进行的发酵

经 EMP 途径发酵至丙酮酸后，随着微生物种类的不同，可进行不同分支代谢途径的发酵，因而其最终发酵产物也不一样，如基于对丙酮酸的代谢，有乙醇发酵、同型乳酸发酵、丙酸发酵、

混合酸发酵、2,3 丁二醇发酵、丁酸发酵等，见表 6-2。

表 6-2 微生物 EMP 途径发酵

名称	底物	代表性菌种	主要产物
乙醇发酵	葡萄糖	酵母菌	乙醇
同型乳酸发酵	葡萄糖	乳酸菌	乳酸
丙酸发酵	葡萄糖、甘油、乳糖、乳酸等碳源	丙酸菌	丙酸、乙酸等副产物
混合酸发酵	丙酮酸、葡萄糖等碳源	肠道细菌	甲酸、乙酸、乳酸等有机酸
2,3- 丁二醇发酵	葡萄糖等碳源	产气杆菌	2,3- 丁二醇、二乙酰
丁酸发酵	乙酰乙酸、丁醇等碳源	梭状芽孢杆菌	乙酸、丁酸、丙酮、丁醇

2. 基于磷酸戊糖途径的发酵

磷酸戊糖（HMP）途径又被称为单磷酸己糖途径，经 HMP 途径，1 分子 6- 磷酸葡糖转变成 1 分子 3- 磷酸甘油醛、1 分子 CO_2 和 1 分子 NADPH。

HMP 途径可以为核苷酸和核酸的生物合成提供戊糖 - 磷酸，产生大量的 $NADPH_2$，参与脂肪酸、固醇等细胞物质的合成；也可通过呼吸链产生大量的能量。通过该途径可产生核苷酸、氨基酸、辅酶、乳酸等。该途径进行发酵的典型例子是异型乳酸发酵。异型乳酸发酵是指发酵产物中除乳酸外，还有乙酸、乙醇和 CO_2。

3. 基于 ED 途径的发酵

许多细菌都能利用葡萄糖发酵产生乙醇，但不同细菌的发酵途径各不相同。少数假单胞菌，如林氏假单胞菌能利用葡萄糖经 ED 途径进行酒精发酵，在末端假单胞菌中能使 2 分子丙酮酸脱羧，然后还原脱羧生成 2 分子乙醇和 2 分子 CO_2。

在微生物细胞中，有的同时存在 EMP、HMP、ED 等途径来降解葡萄糖，有的只有一条途径，如嗜糖假单胞菌只有 ED 途径。在某一具体条件下，拥有多条途径的某种微生物究竟经何种途径代谢，对发酵产物影响很大。有资料分析，一般微生物多以 EMP 途径为主；少数以 ED 途径为主；酵母菌和一些霉菌通常两条途径并用，且 EMP：HMP =（70% ~ 80%）:（30% ~ 20%）。

4. 基于 TCA 途径的发酵

许多好氧和兼性厌氧微生物在一定条件下都能通过 TCA 途径进行发酵生成发酵产物。微生物利用葡萄糖，经过 EMP 途径生成丙酮酸，在无氧条件下还原成乙醇、乳酸等发酵产物。但在有氧条件下，丙酮酸经过 TCA 循环代谢途径，不断被分解，最终被彻底氧化成 CO_2 和 H_2O，并释放出大量能量。在这个循环代谢途径中，由于有几个中间产物是含有 3 个羧基的化合物，故称为三羧酸循环或称柠檬酸循环。

TCA 循环分为两个阶段：第一阶段，由 EMP 途径生成的丙酮酸经氧化脱羧作用，形成乙酰辅酶 A；第二阶段，乙酰辅酶 A 进入 TCA 循环被彻底氧化成 CO_2 和 H_2O，并释放出能量。

微生物经过 TCA 循环进行发酵，可以生产出多种有机酸，如柠檬酸、2- 酮戊二酸、琥珀酸、延胡索酸和苹果酸等。另外，通过这些有机酸，还可以与氨基酸代谢发生密切关系，相应发酵产生出其他多种氨基酸，如谷氨酸、赖氨酸等。

5. 基于微生物的一些特殊代谢途径的发酵

在碳的同化方面，除一般的代谢类型外，微生物还有许多特殊的代谢途径，这些代谢途径既可以产生有机酸、脂肪酸、维生素、多糖等，也可以产生氧化烃、芳香族化合物等。另外，微生物还可产生抗生素、色素、毒素、甾体化合物等次级代谢产物。

第三节　食品发酵生产的过程控制

一、发酵的基本工艺过程

1. 发酵豆制品

腐乳作为我国著名的传统酿造豆制品和调味品之一，又称乳腐、霉豆腐、豆腐乳、臭豆腐或长毛豆腐，它是由大豆蛋白经多种微生物协同发酵制成，富含植物蛋白质、脂肪、碳水化合物等多种营养素以及风味二肽、三肽。我国著名的腐乳有北京王致和腐乳、上海鼎丰精致玫瑰腐乳、桂林花桥腐乳、克东腐乳等，因其地域、气候等自然条件的不同，其发酵工艺也体现出了一定的差异。腐乳的发酵主要包括原辅材料的选择、豆腐坯的制作、前期培菌和后期发酵四个过程。红腐乳是腐乳中的一大类产品，通过在后期发酵的汤料中加入了红曲形成了表面呈红色的腐乳。红腐乳的生产工艺流程如图 6–5 所示。

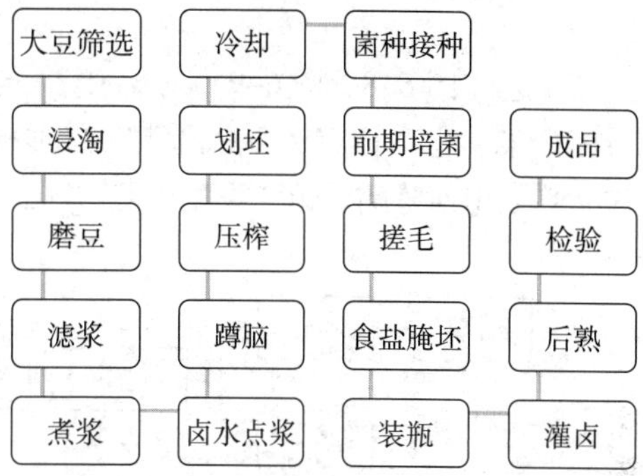

图 6–5　红腐乳的生产工艺流程图

2. 发酵乳制品

发酵乳制品是指将牛乳或羊乳作为原料，经过杀菌、发酵后制作出的乳产品，包括酸乳、发酵酪乳、酸奶油等多种产品。发酵乳可分为嗜热菌发酵乳和嗜温菌发酵乳（图 6–6）。凝固型酸乳的生产工艺主要集中在原料乳和配料的选择、菌种的接种和发酵、冷藏后熟几个阶段（图 6–7）。原料乳中蛋白质会对酸乳的风味、硬度、黏稠度产生影响，在酸乳中加入明胶和果胶能够提高非脂乳的稳定性，避免乳清分离。发酵的终点是凝固型酸乳加工的重点，也是控制产品质量的关键，其判断方法是在发酵 2 h 后进行抽样观察凝乳状态，如果已经凝结立即测量其酸度，当酸度达到 70～90°T 时，发酵就可以结束。

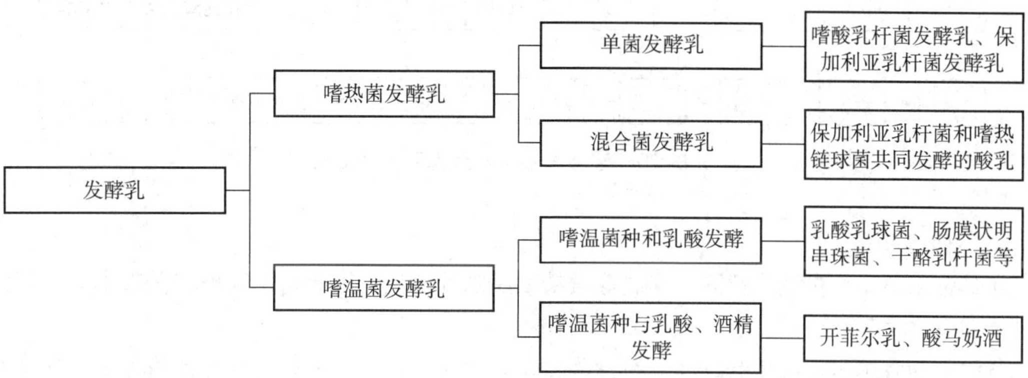

图 6–6　发酵乳的分类

3. 发酵醋

食醋在我国历史悠久，又有比较丰富的种类，由于不同的地理环境、制作原料、制作工艺构成了多种多样的食醋。根据制作工艺，食醋可分为酿造醋和人工合成醋；按原料处理方式可分为生料醋和熟料醋。目前关于食醋的酿造工艺主要包括固态法发酵食醋生产工艺和液态法发酵食醋

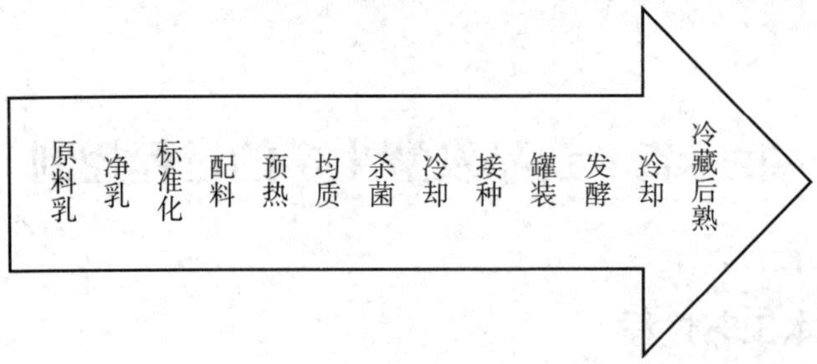

图 6-7　凝固型酸乳的加工工艺

生产工艺（图 6-8、图 6-9、图 6-10）。与固态法发酵工艺相比，液态发酵食醋具有卫生、不易被杂菌污染、生产稳定、产品澄清以及质量高等优点。但固态发酵作为我国传统发酵手段，现在一些品牌如山西陈醋、镇江香醋仍使用固态发酵。

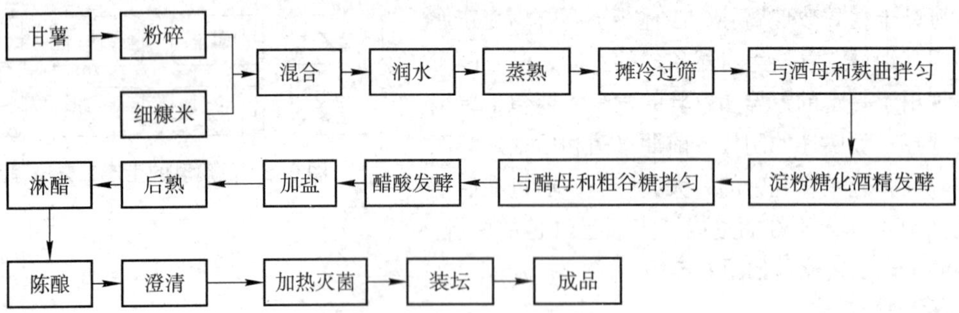

图 6-8　固态发发酵食醋生产工艺

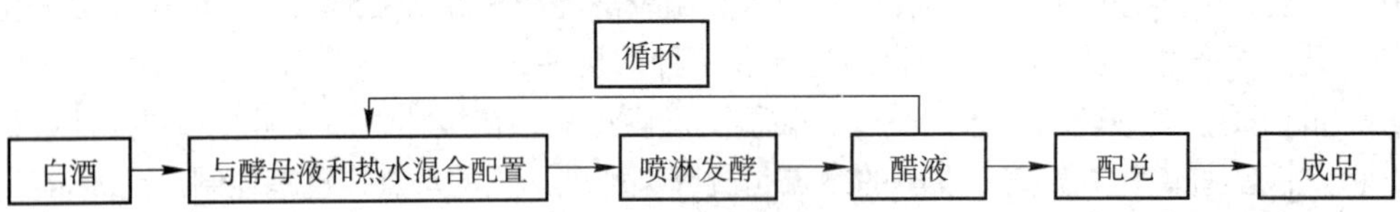

图 6-9　液体回流法发酵食醋生产工艺

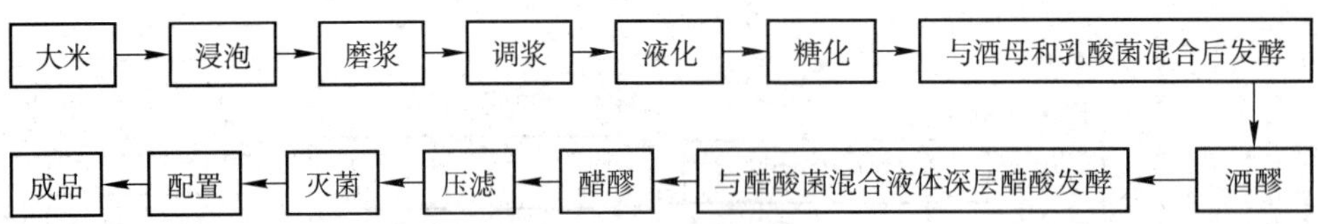

图 6-10　液态深层法发酵食醋生产工艺

4. 发酵酒制品

在日常生活中，白酒、黄酒、啤酒等酒精饮品随处可见，因原料、发酵工艺的不同，其体现的风味和口感大有差异。

黄酒作为我国古老的传统民间发酵食品，是以稻米等谷物为原料，经蒸馏后加酒药糖化发酵作用酿造而成的低酒精含量的发酵原酒，其酒精含量为 8% ~ 16%。黄酒的酿造工艺主要包括了酒曲的生产、酒母的生产、黄酒的发酵、黄酒醅的压滤、澄清、煎酒和储存。按照生产工艺，黄酒可分为淋饭酒（绍兴黄酒）、摊饭酒（浙江黄酒）、喂饭酒三种（图 6-11、图 6-12）。摊饭发酵作为一种比较典型的酿造方法，主要特点包括：①一般选择较冷的天气进行发酵，主要目的是为了避免酸败现象的产生和防止酒的快速发酵；②使用酸浆水发酵是摊饭法发酵的最主要特征，将新收获的糯米浸泡 20 天，产生的浆水具有很多生长素类物质，能够抑制杂菌的繁殖；③在发酵开始前，风冷降温能够去除不良味道，保留有效成分，使发酵后获得的黄酒口味更加醇厚。与摊饭法相比，喂饭法则具有酒药用量少，多次喂饭后使酵母菌的群体不断扩大，有助于促进酵母不断产生酒精的优点。

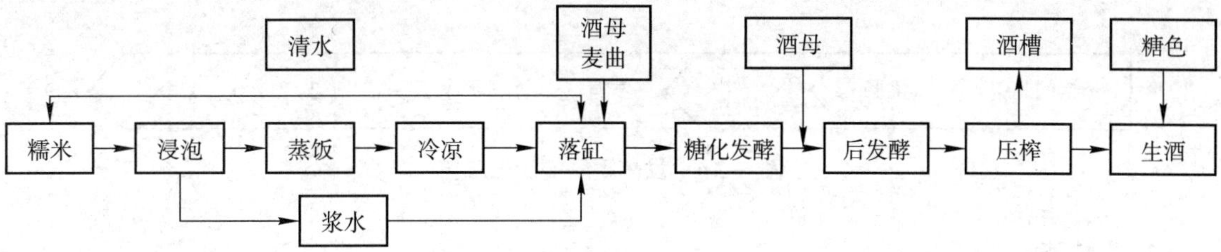

图 6–11　摊饭法发酵工艺

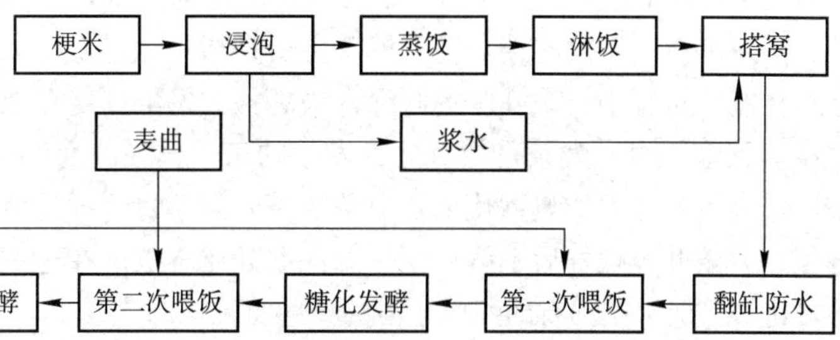

图 6–12　喂饭法发酵工艺

白酒是我国传统的蒸馏酒，生产工艺独特，品种丰富。按采用的曲种分类可分为大曲白酒、小曲白酒、麸曲白酒；按照白酒的香型分类可分为清香型白酒、浓香型白酒、酱香型白酒、米香型白酒和其他香型白酒；按照生产工艺分类可分为固态发酵白酒和液态发酵白酒。全液态法又叫作液态发酵法，俗称“一步法”，可以说该法从原料蒸煮、糖化发酵，一直到蒸馏，基本上都是采用酒精生产的设备，工艺上吸取了白酒的传统操作特点，完全摆脱了固态发酵法的生产方式，使得生产过程达到机械化水平。但其缺陷也很明显，由于液态发酵时蒸酒效果不好，使醇酸和醇酯类物质之间的比例失调，导致酒的品质变差，但目前通常采用串香和调香等工艺来弥补这一问题。酱香酒的传统酿造工艺以优质的糯高粱为原料（不破碎或破碎 20%），用小麦制成的高温大曲为糖化发酵剂，前两次投料并高温堆积，采用条石筑的窖池进行发酵，经过一年的 9 次蒸煮、8 次发酵、7 次取酒，长时间贮存后勾兑而成。但仍要根据当地的气候环境对生产工艺进行优化调整，以保证酿出的白酒品质更优。

5. **发酵果蔬制品**

发酵果蔬制品通常是指那些在相对密闭的容器中经过一定时间的微生物发酵而制作成的蔬菜制品，主要以泡菜和酸菜为主。蔬菜发酵的主要工艺流程见图 6-13。目前发酵蔬菜制品面临着加工技术水平低下、产品种类单一、产业化程度低以及加工安全等问题，这仍需要进一步探索和研究。对于目前酸菜发酵的形式，我们应该：①重视原料品种的选择，严格把好质量关；②酸菜发酵工艺需要进一步改进和完善；③规范酸菜生产过程，提高食品安全意识，加大监督检查力度；④重视酸菜综合利用率，保护环境，提高效益。

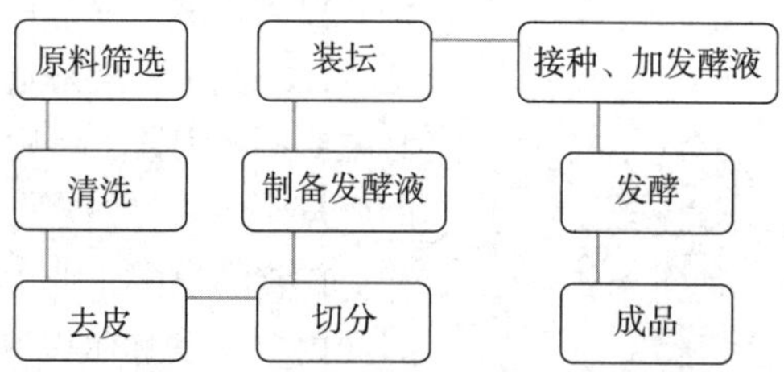

图 6–13　蔬菜发酵的主要工艺流程

6. **发酵肉制品**

发酵香肠是指将绞碎的肉和动物脂肪以及糖、盐、发酵剂和香辛料等混合后灌进肠衣，经过微生物发酵而制成的具有稳定的微生物特性和典型的发酵香味的肉制品。产品通常是在常温下储存和运输的。在发酵过程中，乳酸菌发酵的碳水化合物形成了乳酸，使香肠的最终 pH 下降到 4.5 ~ 5.5 之间，这一阶段的 pH 使得肉中的盐溶性蛋白质变性，形成了具有切片性的凝胶结构，并且较低的 pH 能够保证产品的稳定性和安全性。发酵香肠的加工工艺主要包括肉馅的制备和填充、菌种的接种、发酵、干燥和成熟几个步骤（图 6–14）。

图 6–14　发酵香肠的加工工艺

7. 发酵茶

发酵茶是指在茶叶制作中有“发酵”这一工序的茶的统称，茶树芽叶经过萎凋、揉切、发酵、干燥等初制工序制成毛茶后，再经精制制成的茶，就是发酵茶。根据发酵的程度可分为轻发酵茶、半发酵茶、全发酵茶、后发酵茶。轻发酵茶主要是指不经过发酵的茶，这种茶以绿茶为代表；半发酵茶是指在制作过程中将茶叶中的叶绿素破坏掉，发酵程度在 20% ~ 70% 之间的茶，以铁观音和武夷岩茶为代表。全发酵茶是指百分百发酵的茶叶，在冲泡后会显示出鲜明的红色或深红色，称为红茶。作为后发酵茶的典型代表，黑茶的茶叶经杀青、揉捻后还需进行渥堆。渥堆是黑茶生产的关键工序，茶叶经揉捻后不解块便保温保湿开始堆放。在这一过程中大量微生物参与茶叶内含成分的转化，形成黑茶独有的醇厚顺滑的口感特征以及减肥降三高等功效。

8. 发酵面食

发酵面食是我国半数人口的主要营养源，备受国人关注。面包作为发酵面食的代表，在发酵过程中主要包括原辅料的选择、酵母菌的选择、发酵、整形、烘烤等重要步骤。面团调制需要控制加水量、温度、酵母溶解率、原辅料的比例，除此之外面团搅拌过程也非常重要，这些步骤的错误都会造成面包发酵后成品出现问题。面包的发酵过程如图 6–15 所示。

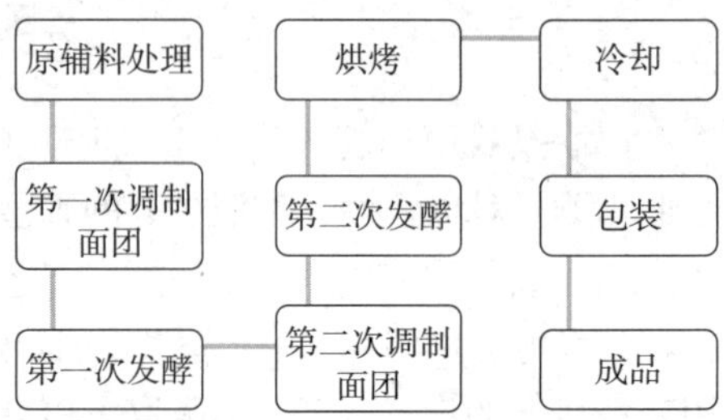

图 6–15　面包发酵过程

二、食品发酵动力学

1. 发酵动力学的概念和研究目的

食品的微生物发酵动力学是对食品发酵微生物生长、发酵产物合成、底物消耗动态过程的定量描述及相互之间的定量关系研究。食品的发酵动力学研究目的，一是认识微生物发酵过程的动态变化规律，并建立相应的发酵动力学的数学模型；二是优化微生物发酵工艺条件确定其最优发酵过程参数；三是提高发酵产量、发酵生产强度以及底物转化率。

通过提高发酵食品的产量和底物转化率，就可以显著提高发酵水平，降低发酵成本。一般来讲，提高发酵食品的产量涉及高产菌株选育，发酵过程优化与控制，以及发酵罐规模化放大等多个方面。其中，发酵过程优化与控制就需要通过发酵动力学研究，了解微生物发酵动力学参数及其主要影响因素，然后对这些因素实施有效控制，从而优化发酵过程，提高发酵食品（发酵产物）的产量。

在食品发酵工业中，发酵生产强度（也称发酵生产率）是衡量发酵水平的重要指标，即单位时间内单位发酵体积中发酵产物的产量。发酵生产率的提高需要通过对发酵过程的动力学研究来实现。

2. 发酵动力学参数及其数学模型

（1）发酵动力学参数

发酵动力学参数包括微生物本征动力学参数和表观动力学特征参数。

微生物本征动力学参数是指在特定培养条件下某种微生物所特有的生长、产物合成、基质消耗等代谢过程变化的特征参数，不同的微生物其本征动力学参数大小不一样，即使是同一种微生物在不同的培养条件下其本征动力学参数大小也不一样。

微生物表观动力学参数是指该微生物群体在发酵体系中生长、产物合成、底物消耗等所表现出来的宏观动力学特征参数，也称之为宏观动力学参数。微生物表观动力学参数能够表征发酵体系中微生物细胞群体代谢的宏观特征，因此，通过发酵动力学研究，确定微生物表观动力学参数，就能很好地了解整个发酵过程特征及其变化规律。

（2）发酵动力学的数学模型

定量描述是实现工程化的重要方面，通过测定发酵过程中各种参数的变化，尤其是微生物表观动力学参数，依据这些参数，并运用质量守恒定律，建立包含有微生物细胞生长、产物合成及底物消耗的动态定量关系的数学模型，可根据该模型求解微生物的本征动力学特征参数，也可根据该模型优化发酵过程，确定最优发酵条件等。

3. 分批发酵动力学

微生物分批发酵动力学主要是研究微生物在分批发酵过程中细胞生长动力学、基质消耗动力学及产物合成动力学及其之间的动态定量关系。

（1）微生物生长动力学曲线

在生长过程中，微生物通过代谢活动将部分营养物质转变成微生物细胞构成的物质，表现出微生物细胞体积的增大。当生长到一定阶段，微生物细胞开始分裂、增殖，表现出细胞数量的增多。所以，微生物生长是指细胞体积的增加和细胞数目的增多。

分批发酵是指一次性投料、接种直到发酵结束，发酵液始终留在发酵罐内。在食品发酵工业中，比如酸奶等的发酵。因此，分批发酵过程属于典型的非稳态过程。在发酵初期，接入微生物细胞，随着该细胞对培养环境的适应和生长，基质将逐渐被消耗，代谢产物不断积累。分批发酵过程中，微生物生长通常要经历延滞期、对数生长期、衰减期、稳定期（静止期）和衰亡期五个时期，如图 6–16 所示。

延滞期指微生物在接种后一段时间内并未增殖，细胞数量几乎保持不变的一段时期。延滞期长短主要取决于菌种质量、接种量以及培养基营养成分的特性和浓度。在发酵食品工业生产中，综合考虑发酵生产率、生产成本以及染菌污染等原因，应采取适当措施尽量缩短延滞期。采用对数生长期且达到一定浓度的微生物种子，可有效缩短延滞期。

对数生长期（又称指数生长期）指微生物在分批发酵过程中的第二个阶段，微生物生长速率快速增加，逐渐达到最大值的时期。

在分批发酵中，由于微生物快速生长所导致的营养物耗尽，或微生物分泌出的代谢产物，都可能明显影响微生物的进一步生长。因此，微生物经过一段时间发酵培养后，微生物生长速率会出现衰减，即微生物生长进入了衰减期，当微生物净生长速率降至零时，表明微生物进入了稳定期。稳定期指微生物在分批发酵过程中的净生长速率等于零的时期，该时期微生物处于生长和死亡的动态平衡，该时期微生物的次级代谢十分活跃，许多次级代谢产物在此期间大量合成，微生物细胞的形态也发生较大变化，如形成空泡等。

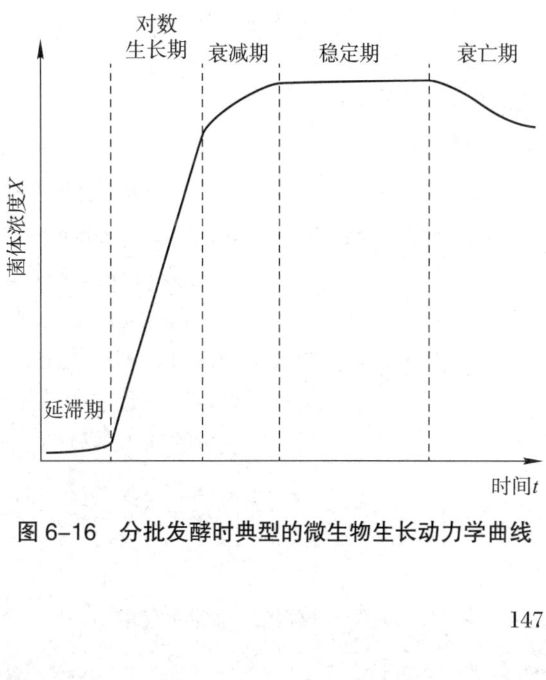

图 6–16　分批发酵时典型的微生物生长动力学曲线

衰亡期是指微生物在分批发酵中，由于发酵液中营养物质大量耗尽，对生长有害的代谢物在发酵液中大量积累的时期，出现微生物死亡、自溶，总细胞数呈负增长。在食品工业发酵中，发酵终点一般选为衰亡期出现之前。在分批发酵体系中，可以通过探究在一定底物浓度范围内的微生物生长情况，来了解微生物生长受底物浓度限制的特性。下面以果酒和果醋发酵动力学模型为例。

（2）果酒和果醋发酵动力学模型

果酒发酵动力学模型，用于研究果酒发酵过程中菌体生长、基质消耗及产物生成的变化规律，应用 Logistic 模型方程建立酵母菌数量变化、酒精度变化的动力学模型，用 Boltzmann 模型建立总糖含量变化的发酵动力学模型，并进行模拟。通过动力学模型的建立，计算试验值与预测值之间的拟合度相关性系数（R^2）。R^2 越接近于 1，模型的试验值和预测值的拟合度越好，越能反映果酒和果醋在发酵过程中的动力学特征。

① 酵母菌生长动力学模型

典型的酵母菌果酒发酵生长曲线呈"S"形，可以用 Logistic 模型应用于果酒发酵过程进行模拟，Logistic 方程是用来表现菌体生长与营养底物之间的非线性关系的经验方程。Logistic 方程如下。

$$Y=\frac{A_1-A_2}{1+\left(\frac{x}{x_0}\right)^{\mathrm{P}}}+A_2$$

式中：Y 表示发酵过程中酵母菌的数量，$\times 10^7$ 个 /mL；A_1 表示初始酵菌数，$\times 10^7$ 个 /mL；A_1 表示最终酵母菌数，$\times 10^7$ 个 /mL；x 表示发酵时间，d；x_0、P 为方程系数。

② 底物总糖消耗动力学模型

在果酒的发酵过程中，总糖的消耗模型包括底物消耗以维持细胞呼吸新陈代谢作用、供给菌体生长、形成产物 3 个部分。通过物料平衡，利用 Boltzmann 模型建立方程如下。

$$Y=\frac{A_1-A_2}{1+\exp\left(\frac{x-x_0}{\mathrm{d}x}\right)}+A_2$$

式中：Y 为总糖含量，g/L；A_1 为初始总糖含量，g/L；A_2 为总糖终浓度，g/L；x_0、dx 为方程系数；x 为发酵时间，d。

③ 产物酒精生成动力学模型

不同时间的酒精度含量数据，用 Origin 软件进行非线性拟合，得到果酒生产中产物生成动力学模型。

$$Y=\frac{A_1-A_2}{1+\left(\frac{x}{x_0}\right)^{\mathrm{P}}}+A_2$$

式中：Y 表示发酵过程中的酒精度，%vol；A_1 表示初始酒精度，%vol；A_2 表示最终酒精度，%vol；x 表示发酵时间，d；x_0、P 为方程系数。

④ 果醋发酵动力学模型

在酒精发酵完成后，醋酸菌将酒精氧化成为醋酸，该过程称为醋酸发酵。以果酒为发酵底物，加入果醋菌进行醋酸发酵，可以获得果醋。对其发酵过程中的醋酸菌生长量、醋酸含量及酒精含量进行测定，并建立果醋发酵动力学模型。同样可以采用上述 Boltzmann 模型建立果醋菌生长量、醋酸生成量的动力学模型，采用上述 Logistic 方程建立酒精消耗动力学模型。

三、液态发酵及其工艺控制

1. 酒类

黄酒的发酵工艺都是在敞口情况下采用一边糖化一边发酵的方式，这意味着在发酵过程中应注意避免被有害菌侵袭造成黄酒的发酵酸败。在采用摊饭法发酵时应注意不要将发酵缸中的温度升到太高，以免发生“烫酿”现象。同时温度太高会导致酵母菌的早衰，使酵母菌的发酵能力大大降低。在采用喂饭法发酵工艺时，要注意控制发酵缸中糖的浓度，并保证发酵缸中有充足的空气，促使酵母菌能够迅速繁殖。且研究发现喂饭次数控制在三次时可以达到理想的发酵效果，大米原料投料比例约为 1∶3，第一次投料比例为 18%，第二次投料比为 28%，第三次投料比为 54%，随着喂饭用量的增加，发酵效果和酒质都能得到很好的改善。酒酿发酵由于能够提供一定的有机酸和脂类，对发酵过程中产生的酸具有一定的调节作用，使发酵的原料能够产生更多的酒，但在酿酒过程中如果使用的原料比例过大，会产生更多的杂质，酿造出的黄酒会带有一定的苦味和异味。因此，使用的发酵原料必须控制在一个合适的比例范围之内。同时黄酒在发酵过程中还涉及许多的生产工艺，其中原料选择、菌种保藏、加工过程、容器消毒是影响黄酒质量的关键因素。各种食品原料采购时会混有异物、虫害以及未成熟颗粒，同时储藏不当同样会导致原料污染，被污染的原料未经严格清洗就进行蒸煮发酵，会产生一系列的质量问题，因此应严格把控原料的采购以及监管。

与固态发酵相比，液态发酵法生产白酒具有出酒率高、对粮食损耗少、对体力劳动的要求小，可实现机械化、自动化等优点。液态发酵过程中首先要注意原料加水比为 1∶4，在蒸煮醪冷却至 60℃左右时，加入麸曲进行糖化，用量为原料的 11%～15%，直至冷却到 28℃左右时，加酒母 6%，进入发酵罐。在进行多种原料对酒体风味影响的研究中发现多种粮食复配对增加酒的香气，改善酒体有一定的作用，并经气相色谱分析后发现成品酒中的乙酸乙酯含量增加。

2. 乳制品类

乳制品，尤其酸乳加工过程中的工艺控制主要集中在解决凝固性差、乳清析出、风味不良三个方面。乳品中，通常会有一定的抗生素和防腐剂，这些物质的存在会影响乳酸菌的正常生长，同时发酵温度和时间不合适，噬菌体的污染以及发酵剂活力和加糖量均会导致酸乳凝固性的变化。乳清析出主要是由于原料乳热处理不当、发酵时间过短或过长以及总干物质含量低、钙盐含量不足、含有大量添加剂等其他因素造成。因此，为解决凝固性差的问题，首先要选取质量较好的原料，其次优化出酸乳最优的发酵工艺，接着经常对发酵剂进行更换或选择两种以上的菌种减少噬菌体的危害。

3. 液态发酵食醋

液态发酵食醋生产工艺可分为液体回流法发酵和液态深层法发酵。液态回流法发酵生产食醋一般选用白酒为原料，操作要点是将酸度为 9%～9.5% 的醋液分流出一部分作为循环醋液，加入白酒、酵母液和热水混合均匀，使混合液酸度为 7.0%～7.2%，酒精浓度为 2.2～2.5 为宜，之后进入速酿塔进行发酵。每天用玻璃喷淋管每隔一小时喷淋一次，夜间停止，加速醋酸菌繁殖。从塔底流出的液体为半成品醋液，兑水稀释后形成食醋。而液态深层发酵的生产工作要点主要集中在大米原料的液化和糖化、酒精发酵过程以及醋酸发酵过程中。酒精发酵部分要尽量采用多菌种共同发酵，目的是使酒醪中不挥发性酸、香味成分增加，同时延长酒精发酵时间，使液体澄清，改善风味。为改善液体发酵醋的风味，在醋酸发酵过程中可采用熏醅方式进行增香、增色。

四、固态发酵工艺及其控制

1. 发酵豆制品

红腐乳发酵过程中红曲卤汤的配置起到了至关重要的作用，其中酒酿卤、黄酒和高粱酒作为腐乳发酵的主要配料，对腐乳形成特色风味起到了重要作用。甜味的酒酿卤中含有酵母菌、细菌等微生物，它对腐乳发酵成品中的糖分含量、浓度以及香气起到一定的影响作用。在腐乳后期发酵中加入酒精主要作用为：①抑制微生物的繁殖和杂菌的感染；②使蛋白酶作用速度变缓，形成腐乳特有的香气和滋味；③防止蛋白质水解过快发生腐烂；④酒精作为合成脂类等芳香物质的基础，对形成腐乳的独特风味起到了至关重要的作用。因此，研究发现在装瓶时，酒精含量应控制在 12% 左右，如果用黄酒或高度高粱酒勾兑，酒精含量应控制在 11% ~ 12% 最佳。同时腐乳发酵生产过程中，制坯工段原料蛋白质利用率不高，豆腐坯质量较差，前期培菌操作不当会引起“红色斑点”“黄衣”，毛坯黏稠等现象；后期发酵中常出现腐乳褐变、产生结晶状物质等问题，仍需研究探讨。

2. 固态发酵食醋

固态法发酵生产食醋的工作要点：①原料的选择和配比应根据不同地域及饮食习惯进行优化；②原料处理完成后，在糖化以及酒精发酵过程中要注意在倒醅过程中醅温不能超过 40℃，大约到了第五天，醅温下降到 33 ~ 35℃，此时糖化和发酵完成；③在醋酸发酵过程中，醅温始终保持在 39 ~ 41℃，不能高于 42℃，每天进行一次倒醅并对醋酸含量进行测定，一旦醅温低于 38℃，醋酸发酵步骤完成；④醋酸发酵完成后需要迅速加盐，静置 2 天进入后熟阶段。

3. 发酵果蔬制品

酸菜在生产过程中首先要注意原料的选择，一般在我国东北地区以大白菜为主，也有少数选取甘蓝为发酵原料。在发酵方式方面，我国东北地区多采用自然发酵法制作酸菜，这种发酵方式的主要作用微生物为乳酸菌。目前工业上为降低成本，并不选取热烫方式处理，但在民间会经过热烫后进行腌制。其中也在加工酸菜过程中控制盐分含量低于 3%，而且他们在制作过程中往往是一层白菜上铺一层盐，使酸菜更加新鲜和健康。

泡菜生产涉及泡菜容器的选择、泡菜盐水种类的选择、原料预处理、入坛泡制、泡制期的管理等步骤。首先泡菜坛子的好坏对泡菜质量的影响巨大，优质的泡菜坛需具有外表釉质好、无裂纹、无砂眼、内壁光滑和手敲音质清脆的特点。接着泡菜盐水的配置，盐水分为新盐水和老盐水，新盐水是指每次泡制前新配置的盐水，老盐水是指使用两年后的泡菜盐水，两种盐水按 1 : 1 混合后形成混合盐水。原料预处理后进行装坛泡制，泡制期间最常见的问题是盐水长霉，这种霉主要是酒花酵母菌，具有极强的抗盐和抗酸性，能够分解乳酸、降低制品的酸度，造成泡菜组织的软化。如果不及时处理，会促进有害微生物的繁殖，造成泡菜的裂变。并且泡菜的发酵必须满足乳酸菌最大限度地厌氧生长，发酵好的泡菜乳酸含量大致为 0.4% ~ 0.8%，食盐含量为 2% ~ 4%，同时还具有 80% 以上的水分。

4. 发酵肉制品

香肠在发酵过程中主要包括肉馅的制备和填充、接种霉菌或酵母菌，以及发酵过程中的工作要点。在肉馅的制备和填充过程中，一方面要保证香肠在干燥过程中易于失去水分，另一方面要保证肉馅具有较高的脂肪含量。因此瘦肉要在 −4 ~ 0℃的环境中进行斩拌，并且为了避免较高的持水力，瘦肉不斩拌成肉泥状，通常在搅碎的瘦肉和脂肪混合好后，再加入腌制剂、碳水化合物、发酵剂和香辛料混合。在接种霉菌和酵母菌的过程中，一般选择的霉菌发酵剂为其冻干孢子的悬浮液，而酵母菌发酵剂选择冻干细胞。发酵时因为工业上选择的发酵剂均为冻干型，因此使用前需要复水复原，室温下放置 18 ~ 24 h 以使发酵剂中的微生物活化，然后才能添加到香肠肉馅中。对于香肠而言，干燥是一个时间比较长的阶段。这一过程时间的长短，主要取决于香肠直径的大小，最适干燥温度为 12 ~ 15℃。在实际生产过程中，通常采取在初始阶段使用较高温度，随着干燥的进行，温度逐渐降低的办法。

五、发酵过程的主要设备

1. 发酵豆制品

腐乳的生产设备按发酵步骤分类可分为制作腐乳坯设备、腐乳前期培菌设备和后期发酵设备。在乳坯制作阶段，需要用到大豆筛选设备、大豆输送设备、大豆浸泡设备、磨浆设备、浆渣分离设备、煮浆设备、点浆工具和设备以及压榨设备八部分；在腐乳前期培菌过程中需要用到划块工具和设备、微生物接种设备、前期培菌设备三部分；在后期发酵阶段主要用到了推车、腌制设备、磨红米设备、染色盘、出酒桶、卤汤桶、清理设备以及其他配套设备。

2. 发酵乳制品

发酵乳在加工过程中主要用到了制冷罐、双重过滤设备、预热罐、均质机、灭菌器、预冷罐、发酵罐、冷藏箱以及灌装机等设备。制冷罐主要为了防止生奶发生变质，双重过滤设备能够过滤杂质，均质机通过将牛奶中的蛋白质和脂肪球磨粉，使牛奶细腻，灭菌器能够对牛奶进行高温杀菌，杀灭有害菌。

3. 食醋

食醋加工主要由原料混合设备、生产搅拌装置、高温灭菌设备、除菌冷却设备、发酵罐、成品储存罐以及灌装压盖设备组成。

4. 酒制品

目前，在液态发酵法生产白酒采用的蒸馏形式主要有三种：①模仿固态法蒸馏，以期多蒸馏出一部分风味物质，并重点解决含酸、脂低和杂醇油高的现象，因此会在蒸馏釜上加节圆柱，内装稻壳；②模仿威士忌的蒸馏，采用壶式蒸馏的方法；③集中塔、釜两种蒸馏方式的优点，采用塔釜式结构。

5. 果蔬发酵制品

通常情况下，民间使用的发酵设备种类繁多，主要包括不锈钢发酵罐、树脂罐、水泥发酵罐、泥窖、陶瓷罐和食品级塑料桶，其设备各有优缺点，例如不锈钢发酵罐成本高，应用范围有限；树脂罐成本较低，可移动性强；水泥发酵池则具有存储体积较大的优点；泥窖发酵的酸菜能够进行长时间的发酵，口感得到了极大的提升，受到了东北地区人民的广泛喜爱；陶瓷罐和食品级塑料桶的体积小，不适合制作大量的酸菜，应用范围有限。

6. 发酵肉制品

香肠发酵过程中主要包括原料斩拌设备、灌装设备、香肠烟熏设备、香肠发酵设备、香肠风干设备以及香肠包装设备。

开放讨论题

你认为随着消费需求的转变，未来食品发酵技术如何实现跨越式发展？

思考题

1. 简述食品发酵的特点。
2. 举例说明发酵对食品品质的影响。
3. 简述食品发酵与微生物的关系。
4. 微生物新陈代谢的主要类型及各类型之间的关系是什么？
5. 简述微生物对氨基酸分解的五种方式及特点。
6. 简述食品微生物的主要发酵类型。

7. 简述各发酵食品在发酵生产过程中的工艺流程。
8. 发酵动力学的主要概念和目的是什么？
9. 简述发酵微生物本征动力学参数和表观动力学特征参数的概念。
10. 简述分批发酵时典型的微生物生长动力学曲线各个时期的特征。
11. 简述固态发酵和液态发酵过程中的关键控制。
12. 简述食品发酵中用到的设备和仪器。

自测题

撰写人：梁鹏、董晓静、曾峰、杨倩

第七章

食品的有效组分与分离

食品中的有效组分主要有蛋白质 / 肽、脂质、多糖、多酚、维生素等，食品的有效组分在为人类提供优质营养供给方面发挥着重要作用。从食品中分离有效组分古已有之，随 着现代食品分离技术的蓬勃发展，食品有效组分分离的工艺技术日趋完善，主要有常规溶剂提取分离、物理场辅助分离、膜分离、离子交换分离、分子蒸馏分离等技术。本章介绍食品中有效组分的概念、有效组分分离的基本原理、分离的基本工艺等知识。

知识目标

1. 理解食品中有效组分的概念。
2. 理解食品中有效组分分离的基本原理。
3. 掌握食品有效组分分离的基本工艺。

能力目标

1. 能够准确描述食品的有效组分有哪些。
2. 能够根据不同有效组分的理化特性，选择适宜的分离方式。
3. 能够掌握食品有效组分分离工艺的主要特点。

素养目标

1. 认识食品有效组分分离工艺的发展历史。
2. 培养理论联系实际的能力。
3. 形成根据食品有效组分理化特性正确选择适宜分离工艺的能力。

知识导图

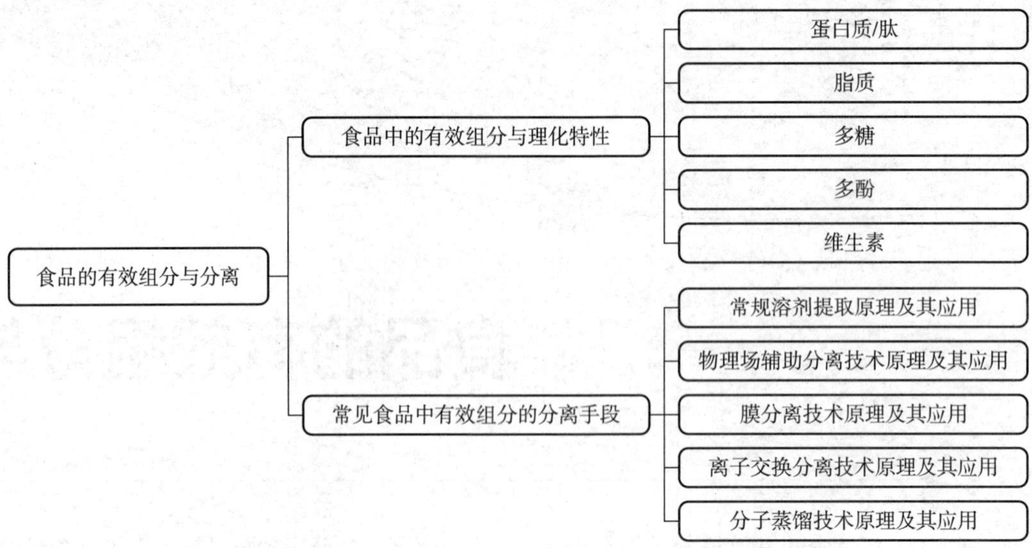

重点及难点

食品有效组分分离原理；不同有效组分分离工艺特点

问题导读

1. 简述不同有效组分适宜的分离方式。
2. 试分析食品组分分离工艺的主要特点。

关 键 词

有效组分　分离方式　分离原理　分离工艺特点

第一节　食品中的有效组分与理化特性

一、蛋白质 / 肽

蛋白质是食品中的重要有效组分，能够为人体内蛋白质的生物合成提供必要的结构单元和物质基础，同时对维持食品的理化特性（凝胶性、起泡性、乳化性和纤维化结构等）提供重要支撑。食源性肽是食品中主要组分——蛋白质的降解产物，除了被广泛认知的营养功能外还展现出了优异的生物活性，如抗炎、抗氧化、降血脂、降血糖、诱导组织再生等诸多功能，因此，当前对于从食品中提取功能蛋白 / 肽的研究方兴未艾。

食品中常见的蛋白按照来源可分为动物性蛋白和植物性蛋白，主要有肌原纤维蛋白、胶原蛋白、弹性蛋白、乳蛋白、卵清蛋白、酪蛋白、大豆分离蛋白、乳清蛋白、金属蛋白等。现今，诸多的食源性功能蛋白已经能够从食品中有效分离提纯，其相对分子质量在 5 000 至几百万之间，主要由 50% ~ 55% C、6% ~ 7% H、20% ~ 23% O、12% ~ 19% N 和 0.2% ~ 3% S 等元素构成。维系食品蛋白功能特性的结构基础是蛋白质的多层级结构：一级结构（蛋白质的构成单元氨基酸通过酰胺键共价地连接成线性序列）、二级结构（多肽链某些片段的氨基酸残基周期性的空间排列）、三级结构（含有二级结构片段的线性蛋白质链进一步折叠成紧密的三维结构）和四级结构（含有一条以上多肽链的蛋白质分子的空间排列）。

从传统意义上讲，蛋白质的各种功能特性还可从蛋白质三类分子性质层面进行解读：①蛋白质的水合性质，体现在对其溶解性、分散性、润湿性、溶胀性、增稠性、吸水能力、持水力等的影响；②蛋白质的表面性质，体现在对其乳化性质、起泡性、风味物质结核性、色素结合性等的影响；③蛋白质的流体动力学 / 流变性质，体现在对其弹性、黏度、黏结性、咀嚼性、胶凝性、质构特性等的影响。

从食品中分离功能蛋白主要包括如下的单元操作：预处理、提取、等电点沉淀、盐沉淀、热凝结和分离等步骤。食品中蛋白质的天然构象是一种热力学状态，其自由能处于一个相对较低的水平，从无规则的多肽折叠成为蛋白质的三维立体结构的过程十分复杂，主要受到蛋白质分子间固有的作用力和周围溶剂的影响，而这类作用力包括空间相互作用、范德华力、氢键、疏水键、静电相互作用、疏水相互作用、二硫键等。在对功能蛋白进行分离时主要是基于蛋白质在不同外场条件下的构象改变导致的理化特性变化进而促使其从食品体系中有效分离。食源性肽作为蛋白质的降解产物，在分离过程中常常还需要添加额外的预处理方式，比如在胶原肽制备过程中通常采用酶 – 热力法结合的方式对原料进行充分酶解，使得原料中的胶原大分子链断裂，分子量逐步降低至 3 000 以下，同时在回收食源性功能肽时，往往还需要采用喷雾干燥结合振动流化床处理的方式对肽类进行干燥和塑形。

◎ **延伸阅读**
海洋胶原肽活性及其应用

食品中主要蛋白质的种类、功能特性及应用见表 7–1。食源性肽的种类、作用机制及应用见表 7–2。

表 7–1　食品中主要蛋白质的种类、功能特性及应用

来源	功能蛋白质	功能特性及应用
乳品	酪蛋白	在肉制品、烘焙食品、人造奶饮料中添加以强化蛋白质的营养特性；冰激凌生产中的稳定剂，提高脂肪乳化、改善粘度；使干酪更有弹性；作为酒的澄清剂和脱色剂；提升肉制品出品率
	乳清蛋白	替代焙烤食品中的鸡蛋白和脂肪，保证产品色泽和口感；缩短干酪的成熟期，改善感官性能，增加出品率；增加冰激凌的抗融性，降低油脂含量；在香肠和午餐肉中作为黏合剂
蛋品	蛋清蛋白	对保持焙烤食品的网状结构有重要作用；作为易碎食品（油炸丸子）的黏结剂和涂料
	卵黄脂蛋白	食品中均匀乳化体系的构建
肉类	胶原、肌原纤维蛋白、弹性蛋白	肌原纤维蛋白与肉制品的物性（凝胶、黏着性等）密切相关，而胶原蛋白和弹性蛋白则与肌肉的结缔组织骨架维持有关
谷物	麦胶蛋白、麦谷蛋白	麦胶蛋白赋予面筋一定黏弹性；麦谷蛋白有交联作用，赋予面筋弹性
油料	大豆蛋白	增加冰激凌中蛋白含量，赋予其良好形态；加入肉制品中，能形成乳状液和凝胶基质，防止脂肪和汁液损失；作为啤酒中的泡沫稳定剂；增加面筋强度等
新型蛋白	昆虫蛋白	昆虫蛋白质中氨基酸组分比例与 FAO 制定的蛋白质必需氨基酸比例模式非常接近，应用于汉堡加工
	叶蛋白	茶叶蛋白质应用于西式香肠中，与添加大豆分离蛋白没有明显区别

表 7-2　食源性肽的种类、作用机制及应用

种类	作用机制	应用
抗氧化肽	通过抗氧化肽的肽键和羟基提供氢原子或电子，清除 ROS、活性氮（RNS）和自由基；通过抑制某些促氧化酶和螯合参与催化自由基生成的过渡金属离子来抑制 ROS、RNS 和自由基形成；上调内源性抗氧化剂，如谷胱甘肽、维生素 C、超氧化物歧化酶和过氧化氢酶，进而抑制自由基对细胞器的破坏	抑制油脂氧化酸败，保持食品新鲜度和营养价值；减少辐射损伤、促进创面愈合；美白保湿；抗癌药物
抗菌肽	主要分为胞外杀菌作用机制（桶板模型、毯式模型、环孔模型、凝聚模型）；胞内作用机制（阻断 DNA 复制和 RNA 生成、影响蛋白质合成、阻碍细胞分裂、抑制胞内酶活性）	抑制腐败真菌生成，延长果蔬保质期；作为抗生素和食品防腐剂的替代品；制备抗菌活性包装材料；提升动物免疫力
抗冻肽	目前抗冻蛋白的作用机理尚不清楚，比较受认可的有吸附抑制学说、晶格匹配模型、偶极子－偶极子假说模型、晶格占有模型和表面互补模型	在冰激凌中防止冰晶重结晶现象，影响口感；提升冷冻面团持水力；防止肉制品冷冻变性；培育耐寒番茄
金属离子螯合肽	金属离子与肽类的配位发生在氨基、亚氨基或羧基上，以单齿共价键的形式键合；也涉及金属离子与肽链氨基及羧基的配位结合、金属离子与肽链羧基的离子键结合；肽对金属的吸附作用	促进矿物质吸收；具有抗氧化、抑菌活性和降血糖活性等
免疫活性肽	通过诱导产生分泌型 IgA 细胞增强肠道黏膜免疫；增强自然杀伤细胞的细胞毒性；巨噬细胞的活化及其吞噬作用；刺激细胞因子、免疫球蛋白和一氧化氮的分泌；刺激 B 细胞、CD4+、CD8+、CD116+ 和 CD56+ 细胞；激活 NF-κB 和 MAPK 通路；在脂多糖诱导的巨噬细胞中抑制 TNF-α、IL-1β、IL-6、COX-2 和 PGE2	调节大肠菌群、增强肠道免疫力、刺激淋巴细胞增殖、提高巨噬细胞吞噬外来异物的能力及抗肿瘤的功能
血管紧张素转化酶抑制肽	ACE 抑制肽通常通过直接结合或间接诱导酶活性位点的构象变化来发挥作用，人体的血压是多种因素条件的共同表现，其中最重要的调节系统是 RAS（升压调节系统）和 KKS（降压调节系统），ACE 抑制肽通过抑制 ACE 活性，从而影响其在 RAS 和 KKS 中的调节作用	可用于高血压、冠心病等疾病引起的高血压治疗

二、脂质

脂质是生物体内一大类微溶于水易溶于有机溶剂的重要有机化合物，脂质的水不溶性是其能够与蛋白质和碳水化合物较好分离的物性基础。食品中的脂质主要有脂肪（三酰甘油）、磷脂、糖脂和固醇等，其中三酰甘油占动植物中脂质含量的 99% 以上。根据室温下三酰甘油的状态，通常将固态的三酰甘油称为脂肪，将液态的三酰甘油称为油。三酰甘油又称为中性脂肪或甘油三酯，用于食品加工的人造奶油、起酥油等几乎都是纯甘油三酯混合物。磷脂、糖脂和固醇等则是构成生物膜的重要成分，在生命体中发挥着重要生理作用。脂肪酸是脂质水解得到的脂肪族一元羧酸，食品中脂质含有多种脂肪酸组分，如表 7-3 所示。

食品中甘油三酯的含量居多，其理化特性对于油脂的精炼与分离具有重要的指导意义。

1. 物理性质

（1）流变特性

大多数的液体油是具有一定黏度的牛顿流体，在室温下黏度值在 30～60 m/Pa・S，且其大小

表 7–3　常见食品中的主要脂肪酸组成（%）

食品中油脂	4：0	6：0	8：0	10：0	12：0	14：0	16：0	16：1△9	18：0	18：1△9	18：2△9	18：3△9	20：5△5	22：6△4	总饱和	晶体习性
橄榄油							13.7	1.2	2.5	71.1	10.0	0.6			16.2	β
菜籽油							3.9	0.2	1.9	64.1	18.7	9.2			5.5	β
玉米油							12.2	0.1	2.2	27.5	57.0	0.9			14.4	β
大豆油						0.1	11.0	0.1	4.0	23.4	53.2	7.8			15.0	β
亚麻籽油							4.8		4.7	19.9	15.9	52.7			9.5	
椰子油		0.5	8.0	6.4	48.5	17.6	8.4		2.5	6.5	1.5				91.9	β’
可可油						0.1	25.8	0.3	34.5	35.3	2.9				60.4	β
乳脂	3.8	2.3	1.1	2.0	3.1	11.7	26.2	1.9	12.5	28.2	2.9	0.5			62.7	β’
牛肉脂肪				0.1	0.1	3.3	25.5	3.4	21.6	38.7	2.2	0.6			50.6	β’
猪肉脂肪				0.1	0.1	1.5	24.8	3.1	12.3	45.1	9.9	0.1			38.8	β
鸡肉					0.2	1.3	23.2	6.5	6.4	41.6	18.9	1.3			31.1	
大西洋鲑鱼						5.0	15.9	6.3	2.5	21.4	1.1	0.6	1.9	11.9	23.4	β’
鸡蛋						0.3	22.1	3.3	7.7	26.6	11.1	0.3			30.1	

随着温度升高而急剧下降。而固体脂肪由于是由脂肪晶体的混合物分散到液体油基质所形成，其流变行为受浓度、形态、作用力及体系中脂肪晶体的结构所影响，通常固体脂肪呈现出一定的塑性，具有典型的“非牛顿流体特性”（剪切变稀）。

（2）密度

油脂的密度是食品加工单元操作过程中一个重要因素，多数食品中，部分脂肪为结晶态，其密度主要取决于固态脂肪占总体的含量。

（3）热学特性

油脂的热学特性参数包括比热容、热导率、熔点和熔化焓，这些参数决定了脂质体系温度改变所需的热量多少，多数固态油和液态油的比热容在 2 J/g 左右。此外，油脂的热稳定性还可以通过烟点、光点和着火点来表征，其中烟点是指在特定条件下油脂开始冒烟的温度，着火点是指油脂热降解产生挥发性成分通过火焰快速点燃且持续燃烧的温度，这对于高温油炸食品用油的选择有指导意义。

（4）光学特性

油脂的光学特性对食品的感官品质（颜色和透明度等）息息相关，其中折光率和吸收光谱是两个重要的指标，油脂的折光率主要与其中含有的甘油三酯的分子结构有关，随链长和共轭双键数目的增加而增加。而油脂的吸收光谱则能提供油脂中分子特性，如不饱和度、脂质氧化程度、顺反异构化和杂质等信息。

2. 化学性质

（1）水解反应

脂质在酶或者加热的条件下发生水解，进而释放出游离的脂肪酸。例如乳制品中短链游离脂肪酸使牛奶产生酸败味，这对于产品的风味不利，如生成泡沫、产生异味、降低氧化稳定性和烟点等，但在干酪风味形成过程中添加微生物和乳脂酶却能改良产品的风味。

（2）氧化反应

脂质氧化是描述脂质和氧气之间一系列复杂化学变化的总称，包括自动氧化和光敏氧化等，是食品败坏的主要原因之一。食品中油脂氧化动力学研究表明氧化速率一般先有一个滞后期然后迅速进入指数期，在滞后期内食品的质量总体较好，一旦进入指数期，油脂氧化加速导致异味迅速产生。

（3）热分解反应

在高温下脂质的热解和氧化同时存在，对于饱和的脂肪酸在氧存在条件下会分解为酸、烃、丙烯二醇酯、丙烯醛和酮等物质，对于不饱和脂肪酸则会分解为无环或环状二聚物。

三、多糖

尽管蛋白质和核酸被认为是生命科学中最重要的研究对象，但是随着科学的不断进步和人们对多糖结构和功能解析的逐步深入，多糖被认为是最后一类亟待攻破的生物大分子。多糖是由葡萄糖基以直链或侧链方式排列而成的，但大多数超过 10 个或 20 个单糖的低聚物，如阿拉伯胶、果胶、魔芋葡甘露聚糖、淀粉、纤维素、卡拉胶、黄原胶、海藻胶等。多糖来源广泛，储量丰富，可从陆地植物、海藻、动物体中提取，也可以通过生物发酵的方式进行生物合成。多糖的化学结构十分复杂，与蛋白质结构分类类似，可分为一级、二级、三级和四级结构，主要包括糖基组成、排列方式、连接方式、构型和糖链的支化情况等。

食品中多糖分子的结构、大小以及链构象等均有所不同，这些因素共同决定了多糖的诸多特性，如溶解性、增稠性、胶凝性、乳化性、松脆性、成膜性、黏着性等（表 7–4）。

① 溶解性。多糖分子链由己糖和戊糖基单元构成，糖基平均含有三个羟基，每个羟基均可和一个或多个水分子形成氢键，多糖结构中环上的氧原子以及糖苷键上的氧原子亦可与水形成氢键，

表 7-4　常见的食品多糖的结构及应用

名称	结构特点	应用
黄原胶	黄原胶是由一系列五糖重复结构单元堆叠形成的大分子杂多糖聚合物，该五糖重复结构单元由 D- 葡萄糖、D- 甘露糖和 D- 葡萄糖醛酸残基分子按照 2∶2∶1 组成	改善蛋糕结构，使蛋糕缝隙均匀，更具有弹性，延长蛋糕保质期；使奶油和乳制品结构更坚实，口感更细腻；澄清果汁；使啤酒气泡效果更好
结冷胶	结冷胶是一种线性的阴离子型多糖，重复单元由四个单糖以一定排列方式组合而成，平均分子量约 500	可以代替琼脂，通常应用于饮料、糕点和乳制品中，在果酱和果冻的生产中用作凝胶剂
普鲁兰多糖	普鲁兰多糖是以 α-1,4 糖苷键连接的麦芽三糖单元通过 α-1,6 糖苷键连接而成的线性多糖	食品工业中的增稠剂、稳定剂和胶凝剂，提升产品的感官特性，延长保质期，或用于调味料，使调味料更加稳定
淀粉	淀粉的基本构成单位为 α-D- 吡喃葡萄糖，是葡萄糖脱去水分子后，经由糖苷键连接在一起所形成的共价聚合物，通常淀粉是两种葡萄糖聚合物（直链淀粉和支链淀粉）的混合物	未改性的马铃薯淀粉用于膨化谷物、方便食品以及汤粉和蛋糕粉中，米淀粉可用于婴儿食品；改性的淀粉通常作为食品大分子配料和添加剂用于高温加热、高酸性环境、高剪切混合 / 泵送、冷冻解冻操作和长期的冷藏等食品工业场景
羧甲基纤维素	由纤维素衍生，是一种阴离子、直链、水溶性纤维素醚	在冰激凌和其他冷冻甜食中抑制冰晶生长；在各种调味料、汤料、浇头中作为增稠剂、悬浮剂、保护胶体、改善口感与质构；膨化产品润滑剂、成膜剂及加工助剂；糖浆、固体饮料增稠剂
魔芋葡甘露聚糖	主链由通过 β-D-1，4 键连接的 D- 葡萄糖（G）和 D- 甘露糖（M）组成，M∶G 比率在 1.6∶1 左右	应用于面团 / 面条、甜点、猪肉或禽类产品的黏合剂，作为低脂肉制品中的脂肪替代物
刺槐豆胶	以 β-D-1,4 糖苷键连接的 D- 甘露糖为主链，在某些 D- 甘露糖基的 1,6 位上连接一个 α-D- 吡喃半乳糖，且半乳糖与甘露糖的比例为 1∶4 的半乳甘露聚糖	通常与黄原胶和卡拉胶相互作用形成硬的凝胶，很少单独使用，在冰激凌与其他冷冻甜食中提供优良的抗热波动性能、良好的质构与咀嚼性，还可用于模拟肉宠物食品
卡拉胶	卡拉胶的重复二糖单元由 β-1,3-D- 吡喃半乳糖 -4- 硫酸基和 α-1,4-3,6- 内醚 -D- 吡喃半乳糖组成	冰激凌与相关产品的次要稳定剂，制备炼乳、婴儿配方乳、冻融稳定的发泡稀奶油等，还可改善低脂肉制品的质构，增加肉糜制品的持水力等
海藻胶	是由 β-D- 甘露糖醛酸（M）和 α-L- 古罗糖醛酸（G）形成的一种无规线性嵌段共聚物	可形成不熔化的凝胶（甜食凝胶、仿水果），仿肉制品，调味料的乳化稳定剂，或低热量色拉调味料的增稠剂
果胶	主链主要由半乳糖醛酸残基通过 α-1,4- 糖苷键连接，侧链中含有大量中性糖，果胶结构元素包括：均半乳糖醛苷、阿拉伯半乳糖苷 Ⅰ 和 Ⅱ 和阿拉伯糖	可用于果冻、果酱、蜜饯及橘皮果冻的制备，也可以用于酸性乳饮料的制备

此外由于多糖不增加水的渗透性和显著降低水的冰点，因此可被广泛用作低温稳定剂。

② 黏度。多糖在食品工业中主要用于增稠和增强凝胶性能，多糖溶液的黏度与其分子大小、形状及构象有关，高度支链的多糖分子比具有相同相对分子质量的直链多糖分子体积小得多，因此在相同浓度下，高度支链多糖分子相互碰撞或重叠频率也小得多，溶液黏度也相应低得多。

③ 稳定性。无支链的多糖置于热水中时，由于长链部分相互碰撞形成分子间键，开始会形成

短的缔合，然后通过延伸形成拉链形强化缔合，最后其他分子链段会进一步结合到该缔合体上，当达到一定大小后在重力作用下形成沉淀。通常不带电的直链均一多糖分子倾向于缔合并形成部分结晶，具有带电基团的直链多糖分子由于库仑斥力存在也能形成稳定的溶液。

④ 凝胶性。多糖凝胶的三维网络结构是由其分子链通过氢键、疏水缔合、离子桥联、共价或缠结而成，该结构对于外界的应力具有较好的抵抗作用，并表现出部分固体的性质，多糖凝胶中多糖的含量一般低于 2%，如甜食凝胶、肉冻、果酱、果冻等。

多糖的有效分离主要包括预处理、提取、分离和纯化四个层面。①预处理：动植物多糖由于组织细胞常有脂质包围，一般需加入甲醇、丙酮、石油醚、乙醇或乙醚等有机溶剂脱除原料中的色素、还原性小分子糖等脂溶性物质，使胞内多糖有效释放出来。②提取：采用不同的提取方式对多糖进行提取，如热水提取、稀碱水溶液提取、酶解法提取、微波和超声波法提取等。采用上述方法提取所得到的多糖通常含有无机盐、单糖、寡糖、小分子量的非极性物质及大分子蛋白等杂质，需要进行进一步的分离纯化处理。③分离：对于无机盐、单糖等小分子物质可采用透析的方式去除；对于大分子蛋白物质，可采用酶解法、三氯乙酸法、三氟三氯乙烷法和 Sevage 法等去除；对于具有一定颜色的化合物，可采用离子交换法、活性炭吸附、氧化法和金属络合物法等方式去除。④纯化：经过分离后，提取液中多糖的均一性尚需进一步提升，对此通常在不改变原有多糖性质的前提下，可通过多次分步沉淀、盐析、离子交换色谱、凝胶色谱、超滤或者制备型区域电泳法等进行进一步纯化。

四、多酚

1. 多酚的结构与分类

多酚是植物中的一类重要次生代谢产物，广泛分布于植物的叶、皮、根和果实中，主要存在于水果、蔬菜、茶叶等其他植物中。多酚的化学结构以苯环为基本骨架，在苯环上有多羟基取代，在植物体内主要通过莽草酸和丙二酸途径合成，而人体自身是不能合成多酚类化合物的，需要从食物中摄取。

多酚类化合物结构各异、种类繁多，通常可以把多酚分为两大类：一类是多酚单体，包括黄酮类、绿原酸类、没食子酸和鞣花酸，也包括一些连有糖苷基的复合类多酚化合物，常见的有大豆异黄酮、绿茶提取物等；另一类则是由单体聚合而成的低聚或多聚体，即单宁类物质，包括缩合型单宁（如原花青素）和水解型单宁（如没食子单宁和鞣花单宁等），常见的有乌龙茶提取物、葡萄籽提取物等。

多酚化合物的羟基数目和位置决定了多酚的类型，根据多酚的羟基数量和结合结构，也可以把多酚分为酚酸类、黄酮类、单宁类、木质素类等。以下对食品中多酚类化合物的种类和结构进行简单介绍。

（1）黄酮类化合物

黄酮类化合物是一类骨架由 15 个碳原子组成的化合物（C_6–C_3–C_6），骨架中含有 2 个苯环，2 个苯环由 1 个 C_3 部分桥连，C_3 部分可以是脂肪链，也可以与 C_6 部分形成五元或六元氧杂环。食品中黄酮类多酚的基本骨架结构图如图 7–1 所示。

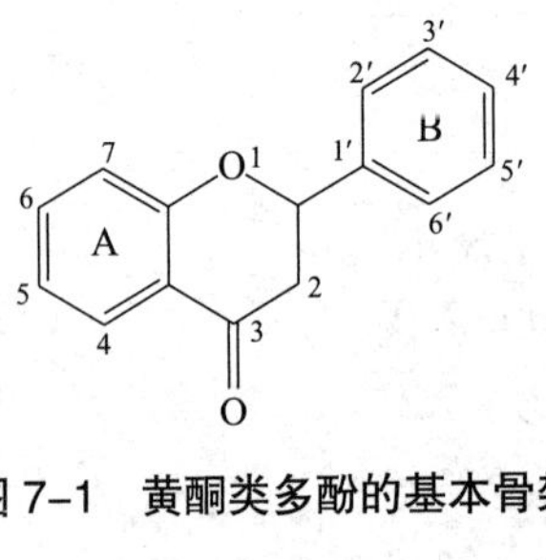

图 7–1　黄酮类多酚的基本骨架

黄酮类化合物在食品中的存在形式很复杂，广泛存在于柑橘、山楂、洋葱等果蔬，大豆、花生、豌豆等谷物及银杏、葛根等中草药植物中。此外在一些加工及发酵食品中，如果蔬汁饮料、茶、咖啡、果酒（尤其红葡萄酒）、啤酒、醋等，也含有较多的黄酮类化合物。

（2）酚酸类化合物

酚酸类化合物是一类含有酚环的有机酸，是结构比较简单的一类化合物。食品中的酚酸类化合物主要分为羟基苯甲酸型（C_6–C_1 结构）、羟基肉桂酸型（C_6–C_3 结构）、羟基苯乙酸型（C_6–C_2 结构）和羟基苯丙酸型（C_6–C_3 结构）（见图 7–2），其中羟基苯甲酸型和羟基肉桂酸型占大部分。

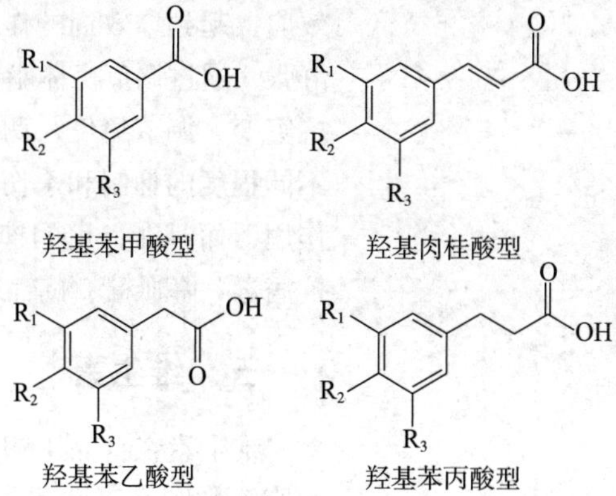

图 7–2　酚酸类多酚的基本结构

在食品中，酚酸类化合物很少以游离的形式存在，大多数酚酸会通过酯键、醚键或缩醛键与结构组分（如纤维素、蛋白质和木脂素等）或小分子物质（如葡萄糖、乳酸和酒石酸等）结合。结合态酚酸可以使用碱或酸水解将其释放出来。石榴、苹果、生菜等果蔬，大米、玉米、小麦等谷物及果汁、茶、低度发酵酒、醋等饮品中都含有丰富的酚酸类化合物。

（3）复合多酚

复合多酚是由一种或多种单体多酚化合物聚合而成的复杂多酚物质，包括单宁和木质素。食品中常见的复杂多酚结构如图 7–3 所示。从化学结构看，单宁可分为水解单宁和缩合单宁。水解单宁是一类由酚酸或其衍生物通过酯键与葡萄糖或多元醇连接而形成的化合物，而缩合单宁是一类由黄烷 -3- 醇结构缩合而成的化合物。食品中的单宁主要为缩合单宁，如原花青素为不同数量的儿茶素或表儿茶素缩合而成，广泛存在于葡萄、石榴、柿子等水果的皮、壳、籽、核、叶中。木质素是一类由 3 种苯丙烷单元聚合而成的高分子化合物，在秦皮、杜仲、厚朴等中药中含量丰富。

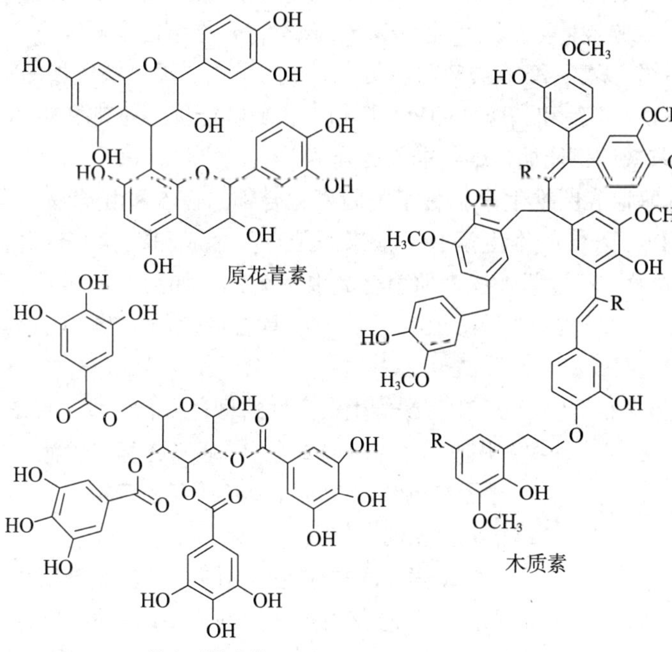

图 7–3　食品中常见的复杂多酚结构

2. 多酚的理化性质

多酚在常温中为无定型的粉末，松散并呈黄色，少部分呈黄棕色，不溶于乙醚，但溶于水和乙醇。由于多酚苯环上有多个羟基，而羟基具有还原性、弱碱性，可发生消去反应、取代反应、置换反应和显色反应等，同时多酚也是植物中的显色物质，有强吸湿性。

3. 多酚的生理功能

◎ 延伸阅读
植物多酚及其肠道健康效应

多酚因其特殊的化学结构，呈现出多种生物活性。多酚的活性功能主要表现在以下几个方面：①抗氧化作用：多酚含有多个酚羟基结构，在体内被氧化后能释放出氢离子，竞争性地与自由基和氧化物结合，具有较强的自由基清除能力，另外，多酚还可与 VC 和 VE 等抗氧化剂产生协同效应，起到增效剂的作用。②预防心血管疾病作用：多酚能够抑制血小板的聚集粘连，诱导血管舒张，通过调节机体脂代谢减轻高脂血症，预防动脉粥样硬化。③抗肿瘤作用：多酚具有抗氧化、抗突变、调节免疫、诱导癌细胞凋亡等活性，所以对胃癌、肠癌、乳腺癌、肝癌等多种肿瘤都有不同程度的抑制和杀伤作用。④抑菌消炎作用：多酚对多种细菌、真菌、酵母菌都有明显的抑制作用，而且在一定的抑制浓度下不影响动植物体细胞的正常生长。⑤其他：多酚还有免疫调节、抗病毒、降血糖、抗辐射等作用。

五、维生素

维生素在食品中的含量较低，但却是机体营养必需的微量营养素，按照化学特征，维生素分为脂溶性和水溶性两大类，脂溶性维生素主要包括维生素 A、维生素 D、维生素 E 和维生素 K，水溶性维生素包括维生素 C 和 B 族维生素等。维生素在体内的主要作用如下：①作为辅酶或它们的前体物质（烟酸、硫胺素、核黄素、生物素、泛酸、维生素 B_6、维生素 B_{12} 以及叶酸）；②作为抗氧化保护体系的组分（抗坏血酸、某些类胡萝卜素及维生素 E）；③基因调控过程中的影响因素（维生素 A、维生素 D 等）；④具有一些特定的功能，如维生素 A 对视觉、抗坏血酸对各类羟基化反应以及维生素 K 对特定羧基化反应的影响。

常见的维生素种类和结构如下：

维生素 A，是指一类具有营养活性的不饱和烷烃，包括视黄醇及相关化合物和一些类胡萝卜素，对于具有维生素 A 或维生素 A 原活性的物质，该类化合物结构中至少有一个完整的未经氧合的 β- 紫罗酮环以及一个以醇、醛或羧基功能团为末端的异戊二烯侧链，如图 7–4 和图 7–5 所示。该类化合物的降解类似于不饱和脂肪酸的氧化降解，因此，能促进不饱和脂肪酸氧化的因素通过直接氧化或间接自由基效应也能加剧维生素 A 的降解。

维生素 D，是一种脂溶性维生素，属于类固醇化合物，有 5 种化合物，与人体健康关系密切的是维生素 D_2 和 D_3。人体的维生素 D 一般来源于自身合成和饮食，自身合成的维生素 D 来自皮肤的 7- 脱氢胆固醇，经过紫外线 B 照射合成维生素 D_3，如图 7–6 所示。经血液运送至肝脏和肾脏过程中，经过非酶异构化的多步反应后，成为具有活性的 $1.25(OH)_2VD_3$，发挥生物学效应。

维生素 E，是一类具有类似于 α- 生育酚维生素活性的母育酚和生育三烯酚的统称。母育酚为 2- 甲基 -2（4′,8′,12′- 三甲基三癸基）色满 -6- 酚，而生育三烯酚除了在侧链的 3′,7′ 和 11′ 处存在双键外，其他部分与母育酚的结构完全相同，如图 7–7 所示。

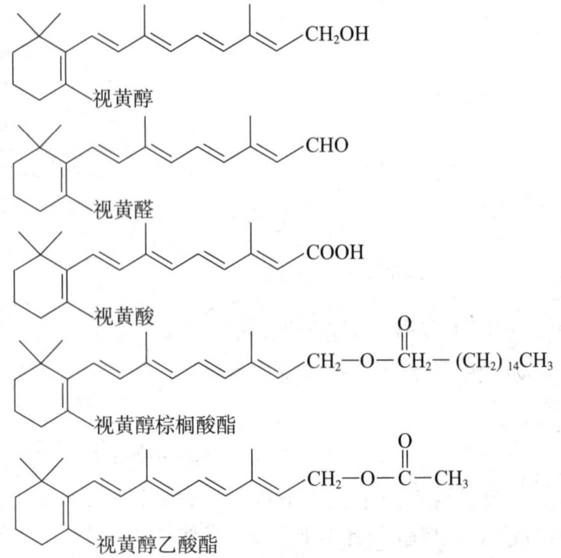

图 7–4　食品中常见的类视黄醇结构

维生素 C，又称抗坏血酸，是六碳糖衍生物的简称，溶于水而不溶于脂肪及脂溶性溶剂，多以还原型或脱氢型的状态存在，其酸性和还原性应归结于它所含的 2,3- 烯醇式结构，如图 7–8 所示。由于抗坏血酸在 C_2 位置上的氢氧根很容易受到 pH、热以及 Cu^{2+}、Fe^{2+} 等因素的影响而发生氧化反应，导致抗坏血酸本身极不稳定，容易生成脱氢抗坏血酸，从而破坏分子中的共轭体系，发生不可逆的裂解反应。

维生素 B_1，又称硫胺素，由一取代的嘧啶通过亚甲基桥与一取代的噻唑连接而成的 B 族维生素，在人体内，除肠内细菌可合成一部分硫胺素外，人体自身不能合成，硫胺素常以辅酶形式参与糖的分解代谢，有保护神经系统的作用，还能促进肠道蠕动，增加食欲，一旦缺乏，可导致脚气病，并引起多发性神经炎。大多数天然的硫胺素主要以硫胺素焦磷酸盐的形式存在，也有少量

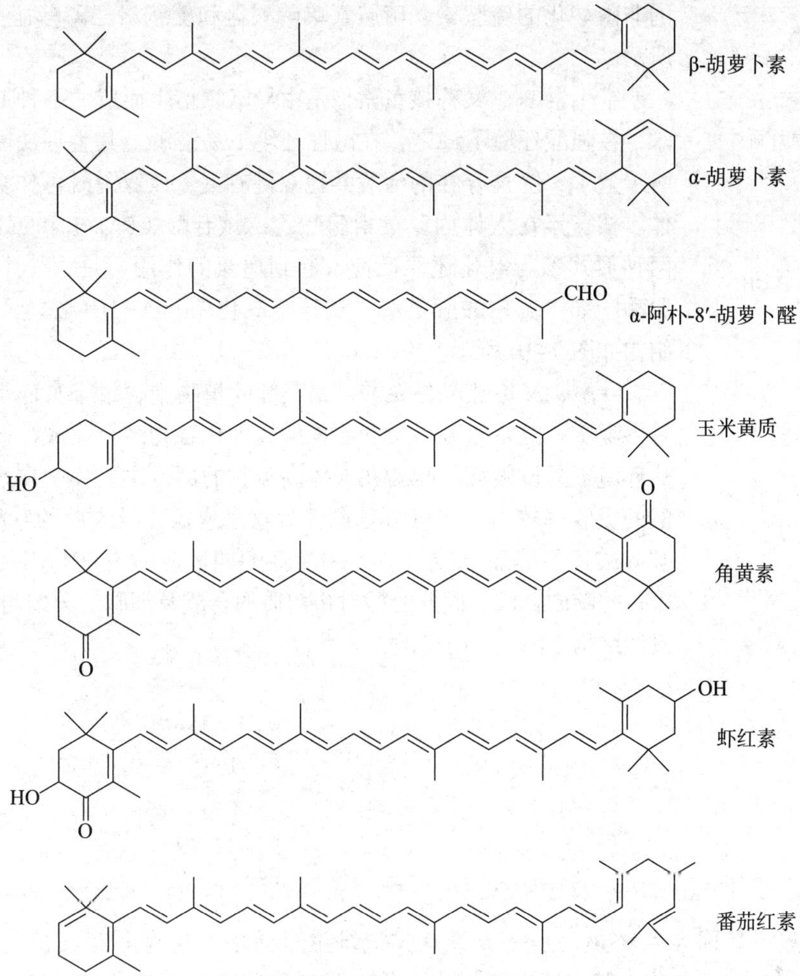

图 7–5　部分类胡萝卜素结构

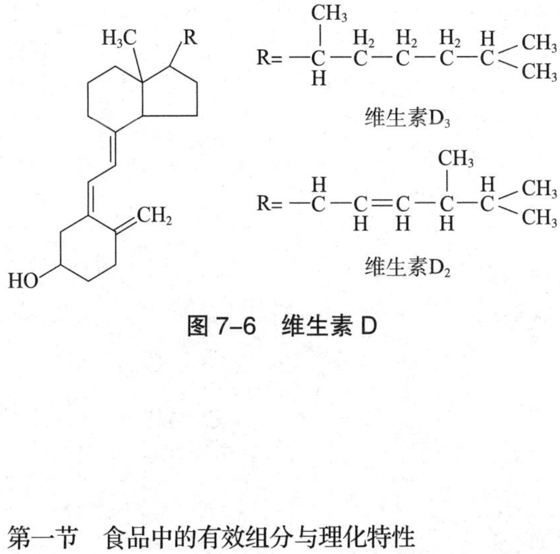

图 7–6　维生素 D

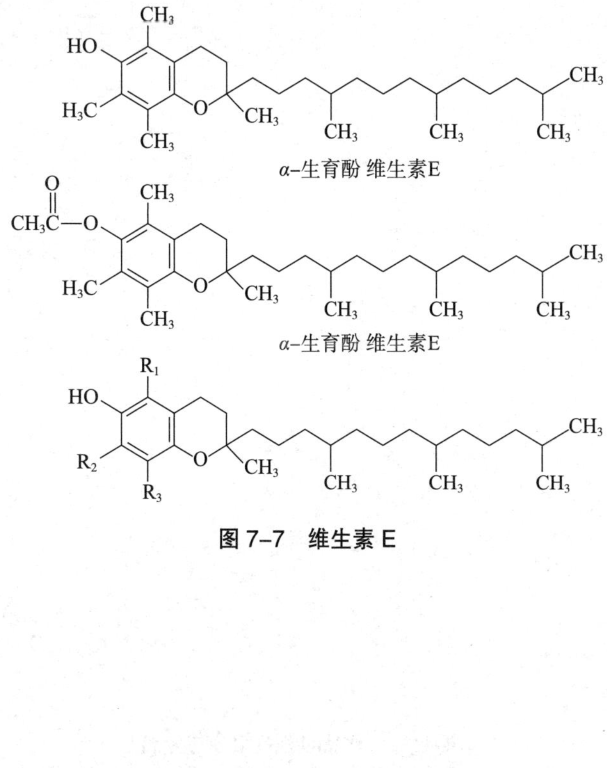

图 7–7　维生素 E

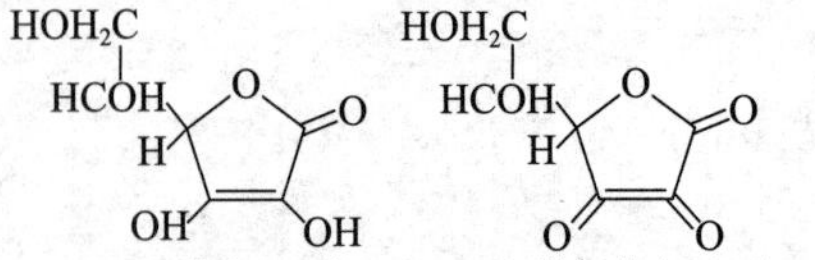

L–抗坏血酸　L–脱氢抗坏血酸*

图 7–8　抗坏血酸

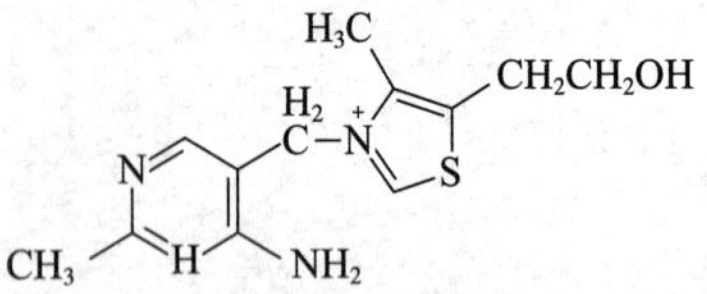

图 7–9　硫胺素

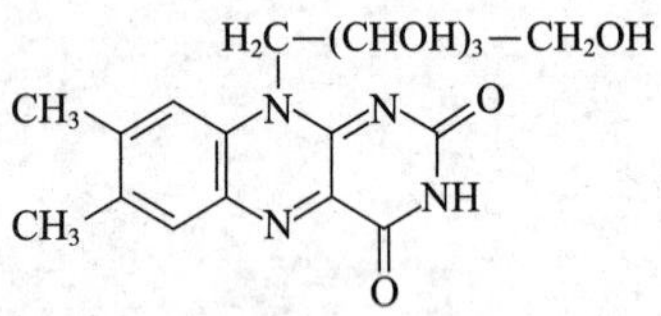

图 7–10　核黄素

的非磷酸化的硫胺素、硫胺素单磷酸盐和硫胺素三磷酸盐。具体结构如图 7–9 所示。

维生素 B_2，又称核黄素，是由异咯嗪衍生而成的一种 B 族维生素，微溶于水，在强酸环境下稳定，在碱性环境下易溶解。其生理功能主要是与分子中异咯嗪上 1,5 位 N 存在的活泼共轭双键有关，该双键既可作氢供体，又可作氢递体。核黄素在人体内以黄素腺嘌呤二核苷酸（FAD）和黄素单核苷酸（FMN）两种形式参与氧化还原反应，起到递氢的作用，是人体中一些重要的氧化还原酶（如：琥珀酸脱氢酶、黄嘌呤氧化酶及 NADH 脱氢酶等）的辅基。具体结构如图 7–10 所示。

叶酸，又称喋酰谷氨酸，因其绿叶植物中含量丰富而得名。其母体化合物是由喋啶、对氨基苯甲酸和谷氨酸 3 种化合物结合而成，微溶于水，在酸性和热环境下易被破坏。叶酸在人体内吸收的部位主要集中在小肠上部。还原型叶酸的吸收率较高，谷氨酰基愈多吸收率愈低，吸收后的叶酸在 NADPH 参与下被叶酸还原酶还原成具有生理活性的四氢叶酸（THFA 或 FH4），参与体内嘌呤、嘧啶的合成。因此叶酸对蛋白质的合成及细胞的分裂与生长具有重要作用。具体结构如图 7–11 所示。

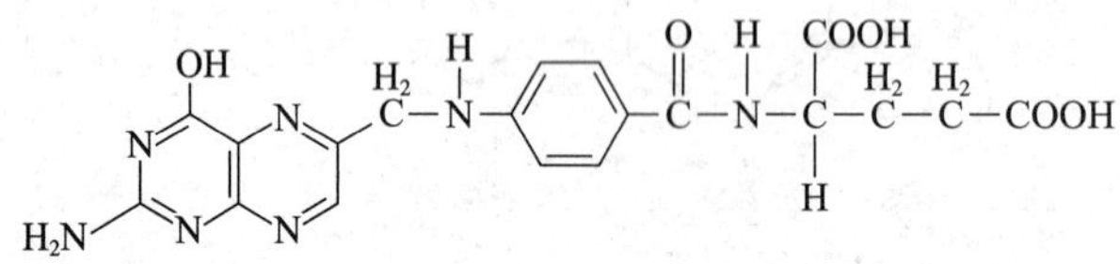

图 7–11　叶酸

烟酸，又称维生素 B_3，是一类具有类似维生素活性的尼克酸及其衍生物的总称，可溶于水，主要存在于动物内脏、肌肉组织中。作为烟酰胺腺嘌呤二核苷酸（NAD）和烟酰胺腺嘌呤二核苷酸磷酸（NADP）的前体，可以在供能代谢反应中传递氢和电子，故在氧化还原过程中起传递氢的作用，所以能够参与体内的代谢过程，尤其是脂质的代谢过程。具体结构如图 7–12 所示。

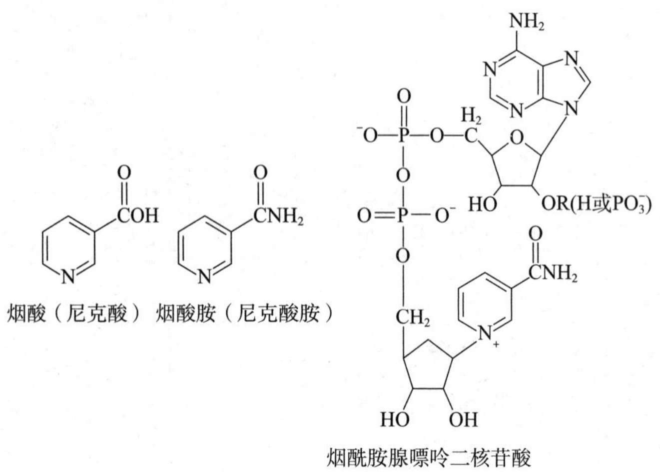

图 7–12　烟酸

第二节　常见食品中有效组分的分离手段

一、常规溶剂提取原理及其应用

1. 溶剂提取法的原理

溶剂提取法是根据食品中各类成分在溶剂中的溶解性质不同，选用对活性成分溶解度大，而对不需要成分溶解度小的溶剂，将有效成分从食品组织中溶解出来的方法。

溶剂提取法是根据“相似相溶”这一原理进行。所谓“相似相溶”，是就食品成分和溶剂的极性而言的，根据化学成分在溶剂中的溶解作用，通过选择与化学成分极性相当的溶剂将化学成分从食品组织中溶解出来。

化学成分的极性程度大小与其分子结构是直接相关的，一般来说，两种基本母核相同的成分，其分子中官能团的极性越大或极性官能团数目越多，则整个分子的极性就越大，亲水性就越强；若非极性部分越大或碳链越长，则极性越小，亲脂性越强。

常见溶剂的极性强弱顺序如下：

石油醚（低沸点→高沸点）< 环己烷 < 苯 < 二氯甲烷 < 乙醚 < 三氯甲烷 < 乙酸乙酯 < 正丁醇 < 丙酮 < 乙醇 < 甲醇 < 乙腈 < 水 < 吡啶 < 乙酸

通常若无特殊规定，食品须经干燥并适当粉碎，以增大与溶剂的接触表面，提高提取效率。一般而言，食品中的萜类、甾体等脂环类及芳香类成分因其极性较小，易溶于三氯甲烷、乙醚等亲脂性溶剂中；而黄酮糖苷、氨基酸等成分极性较大，易溶于水及含水醇溶液中；酸性、碱性及两性成分，因存在状态（分子或离子形式）随溶液而异，故溶解度将随 pH 而改变。

运用溶剂提取法的关键，是选择适当的溶剂。溶剂选择适当，就可以比较顺利地将需要的成分提取出来。选择溶剂要注意以下三点：①溶剂对有效成分溶解度大，对杂质溶解度小；②溶剂不能与食品的成分发生化学变化；③溶剂要经济、易得、使用安全等。

2. 溶剂提取法常用的方法

按照是否加热溶剂提取法可以简单分为冷提法和热提法，按照具体操作大致可以分为以下几种方法：

（1）浸渍法

浸渍法是将食品粉末或碎块装入适当容器中，加入适当的溶剂（如乙醇、水等）浸渍食品以溶出其中成分的方法。该法因为一般都是在低温下进行的，不用加热，所以适合于挥发性成分及受热易分解成分的提取，还适合含有大量淀粉、果胶等食品的提取。需要注意的是此法提取效率较低，时间较长，如果提取溶剂为水时，需要防止提取液发霉变质，必要时可加入适当的防腐剂。

（2）渗漉法

渗漉法是将食品粉末装在渗漉器中，不断添加新溶剂，使其渗透过食品，自上而下从渗漉器下部流出浸出液的一种浸出方法。这种方法也是一种冷浸法，一般适用于脂溶性成分的提取，但这种方法消耗溶剂量较大，费时长、操作麻烦。

（3）煎煮法

煎煮法是我国最早使用的传统的提取方法。所用容器一般为陶器、砂罐或铜制、搪瓷器皿，不宜用铁锅，以免提取液变色。此法在中药材中应用比较普遍，在食品中应用较少，操作简便，但对含挥发性成分或有效成分遇热容易分解的情况不适用。

（4）回流提取法

应用易挥发的有机溶剂加热提取，需采用回流加热装置，以免溶剂挥发损失。方法提取效率较高，但因为长时间加热，所以不适合受热易破坏分解的成分。

（5）连续回流提取法

连续回流提取法弥补了回流提取法中溶剂消耗大的不足，实验室常用脂肪提取器（或称索氏提取器）。连续提取法，一般需数小时才能提取完全。提取成分受热时间较长，遇热不稳定易变化的成分不宜采用此法。

除上述传统的溶剂提取法，还有一些结合新技术的溶剂提取法，如超临界流体萃取技术、微波提取法、超声波提取法等，将在本节后面的内容介绍。

3. 溶剂提取法的应用

溶剂提取法在食品中主要用于提取食品中的主要有效成分，一般情况得到的组分纯度相对较低，需要进一步分离纯化才能得到较纯的食品有效成分，但这是最基础的一步。常见的为提取食品中的脂溶性成分、中等极性成分和水溶性成分。

（1）脂溶性成分

食品中的脂溶性成分一般采用索氏提取法进行索氏抽提，即连续回流法。利用索氏提取法可以从生姜、小茴香、肉桂等香辛料中提取精油，这些精油浓度和纯度比原料中的高很多，具有抑菌、消炎等生物活性，可以用来深度加工，提升附加值。另外还有色素、脂肪酸、果实籽油等脂溶性成分也可以利用溶剂提取法来提取。

（2）中等极性成分

食品中常见的中等极性成分主要有部分黄酮苷元、多酚、生物碱等成分，可以采用有机溶剂或乙醇水溶液提取。

（3）亲水性成分

亲水性成分的极性较大，一般采用水作为提取溶剂，如花色苷、黄酮苷、多糖等带糖基的成分极性较大，可以采用浸渍法、渗漉法等进行提取。

还有一些食品加工的边角料（如豆渣等）直接丢弃比较浪费，也可利用溶剂提取法对其中的有效成分进行提取。

二、物理场辅助分离技术原理及其应用

在常规的食品有效组分分离过程中，为强化分离效果，常常将一些食品工业中物理学手段加以辅助利用，以有效提升产品得率并强化分离效果。常见的物理场辅助分离技术包括超声波、微波、超高压、磁场、电场等，现已成为食品有效组分分离中研究最为广泛的辅助分离方式。

◎ **延伸阅读**
超声辅助分离提取技术应用

1. 超声波辅助分离技术原理及应用

超声波是指高于 20 kHz 的声波，与食品加工相关的超声波最为根本的特性是空化效应，因空化效应引起并直接促进加工过程效率提高的是机械效应和化学效应。①空化效应：超声波在介质中传播时，液体中分子的平均距离随着分子的振动而变化，当其超过保持液体作用的临界分子间距时，形成空化现象，空化泡寿命约为 0.1 μs，在爆炸时可产生大约 4 000 K 和 100 MPa 的局部高温高压环境，并伴有强大的冲击波或微射流等。②机械效应：由空化效应泡爆炸产生速度约 110 m/s 的微射流，会在界面之间形成强烈的机械搅拌效应，可以突破层流边界层的限制，从而强化食品生物加工中界面间的传递过程。③化学效应：空化泡内高温的分子分解、气泡爆破冲击力导致的化学键断裂、水分子裂解导致自由基的产生等，其中自由基化学是超声化学的核心内容。

◎ **延伸阅读**
微波辅助分离提取技术应用

2. 微波辅助分离技术原理及应用

微波是一种电磁波，频率为 300 MHz ~ 300 GHz，频率越低，穿透效果越好，工业微波频率为 915 MHz 或 2.45 GHz，食品内部极性分子的偶极子旋转和离子传导是微波加热的主要原因，在微

波交变电场的作用下，食品内的极性分子会沿着电场方向重新排列，这种排列以24.5亿次/秒的频率在交变电场中发生。因此，高频交变电场引起极性分子发生高频的往复运动或震荡并引起偶极子旋转，由交变电场引起运动的极性分子或偶极子发生相互摩擦/碰撞从而将电能转化为热能。在食品有效组分分离过程中，利用微波能加热与样品相接触的溶剂，将所需化合物从样品基体中分离出来并进入溶剂，是在传统萃取工艺基础上强化传热、传质的过程，可有效提升分离效率。微波辅助分离尤其是微波萃取技术不仅分离效率高、产品纯度高、能耗低、操作费用少，而且符合环保的要求，目前已广泛应用于中草药、香料、食品和化妆品等领域，特别是在天然产物（生物碱类、蒽醌类、黄酮类、皂苷类、多糖、挥发油、色素等）提取方面表现出明显优势。

3. 超高压辅助分离技术原理及应用

◎ 延伸阅读
超高压辅助分离提取技术应用

超高压（ultra high pressure，UHP）技术是一种非热加工技术，利用液体（水或油）作为压力传递介质，在100～1 000 MPa的压力下处理食品物料，达到杀菌、钝酶等目的，以延长食品的保质期或改善品质。UHP遵循两个基本原理，分别是勒夏特列原理和帕斯卡定律。勒夏特列原理是指反应平衡将朝着减小系统外加作用力影响的方向移动，这意味着UHP将促使反应朝着体积减小的方向移动，包括化学反应平衡及分子构象的可能变化。帕斯卡定律是指在UHP过程中压力可以瞬间均匀地传递到整个样品，压力传递速度快，不存在压力梯度。UHP提取技术是近20年来从粉末冶金的粉体成型超高静压技术基础上发展起来的一种新型非热提取技术，在特定压力下保压一定时间后迅速卸压，使细胞内外产生较大的压力差从而将原料中的有效成分快速转移到提取液中，具有提取效率高、溶剂消耗少、节能、提取温度低、提取液稳定性好等优势。

4. 电场辅助分离技术原理及应用

◎ 延伸阅读
电场辅助分离提取技术应用

基于变压器原理的IEF（感应电场，induced electric field）技术是依据法拉第电磁感应定律建立，通过交变磁场感应出的交变感应电场并用于食品的加工。传统的变压器结构主要由初级线圈、磁芯及次级线圈组成。初次级线圈均为金属线圈。IEF系统的次级线圈是绝缘材料包裹的连续流样品缠绕而成，绝缘材料包括聚四氟乙烯管或玻璃管，避免通电电极与食品的直接接触以及接触食品时产生的金属离子腐蚀。当给初级线圈施加频率为f的激励电压，则初级线圈中产生瞬时的感应电压，这时磁芯中则会随之产生交变磁场。IEF可促进样品中带电离子的运动，从而改变化学反应速率和提取得率，进而促进食品中有效成分的分离。

5. 磁场辅助分离技术原理及应用

◎ 延伸阅读
磁场辅助分离提取技术应用

磁场是一种传递运动电荷或电流之间相互作用的物理场，可分为静磁场和动磁场、均匀磁场和非均匀磁场。磁场对生物系统所产生的与生命现象有关的响应称为电磁波的生物学效应，主要包括热效应和非热效应。食品磁场分离技术是利用高强度脉冲磁场发生器向螺旋线圈发出强脉冲磁场，将食品放置在处于螺旋线圈内部的磁场中，维持一定时间以强化化工分离过程的一种新技术。它可以利用磁场产生的特殊能量改变抗磁性物质的微观结构，使其理化性质发生变化，同时对反应的速率也存在影响，可以强化萃取、离子交换、吸附和絮凝等过程。

三、膜分离技术原理及其应用

膜分离技术是利用特定的半透膜过滤器通过允许某些化合物通过而阻碍其他化合物通过，以达到各组分分离、浓缩、纯化的目的。膜分离与传统过滤的最主要区别在于，膜可以在分子范围内进行分离，不需要发生相态的变化，亦不需要添加助剂。

1. 膜分离技术的基本原理

（1）微滤

微滤是以多孔膜（微孔滤膜）为过滤介质，操作压力为0.1～0.5 MPa，截留颗粒的直径范围为0.1～10 μm，该技术始于19世纪初，是膜分离技术中最早工业化应用的一种。微滤允许大分子有机物和无机盐等通过，但能阻隔悬浮物、细菌、部分病毒及大尺度的胶体物质等的透过。根据微粒在微滤过程中的截留位置，一般可有如下三种截留机制：筛分、吸附及架桥截留。①筛分截留：微孔滤膜拦截比膜孔径大或与膜孔径相当的微粒，又称为机械截留；②吸附截留：微粒通过物理化学吸附而被滤膜吸附，微粒尺寸小于膜孔径也可被截留；③架桥截留：微粒互相堆积推挤，形成类似于“板框过滤”操作时的过滤饼层，微粒无法通过这层饼层，以此完成截留。微滤通常应用于微小粒子和细菌的去除，如药物除菌，医用纯水，饮料，酒类等食品中的悬浮物，微生物、酵母和霉菌的去除以及各种化学品的过滤澄清。

（2）超滤

超滤与微滤的应用原理基本相同，是利用孔径筛分原理实现物料分离的过程，在外压的作用下，小于膜孔的粒子透过膜，大于膜孔的粒子则被截留在膜表面，从而实现物料分离。超滤的操作压差一般在 0.1 ~ 1 MPa，孔径为 2 ~ 50 nm，孔密度约为 1/mm，能够分离 0.001 ~ 0.03 μm 的大分子和胶体。超滤膜在分离工程领域有如下优点：①分离条件为常温常压，适用于热敏性物料；②设备操作条件要求不高，体积小；③能耗低，仅为同等条件下蒸发法或冷冻法的一半以下；④使用过程中不易产生杂质脱落，保证过滤物质的纯净性。

（3）纳滤

纳滤是 20 世纪 80 年代末期开发的一种膜分离技术，其分子截流量介于反渗透和超滤膜之间，为 200 ~ 2 000，纳滤膜的微孔结构约为 1 nm，由此称为纳滤。对于纳滤膜的作用原理，多数研究人员较认同的学术观点主要有浓度差引起的扩散、压力差引起的对流及电位差引起的电迁移。若纳滤膜视为无孔致密膜，则可以采用反渗透的有关理论解释，即应用不可逆热力学原理和溶解 – 扩散模型解释纳滤过程的传质和分离原理，若纳滤膜视为有孔膜，则采用超滤理论解释纳滤的分离机理，即孔径筛分原理。需要指出的是，由于纳滤膜的荷电性能，在分离过程中溶质结构、溶质与膜材料可能存在相互作用，同时受操作条件的影响，使得其传质机理相当复杂。

（4）反渗透

反渗透现象的研究最早可追溯至 1748 年，法国学者 Abble Nollet 发现在装满乙醇的猪膀胱内，水能够自发地扩散出去。直到 20 世纪初，随着 Hoff 和 Gibbs 关于稀溶液理论的建立，使得人们对于渗透压及其与热力学性能之间的联系才有了系统认知。在 1959 年，美国学者 Reid 和 Brenton 发现醋酸纤维素膜可用于溶液的脱盐，次年 Loeb 和 Sourirajan 使用相转化法，首次成功制备出了世界上第一张具有实际应用意义的高通量、高截留率的非对称醋酸纤维素反渗透膜。在随后的数十年中，反渗透膜技术发展日新月异，大量的管式膜和平板膜组件被生产出来。反渗透膜表面直径一般在 0.5 ~ 10 nm 之间，主要依靠膜表面所受到的压力差来达到分离溶液与混合物的效果，一般压力在 0.1 ~ 10 MPa，由于膜孔径小，可截留无机盐等小分子物质。反渗透膜的脱盐效率高达 99% 以上，此外还可以除去溶液中的有机物与微生物等，因此，被广泛用于海水脱盐、废水处理、纯水制备以及食品工业中低分子溶液的浓缩以及生物制剂的分离等领域。

（5）电渗析

利用半透膜的选择透过性来分离不同的溶质离子的方法称为渗析，在电场作用下进行渗析时溶液中的带电的溶质离子通过膜而迁移的现象称为电渗析。电渗析是一种电驱动过程，通过外加直流电，利用阳离子、阴离子交换膜的选择透过性，实现溶液淡化、浓缩、精制或纯化等目的。电渗析过程是各种带电离子在电场中定向迁移的过程，离子的迁移与离子本身的特性（主要是离子半径、离子水化程度、所带电荷等）、电场和溶剂环境及其他离子迁移的竞争等有关。电渗析的操作压力在 0.5 ~ 3.0 kg/cm^2，操作电压为 100 ~ 250 V，电流为 1 ~ 3 A。电渗析可用于水的淡化除盐、海水浓缩制盐、精制乳制品，果汁脱酸精和提纯，制取化工产品等方面。

（6）膜蒸馏

膜蒸馏是一种较为新型的分离操作过程，其操作压力比传统的压力驱动的膜分离过程要低，且对原料液与膜之间的相互作用和机械性能要求不高。与常规蒸馏过程相比，膜蒸馏有以下优点：

①膜蒸馏过程中的蒸发区和冷凝区靠得很近，但蒸馏液却不会被料液污染，因此膜蒸馏具有更高的热效率，蒸馏液也更纯净；②蒸馏过程的热效率与料液的蒸发面积有直接关系，较易通过提升膜面积来提高蒸馏热效率；③膜蒸馏过程中液体与膜表面直接接触，对于不可冷凝气体的干扰可以最大程度降低，且膜蒸馏不需要真空系统、耐压容器等复杂的蒸馏设备；④膜蒸馏的操作压力为常压，温度也较低，加热温度远小于料液沸点，只要存在蒸气压差就能使水分蒸发，进而使设备的热损耗降低。

（7）液膜分离

液膜通常由膜溶剂（有机溶剂或水）、表面活性剂（乳化剂）和流动载体等物质组成的液态属性膜。液膜分离技术也称液膜萃取技术，与固体膜相比，具有传递性强、利于萃取、成本低等优点，通过液膜分离技术可以快速实现液体的萃取与浓缩。根据液膜传质机理的不同，可分为有载体和无载体传输液膜两种，有载体液膜是由膜溶剂、表面活性剂及加入其中的一定量载体组成，后者则是直接由膜溶剂和表面活性剂组成，如果按液膜构成和操作方式不同，又可将液膜分为支撑液膜和乳状液膜两大类。液膜分离技术具有如下特点：①特效的选择性，固体膜通常只能对某一类分子或是离子具有选择性，液膜不但分离系数高，而且还能使溶质从低浓度向高浓度扩散；②生产效率高，液膜中大量的乳状液珠能够形成极大的膜表面积；③液膜分离过程为非平衡的传质过程，因此萃取和反萃取可以同时进行，分离与浓缩可以一步完成，且无相变化，简单快速，低能耗；④液膜分离过程一般在常温下进行，对于需要分级浓缩与富集的热敏性物料，如果汁、药品等表现出独特的优势。

2. 膜分离技术在食品有效组分分离中的应用

（1）膜分离技术在蛋白质 / 肽分离中的应用

膜分离技术在食品中蛋白质 / 肽等有效组分分离中的应用由来已久。以乳制品中的主要蛋白质组分为乳蛋白、酪蛋白、乳清蛋白为例，目前陶瓷膜因为具有较高的机械强度且较耐酸碱和高温，其应用最为广泛，其中 100 nm 和 200 nm 的陶瓷膜多用于酪蛋白和乳清蛋白的分离，过滤工艺多采用 2 ~ 5 段式的间歇错流过滤，过滤温度在 50 ~ 55℃，浓缩倍数在 2 ~ 4 倍，乳清蛋白的脱除率为 60% ~ 80%。乳制品中乳清蛋白的分离也是基于不同乳清蛋白分子质量的差异进行，在乳清蛋白中 α- 乳白蛋白和 β- 乳球蛋白的分子质量分别为 14.4、18.4 kDa，β- 乳球蛋白在天然动物乳和热加工过程中以单体和二聚体混合物的形式存在，因此可以用 30 ~ 50 kDa 超滤膜对二者进行分离，同时研究者发现由于超滤膜孔径较小，在实验过程中存在蛋白迁移速率低、分离纯度不高及渗析过程大量用水等问题，因此，通常可以采用带电荷的超滤膜加以改良，带电荷的超滤膜根据静电排斥原理工作，其中携带与膜电荷相同电荷的蛋白质因静电作用而被膜孔排斥，而携带零净电荷或相反电荷的蛋白质则能透过膜，从而实现蛋白质的分离，此外，反渗透、纳滤和电渗析也可用于乳蛋白的浓缩、乳清脱盐等方面，并已逐渐被行业所应用。此外，膜分离技术也可用于肽类产品的分离，尤其是各类食源性肽在酶解制备过程中，可根据溶液中相对分子质量差，采用不同相对分子质量截留值的超滤膜进行多次渗滤，进而达到分离的效果。

（2）膜分离技术在多糖分离中的应用

从天然产物中分离提取多糖的传统工艺，如水提醇沉、薄膜浓缩法、冻干法等，均以子实体为生产原料，工艺复杂，生产周期长，从而增大了生产成本，使工业化生产和大规模临床应用受到限制。20 世纪 80 年代中后期至 90 年代初，超滤被尝试用于多糖的分离，主要包括多糖水提液的预处理、超滤、浓缩和干燥步骤。在预处理时，需要初步除去多糖浸提液中的微尘、粗纤维、胶质等大分子物质，再采用截留分子量约 5 万的超滤膜分离装置进行超滤，多糖的提取率可达 60% 以上。对于多糖的分离纯化，除了超滤外，还有必要进一步纯化，可采用纳滤相结合的方式，这样多糖的纯度可达 90% 以上。

（3）膜分离技术在多酚分离中的应用

茶叶中富含多酚类化合物，茶叶中多酚类化合物的浓缩和回收是膜分离技术在食品工业中有效组分分离中的主要应用之一，根据分离体系中杂质颗粒的特性、有效成分的分子（或离子）大小、形状、电荷等特性和膜的分子筛效应与电荷效应而达到分离纯化、浓缩等效果。也已证明，超滤、纳滤以及疏松型反渗透（现已称为纳滤）是分离纯化茶叶功能成分的有效手段，如陶瓷膜微滤可以最大限度保留茶叶水的浸出物、茶多酚、儿茶素等有效成分，并显著提高微滤液的澄清度。在采用超滤分离茶叶中有效组分时，操作压力越小，循环流量越小，单位体积超滤滤液中各内含成分的浓度越大，得率越高。对于同一膜滤过程，各内含成分的得率在总体上随分子量的增大逐渐减小，但同时受到分子极性、参与聚合或络合的程度等因素的影响。

（4）膜分离技术在脂质分离中的应用

膜分离技术在植物油脂精炼的脱胶、脱酸、脱色等工艺中均有应用，根据膜材料的截留性可制备大豆浓缩磷脂、大豆分离蛋白和多肽等，某些制备条件苛刻的特种油料及副产物也可采用膜分离技术进行实际生产。近年来，化学稳定性高、耐压、耐温的膜材料如聚砜、碳化的氧化锆、挤压成的矾土陶瓷和有氧化铝保护的膜支撑材料制备的膜被用于超滤膜中，并可用于毛油的脱胶和脱色，为物理精炼做准备。采用膜分离技术可以减少总的设备投入并减少运行过程中蒸汽的用量，同时也可以降低油脂脱色过程中脱色剂的用量。

（5）膜分离技术在其他有效组分分离中的应用

将膜分离技术应用在加工果蔬汁的过程中可以浓缩果蔬汁，并使用果蔬汁更加澄清，这样可以有效避免丢失有益成分，同时缩小果蔬汁体积，方便运输和储存。此外，果蔬汁的澄清能够将溶液中的小颗粒和残渣去除干净，避免果蔬汁出现浑浊现象进而影响货架期和消费者观感体验。膜分离技术还可应用于发酵产品中有效成分的分离过程中，诸如果醋、酒类等的分离，通过膜分离将其中的色素、风味物质以及碳水化合物有效分离出来，不仅保持原有的营养和味道，还可增加产品的澄清度。

四、离子交换分离技术原理及其应用

1. 离子交换分离技术原理

离子交换分离技术是利用溶液中各种带电粒子与离子交换剂之间结合力的差异进行物质分离、浓缩、提纯的技术。离子交换剂是最常用的吸附剂之一，其结构单元由三部分组成：交联的具有三维空间立体结构的网格骨架、联结骨架上的功能基以及活性基团所带电荷相反的活性离子（即可交换离子），惰性不溶的网格骨架和活性基是连成一体的，不能自由移动。活性离子可以在网格骨架和溶液间自由迁移。离子交换剂根据离子交换特性，可分为阴离子交换剂和阳离子交换剂。阴离子交换剂对阴离子具有交换能力，活性基团为碱性，阳离子交换剂对阳离子具有交换能力，活性基团为酸性。阴阳离子交换剂根据其具有离子交换能力的 pH 范围大小不同，分为强酸性阳离子交换剂和弱酸性阳离子交换剂，强碱性阴离子交换剂和弱碱性阴离子交换剂（图 7–13）。

离子交换分离技术是蛋白质、多糖、肽和核酸等物质的主要分离纯化手段。离子交换色谱具备如下优点：料液处理量大，在适宜的操作操作条件下，分离过程具有浓缩作用；应用范围广，优化操作条件下，可大幅度提高分离的选择性，所需柱长较短，并可在较高流速下操作；吸附作用机理明确，非特异性吸附小，产品回收率高；离子交换剂种类多，选择余地大，价格低廉。

2. 离子交换分离在食品工业中的应用

（1）DEAE–52 阴离子交换树脂分离纯化黑枣多糖

原理：大部分天然多糖带有负电荷，可以和阴离子交换剂结合，带正电荷和不带电的杂质因不被结合而洗去，再通过不同浓度的盐溶液洗脱结合多糖，按照不同多糖之间电荷量的差异分离获得不同结构多糖。

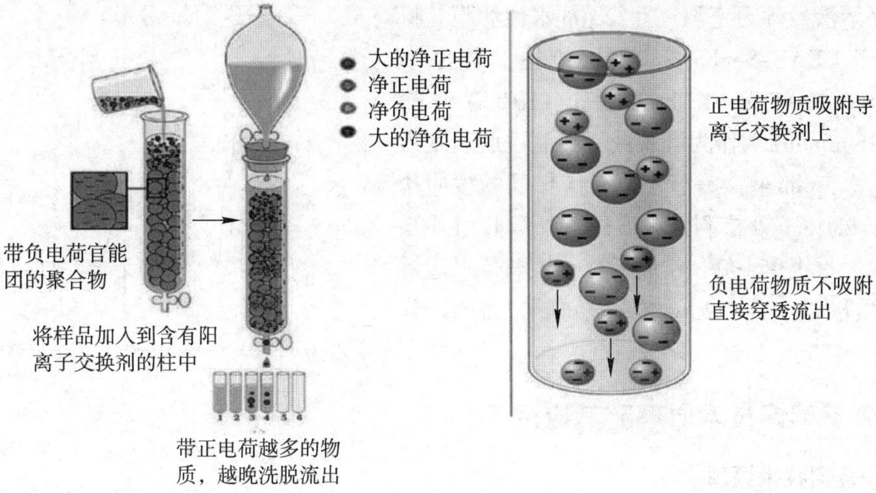

图 7–13　离子交换色谱原理图

操作：①树脂制备：称取 500 g DEAE 纤维素 DE–52 在蒸馏水中溶胀 1 h，如不好溶胀，可适当加热。材料温度最好与色谱操作温度一样，液体做脱气处理。将层析柱（5.0 × 100.0 cm）清洗干净后固定在架子上，关闭下端溶液流出口，向层析柱中加入约 1/3 蒸馏水，用玻璃棒引流继续加入预处理好的 DEAE–52 纤维素材料，沉降约 7 cm 后打开层析柱底部开关，待其完全沉降后观察是否有气泡产生，若有气泡则需重新装柱。②层析：称取 5.0 g 黑枣多糖（BJP）溶于 100 mL 蒸馏水中，在 10 000 r/min 下离心 10 min 后过 0.45 μm 水系滤膜。溶液缓慢加入层析柱中，采用蒸馏水、0.1 mol/L NaCl、0.2 mol/L NaCl、0.3 mol/L NaCl、0.4 mol/L NaCl、0.5 mol/L NaCl 进行等梯度洗脱，用 50 mL 的离心管收集，流速为 5 mL/min，每种收集 50 管。苯酚 – 硫酸法在 490 nm 处跟踪，绘制洗脱曲线，按出峰收集组分。分别收集各洗脱峰相对应的洗脱液，用旋转蒸发仪进行浓缩，冷冻干燥后得到一个中性多糖（BJP–0），四个酸性多糖（BJP–1、BJP–2、BJP–3、BJP–4）。分离结果见图 7–14。

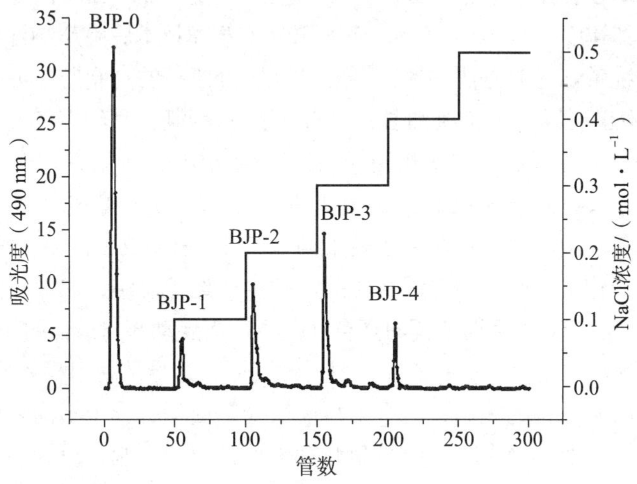

图 7–14　DEAE–52 阴离子交换树脂分离黑枣多糖

（2）DEAE–Sepharose FF 阴离子交换树脂分离纯化硒蛋白

原理：通过调节溶液 pH，使蛋白质带有负电荷，从而吸附在阴离子交换树脂上，通过不同浓度的盐溶液进行洗脱，按照蛋白质之间电荷量的差异分离获得不同蛋白质。

操作：将粗硒蛋白 20 mg 溶于 10 mL 去离子水中，加入 1% H_2O_2 溶液于 40℃下脱色 1 h，结束后将样品溶液冷却至室温过 0.22 μm 水性滤膜。将滤液加样于 DEAE-Sepharose FF 层析柱，以含 0、0.2、0.4、0.6 和 0.8 mol/L NaCl 的 Tris-HCl 缓冲盐（pH 8.0，25 mmol/L）作为洗脱液，控制洗脱速度为 1 mL/min，每 5 min 收集一管。以对应梯度的缓冲盐为空白，于 280 nm 处检测洗脱液的紫外吸收值并绘制洗脱曲线。收集单一峰位洗脱组分，去离子水透析（截留分子质量 3.5 ku）72 h，浓缩、冻干以备用。分离结果见图 7-15。

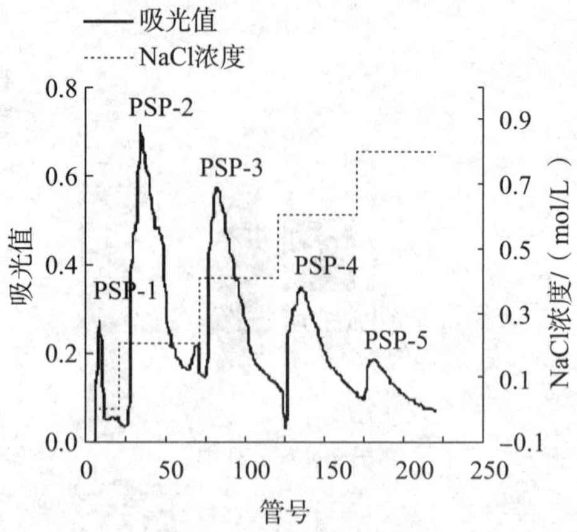

图 7-15　DEAE-Sepharose FF 阴离子交换树脂分离纯化硒蛋白

五、分子蒸馏技术原理及其应用

1. 分子蒸馏技术原理

分子蒸馏（molecular distillation）又称短程蒸馏（short path distillation），是一种在高真空条件下进行高效分离纯化的技术。分子蒸馏不同于传统蒸馏依靠沸点差分离的原理，而是靠不同物质分子运动平均自由程的差别实现分离，当液体混合物沿加热板流动并被加热，轻、重分子会逸出液面而进入气相，由于轻、重分子的自由程不同，不同物质的分子从液面逸出后移动距离不同，若能恰当地设置一块冷凝板，则轻分子达到冷凝板被冷凝排出，而重分子不能达到冷凝板沿混合液排出，从而达到不同物质分离的目的。在沸腾的薄膜和冷凝面之间的压差是蒸汽流向的驱动力，微小的压力降就会引起蒸汽的流动。

分子蒸馏适用的范围如下：①适用不同组分间分子质量差别较大的液体混合物分离；②适用分子质量接近但性质差别较大的物料的分离，如沸点差较大、分子质量接近的物质的分离；③适用热敏性、易氧化、高沸点物质的分离；④适用液体或流动性的半固体分离纯化；⑤适合从油脂中分离挥发的风味物质，如调味油中的挥发性香气物质的分离；⑥不适合同分异构体的分离。

2. 分子蒸馏技术在食品有效组分分离中的应用

采用传统分离纯化技术会导致天然食品原料因受到高温或受热时间过长而破坏热敏性有效组分，因此分子蒸馏技术在食品有效组分分离方面的应用日益增加。如将刮膜式分子蒸馏技术用于单甘酯的精制过程，其纯度高达 96% 以上，而采用分子蒸馏技术脱除影响深海鱼油色和风味的游离脂肪研究中，与传统碱炼脱酸方法相比，可明显降低价值高的高脂肪酸的损失，使脱酸率达到 94.5%。分子蒸馏技术也可以用于棕榈油甘油二酯产品的精制，其纯度和得率可达 80% 和 50%，也有报道将冷冻离心法和分子蒸馏技术相结合用于苏麻油中 α- 亚麻酸的分离富集，通过四级分子蒸馏，可得到体积分数约为 86% 以上的 α- 亚麻酸。尽管分子蒸馏技术在实验研究中多有报道，但是该项技术在生产实践中的规模化应用还处于初步阶段，主要原因是没有好的基础模型和实验数据支撑，主要依赖于化工行业中的中试和各厂家的生产经验总结，在设计中很难准确计算物质的蒸发量和冷凝量。且由于分子蒸馏装置的真空度极高，需要动密封最低耐压小于等于 0.5 Pa，静密封则要满足高温、耐油、具有一定的弹性且耐用性要好，这导致材料投入成本相对较高。此外，分子蒸馏的蒸发面积收到结构的限制，远小于精馏塔受热面积，分子蒸馏在极高真空下进行，汽化量比常规蒸馏沸腾状态要小得多。目前受制开发软件技术的限制，设计、计算和实际的误差较大，影响设备结构的设计和实际操作，使得分子蒸馏的装置成本和操作成本相对较高。

开放讨论题

你认为随着饮食结构的转变，应如何将常见食品中有效组分应用到未来的食品中？

思考题

1. 简述食品中常见的有效组分有哪些。
2. 试述五种有效组分的理化特性，各组分应如何选择适宜的分离方式?
3. 简述不同有效组分分离的基本工艺流程。
4. 简述食品有效组分的物理化学性质（举例）。
5. 分析比较五种有效组分分离方式及其特点。
6. 简述常见食品中有效组分的分离手段。
7. 简述溶剂提取法常用的方法及应用。
8. 试述食品中有效组分常用分离技术原理（举例）。
9. 试述膜分离技术在食品有效组分分离中的应用（举例）。
10. 简述食品中有效组分的分离手段中常用到的设备和仪器。

自测题

撰写人：胡杨、夏光华、院珍珍

下篇

各类食品加工工艺

第八章

粮油加工

粮食是人类赖以生存的物质基础，也是关系国计民生的特殊商品。粮油是对谷类、豆类等粮食和油料及其加工成品和半成品的统称。随着现代粮油加工工艺的迅速发展，粮油加工产品类型将越来越丰富，对改善民生起到重要作用。本章重点介绍粮油原料加工特性、传统粮油加工工艺和现代粮油加工工艺等知识。

知识目标

1. 了解基本粮油原料。
2. 熟悉粮油原料加工特性。
3. 掌握粮油原料基本加工工艺。

能力目标

1. 能够掌握粮油原料分类、化学组成和加工特点。
2. 能够运用专业知识于粮油原料实际加工生产。
3. 能够掌握粮油加工主要设备的特点。

素养目标

1. 了解粮油加工的发展趋势。
2. 认识粮油原料的基本特性。
3. 具备将知识运用于实际的能力。
4. 培养严谨思维能力。

知识导图

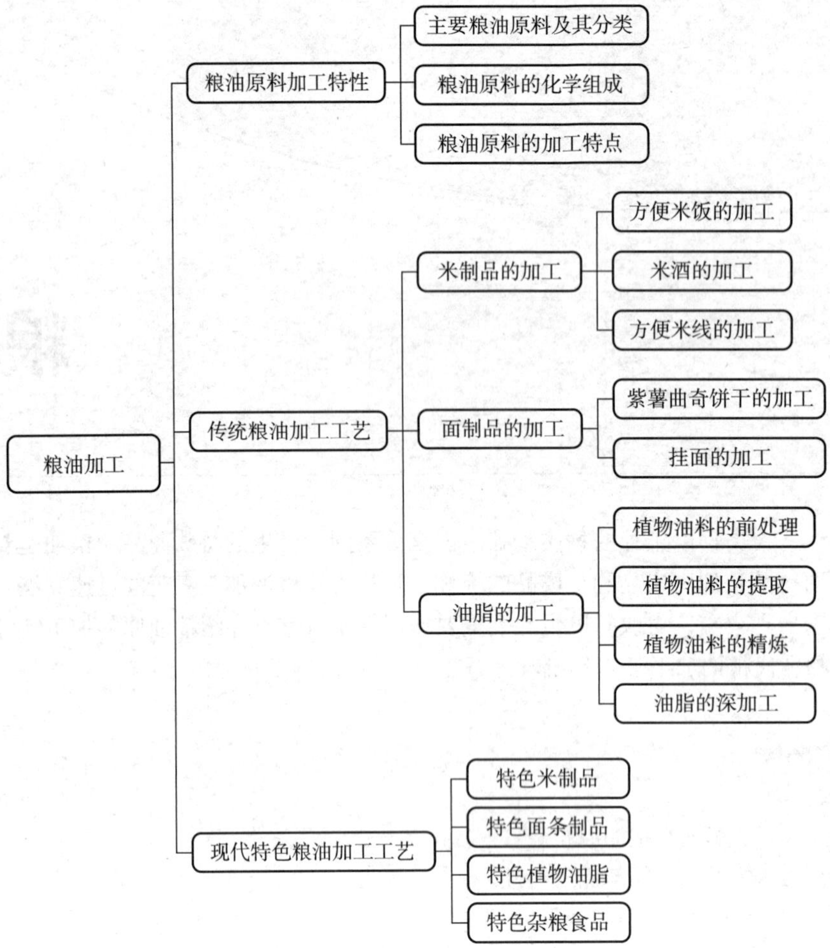

重点及难点

粮油原料的加工特性；粮油食品加工工艺

问题导读

1. 试分析影响粮油原料加工特性的因素。
2. 简述粮油加工制品的一般工艺。
3. 简述植物油精炼工艺过程。
4. 试分析现代特色粮油食品加工趋势。

关 键 词

粮油原料　传统粮油食品　方便食品　粮油加工　现代特色粮油食品

第一节　粮油原料的加工特性

一、稻谷

1. 稻谷的分类

中国是稻谷历史最悠久、资源最丰富的国家之一，所以稻谷的分类方法繁多。一般稻谷形态如图 8–1 所示。根据 GB 1350–2009《稻谷》，稻谷按其粒形和粒质分为以下五类：

① 早籼稻谷　生长期较短、收获期较早的籼稻谷，一般米粒腹白较大，角质部分较少。

② 晚籼稻谷　生长期较长、收获期较晚的籼稻谷，一般米粒腹白较小或无腹白，角质部分较多。

③ 粳稻谷　粳型非糯性稻的果实，糙米一般呈椭圆形，米质黏性较大且胀性较小。

④ 籼糯稻谷　籼型糯性稻的果实，糙米一般呈长椭圆形或细长形，米粒呈乳白色，不透明或半透明状，黏性大。

⑤ 粳糯稻谷　粳型糯性稻的果实，糙米一般呈椭圆形米粒呈乳白色，不透明或半透明状，黏性大。

此外，按照米质黏性大小，又可将其分为黏稻和糯稻；按其播种期、生长期和成熟期的不同，又可分为早稻、中稻和晚稻三类；如按栽种地区土壤水分的不同，可分水稻和陆稻。

图 8–1　稻谷形态

2. 稻谷籽粒的化学组成

稻谷籽粒中的化学成分主要包括水、蛋白质、脂肪、淀粉和纤维素等，此外，还有一定量的灰分。稻谷籽粒各组成部分的平均化学成分含量见表 8–1。

表 8–1　稻谷籽粒各部分组成及化学成分含量（%）

名称	水分	蛋白质	脂肪	碳水化合物	纤维素	灰分
稻谷	11.7	8.1	1.8	64.5	8.9	5.0
糙米	12.2	9.1	2.0	74.5	1.1	1.1
胚乳	12.4	7.6	0.3	78.8	0.4	0.5
胚	12.4	21.6	20.7	29.1	7.5	8.7
皮层	13.5	14.8	18.2	35.1	9.0	9.4
稻壳	8.5	3.6	0.9	29.4	39.0	18.6

从表 8–1 可以看出，稻谷、糙米和胚乳是以碳水化合物为主构成，其碳水化合物含量远高于其他部分，而胚和皮层中的蛋白质含量较高，稻壳中纤维素含量最高。

由于稻谷籽粒各部分组成的化学含量各不相同，所含营养价值也不尽相同。因此，可以因其营养价值不同，采用最合适的方法进行加工，实现最大程度利用，以综合开发其各部分的营养价值。如表可知，稻谷籽粒的皮层和稻壳含水量低，因此便于加工时除去，极大方便了稻谷加工对各部分的综合开发利用，稻谷籽粒基本结构如图 8–2 所示。

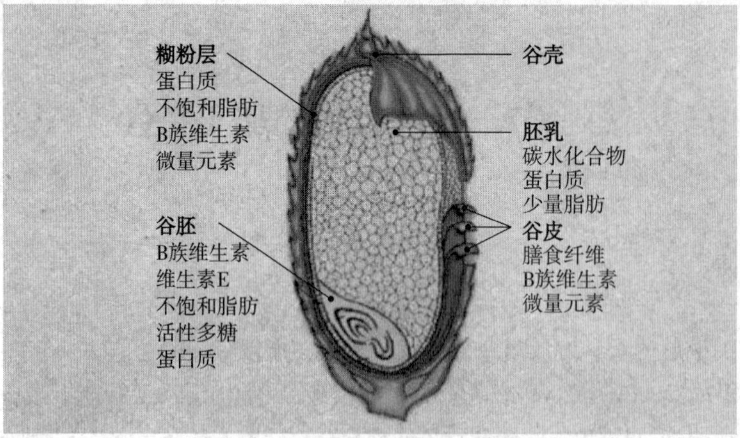

图 8–2　稻谷籽粒基本结构示意图

二、小麦

1. 小麦的分类

小麦是一种在世界各地广泛种植的谷类作物，也是中国最重要的口粮之一。小麦一般形态如图 8–3 所示。小麦磨成面粉后可制作成面包、馒头、饼干、面条等食物。小麦发酵后可制成啤酒、酒精、白酒（如伏特加），或生物质燃料等。河南是我国小麦产量第一大省，约占全国小麦总产量的四分之一。在我国小麦产地按地区可分为西南麦区、长江中下游麦区、黄淮海麦区和西北麦区等。按种植季节可划分为三个区域，如春小麦区、北方冬小麦区和南方冬小麦区。

根据 GB 1351–2023《小麦》，小麦按种皮颜色、麦粒含量和硬度指数分为以下五类：

① 硬质白小麦　种皮为白色或黄白色的麦粒不低于 90%，硬度指数不低于 60 的小麦。

② 软质白小麦　种皮为白色或黄白色的麦粒不低于 90%，硬度指数不高于 45 的小麦。

③ 硬质红小麦　种皮为深红色或红褐色的麦粒不低于 90%，硬度指数不低于 60 的小麦。

④ 软质红小麦　种皮为深红色或红褐色的麦粒不低于 90%，硬度指数不高于 45 的小麦。

⑤ 混合小麦　不符合①至④规定的小麦。

图 8–3　小麦形态

2. 小麦的化学组成

麦粒中的化学成分因麦粒部分不同而不一样，主要化学成分包括蛋白质、淀粉、纤维素、脂类以及灰分等。麦粒各组成部分及主要化学成分含量见表 8–2 所示，可以看出麦粒中的所有淀粉都集中在胚乳，绝大部分的纤维素位于麦皮里。面粉是小麦最主要的加工品，因此在小麦加

表 8–2　麦粒各部分组成及主要化学成分含量

组成部分	各组成部分的平均含量 /%	占整个麦粒含量 /%				灰分 /%
		淀粉	蛋白质	纤维素	脂类化合物	
麦皮	15.0	—	20.0	88.8	30.0	8.0 ~ 15.0
胚乳	82.5	100.0	72.0	8.0	50.0	0.35 ~ 0.50
胚	2.5	—	8.0	4.0	20.0	5.0 ~ 7.0

工中应充分考虑原料的利用，通过分析其化学组成，优化其加工工艺，使其更多营养成分富集在面粉中，以更好的利用原料。

表 8–3 可知不同类型小麦化学成分含量。如表 8–3 所示，小麦中蛋白质含量因其品种、气候等条件的改变而发生较大变化，而水分、脂肪、纤维素及灰分含量较为稳定。其籽粒结构如图 8–4 所示。

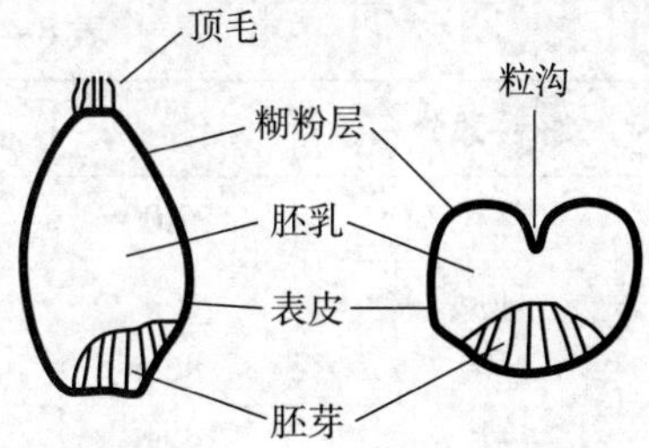

图 8–4　小麦籽粒基本结构示意图

表 8–3　不同类型小麦化学成分含量表

粒质	水分 /%	粗蛋白 /%	粗脂肪 /%	粗纤维 /%	灰分 /%
硬质小麦	13.50	11.98	2.65	2.65	1.83
半硬质小麦	13.52	9.61	2.50	2.50	1.78
软质小麦	13.57	8.75	2.53	2.53	1.74

三、玉米

1. 玉米的分类

玉米又名苞谷、苞米棒子、珍珠米等（图 8–5）。玉米的营养价值较高，是一种优良的粮食作物，是我国的高产粮食作物。大约在 16 世纪中期，我国开始引进玉米，虽然传入我国的时间不长，但发展极为迅速。在世界范围内，尽管还有大麦、燕麦、高粱等作物，但其产量与玉米相比显著较低。在所有的谷类作物中，玉米的种植面积和总产量仅次于小麦和水稻而居第 3 位，但其平均单产居首位。

图 8–5　玉米形态

玉米占世界粗粮产量的 65% 以上，占我国粗粮产量的 90%。玉米是畜牧业、养殖业、水产养殖业等的重要饲料来源，也是食品、医疗卫生、轻工业、化工业等行业不可或缺的原料之一。从低于海平面的中国新疆吐鲁番盆地到 3 600 m 以上的高海拔地区都能栽种玉米。中国的玉米栽培面积和总产量均居世界第 2 位，主要集中分布在东北经华北向西南这一斜长形地带内，其种植面积约占全国玉米总面积的 85%。

根据 GB 1353–2018《玉米》，玉米按颜色分为黄玉米、白玉米和混合玉米。

① 黄玉米。种皮为黄色或略带红色的籽粒含量不低于 95% 的玉米。

② 白玉米。种皮为白色，或略带淡黄色或略带粉红色的籽粒含量不低于 95% 的玉米。

③ 混合玉米。不符合①、②要求的黄、白玉米互混的玉米。

2. 玉米的化学组成

玉米籽粒中的化学成分分布不均匀，主要化学成分有淀粉、糖类、蛋白质、脂肪和灰分等。玉米籽粒及其各部分的化学成分及含量见表 8–4。

从表 8–4 中可以看出，淀粉占据了玉米成分含量的 70% 以上，它主要集中在胚乳。胚中糖类、蛋白质和脂肪含量是玉米籽粒部分中含量最高的，玉米籽粒基本结构见图 8–6。除去淀粉，玉

表 8–4　玉米籽粒及其各部分的化学成分及含量

籽粒部分	淀粉 /%	糖类 /%	蛋白质 /%	脂肪 /%	灰分 /%
整粒	72.00	1.58	9.60	4.90	1.56
种皮	7.3	0.34	3.70	1.00	0.84
胚乳	86.4	0.64	9.40	0.80	0.45
胚	8.20	10.81	18.80	34.50	10.10
根帽	5.30	1.61	9.10	3.80	1.69

米还含有各种各样的多糖、寡糖、单糖及粗纤维，这些成分使玉米更富有营养。与大豆、小麦相比，玉米的脂肪、蛋白质含量较低，碳水化合物含量较高，因此，玉米越来越受到健身及减肥人士的青睐。

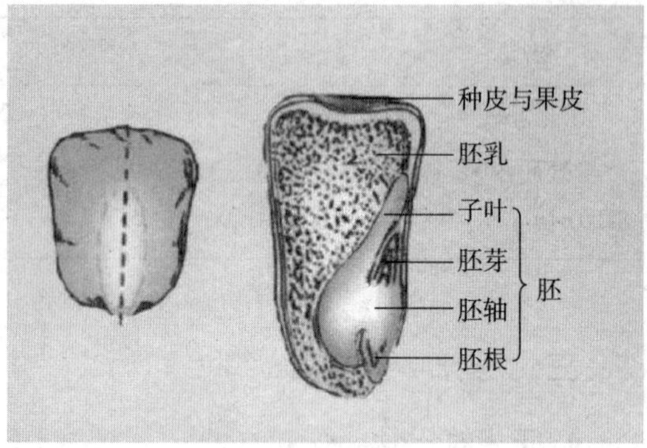

图 8–6　玉米籽粒基本结构示意图

四、大豆

◎ 视频
中国培育大豆的历史

1. 大豆的分类

大豆通称黄豆，是中国重要粮食作物之一，它起源于中国，距今已有五千年栽培历史，其形态见图 8–7。“大豆”一词最先见于《神农书》的《八谷生长篇》，书中记载：“大豆生于槐。出于沮石云山谷中，九十日华，六十日熟，凡一百五十日成。”这也从考古挖掘中论证了大豆在中国悠久的种植历史。目前，在中国云贵高原、东北地区以及黄河流域的陕西、河南、山西等地均发现有大豆的野生种。

图 8–7　大豆形态

中国东北为大豆主产区，接近全国总产量的 40%，黄淮平原次之。黄淮平原的气候相较于东北地区有较大差别，但黄淮地区的大豆产量已接近全国的 30%。大豆种子含有丰富植物蛋白质，常用来做各种豆制品、榨取豆油、酿造酱油和提取蛋白质等。

根据 GB 1352—2023《大豆》，按照大豆的皮色分为：

① 黄大豆　种皮为黄色、淡黄色，脐为黄褐、淡褐或深褐色的籽粒不低于 95% 的大豆。

② 青大豆　种皮为绿色的籽粒不低于 95% 的大豆。按其子叶的颜色分为青皮青仁大豆和青皮黄仁大豆两种。

③ 黑大豆　种皮为黑色的籽粒不低于 95% 的大豆。按其子叶的颜色分为黑皮青仁大豆和黑皮黄仁大豆两种。

④ 其他大豆　种皮为褐色、棕色、赤色等单一颜色的大豆及双色大豆（种皮为两种颜色，其中一种为棕色或黑色，并且其覆盖粒面 1/2 以上）等。

⑤ 混合大豆不符合①至④规定的大豆。

2. 大豆的化学组成

大豆含蛋白质 40% 左右，脂肪 20% 左右，这两种成分几乎占据了大豆全部营养的 60%。由于人的大脑 20% ~ 30% 由磷脂构成。大豆各部分的化学成分含量并不相同，它主要含有的化学成分有蛋白质、脂肪、碳水化合物等。大豆各部分的化学成分及相对含量分布见表 8–5。

表 8–5　大豆各部分的化学成分及其相对含量（%）

成分	大豆籽粒	种皮	胚芽、胚轴	子叶
粗蛋白质	30.0 ~ 45.0	8.84	40.76	42.81
粗脂肪	16.0 ~ 24.0	1.02	11.41	22.83
碳水化合物	20.0 ~ 39.0	85.88	43.41	29.37
灰分	4.5 ~ 5.0	4.26	4.42	4.99

从表 8–5 可以看出，除去大豆种皮，其他部分蛋白质含量都很高，种皮的碳水化合物含量远远高于其他部分，大豆籽粒基本结构见图 8–8。大豆含有对人体健康有益的多种生理活性成分，如大豆异黄酮、大豆磷脂、大豆多肽和大豆膳食纤维等，其中，大豆中大豆异黄酮的含量约为 0.1% ~ 0.3%，该成分有类雌激素作用。

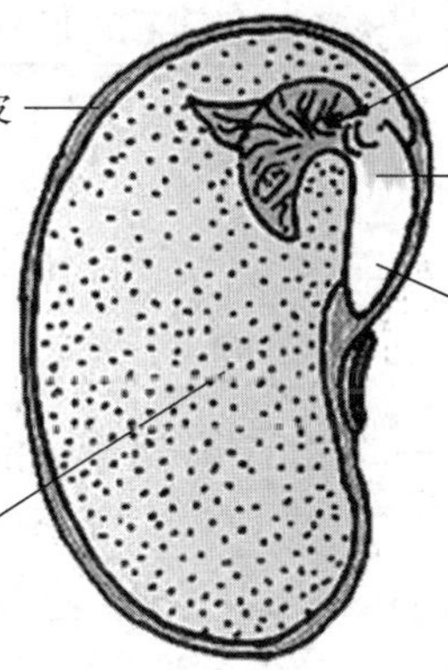

图 8–8　大豆籽粒基本结构示意图

第二节　传统粮油加工工艺

一、米制品加工

稻米在人类历史上一直担任着重要的角色，它是世界上种植最广泛的谷类作物之一，其产量约占世界谷物产量的 29% 左右。米制品就是以稻米为主要原料加工而成的一类食品，主要包括专用大米粉、米制挤压食品（方便米线、沙河粉等）、米制蒸煮食品（方便米饭、米粥、粽子、年糕等）、米制烘烤食品（大米锅巴等）、米制膨化食品（雪米饼、爆米花等）、米制发酵食品（米酒、米饮料等）以及由稻米衍生的一系列其他产品。本节主要挑选具有代表性的米制品及其制作工艺进行介绍。

1. 方便米饭的加工

（1）原料

大米、调味料（油、盐）。

（2）生产流程

原料→淘洗→浸泡（常温 30 ~ 60 min）→预煮 5 ~ 7 min（煮至无白芯）→分散（冷水冲

洗）→沥干→调味（拌入调味料、辅料）→装袋→杀菌（121℃、15 min）→冷却→成品。

（3）操作要点

①米水比。米水比 1∶1.6～2.0。加水量不足，会导致米饭夹生，若干燥后的米粒内带白芯，则不易复水；若加水量过大，米粒呈开花状，则成品米粒不完整。

② 淘洗。去除附着在大米表面上的霉菌等微生物以及其他附着物。

③ 浸泡。浸泡要充分，使水分浸透至米粒中心并达到充分润胀，为淀粉在蒸煮时全部糊化创造必要的条件。

④ 蒸煮。目的是将淀粉充分糊化（煮熟）。米粒中淀粉的糊化度代表米饭的成熟度，它对米饭的品质及口感有较大的影响，当糊化度大于 85% 时，米饭才达到成熟状态。

（4）品质要求（表 8–6）

表 8–6　方便米饭的品质要求

指标	评价标准
色泽	正常白色，具有一定的光泽度
气味	无异味，具有米饭本身特有的香味
口感	米饭较为绵软，成团状
完整性	具有较完整的饭粒结构

2. 米酒的加工

（1）原料

糯米、甜酒曲。

（2）生产流程

选米→洗米、浸米→蒸煮→淋饭摊凉→下曲培菌→落罐、搭窝→保温发酵→成品。

（3）操作要点

① 选米。所选糯米必需完整、饱满、无杂质，以当年生产的优质糯米为宜，水分含量 < 15%，淀粉含量 > 69%。

② 洗米、浸米。原料糯米放入不锈钢盆中不断清洗，直至淘米水不浑浊为宜。再用清水浸没淘洗干净的糯米，米和水的比例为 1.0∶2.5（g∶mL），将其放入 30℃的恒温培养箱中，24 h 后取出，然后，用自来水洗米两次并进行沥干。浸泡程度以糯米手捏即碎，内无白心为宜。

③ 蒸煮。将浸泡好的糯米沥干水分后，放入蒸锅内蒸煮 40 min，蒸煮后的糯米需内无白心、疏松不糊、均匀一致。

④ 淋饭摊凉。将蒸煮过的糯米摊放到无菌的不锈钢托盘中进行冷却，可适当添加少许冷开水加速冷却，使其温度降至 30℃为宜。

⑤ 下曲培菌。将适量酒曲加入冷却后的糯米中，使原料与菌种充分混匀，在拌曲过程中可加入适量的冷开水，将糯米充分拌匀。

⑥ 落罐、搭窝。将已经拌好曲的糯米搭成“倒喇叭”形，保鲜膜密封。

⑦ 保温发酵。30℃恒温箱中保温发酵。经发酵后可观察到表面出现白色菌丝，产生糖液，经 24～72 h 发酵成熟。

◎ **延伸阅读**
米酒风味品质形成相关因素的研究进展

（4）品质要求（表 8–7）

表 8–7　米酒的品质要求

指标	评价标准
色泽	色泽均匀、有光泽
风味	清香协调，无异味

续表

指标	评价标准
口感	口感细腻、味道柔和、香甜可口
组织状态	质地均匀，无沉淀物或悬浮物

3. 方便米线的加工

（1）原料

大米。

（2）生产流程

洗米、浸米→米水分离→粉碎→搅拌混料→挤丝→老化→松丝→发制→调酸→装袋→灭菌冷却→包装。

（3）操作要点

① 洗米、浸米。将原料米进行清洗除沙，然后浸泡 1～2 h，冬长夏短，浸泡至以手搓能搓碎没有白心为宜。

② 米水分离。脱水后静置 30 min 以去除大米表面水分。

③ 粉碎。用粉碎机粉碎过 80 目筛。若水分过大或脱水不净，则米粉易结块堵塞筛孔。

④ 搅拌混料。粉料加水和配料（食盐、乳化剂等），用和面机搅拌 30 min 以上，和好的粉料手能握成团，但不太紧，水分约 38%～40% 为宜。

⑤ 挤丝。采用双筒自熟式挤丝机，要求出料为半透明的条状米线，不得有弯曲和接头，米线从挤丝机挤出下落过程中用风扇散热并充分冷却，下落至一定长度后用剪刀剪断。

⑥ 老化。将米粉用竹棒从中间挑起吊在老化室架子上，老化室应保持密封，控制相对湿度在 70%、温度在 25℃左右。老化 24 h，直至米线成为具有良好韧性和硬度的变透明状为止。

⑦ 松丝。在干净的池子中注满清水，将老化好的米线浸泡 1 h，用手搓开黏结的米线，基本无并条为宜。若出现米线发黏、变白、发软则说明老化程度不够，应作为次品处理。

⑧ 发制。松丝过的米线浸入 90～95℃的热水中 2～3 min，米线变软后取出沥水，使米线熟化，发制好的米线弹性好，韧性强。

⑨ 调酸。发制好的米线经沥水后，浸入 0.3% 浓度的乳酸溶液中进行调酸，时间 3 min 左右，能够较好地延长米线保质期。将调酸后的米线进行准确计量，装入透明蒸煮袋中，真空封口。

⑩ 灭菌包装。采用常压灭菌，温度 90～95℃，灭菌 20 min，快速冷却至室温。按照品种要求加入调味包，封口，打印生产日期，装箱入库，检验合格后出厂。

（4）品质要求（表 8–8）

表 8–8　方便米线的品质要求

指标	评价标准
色泽	乳白色、半透明
气味	无霉味及其他异味
复水性	无明显断条、并条，不粘牙、不夹生
组织状态	条形完整，粗细均匀，粉质细，有韧性，无焦生现象

二、面制品加工

面制品是以小麦粉为主要原料制作的一大类食品，其富含碳水化合物、蛋白质等能量成分。按照其加工方式可以分为焙烤食品（面包、饼干、糕点等）、蒸煮食品（挂面、方便面、馒头等）。

早在公元前2700年中国就有磨粉的记载，目前我国的面制品主要以面条、馒头等形式出现，而在欧洲主要以面包、蛋糕等形式存在，这与农业发展、烹制工艺的发展密切相关。本节主要介绍一些常见小麦产品的加工工艺。

1. 曲奇饼干的加工

（1）原料

小麦标准粉、糖粉、黄油。

◎ **视频**
曲奇饼干流水线生产过程
◎ **延伸阅读**
小米黄油曲奇饼干的研制

（2）生产流程

鸡蛋＋糖粉 ↓ 小麦标准粉 ↓

打发至奶油状蛋糊→加黄油打发至絮状→调制面糊→挤花成型→烘烤→冷却。

（3）操作要点

① 原料预处理。小麦标准粉过筛、鸡蛋清洗、黄油解冻。

② 混合。将原料按照设计的配方称量，混合，备用。

③ 打发。蛋液和糖粉混合搅打至发泡、呈象牙白色、体积增大3倍左右。

④ 再混合。按照配方将解冻的黄油切成薄片加入蛋糊中，充分搅打至絮状。

⑤ 调制面糊。加入小麦标准粉，搅拌均匀，调成糊状。

⑥ 挤花成型。将调制好的面糊装入曲奇饼干枪中挤出统一花型至烤盘中。

⑦ 烘烤。上火155～160℃、下火170℃、烘烤12 min。

（4）品质要求（表8–9）

表8–9 曲奇饼干的品质要求

指标	评价标准
色泽	表面呈淡黄色、色泽均匀、无白粉、无焦化
形态	外形完整、花纹清晰、厚薄均匀、不收缩、不变形、不起泡、凹底很少
滋味口感	滋味好、奶香浓郁、无异味；口感松脆，滋味香甜，不黏牙
组织结构	断面结构呈均匀的多孔状、细密均匀
杂质	无油污、无异物

2. 挂面的加工

挂面是由精细面粉加工制成，其水分含量较低，可长期存放。资料显示远在唐代就出现了挂面。挂面加工工艺如下。

（1）原料

专用面粉、水、食盐等。

（2）生产流程

原辅料预处理→和面→熟化→压片→切条→干燥→切断→计量、包装→检验→成品。

（3）操作要点

① 和面。和面加水量应根据面粉的湿面筋含量确定，一般为25%～32%，面团含水量不低于31%；加水温度宜控制在30℃左右，和面时间15 min，冬季宜长，夏季较短。和面结束时，面团呈松散的小颗粒状，手握可成团，轻轻揉搓能松散复原，且断面有层次感。

② 熟化。采用圆盘式熟化机对面团进行熟化、贮料和分料，时间一般为10～15 min，要求面团的温度、水分不能和和面后相差过大。

③ 压片。一般采用复合压延和异径辊轧方式进行，具体技术参数如下：

压延倍数：初压面片厚度通常不低于4～5 mm，复合前相加厚度为8～10 mm，末道面片为

1 mm 以下，以保证压延倍数为 8 ~ 10 倍，使面片紧实、光洁；

轧辊线速：为保证面条的质量和产量，末道轧辊的线速以 30 ~ 35 m/min 为宜；

轧片道数和压延比：轧片道数以 6 ~ 7 道为宜，各道轧辊较理想的压延比依次为 50%、40%、30%、25%、15% 和 10%；

轧辊直径：合理的压片方法为异径辊轧，其辊径安排为复合阶段，直径 240 mm、300 mm；压延阶段，直径 240 mm、180 mm、150 mm、120 mm、90 mm。

④ 切条。切条成型由面刀完成，面刀的加工精度和安装使用往往与面条出现毛刺、疙瘩、扭曲、并条及宽厚不一致有关，面刀有整体式和组合式，形状多为方形，目前国内已开发出圆形或椭圆形面刀，解决了条型单一的问题。

⑤ 干燥。现行挂面干燥工艺一般分为三类：高温快速干燥法、低温慢速干燥法、中温中速干燥法。高温快速干燥法是我国的传统工艺，最高干燥温度为 50℃左右，距离为 25 ~ 30 m，时间约 2 ~ 2.5 h；低温慢速干燥法最高干燥温度不超过 35℃，距离为 400 m 左右，时间长达 7 ~ 8 h；中温中速干燥法适用于多排直行和单排回行的烘干房使用，前者运行长度宜在 40 ~ 50 m，后者回行长度宜在 200 m 左右，时间大约 4 h。

◎ **视频**
挂面加工工艺

⑥ 切断。一般采用圆盘式切面机和往复式切刀。前者传动系统简单，生产效率高，但整齐度较差，断损较多；后者整齐度好断损少，效率较低。

⑦ 计量、包装。传统的圆筒形纸包装难以实现机械化，新型的塑料密封包装已实现自动计量包装，是今后发展的方向。

（4）品质要求（表 8–10）

表 8–10　挂面的品质要求

指标	评价标准
色泽	具有产品应有的颜色，外观应均匀一致
气味	具有产品应有的气味、无酸味、霉味及其他异味
烹调性	煮熟后柔软爽口
卫生	无杂质、无虫害、无污染
水分 /%	≤13.5
酸度 /%	≤4
不整齐度 /%	≤15，其中自然断条率≤8
弯曲折断率 /%	≤15
熟断条率 /%	≤5
烹调损失 /%	≤15

三、油脂加工

油脂是油和脂肪的统称，是主要营养物质之一。油脂还能溶解一些脂溶性的维生素，进食一定量的油脂能够有效促进人体对食物中脂溶性维生素的吸收。油脂种类繁多，根据来源可分为动物油脂和植物油脂等。油脂结构中的脂肪酸组分主要有饱和脂肪酸和不饱和脂肪酸两大类。甘油三酯中饱和脂肪酸含量较高时，在常温下呈固态而称之为脂；甘油三酯中不饱和脂肪酸含量较高时，在常温下呈固态而称之为油。纯净的甘油三酯是无色的液体，但植物油脂带有色泽，有的毛油甚至颜色很深，这主要是由油料中含有的各种脂溶性色素引起的。

1. 植物油料的前处理

植物油料的预处理包括油料的清理除杂和制坯。清理除杂包括油料的清选、脱绒、脱壳与去皮，制坯包括破碎、软化、轧坯、蒸炒。

（1）清理

油料清理是利用各种油料清理设备去除油料中所含杂质的工序，要求清理后的油料不得含有石块、铁渣、蒿草等杂质。

（2）脱绒

脱绒的目的是提高出油率和毛油的质量，增加经济效益，要求分道脱绒、清除杂质、不损失棉籽、残绒。

（3）剥壳

剥壳的目的是提高出油率、提高设备处理量、减轻对设备的磨损、提高毛油质量、利于轧胚皮、对皮壳进行综合利用。例如，葵花籽壳可制纤维板，椰子壳、棉籽壳可生产活性炭等。剥壳常用的方法有摩擦、撞击、剪切、挤压和气流冲击等。

（4）去皮

油料的种皮主要由纤维素和半纤维素组成，去皮后制油可得到蛋白质含量较高的饼粕，利于食用或提取蛋白质。一般油料的皮含油极少，还带有色素，去皮后制油可提高出油率并改善油脂色泽。

去皮工序：油料→干燥→冷却→去皮→风选去皮→去皮油料。

（5）破碎

大颗粒油料（如花生、大豆等）进行水分和温度的调节比较困难，以导致油料水分和温度内外不均，达不到所需要的可塑性，从而影响油脂的提取，因此，大颗粒油料必须进行破碎处理。要求破碎后粒度均匀、不出油、不成团、粉末少。

（6）软化

软化的目的在于调节油料的水分和温度，改变其硬度和脆性，使之具有适宜的可塑性。软化操作应视油料的种类和含水量，正确掌握水分调节、温度和时间的控制。一般水分含量高时，软化温度应低一点，反之则高一些。软化时间应保证油料吃透水气，温度达到均匀一致，要求软化后的油料碎粒具有适宜的弹性和可塑性及均匀性。

（7）轧坯

轧坯是利用机械压制成片状物料的工序，其目的是破坏细胞结构以提取细胞内的油脂，缩短油路，从而为压榨和浸出制油工序提供有利条件，另外，轧坯工序还有利于蒸炒，从而更有利于料胚中蛋白质变性和细胞性质的改变。

（8）蒸炒

蒸炒是将生坯加水（湿润）、加热（蒸坯）、干燥（炒坯）等处理，使之成为熟坯的工艺过程，其目的是破坏细胞结构使油体原生质外流、使蛋白质凝固变性以提高出油率、提高毛油中磷脂含量、降低油脂黏度、调整料胚的可塑性以及杀灭微生物等。

◎ **视频**
植物油料提取

2. 植物油料的提取

（1）压榨法

压榨法是借助机械外力的作用，将油脂从油料中挤压出来的取油方法，是目前国内植物油脂提取的主要方法。压榨法适应性强，工艺操作简单，生产设备维修方便，生产规模大小灵活，适合各种植物油的提取。但压榨法存在出油率低，劳动强度大，生产效率低，油料资源综合利用率低等缺点。

（2）浸出法

浸出法是一种比较先进的制油方法，主要是应用固液萃取的原理实现浸出。选用某种能够溶解油脂的有机溶剂，经过与油料进行接触（浸泡或喷淋），使油料中油脂被萃取出来的一种方法，多采用预榨饼后再浸提。浸出法具有出油率高、粕中残油率低、劳动强度低、生产效率高、易实现大规模生产和生产自动化等优点，其缺点是浸出的毛油含非油成分较多，表现出色泽较深，质量较差，且浸出所用溶剂具有一定的毒性，会造成油脂中溶剂的残留等问题。

（3）超临界 CO_2 萃取法

超临界 CO_2 萃取法是利用超临界流体具有的优良溶解性以及这种溶解性随温度和压力的变化而变化的原理，通过调整 CO_2 流体密度来提取不同物质。超临界 CO_2 萃取油脂温度较低，生物活性物质能够得到较完整的保留。CO_2 作为萃取溶剂具有成本低、无毒、无污染等优点。近年来，超临界流体萃取法作为一种新兴的分离技术，必将会拥有广阔的应用前景。

3. 植物油料的精炼

◎ 视频

超临界 CO_2 萃取法提取油

采用压榨法或浸出法制得的植物油，因含有水分、游离脂肪酸、色素等杂质，称为毛油。为了得到品质优良的食用植物油，将这些杂质除去，除去毛油杂质的工艺过程称为植物油精炼。常用的精炼方法分为物理精炼和化学精炼，物理精炼包括静置沉淀法、过滤法、离心法；化学精炼包括水化脱胶、碱炼脱酸、吸附脱色、脱臭、脱蜡、脱脂等。

4. 油脂深加工

（1）油脂氢化

◎ 延伸阅读

氢化油的营养价值分析

在金属催化剂的作用下，将氢加到甘油三酯的不饱和脂肪化学双键上，该化学反应被称为油脂氢化。氢化油的稳定性要高于原料油脂，还能除去部分原料油脂令人不愉快的气味，可以改善植物油脂、动物油脂的某些应用品质，可以扩大油脂的应用范围，是人造奶油和起酥油的重要原料。但油脂的饱和度增加会加快动脉硬化，增加人体患心血管疾病的风险，有调查研究表明，人造黄油摄入量越多，患心脏病的风险就越大。此外，氢化油还会增加血液黏稠度，使人容易产生血栓，孕期或哺乳期妇女过多摄入氢化油还会影响胎儿和新生儿的生长发育。

（2）食用调和油

食用调和油是利用两种或两种以上纯净的食用油脂，按照营养科学比例调配而成的一种高级膳食食用油，产品主要包括风味调和油（花生、芝麻等调和油）、营养健康调和油（葵花籽油、红花籽油等）、煎炸调和油（用氢化油与全精炼的棉籽油、菜籽油等）调和油。

（3）食品专用油脂

① 煎炸油：煎炸油稳定性高、烟点高、风味较好，一般用轻度轻化的起酥油制成，少数不用氢化油，而用饱和度较高的天然油脂，如猪油、棕榈油等。其制作工序为：毛油→预处理→氢化→过滤→后精炼→煎炸油。

② 人造奶油：人造奶油是指精制食用油添加水及其他辅料，经乳化、急冷捏合成具有天然奶油特色的可塑性制品，油脂含量一般在 80% 左右，在营养价值及使用性能等方面优于天然奶油，其制作工序为：调和→乳化→急冷捏合→包装→熟成。

③ 起酥油：起酥油是指精炼的动、植物油脂、氢化油或上述油脂的混合物，经急冷捏合制作的固态油脂或不经急冷捏合加工出来的固态或流动态的油脂产品。起酥油具有可塑性、起酥性、乳化性等加工性能。起酥油一般不宜直接食用，主要用于加工糕点、面包等食品，要求具有良好的加工性能。按原料种类分为植物性起酥油、动物性起酥油和动植物混合型起酥油；按性能可分为通用型起酥油、乳化型起酥油和高稳定性起酥油。

第三节　现代特色粮油加工工艺

一、特色米制品

1. 营养强化米

在我国大米是主要提供人们热量和蛋白质的重要食物来源，仅食用大米人口占比高达 2/3 以上，在每日膳食结构中发挥着重要作用，然而随着现代大米精深加工水平越来越高，导致其营养价值则越来越低，当人们长期食用精度加工过的大米则会引起某些营养素缺乏症。因此，为获得营养品质较好的大米产品，必须对精白米进行营养强化或在加工过程中解决营养成分过度损失的问题。

谷物蛋白中通常缺乏人体所需的赖氨酸和苏氨酸，需要通过强化特定氨基酸，以保持蛋白质中各种氨基酸的适当比例，可以提高大米蛋白的营养价值。另外，我国人民饮食结构中，铁、钙是普遍缺乏的矿物质元素，维生素 B_1 和维生素 B_2 较容易缺乏。因此，强化特定氨基酸和 B 族维生素是大米提升营养价值的主要方向。现将营养强化米加工工艺举例如下：

（1）籽粒预混工艺

用一种含有硫胺素和烟碱酸的酸溶液加到白米籽粒表面，在空气干燥后涂上两层含有硬脂酸玉米醇溶蛋白以及松香酸的酒精溶液，最后用焦磷酸高铁和滑石粉混合撒在大米籽粒上面，然后将所得产品按 1∶200 的比例添加到普通白米中。这种工艺生产的强化米具有较强的稳定性。该工艺可以同时强化多种营养素，如钙、铁、锌等矿物质。

（2）人造强化米工艺

在小麦粉加水之前按要求混合维生素和矿物质，然后制成混合面团。混合面团在一个受压容器中通过切割和干燥形成类似大米形状的籽粒。这种人造强化米中维生素的含量为糙米的 200 倍。按照需求，将人造米添加到白米中获得最后产品。该工艺的优点是可以根据一些特殊国家营养素缺乏的需要从而改变预混合米的营养组分，而且米粉和粗粉能用来代替面粉；缺点是在淘洗和蒸煮过程中强化的营养素容易损失；而且预混合人造米米饭可口性较差。

（3）酸预蒸法工艺

酸预蒸法工艺是将白米浸泡在含维生素和氨基酸的醋酸溶液中，浸泡一定时间后排去浸泡溶液，通入一定量的蒸汽，然后进行干燥。这种工艺生产的强化米易于消化、可口美味，以 1∶100 的比例混入白米时能提供充分含量的营养素；其最大缺点是容易使米粒产生爆腰，降低品质。

（4）浸吸法工艺

浸吸法是国外采用较多的强化米生产工艺，强化范围较广，可同时添加多种强化剂。主要工艺包括一次浸吸与喷涂、二次浸吸、汽蒸糊化、喷涂酸液及干燥等。

（5）涂膜法工艺

涂膜法是在米粒表面涂上数层黏稠物质。这种方法生产的营养强化米，淘洗时维生素的损失比不涂膜的减少一半以上。主要工艺包括真空浸吸、汽蒸糊化与干燥、一次涂膜、二次涂膜、三次涂膜。

（6）强烈型强化法工艺

强烈型强化法是我国研制的一种大米强化工艺，比浸吸法和涂膜法工艺简单，设备少，投资省，便于大多数米厂推广应用，可实现赖氨酸、维生素和矿物质等营养素对大米的营养强化。该方法是将各种营养素强制渗入米粒内部或涂覆于米粒表面。将大米和按标准配制的营养素溶液分次进入各道强化机中，在米粒与强化剂混合并受强化机剧烈搅拌过程中，利用强化机内的工作热（60℃），使各种营养素迅速渗入米粒内部或涂覆于米粒表面。同时使强化剂中水分迅速蒸发，经适当缓苏，便能生产出色、香、味与普通大米接近的营养强化米，食用时不用淘洗便可直接炊煮。

2. 蒸谷米

蒸谷米是指将清理干净后的谷粒先浸泡再蒸，待干燥后碾米成白米。胚乳质地较软、较脆的大米品种，在碾制时易碎，出米率低的长粒稻谷，都适于生产蒸谷米。稻谷经水热处理后籽粒强度增大，加工时，碎米明显减少，出米率提高。出糙率大致上可提高 1%～2%，脱壳容易，砻谷机效能可提高 1/3。蒸谷米做成的米饭易于消化、出饭率高，蒸谷后粳米较普通白米可提高出饭率

4% 左右，灿米可提高 4.5%，蒸煮时留在水中的固形物少。稻谷在水热处理过程中，杀死了微生物和害虫，同时也使米粒丧失了发芽能力，所以储藏时可防止发芽、霉变，易于保存。但在米饭的色、香、味上，蒸谷米有它的不足之处，如米色较深，带有一种特殊的风味，米饭黏性差，不适宜煮稀饭等。

蒸谷米的生产工艺流程：原粮→清理→浸泡→汽蒸→干燥与冷却→砻谷→碾米→色选→蒸谷米。

3. 留胚米制品

留胚米是指留胚率在 80% 以上的大米。这种产品营养丰富，含有 22% 左右的谷胚蛋白，必需氨基酸组成比例良好，含有近 25% 的谷胚油脂，其中人体必需脂肪酸高达 80%，油酸与亚油酸比例接近 1∶1。此外还含有丰富的 VE、VB_1、VB_2、VB_6、无机盐、谷维素和谷胱甘肽。特别是谷胱甘肽，它是国际上公认的长寿因子。所以留胚米比普通大米营养价值高。

留胚米的生产方法与普通大米基本相同，一般也需要经过清理、砻谷、碾米三大过程。为了使留胚率在 80% 以上，碾米时必须采用多机轻碾，即碾白道数要多、碾米机内压力要低。碾米同时配置有单机循环式与多机连续式，单机循环式是在一台米机上装有循环用料斗，米粒经过 6 ~ 8 次循环碾制而得到留胚米。这种方法效率低，但占地面积小，设备投资低。多机连续式是将 6 ~ 8 台碾米机并列进行串联，使米粒依次通过各道碾米机碾制而得到留胚米。这种加工方法适合大规模生产，但占地面积大、投资高。

留胚米在温度、水分适宜条件下，微生物容易繁殖，因此，留胚米常采用真空包装或充气（二氧化碳）包装，防止留胚米品质降低。

4. 方便米饭

方便米饭通常是指脱水米饭。经简单蒸煮或直接用热水冲泡即可食用，是目前自热米饭原料的主要来源。选用不同的大米和配料可加工出不同风味、不同质构和食用品质的方便米饭制品。

脱水米饭是把精白米水洗后，充分糊化，再用特殊方法进行快速干燥、冷却，用塑料袋封装，食用时加入热水浸泡几分钟即成米饭。米饭品质的特征指标有米饭的糊化度、回生程度、复水性能以及复水后米饭的软硬度、黏弹性、风味等。对大米中的淀粉进行糊化及老化处理，再进行脱水干制，使制品中的水分含量降低到足以防止腐败变质的水平后，得以长期储藏，需食用时再复水即可达到原有的状态。

方便米饭的生产工艺流程：

◎ 视频
方便米饭生产过程

选米→清理→淘洗→浸泡→加抗黏结剂→搅拌→蒸煮→冷却→离散→干燥 / 冷却→检验→袋装→封口→成品→入库。

方便米饭生产工艺的关键控制点：

（1）浸泡方式

通常是用原料大米量 1.3 倍的 35℃清水浸泡 30 min，也可采用等量的 35℃、10% 的乙醇稀溶液浸泡 30 min。使用乙醇浸泡对方便米饭的色泽、香味、口感以及滋味的影响显著。

（2）添加剂

在蒸煮之前添加蔗糖脂肪酸酯、β- 环糊精、食用油脂等后，方便米饭在色泽、滋味、香味、口感上更好。因为添加 0.5% ~ 1.0%（米重）的 β- 环糊精，可以提高米粒表面的亲水性，使水分易均匀渗透到米粒内部，提高糊化度，同时也可以防止淀粉分子间氢键形成而防止淀粉回生，提高复水性；添加 0.5%（米重）蔗糖脂肪酸酯后，米粒分散性较好，色泽白，口感较适；加入 1.5%（米重）的食用油脂，具有防黏结以及调节水分和增香的作用。

（3）蒸煮方式

蒸煮方式有两种：一是稍煮后再蒸，直到将大米蒸熟；二是大米直接煮熟。采取直接煮制时，煮制时间长，米粒膨胀度高，水分渗透到内部，提高了糊化度，干燥前米粒的吸水量越大，干燥后的复水速度越快，复水性能提高，营养物质不易损失，且保持原有米饭风味。故直接煮制工艺较好。

（4）干燥方式

干燥是生产方便米饭最重要的一步，干燥方法和条件的选择优化对方便米饭的品质有很大的影响，热风干燥设备最简单，而且产量高、耗能少，但是复水率不及真空冷冻干燥的高；微波干燥干燥时间最短，但复水时间长，复水率差，米汤的滋味略差；真空冷冻干燥具有耗能大、产量低、干燥时间长等缺点，使用此法干燥的方便米饭产品仅限于宇航、远洋航行、极地考察、山区作业等特殊用途。

二、特色面粉制品

谷物碾磨技术的发展促进了粮食加工的精细化进程，但长期精白面制品的摄入造成了营养不均衡，同大米类似，赖氨酸和苏氨酸是小麦面粉的限制性氨基酸。为了提高小麦粉的营养特性，全麦粉、复配面粉、低血糖生成指数面粉等多种营养强化面粉产品相继出现，以满足不同消费者对营养的需求。

1. 全麦粉

全麦粉是指将整个小麦颗粒粉碎或将麸皮和胚芽重新碾磨后回添到精白面粉中制成的小麦面粉。烘焙类、蒸煮类及油炸类等以小麦粉为原料制成的面制品都可以采用全麦粉全部替代或部分替代的方法从而制成全麦食品。传统的制粉方法与全麦粉的生产要求存在根本差别，且缺乏权威的全麦粉的具体生产标准，导致全麦粉生产工艺的多样化，但是主要工艺包括小麦清理、制粉以及后处理三个方面。

（1）全麦粉清理工艺

与传统面粉生产过程中小麦的清理工艺类似，主要目的在于清除小麦中的各种杂质。但是由于全麦粉生产过程中保留了麸皮，因此，在全麦粉生产中的小麦清理是一个重要的环节，必须使所生产出来的全麦粉微生物数量和卫生指标均达到标准要求。另外，由于小麦麸皮层中酶含量较高，胚芽中脂质含量较高，所以在对净麦进行水润麦时应当严格控制水量，水分含量要低于面粉制备时净麦的水分含量，以抑制麸皮和胚芽中各类酶的活性，以延长全麦粉的货架期。

（2）全麦粉制粉工艺

目前，全麦粉的制粉方法主要包括麸皮回添法、全谷物粉碎法等。麸皮回添法是目前国内采用较多的方法，主要是按原有的工艺进行面粉的制备，然后根据不同的客户需求将麸皮按不同的量和粗细度回添到面粉中，严格地讲此种方法生产的全麦粉是一种有一定麸皮含量的混合面粉，并不是真正意义上的全麦粉，只能满足下游食品加工需求，针对性较强，饼干和蛋糕用全麦粉要求所含麸皮的粒度较细；面条用全麦粉要求含中等偏小片状麸皮；面包用全麦粉要求所含麸皮为偏大的片状；膨化食品则根据其类别不同对所添加麸皮的粒度有不同要求。这就需要生产者根据所需麸皮的粒度，通过改变麸皮筛号的配备、安装麸皮分级筛等达到麸皮粒度性状的要求。但是，由于麸皮中对全麦粉加工、储藏以及操作影响较大的酶类（如α-淀粉酶、多酚氧化酶、水解蛋白酶等）含量较高，因此，有些面粉生产企业在采用该方法进行全麦粉生产时，先将麸皮通过挤压膨化、热风干燥或者微波处理等方法进行一定程度的稳定化处理，钝化其中活性较强的酶类后，进一步磨制成一定粒度的粉状物质，再如数添加到面粉中。

全谷物破碎法是一种目前在国际上受到广泛认可的全麦粉加工方法。一般采用的破碎设备有垂直旋风磨、全籽粒石磨以及超微粉碎磨等。该方法是将整粒小麦一次性破碎成粉，完整地保留了籽粒的所有成分。但由于小麦麸皮层纤维素的含量较高，韧性较大，与胚乳相比不易破碎成粉，麸皮的粒度过大也会造成面制品的适口性差，麸皮中所含的营养成分也不易吸收。全麦粉的粗细度至少要达到CB46（116目）以上，才能使其适口性满足要求。因此，要根据小麦麸皮破碎成粉之后的粒度来确定全麦粉的粗细度，这就导致此种方法生产出来的全麦粉的破损淀粉含量不易控制，操作稳定性受到很大影响。

（3）全麦粉后处理

全麦粉中的胚芽组分富含脂肪，而且大多为不饱和脂肪酸，易于发生酸败、氧化变质。麸皮中各种酶类的含量较高，在粉碎之后易于活化，这些因素均严重影响全麦粉的储藏稳定性，因此，全麦粉的保存期较短，正常储存情况下仅为 30 ~ 45 d，在夏季高温高湿的环境中保存期更短，这就要求商品化的全麦粉最好采用小包装，并且储存在阴凉干燥处。

2. 营养复配面粉

营养复配面粉是指按照一定比例将小麦粉与其他营养素、谷物粉等进行复配加工后的面粉。常见复配营养素有维生素 C、膳食纤维等可以增强面粉的筋性，提高小麦面粉膳食纤维含量。复配的植物来源面粉种类繁多，有荞麦粉、燕麦粉、大麦粉、豆渣粉、魔芋粉、茶粉、圆苞车前子壳粉、绿豆粉、豌豆粉等。小麦粉的复配对于面粉的面团特性、蒸煮特性影响显著，因此，对添加物的粗细度、营养组分、加工方式等有具体要求。例如，为了提高燕麦小麦复配面条的蒸煮特性，通常对燕麦粉进行挤压预糊化处理，通过糊化淀粉和高膳食纤维含量弥补燕麦粉添加带来的面筋含量不足；添加燕麦粉的小麦粉馒头不仅提高了营养价值，同时能够延缓淀粉的老化回生。营养复配面粉的加工工艺多样化主要来源于复配物的加工工艺，例如挤压处理、烘炒处理、酶处理等，同时也需要关注类似全麦粉遇到的保质期问题。

3. 低血糖生成指数面粉

◎ **延伸阅读**
低 GI 淀粉原料的筛选及理化特性和体外消化特性的研究

低血糖生成指数面粉是近年来新出现的一种特殊面粉制品，也称为低 GI（Glycemic index）面粉，是一种血糖生成指数较低的面粉制品，能够满足有血糖问题或者需要控制血糖的人群的健康需求。目前，低血糖生成指数面粉主要分为两大类，一类是以杂粮粉和小麦粉按比例进行复配，经过临床检测后认证的低血糖生成指数面粉。另一种是通过酶解、高温、高湿等工艺，提高小麦粉中的抗性淀粉、膳食纤维等含量，从而降低小麦面粉的血糖生成指数。

三、特色植物油脂

从植物油脂原料来分，通常将除油菜、花生、大豆等大宗油脂之外的油料制品称为特色油料油脂。以葵花籽油、胡麻油和芝麻油三种油脂为主，还有橄榄油、核桃油、茶油、牡丹籽油等。大部分特色植物油脂富含不饱和脂肪酸，具有重要的生理活性功能，但由于受保藏和烹饪方式限制，从而影响了相关产业的发展。油脂产业已逐步发展到功能食品等行业，各种新技术被广泛用于油脂产业，推动了相关产业的绿色发展。

1. 特色植物油脂原料

我国有丰富的植物油脂来源。近年来，不断有新的植物油脂得到消费者的青睐，如核桃油、南瓜籽油、杏仁油、葡萄籽油、牡丹籽油、番茄籽油、红花籽油、棉籽油等。特色植物油脂的加工工艺与传统油脂类似，但是前处理根据不同原料而不同。由于这类油脂的脂肪酸组成不同，尽可能降低对不饱和脂肪酸成分的破坏，同时，避免脂肪酸发生氧化和酸败。

2. 粉末油脂

利用微胶囊技术包埋油脂制备成粉末油脂，可以有效延缓油脂的氧化、改善油脂的功能性质，还可以拓宽油脂的应用范围。常用于制备核桃油粉末油脂的壁材种类可以分为碳水化合物、蛋白质和复合壁材。亚麻籽油因其高含量的不饱和脂肪酸，在空气中极易氧化变质，导致感官品质下降，利用粉末油脂技术不仅使油脂对环境的抵御能力增加，还可以降低或掩盖油脂的不良气味等，例如，以普通玉米淀粉和蜡质玉米淀粉为壁材，与一定比例的亚麻籽油干法加热制备得到粉末油脂；以阿拉伯胶、β- 环糊精（β-CD）、Tween 80 为复合壁材，松籽油为芯材，通过喷雾干燥法制备松籽油粉末油脂。

四、特色杂粮食品

杂粮通常是指水稻、小麦、大豆三大作物以外的粮豆薯作物。主要包括谷物类，如玉米、小米、红米、黑米、紫米、高粱、大麦、燕麦、荞麦/麦麸、青稞等；杂豆类，如绿豆、红豆、黑豆、青豆、芸豆、蚕豆、豌豆等；块茎类，如红薯、山药、马铃薯、芋头；木本类，如栗子和橡子。

杂粮中钙含量最多的是籽粒米，是小麦、大米的近10倍。黍、稗米、大麦、燕麦、木薯中钙含量较丰富。同时，这些杂粮中的铁含量也超过了大米和小麦。但要注意这些食物中植酸对钙、铁的吸收率的影响，维生素中VB_1、VB_2的含量也很丰富，如大麦中的VB_2为4.8 mg/100 g，是小麦粉的80倍，大米的48倍；薯类中富含VC，这是其他粮食无法比拟的。

1. 杂粮食品加工

（1）杂粮主食化加工

杂粮营养丰富，具有良好的保健功效，若直接食用，存在口感粗糙，味道不佳的问题，需将一种或几种杂粮与小麦粉搭配制作杂粮面制品是杂粮食品加工的重要方向。常见的杂粮制品如燕麦饼、麦香包、黑面包、燕麦馒头、莜面团子、莜面猫耳朵、玉米馒头、玉米面蛋糕、豆沙包、玉米窝头、芝麻煎饼；黄米面油糕、豆面糕、红枣切糕；高粱面鱼鱼、高粱面疙瘩等都是人们日常生活中非常喜爱的杂粮食品。此外，杂粮与大米进行营养复配，并根据蒸煮工艺进行优化，搭配成为营养米制品，比较有特色的有燕麦米饭、三色米等。

（2）杂粮休闲食品加工

以马铃薯为原料可制成各种休闲食品，如果脯、薯米（粒）、脱水马铃薯片（条、泥）、薯粉、马铃薯方便面、油炸马铃薯片等。浙江、福建等省份出口的“油炸薯片”和“红心地瓜干”在一些市场上供不应求。目前已经上市的非油炸薯片更是备受青睐。以玉米为原料可制成玉米片、玉米方便粥、玉米营养粥、玉米花、玉米面饼干、玉米面脆片等，玉米花丝罐头、甜玉米罐头、玉米笋罐头、玉米笋蜜饯也深受消费者青睐。

（3）特殊保健杂粮食品加工

燕麦、荞麦、藜麦等杂粮中含有丰富的功能物质，如燕麦富含β-葡聚糖和生物碱，苦荞麦富含黄酮类物质和抗性淀粉，藜麦富含皂苷、植物甾醇等。将杂粮中的营养物质进行富集能够作为功能食品、特医食品等原辅料，可有效补充高血脂、高血压、糖尿病等慢性病人群的饮食结构。

（4）杂粮饮料食品加工

用鲜玉米加工制作液体饮料，如玉米杏仁茶和玉米冰淇淋已有报道，也可用小米制冰淇淋，用大麦生产大麦咖啡饮料和大麦保健茶。以荞麦为辅料，制作的荞麦豆乳也是一种很受欢迎的健康饮品。特色饮料格瓦斯源自俄罗斯，是利用面包屑或玉米发酵而成（属于俄式饮料），格瓦斯饮料在国际上是与可口可乐并驾齐驱的两大饮料之一，其具有天然发酵的醇香味，营养丰富，酒精含量低微，除了可以消暑、解渴外还能增进人体消化功能，是既可作饮料又可代酒助兴的饮料。利用甘薯制作的格瓦斯风味独特，营养丰富，也是一种理想的饮品。

（5）杂粮酿酒加工

由于富含碳水化合物，大麦、燕麦、荞麦、红薯、马铃薯、玉米、小米等可作为酿酒的原料，又因为杂粮原料富含蛋白、多酚类物质，杂粮酒风味独特。其中有很多特色的地方酒类产品，如陕西稠酒，是以软黄米、酒谷米（用于酿酒的软谷米）、香谷米、玉米等原料发酵而成；西藏，青海地区的青稞酒，是以大麦酿制而成。此外，也有很多新开发出的杂粮酒，例如荞麦酒、燕麦酒等。

2. 荞麦加工

荞麦分为甜荞和苦荞，两种果实形状差异显著。甜荞果实为三角状卵形，棱角较尖锐，果皮光滑，常呈棕褐色或棕黑色；苦荞果实呈锥形卵状，果上有三棱三沟，棱构相同，棱圆钝，仅在果实的上部较锐利，棱上有波状突起，果皮较粗糙，常呈绿褐色和黑色。

荞麦在完全成熟后，整个果皮的细胞壁都加厚，且发生木质化以加强果皮的硬度，成为荞麦的“壳”。可加工为荞麦枕等生活用品。荞麦胚乳是制粉的基本部分，荞麦胚乳组织结构疏松，呈白色、灰色或黄绿色，且无光泽；胚乳有明显的糊粉层，为品质良好的软质淀粉，无筋质，制作面食制品较为困难。

（1）荞麦米

采用荞麦脱壳机处理荞麦，除去壳后的荞麦籽粒通常称为荞麦米，也可用砂辊碾米机加工荞麦，碾除种皮，亦可碾除糊粉层，连同种皮一起作为一种产品，其加工工艺类似糙米碾米。荞麦种子或荞麦米通过齿辊磨加工和筛理后得到荞麦糁，后经过压片机加工得到荞麦片。

（2）荞麦粉

用荞麦米或荞麦糁可加工成荞麦粉。采用冷碾磨方法，用钢辊磨破碎，筛理分级后用砂盘磨磨成荞麦粗粉，称为“冷”研磨。比纯用钢辊磨研制的产品更有益于健康。传统制粉工艺为钢辊磨制粉方法，将荞麦果实经过清理后入磨制粉，荞麦粉的质量较差。新的制粉工艺是将荞麦果实脱壳后分离出种子入磨制粉，荞麦粉的质量较好，在我国也逐渐被推广开来。新制粉工艺采用 1 皮、1 渣、4 心工艺。种子经 1 皮破碎后，分离出渣和心，渣进入渣磨系统，心进入心磨系统，制粉原理和小麦制粉基本相同，但粉路较短。目前开发的产品有：全荞粉、荞麦颗粒粉、荞麦麸皮粉和荞麦精粉等。

3. 燕麦加工

燕麦是重要的谷物作物，富含膳食纤维、优质蛋白质及不饱和脂肪酸等营养物质，其一般加工流程如图 8–9 所示。随着人们对燕麦营养特性的了解不断增加，越来越多的燕麦被加工成为高营养食品，如燕麦片、燕麦面包、燕麦面条、膨化燕麦小食品等。

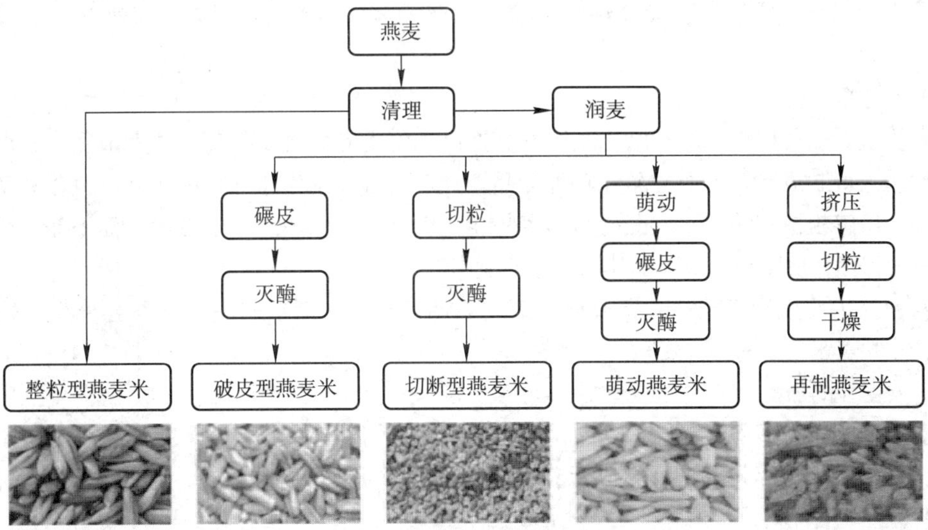

图 8–9　燕麦加工流程

（1）燕麦米的加工

燕麦米分为整粒型生燕麦米、破皮型燕麦米及切断型燕麦米三种类型。通过烘烤处理工艺在一定程度上可以提高燕麦产品的品质。经烘烤处理后的燕麦碎粒中可提取的 β- 葡聚糖含量提高，受损淀粉含量增加，β- 葡聚糖植物化学物质的可用性和抗氧化活性也得以提高。但高温处理会使 β- 葡聚糖发生裂解，相对分子质量和黏度会降低，因此，在操作时温度不宜过高。

（2）燕麦粉的加工

燕麦粉主要加工流程：原料→清理→洗麦→润麦→炒制→堆放→磨粉→包装。

燕麦粉也称莜面，是我国传统燕麦制品，可作为原料加工成多种燕麦食品。燕麦面制品制作通常采用三熟工艺，即燕麦籽粒炒熟、和面时燕麦粉热水烫熟、燕麦面团产品蒸熟。燕麦粉制作的产品风味独特，常见的有燕麦窝窝、燕麦鱼鱼、燕麦饸饹、燕麦栲栳栳等。

（3）燕麦片的加工

燕麦片主要加工流程：裸燕麦→清理→碾皮→洗麦→甩干→灭酶处理→切粒→压片→干燥→冷却包装。

燕麦片有三种产品类型：纯燕麦片、混合燕麦片和复合燕麦片。纯燕麦片又分为即食和快煮两大类，即食和快熟燕麦片的生产要经过烘麦、碾磨、切粒、蒸煮、压片、干燥、包装等工艺；即食燕麦片用沸水冲调即可，快熟燕麦片食用需经过煮沸熟化。混合燕麦片主要指以燕麦片为主要组分，同时添加其他谷物片、坚果、水果干等配料，包装上会明确标注燕麦片含量，消费者根据自身需要进行选择。复合麦片是以燕麦、大麦、小麦、荞麦等谷类为原料，添加（或不添加）奶、植脂末、糖等辅料，经粉碎、打浆、熟化、压片、滚筒干燥、粉碎成片或挤压设备等工艺加工制成的即食可冲调性定型包装食品。

4. 大麦加工

大麦具有坚果香味，其碳水化合物含量较高，蛋白质、钙、磷等营养成分含量中等，此外，还含少量的B族维生素。因为大麦含谷蛋白量少，不能做多孔面包，可做不发酵食物。大麦果实淀粉含量的一般在46%～66%，灰分约3%；裸大麦可用的直链淀粉含量，正常的达25%，低的小于1%，高的达40%；胚乳中色氨酸、赖氨酸和蛋氨酸的含量较少。

（1）大麦米的加工

采用珠形大麦米、糙大麦米或原料大麦加工而成，主要用于做汤，加入调料可制成膨化食品和速食早餐食品。

大麦米的主要生产工艺：大麦籽粒→清理→调节水分→漂白→脱壳→谷壳分离→碾米→风选→分级→大麦米产品。

（2）大麦粉的加工

大麦粉是大麦仁切断工序和磨光工序的副产品。将大麦仁蒸汽处理后再磨成粉，并添加维生素和矿物质，可制成婴儿方便食品和特种食品。大麦粉可以制作高纤维面条，可改善面条煮后易断、易糊、口感粗糙等缺点。大麦粉和小麦粉相比因具有吸水率高、黏度大、面团筋力较差、稳定时间短的特性，所以严重限制了其在食品工业中的应用。

大麦粉的主要生产工艺：大麦籽粒→清理→调节水分→漂白→脱壳→谷壳分离→碾米→风选→分级→大麦米→磨粉→大麦粉。

（3）大麦片的加工

大麦片可以作为一种即食早餐食品，可用来煮麦片粥，具有独特的风味。在麦片中添加各种蔬菜汁、叶片、水果碎粒等，可制成营养均衡的即食方便食品。在麦片中添加钙、锌等营养素，可制成营养强化食品。

大麦片的主要生产工艺：大麦米→加水→蒸烘→压片→烘干→调味→包装→成品。

5. 小米加工

小米又称谷子，别名粟米、稞子、秫子、黏米、白粱粟、粟谷，是一年生草本植物，属禾本科，我国北方通称谷子，去壳后叫小米，它性喜温暖，适应性强。起源于我国黄河流域，在我国已有悠久的栽培历史，现主要分布于我国华北、西北和东北地区。小米的品种很多，按米粒的性质可分为糯性小米和粳性小米；按谷壳的颜色可分为黄色、白色、褐色等品种，其中红色、灰色者多为糯性，白色、黄色、褐色、青色者多为粳性。一般来说，谷壳色浅者皮薄，出米率高，米质好，而谷壳色深者皮厚，出米率低，米质差。小米粒小，色淡黄或深黄，质地较硬，制成品有甜香味。

小米通常被经清洗筛理之后作为杂粮直接销售，加工对小米的品质也有重要影响。小米加工时，原粮先经过吸风分离器除去轻杂质，经筛选去除大中小杂质，然后经去石机除净粟粮中的石子，通过磁选去除金属杂质后，采用带风选去壳式砻谷机脱除粟米外面的壳层，再经筛选分离出未脱壳的粟米再次脱壳，已脱壳的粟米经二次风选去杂后，入米机进行精碾，可根据粟米的碾皮情况，采用两次或三次碾粟，即串联式两台或三台米机进行碾粟，经吸风、筛选，提取精碾小米打包。

开放讨论题

1. 如何评价粮油的工艺品质与加工工艺的关系？
2. 粮油加工业的发展趋势如何？

思考题

1. 稻谷脱壳的方法有哪几种？最常运用的方法是什么？
2. 谷壳分离的基本原理是什么？如何快速收集整理谷壳？
3. 油脂精炼有哪些方法和原理？
4. 面制品的主流产品有哪些？
5. 有哪些粮油原料能用来制油？

自测题

撰写人：石菲菲、董锐、孙鹤

第九章

果蔬加工

果蔬加工技术作为食品科学领域的重要组成部分，自古以来与人类文明紧密相连，为人类提供了多样化的食品选择。该技术能有效延长果蔬保鲜期，降低损耗，并通过多样化的加工方法满足消费者对果蔬风味与营养的特定需求。在科技进步和健康饮食理念日益普及的今天，果蔬加工技术对现代食品工业的贡献日益凸显。本章节将系统阐述果蔬加工基础理论、工艺流程、核心原理及先进技术等。

知识目标

1. 掌握果蔬中的化学成分及其在加工中的变化。
2. 掌握果蔬加工的基本原理。
3. 掌握果蔬加工的工艺流程。

能力目标

1. 能够掌握果蔬主要加工单元的关键原理。
2. 能够熟练掌握果蔬罐制、制汁、干制、糖制、腌制、速冻和鲜切等工艺的基本技能。
3. 能够解释果蔬加工中出现的原料褐变、糖制品返砂、罐制品胀罐、腌制品酸败和汁制品浑浊等异常现象。

素养目标

1. 认识果蔬加工学科的发展历史和未来趋势。
2. 培养实事求是的学风、创新精神和创业能力。
3. 培养良好的职业道德意识及爱岗敬业的精神。
4. 培养辩证思维能力，能够运用科学思想解释客观现象。

知识导图

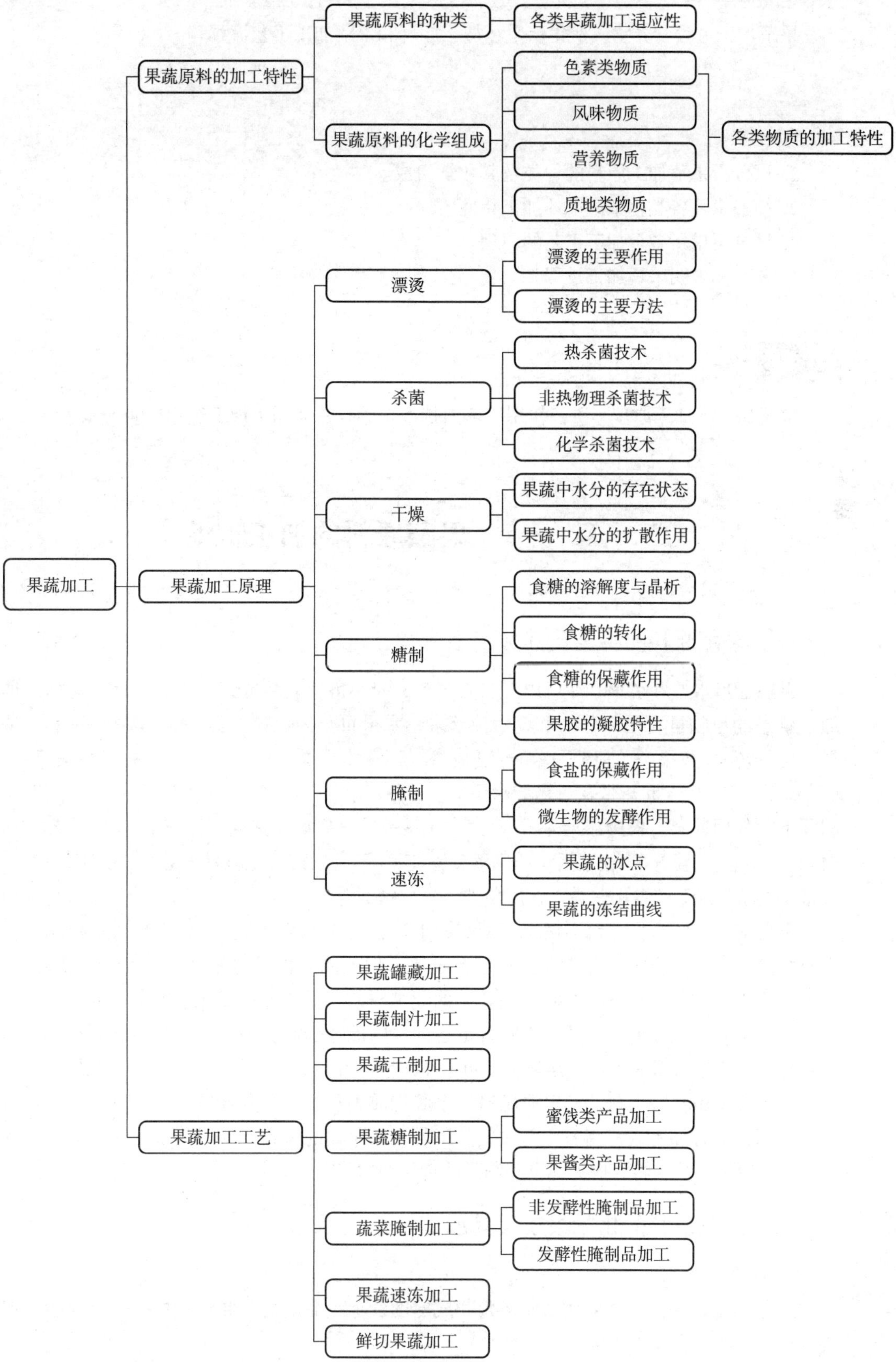
果蔬加工
果蔬原料的加工特性
果蔬原料的种类
各类果蔬加工适应性
果蔬原料的化学组成
色素类物质
风味物质
营养物质
质地类物质
各类物质的加工特性
果蔬加工原理
漂烫
漂烫的主要作用
漂烫的主要方法
杀菌
热杀菌技术
非热物理杀菌技术
化学杀菌技术
干燥
果蔬中水分的存在状态
果蔬中水分的扩散作用
糖制
食糖的溶解度与晶析
食糖的转化
食糖的保藏作用
果胶的凝胶特性
腌制
食盐的保藏作用
微生物的发酵作用
速冻
果蔬的冰点
果蔬的冻结曲线
果蔬加工工艺
果蔬罐藏加工
果蔬制汁加工
果蔬干制加工
果蔬糖制加工
蜜饯类产品加工
果酱类产品加工
蔬菜腌制加工
非发酵性腌制品加工
发酵性腌制品加工
果蔬速冻加工
鲜切果蔬加工

重点及难点

果蔬加工过程营养物质变化；果蔬加工原理和果蔬加工工艺流程

问题导读

1. 试分析果蔬加工原料的种类及其化学组成。
2. 简述果蔬各类化学组成的加工特性。
3. 试分析果蔬各个加工工艺的原理。
4. 试举例说明果蔬加工过程。

关 键 词

果蔬加工　加工原理　工艺作用　杀菌技术　延长货架期　加工过程控制

第一节　果蔬原料的加工特性

一、果蔬原料的种类及其加工适应性

果蔬泛指水果和蔬菜，亦可以是二者统称，是指人工栽培或野外采收、处于原始或最低限度加工状态的植物可食用部分。果蔬品种繁多，水果可分为：核果类（桃、樱桃等）、仁果类（苹果、山楂等）、浆果类（葡萄、草莓、猕猴桃等）、柑果类（橘、柑、橙、柚、柠檬等）、瓜果类（西瓜、哈密瓜等）和热带及亚热带水果类（香蕉、荔枝、椰子等）。蔬菜可分为：根菜类（萝卜、胡萝卜、根用芥菜、根用甜菜等）、茎菜类（芦笋、马铃薯、莲藕、洋葱等）、叶菜类（油菜、大白菜、韭菜、芫荽等）、花菜类（花椰菜、青花菜等）、果菜类（扁豆、番茄、辣椒、黄瓜等），以及孢子类植物蔬菜（食用菌类、食用藻类、食用蕨类等）。

果蔬加工方法众多，包括罐制、糖制、干制、制汁、腌制等。每种方法对果蔬原料的品质特性有特定要求。尽管大多数果蔬都可进行加工，但不同品种间的理化特性和组织结构存在差异，因而适宜加工的品种也各不相同。例如，葡萄、柑橘、番茄等果蔬汁液丰富、可溶性固形物含量高、酸度适宜、风味芳香独特、果胶含量适中，因此适合制备果汁。而红枣、胡萝卜、马铃薯等果蔬因其干物质含量高、水分含量低、可食部分多、粗纤维少，更适合用于干制品的加工。此外，草莓、苹果、山楂等果蔬具有肉质肥厚、果胶物质丰富、有机酸含量较高、风味浓郁、耐煮制等特点，因此适合加工成糖制品。而一些芥菜类和根菜类的蔬菜，由于其水分含量低、干物质含量高、肉质厚、风味独特，成为优良腌制品的理想原料。

二、果蔬原料的化学组成及其加工特性

1. 色素类物质

果蔬色泽是评价新鲜果蔬品质、判断成熟度及加工品质的重要感官指标。果蔬中色素类物质及其加工特性如表 9-1 所示。

表 9-1 果蔬中色素类物质及加工特性

种类	代表性物质	加工特性
叶绿素类	叶绿素 a 叶绿素 b	（1）叶绿素在加热和酸性条件下易脱镁，形成脱镁叶绿素； （2）叶绿素在碱性条件下可分解生成叶绿酸、甲醇和叶绿醇，其中叶绿酸呈鲜绿色且较稳定，可与碱生成稳定的绿色叶绿酸盐； （3）在绿色蔬菜加工时，漂烫液中常加入小苏打进行护绿，也可用氯化锌、硫酸镁和氯化钙等进行护绿
类胡萝卜素	虾青素 番茄红素 玉米黄素 岩藻黄素 β- 胡萝卜素	（1）类胡萝卜素含共轭双键结构，在光照或有氧条件下易被脂肪氧化酶等氧化脱色，紫外线也会促进其氧化； （2）热处理、遇酸及光照可引起类胡萝卜素发生顺反异构化反应，影响维生素 A 原活性； （3）类胡萝卜在碱性条件下较稳定，与锌、铜、铁等金属共存时也不易破坏
花青素	矢车菊素 翠雀花素 锦葵花素 天竺葵素	（1）花青素水溶性较好，但加热、氧气或紫外线可破坏其结构； （2）花青素与金属离子可反应生成盐类，大多数为灰紫色，与锡、铁、铜等离子反应生成蓝色或紫色。因而，含花青素的产品在加工时应避免与金属接触； （3）pH 变化会导致花青素呈现酸红、中紫、碱蓝等颜色变化
黄酮类色素	圣草苷 芸香苷 柚皮苷	（1）黄酮类色素水溶性较好，其水溶液呈涩味或苦味； （2）黄酮类色素在酸性条件下无色，在碱性时呈黄色，与铁盐作用会变成绿色或紫褐色

◎ 延伸阅读
岩藻黄素的加工稳定性

2. 风味物质

果蔬风味是构成果蔬品质的主要因素之一，其主要成分及其加工特性如表 9-2 所示。

表 9-2 果蔬中风味物质及其加工特性

种类	代表性物质	加工特性
香味物质	叶醇 辛烯 -1- 醇 乙酸异戊酯	（1）果蔬中香味物质大多沸点低、易挥发、易氧化且对热敏感； （2）由于香味物质在果蔬加工中因热和酶作用而分解，因此果蔬加工时应尽量避免长时间热处理
甜味物质	蔗糖、葡萄糖	果蔬中还原糖与含羰基物质（如氨基酸）可发生美拉德反应
酸味物质	柠檬酸 苹果酸 酒石酸 琥珀酸 绿原酸 咖啡酸 水杨酸	（1）在饮料加工中，使用有机酸的同时加入该酸对应的盐类化合物，建立缓冲体系，可以改善酸感； （2）有机酸能降低微生物致死温度，因而蔬菜罐头等低酸性食品一般采用高压杀菌，而水果罐头等酸性食品则可以采用常压杀菌； （3）果蔬中有机酸在加热时还可以促进蔗糖和果胶等物质的水解，影响果胶凝胶强度，并促进非酶褐变； （4）果蔬中有机酸具有抗氧化作用，可以护色并抑制维生素 C 降解
涩味物质	单宁 儿茶素	（1）无氧呼吸产物乙醛与单宁发生聚合反应，使可溶性单宁转变为不溶性缩合物，消除涩味，这也是温水浸泡、乙醇等脱涩方法的原理； （2）单宁在有氧下易被氧化，发生酶促褐变，金属离子存在会加剧褐变； （3）单宁遇碱易变成黑色，因此在果蔬碱液去皮后，尽快洗去残留碱液； （4）单宁与蛋白质作用生成不溶性化合物，常用于生产澄清果汁
苦味物质	苦杏仁苷 茄碱苷 柚皮苷 新橙皮苷	（1）苦杏仁苷在苦杏仁苷酶作用下水解为葡萄糖、苯甲醛和氢氰酸（剧毒）； （2）茄碱苷主要存在于茄科植物中，可分解产生茄碱（有毒）； （3）柚皮苷和新橙皮苷在柚皮苷酶作用下水解成糖基和苷配基，苦味消失

◎ 延伸阅读
不同香蕉品种的果实香气

续表

种类	代表性物质	加工特性
辛辣味物质	姜酮、姜酚 辣椒素 大蒜素 硫代葡萄糖苷	（1）大蒜组织被破坏后，蒜氨酸（无辣味）在蒜酶作用下分解生成具有强烈辛辣气味的大蒜素（二烯丙基硫代亚磺酸酯）； （2）萝卜等植物组织被破坏后，硫代葡萄糖苷（如烯丙基芥子油苷、苄基芥子油苷）在黑芥子酶作用下生成异硫氰酸酯类物质（如异硫氰酸烯丙酯、异硫氰酸苄酯），具有强烈的刺激性辛辣味

3. **营养物质**

果蔬是人体所需维生素、矿物质与膳食纤维的重要来源。一些果蔬还含有大量维持人体正常生命活动必需的营养物质，如淀粉和蛋白质。它们的加工特性如表 9–3 所示。

表 9–3　果蔬中营养物质及其加工特性

种类	代表性物质	加工特性
维生素	维生素 C（抗坏血酸） 维生素 E（生育酚） 维生素 B_1（硫胺素） 维生素 B_2（核黄素） 维生素 B_5（泛酸） 维生素 B_9（叶酸）	（1）维生素 C 易氧化，与铁等金属离子接触会加剧氧化，在光照和碱性条件下也易受破坏；维生素 C 还可用作抗氧化剂，防止果蔬产品褐变； （2）新鲜果蔬中的胡萝卜素在人体内可转变为维生素 A。维生素 A 和胡萝卜素在果蔬加工中易被氧化，加入抗氧化剂可以保护它们；维生素 A 在高温和碱性条件下较为稳定
矿物质	铁、钙、磷、镁、钾、钠、锌、铜	（1）果蔬中的矿物质以无机盐或与有机物结合的形式存在； （2）矿物质在果蔬加工中一般较为稳定，其损失主要随着水溶性物质的浸出而流失，损失比例与矿物质的溶解度呈正相关
淀粉	/	（1）对于地下根茎菜类，淀粉含量越高，加工性能越好。对于以幼嫩豆荚或籽粒供鲜食的蔬菜，淀粉含量越高品质越差； （2）块茎类蔬菜中淀粉转化过多会引起果蔬制品变色
含氮物质	蛋白质和氨基酸	（1）蛋白质和氨基酸是美拉德反应底物，对产品色泽影响显著； （2）蛋白质在加工中易发生变性、凝固和沉淀，这在饮料和清汁类罐头加工中经常遇到； （3）果蔬中过氧化物酶热稳定性较高，可作为热烫指示酶

◎ **延伸阅读**
温度和时间对果蔬加工中美拉德反应的影响

4. **质地类物质**

果蔬的质地与其组织结构密切相关，而果蔬组织结构又与其所含化学成分密切相关。构成果蔬质地的化学成分主要包括水分、果胶物质、纤维素和半纤维素等，其加工特性如表 9–4 所示。

表 9–4　果蔬中质地类物质及其加工特性

种类	加工特性
水分	（1）果蔬组织内的自由水对果蔬及其加工制品的品质影响较大； （2）果蔬含水量高，生理代谢旺盛，物质消耗快，易衰老败坏，不利于后续加工； （3）高含水量也为微生物活动提供了条件，使果蔬容易腐烂变质，影响后续加工

续表

种类	加工特性
果胶物质	（1）果蔬中的果胶物质存在三种形态：原果胶、可溶性果胶和果胶酸； （2）原果胶是可溶性果胶与纤维素缩合形成的高分子物质，与蛋白质、钙、镁等形成蛋白果胶阳离子黏合剂，使相邻细胞紧密黏结，赋予未成熟果蔬较大的硬度； （3）在果实成熟过程中，原果胶在原果胶酶的作用下分解为可溶性果胶和纤维素，使相邻细胞间分离，组织软化。但可溶性果胶仍具有一定的黏结性，使果蔬组织保持弹性； （4）在果实过熟阶段，果胶被果胶酶分解为果胶酸与甲醇，果胶酸失去黏结性，导致果蔬组织松软无力，弹性消失； （5）在果汁及果酱制品加工中，果胶可用作胶凝剂、增稠剂和稳定剂。果酱产品利用果胶的胶凝作用。生产浑浊果汁时，果胶作为稳定剂防止果肉微粒沉淀，保持果汁浑浊稳定，而生产澄清果汁时，则需要除去果胶，使果汁澄清
纤维素和半纤维素	（1）纤维素和半纤维素性质较稳定，不易被酸、碱水解； （2）幼嫩果蔬中纤维素多为水合纤维素，组织质地脆嫩；果蔬老熟时，纤维素与半纤维素、木质素、角质、栓质等形成复合纤维素，使组织质地坚硬，品质下降

第二节　果蔬加工原理

一、漂烫

漂烫是对已经分级、清洗、去皮、切分、修整后的新鲜果蔬原料进行热处理的重要工序。它在糖制、干制、罐藏及冻藏等果蔬加工过程中发挥着关键作用。

1. 漂烫的主要作用

（1）抑制果蔬组织中的酶活性，防止色素及维生素 C 氧化，减少氧化变色和营养物质损失；

（2）排除果肉组织内的空气，有利于在罐制加工过程中保持罐头内的真空度，减轻残留氧气对马口铁内壁的腐蚀，避免杀菌过程中的跳盖或爆裂现象；

（3）使果蔬细胞内的原生质凝固，诱发质壁分离，增加细胞膜透性，促进果蔬干制过程中的水分蒸发，从而缩短干燥时间，加速糖分渗透，缩短煮制时间；

（4）减少某些果蔬原料中的苦味、涩味和辣味等不良风味，提升产品品质；

（5）减少果蔬中的污染物，杀灭果蔬表面附着的部分微生物和虫卵；

（6）软化原料质地，使果肉组织变得柔软且富有弹性，减少果块破损，有利于装罐操作。

2. 漂烫的主要方法

传统漂烫方法主要采用高温热水和常压蒸汽，操作简单，但会造成果蔬贮藏品质下降，部分营养成分损失。近年来，漂烫方法向快速、节能和操作简便的方向发展。基于传统方法发展出的超高温瞬时蒸汽漂烫、超声波辅助热漂烫以及新型干法漂烫技术（如远红外漂烫、欧姆漂烫、微波漂烫和射频漂烫）备受青睐。这些新型技术减少了废水的产生，水溶性营养物质损失较小，在工业应用中前景良好，但其加热均匀性仍需改进。

◎ **延伸阅读**
新型干法烫漂技术的简要介绍

二、杀菌

杀菌操作是果蔬加工中的重要环节，是消除微生物对果蔬制品造成二次污染的关键技术。目前，果蔬加工常用的杀菌技术包括热杀菌、非热杀菌和化学杀菌。

1. **热杀菌技术**

热杀菌通过热处理杀灭微生物，常用湿热杀菌方式，通常以蒸汽或热水为介质，并通过 D 值（在恒定温度下杀灭 90% 微生物所需时间）和 F 值（在恒定温度下杀灭特定数量细菌或芽孢所需时间）评估灭菌效果。

（1）巴氏杀菌

巴氏杀菌温度较低，通常为 68 ~ 70℃，保持 30 min 后急速冷却至 4 ~ 5℃。因为一般细菌致死点的温度为 68℃，时间为 30 min 以下，所以此方法可杀灭致病性和大多数非致病性细菌，但不能杀灭耐热性细菌芽孢和嗜热脂肪杆菌。

（2）高温杀菌

高温杀菌在 100 ~ 130℃高温条件下进行，适用于低酸性食品（pH > 4.5）。以果蔬罐制品为例，蔬菜罐头多为低酸性食品，典型嗜温性细菌——肉毒梭状芽孢杆菌能在低酸性条件下大量繁殖，且产生毒素，导致罐内食品发生败坏，高温杀菌能够杀灭罐制品中的该类型细菌，而水果罐头多为酸性食品（pH < 4.5），肉毒梭状芽孢杆菌不能繁殖，通常采用低于 100℃的常压杀菌。

（3）超高温瞬时杀菌

超高温瞬时杀菌在 135 ~ 150℃保温 2 ~ 8 s 后迅速冷却至 30 ~ 40℃。该过程中微生物细菌死亡速度远比食品质量受热发生劣变的速度快，因此，超高温瞬时杀菌能够实现高效灭菌，同时较好保留食品的原有品质与风味，常应用于流体或半流体食品的杀菌。

2. **非热物理杀菌技术**

与热杀菌技术相比，非热物理杀菌技术更符合现代果蔬加工理念，具有杀菌条件易于控制、菌体不易产生耐受性、低温或常温下可保持食品风味和质构等优点。主要技术包括：

（1）辐射杀菌

辐射杀菌是利用高能射线（γ 射线、电子射线）照射进行杀菌。微生物受照射后，吸收能量，引起分子或原子电离激发，产生一系列理化变化从而导致微生物死亡。γ 射线穿透力较强，适用于完整食品及多种包装食品的内部杀菌；电子射线穿透力较弱，适用于小包装食品或冷冻食品表面杀菌。

（2）超高压杀菌

超高压杀菌是采用 100 MPa 以上压力处理食品，达到杀菌、灭酶和改善食品功能特性的目的。超高压杀菌是冷杀菌技术中商业化较为成功的一种技术，其杀菌原理是通过环境诱导微生物中蛋白质或酶结构改变，最终导致微生物死亡。

（3）高压脉冲电场杀菌

高压脉冲电场杀菌是通过两电极间瞬间短时高压（15 ~ 100 kV/cm）产生脉冲电场（频率 1 ~ 100 kHz）进行杀菌。常温条件下，高压脉冲电场杀菌能够在几十毫秒内完成杀菌处理。电崩解理论和电穿孔理论是其目前普遍认可的灭菌机制。高压脉冲电场杀菌处理适合热敏性食品杀菌，主要适用于液体和半固体食品加工。

（4）低温等离子体杀菌

◎ **延伸阅读**
低温等离子体技术在果蔬生鲜杀菌保鲜中的应用

等离子体是由高能量带电粒子组成的电离气体，通过化学反应产生多种杀菌物质（如活性氧、紫外光子等），杀菌机理目前可从对微生物细胞蚀刻作用、细胞膜穿孔与静电干扰、大分子氧化三个方面来解释。低温等离子冷杀菌具有杀菌时间短、无明显升温、能耗低等优点，适用于热敏性生鲜果蔬的冷杀菌保鲜。

3. **化学杀菌技术**

化学杀菌是指利用化学与生物药剂达到灭菌或抑制微生物生长繁殖的技术。常用化学杀菌剂包括含氯类消毒剂、氧化剂类杀菌剂和天然防腐剂。

（1）含氯类消毒剂

含氯类消毒剂常用种类主要有酸性电解水（主要杀菌成分为次氯酸、次氯酸根、氯气），次氯酸及其盐类（主要杀菌成分为次氯酸钠），二氧化氯（包括气态和液态两种形式）以及可再生的*N*–卤胺杀菌剂。

（2）氧化剂类杀菌剂

氧化剂类杀菌剂包括一些含有不稳定结合态氧的化合物，如臭氧、过氧化氢和过氧乙酸等类型的广谱、速效、高效杀菌剂。

（3）天然杀菌剂

天然杀菌剂是从植物、动物和微生物代谢产物中分离提取的具有抗菌防腐作用的功能性物质。常见天然杀菌剂包括多酚类化合物、精油、大蒜素、鱼精蛋白、溶菌酶、壳聚糖、乳酸链球菌素和那他霉素等。

三、干燥

果蔬干燥一般是借助热力作用，减少果蔬水分含量，使可溶性物质提高至不适于微生物生长的程度并抑制酶活力，从而延长果蔬制品的保存期限。

1. 果蔬中水分的存在状态

新鲜果蔬中含有大量水分，按存在状态可分为以下三类：

（1）游离水

游离水或自由水，是以游离状态存在于果蔬组织中的水分。它作为溶剂，能够溶解糖和酸等物质，并且易被微生物所利用，果蔬内的许多生理代谢都是以游离水为介质进行。游离水具有较大的流动性，能利用毛细管作用和渗透作用在组织内外移动，因此在干燥过程中容易蒸发排除。

（2）胶体结合水

胶体结合水，亦称束缚水，可与果蔬组织中的亲水胶体形成氢键，或与某些离子官能团产生静电引力，进行水合作用。胶体结合水不具备溶剂性质，不易被微生物和酶利用。在干燥过程中，当游离水蒸发完后，胶体结合水需要在高温下才能部分排除。

（3）化合水

化合水是存在于果蔬化学物质中的水分，性质极为稳定，一般的干燥处理难以去除。

2. 果蔬中水分的扩散作用

在干燥过程中，果蔬中的水分按能否被除去可分为平衡水分和自由水分。在一定温度和湿度的干燥介质中，物料经过一段时间的干燥后，其水分含量将稳定在一定水平，这时果蔬组织所含水分为该干燥介质条件下的平衡水分。在干燥过程中被除去的水分是果蔬所含的自由水分，主要是原料的游离水，也有少量的胶体结合水。

果蔬在干燥过程中，水分蒸发主要依赖于水分外扩散和内扩散。在干燥初期，原料表面的水分吸热后变为蒸汽大量蒸发，发生水分外扩散（表面汽化）。当水分蒸发至50%～60%时，表面水分低于内部水分，造成原料表面与内部之间出现水蒸气分压差，水分由内部向表面转移，称为水分内扩散。

在干燥过程中，水分外扩散和内扩散是同时进行的。对于含糖量高且块形大的果蔬，其内扩散速度较外扩散速度慢，这时内部水分扩散对整个干燥过程起主导作用，称为内部扩散控制。这类果蔬干燥过程要注意，在干燥初期不能单纯提高干燥温度或降低相对湿度，否则表面汽化速度过快，内外水分扩散的毛细管断裂，会导致表面过干结壳（称为硬壳现象），阻碍水分继续蒸发，从而延长干燥时间。由于内部水蒸气压力高，一旦超过果蔬所能忍受的压力，就会导致果蔬组织破裂，出现开裂现象，降低产品品质。

对于含糖量低且切成薄片的果蔬，其内扩散速度较外扩散速度快，表面汽化对整个干燥过程起主导作用，称为表面汽化控制。因此，干燥过程中水分外扩散和内扩散相互衔接是缩短干燥时间、提高干制品质量的关键。

四、糖制

糖制是基于食糖保藏作用的一种加工保藏方法。了解食糖的理化性质以及果胶的胶凝作用，是科学调控生产工艺，获得优质果蔬糖制品的关键。

1. 食糖的溶解度与晶析

食糖溶解度是指在一定温度下，饱和糖液中溶解的糖量。当糖制品中液态部分的糖含量在某一温度下达到饱和时，糖会结晶析出，也称返砂，削弱了产品的保藏性。但在蜜饯加工中，有些产品利用了晶析来提高产品保藏性，通过适当控制过饱和率，给干态蜜饯上糖衣能够有效延长其货架期。加入淀粉糖浆和蜂蜜可防止返砂，抑制晶核生长，降低结晶速度和增加糖液饱和度。

2. 食糖的转化

蔗糖、麦芽糖等双糖在酸与热或酶作用下，可水解为等量的葡萄糖和果糖，称为转化糖。适当的转化可以提高蔗糖溶液饱和度，增加制品含糖量；抑制蔗糖溶液晶析，防止返砂；增大渗透压，减小水分活度，提高制品的保藏性；增加制品甜度，改善风味。然而，糖的转化不应过度，否则会增加制品吸湿性，使糖制品表面发黏，影响产品品质，削弱保藏性。

3. 食糖的保藏作用

糖溶液浓度越高，渗透压越大。例如，1% 葡萄糖溶液的渗透压约为 122 kPa，同浓度蔗糖溶液的渗透压约为 71 kPa，而大多数微生物细胞的渗透压只有 355 ~ 1 692 kPa。糖制品的含糖量通常在 60% ~ 70%，因此糖制品中糖液渗透压高达 4 255 ~ 4 964 kPa，远远超过微生物细胞的渗透压。在高浓度糖液中，微生物细胞中的水分通过细胞膜外流，形成反渗透现象，使其细胞质脱水，出现生理干燥而无法活动，从而抑制微生物的生长。

4. 果胶的凝胶特性

果蔬组织中的果胶常以原果胶、果胶和果胶酸三种形式存在。原果胶在酸或酶的作用下分解为果胶，果胶进一步水解为果胶酸。果胶具有凝胶特性，而果胶酸的部分羧基与钙、镁等金属离子结合时，形成不溶性果胶酸钙（或镁）的凝胶。果胶形成凝胶有两种方式：

（1）高甲氧基果胶凝胶：由高甲氧基果胶（甲氧基含量在 7% 以上）形成的果胶 – 糖 – 酸凝胶。果胶胶束在一般溶液中带负电荷，当溶液 pH 低于 3.5、脱水剂含量达 50% 以上时，果胶脱水并因电性中和而凝聚。在果胶胶凝过程中，糖作为脱水剂，酸能消除果胶分子中的负电荷。果品所含果胶主要是高甲氧基果胶，可用于果汁加糖浓缩制备果冻、果糕等产品。

（2）低甲氧基果胶凝胶：由低甲氧基果胶（甲氧基含量在 7% 以下）形成的离子结合型凝胶。其原理是果胶分子链上的羧基与多价金属离子结合，形成网状凝胶结构。低甲氧基果胶中有 50% 以上羧基未被甲醇酯化，对金属离子敏感，少量钙与之结合也能形成凝胶。蔬菜所含果胶主要是低甲氧基果胶，可与钙盐结合制成凝胶制品。

五、腌制

蔬菜腌制主要利用食盐的保藏作用和微生物的发酵作用，以及其他一系列的生物化学作用，抑制有害微生物生长，并增加产品色香味。

1. 食盐的保藏作用

（1）脱水作用

食盐溶液具有很高的渗透压。例如，1% 食盐溶液的渗透压为 618 kPa。蔬菜腌制时，食盐溶液的浓度通常为 4% ~ 15%，相应的渗透压为 2 472 ~ 9 270 kPa，远高于微生物细胞的渗透压。因此，在腌制过程中，不仅蔬菜组织会脱水，微生物细胞内的水分也会外渗，导致质壁分离，微生物因生理代谢因生理干燥而处于抑制状态，从而延长腌制品的贮藏期。

（2）降低水分活度作用

食盐溶于水后，Na^+ 和 Cl^- 与极性水分子发生离子水合作用，减少了溶液中的自由水分，从而降低水分活度。在饱和食盐溶液中，无论是细菌、酵母还是霉菌都无法生长，因为没有自由水可供微生物利用。因此，降低环境的水分活度是食盐能够防腐的又一个重要原因。

（3）降氧作用

盐腌会使蔬菜组织中水分渗透出来，盐水中难以溶解氧气，从而排出蔬菜组织内部的溶解氧。这一过程形成了缺氧环境，抑制了好氧性微生物的生长，降低了其破坏作用。

（4）生理毒害作用

高浓度的食盐溶液中的一些离子对微生物具有生理毒害作用。例如，Na^+ 能与细胞原生质中的阴离子结合产生毒害作用，且这种作用随溶液 pH 下降而增强。

2. 微生物的发酵作用

在蔬菜腌制过程中，蔬菜表面携带的微生物可引起发酵作用。乳酸发酵、轻度的酒精发酵和微弱的醋酸发酵是主要的发酵类型，它们在发挥保藏功效和形成腌制品风味方面起着主要作用。

（1）乳酸发酵

乳酸菌将糖分解生成乳酸、乙醇、CO_2 等产物的过程称为乳酸发酵。蔬菜腌制的主要乳酸菌有肠膜明串珠菌、植物乳杆菌、乳酸片球菌、短乳杆菌和发酵乳杆菌等。同型乳酸发酵是指乳酸菌将单糖和双糖分解生成乳酸而不产生气体和其他产物，如植物乳杆菌和发酵乳杆菌。而异型乳酸发酵则是指除乳酸外，还产生乙酸、琥珀酸、乙醇、CO_2 和 H_2 等，如肠膜明串珠菌。蔬菜腌制前期以异型乳酸发酵为主，后期以同型乳酸发酵为主。

（2）酒精发酵

酒精发酵在蔬菜腌制过程中发酵量较低，不影响乳酸发酵。酒精发酵是酵母菌（如鲁氏酵母、圆酵母等）将糖分解产生乙醇和 CO_2 的过程，并释放部分热量。同时，蔬菜原料在腌制初期的无氧呼吸也会生成微量乙醇。少量乙醇有助于提高腌制品风味，因为在酸性条件下，乙醇与有机酸可发生酯化反应，产生酯香味。

（3）醋酸发酵

醋酸发酵是醋酸菌氧化乙醇形成醋酸的过程。醋酸菌为好气性菌，因此醋酸发酵多在腌制品表面进行。此外，大肠杆菌和戊糖醋酸杆菌等也可产生少量醋酸。

六、冷冻

1. 果蔬的冰点

果蔬原料的水分中溶解了多种有机物质和无机物质，因此其冰点与纯水不同。果蔬中的水分包括自由水和结合水两大类，它们在冻结时表现出不同特性。自由水可在液相区域内自由移动，其冰点温度在0℃以下；结合水被大分子物质如蛋白质和碳水化合物等所吸附，其冰点比自由水低得多。因此，果蔬原料在冻结时必须降低到0℃以下才能形成冰晶。不同果蔬成分各异，冰点也不同，例如苹果的冰点为 −2.8 ~ −1.4℃、葡萄为 −4.6 ~ −3.3℃、番茄为 −0.9℃、甘薯为 −1.9℃。

2. 果蔬的冻结曲线

果蔬原料的冻结曲线如图 9–1 所示，t_1 为物料初始温度；$t_2 \sim t_3$ 温度段为物料的“最大冰晶生成带”。AS 段代表简单冷却，没有形成冰，温度快速下降；温度达到过冷点（S 点）时，物料内水分开始形成冰晶，放出潜热使温度回升至冰点（B 点）；随着冻结进行，水分冻结量增加，残留溶质浓度提高，导致残留溶液的冰点降低，因而 BC 段逐渐向下倾斜；达到 C 点时，大部分水分已冻结成

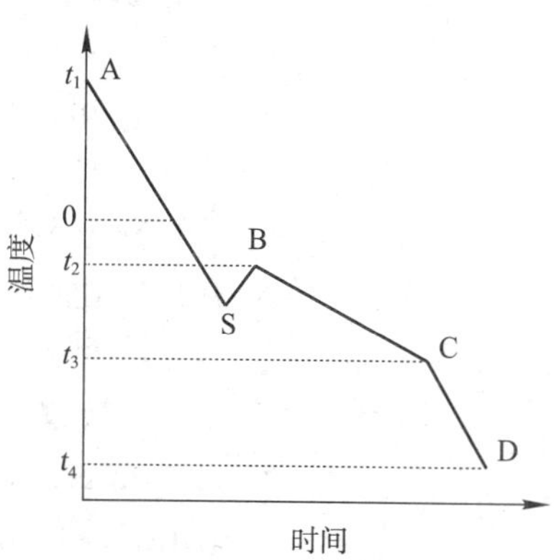

图 9–1　果蔬原料的冻结曲线

冰，原料进入冻结状态；进一步冷冻，由于只有少部分水冻结，放出的潜热较少，原料温度急剧下降（CD 段）。根据冻结速度的快慢，可将冻结分为慢冻和速冻。慢冻是指外界温度降低速度与细胞组织内温度降低速度基本一致，食品逐渐被冻结；而速冻是指外界温度降低速度与细胞组织内温度降低速度存在差异，以最快速度通过“最大冰晶生成带”。

◎ **延伸阅读**
液氮速冻果蔬制品

第三节　果蔬加工工艺

一、果蔬罐藏加工

果蔬罐藏属于食品罐藏。食品罐藏是将预处理后的食品装入包装容器中，经过排气、密封和杀菌处理，使罐内食品与外界环境隔绝，防止微生物再污染，同时杀死罐内有害微生物（实现商业无菌），并使酶失活，从而在室温下能够长期保存的一种方法。罐藏食品诞生于法国拿破仑时代；1864 年，巴斯德发现微生物，从理论角度揭示了食品罐藏原理；1874 年，高压杀菌锅的发明使罐藏技术得到了普遍推广。我国罐头工业创建于 1906 年，时至今日，我国罐头食品加工业已具备了一定的技术水平和生产规模。其中，外向型果蔬罐头加工产业布局已基本形成，果蔬罐头加工业在我国农产品出口贸易中占有重要地位。

果蔬罐头生产工艺流程如图 9–2 所示。

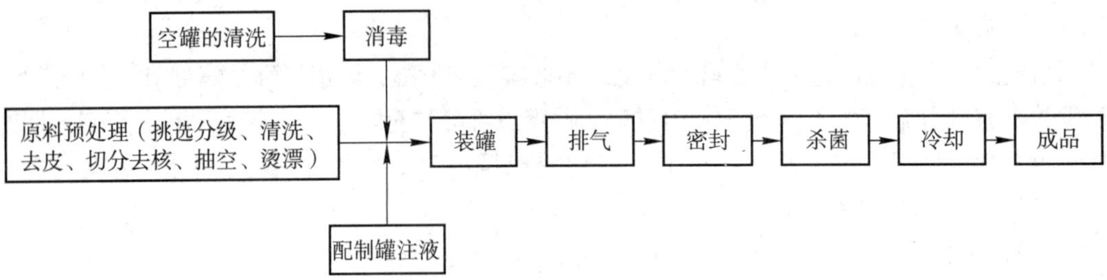

图 9–2　果蔬罐头生产工艺流程图

1. 原料预处理

① 挑选分级。剔除不适合加工和腐烂霉变的果蔬原料，按大小、成熟度、色泽等进行等级区分。

② 清洗。通过漂洗法、喷洗法或转筒滚洗法，去除果蔬表面附着的尘土、泥沙、杂质、部分微生物以及可能残留的化学药剂等。

③ 去皮。可通过手动去皮、机械去皮、热力去皮和化学去皮等技术去除果蔬原料的表皮。

④ 切分去核。体积较大的果蔬原料需要适当切分才能装罐，核果类需去核，仁果类需去心。

⑤ 抽空。果蔬组织中含有一定量的空气，不利于罐头加工。装罐前进行抽空处理，对罐头产品的护色保质具有明显改善效果。抽空方法包括干抽法和湿抽法。为了提高抽空处理的护色效果，有时会在抽空液中加入适量的食盐、氯化钙、柠檬酸、亚硫酸或亚硫酸氢钠。

⑥ 漂烫。参见第二节相关内容。

2. 装罐

在装罐前，需对空罐进行清洗消毒，并准备罐注液的配制工作。大多数果蔬罐头需加注糖或盐溶液，称为罐注液或填充液。一般来说，水果罐头的罐注液为糖溶液，蔬菜罐头的罐注液为食盐溶液。罐内注入罐注液可以有效提高罐头杀菌过程中的传热、升温速率及杀菌效果。在罐头内注入较高温度的罐注液后再封罐，可以提高罐头的真空度和杀菌初温，从而延长产品保质期。

装罐过程中，可采用人工法或机械法。对于大部分果蔬罐头，罐内固形物通常采用人工装罐；对于体积小的果蔬原料，采用机械法装罐。罐注液一般采用机械法灌注。装罐后应及时封口，每罐净重和固形物含量应符合罐头质量标准要求，一般每罐固形物含量为45%～65%。装罐时应留有适当顶隙（3～8 mm）。

3. 排气

排气的目的是在罐头内形成一定真空度，以有效抑制好氧性微生物的生长和繁殖。罐内形成真空可以防止罐头加热时因空气受热膨胀而对罐头容器产生的不良影响，如玻璃罐头“跳盖”现象和铁盒罐头“假胀罐”现象。此外，排气后可有效减少罐内氧气，避免氧气对营养物质和罐内食品色泽、风味的负面影响，以及避免氧气对铁罐内壁的腐蚀。

排气方法包括加热排气和抽空排气两种。加热排气法又分为两种：先加热后装罐法和先装罐后加热法。先加热后装罐是将内容物在装罐前加热至一定温度，然后趁热装罐并密封，通常适用于果酱类罐头。先装罐后加热是将装好原料和糖液的罐头送入排气箱内，一般在80～95℃下排气7～10 min，排气结束后立即封罐。抽空排气是利用抽真空装置排除罐内空气，真空度一般要求在46～59 kPa。

4. 密封

罐头密封可采用手工法或机械法。对于三旋、四旋和六旋罐，通常采用手工旋紧法。金属罐或卷封式玻璃罐等通常采用机械密封。金属罐的密封通常使用半自动封罐机或全自动封罐机，这些设备配有抽真空装置，封罐前无需加热排气。卷封式玻璃罐的密封通常使用手扳式封罐机、自动封罐机和真空封罐机等设备。

5. 杀菌

正确的罐头杀菌工艺条件应能完全杀灭罐内细菌并使酶钝化，同时保持食品的良好食用品质。杀菌方法参见第二节相关内容。杀菌工艺条件包括温度、时间和反压压力，可用杀菌公式表示：

$$\frac{t_1-t_2-t_3}{T}P \qquad (9\text{–}1)$$

T为杀菌锅的杀菌温度，℃；

t_1为杀菌锅加热升温升压时间，min；

t_2为杀菌锅内杀菌温度保持稳定不变的时间，min；

t_3为杀菌锅内降温降压时间，min；

P为杀菌加热或冷却时杀菌锅内使用反压的压力，MPa。

6. 冷却

常压杀菌罐头的冷却通常采用喷淋或冷水浸泡两种方法，也可先喷淋后浸泡。铁盒罐头经常压杀菌后，可直接放入冷水中冷却；玻璃罐头则应分段降温，每段温差不超过20～25℃，冷却结束温度应为38～40℃。

高压杀菌罐头采用反压冷却，包括冷水反压冷却、空气反压冷却和蒸汽反压冷却三种方法。这些反压冷却技术分别利用高压水、压缩空气或高压蒸汽来弥补降温操作导致的杀菌锅内压力下降，确保在冷却过程中，杀菌锅内的压力始终不低于杀菌时的压力。

二、果蔬制汁加工

果蔬汁是指直接用新鲜果蔬为原料，通过物理机械压榨或浸提法制得的不添加任何外来物质的汁液。根据加工工艺，果蔬汁可分为澄清果蔬汁、浑浊果蔬汁和浓缩果蔬汁。以果蔬汁为基料，添加水、糖、酸、香精和色素等调制的产品，统称为果蔬汁饮料。

果蔬汁及其饮料深受消费者喜爱，具有较高的市场占有率和消费者认可度。随着我国居民消费需求向健康和营养方向转变，果蔬汁及其饮料产品也紧跟市场步伐，在创新中寻求突变。在此背景下，低浓度果汁市场呈现出逐步向高浓度果汁领域转移的趋势，非浓缩还原果汁（NFC 果汁）的产量近几年保持稳步增长。此外，非热力杀菌技术在果蔬汁加工领域受到了高度关注。这些技术不仅克服了传统热力杀菌对食品营养造成的损失，还能更好地保持果蔬汁的原本色、香、味。

近年来，乳酸菌发酵果蔬汁饮料逐渐兴起，作为一种既具有营养价值又具有独特风味的新型饮料，成为食品行业的新研究热点。该产品是以果蔬汁为原料，经过乳酸菌发酵，再进行调香调味的一类现代发酵食品，具有高营养、安全、健康和风味独特的特点，市场应用前景广阔。

通常，果蔬汁生产工艺流程如图 9-3 所示。

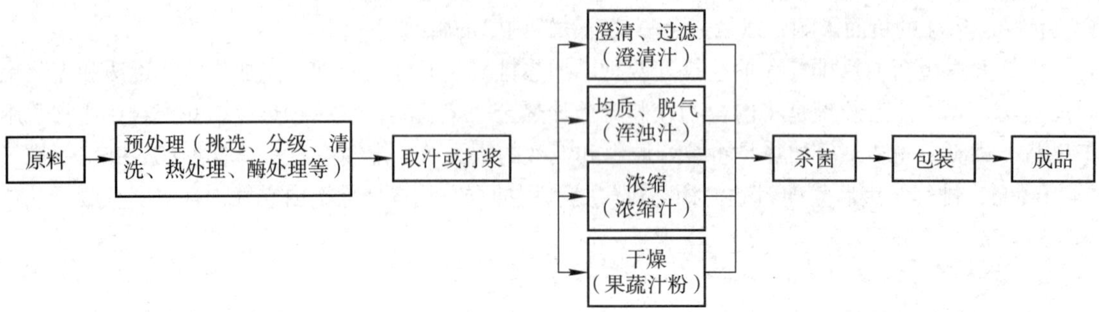

图 9-3　果蔬汁生产工艺流程图

1. 原料预处理

（1）挑选与清洗

挑选过程中需剔除霉变、腐烂、未成熟和受损的果实。清洗通常采用流动水清洗或浸泡后用清水冲洗。

（2）破碎

果蔬破碎采用破碎机或磨碎机，包括辊压式、颚式、锤磨、打浆机和绞肉机等设备。

（3）热处理和酶处理

许多果蔬在取汁前需进行热处理。加热可使细胞原生质中的蛋白质凝固，改变细胞结构，同时软化果肉，降低果蔬汁黏度。加热还能抑制多种内源酶的活性，防止产品分层变色及产生异味。果蔬加工过程中可添加果胶酶、纤维素酶等酶制剂，降解果蔬组织细胞，提高出汁率和榨汁效率。此外，对于榨汁后产生的皮渣进行二次酶解，有效回收芳香物质及功能性成分，促进果汁工厂产品多样化发展。

2. 打浆、取汁

打浆和取汁是果蔬制汁的重要环节。打浆是为了便于取汁，提高出汁率。根据果蔬打浆过程中是否加热可分为热打浆和冷打浆。取汁主要有压榨法和浸提法两种。与榨汁工序同时进行的还有粗滤，去除果蔬汁中的粗大颗粒和悬浮粒，这一操作也可以在榨汁后独立完成。

3. 澄清（澄清汁）

澄清方法有自然澄清法、加酶澄清法、明胶单宁澄清法、冷冻澄清法和加热凝聚法。

（1）自然澄清法

将破碎压榨出来的果汁长时间静置，使悬浮物发生沉淀，果胶逐渐水解沉淀，降低果汁黏度。该方法适用于添加防腐剂保藏的果汁。

（2）加酶澄清法

利用果胶酶制剂水解果汁中的果胶物质，生成聚半乳糖醛酸和其他降解产物。果汁中其他胶体失去果胶的保护作用而发生沉淀，达到澄清目的。常用酶制剂主要从黑曲霉和米曲霉中获取，适用于较低 pH 环境。

（3）明胶单宁澄清法

单宁与明胶、鱼胶、干酪素等蛋白质形成络合物沉淀，适用于含单宁较多的果汁。一般每 100 L 果汁的明胶用量为 10～30 g，单宁用量为 9～12 g。另外，在酸性和温度较低（8～12℃）条件下反应速度较快。

（4）冷冻澄清法

将果汁急速冷冻，果汁中胶体溶液完全或部分被破坏而变成不定型沉淀。因此，雾状浑浊的果汁冷冻后容易澄清。

（5）加热凝聚法

将果汁在 80～90 s 内加热到 80～82℃，再迅速冷却至室温，使蛋白质和其他胶体物质变性凝固析出，达到澄清目的。

4. 过滤（澄清汁）

澄清汁的过滤方法有压滤法、真空过滤法、离心分离法和超滤法。

（1）压滤法

主要有板框过滤和硅藻土过滤。板框过滤是超滤澄清的前处理，对减轻超滤设备压力有帮助。硅藻土过滤适用于非常浑浊的果汁，在过滤机的过滤介质上覆上一层硅藻土助滤剂，具有成本低廉、分离效率高等优点，但硅藻土容易混入果蔬汁，增加后续工序难度。

（2）真空过滤法

通过滚筒内的真空压力差使果汁渗过助滤剂，达到澄清目的。过滤前在真空过滤器的滤筛上涂一层助滤剂，过滤器以一定速率转动，使果汁均匀过滤。过滤器内保持真空条件能够使过滤器顶部和底部果汁有效渗过助滤剂，真空度可控制在 85 kPa 左右。

（3）离心分离法

利用高速离心机的离心力进行固液分离。分为利用转鼓所形成的重力场和利用待离心液体中固体颗粒与液体介质的密度差两种方式。常用设备有碟片式、螺旋式和管式离心机。

（4）超滤法

借助不对称膜的选择性筛分作用，阻止大分子和胶体物质通过，水和低分子物质通过膜。超滤技术目前已广泛应用于果蔬汁生产。

◎ **延伸阅读**
超滤技术联合超声辅助果胶酶法对柠檬果汁澄清

5. 均质（浑浊汁）

生产浑浊果汁时，为防止固液相分离，通常进行均质处理。先用胶体磨破碎颗粒，再经高压均质机进一步细化形成悬浮颗粒。均质使果蔬汁借助柱塞泵高压通过狭小间隙，压力降低至水的蒸气压以下，在颗粒中形成气泡，通过气泡膨胀使颗粒细化并均匀分散。

6. 脱气（浑浊汁）

在果蔬汁加工过程中，果实细胞间隙中的空气会带入果汁中，因而需要将这些溶解的空气脱除，这一过程称为脱气。脱气可以脱除果汁内氧气，防止营养成分氧化和色泽变化；可以除去附着在果蔬汁悬浮颗粒上的气体，防止带肉果汁装瓶后固体物上浮；可以减少装瓶和高温瞬时杀菌时的起泡，有利于后续装罐和杀菌。脱气方法有真空脱气法、气体交换法、酶法脱气法和化学脱气法。

7. 浓缩（浓缩汁）

浓缩果汁是通过物理分离方法蒸发掉果汁中的部分水分，浓缩到原果汁体积 50% 以下。浓缩后可延长产品货架期，降低包装、运输和贮藏成本，但会损失部分糖、酸、维生素、香气和色泽。目前的浓缩方法有真空浓缩法、冷冻浓缩法和膜浓缩法。膜浓缩法包括微滤、超滤和反渗透，特别是反渗透，能耗低且能较好保留新鲜果汁的营养和感官品质。

8. 干燥（果蔬汁粉）

果蔬汁粉的制备方法主要有流化床干燥、喷雾干燥、真空冷冻干燥和真空干燥。

（1）流化床干燥

将浓缩果蔬汁、糖粉、色素、香料等原料混合调制成糊状，经造粒机造粒后，在气流干燥室中脱水，制成干制品。

（2）喷雾干燥

利用雾化器将料液分散为细小雾滴，在热空气中迅速蒸发溶剂形成干粉，适用于果汁含量较高的液态物料。

（3）真空冷冻干燥

将物料冻结到共晶点温度以下，在真空环境下加热，使水分直接升华除去，从而获得冻干制品。该技术可以较好地保留营养成分和风味，产品具有良好复水性和速溶性。

（4）真空干燥

将果蔬产品置于真空干燥箱中，通过升温去除产品中水分，常用于果汁粉和麦乳精的生产。

9. 杀菌

参见第二节相关内容。

10. 包装

果蔬汁的包装灌装方法主要分为热灌装和无菌灌装两种。

（1）热灌装

果蔬汁经高温短时或超高温瞬时杀菌后，趁热灌入预先消毒的洁净瓶内，密封后倒瓶冷却。适用于高酸性果汁及果汁饮料。

（2）无菌灌装

无菌灌装的关键在于杀菌，包括对果蔬汁、包装材料、设备和工作环境的杀菌。果蔬汁的杀菌参见第二节相关内容。包装材料通常用过氧化氢杀菌。设备的杀菌通过内部清洗 / 杀菌（CIP/SIP）及外部清洗 / 杀菌（COP/SOP）实现。工作环境的杀菌是在完成物料、包装材料和设备的杀菌处理后，还需在灌装系统内建立无菌环境，确保已杀菌产品在无菌环境中灌装并密封。

三、果蔬干制加工

果蔬干制是指在自然或人工控制条件下促使果蔬中水分蒸发的工艺过程。

我国具有悠久的干制历史，许多果蔬干制品如红枣、葡萄干、香菇、木耳等，都是国内外畅销的传统特产。果蔬干制在我国果蔬加工业中占有重要地位，其干制设备可简可繁，生产技术易于掌握，生产成本低廉。干制工艺可以就地取材、就地加工，产品在良好包装中易于保存，有利于周年供应，调节生产淡旺季。此外，干制品体积小、重量轻，便于运输和携带，食用方便，特别适合外贸出口及野外作业、航海、军需、旅行等用途。

果蔬干制品生产工艺流程如图 9–4 所示。

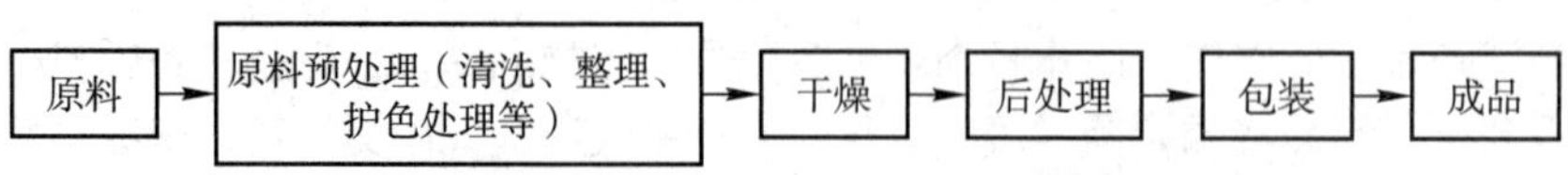

图 9–4　果蔬干制品生产工艺流程图

1. 原料预处理

（1）清洗

采用人工清洗或机械清洗，去除果蔬原料表面的泥沙、杂质、农药和微生物，使其基本达到脱水加工的要求，确保产品卫生。

（2）整理

去除皮、核、壳、根、老叶等不可食部分和不合格部分，并适当切分。去除原料外皮，既可提高产品食用品质，又有利于脱水干燥。某些果实果皮上的厚蜡质层会阻碍水分蒸发，因此需要进行脱蜡处理。具体方法是用 90℃以上的氢氧化钠、碳酸钠或碳酸氢钠等热碱液浸泡果实，处理后立即用清水清洗以除去残留碱液。

（3）护色处理

果干通常采用硫处理护色，脱水菜通常采用漂烫处理护色。有些原料在漂烫后再用硫处理，以控制非酶褐变。干制前要沥干水分，常用振动筛和离心机脱水。对于叶菜类，用离心机可脱掉湿菜重约 20% 的水分，显著提高干燥速率。

2. 干燥

果蔬干燥包括加热干燥、真空冷冻干燥、微波干燥、远红外干燥、膨化干燥、渗透干燥、折射窗干燥和射频干燥等方法。考虑到成本和经济效益，目前使用最多的是加热干燥。加热干燥设备类型主要有烘房和干制机等。烘房适合大量生产，具有干燥速率快、制品质量好、设备简单、造价不高、可就地取材等特点。干制机类型很多，主要包括隧道式、滚筒式、带式和喷雾式干制机。其中，隧道式干制机根据热空气流动方向与载车前进方向的不同，分为顺流、逆流和混合式。顺流式适合于含水量较多的蔬菜干制，逆流式适用于含糖量高、汁液黏稠的果实，混合式综合了顺流和逆流的优点，具有湿度、温度易控制，生产效率高，产品质量好的特点。

◎ 延伸阅读

射频干燥在果蔬干制中的应用

3. 后处理

果蔬原料完成干燥后，有些可以在冷却后直接包装，有些则需经过回软、挑选和压块等处理才能包装。

回软（也称均湿或平衡水分），由于干燥过程热风分布不均匀或原料切分、铺料不均匀，使产品含水量存在差异。所以干燥过程结束后，应立即将产品装入密封容器中，使其水分平衡。回软结束后，打开容器，将原料摊开冷却至室温后再包装或贮藏。挑选是在回软前或回软后剔除产品中碎粒、杂质等，拣除不合格产品。挑选后需对成品进行品质和水分检验，不合格者需进行复烘。压块是将干制后产品压成砖块状，主要针对脱水蔬菜，便于包装运输。压块一般条件为温度 60 ~ 65℃、压力 0.2 ~ 0.8 MPa，并适当控制湿度。

4. 包装

果蔬干制品的包装容器和包装材料应能密封、防潮、防虫。包装分为外包装和内包装，外包装容器一般采用瓦楞纸箱，此外还有木箱、塑料薄膜大袋和锡铁罐等；内包装材料主要为聚乙烯和聚丙烯等塑料薄膜袋或铝薄膜袋。果蔬干制品的内包装方法主要有普通包装法、真空包装法和充气（惰性气体）包装法。真空包装和充气包装能够有效降低包装容器内氧气含量，防止食品氧化，增强产品的保藏性。

四、果蔬糖制加工

果蔬糖制是利用高浓度糖液的渗透脱水作用，将果蔬加工成糖制品的技术。制成的果蔬糖制品具有高糖（如果脯、蜜饯）或高糖高酸（如果酱）的特点，具有良好贮运性。我国果蔬糖制品历史悠久，东汉赵晔所撰《吴越春秋》中记载了“越以甘蜜丸（木党）报吴增封之礼”，《三国志》中提到“亮后出西苑，方食生梅，使黄门至中藏取蜜渍梅”。唐代从印度引进砂糖制造技术，推动了果脯业发展。到宋代，果脯品种已相当丰富。

果蔬糖制品依据加工方法和成品的形态，可分为果脯蜜饯和果酱两大类。果脯蜜饯类按产品性状特点分为干态蜜饯、湿态蜜饯和凉果。果酱类则主要包括果酱、果泥、果冻、果糕、果丹皮和马莱兰等制品。

1. 蜜饯类产品加工

蜜饯类产品生产工艺流程如图 9–5 所示。

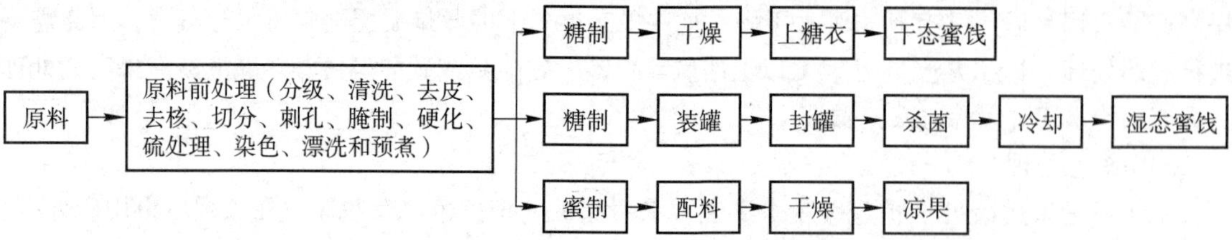

图 9–5 蜜饯类制品生产工艺流程图

（1）原料前处理

糖制加工的果蔬原料需要进行分级、清洗、去皮、去核等前处理，与其他果蔬加工类似，特有的前处理工艺包括保脆和硬化、硫处理和染色等。

① 保脆和硬化。许多果蔬原料不耐煮制，因此在煮制前需进行保脆和硬化处理，以增强其耐煮性。硬化方法是将原料放入氯化钙、亚硫酸氢钠等稀溶液中，使其离子与原料中果胶物质生成不溶性盐类，使组织坚硬耐煮。

② 硫处理。为了使制品色泽明亮、半透明，在糖制前需进行硫处理。硫处理既可抑制制品氧化变色，又能促进糖液渗透。

③ 染色。某些蜜饯制品需要人工染色。常用染色剂主要有天然色素和人工合成色素两类。天然色素如姜黄素、胡萝卜素、叶绿素等在生产上应用较少。我国规定可以使用的人工合成色素有苋菜红、胭脂红、柠檬黄、靛蓝、亮蓝和二氧化钛等。

（2）糖制

加糖煮制是蜜饯类加工的主要工序，使糖分通过扩散作用先进入果蔬原料组织的细胞间隙，再通过渗透作用进入细胞内，使产品达到要求的含糖量。依据加工方法不同，糖制可分为蜜制和煮制两种。

① 蜜制。蜜制是用糖液进行糖渍，使制品达到要求的糖度，适宜于组织柔嫩不耐煮制的原料。其特点是逐步提高糖浓度，不需加热且能很好保留果实原有色泽、风味，并使产品保持完整原形和松脆的质地；缺点是渗糖速率慢，生产周期长。为了加速糖分渗入并保持一定的饱满形态，可采用分次加糖法、一次加糖多次浓缩法、减压蜜制法和干燥法。

② 煮制。煮制适宜于组织紧密较耐煮的原料，此方法能使糖分迅速渗入原料组织，缩短加工时间，但色、香、味较差，维生素损失较多。根据压力不同又可分常压煮制和加、减压煮制三种。常压煮制通常分为一次煮制、多次煮制和快速煮制；减压煮制一般包括真空煮制法和扩散煮制法。此外，加压煮制法和微波煮制法也是常用的果蔬原料糖煮法。

（3）干燥与上糖衣

除湿态蜜饯外，其他制品在糖制后需干燥。糖制后产品表面残留较多糖液，导致沥糖困难，干燥时间较长，因此，用 0.1% 羧甲基纤维素钠溶液冲洗果坯，不仅能使果脯表面干爽，还能增加产品透明度和光泽。干燥烘烤温度为 50 ~ 60℃，不宜过高，以免焦糖化。上糖衣是在干燥后用过饱和糖液短时浸泡制品，使糖液在制品表面凝结成一层糖衣，增加产品的含糖量，从而延长产品保质期。

2. 果酱类产品加工

果酱类产品生产工艺流程如图 9–6 所示。

（1）原料预处理

原料应先剔除霉烂变质和受伤严重等不合格果实。根据不同产品要求及成熟度，进行清洗、去皮去核（或不去皮去核）、切分和修整等处理。对于去皮、切块后易变色的原料，应及时进行护色处理。

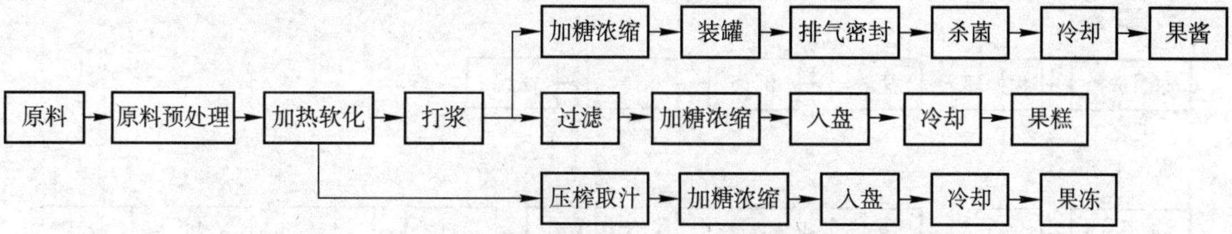

图 9-6　果酱类制品生产工艺流程图

（2）软化打浆

① 加热软化。处理好的果实可通过加热软化，主要目的是破坏酶的活性，防止变色和果胶水解；软化果肉组织，便于打浆，促进糖液渗透和果肉中果胶溶出。软化前要进行预煮，也可用蒸汽软化。软化后的果肉浆液作为果酱、果糕加工原料，榨出的果汁可作为果冻加工原料。

② 打浆取汁。生产果酱时，原料软化后需趁热打浆；生产果糕时，软化后需过滤；生产果冻时，原料软化后需用压榨机榨取汁液。

（3）加糖浓缩

对于果酱类制品来说，果肉（汁）占总配料量的 40%～50%，砂糖占总配料量的 45%～60%，成品总酸量为 0.5%～1.0%，成品果胶量为 0.4%～0.9%。果肉应先加热软化 10～20 min，然后分批加入浓糖液。浓缩接近终点时，依次加入果胶溶液，最后加柠檬酸液，搅拌浓缩至终点。

对于果糕或果冻类制品来说，果汁（或浆液）与糖的混合比例为 1∶（0.6～0.8）。果汁（或浆液）按照比例调整后加热浓缩，煮制过程中需充分搅拌，防止焦煳。浓缩终点通过折光仪测定，当可溶性固形物达 66%～69%，浓缩结束。

五、蔬菜腌制加工

蔬菜腌制是通过添加食盐和其他物质，使其渗入蔬菜组织内部，从而降低水分活度，提高制品结合水含量及渗透压或脱水，有选择地控制有益微生物的活动和发酵，抑制腐败菌的生长，从而防止蔬菜变质。这是一种保持或提高制品食用品质的保藏加工方法。用该法制成的蔬菜加工品称为蔬菜腌制品，又称酱腌菜或腌菜。

蔬菜腌制在我国历史悠久，《诗经》有云："中田有庐，疆埸有瓜，是剥是菹，献之皇祖"，其中"剥"和"菹"是腌渍加工的意思。贾思勰在《齐民要术》中系统介绍了泡渍蔬菜的加工方法，包括瓜菹法、咸菹法、藏蕨法、卒菹法等。我国蔬菜腌制品品种繁多，各具特色，如北京冬菜、扬州酱菜、涪陵榨菜、贵州独山盐酸菜等，深受消费者欢迎。

蔬菜腌制品根据腌制原材料、腌制过程和成品状态可分为发酵性腌制品和非发酵性腌制品。发酵性腌制品在腌制时使用较少的食盐，并伴有明显的乳酸发酵，如酸菜、泡菜等。非发酵性腌制品，腌制过程中使用较多的食盐，乳酸发酵被完全抑制或仅微弱进行，期间还加入其他调味料，如咸菜、酱菜都属于此类产品。

1. 盐渍菜加工

盐渍菜传统和现代工艺流程如图 9-7 所示。传统盐渍菜可以直接用于销售，但由于未经杀菌处理，产品在运输和销售过程中易发生腐败，导致销售规模受到较大制约。现代蔬菜加工企业通常将传统盐渍菜的半成品进行再加工，先将其脱盐、脱水，然后进行包装和杀菌处理，生产成即食产品，以防止微生物侵染，减少因产品腐败引起的损失。

（1）原料预处理

盐渍前需要清洗蔬菜原料，除去蔬菜表面附着的尘土、泥沙、残留农药等，然后将洗净的原料按一定规格切分。

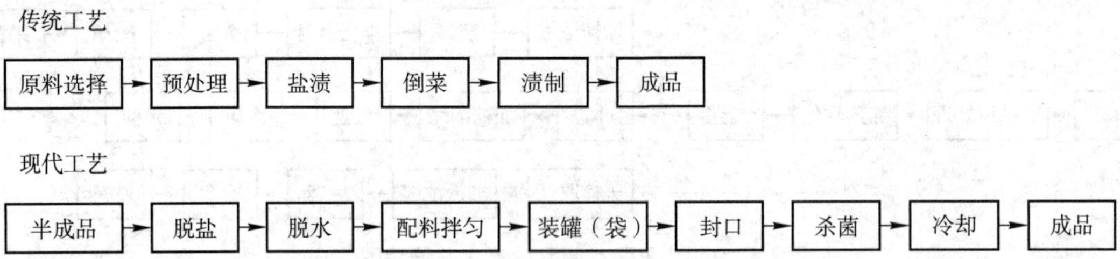

图 9–7　盐渍菜生产工艺流程图

（2）盐渍

① 干腌法。只加盐不加水，适用于含水量较多的蔬菜，又分为加压干腌和不加压干腌。

② 湿腌法。该方法是在加盐的同时还加入盐水或清水，适用于含水量较少、蔬菜个体较大的蔬菜，又分浮腌法和泡腌法两种。

（3）倒菜

在盐渍过程中必须进行倒菜。使食盐均匀地接触菜体，使上下菜渍制均匀，并尽快散发腌制过程中产生的不良气味，增加渍制品的风味，缩短渍制时间。具体方法包括翻倒和回淋两种。

（4）渍制

此阶段为静止渍制，实际上是渍制品的后熟期，不仅食盐进一步渗入菜体，而且通过微生物的作用，产生各种各样的特殊风味，如大头菜、榨菜等腌渍菜的生产，这一阶段最重要。在此过程中，需要采取措施使菜体与空气隔绝，以防止菜的腐败变质。

（5）脱盐脱水

脱盐的一般方法是，将半成品按照加工的要求切分成一定形状，用清水漂洗至蔬菜口感微咸，然后根据产品标准对水分含量的要求确定压榨或离心时间，对蔬菜进行压榨或离心脱水。

（6）配料拌匀

经过脱盐和脱水处理的半成品风味较淡，需经过配料才能食用。配料成分一般包括食用油、味精、食盐、辣椒、胡椒和柠檬酸等。具体配料种类及用量可根据各地口味调整。为了确保产品不腐败变质，可根据国家食品添加剂使用卫生标准，加入适量的防腐剂。

（7）装罐（袋）、封口

方便咸菜的包装材料主要有玻璃瓶和薄膜蒸煮袋。玻璃瓶和薄膜蒸煮袋都要能够满足杀菌对温度的要求。装罐（袋）时要根据产品规格的大小进行定量，然后用真空封口机进行密封封口。

（8）杀菌、冷却

根据产品 pH 高低，按照罐头杀菌原理（参见第二节相关内容）选择杀菌温度和时间进行杀菌，杀菌后迅速冷却。

2. 酱菜类加工

酱菜类产品工艺流程如图 9–8 所示。

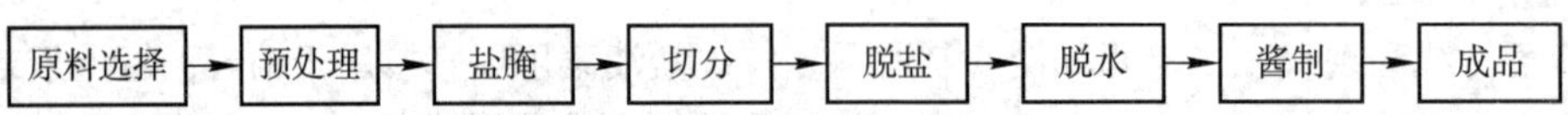

图 9–8　酱菜生产工艺流程图

（1）原料预处理

与盐渍菜原料预处理相同。

（2）盐腌

食盐浓度控制在 15% ~ 20%，腌制时间一般需要 20 ~ 30 天，对于含水量高的蔬菜可采用干腌法，3 ~ 5 天要倒缸。

（3）脱盐

有的半成品盐分很高，不容易吸收酱液，同时还带有苦味，因此，首先要放在清水中浸泡，浸泡时间根据腌制品盐分高低决定。浸泡时仍要保持半成品相当的盐分，以防腐烂。

（4）脱水

浸泡脱盐后，将蔬菜捞出沥干。为了利于酱制并保证酱汁浓度，需要进行压榨，去除咸坯中部分水分。压榨脱水方法有三种，一种是将菜坯放在袋或筐内，用重石或杠杆进行压榨；另一种是将菜坯放在箱内，用压榨机进行压榨脱水；还有一种是利用离心机脱水。无论采用哪种方法，咸坯脱水量都需要控制，咸坯含水量一般应保持在 50% ~ 60%。

（5）酱制

把脱盐后的菜坯放在酱内进行浸酱。酱制时，体形较大或韧性较强的可直接放入缸内酱制，体积较小的或质地脆嫩的蔬菜，可装入布袋或丝袋内，扎紧袋口后再放入酱缸中进行酱制。

3. 发酵性腌制品加工

发酵性腌制品工艺流程如图 9–9 所示。

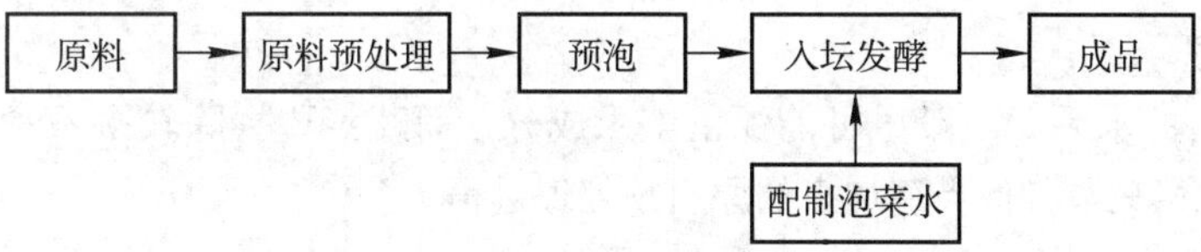

图 9–9　发酵性腌制品生产工艺流程图

（1）原料预处理

将蔬菜适当切分、整理后晾干并去除粗皮、老筋、飞叶、黑斑等不可食用部分，用清水洗净。

（2）预泡

将原料用 20% ~ 25% 食盐溶液预泡一定时间后，取出沥干，加入泡菜液进行泡制。预泡时间因原料而异，一般而言，辛香类蔬菜可预泡 1 ~ 2 周，根菜类预泡 1 ~ 2 天，叶菜类预泡 1 ~ 12 小时。

（3）泡菜水配制

配制盐水时，使用含矿物质较多的硬水效果最好。自来水硬度较大也可以使用，且不必煮沸。水应澄清透明，无异味和臭味。软水、塘水和湖水均不适合作为泡菜水。盐以井盐为好，海盐因含镁，味苦，需焙炒后方可使用。泡菜水配制比例为：根据水质不同，食盐用量应为 6% ~ 8%。为了增进色香味，还可加入黄酒、白酒、醪糟汁、红糖或白糖、红辣椒及香料。香料可选用小茴香、花椒、八角、香果、桂皮和丁香等。

（4）入坛发酵

将预处理后的原料依次装入洗净的坛内，装填至坛容量的一半时放入香料包，然后继续装菜至坛口 15 cm 处，装填应紧实。盐水不可装得过满，应保持距离坛口 3 ~ 5 cm。1 ~ 2 天后，原料因水分渗出而下沉，可补加原料继续发酵。

蔬菜原料入坛后，其乳酸发酵过程根据微生物的活动和乳酸积累的多少，可分为三个阶段：

◎ **延伸阅读**
蔬菜发酵中的微生物菌群变化

① 发酵初期。主要以异型乳酸发酵为主。原料入坛后水分渗出，盐水浓度降低，pH 较高，耐盐不耐酸的微生物开始活动。同时，原料无氧呼吸产生的 CO_2 累积形成厌氧状态，有利于乳酸菌产酸，使 pH 下降，乳酸积累达到 0.2% ~ 0.4%。

② 发酵中期。随着乳酸的积累，pH 降低，大肠杆菌、腐败菌、丁酸菌受到抑制，而乳酸菌活动加快，进行正型乳酸发酵，含酸量可达 0.7% ~ 0.8%。

③ 发酵末期。正型乳酸发酵继续进行，乳酸积累逐渐超过 10%，当含量超过 12% 时，乳酸菌活动也受到抑制，发酵过程停止。

六、果蔬速冻加工

果蔬速冻是指利用人工制冷技术，在 30 min 内将新鲜果蔬中心温度从 –1℃下降至 –5℃，然后在低温（通常 –18 ~ –20℃）下贮藏，从而实现长期保藏且较好保持产品质量的加工方法。

近年来，我国冷冻果蔬行业飞速发展，产品种类日益丰富，产品质量也逐渐提高，不仅满足了国内需求，还拓展了国际市场。然而，我国冷冻果蔬行业也存在一些问题，如冷冻设备设施不齐全、工艺不完善、冷链运输建设滞后等。因此，改进冷冻生产技术，建立原料生产基地，完善冷链物流系统，不断提高其国际竞争力，是我国冷冻果蔬产业发展的目标。

果蔬速冻产品工艺流程如图 9–10 所示。

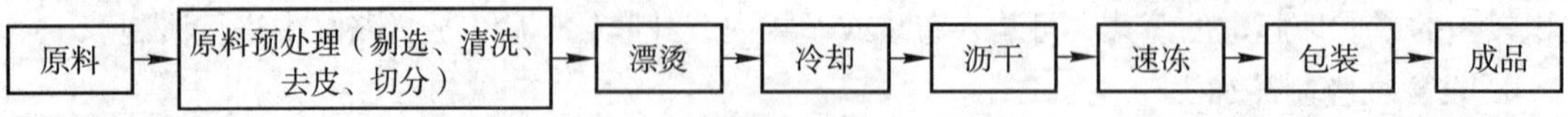

图 9–10　果蔬速冻生产工艺流程图

1. 原料预处理

用于速冻加工的水果，一般尽可能保留整果成分，而蔬菜要去除较多不食部分。后续清洗、去皮、切分可参见第三节其他果蔬加工的原料预处理过程。

2. 漂烫与冷却

漂烫等可参见第二节内容。漂烫后应立即冷却，以减少余热效应对原料品质和营养的破坏。先采用常温水预冷，然后采用 0 ~ 5℃的冰水进行二次冷却，使物料温度达到 5 ~ 10℃。也可以结合风冷沥干，用低温冷空气吹扫，并不断翻动原料，使其迅速降温。

3. 沥干

经过前面工序处理的物料，其表面带有大量明水。在加工过程中，这些明水容易导致表面冻伤。另外，结块较大的冰晶也会影响运输和贮藏。工业生产中常用的沥水设备主要包括输送网带沥水机、振动筛沥水机和圆盘式离心沥水机等。根据物料特性，选择适宜的沥水设备非常重要。例如，叶菜类加工时，由于叶片间存留大量水分，离心或者网带沥水无法充分去除，而使用振动筛沥水机，可以确保各层物料的明水都被有效去除。

4. 速冻

果蔬组织细胞中含较多纤维素，在失水或承压情况下，会产生质壁分离现象，造成细胞破坏。因此，果蔬原料对压力的承受能力较动物性组织差。慢速冻结形成的冰晶较大，对果蔬细胞壁造成胁迫挤压，解冻时会导致细胞内营养物质外溢，导致果蔬品质劣变；而快速冻结形成的冰晶较小且均匀分布于细胞内外，使细胞的内外压力平衡，解冻时大部分水分能被细胞组织重新吸收。

果蔬在装盘或包装后进行快速冻结，是速冻加工的重要环节。在快速冻结过程中，冷媒需保证冻结环境温度在 –35 ~ –30℃，风速保持在 5 ~ 8 m/s，冻结至果蔬中心温度至 –18℃时即可结束，最长时间不超过 30 min。这有利于保持食品快速冻结状态下形成的组织结构，提高产品质量。

七、鲜切果蔬加工

鲜切果蔬是以新鲜果蔬为原料，经分级、整理、清洗、去皮、切分、修整、护色保鲜、包装等工序加工制成的保持生鲜状态的果蔬加工制品，又称轻度加工果蔬、最少加工果蔬或预制果蔬。作为一种新兴食品工业产品，鲜切果蔬起源于 20 世纪 50 年代的美国，并在 20 世纪 80 年代迅速在加拿大、欧洲、日本等国家和地区发展。20 世纪末，鲜切果蔬在我国开始出现。由于其新鲜、方便、环保等特点，鲜切果蔬日益受到我国消费者的广泛关注。

鲜切果蔬产品工艺流程如图 9–11 所示。

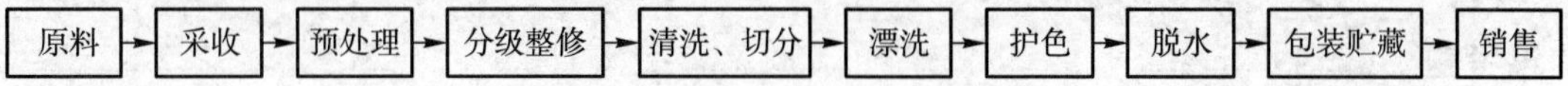

图 9–11　鲜切果蔬生产工艺流程图

1. 采收

鲜切果蔬原料一般采用手工采收，采收后应立即加工。如采收后不能及时加工，一般需在低温条件下冷藏备用。

2. 原料预处理

人工去除原料附着的泥土、杂质等异物，机器检测除去金属杂质。

3. 分级修整

按大小或成熟度分级，同时剔除不符合要求的原料。经挑选后还需要进行适当整修，如去皮、去根、去核、除去不能食用部分等。

4. 清洗、切分

清洗工序是鲜切果蔬减菌的重要环节。仅采用清水清洗，减菌效果并不理想。因此，生产上常在清洗水中加入杀菌剂以提高清洗效果。

切分是影响鲜切果蔬品质的重要因素之一。切分过程中，刀具的状况与果蔬的保存时间密切相关。采用薄而锋利的刀具切分，切面光滑，产品保存时间长；而使用钝刀切分，切面受损伤较多，易引起切分后褐变，降低产品质量。切分越小，切口面积越大，越不利于保存。因此，生产中应依据市场需求确定切分程度，并设计出适宜的加工工艺。切分方式也会影响果蔬的保存时间，例如，对于山药、莴笋等组织纤维较明显的果蔬，平行于纤维切分的切片比垂直于纤维切分的切片保存期长。原因可能是垂直切割导致纤维断裂，引起周边组织破坏的程度较大。

5. 漂洗

果蔬切割后的漂洗处理是鲜切果蔬加工中关键环节，经切分的果蔬表面已造成一定程度破坏，汁液渗出，易引起腐败、变色，导致产品质量下降。漂洗可以去除细胞汁液，减少微生物污染，减缓果实组织生理衰败，防止品质退化，以达到保持其食用品质及延长其保质期的目的。

6. 护色

对于鲜切果蔬，护色主要是防止酶促褐变。目前生产上常用的护色剂包括：柠檬酸、酒石酸、苹果酸等酸化剂；抗坏血酸、异抗坏血酸及其盐、L- 半胱氨酸等还原剂；EDTA、缩聚磷酸盐、焦磷酸盐等螯合剂；以及 4- 己基间苯二酚等酶抑制剂。并且，复合护色保鲜效果优于单一护色。

7. 脱水

经过护色保鲜处理的鲜切果蔬在包装前还需进行脱水处理。为了防止离心脱水对鲜切果蔬造成机械损伤，通常采用专用高速离心机进行脱水。若脱水过度，反而会加速鲜切果蔬品质劣变，因此需严格控制脱水量。在欧美国家，也有采用空气隧道干燥法对清洗后的鲜切果蔬进行脱水，产品与空气逆向行进，干燥空气通过过滤空气流并用紫外线消毒以防止产品被污染。

8. 包装贮藏

脱水后的鲜切果蔬即可进行包装。常见包装方式有：普通包装、气调包装、真空包装、活性包装。真空包装需预冷后包装，其他类型包装在包装后尽快冷藏。常用包装材料为聚丙烯和聚乙烯。冷藏是鲜切果蔬最传统、最基本、最有效的保鲜方式之一，根据不同果蔬选择适宜的贮藏温度，同时应避免低于果蔬的冷害温度，以免影响鲜切果蔬的食用质量。

开放讨论题

请谈谈我国果蔬加工产业的现状、存在问题及发展对策。

思考题

1. 简述果蔬中含有的主要营养物质在加工过程中的变化。
2. 简要介绍澄清果蔬汁和浑浊果蔬汁的加工流程。
3. 简述罐头杀菌的理论依据。
4. 阐述蔬菜腌制时微生物发酵对成品品质的影响。
5. 简述速冻加工的基本工艺及操作要点。
6. 简述切分和护色对鲜切果蔬品质的影响。

自测题

撰写人：朱俊向、李刚凤、相兴伟

第十章
饮料加工

随着食品饮料加工技术和种类逐渐增多，居民消费结构逐渐朝着享受型、发展型和健康型转变，给整个饮料加工生产提出了新要求。本章介绍饮料的定义、分类、类型、加工趋势、主要加工工艺及其加工设备等知识。

知识目标

1. 掌握饮料的概念和分类。
2. 掌握各类饮料用水的处理方法。
3. 掌握碳酸饮料及果蔬汁饮料的生产工艺流程和操作要点。

能力目标

1. 能够准确分析饮料的生产工艺流程及各操作单元对饮料的影响。
2. 能够根据原料及产品形式，设计合适的饮料加工工艺流程。
3. 能够根据饮料加工工艺进行设备选型。

素养目标

1. 了解饮料加工学科的发展历史。
2. 培养科学素养和创新精神。
3. 树立食品生产安全意识和环保意识。

知识导图

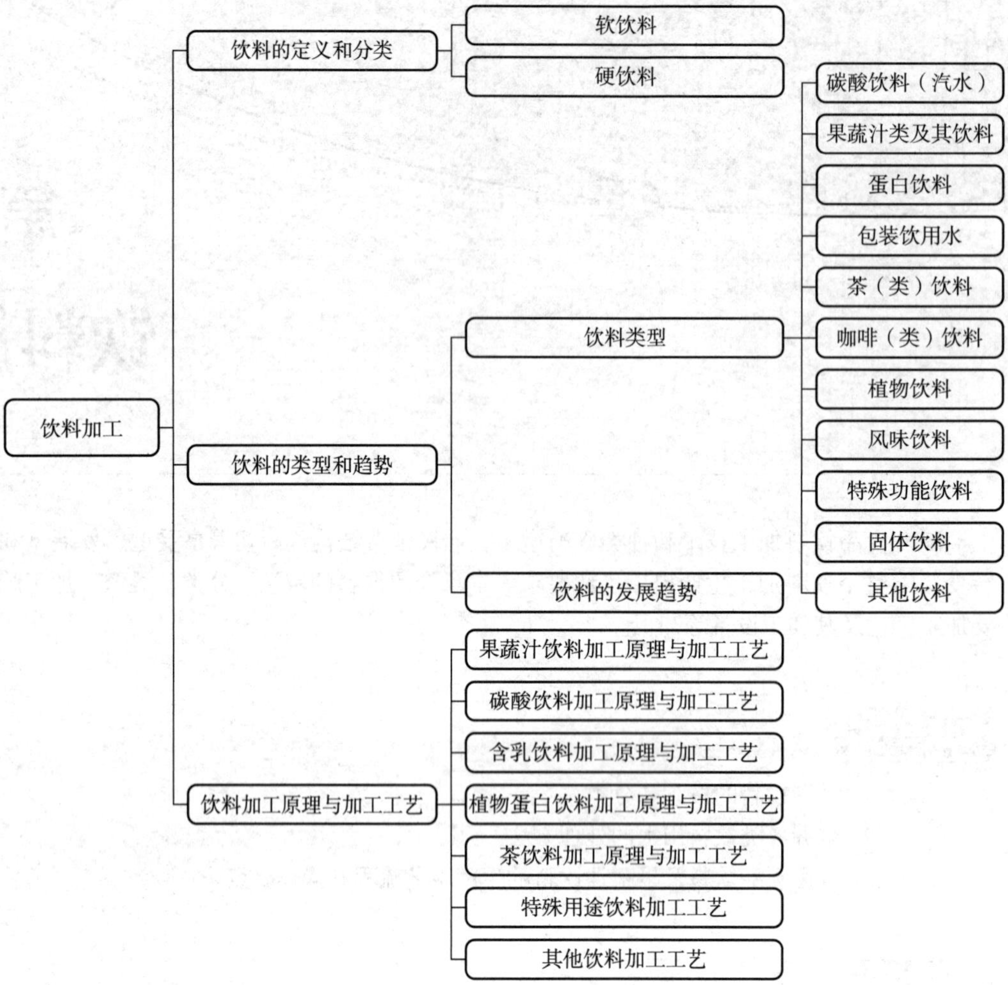

重点及难点

饮料的概念、分类、生产工艺及设备选型

问题导读

1. 简述饮料的概念和分类。
2. 简述不同类型饮料的特点。
3. 试分析饮料的生产工艺流程。
4. 试分析各操作单元对饮料的影响。

关键词

饮料加工　饮料分类　类型特点　操作单元　设备选型

第一节 概 述

一、饮料的定义

传统定义上的饮料（beverage）是经过加工制造的、供人们饮用的食品，以提供人们生活必需的水分和营养成分，达到生津止渴和增进身体健康为目的。

饮料按照组织形态分类，可分为固体饮料、共态饮料、液态饮料。通常，饮料含水率高，以呈液态居多。固体饮料是用食品原料、食品添加剂等加工制成粉末状、颗粒状或块状的经冲溶后饮用的制品，其水分含量在 5% 以内。共态饮料指那些既可以是固态，又可以是液态，在物理形态上处于过渡状态的饮料，如冷饮中的冰淇淋、冰棍、冰砖、雪糕等。

根据是否含酒精，饮料可分为含酒精饮料和不含酒精饮料，即硬饮料（hard drink）和软饮料（soft drink）。对于软饮料，一般认为非酒精饮料即为软饮料，但各国规定各有不同。美国软饮料法规规定：软饮料是指人工配制的，酒精（用作香精等配料的溶剂）含量不超过 0.5% 的饮料。它不包括纯果汁、纯蔬菜汁、乳制品、大豆乳制品以及茶叶、咖啡、可可等以植物性原料为基础的饮料。它可充碳酸气也可不充碳酸气，还可以浓缩加工成固体粉末。日本没有软饮料的概念，只称为清凉饮料，包括碳酸饮料、水果饮料、茶饮料、矿泉水、固体饮料等，与美国法规的最大差别是将天然果汁列入软饮料。我国国标将软饮料更名为饮料。根据《饮料通则》（GB/T10789—2015），饮料指经过定量包装的，供直接饮用或按一定比例用水冲调或冲泡饮用的，乙醇含量（质量分数）不超过 0.5% 的制品。也可为饮料浓浆或固体形态。不包括饮用药品。

二、饮料的类型

按照《饮料通则》（GB/T10789—2015），饮料可分为碳酸饮料（汽水）、果蔬汁类及其饮料、蛋白饮料、包装饮用水、茶（类）饮料、咖啡（类）饮料、植物饮料、风味饮料、特殊用途饮料、固体饮料、其他类饮料。

1. 碳酸饮料（汽水）

以食品原辅料和（或）食品添加剂为基础，经加工制成的，在一定条件下充入一定量二氧化碳气体的液体饮料。不包括由发酵法自身产生二氧化碳气的饮料。成品中 CO_2 的含量（20℃的体积倍数）不低于 2.0 倍。碳酸饮料与其他饮料最大的不同是其中含有二氧化碳。碳酸饮料可分为果味型、果汁型、可乐型、低热量型、其他型。

① 果味型。以果香型食用香精为主要赋香剂，原果汁含量低于 2.5% 的碳酸饮料。如雪碧、七喜。

② 果汁型。原果汁含量不低于 2.5% 的碳酸饮料，如黑松鲜橙 C、黑松柠檬 C。

③ 可乐型。以可乐香精或类似可乐果香型的香精为主要香气成分的碳酸饮料，如可口可乐、百事可乐。

④ 低热量型。以甜味剂全部或部分代替糖类，成品热量低于 75 kJ/100 mol，如健怡可口可乐，轻怡可口可乐。

⑤ 其他型。含植物抽提物或非果香型的食用香精为赋香剂以及补充人体运动后失去的电解质、能量等的碳酸饮料，如盐汽水、姜汁汽水、沙士汽水。

2. 果蔬汁类及其饮料

以水果和（或）蔬菜（包括可食的根、茎、叶、花、果实）等为原料，经加工或发酵制成的液体饮料。可分为果蔬汁（浆）、浓缩果蔬汁（浆）、果蔬汁（浆）类饮料等。

① 果蔬汁（浆）。以水果或蔬菜为原料，采用物理方法（机械方法、水浸提等）制成的可发酵但未发酵的汁液、浆液制品；或在浓缩果蔬汁（浆）中加入其加工过程中除去的等量水分复原制成的汁液、浆液制品。如原榨果汁（非复原果汁）、果汁（复原果汁）、蔬菜汁、果浆/蔬菜浆、复合果蔬汁（浆）等。

② 浓缩果蔬汁（浆）。以水果或蔬菜为原料，从采用物理方法制取的果汁（浆）或蔬菜汁（浆）中除去一定量的水分制成的，加入其加工过程中除去的等量水分复原后具有果汁（浆）或蔬菜汁（浆）应有特征的制品。含有不少于两种浓缩果汁（浆），或浓缩蔬菜汁（浆），或浓缩果汁（浆）和浓缩蔬菜汁（浆）的制品为浓缩复合果蔬汁（浆）。

③ 果蔬汁（浆）类饮料。以果蔬汁（浆）、浓缩果蔬汁（浆）为原料，添加或不添加其他食品原辅料和（或）食品添加剂，经加工制成的制品。

a. 果蔬汁饮料：将果汁（浆）、浓缩果汁（浆）或蔬菜汁（浆）、浓缩蔬菜汁（浆）、水作为原料，添加或不添加其他食品原辅料和（或）食品添加剂，将其经过加工制成的制品。原果汁含量不少于10%。

b. 果肉（浆）饮料：将果浆、浓缩果浆、水作为原料，添加或不添加其他食品原辅料和（或）食品添加剂，将其经过加工制成的制品。原果汁含量不少于20%。

c. 复合果蔬汁饮料：将不少于两种果汁（浆）、浓缩果汁（浆）、蔬菜汁（浆）、浓缩蔬菜汁（浆）、水作为原料，添加或不添加其他食品原辅料和（或）食品添加剂，将其经过加工制成的制品。原果汁含量不少于10%。

d. 果蔬汁饮料浓浆：将果汁（浆）、蔬菜汁（浆）、浓缩果汁（浆）或浓缩蔬菜汁（浆）中的一种或者几种、水作为原料，添加或不添加其他食品原辅料和（或）食品添加剂，将其经过加工制成的，按照一定比例加入水稀释后即可饮用的制品。稀释后的原果汁含量不少于10%。

e. 发酵果蔬汁饮料：将水果或蔬菜、或果蔬汁（浆）、浓缩果蔬汁（浆）经发酵后制成的汁液、水作为原料，添加或不添加其他食品原辅料和（或）食品添加剂，将其经过加工制成的制品。原果汁含量不少于5%。

f. 水果饮料：将果汁（浆）、浓缩果汁（浆）、水作为原料，添加或不添加其他食品原辅料和（或）食品添加剂，将其经过加工制成的果汁含量较低的制品。原果汁含量不少于5%，且不多于10%。

3. 蛋白饮料

以乳或乳制品，或其他动物来源的可食用蛋白，或含有一定蛋白质的植物果实、种子或种仁等为原料，添加或不添加其他食品原辅料和（或）食品添加剂，经加工或发酵制成的液体饮料。如含乳饮料、植物蛋白饮料、复合蛋白饮料及其他蛋白饮料。

① 含乳饮料。以乳或乳制品为原料，添加或不添加其他食品原辅料和（或）食品添加剂，经加工或发酵制成的制品。如配制型含乳饮料、发酵型含乳饮料、乳酸菌饮料等。

a. 配制型含乳饮料：将乳或乳制品作为原料，在其中加入水，以及食糖和甜味剂、酸味剂、果汁、茶、咖啡、植物提取液等一种或几种调味剂而制成的饮料。蛋白质含量不少于1%。如可可乳饮料、咖啡乳饮料、果汁乳饮料等。

b. 发酵型含乳饮料：将乳或乳制品作为原料，在经乳酸菌等有益菌培养发酵制得的乳液中加入水，以及食糖和（或）甜味剂、酸味剂、果汁、茶、咖啡、植物提取液等一种或几种调味剂而制成的饮料。蛋白质含量不少于1%。如酸奶、酸奶酒等。

c. 乳酸菌饮料：乳或乳制品作为原料，在经乳酸菌培养发酵制得的乳液中加入水，以及食糖和（或）甜味剂、酸味剂、果汁、茶、咖啡、植物提取液等一种或几种调味剂而制成的饮料。根据其是否经过杀菌处理分为杀菌（非活菌）型和未杀菌（活菌）型。蛋白质含量不少于0.7%。

② 植物蛋白饮料。以一种或多种含有一定蛋白质的植物果实、种子或种仁等为原料，添加或不添加其他食品原辅料和（或）食品添加剂，经加工或发酵制成的制品。如豆奶（乳）、豆浆、椰子汁（乳）、杏仁露（乳）、核桃露（乳）、花生露（乳）等。蛋白质含量不少于0.5%。

以两种或两种以上含有一定蛋白质的植物果实、种子或种仁等为原料，添加或不添加其他食品原辅料和（或）食品添加剂，经加工或发酵制成的制品也可称为复合植物蛋白饮料。如花生核桃、核桃杏仁、花生杏仁复合植物蛋白饮料。

③ 复合蛋白饮料。以乳或乳制品，和一种或多种含有一定蛋白质的植物果实、种子或种仁等为原料，添加或不添加其他食品原辅料和（或）食品添加剂，经加工或发酵制成的制品。如玉米乳饮料、花生牛奶饮料、核桃奶饮料等。

④ 其他蛋白饮料。上述三类之外的蛋白饮料。

4. 包装饮用水

以直接来源于地表、地下或公共供水系统的水为水源，经加工制成的密封于容器中可直接饮用的水。可分为饮用天然矿泉水、饮用纯净水、其他类饮用水。

① 饮用天然矿泉水。从地下深处自然涌出的或经钻井采集的，含有一定量的矿物质、微量元素或其他成分，在一定区域未受污染并采取预防措施避免污染的水。在通常情况下，其化学成分、流量、水温等动态指标在天然周期波动范围内相对稳定。

② 饮用纯净水。以直接来源于地表、地下或公共供水系统的水为水源，经适当的水净化加工方法，制成的制品。可用电导率反映纯净水的纯净程度以及生产工艺的控制好坏。金属元素和微生物含量过高，会使电导率偏高，因此水越纯净，电导率越低。

③ 其他类饮用水。可分为饮用天然泉水、饮用天然水、其他饮用水。

a. 饮用天然泉水：以地下自然涌出的泉水或经钻井采集的地下泉水，且未经过公共供水系统的自来来源的水为水源，制成的制品。

b. 饮用天然水：以水井、山泉、水库、湖泊或高山冰川等，且未经过公共供水系统的自来来源的水为水源，制成的制品。

c. 其他饮用水：除饮用天然泉水和饮用天然水以外的饮用水。如以直接来源于地表、地下或公共供水系统的水为水源，经适当的加工方法，为调整口感加入一定量的矿物质，但不得添加糖或其他食品配料制成的制品。

5. 茶（类）饮料

以茶叶或茶叶的水提取液或其浓缩液、茶粉（包括速溶茶粉、研磨茶粉）或直接以茶的鲜叶作为原料，添加或不添加食品原辅料和（或）食品添加剂，经加工制成的液体饮料。如原茶汁（茶汤）/ 纯茶饮料、茶浓缩液、茶饮料、果汁茶饮料、奶茶饮料、复（混）合茶饮料、其他茶饮料等。

（1）原茶汁（茶汤）/ 纯茶饮料。习惯上称为纯茶饮料。将茶叶及其提取物作为原料，少添加或不添加糖，保持原茶风味的茶饮料。

（2）茶浓缩液。采用物理方法从茶叶的水提取液中除去一定比例的水分，将其经过加工制成的，加水复原后具有原茶风味的液态制品。

（3）茶饮料。将茶叶的水提取液或其浓缩液、茶粉等作为原料，将其经过加工制成的，保持原茶风味的液体饮料，可添加少量的食糖和（或）甜味剂。

（4）果汁茶饮料。将茶水作为主体，添加糖、香精香料、酸等调和而成的饮料。

（5）奶茶饮料。将奶、糖、香精香料添加进茶饮料中制成的饮料。具有奶的香气和茶特有的苦涩味。

（6）复（混）合茶饮料。将茶叶和植（谷）物的水提取液或其浓缩液、干燥粉作为原料，加工制成的，具有茶与植（谷）物混合风味的液体饮料。

（7）其他茶饮料。包括添加了各种中药成分的茶饮料、添加谷物风味的茶饮料等。

6. 咖啡（类）饮料

以咖啡豆和（或）咖啡制品（研磨咖啡粉、咖啡的提取液或其浓缩液、速溶咖啡等）为原料，添加或不添加糖（食糖、淀粉糖）、乳和（或）乳制品、植脂末等食品原辅料和（或）食品添加剂，经加工制成的液体饮料。如咖啡饮料、浓咖啡饮料、低咖啡因咖啡饮料、低咖啡因浓咖啡饮料。咖啡是世界三大饮料之一，含有丰富的蛋白质、咖啡碱、绿原酸等成分，由于其风味特殊，且适量饮用时，具有提神、利尿和促进胃部健康等功效，近几年我国咖啡市场快速增长。

7. 植物饮料

以植物或植物提取物为原料，添加或不添加其他食品原辅料和（或）食品添加剂，经加工或发酵制成的液体饮料。如可可饮料、谷物类饮料、草本（本草）饮料、食用菌饮料、藻类饮料、其他植物饮料，不包括果蔬汁类及其饮料、茶（类）饮料、咖啡（类）饮料。

8. 风味饮料

以糖（包括食糖和淀粉糖）和（或）甜味剂，酸度调节剂、食用香精（料）等的一种或者多种作为调整风味的主要手段，经加工或者发酵制成的液体饮料。如茶味饮料、果味饮料、乳味饮料、咖啡味饮料、风味水饮料、其他风味饮料等。

（1）茶味饮料。将茶或茶香精作为主要赋香成分调制而成的饮料。茶多酚含量不多于 100 mg/kg。

（2）果味饮料。将食糖和（或）甜味剂、酸味剂、果汁、食用香精、茶或植物提取液等的全部或其中的部分作为原料调制而成饮料。果汁含量不多于 5%。

（3）乳味饮料。将食糖和（或）甜味剂、酸味剂、乳及乳制品、果汁、食用香精、茶或植物抽提液等的全部或其中部分作为原料经调配而成的饮料。蛋白含量不多于 0.7%。

（4）咖啡味饮料。将咖啡或咖啡香精作为主要赋香成分调制而成的饮料。咖啡因含量不多于 200 mg/kg。

（5）风味水饮料。不经调色处理，不添加糖（包括食糖和淀粉糖）的风味饮料为风味水饮料。如苏打水饮料、薄荷水饮料、玫瑰水饮料等。

（6）其他风味饮料。除了上述 5 类之外的风味饮料。

9. 特殊用途饮料

加入具有特定成分的适应所有或某些人群需要的液体饮料。可分为运动饮料、营养素饮料、能量饮料、电解质饮料及其他特殊用途饮料。

（1）运动饮料。营养成分及其含量能适应运动或体力活动人群的生理特点，能为机体补充水分、电解质和能量，可被迅速吸收的制品。功效物质如维生素、氨基酸等。

（2）营养素饮料。添加适量的食品营养强化剂，以补充机体营养需要的制品，如营养补充液。

（3）能量饮料。含有一定能量并添加适量营养成分或其他特定成分，能为机体补充能量，或加速能量释放和吸收的制品。主要功效物质如咖啡因、牛磺酸等。

（4）电解质饮料。添加机体所需要的矿物质及其他营养成分，能为机体补充新陈代谢消耗的电解质、水分的制品。主要功效物质如电解质。含有适量电解质的饮料可有效防止和纠正脱水或单独补水所引起的肌肉虚弱无力或抽搐、头晕、头痛、体温增高、心律失常等。

（5）其他特殊用途饮料。除了上述 4 类之外的特殊用途饮料。

10. 固体饮料

用食品原辅料、食品添加剂等加工制成的粉末状、颗粒状或块状等，供冲调或冲泡饮用的固态制品。如风味固体饮料、果蔬固体饮料、蛋白固体饮料、茶固体饮料、咖啡固体饮料、植物固体饮料、特殊用途固体饮料、其他固体饮料等。固体饮料具有携带方便、风味独特、速溶性好等特点，因而受到消费者的青睐，对液体饮料的市场造成了一定的冲击。近年市场上时兴的固体汤料在习惯视同菜肴，不列为饮料。

11. **其他饮料**

除了上述10类之外的饮料。如冷冻饮品。

冷冻饮品种类多，深受消费者欢迎。冷冻饮品是以饮用水、牛乳（乳制品）、甜味料等为主要原料，加入适量食品添加剂，经杀菌采用冷冻工艺制成的供人们直接食用的固体态饮品。按原料、工艺及成品特点的不同，可分为冰淇淋、雪糕、棒冰、冰霜、食用冰等五大类。

① 冰淇淋。是以饮用水、乳品、甜味料、食用油脂、蛋品等为主要原料，其中乳品中蛋白质的含量为原料的2%以上，再加入适量的食品添加剂，经混合、灭菌、均质、老化、凝冻等工艺或再经成型、硬化等工艺制成的体积膨胀的冷冻饮品。

② 雪糕。是以饮用水、乳品、蛋品、甜味料、食用油脂等为主要原料，加入适量增稠剂、香料、着色剂等食品添加剂、或再添加可可、果汁等其他辅料，经混合、灭菌、均质、注模、冻结（或轻度凝冻）等工艺制成的带棒或不带棒的冷冻饮品。

③ 棒冰。是以饮用水，甜味料为主要原料，添加增稠剂、酸味剂、着色剂、香料等添加剂，或再添加豆品、乳品、果品等辅料，经混合、灭菌、注模、插杆、冻结、脱模（或凝冻）等工艺制成的带杆的冷冻饮品。

④ 冰霜。是以饮用水、甜味料、乳品、果品等为主要原料，加入适量增稠剂、香料、着色剂等添加剂，经混合、灭菌、凝冻或低温炒制等工艺制成的较为松软的雪泥或冰屑状的冷冻饮品。

⑤ 食用冰。是以饮用水为原料，经灭菌、冻结等工艺制成的供直接食用的冷冻饮品。

三、饮料的发展趋势

产品创新成为发展驱动力：如今饮料行业市场竞争大，产品同质化严重，只有走差异化路线，加强产品创新，在口味、品类、包装形式、品牌营销等方面做到推陈出新，才能使产品脱颖而出。

产品渠道和消费人群的挑战：渠道的发展历程是从单一渠道、单一的线下渠道、多渠道及线上渠道到更多的碎片化渠道出现，并向复合型多元化发展，最终进入到全渠道发展阶段。渠道应以消费者为主导，紧跟消费者步伐。同时要坚持细分原则，以消费者细分为中心，根据消费者的年龄、性别、群体进行研究，进行针对目标群体的产品开发和精准营销。

天然健康的饮品需求将继续成为各大品牌的创新动力：在健康、天然饮食的趋势推动下，消费者对于高糖、高热、高添加的饮料的需求有所下降，开始追求低糖、无糖饮料，企业也开始纷纷尝试低糖、无糖饮料，比如近年来低热量、零卡的茶饮料、气泡水、果味水等产品深受消费者喜爱。植物基代乳制品由于其能够解决乳糖不耐症和牛奶蛋白过敏问题，也是未来饮料发展的一个趋势。并且植物基代乳制品还具有口味独特、种类多等特点，能够为消费者提供更多选择。对包装饮用水的需求也随之提高，在同质化严重的饮料市场中，一次性桶装水、高端矿泉水、天然苏打水、风味水都将成为差异化的发展方向，值得企业关注。

总的来说，总体趋势为由低档向高档，由合成向天然，由嗜好向保健，由低营养向高营养发展。

第二节 饮料加工原理与方法

一、果蔬汁饮料

1. **加工原理**

果蔬汁又可以分为澄清果蔬汁和混浊果蔬汁。

澄清果蔬汁的外观清澈透明，原料经过提取所获得的汁液常由于具有一定的微细组织及果胶物质、蛋白质等，而显得浑浊；放置一段时间后，汁液会出现分层现象并产生沉淀。经过过滤、静置或添加澄清剂后，便可以获得澄清果蔬汁。

混浊果蔬汁的外观浑浊均匀，汁液中含有微粒，浑汁工艺不需要经过澄清处理，但必须进行高压均质等处理，不允许有大颗粒，以免影响商品价值。营养成分大多存在于汁液中的微粒中，风味、营养价值和色泽较清汁好。

各种不同类型果蔬汁饮料的生产，其加工原理主要在后续工艺上有区别。果蔬汁饮料生产的一般工艺流程见图 10–1。

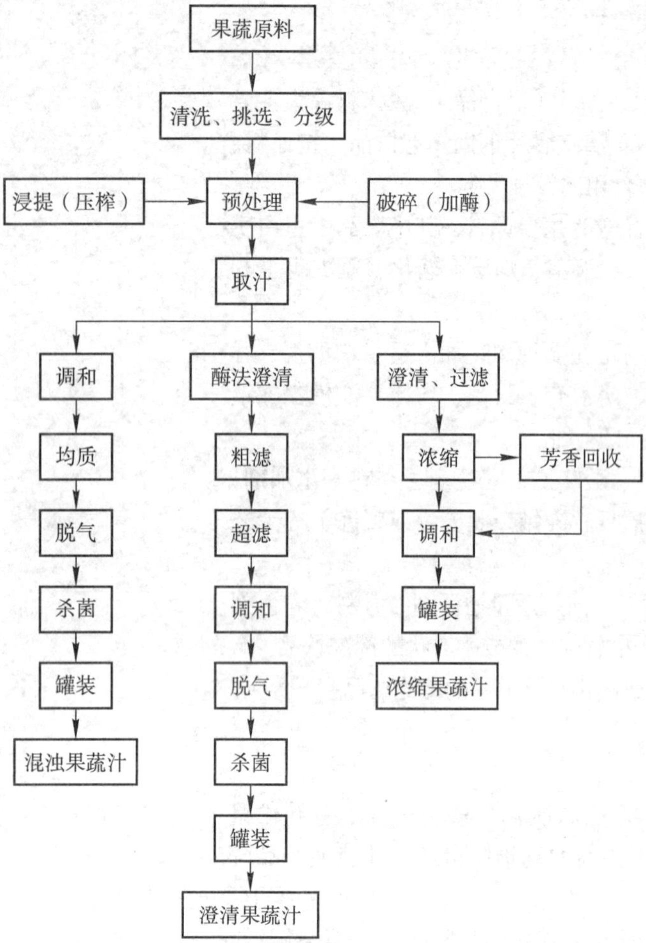

图 10–1　果蔬汁饮料生产的一般工艺流程

2. 加工方法

（1）原料的选择

一般要求果蔬原料具有良好的感官品质和营养价值。大部分水果和部分蔬菜适于制汁，如苹果、梨、葡萄、菠萝、柑橘、柠檬、番茄、胡萝卜以及野生果品沙棘、刺梨、猕猴桃等。原料的质量要求严格。第一，应具有浓郁的风味和芳香，无不良风味，色泽稳定，酸度适中，并在加工和贮藏过程中仍能保持这些优良品质；第二，汁液丰富，取汁容易，出汁率较高；第三，新鲜度高，无损腐、发酵或生霉的个体；第四，要有适宜的成熟度，其汁液含量、可溶性固形物含量及芳香物质含量都较高，色泽鲜艳，香味浓郁，榨汁容易。

（2）清洗、挑选和分级

通过清洗去除果蔬表面的尘土、泥沙、微生物、农药残留以及携带的枝叶等。生产时经常需要对果蔬原料进行多次清洗。

果蔬原料的清洗一般包括流水输送、浸泡、刷洗（带喷淋）、高压喷淋等 4 道工序。

① 流水输送：在流水槽中（有一定坡度）进行。果蔬倒入槽中，通过水流压力向前输送，同时得到初步的浸泡、冲洗。对于一些地下蔬菜（如胡萝卜）的加工，必须经过这道工序清洗，将蔬菜表面的泥土去除。

② 浸泡：果蔬通过提升机提升至一个水槽，进行短暂的浸泡。

③ 刷洗：果蔬输送到一个带有多个毛刷滚轮的清洗机上，毛刷滚轮的正上方装有高压喷淋装置。通过毛刷滚轮，向前输送果蔬，同时对果蔬原料进行刷洗、冲洗。在浸泡之后与毛刷滚轮清洗之前，在传送带的两侧，设有挑选台，安排生产人员对果蔬进行挑选，剔除腐烂果、残次果、病虫果、未成熟果以及枝叶等。

④ 高压喷淋：果蔬经过刷洗之后，再经过一道高压喷淋，以保证果蔬原料的清洁卫生。

生产中的清洗用水经过滤和适当的消毒处理，可以循环利用。

挑选的目的是剔除霉烂的、带有病虫害的、破损的和未成熟的果蔬以及混杂于果蔬中的异物。分级一般是按照果蔬的外形尺寸大小，把果蔬分成不同组，这样有利于机械化大批量生产。

（3）取汁前的预处理

不同的果蔬原料采用不同的取汁方式。含果汁丰富的果实，大都采用压榨法来提取果汁。含汁液较少的果实，如山楂等可采用加水浸提果汁。为了提高出汁率和果蔬汁的质量，取汁前通常要进行破碎、加热和加酶等预处理。某些果蔬原料根据要求还要进行去梗、去核、去籽或去皮等工序。

① 破碎和打浆。除了柑橘类果汁和带果肉果汁外，一般榨汁生产常包括破碎工序，以提高原料的出汁率。对于肉质紧密和需要通过浸提法取汁的果实以及个体较大的果蔬，破碎尤为重要。果蔬的破碎程度直接影响出汁率，因此要根据果蔬种类、取汁方式、取汁设备、汁液的性质和要求来选择合适的破碎度。如果破碎果块太大，榨汁时汁液流速慢，出汁率降低；破碎粒度太小，在压榨时外层的果汁很快被榨出，形成一层厚皮，使内层果汁流出困难，也会降低出汁率，同时汁液中的悬浮物较多，不易澄清。

破碎工艺有热力破碎、机械破碎、冷冻破碎、超声波破碎工艺等。

② 加热处理。由于在破碎过程中和破碎以后果蔬中的酶被释放，特别是多酚氧化酶会引起果蔬汁色泽的变化，对果蔬汁加工极为不利。加热可抑制酶的活性，同时使果肉组织软化，使细胞原生质中的蛋白质凝固，改变细胞膜的通透性，使细胞中可溶性物质容易向外扩散，有利于果蔬中可溶性固形物、色泽和风味物质的提取。适度加热还可以使胶体物质发生凝聚，使果胶水解，降低汁液黏度，提高出汁率。

③ 加酶处理。果胶含量较高会大大降低果蔬的出汁率。采用果胶酶处理，能够分解果肉组织中的果胶物质，使果汁黏度降低、容易榨汁过滤，提高出汁率。

（4）取汁

取汁方式是影响出汁率的一个重要因素，也影响果蔬汁产品的品质和生产效率。根据原料和产品形式的不同，取汁方式差异很大，主要有压榨法、浸提法、离心法和打浆法等。

① 压榨法。广泛应用的一种取汁方式。大多数水果其果汁包含在整个果实中，一般通过破碎就可榨取果汁，但某些水果如柑橘类果实和石榴果实等，榨汁时外皮中的不良风味和色泽中的可溶性物质会一起进入果汁中。同时柑橘类果实外皮中的精油，含有极容易变化的柠檬烯，容易生成一种异味；果皮、果肉皮和种子中存在着柚皮苷和柠碱导致苦味的化合物。为了避免上述物质大量地进入果汁中，这类果实就不宜采用破碎压榨取汁法，而应采用逐个榨汁的方法。石榴皮中含有大量单宁物质，故应先去皮后进行榨汁。另外，某些果实榨汁时压力不宜过大，而且只允许极少量的囊衣残渣和外皮进入果汁中。

② 浸提法。浸提是把果蔬细胞内的汁液转移到液态浸提介质中。在实践中用加热的方法破坏细胞壁细胞膜，使其完全渗透，易于与外界进行液体交换，可加速浸提过程。浸提效果具体表现在出汁量和汁液中可溶性固形物的含量（折射率）两个指标上。如果用浸提率表示浸提效果，则浸提率与出汁率不同。浸提率是单位质量的果蔬原料被浸出的可溶性固形物的量与单位质量果蔬原料中所含可溶性固形物的比值，用公式表示为：

$$\text{浸提率（\%）}=\frac{\text{单位质量的果蔬原料被浸出的可溶性固形物量}}{\text{单位质量果蔬原料所含可溶性固形物量}}\times 100$$

$$=\frac{\text{浸提浓度}\times\text{浸提质量}}{\text{果蔬可溶性固形物含量}\times\text{果蔬质量}}\times 100$$

出汁率则为浸汁质量对浸汁果蔬质量的百分比。出汁率与浸提时的加水量有关，加水量多，出汁率亦多，但汁液中的可溶性固形物含量相应降低。果蔬浸提汁不是果蔬原汁，是果蔬原汁和水的混合物，即加水的果蔬原汁，这是浸提和压榨取汁的根本区别。山楂、酸枣、梅子等含水量少、难以用压榨法取汁的果蔬原料需要用浸提法取汁；对于像苹果、梨等通常用压榨法取汁的水果，为了减少果渣中有效物质的含量，有时也用浸提法取汁。

③ 离心法。用卧式螺旋离心机。料浆通过中心送料管进入转筒的离心室，在高速离心力作用下，果渣甩至转筒壁上，由螺杆传送器将果渣不断地送往转筒的锥形末端排出，果汁通过螺纹间

隙从转筒的前端流出。

④ 打浆法。适用于果蔬浆和果肉饮料的生产。有的果蔬原料中果胶含量较高、汁液黏稠、汁液含量低，压榨难以取汁，或者因为通过压榨取得的果汁风味比较淡，需要采用打浆法。果肉饮料都是采用这种方法，如草莓汁、芒果汁、桃汁、山楂汁等。果蔬原料经过破碎后需要立即在预煮机进行预煮，钝化果蔬中酶的活性，防止褐变，然后进行打浆。生产中一般采用3道打浆，筛网孔径的大小依次为1.2 mm、0.8 mm和0.5 mm。经过打浆后，果肉颗粒变小，有利于均质处理。如果采用单道打浆，筛眼孔径不能太小，否则容易堵塞网眼。

（5）粗滤

粗滤或称筛滤。对于混浊果汁可保存果粒，在获得色泽、风味和香味的前提下，除去分散在果汁中的粗大颗粒或悬浮粒。对于澄清果汁，粗滤之后还需精滤，或先行澄清后再过滤，务必除尽全部悬浮粒。

通过破碎、压榨、粗滤即可得到果实原汁，利用果实原汁可以制作澄清果汁、混浊汁、浓缩果汁等多种类型的果蔬汁。各种果蔬汁加工都有其特殊的工序，如澄清果蔬汁的澄清和过滤，混浊果蔬汁的均质和脱气，浓缩果蔬汁的浓缩与脱水。

（6）澄清

对于生产澄清果汁来说，通过澄清和过滤，不仅要除去新鲜榨出汁中的全部悬浮物，而且还需除去容易产生沉淀的胶粒。悬浮物包括发育不完全的种子、果心、果皮和纤维素、半纤维素、糖苷、苦味物质等，它们的存在会影响澄清果汁的质量和稳定性，必须清除。常用的澄清方法有自然沉降澄清法、明胶单宁澄清法、加酶澄清法、加热凝聚澄清法以及冷冻澄清法。

① 明胶单宁澄清法。利用果汁中原有的单宁或加入单宁，加入适宜的明胶，形成明胶单宁酸盐的络合物。随着络合物的沉降，果汁中的悬浮颗粒被缠绕而随之下沉。此外，果汁中的果胶、纤维素、单宁及多缩戊糖等带负电荷，在酸性介质中明胶带正电荷，正负电荷微粒相互作用，凝聚沉淀，果汁得以澄清。

② 加酶澄清法。利用果胶酶水解果汁中的果胶物质，生成聚半乳糖醛酸和其他降解产物，使果汁中其他物质失去果胶的保护作用而共同聚集沉淀，达到澄清的目的。

③ 加热凝聚澄清法。此法简便效果好，应用较普遍。在80 ~ 90 s内，将果汁加热到80 ~ 82℃，然后以同样短的时间冷却至室温。由于温度的剧变，果汁中的蛋白质和其他胶体物质发生变性，凝固析出，使果汁澄清。由于加热时间短，对果汁的风味影响很小。为避免有害的氧化作用，并使挥发性芳香物质的损失降至最低限度，加热必须在无氧条件下进行，一般可采用密闭的管式热交换器或瞬间巴氏杀菌器进行加热和冷却。此法主要优点是能在果汁进行巴氏杀菌的同时进行加热。

④ 冷冻澄清法。冷冻可改变胶体的性质，而在解冻时形成沉淀，故雾状混浊的果汁经冷冻后容易澄清。这种胶体的变性作用是浓缩和脱水的复合影响的结果。这种作用对于苹果汁尤为明显，葡萄汁、草莓汁和柑橘汁也有这种现象。

（7）过滤

不论采用哪种澄清法，澄清后都必须进行过滤操作，以分离其中的沉淀和悬浮物，使果汁澄清透明。常用的过滤方法有硅藻土过滤、薄板过滤、真空过滤、超滤等。

（8）调和

既有利于实现产品的标准化，使不同批次产品保持一致性；也有利于提高果蔬汁饮料产品的风味、色泽、口感、营养和稳定性等。调整范围主要为糖酸比例的调整及香味物质、色素物质的添加。注意避免果蔬汁失去原有风味。

调整糖酸比及其他成分，通常在特殊工序如均质、浓缩、干燥以前进行，但澄清果汁常在澄清精滤后调整，有时也可在特殊工序中间进行调整。调整的办法，除在鲜果蔬汁中加入适量的砂糖和使用酸等原料以外，还可以采用不同品种原料混合制汁的混合法。近年来在果蔬汁中强化营养成分已发展成为一种趋势，如强化维生素、膳食纤维等。

（9）均质和脱气

均质。是混浊果蔬汁和果肉型饮料加工的特殊操作。果蔬汁饮料，特别是果肉型饮料常常发生分层现象。通过均质使果蔬汁中的浆粒等固形物微细化，不仅减小其颗粒大小，同时改变其粒径的分布。均质的目的在于使不同粒子的悬浮液均质化，使果汁保持一定的混浊度。另一方面还可以促进果胶的渗出，使果胶和果汁亲和，均匀而稳定地分散于果汁中，使果汁保持均匀的混浊度。

脱气。脱气是为了除去果蔬汁中的氧，防止或减轻色素、维生素 C、香气成分和其他物质的氧化；去除附着于悬浮微粒上的气体，减少或避免微粒上浮，以保持良好外观；防止制品品质降低；防止或减少装罐和杀菌时产生泡沫。脱气方法有真空脱气法、气体置换法、酶法脱气法以及抗氧化剂法。脱气时易造成挥发性芳香物质的损失，因此，必要时可进行芳香物质的回收。

（10）浓缩和芳香物质的回收

浓缩可以把果蔬汁的固形物含量从 5%～20% 提高到 60%～75%，提高果蔬汁的糖度和酸度，能抑制微生物的生长繁殖，体积缩小到原来的 1/6～1/7，便于贮藏和运输，同时能克服果实采收期和品种所造成的成分上的差异。常用的浓缩方法有真空浓缩、冷冻浓缩、反渗透和超滤浓缩等。反渗透浓缩一般需要与超滤和真空浓缩结合起来才能达到较理想效果。

芳香物质的回收。芳香物质含有酯类、醇类、羟基化合物和其他多种有机物质，这些物质按一定比例存在形成了各种果实特有的香气。果汁的芳香物质在蒸发过程中随蒸发而逸散，因此，果汁浓缩前需将这些芳香质回收，之后再加回到浓缩果汁中，以保持原果汁风味。芳香物质回收可以通过吸附、萃取或蒸馏作业完成。但目前一般只有在试验室还用活性炭、铝粉、硅胶或分子筛来吸附芳香物质。萃取作业可以在低温环境中在溶液或超临界流体中进行，然后通过蒸馏作业分离芳香物质和萃取剂。蒸馏是根据各成分沸点的不同而使之互相分离，或从难以分离蒸发的物质中分离出液体。蒸馏的简单流程如下图 10–2。

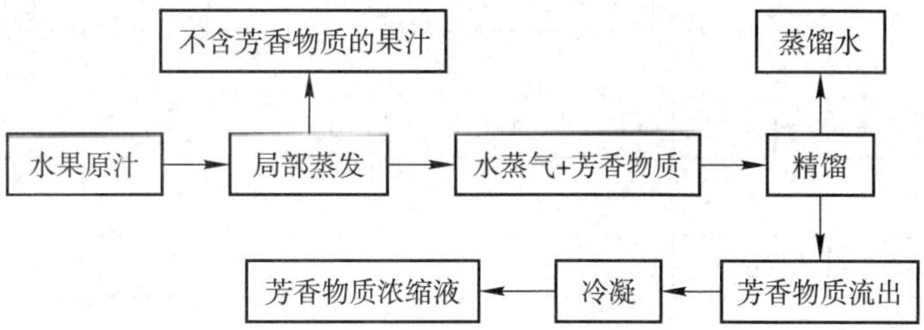

图 10–2　蒸馏的简单流程

（11）杀菌和灌装

果蔬汁的杀菌既要杀死果蔬汁中的致病菌和钝化果蔬汁中的酶，同时也要考虑产品的质量如风味、色泽和营养成分以及物理性质如黏度、稳定性等不能受到太大的影响。杀菌方式有加热杀菌和非加热杀菌（冷杀菌）两大类。加热杀菌可靠、简便和投资小，是应用最普遍的杀菌方法。

灌装果蔬汁饮料的包装形式多样，目前主要有两大类：纸质容器和塑料容器。纸质容器主要是无菌灌装，目前主要是利乐包和康美包。塑料容器包装通常根据工艺及材料的需求分高温热灌装、中温灌装和冷灌装等。

目前在果蔬汁加工的生产过程中，一般采用热灌装、冷灌装和无菌灌装等 3 种方式。

热灌装。果蔬汁在经过加热杀菌后，不进行冷却，而是趁热灌装，然后密封、冷却。包装容器一般采用金属罐、玻璃瓶或 PET 塑料瓶等，在灌装前包装容器需经过清洗消毒。采用热灌装的产品灌装完毕后，通常应在输送带上倒瓶对瓶盖进行杀菌，然后冷却。在常温下流通销售，产品不会变质败坏，可贮藏一年以上。

冷灌装。果蔬汁经过加热杀菌后，立即冷却至 5 ℃以下灌装、密封。包装容器一般采用 PET 塑料瓶，在灌装前包装容器需经过清洗消毒，在低温下（<-10 ℃）流通销售，一般可贮藏 2 周。

无菌灌装。3 个基本条件是食品无菌、包装材料无菌和包装环境无菌。果蔬汁的无菌灌装是指果蔬汁经过加热杀菌后，立即冷却至 30 ℃以下，而包装材料经过过氧化氢或热蒸汽杀菌后，在无菌环境条件下灌装。无菌灌装是冷灌装，通常灌装时饮料温度不应高于 35℃。产品在常温下流通销售，可贮藏 6 个月以上。包装容器主要是纸包装和塑料瓶。

二、碳酸饮料

含气饮料目前分为含二氧化碳（CO_2）和含氮气（N_2）两种，在含气饮料中产量最大、也是最为历史悠久的是碳酸饮料，含氮气的是新开发的，如冰露水，以下主要介绍碳酸饮料。

碳酸饮料的品种甚多，分类各有不同。果味、果汁型碳酸饮料以状态分，又可分为澄清型和混浊型两类；以含糖量分，又可分为：含糖量在 10% 以上不含甜味剂的称为全糖类；含糖量在 7% 称为中糖类；含糖量在 4%～6.9% 含有甜味剂称为低糖类。可乐型饮料是具有可乐果和古拉叶的特殊风味，配以焦糖色泽、含有二氧化碳气体的饮料。

1. 加工原理

碳酸饮料的生产工艺流程有两种，一种是现调式，指水先经冷却和碳酸化，然后再与调味糖浆分别灌入容器中调和成汽水的方式，也叫“二次灌装”。另一种是预调式，指水与调味糖浆按一定比例先调好，再经冷却混合，将达到一定含气量的成品灌入容器中的方式，也叫“一次灌装”。

预调式（一次灌装）工艺流程见图 10-3。

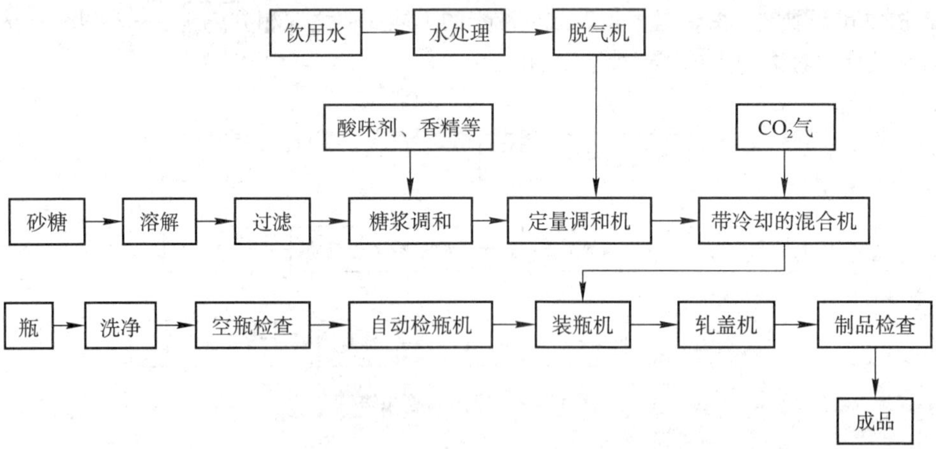

图 10-3　预调式工艺流程（一次灌装）

现调式（二次灌装）工艺流程见图 10-4。

2. 加工方法

（1）调味糖浆的制备

在生产中，经常将砂糖制备成较高浓度的溶液，称之为原糖浆。再以原糖浆添加柠檬酸、色素、香精等配料，制备成调味糖浆。如将原糖浆之外的配料预先配合，则称为原浆。糖浆配制的好坏，直接影响产品的一致性和质量，糖浆配制成分不同，也就生产出不同风味的饮料。

（2）调味糖浆的配合

调味糖浆是由制备好的原糖浆加入香精和色素等物料而制成的可以灌装的糖浆。应根据配方

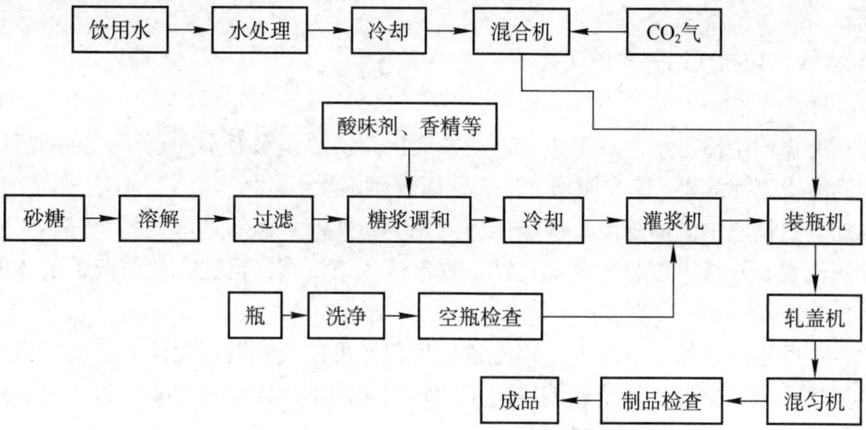

图 10–4　现调式工艺流程（二次灌装）

要求，正确计量每次配料所需的原糖浆、香料、色素和水，将各种物料溶于水后分别加入原糖浆中。

① 各种原料的添加顺序。遵循以下几个原则：调配量大的先调入，如糖液、水；配料容易发生化学反应的间开调入，如酸和防腐剂；黏度大、具有起泡性的原料较迟调入，如乳浊剂、稳定剂；挥发性的原料最后调入，如香精、香料。调配的一般顺序为：糖液、防腐剂溶液、甜味剂溶液、酸溶液、果汁、色素和香精。

② 糖浆注入量。糖浆注入量一般是容器的 1/7 ~ 1/5，注入量须精准。注入量太多会太甜，且使成本上升。相反注入量太少，饮料太淡缺乏风味。一般工厂使用的糖浆，其浓度为 50 ~ 67°Bx，用 1 份糖浆和 5 份碳酸水或 4 份碳酸水的配比制造碳酸饮料。

③ 饮料中配料用量。饮料中含糖量、含酸量及香精用量是饮料配方设计的重要组成部分。在设计配方时，应根据饮料品种的要求，确定出生产该品种饮料所需的各种配料量（见表 10–1）。选用的各种配料应符合我国食品卫生标准中的规定。

表 10–1　不同品种饮料中含糖量、含酸量及香精参考量

名称	含糖量 /%	柠檬酸量 /（$g \cdot L^{-1}$）	国内香精参考量 /（$g \cdot L^{-1}$）
苹果	9 ~ 12	1	0.75 ~ 1.5
香蕉	11 ~ 12	0.15 ~ 0.25	0.75 ~ 1.5
杏	11 ~ 12	0.3 ~ 0.85	0.75 ~ 1.5
黑加仑	10 ~ 14	1	0.75 ~ 1.5
樱桃	10 ~ 12	0.65 ~ 0.85	0.75 ~ 1.5
葡萄	11 ~ 14	1	0.75 ~ 1.5
石榴	10 ~ 14	0.85	0.75 ~ 1.5
可乐	11 ~ 12	磷酸 0.9 ~ 1	0.75 ~ 1.5
柠檬	9 ~ 12	1.25 ~ 3.1	0.75 ~ 1.5
橘子	10 ~ 14	1.25	0.75 ~ 1.5
芒果	11 ~ 14	0.425 ~ 1.55	0.75 ~ 1.5
菠萝	10 ~ 14	1.25 ~ 1.55	0.75 ~ 1.5
草莓	10 ~ 14	0.425 ~ 1.75	0.75 ~ 1.5

（3）调和

① 调和方式。包括现调式和预调式。

② 调和机构

配比泵：连锁两个活塞泵，一个进水，一个进糖浆。活塞泵有不同直径，可调节进程，达到两个流体的流量按比例调和。同样原理，过去曾用过齿轮泵。

孔板：控制料槽两个液面等高，即静压力约相等，两槽下面的管口直径相等，但管内以不同直径孔板控制流量，孔板可以替换改变孔径。现已改为节流阀，可随时调节两种液体的流量。调和后以一混合泵打入混合机。

注射器：在恒定流量的水中注入一定流量的糖浆，再在大容器内搅拌混合。新型的流量控制是用电子计算机，可根据混合后饮料糖度测试的数据来调整水流量和糖浆流量（调节两者管道中的可变直径孔板来完成），以达到正确的比例。

（4）碳酸化

① 碳酸化原理。水吸收二氧化碳的作用一般称为二氧化碳饱和作用或碳酸化作用（carbonation）。水和二氧化碳的混合过程实际上是一个化学反应过程，即：$CO_2 + H_2O \longleftrightarrow H_2CO_3$。这个过程服从亨利定律和道尔顿定律。

② 二氧化碳在饮料中的作用。二氧化碳是碳酸饮料生产中不可缺少的成分，虽然它在饮料中所占的比例很小，但作用却很大，没有它就不成为碳酸饮料，它的主要作用如下：

清凉作用：二氧化碳在碳酸饮料中以碳酸的形式存在，碳酸在人体内由于温度升高、压力降低，从而吸热分解，放出 CO_2 把体内热量带出，从而起到清凉作用。

延长货架期：二氧化碳能致死嗜氧微生物，还能抑制好气性微生物的生长繁殖，而且由于汽水中的压力能抑制微生物的生长。国际上认为 3.5 ~ 4 倍含气量是汽水的安全区。

突出香味：当二氧化碳从汽水中逸出时，能带出香味，增强风味。

增进食欲：二氧化碳具有弱酸性，能轻微刺激人体消化系统，促进唾液和消化液的分泌。

③ 影响饮料碳酸化程度的因素

a. 混合压力与混合液体温度：在温度不变的情况下，气体溶解度随压力增加而增加，在碳酸饮料生产中，在一般碳酸化压力范围内（$p < 0.8$ MPa），二氧化碳的溶解量服从亨利定律和道尔顿定律，即温度不变时，溶解的气体容积与碳酸气的分压成正比。在压力不变的情况下，溶解度随温度降低而增加。

b. 气体和液体的接触面积和接触时间：气体与液体的接触面积越大，进入液体的二氧化碳越多，而且接触时间越长，液体中的二氧化碳含量越高。

c. 二氧化碳纯度与液体对二氧化碳的容纳力：当二氧化碳含有杂质时，会阻碍二氧化碳的溶解。液体中存在的溶质的性质影响二氧化碳的吸收，有些液体更容易碳酸化，例如水比糖或盐溶液更具有对二氧化碳的容纳力。

d. 饮料中混入的空气的影响：饮料中的空气除二氧化碳不纯外，还有来自水及糖浆中溶解的空气，以及各种管路及设备中混入的空气。在系统总压力下，CO_2 溶解度仅与分压有关。假设混合气体是由 99% 的 CO_2 和 1% 的空气（即 0.2% 的 O_2 和 0.8% 的 N_2）组成，则 1 容积的空气将降低 50 容积的 CO_2，就是说，1 容积空气能将 50 容积 CO_2 挤出饮料。事实上，混有空气的 CO_2 在水中溶解时，氧和氮的比例不是通常空气的组成比例 1∶4，而是 1∶2，因此饮料中溶解的氧量比理论上多。另外除去溶解的空气外，还有包含在液体中未溶解的气泡，这些气泡在灌装泄压阶段将很快逸出，激烈地搅拌饮料，促使 CO_2 逸出。这不仅影响加盖后的含气量，也会增加灌装时由于起泡沫带来的灌装不满的缺陷。

④ 碳酸化的方式。根据碳酸化所使用的主要条件，碳酸化方式可分为低温冷却吸收式和压力混合式两种。

低温冷却吸收式在二次灌装工艺中是把进入汽水混合机的水预先冷却至4℃左右，在0.441 MPa压力下进行碳酸化操作。在一次灌装工艺中则是把已经脱气的糖浆和水的混合液冷却至16～18℃，在0.784 MPa压力下与CO_2混合。该法冷却后液体的温度低，可抑制微生物生长繁殖，设备造价低；但是制冷量消耗大，冷却时间长或容易由于水冷却程度不够而造成含气量不足，且生产成本较高。

压力混合式是采用较高的操作压力来进行碳酸化，碳酸化效果好，节省能源，降低了成本，提高了产量。但设备造价较高。

（5）灌装

碳酸饮料的灌装方法有典型的二次灌装法和一次灌装法，有时也使用组合灌装法。

① 二次灌装法

一种较为古老的灌装方式，目前较少使用，仅在个别中小企业或含果肉碳酸饮料的灌装中有使用。该法设备简单，投资少。从卫生角度考虑，此法易于保证产品卫生。因为糖浆和碳酸水各成独立系统，糖浆含糖量高，渗透压高，对微生物能起抑制作用，碳酸水也不宜繁殖细菌；且其管道是单独装置，清洗很方便。此外，当灌装机出现漏水时，只消耗水而不会损失糖浆。对于含有果肉的碳酸饮料，若采用一次灌装法，果肉颗粒通过混合机时容易堵塞喷嘴，不易清洗，采用二次灌装法则更为有利。

对于二次灌装法，由于糖浆和碳酸水的温度不一样，向糖浆中灌碳酸水时易产生大量泡沫，造成CO_2的损失及灌装量不足。若在糖浆灌装前通过冷却器使其温度下降，接近碳酸水的温度，则可避免在灌装时起泡。

另外，由于糖浆未经碳酸化，与碳酸水混合调成制品会使含气量降低，因此若采用二次灌装法，为保证成品的含气量达到标准，必须使碳酸水的含气量高于成品的预期含气量。如糖浆和碳酸水的比例为1：4，若成品含气量为3倍容积，则碳酸水的含气量应为$3 \times 5/4 = 3.75$倍容积。

采用二次灌装法，糖浆是定量灌装，而碳酸水的灌装量会由于瓶子的容量不一致，或灌装后液面高低的不一致而难以准确，从而使成品的质量有差异。

② 一次灌装法

是较先进的灌装方式，大型的设备均采用这种灌装方式。最早的操作方法是将糖浆和处理水按一定比例加到二级配料罐中搅拌均匀，然后经过冷却、碳酸化后再灌装。这种方法需要大容积的二级配料罐，调和后若不能立即冷却、碳酸化，则由于直接配料、糖度低，易受细菌污染，产品卫生条件难以保证。

一次灌装法的优点是糖浆和水的比例准确，灌装容量容易控制；当灌装容量发生变化时，不需要改变比例，产品质量一致；灌装时，糖浆和水的温度一致，起泡少，CO_2气的含量容易控制和稳定；产品质量稳定，含气量足，生产速度快，已成为碳酸饮料生产发展的方向。但该法不适于带果肉碳酸饮料的灌装，而且设备较为复杂，混合机与糖浆接触，洗涤与消毒都不方便。

③ 组合灌装法

为了使一次灌装法适应果肉碳酸饮料的灌装，可以采用各种组合方式，目前常见组合方式有以下四种。

按一般的一次灌装法组合各机器。当灌装带肉果汁碳酸饮料时，在调和机上装一个旁通，使调和糖浆按比例泵入另一管线而不与水混合，直接送入混合机末端，利用泵和控制系统将其与碳酸水混合，然后灌装。

按一般的一次灌装法组合各机器。在调和机以后（即水和糖浆调好后）加一个旁路，采用注射式混合机进行冷却碳酸化，然后进行灌装。

只使用调和机的比例泵部分，不进行调和。水以注射式混合器作预碳酸化，然后与糖浆共同进入易清洗的碳酸化罐，做最后的碳酸化，再进行灌装。

CO_2 和水先在混合机中碳酸化，然后与糖浆分别进入调和机中，按比例调好（或再进入缓冲罐），进行灌装。

三、含乳饮料

（一）配制型含乳饮料

1. 加工原理

各种配制型含乳饮料的生产工艺相似。图 10–5 所示为配制型含乳饮料基本工艺流程。

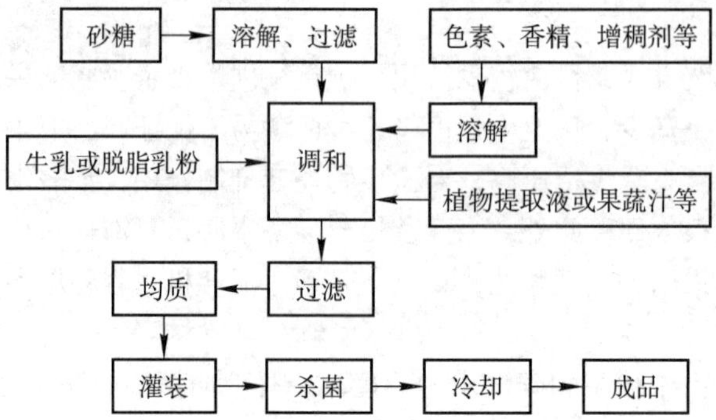

图 10–5　配制型含乳饮料基本工艺流程

2. 加工方法

（1）原料乳的选择

乳原料一般可使用鲜乳、脱脂乳、炼乳、全脂或脱脂乳粉等，单独或合并使用均可。如果只使用脱脂乳及其制品时，添加一些乳脂肪则会使产品风味变得更好。必须使用高质量的原料乳，否则易出现质量问题，如原料乳的蛋白稳定性差直接影响到杀菌设备的运转情况和产品的保质期；原料乳中细菌总数高，杀菌后仍有残留，影响消费者的健康；原料乳中嗜冷菌数量过高，储藏过程中会发生腐败变质现象等。

（2）调和、均质

物料添加调和顺序很重要。若顺序不当，可能导致物料在混合罐直接混合后产生蛋白质凝固现象。混合后的物料经过滤后进行均质处理。均质后饮料的组织状态更稳定、口感更好。

（3）灌装

均质处理后，通过板式热交换器加热到 85 ~ 95℃，进行灌装和密封。

（4）杀菌和冷却

为防止耐热性芽孢菌，须进行严格杀菌处理，中心温度达到 120℃后维持 20 min。杀菌后冷却到 70℃以下再打开杀菌容器。

（二）发酵型含乳饮料

1. 加工原理

凝固型酸乳生产工艺流程如图 10–6 所示。

2. 加工方法

（1）原料乳

原料乳直接影响酸乳和所有发酵乳的质量。必须符合下列条件：酸度≤18°T；脂肪≥3.1%；乳固体≥11.5%；杂菌总数≤50 万个 /mL；原料乳不应含有抗生素等乳酸菌生长抑制因子。

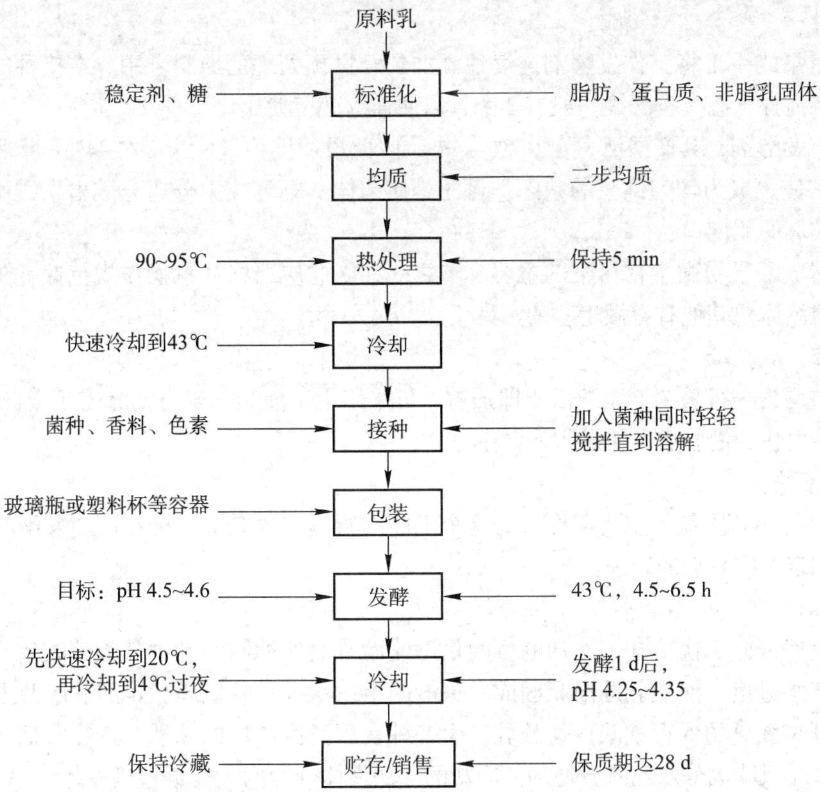

图 10–6　凝固型酸乳的生产工艺流程图

（2）预处理

包括计量、净化、冷却和贮藏等步骤。

（3）标准化

在食品法规允许的范围内，根据所需酸乳成品的质量特征要求，对乳的化学组分进行改善，保证各批成品质量稳定一致。目前主要有以下 3 种途径。

① 直接加混原料组成。在原料乳中直接加混全脂或脱脂乳粉或强化原料乳中某乳的成分。

② 浓缩原料乳。浓缩通常采用蒸发浓缩、反渗透浓缩、超滤浓缩等 3 种方法。

③ 复原乳。在某些国家，由于奶源条件的限制，常以脱脂乳粉、全脂乳粉、无水奶油为原料，根据所需原料的化学组成，用水来配制成标准原料乳。利用这种复原乳生产的酸乳产品质量稳定，但往往带有一定程度的“乳粉味”。

（4）预热

物料通过泵进入杀菌设备，预热至 55 ~ 65℃，再进行均质处理。

（5）均质

使原料充分混合均匀，阻止奶油上浮，提高酸乳的稳定性和稠度，保证乳脂肪均匀分布，从而获得质地细腻、口感良好的产品。15.0 ~ 20.0 MPa 压力下均质。

（6）热处理

经均质后，原料乳回到杀菌器内，杀菌条件为 90 ~ 95℃，保温 5 min。杀菌目的是杀灭物料中的致病菌和有害微生物，以保证食品安全；为发酵剂的菌种创造一个杂菌少，有利生长繁殖的外部条件。此外，热处理可以使乳清蛋白变性，改善最终产品的质构，保证在货架期内不出现乳清分离现象。同时热处理也会产生一些对乳酸菌生长具有促进作用的物质，降低氧化还原电势等。

（7）冷却

热处理后的物料，进入杀菌器的预热段进行热交换，再在冷却段冷却至 45℃左右。

（8）接种

通过计量泵或手工将工作发酵剂连续地添加到经过预处理的原料乳中，在接种的过程中，原料乳始终保持搅拌状态。发酵罐一般有 2 个，以便连续交替使用。

一般生产发酵剂，其产酸活力在 0.7% ~ 1%，因此最适接种量应为 2% ~ 4%。接种前应将发酵剂充分搅拌，使之成为均匀细腻的状态，目的是使菌体从凝乳块中分离分散出来，所以要搅拌到使凝乳完全破坏的程度。

接种是造成酸乳受微生物污染的主要环节之一，因此应严格注意操作规范性，防止细菌、酵母、霉菌、嗜菌体及其他有害微生物的污染。

（9）灌装

在装瓶前均需进行杀菌，装瓶后立即加盖。可采用手工灌装、半自动灌装或全自动无菌灌装。灌装工序进行要快，灌装后尽快送入保温室。

（10）发酵培养

发酵是影响产品质量的重要工序，对这个工序的管理主要是对发酵温度、发酵时间、球菌与杆菌比例和判定发酵终点的管理。

（11）冷却

发酵结束后，应尽快冷却。冷却的目的是迅速而有效地抑制酸乳中乳酸菌的生长，降低酶的活性，防止产酸过度，使酸乳逐渐凝固成白玉般的组织状态；降低和稳定酸乳脂肪上浮和乳清析出的速度；延长酸乳的保存期限；使酸乳产生一种食后清凉可口的味感。在冷藏期间，酸度仍会有所上升，同时风味成分双乙酰会增加。冷却的方法大体分为两大类：直接冷却法和预冷冷却法。

（12）冷藏及后熟

为了把酶的变化和其他生物化学变化抑制到最低限度，最好在 0 ℃或再低一点的温度下进行冷藏，特别是长时间贮藏可控制在 −1.2 ~ −0.8 ℃。冷藏期间酸度还会稍有增加，至出厂时酸度可 0.8% ~ 0.9%。酸乳良好风味的形成一般是在制作完成之后 12 ~ 24 h 完成，这段时间称作后熟期。

四、植物蛋白饮料

1. 加工原理

植物蛋白饮料生产要根据原料蛋白质的营养价值与功能特性来进行，避开蛋白质等电点以及通过加入各种乳化稳定剂，使之成为均匀的乳浊液。由于核果类及油料植物的种子各部分的细胞大小、形状以及化学组成极不相同，因此，植物蛋白饮料的加工工艺比较复杂，甚至同一种原料加工成蛋白饮料都可采用不同的加工工艺。其主要工艺流程如图 10−7 所示。

选料 → 原料预处理 → 浸泡 → 磨浆 → 浆渣分离 → 脱臭 → 调配 → 均质 → 灌装 → 杀菌 → 成品

图 10−7　植物蛋白饮料生产主要工艺流程

2. 加工方法

（1）选料及原料的预处理

选择新鲜、无霉烂变质、成熟度较高的籽仁。这些籽仁大多有种衣和外壳，应进行预处理，如大豆需脱皮；花生要剥壳及去红衣；苦杏仁还要去毒；椰子要去外壳、椰衣等。

（2）浸泡

可软化细胞结构，疏松细胞组织，降低磨浆时能耗和设备磨损，提高胶体分散程度和悬浮性，提高蛋白质的得率。根据环境温度选择浸泡水温和浸泡时间。一般夏天的浸泡温度稍低，浸泡时间也稍短；冬天的浸泡温度稍高，浸泡时间适当延长。要注意浸泡水温不宜过高，过高易使蛋白质变性，浸泡时间以浸透为度。

（3）磨浆

植物籽仁在浸泡透后进行磨浆。为使浆液细腻，一般要经过粗磨和细磨两道工序。先经磨浆机进行粗磨，磨浆时加水量应一次加足，量少会影响蛋白质得率。一般控制在浸泡原料质量的 2 ~ 3 倍。粗磨后立即送入胶体磨进行细磨，使其组织内的蛋白质和油脂充分析出。

（4）浆渣分离

磨浆后，采用离心分离机得到汁液。植物蛋白品种的提取液由于油脂含量较高，部分生产厂家采用高速离心分离的方法，将其中部分油脂分离，但是，许多植物蛋白饮料良好的香味主要来自其油脂，如天然杏仁汁香味主要来自杏仁油，天然椰子汁香味来自椰油。另外，植物油脂中还含有大量不饱和脂肪酸，并有人体不能合成的必需脂肪酸。因此，在加工工艺上，尽量将其油脂保留在饮料中，以提高产品的本色香味。合理选择具有高乳化稳定效果的乳化剂与稳定剂，可以得到品质稳定均匀的优良产品。

（5）脱臭

植物籽仁，特别是大豆中含有酶类等产生腥臭味的物质，对饮料的风味带来不利影响。脱臭方法很多，如真空脱臭、加热脱臭、酶法脱臭等，常用的是真空脱臭。主要设备为真空罐。将汁液于高温下喷入真空罐中，部分水分瞬间蒸发，而具挥发性的带腥臭的成分也一并蒸发，由真空泵抽出，真空度一般控制在 26 ~ 40 kPa。

（6）调配

经分离、脱臭后的汁液口感差，须经调配后才好饮用。调配时，将余下水量中的 30% ~ 50% 用于溶解各种乳化剂、甜味剂、稳定剂等。为使乳化剂、稳定剂等溶解均匀，可用白糖作为分散介质，加水调匀，再与蛋白质汁液混合均匀。调配设备可用胶体磨，其效果较好。

（7）均质

是生产植物蛋白饮料的重要工序。它可防止脂肪上浮，改善口感，易于消化，提高产品稳定性。主要采用高压均质机，均质效果主要由均质压力、均质温度和均质次数所决定。植物蛋白饮料生产中常采用两次均质，一次均质压力为 20 ~ 25 MPa，二次均质压力为 25 ~ 32 MPa，均质温度一般控制在 75 ~ 80℃。

（8）灌装、杀菌

植物蛋白饮料富含蛋白质、糖类等营养物质，故必须进行杀菌。杀菌可在灌装前，也可在灌装后。前者可采用超高温瞬时杀菌，杀菌条件为 135 ~ 150℃，2 ~ 8 s，然后迅速冷却，可显著提高产品色、香、味，随后进行无菌包装。而灌装后杀菌，可在封口后入杀菌釜中，采用加压杀菌法，杀菌条件可用 121℃保温 12 ~ 15 min，冷却时须反压。

五、茶饮料

茶是我国古老而文明的饮料，几千年来一直受到我国人民的喜爱。

1. 加工原理

直接利用茶鲜叶提取鲜茶汁，继而开发茶叶食品和饮料。液体鲜茶汁可分为浓缩型和稀释型两类。前者便于贮藏运输，后者便于消费者直接饮用。将各种鲜茶汁稀释到适合于一般消费者饮用的浓度，制成罐装茶水便可直接投放市场。茶饮料主要工艺流程如图 10–8 所示：

鲜茶汁的加工与传统茶叶加工一样，也可分为红茶、绿茶、乌龙茶汁等。

（1）红茶鲜汁的提取工艺

鲜叶→自然萎凋（18 ~ 20 h）→锤击粉碎机粉碎→发酵（30 min）→螺旋压榨（压强：1 000 kg/cm^2）。关键性工序为萎凋和发酵，均按一般红茶加工中所要求的程度掌握。

（2）绿茶鲜汁的提取工艺

鲜叶→摊放（18 ~ 20 h）→杀青→锤击机粉碎→螺旋压榨机压榨（压强：1 000 kg/cm^2）。关键

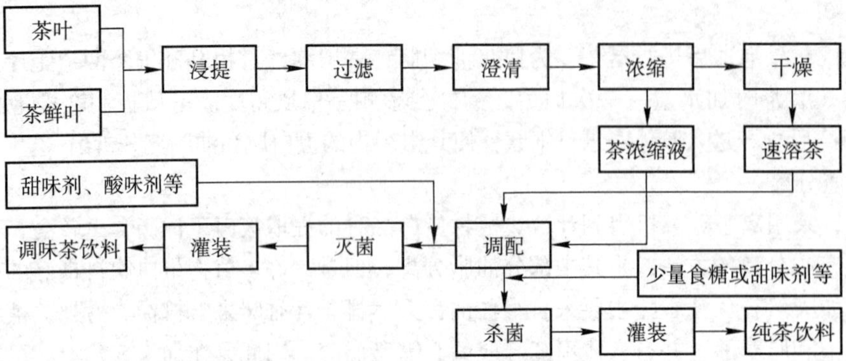

图 10-8　茶饮料的加工工艺流程

性工序为杀青，程度掌握与绿茶的杀青相同。

（3）乌龙茶鲜汁的提取工艺

鲜叶→晒青→做青→杀青→锤击机粉碎→螺旋压榨机压榨（压强：1 000 kg/cm^2）。关键性工序为晒青、做青和杀青，均按乌龙茶加工中的参数要求进行程度掌握。

2. 加工方法

（1）鲜叶处理

视所加工的茶类而定。如鲜绿茶汁，需立即杀青以破坏酶活性；鲜红茶汁，需先萎凋，不杀青；鲜乌龙茶汁，则先要摇青、做青发展香气。鲜叶处理时，既要达到传统茶制造时相应技术要求，又要尽可能保持较多水分含量，以利茶汁提取。

（2）茶汁提取

鲜叶经适当处理后，先用饲料粉碎机组粗切，再用 LTP 锤击机细切。粉碎机转速约 200 r/min，LTP 锤击机 1 400/min。切碎叶装入布袋或用布包好，放在立式油压机下压榨，压力控制 8.8 ~ 9.8 MPa，反复压榨，直到茶鲜汁不再流出为止，必要时可加水再榨。

（3）超滤浓缩

鲜茶汁先经粗滤除去杂质及沉淀，后超滤浓缩或反渗透浓缩。

（4）干燥

采用喷雾法或冷冻法。喷雾法热空气进口温度在 180 ~ 200℃，排气温度 100 ~ 120℃。速溶茶颗粒大小与鲜茶汁浓度成正比，若浓度稀而要求颗粒又大，可在喷雾干燥前添加环糊精或 CO_2。冷冻法要求低温达 −35℃以下，采用该方法得到的产品品质优良，但成本相对较高。

第三节　饮料加工工艺

一、果蔬汁饮料加工

1. 工艺流程

果蔬汁饮料生产的基本原理和过程大致相同，其生产的一般工艺流程见图 10-9。

2. 主要工艺要点及设备

（1）原料选择

选择适宜于加工果蔬汁的原料种类，应具有良好的感官品质和营养价值，出汁率高，新鲜、无病害和腐烂、无机械损伤、成熟度和糖酸比适宜。

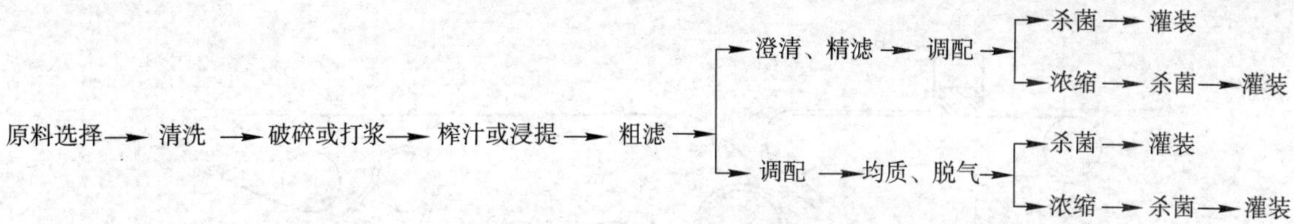

图 10–9　果蔬汁饮料生产工艺流程

（2）清洗

不同的果实，其污染程度、耐压耐摩擦能力，以及表面状态均不尽相同，应根据果实的特点来选择清洗条件和设备。根据原料加清洗剂如稀酸（如盐酸、柠檬酸，常用浓度 0.5% ~ 1.0%）、稀碱（常用浓度 0.5% ~ 1.0%）和消毒剂（如漂白粉 0.06%、高锰酸钾 0.05%）等。常用清洗设备如清洗机、水果浮选机、洗刷机、滚筒式清洗机、振动式喷洗机等。

（3）破碎或打浆

取汁之前，必须对果蔬进行破碎处理，以提高出汁率，特别是一些果皮较厚、果肉致密的果蔬原料。破碎程度视果实品种而定，可通过调节机器来控制。如采用辊式破碎机，可调节轴辊的轧距。苹果、梨和菠萝破碎后大小以 3 ~ 4 mm 为佳，草莓和葡萄以 2 ~ 3 mm、樱桃以约 5 mm 为宜。常用破碎设备如鼠笼式破碎机、锤式破碎机、辊式破碎机、打浆机等。加工果蔬浆和带果肉果汁，如柑橘汁、番茄汁、芒果汁、桃汁、山楂汁等浑浊型果汁，广泛采用打浆机，注意果皮和种子不要磨碎。

为了防止破碎时果肉组织发生氧化反应，可在破碎时喷雾加入抗坏血酸或异抗坏血酸，或者在密闭环境中进行充氮破碎或加热钝化酶活性等。

果蔬经破碎后，为提高出汁率，可加入酶制剂对果蔬浆料进行处理，或者将果蔬浆料进行热处理也可提高出汁率和产品的品质。添加果胶酶制剂处理时，需根据原料品种控制酶用量及作用温度和时间。目前世界上约 65% 的苹果浆采用 15 ~ 25℃的酶解温度，提高出汁率 5% ~ 15%，梨浆、杏浆、桃浆也可采用此酶解温度。世界上约 25% 的苹果浆采用稍高的酶解温度（20 ~ 25℃）和较长的酶解时间（120 min），该法因能提高苹果汁总酸和食物纤维含量，有推广趋势。如山楂、李等，在破碎之后需进行热处理，提高出汁率。一般处理条件为 60 ~ 70℃，15 ~ 30 min。带皮橙类榨汁时，可预煮 1 ~ 2 min 以减少汁液中果皮精油含量。宽皮橘类，采用热烫（95 ~ 100℃，25 ~ 45 s）以便于去皮。一般采用间接加热方式，典型的设备有管式换热器和螺旋式煮果机（热破碎机）等。

（4）榨汁或浸提

榨汁或浸提均是分离汁液的常见方法。前者主要用于含汁液较多者，后者主要用于含汁液较少、组织致密的果实的取汁。

榨汁可采用冷榨、热榨等。冷榨是在常温下进行压榨，一般在果汁榨出后，为抑制酶的活性，应尽快进行热处理，以保证果汁质量；热榨是在果肉破碎后，即刻进行热处理，温度为 60 ~ 70℃，并在加热条件下榨汁，可降低物料黏度，抑制酶的活性，从而提高出汁率。常见榨汁设备有带式榨汁机（图 10–10）、锥盘式榨汁机（图 10–11）、卧式螺旋榨汁机（图 10–12）、活塞式榨汁机（图 10–13）等。

浸提多用水作浸提液，即将破碎果实用水浸泡，使果实中的汁液溶解于水中，浸提时可采用一次浸提、二次浸提和多次浸提等方法。需要考虑浓度差、加水量、浸提温度、浸提时间、果实压裂程度等参数。

（5）粗滤

粗滤可与榨汁一起进行，亦可单机操作。生产中通常使用筛滤机，果蔬汁一般通过 0.5 mm 孔

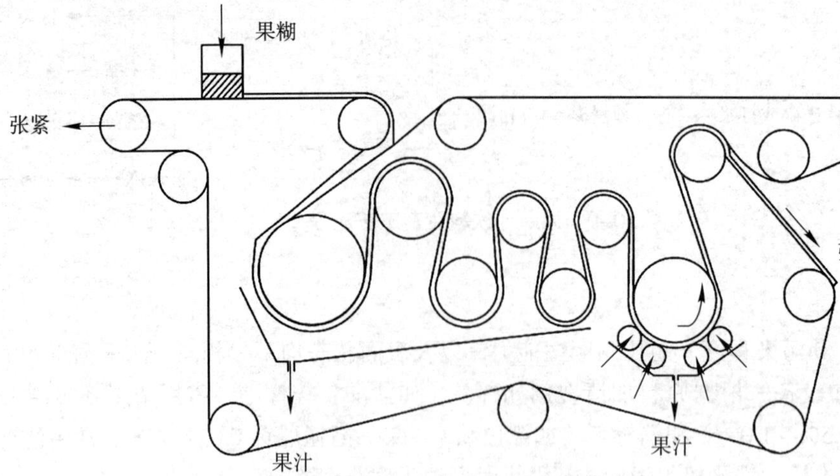

图 10-10　带式榨汁机压榨原理示意图

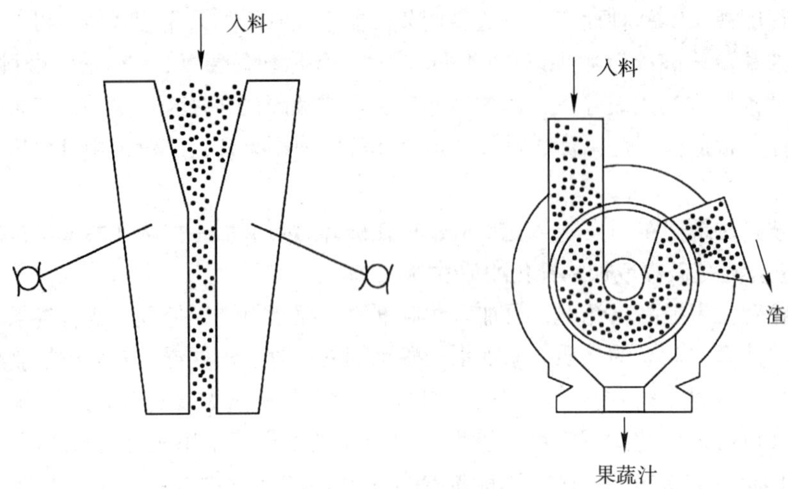

图 10-11　锥盘式榨汁机压榨原理示意图

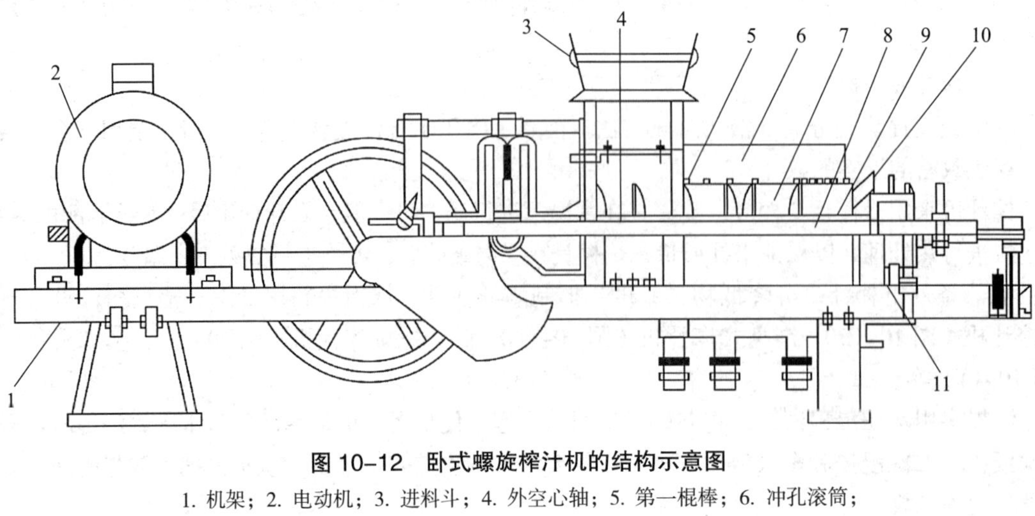

图 10-12　卧式螺旋榨汁机的结构示意图

1. 机架；2. 电动机；3. 进料斗；4. 外空心轴；5. 第一棍棒；6. 冲孔滚筒；
7. 第二棍棒；8. 内空心轴；9. 冲孔套筒；10. 锥形阀；11. 排出管

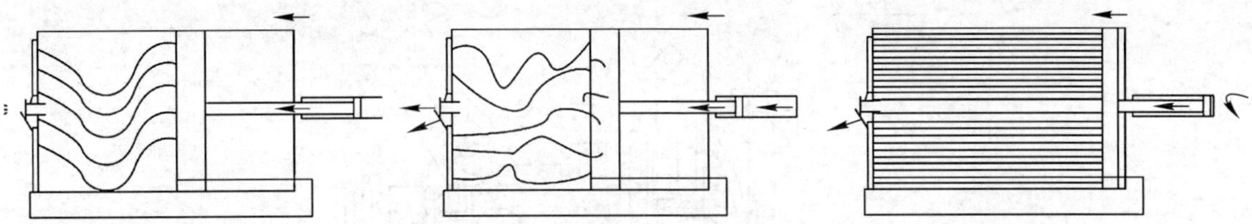

（A）填料　　（B）压榨　　（C）松散果渣

图 10-13　活塞式榨汁机基本过程原理示意图

径的滤筛即可达到粗滤要求。对于澄清果蔬汁加工，粗滤后还需进行澄清与精滤，对于混浊汁和带肉饮料则需要进行均质与脱气。

（6）澄清、精滤

为了缩短澄清时间，澄清剂可在酶解未结束时加入并搅拌约 30 min 然后静置澄清。酶解和澄清过程彻底完成后，澄清后的上清液直接进入精滤（一般是纸板过滤），絮凝沉淀部分先经过粗滤（一般是硅藻土过滤），然后再进行精滤。精滤是为了分离其中的沉淀、细小混浊物和悬浮物，使果汁澄清透明。常用的过滤设备有袋滤器、板框压滤机、纤维过滤器、真空过滤器、硅藻土过滤机、离心分离机等。滤材有帆布、不锈钢丝网、纤维、石棉、棉浆、硅藻土和超滤膜等。在选择和应用过滤器以及辅助设备时，必须特别注意防止果汁被金属离子所污染，并尽量不与空气接触。

（7）调配

一般绝大多数果汁成品的糖酸比例在（13∶1～15∶1）为宜。该步骤中的关键是化糖，化糖时应注意保证糖彻底溶解，特别是冷法化糖更应注意，调配前应用折光计检测糖液是否达到理论浓度，然后再泵入调配罐。目前大型的饮料厂大多采用机械法化糖。

一些混浊型果汁饮料或果肉果汁饮料需要添加增稠剂，一般将增稠剂与糖按一定比例干法混合后与糖一起溶解。通常根据经验，除去溶解糖所用的水以及适当预留水，事先将大部分水先泵入调配罐中，待糖、酸等溶解完毕后将糖液按比例泵入调配罐中，然后补齐剩余的水，再加香精，搅拌 20～30 min，经检验符合质量指标要求后方可开始下一工序。

（8）均质、脱气

对于混浊及果肉型的果汁通常杀菌前需进行均质处理，另外，果蔬汁中通常含有大量空气会影响杀菌效果并可能影响产品的品质，因此也需要进行脱气处理。果蔬汁先泵入杀菌机中预热，然后送入真空脱气罐中脱气，脱气罐顶部装有冷凝装置，可以使抽出的香气成分等冷凝回加到产品中。脱气后进行均质，均质效果与均质压力、果蔬种类等因素相关，采用高压均质时压力一般为 20～40 MPa。常见脱气设备如离心喷雾式真空脱气机、加压喷雾式真空脱气机等。均质设备如高压均质机（图 10-14）、胶体磨（图 10-15）、超声波均质机等。此外，在柑橘类果蔬汁加工时，为了避免外皮精油混入产生异味，榨汁后需要对果蔬汁进行减压去油，其后就不必再进行脱气，一般采用真空脱油器进行。

（9）浓缩

选用浓缩果蔬汁的生产工艺时，必须首先考虑到浓缩果蔬汁成品的质量，使之在稀释复原时，能保持与原果蔬汁相似的品质。其次必须考虑到各种果蔬汁不同的热稳定性。

真空浓缩温度一般为 25～35℃，不宜超过 40℃，真空度为 0.096 MPa。浓缩前可适当杀菌。苹果汁较耐热，但也不宜超过 55℃。葡萄汁浓缩前应进行冷冻处理去除酒石。生产高浓度的浓缩汁，浓缩前需进行脱胶处理。真空浓缩的关键组件是蒸发器。

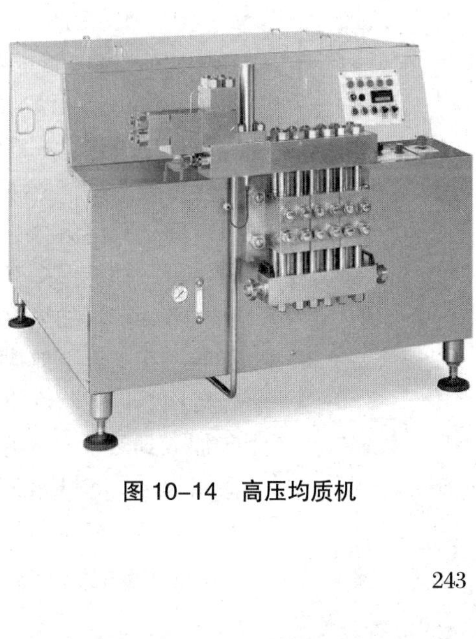

图 10-14　高压均质机

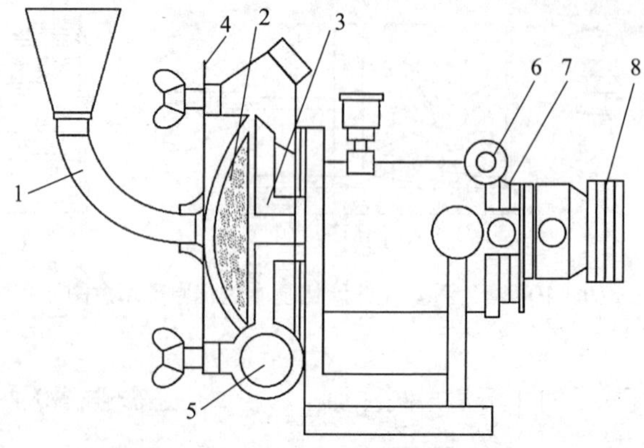

图 10–15　卧式胶体磨结构示意图

1. 进料口；2. 传动件；3. 固定件；4. 工作面；5. 卸料口；6. 紧锁装置；7. 调整环；8. 皮带环

冷冻浓缩装置主要由结晶系统和分离设备两部分组成。冷冻浓缩目前一般只用于热敏性高、芳香物质含量高的果蔬汁（如柑橘、草莓、菠萝等果汁）的浓缩。

（10）杀菌

根据果蔬汁饮料的形式不同采取的杀菌工艺也不同。果汁饮料大多为酸性饮料，通常采用高温短时杀菌，一般采用 91 ~ 95℃，时间 15 ~ 30 s，特殊情况下也采用 120℃以上 3 ~ 10 s。对于某些蔬菜汁饮料 pH > 4.6，则应采用高温杀菌，以杀灭芽孢。

（11）灌装

果蔬汁饮料常用的包装容器有玻璃瓶、塑料瓶、金属罐、复合纸盒等。因果蔬汁品种和容器种类的不同，其灌装方法也不尽相同。除纸质容器外，几乎都采用热灌装，灌装时一般采用满量灌装，冷却后果蔬汁体积会变小，在容器内形成一定真空度，能较好地保持产品质量。采用热灌装的产品灌装完毕后，通常应在输送带上倒瓶对瓶盖进行杀菌，然后冷却。

二、碳酸饮料加工

1. 工艺流程

碳酸饮料的加工工艺流程有两种，预调式和现调式。工艺流程图见图 10–3、图 10–4。

2. 主要工艺要点及设备

（1）原糖浆的制备

糖浆制备的一般工艺流程为：砂糖→称量→溶解→过滤→杀菌→冷却→脱气→浓度调整→配料→精滤（均质）→杀菌→冷却→贮存（缓冲罐）→糖浆。

① 糖的溶解

用质量良好的砂糖溶解于一定量的水中，制成预计浓度的糖液，再经过滤、澄清后备用。砂糖的溶解（包括糖液的处理）分为间歇式和连续式两种。

砂糖的连续式溶解是指糖和水从供给到溶解、杀菌、浓度控制和糖液冷却都连续进行。该方法生产效率高、全封闭、全自动操作、糖液质量好、浓度误差小，但设备投资大。

间歇式溶解分为冷溶法和热溶法。冷溶法指在室温下，把砂糖加入水中不断搅拌使糖溶解。成本低，糖能保持蔗糖的清甜味；但溶糖时间长，设备利用率低，对防止微生物污染不利。热溶法又分为蒸汽加热溶解和热水溶解。蒸汽加热溶解是将水和砂糖按比例加入到溶糖罐内，通蒸汽加热，在高温下搅拌溶解。该法溶糖速度快，可杀菌，能量消耗相对较少，但是直接通蒸汽到溶糖罐内会因为蒸汽冷凝带入冷凝水，使糖液浓度和质量受到影响。热水溶解法是边搅拌边把糖逐步加入到热水中溶解，然后加热杀菌、过滤、冷却。该法可避免蒸汽加热时糖在锅壁上的黏结，采用 50 ~ 55℃热水，减少了蒸汽给操作带来的影响。

② 糖液过滤

除去糖液中许多微细杂质，小型生产厂可采用自然过滤法，方法简单，即用锤形厚绒布滤袋，内加纸浆滤层。大型生产厂常采用不锈钢板框压滤机或硅藻土过滤机过滤糖浆。

为保证过滤质量和过滤速度，用板框压滤机过滤糖浆时，需加入硅藻土或纸浆作助滤剂，助滤剂于糖浆溶化后加入，然后用泵加压循环通过过滤机，形成均匀的滤层。经滤层滤过后，去除了杂质的糖液变得澄清透明。硅藻土过滤机性能稳定、适应性强、过滤效果高，可获得很高的滤速和理想的澄清度。若砂糖质量较差则在过滤前必须用活性炭进行净化处理。将活性炭加入热的糖浆中，活性炭用量根据糖及活性炭质量而定，一般为糖质量的 0.5% ~ 1%，添加时用搅拌器不断搅拌，在 80℃下保持 15 min，然后过滤。

（2）糖浆的调配

将所需的已过滤的原糖浆投入配料容器中（容器应为不锈钢材料，内装有搅拌器，并有体积刻度），当原糖浆加到一定体积刻度时，在不断搅拌下，依次加入各种所需原辅料，然后用处理水溶解，并混合均匀。

① 物料处理

a. 甜味剂。碳酸饮料使用的甜味剂有蔗糖、葡萄糖、果糖、麦芽糖以及高强度甜味剂等。砂糖使用最多，包括甘蔗糖和甜菜糖，实际生产中往往使用两种或两种以上的甜味剂，风味更好。

b. 酸味剂。一般先配成 50% 溶液，可用柠檬酸、乳酸、苹果酸、酒石酸、醋酸和磷酸等。不同类型的饮料使用不同的酸味剂，一般碳酸饮料普遍使用柠檬酸，但有些香味则在与特殊的酸味剂组合时效果才会更好。

c. 色素。虽然无色或浅色饮料受到欢迎，但多数饮料，包括果汁、果味和可乐型饮料都有各自一定的色调，在实际生产中往往要用色素来增色。碳酸饮料用得较多的是合成色素，例如柠檬黄、日落黄、焦糖色等。

d. 香精、香料。果实或果汁赋予饮料的香味有时很淡，因此大量的饮料使用合成香料和香精以赋予产品浓郁的香气。香精有水溶性和乳化性两种。来自果实原料的香精容易影响饮料的稳定性，尤其是柑橘类果实的天然精油极易氧化，是产生油圈和形成沉淀的主要原因，因此需配合使用抗氧化剂、乳化剂和稳定剂以增强产品的稳定性。

e. 防腐剂。因含有二氧化碳，具有压力并有一定的酸度，故不利于微生物的生长繁殖，因此防腐剂用量可相应少些。一般先将防腐剂溶解成 20% ~ 30% 的水溶液，然后搅拌下缓慢加入到糖液中，避免由于局部浓度过高与酸反应而析出，产生沉淀，失去防腐作用。

② 糖浆调配

调配时应遵循原料加入顺序的原则。各种原料液应在搅拌下徐徐加入以避免局部浓度过高，混合不均匀；搅拌不能太激烈，以免造成空气大量混入影响灌装和储藏。糖浆调配完毕后，立即测定糖浆的浓度，同时抽出少量糖浆加碳酸水，观其色，评其味，检查是否与标准样品相符合。配制好的调味糖浆应立即进行装瓶，尤其是乳浊型原料，若糖浆储存时间过长，会发生分层，装瓶时应注意对糖浆加以搅拌。

糖浆调配设备如化糖锅（夹层锅）、糖浆过滤器、配料罐（调配缸）等。

（3）糖浆的定量

糖浆定量是关系汽水质量统一的关键操作。由于糖浆量占汽水量的 20% 左右，因此在定量上稍有差错，就会使汽水的味道发生很大变化。应经常校正糖浆定量器，校正时要反复测定。

（4）碳酸化

碳酸化是碳酸饮料的特有工序，也是碳酸饮料生产的关键技术之一。

碳酸化系统一般包括以下几个部分：

① 二氧化碳气调压站

二氧化碳气调压站是一个根据所供应的二氧化碳气的压力和混合机所需要的压力进行调节的设备。在生产中最常用的是液体二氧化碳，当打开储罐阀门时二氧化碳立即气化，其压力可达7.8 MPa。最普通的调压站只用一个降压阀，通过可调节的降压阀就可把二氧化碳气的压力调节到混合机所需要的压力。当二氧化碳不需经净化时，必须经调压站才能送往混合机。

对于工业副产品的二氧化碳，即使纯度能接近99%，也还带有少量的有机杂质并伴有异味，如发酵碳酸气会有酒精味等。所以在进入碳酸化器前要先经过净化处理。一般减压后要通过活性炭过滤器和高锰酸钾洗涤器。

② 水冷却器

水冷却器主要将水温降到碳酸化所需要的温度。目前多采用板式热交换器。一般放在混合机前或脱气机前，也可以放在混合机后作为二次冷却用。

③ 汽水混合机

碳酸化过程一般是在碳酸化器或汽水混合机内进行的。汽水混合机的类型很多，碳酸化器实际上是一个普通的受压容器。可以在其上部安装喷头、塔板，将液体分散成薄膜或雾状，使液体和 CO_2 充分接触，并进行混合。常用混合机有以下几种：

a. 薄膜式混合机。这是老式混合机（图 10–16），经过净化的 CO_2 气体通过减压阀，稳定地对碳酸化罐加压 0.4 ~ 0.6 MPa（根据温度调节压力），经过水处理和冷却的水由一台活塞式往复泵通过罐内上部的进口压入罐内。罐的上部固定有 7 ~ 8 组一正一反扣在一起的圆盘，当水流经圆盘的曲面时，延长了水在混合罐内的停留时间，同时形成薄膜，使充满在罐内的 CO_2 分子与水膜的水混合，完成水的碳酸化过程。罐的下部为碳酸水或成品饮料的贮存部位，有出口通向灌装机。这种混合机是一个不可变饱和度的混合机。如果在罐下部装一个旁通，可使之成为可变饱和度的混合机。碳酸在罐内的液面由一个水银开关控制，最高液面不超过进水管上固定的圆盘组，否则将影响混合效果。

如果在碳酸化罐内装一组空心波纹板式冷却器，一方面使水或成品饮料在冷却片上分散成薄膜，另一方面进行冷却和碳酸化过程，则成为一个完全饱和的混合机（图 10–17），最新设计采用低饱和效率的碳酸化冷却器，在液体细流中注入 CO_2，达到所需的碳酸化度成为可变饱和度的混合机。

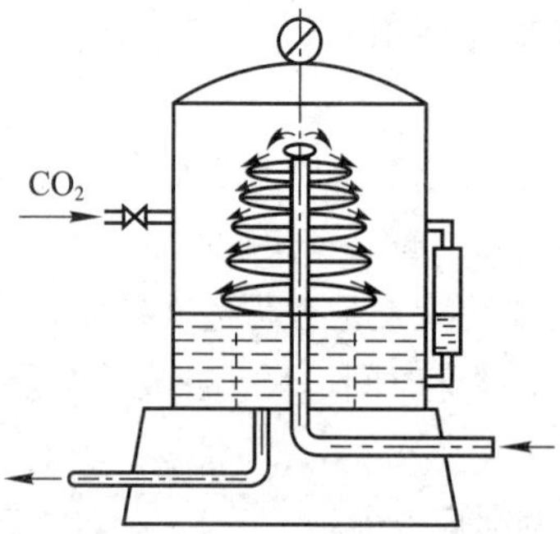

图 10–16　薄膜式碳酸化罐

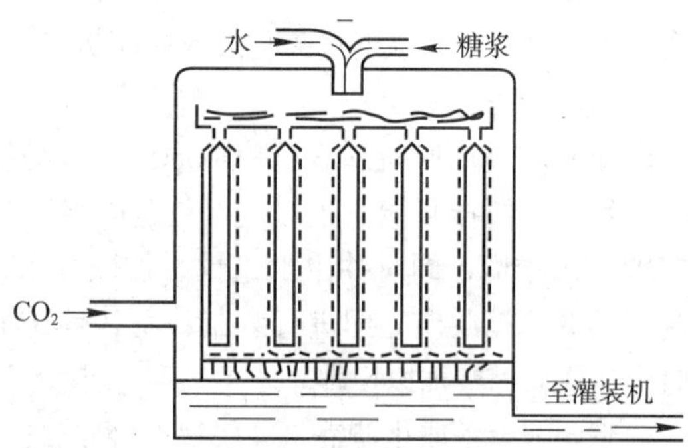

图 10–17　带冷却装置的碳酸化罐

b. 喷雾式混合机。这种混合机在碳酸化罐的顶部有旋转喷头或离心式雾化器（图 10–18），水或饮料经过雾化，与 CO_2 混合，大大增加了接触面积，提高了 CO_2 在水中的溶解度，同时缩短了液体和 CO_2 的作用时间，提高了碳酸化效率。这种混合机可附加可变饱和度的控制，罐的底部为贮存罐，其液面可由晶体管液位继电器控制，位置低于雾化器。喷头可作清洗器，实现 CIP 清洗。

以上 2 种类型的混合机都是通过碳酸化罐进行碳酸化的，当生产开机之前，罐内充满空气，操作人员必须在开机前或中途停机再开机时，先通入 CO_2 将罐内空气排走。而且生产中还需经常打开罐排气阀门，否则将影响 CO_2 在水中的溶解度，并会给下一工序的灌装带来麻烦。

c. 填料塔式混合机。在填料塔内充填玻璃球或瓷环，当水喷洒到填料塔内，经过这些填充料时有较充分的接触面积和碳酸化时间，可以作可变或不可变饱和度的混合机，见图 10–19。填料塔式混合机是常规系统中最流行的混合机，但由于清洗困难，一般仅用作水的碳酸化，不适用于成品饮料的碳酸化。

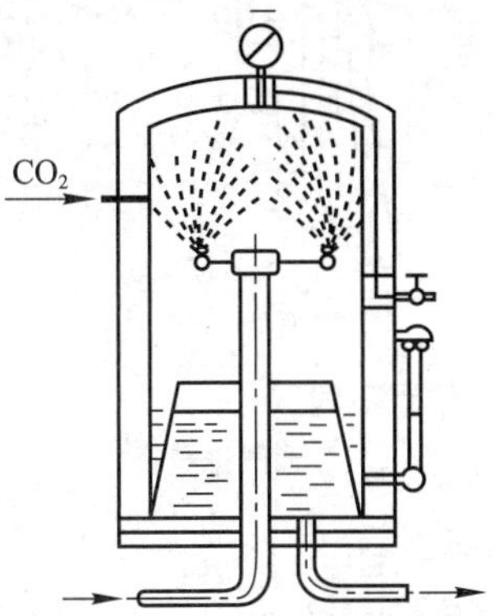

图 10–18　雾化式碳酸化罐

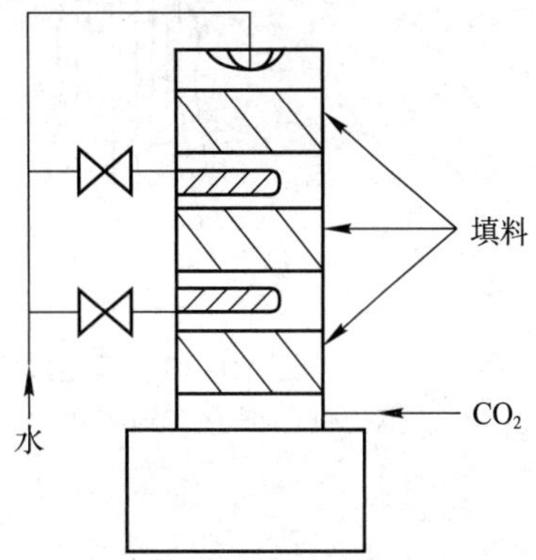

图 10–19　填料塔式碳酸化罐

（5）灌装

① 灌装系统。指的是灌糖浆、灌碳酸水和封盖的组合。小型设备无论是手工式的还是机械化的，都是由三个独立的机构组成。三个工序可以用手工传递，也可以用传送带连接。灌装系统是装瓶线的心脏，它是保证产品质量的关键工序。通过灌装系统要完成碳酸饮料的主要质量要求，包括以下几个方面：

a. 糖浆和水的正确比例；

b. 达到预期的二氧化碳含气量；

c. 保持合理的灌装高度和一致的水平；

d. 瓶子顶端空隙处应保持最低的空气含量；

e. 保证产品的稳定。

② 灌装方式。饮料的灌装方式常采用的有启闭式灌装、等压式灌装、负压式灌装、加压式灌装等四种，目前碳酸饮料大都采用等压式灌装。等压式灌装是先往瓶中充气，使瓶内的气压与料液和上部气压相等，然后再进行灌装（见图 10–20）。通往瓶中有三条通路，这三条通路的启闭是由等压灌装阀控制的，灌装阀在回转中通过装在环形导轨上的液阀关闭凸块及排气凸块，完成工艺要求的四个过程，即：充气反压；灌装回气；排除进气；排除料管余液。其工艺过程如下：

a. 瓶口被橡胶垫圈密封，瓶开始摆动摆杆，当凸块拨动开闭板时，灌装阀上部的气阀打开，CO_2 经 A 管进入瓶内，使瓶内 CO_2 压力与料液上部 CO_2 压力相等（即等压）。

b. 由于瓶内 CO_2 产生的压力，自动打开 B 管的弹簧阀，依靠位能，料液通过 B 管流入瓶中，同时瓶内 CO_2 气经由 A 管返回到料液上部。当瓶内料液面上升至 A 管下端时，饮料堵住气体返回通道，剩余的气体则积存在瓶颈内，使液体和气体处于平衡状态，实现瓶内液体等高度定量。

c. 灌装阀被关闭时，打开排气管 C，使瓶内与大气相通，瓶内气体排出，泄出瓶中压力，使气管 A 和料管 B 阀门下端的余料液流入瓶中，完成整个灌装过程。

常见灌装设备如旋转式灌装机（图 10–21）、直线式灌装机等。对于大型的连续化生产线多采用定量混合方式。就是把处理水和调和糖浆以一定比例作连续的混合，压入碳酸气后灌装。在一次灌装的混合机内常配有冷却器（carbo-cooler）或冷却碳酸化器（cool-carbonator），见图 10–22。

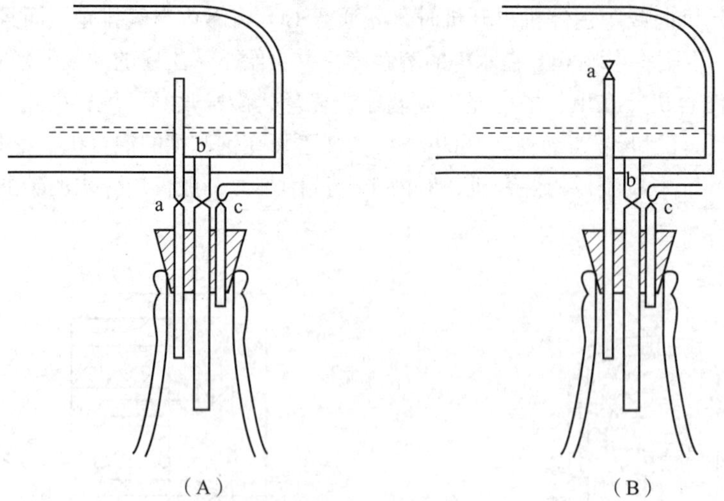

图 10-20　等压式灌装示意图（A 和 B 阀门位置不同）

a. 料液和上部气室相通的进气管；b. 与料液相连的料管；c. 与大气相通的排气管

图 10-21　旋转式灌装机

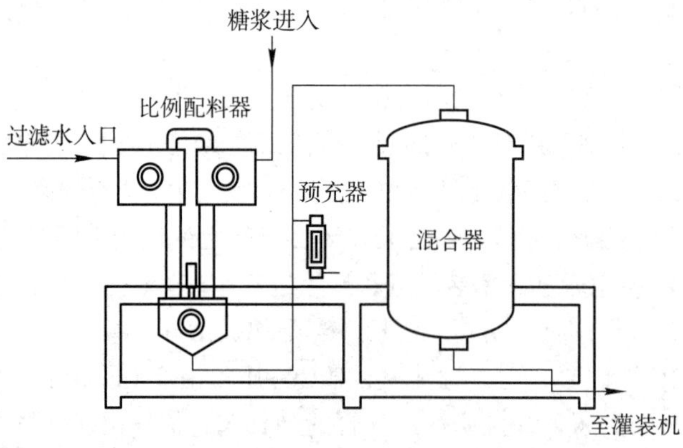

图 10-22　碳酸化冷却混合器

三、含乳饮料加工

（一）配制型含乳饮料

1. 工艺流程

咖啡乳饮料的生产工艺流程如图 10-23 所示。可可乳的加工原理与咖啡乳饮料基本相似。

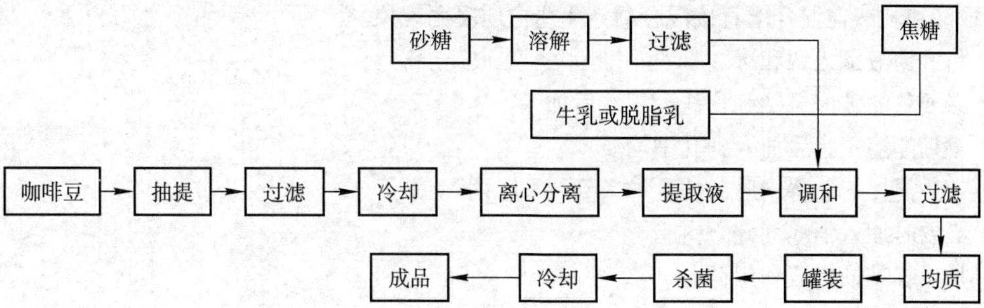

图 10–23　咖啡乳饮料的生产工艺流程

果汁乳饮料的生产工艺流程如图 10–24 所示。

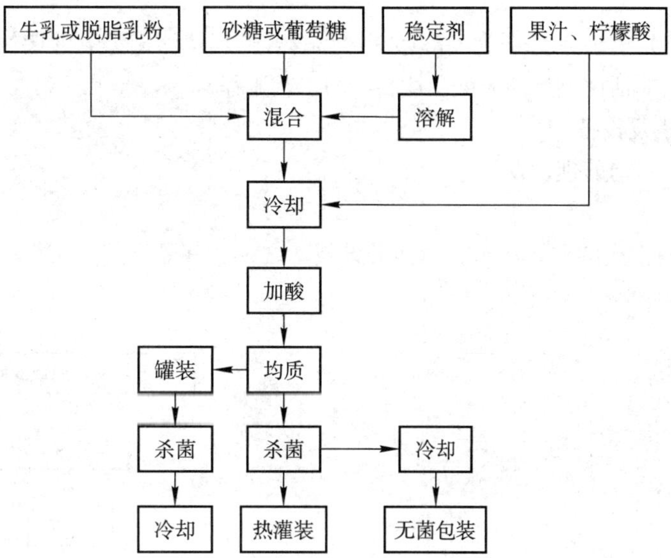

图 10–24　果汁乳饮料的生产工艺流程

2. 关键工艺要点

（1）原料和辅料

在咖啡乳饮料中添加的咖啡，可以是速溶咖啡或咖啡提取液。果汁乳饮料可使用单一品种果汁，也可用混合水果汁。一般用浓缩果汁。为防止果肉沉淀，常使用经离心分离及过滤的透明果汁。但对有些品种来说，为保持香味，多使用原榨汁，如苹果。不同水果的香味与水果的酸度密切相关。选择果汁乳饮料的风味时，必须注意使产品的 pH 与风味相对应。

甜味剂通常使用白砂糖，也可使用葡萄糖、果糖以及果葡糖浆等。

蛋白质在其等电点沉淀，乳蛋白的等电点为 pH 4.6 ~ 5.2。而果汁乳饮料酸味和风味感的良好 pH 范围恰好是 4.5 ~ 4.8。通常以均质和添加稳定剂来解决蛋白沉淀问题。常用的稳定剂有耐酸性羧甲基纤维素、果胶、藻酸丙二醇酯等。

有机酸一般使用柠檬酸，也可使用苹果酸、乳酸，通常不使用酒石酸。在添加时，先将有机酸制成 2% ~ 3% 的酸溶液，可采用滴加或喷洒的方法，加入时要不断地搅拌。

碳酸氢钠、磷酸氢二钠用做调整 pH；焦糖用做着色剂；食盐、植物油用做改善风味；蔗糖酯用做防止生成豆腐状凝集物，防止硫化腐败菌引起的变败；食品用硅酮树脂制剂用做消泡。

（2）调配顺序

将砂糖和乳原料预先溶解，并将咖啡原料制成咖啡提取液后，按下列顺序进行调和，以防止咖啡提取液和乳液在混合罐直接混合后产生蛋白质凝固现象。

① 将砂糖液倒入调和罐。

② 必要量的碳酸氢钠和食盐溶于水后加入。

③ 蔗糖酯溶于水后加入到乳中均质。

④ 一边搅拌一边将均质后的乳加入到调和罐内。

⑤ 必要时加入消泡剂硅酮树脂。

⑥ 加入咖啡抽提液和焦糖。

⑦ 最后加入香料，充分搅拌混合。

混合后的物料经过滤后进行均质处理（18～20 MPa，50～60℃）。

（二）发酵型含乳饮料和乳酸菌饮料

1. 工艺流程

图 10–25 和图 10–26 所示分别为发酵型活菌型含乳饮料（活菌型乳酸菌饮料）和发酵型非活菌型果汁含乳饮料（非活菌型果汁乳酸菌饮料）的工艺流程。

2. 主要工艺要点及设备

（1）发酵型乳饮料前处理及发酵

① 发酵剂制备

这是发酵乳饮料生产的重要环节，也是关键技术之一，其品质好坏直接影响产品的感官质量

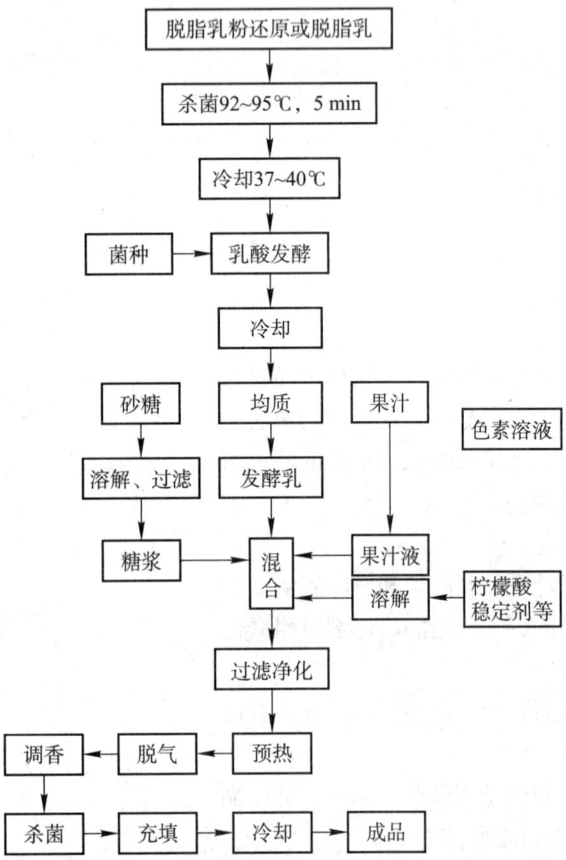

图 10–25 发酵型活菌型含乳饮料（活菌型乳酸菌饮料）工艺流程

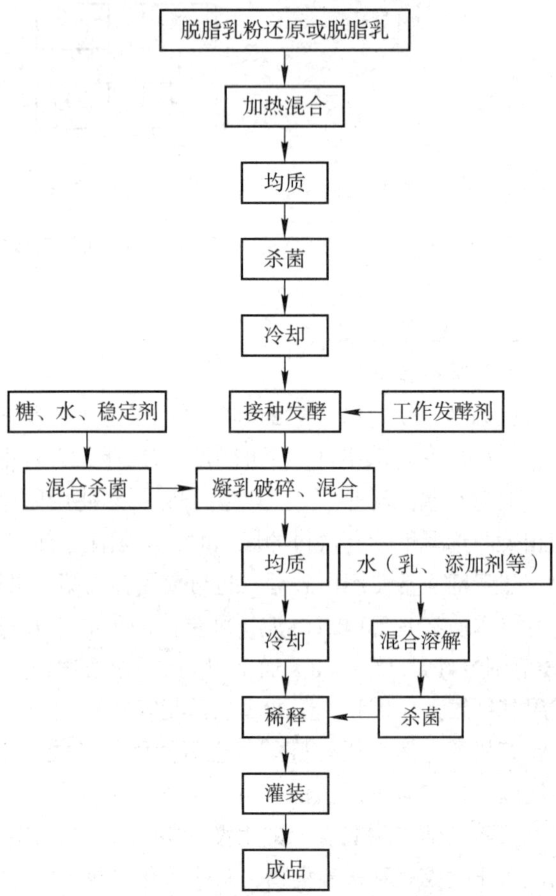

图 10–26 发酵型非活菌型果汁含乳饮料（非活菌型乳酸菌饮料）工艺流程

与风味适口性。生产中要严格按照发酵剂制备的具体步骤进行制备，一般依次由下列三个步骤组成。

a. 纯菌种的复壮

纯菌种通常采用脱脂乳试管法和低温冻干法进行保藏。保存的菌种活力均不旺盛，处于维持生命的休眠状态，特别是冻干菌。在冻干时菌体大部分死亡，仅有百分之几存活，因而使用前应进行活化，使其活力恢复正常。

b. 母发酵剂的制备

须将少量的原菌种培养物逐级扩大培养。将染色镜检纯一、并充分活化的菌种按制备母发酵剂所用脱脂乳量的 1% 取活化菌种，接种于灭菌脱脂乳中，混匀后适温培养。凝固后再移植于另外的灭菌脱脂乳中，反复 2 ~ 3 次，然后用于调制生产发酵剂。

c. 工作发酵剂的制备

取实际生产量 1% ~ 2% 的脱脂乳，以 100 ℃，30 ~ 60 min 杀菌并冷却至 25 ℃左右。然后无菌操作添加 1% 的母发酵剂，充分搅拌，保温培养，达到所需的培养状态和酸度后，取出贮于 0 ~ 5℃待用。采用保加利亚乳杆菌与嗜热链球菌生产酸奶时，为保证两种菌在数量上达到 1∶1 比例，最好将其分别制备发酵剂，而后各以 1.5% 接种到原料乳中，总接种量为 3%。因为混合菌种经几次扩培后，两种菌在数量上平衡比例容易失调，导致产酸慢，发酵成熟时间延长。

② 物料的杀菌与冷却

发酵型乳饮料在原料选择及混合后首先进行杀菌操作（一般 90 ~ 95℃，5 min），杀灭原料乳中的杂菌，确保乳酸菌的正常生长和繁殖，钝化原料乳中对发酵菌有抑制作用的天然抑制物，使牛乳中的乳清蛋白变性，以达到改善组织状态，提高黏稠度和防止成品乳清析出的目的。

杀菌后的乳应马上降温到 45℃左右，以便接种发酵剂。接种量根据菌种活力、发酵方法、生产时间的安排和混合菌种配比而定。

③ 物料发酵

物料发酵是发酵型乳饮料生产的典型又重要的工序。一般用保加利亚乳杆菌与嗜热链球菌的混合发酵剂时，温度保持在 41 ~ 43℃，培养时间 2.5 ~ 4.0 h（2% ~ 4% 的接种量）。如用德氏乳杆菌保加利亚亚种和乳酸链球菌的混合发酵剂时，可在 33 ℃的温度下发酵 10 h 左右。一般发酵终点可依据如下条件来判断：滴定酸度达到 80°T 以上；pH 低于 4.6；表面有少量水痕；乳变黏稠。发酵应注意避免振动，否则会影响组织状态；发酵温度应恒定；掌握好发酵时间，防止酸度不够或过度以及乳清析出。

④ 后熟

发酵好的酸乳，应立即移入 0 ~ 4℃的冷库中，迅速抑制乳酸菌的生长，以免继续发酵而造成酸度升高。须在 0 ~ 4℃储藏 24 h 再出售，通常把该储藏过程称为后熟，一般最大冷藏期为 7 ~ 14 d。

（2）调和、均质

调和的主要目的一是赋予产品各种风味，二是提高产品的稳定性和质量。可添加果汁、植物抽提物、稳定剂、甜味剂、酸味剂、营养强化剂等。均质处理可使原料细微化并混匀化，提高制品稠度，明显改善产品的稳定性，使成品质地细腻，口感良好。均质设备如高压均质机、胶体磨。稳定剂溶解设备如乳化罐（图 10–27）。

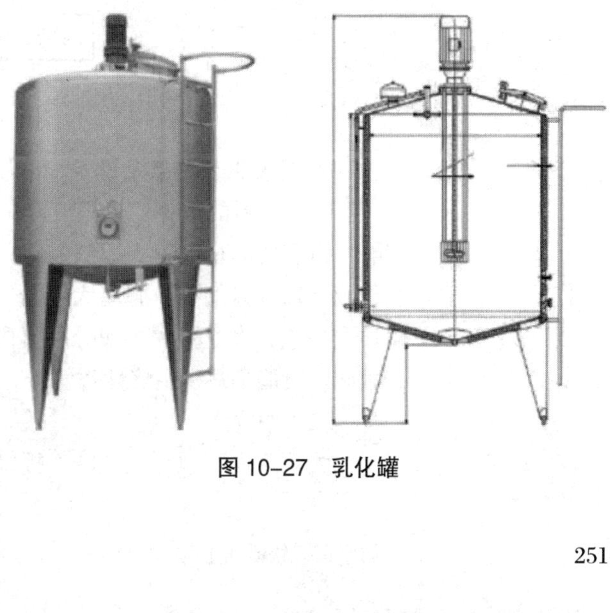

图 10–27　乳化罐

（3）灌装

通常采用先灌装、封口再杀菌的方式，也可以杀菌、冷却后采用无菌灌装。

（4）杀菌、冷却

可采用 80 ~ 85 ℃进行热杀菌，也可采用 121 ℃进行杀菌。非活菌型的发酵型乳饮料和乳酸菌饮料，因其酸度较高，采用巴氏杀菌即可达到抑菌效果。活菌型的发酵型乳饮料和乳酸菌饮料灌装后不需要进行杀菌操作。杀菌系统如 UHT 杀菌系统（图 10–28）、巴氏杀菌系统。

图 10–28　UHT 杀菌系统

四、植物蛋白饮料加工

以豆乳为例，介绍植物蛋白饮料的加工工艺。

1. 工艺流程

豆乳的生产工艺流程如图 10–29 所示。

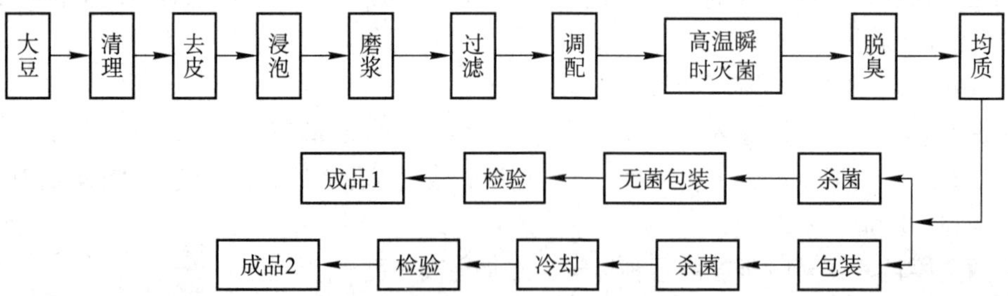

图 10–29　豆乳的生产工艺流程

2. 主要工艺要点及设备

（1）原料的选择

以新鲜的全大豆为原料制得的豆乳质量最好；去皮大豆和全脂大豆粉不耐贮藏，易发生油脂氧化，需及时加工；脱脂大豆粉（豆粉）极易发生油脂氧化，并且蛋白质部分变性，加工的豆乳质量较差；大豆蛋白（如分离蛋白、浓缩蛋白等）也可以加工豆乳，但原料成本偏高，产品缺乏香味，可能是缺少脂溶性香气。

（2）脱皮

大豆脱皮可减轻豆腥味，提高产品白度，从而提高豆乳品质。常在浸泡之前进行，称为干法脱皮。也有采用湿法脱皮者，即大豆浸泡后才去皮。

干法脱皮时，大豆含水量应在12%以下，否则严重影响脱皮效果。当水分偏大时，可105～110℃热风干燥。大豆脱皮常用凿纹磨，再经重力分选器或吸气机除去豆皮。由于脱皮后大豆原料的脂肪易发生酶促氧化，产生豆腥味，所以脱皮大豆需及时加工。

脱皮设备如干法脱皮机、湿法脱皮机。

（3）浸泡

通常将大豆浸泡于3倍的水中，浸泡好的大豆吸水量约为1.1～1.2倍。温度越高，浸泡时间越短。一般水温70℃时，浸泡时间为0.5 h；水温20℃左右时，浸泡时间为6～10 h。

为了钝化酶的活性，减轻豆腥味，生产中常在浸泡前将大豆用95～100℃水热烫处理1～2 min。在浸泡液中加入0.3%左右浓度的$NaHCO_3$，可减少豆腥味的产生，且软化大豆组织。

（4）磨浆与分离

大豆经浸泡去皮后，加入适量的水直接磨成浆体，浆体经过滤得到浆液。大豆经磨浆破碎后，易因脂肪氧化酶迅速产生豆腥味。因此，在磨浆前应采取抑酶措施。

目前常用的大豆磨浆设备为砂轮磨浆机。一般要求浆体的细度应有90%以上的固形物通过150目滤网。采用粗、细两次磨浆可以达到要求。滤浆设备如降沉式卧式离心机、三足式离心机、平筛滤浆、圆筛滤浆等。

（5）调配

通过调配，可以调制成各种风味的豆乳产品，有助于改善豆乳稳定性和质量。生产中可通过添加乳化剂使水和油溶性物质乳化，提高稳定性。常用的乳化剂有蔗糖酯、单甘酯和卵磷脂，其添加量一般为油脂量的12%左右。豆乳的稳定性还与黏度有关，常用增稠剂，如CMC–Na、海藻酸钠、黄原胶等来提高产品稠度，用量为0.05%～0.1%。

生产中常用香味物质调制各种风味的豆乳，还有利于掩盖豆乳本身的豆腥味。常用香味物质有奶粉、鲜奶、可可、咖啡、椰浆、香兰素以及奶油香精等。

豆乳中虽然含有丰富的营养物质，但也有其不足之处，如含硫氨基酸、维生素A、维生素D等都有必要进行强化。生产上最常补充的是钙，以碳酸钙（$CaCO_3$）最好。由于碳酸钙溶解度低，宜均质处理前添加，避免碳酸钙沉淀。

（6）高温瞬时灭菌与脱臭

调配好的豆乳应进行高温瞬时灭菌（UHT），灭菌的条件为135～150℃、2～8 s，破坏抗营养因子，钝化残存酶的活性，杀灭部分微生物，同时可提高豆乳温度，有助于脱臭。灭菌后的豆乳应及时入真空脱臭器进行脱臭处理，真空度控制在0.03～0.04 MPa，不宜过高，以防气泡冲出。

（7）均质

可提高豆乳的口感和稳定性，增加产品的乳白度。从经济和生产效率的角度出发，生产中一般选用两次均质。均质设备如高压均质机、胶体磨。

均质工序可在杀菌之前，也可在杀菌之后。豆乳在高温杀菌时，会引起部分蛋白质变性，产品杀菌后会有少量沉淀现象存在。均质放在杀菌之后，豆乳的稳定性高，但生产线需采用无菌包装系统，以防杀菌后的二次污染。

（8）杀菌

豆乳由于蛋白质含量高，pH接近中性，产品如需长期保存，杀菌应以肉毒梭状芽孢杆菌为杀菌对象。加压高温杀菌是豆乳加工厂最常用的方法。超高温瞬时灭菌时，将豆乳加热至135～150℃，2～8 s灭菌后迅速冷却和无菌包装。

（9）包装

包装形式多样，有蒸煮袋、玻璃瓶、金属罐等。

五、茶饮料加工

（一）速溶茶

速溶茶是一种将茶叶中可溶性物质提取、浓缩、干燥制成的速溶饮料，具有冲水即溶、无残渣、可调节浓度和携带方便等优点。速溶茶加适量水溶解后制得的茶饮料，应有相应茶饮料的色、香、味。

1. 工艺流程（图 10–30）

原料 → 预处理 → 浸提 → 净化 → 浓缩 → 干燥 → 包装 → 成品

图 10–30　速溶茶生产工艺流程

2. 主要工艺要点及设备

（1）预处理

将原料茶叶进行干燥处理，使含水量不大于 6%，然后入粉碎机进行粗粉碎。茶叶经过粗碎后，大部分组织破裂，表面积增大，在浸提时可增加与水的接触面积，加速茶叶中可溶物的溶出。粉碎度一般为 0.4 mm 左右（相当于 60 目筛），若粒度过小，吸水后容易结块，溶剂渗透性差，反而会降低溶出速度，并使浸提液过度混浊，影响生产效率。

（2）浸提

速溶茶是用茶叶中可溶性有效成分制成，所以浸提是对茶叶进行去粗取精。由茶叶浸提而来的溶液可分为两部分，一部分来自茶叶的表皮，它决定茶饮料的色泽、口感和香味；另一部分来自茶叶内部，它主要决定速溶茶的特征和涩味。浸提时最常用的溶剂是水，浸提时要综合考虑茶水比、浸提温度、浸提时间、浸提次数等因素。浸提时的茶水比一般为 1：（9 ~ 15）。浸提温度：水温接近 100℃时，浸提液的汤色和香气都较好，但味较苦涩；水温接近 90℃时，茶味较好，但汤色、香气较淡。浸提红茶时，浸提温度为 95℃左右；浸提绿茶时多采用 90℃；乌龙茶的浸提温度介于两者之间。对低档茶浸提 1 次即可；中高档茶可浸提 2 次。浸提时间一般为 10 ~ 15 min。浸提设备如萃取罐（图 10–31）、连续逆流提取装置（图 10–32）。

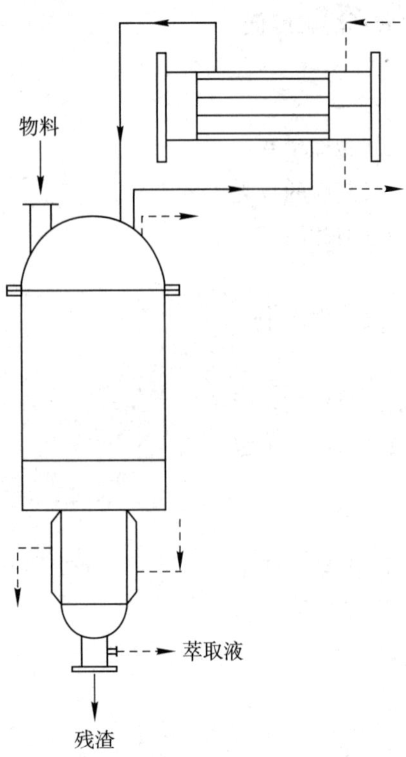

图 10–31　萃取罐

（3）净化

目的是排除浸提液中的杂质和胶体混浊物，确保速溶茶在冲溶时保持澄清。一般分为物理净化和化学净化。前者是用过滤和离心分离；后者则是用各种转溶的方法使浸提液中的不溶物茶乳酪胶体转溶。速溶茶品质受茶乳酪含量的影响很大，加工后的速溶茶既不允许汤色混浊，又不能表现出去除茶乳酪所造成的茶风味变化，这就要求对茶乳酪进行转溶处理，使速溶茶具有明亮的色泽，又有较高的香味。处理方法有碱转溶法、浓度抑制法和酶促降解法，实践中往往几种净化方法综合运用。过滤设备如袋式过滤器、板框式过滤器、离心分离器等。

（4）浓缩

净化后的浸提液比较稀，必须进行浓缩，将浓度提高到 20% ~ 40%，以利于提高干燥效率及获得低密度的速溶茶颗粒。由于茶是热敏性物质，对浓缩有较高要求，目前常使用真空薄膜浓缩装置，它在常温下工作，不影响茶汤风味。亦可采用冷冻浓缩法，通过制冷将茶汤冻结成冰，再离心分离除去冰晶，此法的优点是浓缩度高，固形物含量可达 50%，尤其有利于保持茶叶香味的天然本色，但成本较高。

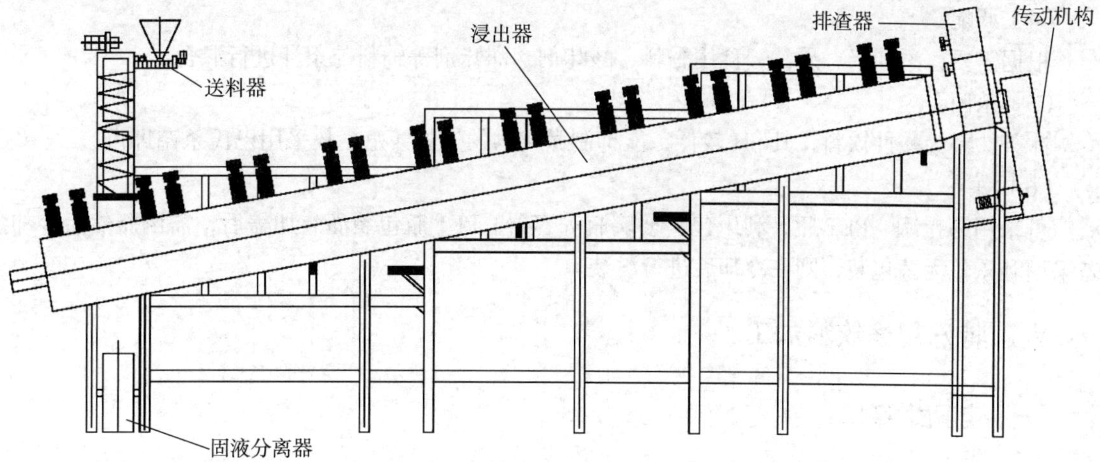

图 10-32　螺旋式连续逆流提取设备

（5）干燥

干燥工序对于速溶茶的品质、外形以及速溶性等均有重要影响，是生产速溶茶最重要的工序之一。一般采用真空冷冻干燥和喷雾干燥。真空冷冻干燥最能保持茶的色、香、味，但设备价格高昂、效率低、生产成本高。因此，目前较大规模生产速溶茶多采用喷雾干燥。干燥后茶粉颗粒的最佳大小为 200 ~ 500 μm，以保证有好的流动性、外观和溶解性。

（6）包装

速溶茶容易吸潮变质，且对异味敏感，包装车间要求保持室温 20℃左右，相对湿度 50% ~ 60%。包装材料要求防潮、防光、密封。最好采用小包装，开封后一次用完，以避免吸潮变质。

（二）冰茶

冰茶，最初是人们在夏季饮用速溶茶时加入冰块作为清凉饮料而得名。但随着时代的发展，冰茶的概念有了新的拓展，现已泛指冷热均可的调味茶饮料。一般是以茶为原料，加入天然果汁、食用香料等调味物配制加工而成，有些种类的冰茶还适量充入二氧化碳气体，使其兼具碳酸饮料的优点。

1. 工艺流程（图 10-33）

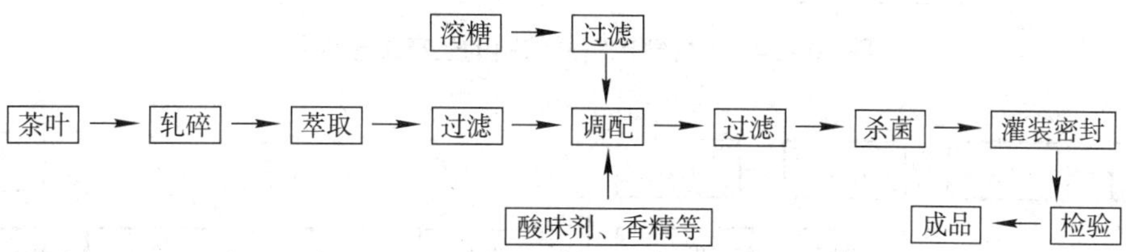

图 10-33　冰茶生产工艺流程

2. 工艺要点

（1）原料处理

轧碎茶叶至 40 ~ 60 目，以保证浸提效果。

（2）萃取

茶水比 1∶20 左右，萃取时为防止茶叶香气大量损失，可加入 3% β－环糊精。

（3）过滤

调配茶饮料前，需要进行过滤。通常先粗滤再精滤，除去萃取液的小颗粒，过滤后冷却。

(4) 调配

根据需要，添加水、果汁、食用香料、酸味剂、甜味剂等辅料与茶汁进行混合。

(5) 杀菌

冰茶饮料为酸性饮料，其 pH 较低，能抑制微生物的生长繁殖，故采用巴氏杀菌即可。

(6) 灌装

可采用易拉罐、PET 瓶、利乐包、玻璃瓶等容器。PET 瓶包装灌装加盖后，需倒瓶然后冷却。若采用利乐包无菌包装，则在冷却后进行灌装。

六、特殊用途饮料加工

(一) 电解质饮料

1. 工艺流程

电解质饮料可分为不含气电解质饮料和含气电解质饮料，它们的生产工艺流程分别如图 10-34 和图 10-35 所示。

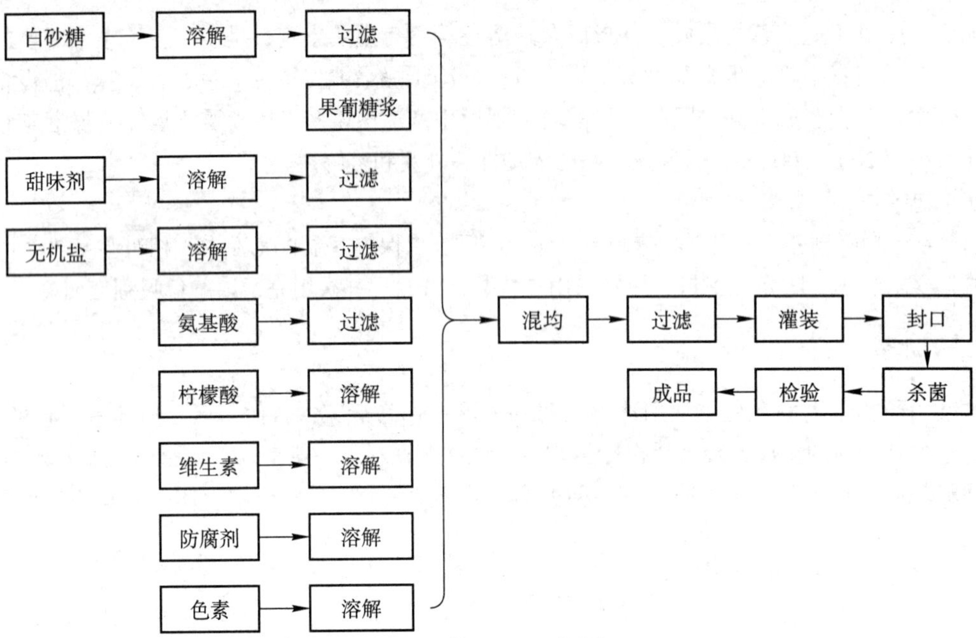

图 10-34 不含气电解质饮料的生产工艺流程

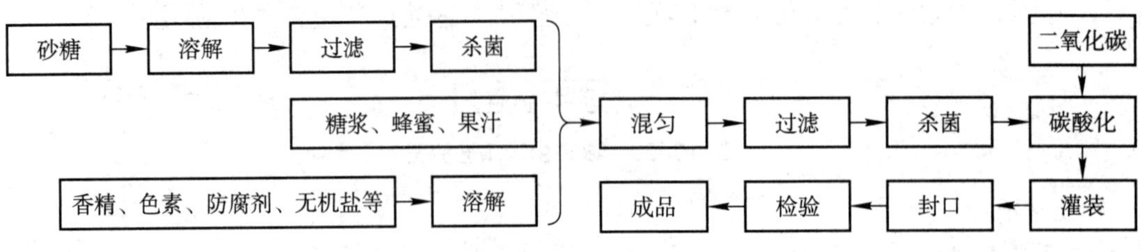

图 10-35 含气电解质饮料的生产工艺流程

2. 主要设备

杀菌设备如 UV 杀菌系统。

碳酸化设备如二氧化碳调压站、水冷却机（板式换热器）、薄膜式碳酸化器、喷雾式碳酸化器、喷射式碳酸化器等。

灌装设备如无菌灌装（吹瓶、清洗、消毒、灌装一体机）。

（二）高能饮料

高能饮料除了含有容易被人体吸收的果糖、葡萄糖及电解质外，还加入了人体必需的维生素和健体强身的中药成分，其突出的功能是迅速消除疲劳、恢复体力，主要是对人在疲劳时作针对性的养料补充。

1. 工艺流程（图 10–36）

图 10–36　一种高能饮料生产工艺流程

2. 主要工艺要点

（1）水的处理

饮料用水的质量标准，要求硬度在 100 mg/kg 以下为宜（以 $CaCO_3$ 计）。饮料用水需经过消毒和杀菌处理。

（2）冷冻和 CO_2 混合

将饮料冷却至 4 ~ 5℃，然后在碳酸混合机内与 CO_2 充分混合。为了适应运动员的特点，CO_2 含量可适当降低，以 2 ~ 3 倍体积之间为宜。

（3）灌装

采用易拉罐生产线进行灌装。如用玻璃瓶包装，采用二次灌装法，即处理水先经冷冻，充入 CO_2 成为碳酸水，然后分两步灌装。先往瓶内注入定量糖浆，再注入碳酸水，压盖而成。而一次灌装法是在配料之后，进行澄清处理，然后在配料缸中加入饮用水，再经冷冻和混合 CO_2，进行灌装，压盖。

七、其他饮料加工

功能饮料：根据《饮料通则》（GB/T10789—2015），经国家相关部门批准，可声称具有特定保健功能的制品为功能饮料。下面以一种灵芝保健饮料来介绍。

1. 工艺流程（图 10–37）

以灵芝为主要原料，通过热浸提工艺将灵芝里面的功能性成分——灵芝多糖和其他有效成分提取出来，经现代工艺制成的饮料。由于灵芝提取液中含有苦味成分，因此，生产中常需控制灵芝用量，并添加 β- 环糊精、甜味剂等降低成品的苦味，使成品口感较好。

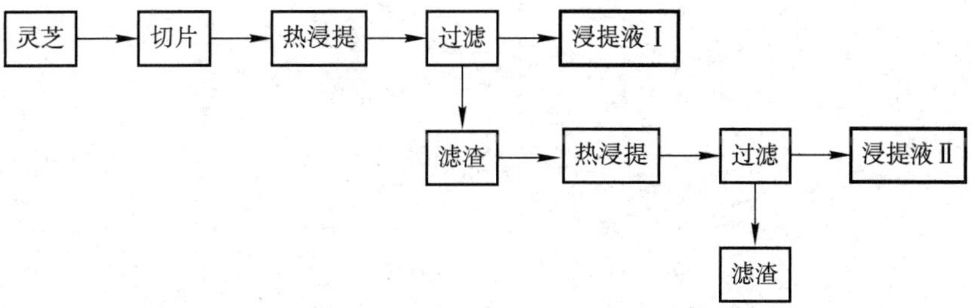

图 10–37　一种灵芝保健饮料生产工艺流程

2. 主要工艺要点

（1）切片

切成厚度为 3 ~ 5 mm 的片状，以增大浸出表面积，提高浸出效率。

（2）热浸提

按照 1∶5（w∶w）将灵芝薄片投入 70℃热水中浸提 2 h、过滤，得浸提液Ⅰ；上步过滤出的灵芝残渣重复上述操作一次，滤出浸提液Ⅱ，将两次浸提液混合。采用热水浸提联合二次浸提，则可保证灵芝中大部分有效成分均被提取出来。

（3）过滤

第一次过滤主要是为了滤出浸出液中的灵芝残渣；第二次过滤，采用超滤，滤出由各种调味剂、苦味遮盖剂产生的各种悬浮杂质及微生物，以保证产品的质量。

（4）调味

添加适量甜味剂（如蔗糖或蜂蜜等）和酸味剂（柠檬酸或天然果汁等），并加入 3%～3.5% 的 β- 环糊精，搅拌均匀，以掩盖部分苦味，保证成品有良好的口感。

开放讨论题

你认为饮料加工行业有怎样的发展趋势？

思考题

1. 果蔬汁有哪些类型？澄清果蔬汁和浑浊果蔬汁在工艺上有何差异？
2. 果蔬汁加工中常见的问题有哪些？如何解决？
3. 简述蛋白饮料的类型与其特点。
4. 请列出蛋白饮料生产的关键技术。
5. 什么是茶饮料？茶饮料如何分类？
6. 茶饮料生产的主要设备有哪些？
7. 什么是固体饮料？它有什么特点？固体饮料有哪些类型？
8. 果香型蛋白饮料生产的关键技术包括哪些？
9. 试述碳酸化的原理、影响因素及常用的碳酸化方式。
10. 举例说明均质在饮料生产中的作用。

自测题

撰写人：方婷、黄莹、田美玲

第十一章

乳及乳制品加工

乳制品指的是使用牛乳或羊乳及其加工制品为主要原料，加入或不加入适量的维生素、矿物质和其他辅料，使用法律法规及标准规定所要求的条件，经加工制成的各种食品，也叫奶油制品，包括液体乳、乳粉、炼乳、乳脂肪、干酪、乳冰淇淋等。乳类所富含的优质蛋白质、维生素及矿物质对人体健康发育具有重要影响。本章介绍乳的化学成分性质、物理性质、加工特性及各类乳制品加工工艺等知识。

知识目标

1. 掌握乳化学组成及其性质。
2. 掌握各种乳及乳制品的生产工艺。

能力目标

1. 能够掌握乳品品质鉴定方法。
2. 能够熟悉乳品加工对乳品质的影响。
3. 能够掌握各种乳及乳制品主要生产工艺要点。

素养目标

1. 通过学习乳及乳制品加工工艺，培养理论联系实际的能力。
2. 树立开发新型乳制品，对传统技术进行传承与创新的意识。
3. 培养独立自主的学习能力。

知识导图

- 乳及乳制品加工
  - 乳原料的加工特性
    - 乳的化学组成及存在状态
    - 乳中化学成分的性质
      - 脂质
      - 乳糖
      - 乳蛋白质
      - 酶类
      - 无机物
      - 维生素
      - 其他成分
    - 乳的物理性质
      - 色泽与光学性质
      - 热学性质
      - 滋味与气味
      - 酸度与pH
      - 相对密度
      - 电学性质
      - 黏度与表面张力
    - 乳的加工特性
  - 乳制品的加工工艺
    - 液态乳制品的加工工艺
    - 炼乳的加工工艺
    - 乳粉的加工工艺
    - 发酵乳的加工工艺
    - 干酪的加工工艺
    - 奶油的加工工艺
    - 冰淇淋的加工工艺
    - 干酪素的加工工艺
    - 乳清粉的加工工艺
    - 乳糖的加工工艺
    - 乳活性肽的加工工艺

重点及难点

乳的物理性质；乳的加工特性；不同类乳制品加工工艺

问题导读

1. 简述乳的主要化学成分。
2. 试述乳物理性质与其品质的关系。
3. 加工方式对乳制品营养成分的影响如何。
4. 试分析不同类型乳制品的加工工艺过程。

关键词

乳制品　乳的成分性质　乳的加工特性　乳制品类型　乳制品加工工艺

第一节　乳原料的加工特性

一、乳的化学组成及存在状态

1. 乳的化学组成

乳是哺乳动物为哺乳幼儿，由乳腺分泌的一种白色或微黄色，具有胶体特性的不透明生物学液体，味道微甜并具有香气。在众多畜乳中以牛乳的产量最多，因此牛乳是乳品加工业的主要原料，一般不作特殊说明的情况下，均指的是牛乳。表 11–1 为不同品种的动物乳及其组成成分。

表 11–1　不同品种的动物乳及其组成成分

动物	蛋白质总量 /%	酪蛋白 /%	乳清蛋白 /%	脂肪 /%	碳水化合物 /%	灰分 /%
人	1.2	0.5	0.7	3.8	7.0	0.2
马	2.2	1.3	0.9	1.7	6.2	0.5
乳牛	3.5	2.8	0.7	3.7	4.8	0.7
水牛	4.0	3.5	0.5	7.5	4.8	0.7
山羊	3.6	2.7	0.9	4.1	4.7	0.8
绵羊	5.8	4.9	0.9	4.9	4.5	0.8

牛乳的成分十分复杂，主要包括水分、蛋白质、脂肪、碳水化合物、无机盐、磷脂类、维生素、酶、色素、气体及多种微量成分。正常牛乳中各种成分的组成大体上是稳定的，但会受乳牛的品种、个体、泌乳期、畜龄、饲料、季节、温度及健康状态等因素的影响而有差异，其中变化最大的是乳脂肪，其次是蛋白质，乳糖及灰分的含量则相对比较稳定。牛乳的基本组成如表 11–2 所示，牛乳的成分可概括为图 11–1 所示。

表 11–2　牛乳主要化学成分及含量

成分	水分	总乳固体	脂肪	蛋白质	乳糖	无机盐
变化范围 /%	85.5 ~ 89.5	10.5 ~ 14.5	2.5 ~ 6.0	2.9 ~ 5.0	3.6 ~ 5.5	0.6 ~ 0.9
平均值 /%	87.5	13.0	4.0	3.4	4.8	0.8

- 牛乳
  - 水分
  - 乳干物质
    - 脂质
      - 脂肪
      - 磷脂质：卵磷脂、神经磷脂
      - 脂溶性维生素：维生素A、维生素D、维生素E、维生素K、胡萝卜素
      - 胆固醇
    - 无脂干物质
      - 蛋白质：乳蛋白质、酪蛋白、乳白蛋白、乳球蛋白
      - 非蛋白态氮化合物
      - 糖类：乳糖、葡萄糖
      - 矿物质：主要含钙、磷、钾、氯
        含少量钠、镁、硫、铁
        含微量锌、铝、铜、硅、碘
        含痕量锰、钼、锂、锶、硼、氟
      - 色素：胡萝卜素、叶黄素
      - 水溶液维生素：维生素B_1、维生素B_2、维生素B_6、维生素B_{12}
        维生素C、烟酸、泛酸、生物素、叶酸
      - 酶类：解脂酶、磷酸酶、过氧化氢酶、过氧化物酶、还原酶、蛋白酶等
      - 气体：二氧化碳、氮
      - 细胞：乳房内部表皮细胞、白细胞等

图 11-1　牛乳的成分

注：引自蒋爱民等，2019

2. 乳的存在状态

乳是一种复杂的胶体分散体系，分散介质是水，分散质有乳糖、无机盐类、蛋白质、脂肪、气体等。牛乳中各种分散质的分散度差异很大，其中乳糖、水溶性盐类呈分子或离子状态溶于水中，其微粒直径小于或接近 1 nm，形成真溶液；乳白蛋白及乳球蛋白呈大分子状态，其微粒直径为 15 ~ 50 nm，形成典型的高分子溶液；酪蛋白在乳中形成酪蛋白酸钙 – 磷酸钙复合体胶粒，胶粒平均直径约 100 nm，从其结构、性质和分散度来看，酪蛋白所形成的复合体胶粒处于一种过渡状态，属胶体悬浮液范畴；乳脂肪呈球状，直径为 100 ~ 10 000 nm，形成乳浊液。乳中含有的少量气体，其中一部分气体是以分子状态溶于牛乳中，乳中的部分气体经搅动后能形成泡沫。综上所述，牛乳是包含真溶液、高分子溶液、胶体悬浮液、乳浊液及其他种过渡状态的、复杂的、具有胶体特性的多级分散体系。

◎ **延伸阅读**
关于乳的生成及其化学构成论述

二、乳中化学成分的性质

1. 脂质

乳中含有乳脂质（milk lipid），其中 97% ~ 99% 的成分是乳脂肪，此外还含有约 1% 的磷脂和少量的甾醇、游离脂肪酸、脂溶性维生素等。

◎ **延伸阅读**
乳脂肪球和乳脂肪球膜

（1）乳脂肪

乳脂肪是中性脂肪，在牛乳中的含量平均为 3% ~ 5%。乳脂肪的含量受动物品种、饲料条件、泌乳阶段及动物健康等因素的影响。

① 乳脂肪的化学组成

乳脂肪是由一分子甘油和三分子脂肪酸形成的甘油三酯的混合物，由于甘油三酯中 3 个脂肪酸分子不一定相同，所以乳中有大量不同种类的甘油酯，乳脂肪甘油酯中的主要脂肪酸见表 11–3 所示。

牛乳脂肪的脂肪酸种类远较一般脂肪多，这与反刍动物瘤胃中微生物的生物合成密切相关。与一般脂肪相比，乳脂肪中水溶性挥发性脂肪酸的含量比例特别高，这是乳脂肪良好风味及易于消化的重要原因。

表 11-3 乳脂肪酸的种类

脂肪酸	占脂肪酸总量 /%	熔点 /℃	原子数		
			H	C	O
丁酸	3.0 ~ 4.5	−7.9	8	4	2
乙酸	1.3 ~ 2.2	−1.5	12	6	2
辛酸	0.8 ~ 2.5	+16.5	16	8	2
葵酸	1.8 ~ 3.8	+31.4	20	10	2
月桂酸	2.0 ~ 5.0	+43.6	24	12	2
肉豆蔻酸	7.0 ~ 11.0	+53.8	28	14	2
棕榈酸	25.0 ~ 29.0	+62.6	32	16	2
硬脂酸	7.0 ~ 13.0	+69.3	36	18	2
油酸	30 ~ 40	+14.0	34	18	2
亚油酸	2.0 ~ 3.0	−5.0	32	18	2
亚麻酸	<1.0	−5.0	30	18	2
花生四烯酸	<1.0	−49.5	32	20	2

注：引自潘道东，孟岳成，等 . 畜产食品工艺学 [M]

② 乳脂肪的理化常数

乳脂肪的脂肪酸组成与结构决定其理化性质（见表 11 4）。乳脂肪的脂肪酸组成受饲料、营养、环境、季节等因素的影响而变化。一般来说，夏季放牧期间不饱和脂肪酸含量会升高，而冬季舍饲期则饱和脂肪酸含量会增多，所以夏季加工的奶油其熔点比较低。

表 11-4 乳脂肪的理化性质

项目	指标	项目	指标
比重（d_{15}）	0.935 ~ 0.943	水溶性挥发性脂肪酸值	21 ~ 36
熔点 /℃	28 ~ 38	非水溶性挥发性脂肪酸值	1.3 ~ 3.5
凝固点 /℃	15 ~ 25	酸值	0.4 ~ 3.5
折射率（n_D^{25}）	1.495 ~ 1.462	丁酸值	16 ~ 24
皂化值	218 ~ 235	不皂化值	0.31 ~ 0.42
碘值	26 ~ 36（30 左右）		

注：引自张兰威，蒋爱民，等 . 乳与乳制品工艺学 [M]

（2）磷脂

磷脂（phosphatide）在牛乳中含量约为 0.072% ~ 0.086%，它的含量随季节和饲料而变化。牛乳中 60% 的磷脂存在于脂肪球膜中，其余在脱脂乳中与酪蛋白结合。由于磷脂同时具有亲水和疏水基团，使其可在乳中起到乳化和稳定作用，以保持脂肪球的正常形态。牛乳经分离机分离后，磷脂的大部分（约 70%）进入稀奶油中。稀奶油再经过搅拌制造奶油时，大部分磷脂又转移到酪乳中。

（3）固醇

固醇（sterol）在室温下呈固体状态，属于不皂化物，乳脂肪中的固醇主要为胆固醇。牛乳中固醇含量极低，主要结合在脂肪球膜上。乳中麦角固醇经紫外线照射后具有维生素特性，但乳脂经照射后易氧化变质，使乳脂变坏。

◎ 延伸阅读
乳糖在乳品加工中的意义

2. 乳糖

乳糖（lactose）是哺乳动物乳汁中特有的糖类，也是存在于乳中最主要的碳水化合物。牛乳中含乳糖 4.6% ~ 4.7%，占总碳水化合物的 99.8%，占干物质 38% ~ 39%。乳糖在乳中呈溶解状态，其甜度约为蔗糖的 1/6，乳的甜味主要由乳糖所引起。

（1）乳糖的结构及种类

乳糖为 1 分子 D- 葡萄糖与和 1 分子 D- 半乳糖以 β-1，4 糖苷键结合而成的双糖，因其分子中有醛基，故乳糖属还原糖。乳糖可分为有 α- 乳糖（α-lactose）和 β- 乳糖（β-lactose）两种异构体。α- 乳糖很容易与一分子结晶水结合，变为 α- 乳糖水合物，所以乳糖实际上共有 α- 含水乳糖、α- 无水乳糖和 β- 乳糖 3 种型态。

（2）乳糖的性质

乳糖的溶解度比蔗糖和麦芽糖小，乳糖被酸水解的作用比蔗糖及麦芽糖弱。乳糖异构体的特性见表 11-5 所示。

表 11-5　乳糖异构体的特性

项目	α- 含水乳糖	α- 无水乳糖	β- 乳糖
制法	乳糖浓缩液 在 93.5℃以下结晶	α- 含水乳糖减压加热 或无水乙醇处理	乳糖浓缩液 在 93.5℃以上结晶
熔点 /℃	202	222.8	253
20℃时溶解度 /（g/100 mL）	8	–	55
甜味	较弱	–	较强
晶型	单斜晶三棱形	针状三棱形	金刚石形、针状三棱形
比旋光度 $[\alpha]_D^{20}$	+86.0	+86.0	+35.5

（3）乳中其他糖类

常乳中含有极少量的葡萄糖、糖蛋白和低聚糖等其他碳水化合物，牛乳中葡萄糖浓度的变化与乳糖的合成和分泌有关，即随着泌乳期的延长及乳牛年龄的增长而提高，随着产乳量的升高而下降。

3. 乳蛋白质

牛乳中含有 3.0% ~ 3.5% 的含氮化合物，其中乳蛋白质（milk protein）占 95%，非蛋白态含氮化合物占 5%。乳蛋白质在乳中的含量为 2.8% ~ 3.3%，包括酪蛋白（casein）（约占 80%）和乳清蛋白（whey protein）（约占 20%）2 大类，还含有少量的脂肪球膜蛋白和酶类等；乳中非蛋白态含氮化合物主要包括氨、游离氨基酸、尿素、尿酸、肌酸、嘌呤碱、维生素态氮及叶绿素等。乳蛋白质的种类和性质见表 11-6。

◎ 延伸阅读
酪蛋白的反应性质

（1）酪蛋白

① 酪蛋白的组成及性质

20℃条件下调节脱脂乳 pH 至 4.6 时沉淀的一类蛋白质称为酪蛋白。酪蛋白分子中含有的酸性氨基酸远多于碱性氨基酸，因此其具有明显的酸性（pH 为 6.6 ~ 6.8）。乳中含有 4 种不同的酪蛋白，即 α_s- 酪蛋白、γ - 酪蛋白、β- 酪蛋白和 κ - 酪蛋白，它们的区别在于含磷量不同，α_s- 酪蛋白含磷多，又称磷蛋白。含磷量对皱胃酶的凝乳作用影响很大，α_s- 酪蛋白、β- 酪蛋白和 κ - 酪蛋白可被皱胃酶直接凝固，γ - 酪蛋白因含磷量极少而几乎不能被皱胃酶凝固。在加工奶酪时，有

表 11-6 牛乳中主要蛋白质的种类和性质

传统分类	现代分类	占脱脂乳中蛋白质的量 /%	等电点 /pH	相对分子质量	成分划分
酪蛋白	α_s- 酪蛋白	45 ~ 55	4.1	23 000	α_s- 变异体 A、B、C、D、α_{s2}、α_{s3}、α_{s4}、α_{s5}
	κ- 酪蛋白	8 ~ 15	4.1	1 900	变异体 A、B，变异体 A^1、A^2、A^3、B、C、D、B_2
	β- 酪蛋白	25 ~ 35	4.5	24 100	变异体 A^1、A^2、A^3
	γ- 酪蛋白	3 ~ 7	5.8 ~ 6.0	30 650	成分 R、S、TS
乳白蛋白	α- 乳白蛋白	2 ~ 5	5.1	14 437	变异体 A、B、A^1、A^2 对立遗传子型
	血清白蛋白	0.7 ~ 1.3	4.7	69 000	变异体 A、A_{Dr}、B、B_{Dr}、C、D
乳球蛋白	β- 乳球蛋白	7 ~ 12	5.3	36 000	含有糖蛋白质的复合成分
	IgG_1	1 ~ 2		15 000 ~ 170 000	
	IgG_2	0.2 ~ 0.5			
	IgM	0.1 ~ 0.2			
	IgA	0.05 ~ 0.1		1 000 000	
	小分子蛋白、胨	2 ~ 6	3.3 ~ 3.7	30 000 ~ 500 000	

些乳常发生软凝块或不凝固现象，就是由于蛋白质中含磷量过少所导致。κ - 酪蛋白覆盖在酪蛋白胶粒的表面，不能被 Ca^{2+} 沉淀，具有稳定乳中酪蛋白胶粒的作用。

② 酪蛋白的存在形式

乳中的酪蛋白与钙结合成酪蛋白酸钙，再与胶体状的磷酸钙形成酪蛋白酸钙 - 磷酸钙复合物（calcium caseinate calcium phosphate complex）的形式以胶体状态存在于牛乳中。乳中约 95% 的酪蛋白以胶体形式存在，胶体大体呈球形，胶体微粒直径为 10 ~ 300 nm 之间。酪蛋白胶粒中还含有镁、钠、钾和柠檬酸等物质。

（2）乳清蛋白

乳清蛋白是指 pH 为 4.6 时沉淀酪蛋白之后，溶解于乳清中的蛋白质。乳清蛋白在乳中呈典型的高分子乳液状态，甚至在等电点时仍能保持分散状态，包括对热不稳定的乳清蛋白和对热稳定的乳清蛋白。

① 热不稳定的乳清蛋白

热不稳定的乳清蛋白是指煮沸 20 min 后发生沉淀的一类乳清蛋白，约占乳清蛋白的 81%，包括乳白蛋白（lactalbumin）和乳球蛋白（lactoglobulin）。

乳白蛋白是指中性乳清中加饱和硫酸铵或饱和硫酸镁盐析时，呈溶解状态而不析出的蛋白质，约占乳清蛋白的 68%。乳白蛋白包括 α- 乳白蛋白（α-lactalbumin）、β- 乳白蛋白（β-lactalbumin）和血清白蛋白（serum albumin）。乳白蛋白中最主要的是 α- 乳白蛋白，其等电点为 4.1 ~ 4.8，在乳中以 1.5 ~ 5.0 μm 粒径的微粒分散在乳中，对酪蛋白胶体起保护作用。这类蛋白质常温下不能用酸凝固，但在弱酸性时加热即能凝固。此类蛋白质不含磷，但含丰富的硫，不能被皱胃酶凝固。血清白蛋白来自血清，等电点为 4.7，理化性质与 α- 乳白蛋白相似，在乳腺炎等异常乳中含量会升高。

乳球蛋白是指中性乳清中加饱和硫酸铵或饱和硫酸镁盐析时能析出的乳清蛋白，分为β-乳球蛋白和免疫球蛋白。β-乳球蛋白在初乳中含量较多，等电点为4.5～5.5，其在等电点时加热至75℃可形成沉淀，不能被皱胃酶凝固。免疫球蛋白（immunoglobulin，Ig）与乳免疫性有关，乳中免疫球蛋白含量最高的是IgG，初乳中的免疫球蛋白含量比常乳高。

② 对热稳定的乳清蛋白

对热稳定的乳清蛋白是指煮沸20 min后仍呈溶解状态的一类乳清蛋白。这类蛋白包括蛋白脲和蛋白胨。

（3）脂肪球膜蛋白

脂肪球膜蛋白质是吸附于脂肪球表面的蛋白质与酶的混合物，包括脂蛋白、碱性磷酸酶和黄嘌呤氧化酶等。稀奶油进行高温巴氏杀菌时，脂肪球膜蛋白中含有的大量硫在其风味产生方面起着很大的作用。球膜蛋白质中含有卵磷脂，这些卵磷脂在细菌性酶的作用下会形成具有鱼腥味的三甲胺。

脂肪球膜蛋白受细菌性酶的作用而分解是奶油在贮藏时风味变劣的原因之一，在加工奶油时，大部分脂肪球膜物质集中于酪乳中，故酪乳不仅含有蛋白质，而且含有丰富的卵磷脂。

（4）其他蛋白

除上述几种蛋白质外，乳中还有含量较低的其他蛋白质和酶类，如乳中含有少量的酒精可溶性蛋白、乳铁蛋白及血纤蛋白相类似的蛋白质等。酶类将在后续内容陈述。

（5）非蛋白含氮物

非蛋白态含氮物是机体蛋白质代谢的产物，从乳腺细胞进入乳中的，约占乳总氮的5%。乳中叶绿素来源于饲料。

4. 酶类

牛乳中酶类来源于乳腺分泌、微生物代谢生成和白细胞崩坏生成3个方面。由乳腺分泌的酶主要发布在脂肪球膜上，其他酶则呈分散状态溶解于乳清中。与乳品生产有关系的主要是水解酶类和氧化还原酶类。

（1）水解酶类

① 脂酶

牛乳中的脂酶（lipase）能将甘油三酯水解成游离脂肪酸和甘油。牛乳中约80%的脂酶与酪蛋白通过静电作用结合在一起而形成乳浆脂酶（plasma lipase），极少量的脂酶会与脂肪球膜结合。牛乳经过均质、搅拌、冷却或冷冻等处理后，乳浆脂酶会活化并吸附于脂肪球上，从而促使脂肪水解。

脂酶最适pH为9.2，最适温度为37℃，钝化温度最低为80～85℃。钝化温度与脂酶的来源有关，来源于微生物的脂酶耐热性高，已经钝化的酶有恢复活力的可能。因脂酶水解作用产生的游离脂肪酸而使牛乳带上脂肪分解的酸败气味，是乳制品尤其是奶油生产上常见的问题。为了抑制脂酶的活性，在奶油生产中，一般采用不低于80～85℃的高温或超高温处理。乳制品的一些加工工艺也能使脂酶活性增加或增加其作用的机会，例如均质处理，由于脂肪球膜被破坏，增加了脂酶与乳脂肪的接触面，使乳脂肪更易水解，故均质后应及时进行杀菌处理。其次，牛乳多次通过乳泵或在牛乳中通入空气剧烈搅拌，同样也会使脂酶的活力增加，易导致牛乳风味劣变。

② 磷酸酶

所有哺乳动物乳汁中都含有不同含量和形式的碱性磷酸酶，存在于乳清中的酸性磷酸酶（acid phosphatase，ACP）和吸附于脂肪球膜上的碱性磷酸酶（alkaline phosphatase，ALP）是乳中主要的磷酸酶（phosphatase）。牛的个体情况、季节变化等都会影响乳中碱性磷酸酶的含量。碱性磷酸酶最适pH为7.6～7.8，经63℃处理30 min或71～75℃处理15～30 s后可被钝化，其活力可用作牛乳低温巴氏杀菌彻底程度的一个指标。

牛乳加热到 82 ~ 180℃或者稀奶油加热到 75℃后，在 4 ~ 40℃贮存过程中能发现已钝化的碱性磷酸酶部分复性的现象，这是由于牛乳中含有可渗析的对热不稳定的抑制因子和不能渗析的对热稳定的活化因子，牛乳经 63℃、30 min 或 71 ~ 75℃、15 ~ 30 s 加热后，抑制因子不会被破坏，所以能抑制残存磷酸酶的活力；在 80 ~ 180℃加热时，抑制因子遭到破坏，而对热稳定的活化因子则不受影响，从而使磷酸酶重新活化。

③ 淀粉酶

牛乳中含有 α- 淀粉酶（α-amylase）和 β- 淀粉酶（β-amylase），其中前者占主要地位，可将淀粉分解为糊精。α- 淀粉酶的最适 pH 为 7.4，最适温度为 30 ~ 34℃，在 65 ~ 68℃经 30 min 加热可将其纯化，而钙和氯可使其活化。

④ 蛋白酶

牛乳中的蛋白酶最适 pH 为 9.2，80℃处理 10 min 便可使其钝化。灭菌乳中的蛋白酶在贮藏过程中存在恢复活性的可能，对 β- 酪蛋白有特异作用。细菌性的蛋白酶会使蛋白质水解形成蛋白胨、多肽及氨基酸，此是奶酪成熟的重要原因。

⑤ 乳糖酶

乳糖酶（lactase）可催化水解乳糖成为葡萄糖和半乳糖，因此在乳糖的消化吸收过程中起重要的作用。一些成人和婴儿由于缺乏乳糖酶，其乳糖消化吸收不良，从而引起下痢，服用乳糖酶有良好的缓解作用。

◎ **延伸阅读**
乳糖不耐受症

（2）氧化还原酶类

氧化还原酶主要包括过氧化氢酶、过氧化物酶和还原酶。

① 过氧化氢酶

乳中过氧化氢酶（catalase）是通过体细胞而进入牛乳的，具有催化过氧化氢分解成为水和氧气的能力。原料乳中过氧化氢酶的活性与体细胞数量成正比，因此，过氧化氢酶的活性是诊断乳腺炎的一个指标。牛乳中过氧化氢酶活性随泌乳期变化而变化，在初乳中活性较高，随着泌乳期延长而下降，在泌乳末期又上升。牛乳中过氧化氢酶最适 pH 为 7.0，最适温度为 37℃。65℃处理 30 min 可使 95% 的过氧化氢酶被钝化，而 75℃处理 20 min 则可使其 100% 被钝化。

② 过氧化物酶

过氧化物酶（peroxidase）能催化过氧化氢分解产生活泼的新生态氧，并因此产生抑菌活性，从而使乳中的多元酚、芳香胺及某些化合物氧化。过氧化物酶主要来自白细胞的细胞成分，是乳中原有的酶，它在乳中的含量受乳牛的品种、饲料、季节、泌乳期等因素影响。由于牛乳中过氧化物酶水平在乳腺感染时会增加，过氧化物酶活力也可作为检验乳腺炎发病的指标。过氧化物酶最适温度为 25℃，最适 pH 为 6.8，牛乳中过氧化物酶较耐热。牛乳中过氧化物酶的钝化温度和时间大约为：76℃处理 20 min、77 ~ 78℃处理 5 min 或 85℃处理 10 s。

③ 还原酶

还原酶（reductase）是挤乳后进入乳中微生物的代谢产物，因此，乳中还原酶的量与微生物污染程度成正比。其最适作用条件是 pH 值为 5.5 ~ 5.8，温度为 40 ~ 50℃。在 69 ~ 70℃条件下加热 30 min 或者 75℃条件下加热 5 min 被完全钝化。还原酶能将甲基蓝还原为无色，因此可通过测定还原酶的活力来判断牛乳的新鲜程度。

5. 无机物

牛乳中的无机物也称为矿物质，主要有磷、钙、镁、钠、氯、硫、钾等，此外还有碘、锌、铁和锰等一些其他微量元素。乳中总矿物质的含量通常采用灰分的量来表示。各种动物乳中无机物的含量在 0.2% ~ 2.3%，通常牛乳中灰分的含量为 0.3% ~ 1.21%，平均约为 0.7%。牛乳中无机物的含量随泌乳期、季节、个体健康状态等因素而异。

6. **维生素**

牛乳中的维生素一部分来自饲料，如维生素 E；一部分源于牛乳自身合成，如 B 族维生素由牛瘤胃中的微生物合成。放牧期牛乳中维生素含量比舍饲期高。乳中各种维生素的含量见表 11–7 所示。

表 11–7　牛乳中各种维生素含量比较（μg/100 mL）

维生素	平均含量	含量范围	维生素	平均含量	含量范围
维生素 A			维生素 C	1500	–
夏季	–	28 ~ 65	维生素 B_1	40	37 ~ 46
冬季	–	17 ~ 41	维生素 B_2	180	161 ~ 190
β– 胡萝卜素			烟酸	80	71 ~ 93
夏季	–	22 ~ 32	维生素 B_6	40 ~ 60	40 ~ 60
冬季	–	10 ~ 13	叶酸盐	5	5 ~ 6
视黄醇当量	38	–	维生素 B_{12}	0.4	0.3 ~ 0.45
维生素 D	0.05	0.02 ~ 0.08	泛酸	350	313 ~ 360
维生素 E	100	84 ~ 110	生物素	3	2 ~ 3.6
维生素 K	3.5	3 ~ 4			

注：引自张和平，张列兵，等 . 现代乳品工艺手册 [M]

（1）维生素 A

维生素 A 和胡萝卜素对乳中总维生素 A 活性都有贡献，胡萝卜素大约占总维生素活性的 30%。牛乳中维生素 A 的含量与比例取决于乳牛的品种和胡萝卜素的摄入量。100 g 乳中维生素 A 的含量为 20 ~ 290 IU，平均值为 100 IU。β– 胡萝卜素转变成维生素 A 主要在肠黏膜上进行的，包括酶促转化视黄醛，并还原成视黄醇。胡萝卜素易被空气、日光照射氧化而破坏，但热稳定性很高。

（2）维生素 D

牛乳中维生素 D 主要以胆钙化醇（维生素 D_3）形式存在，牛乳中维生素 D 的含量与饲料、品种、管理（日光照射）及泌乳期等直接有关，初乳中含量较高。维生素 D 对热很稳定，在通常杀菌处理的情况下不会被破坏。维生素 D 主要存在于脂肪球中，脱脂乳制品不含维生素 D。牛乳在表面冷却器上用紫外线照射 30 ~ 60 s 后，乳中的维生素 D 原变为维生素 D，所得到的为维生素 D_3，维生素 D 的效力增加 20 ~ 30 倍。但此法存在一定的缺点，即牛乳被照射后会产生一种令人不快的臭味，且此法会造成维生素 B_1、维生素 B_2 和维生素 C 等的损失。

（3）维生素 E

奶油中大约 95% 的维生素 E 是具有较高生物学活性的 α– 生育酚，其余部分为 γ – 生育酚。脂肪球膜类脂中富含生育酚，含量比脂肪球高 3 倍。维生素 E 含量与饲料有关，食用青饲料多的乳牛，其乳中维生素 E 的含量高。维生素 E 对热、空气比较稳定，但在碱性和光线照射下不稳定。

（4）维生素 K

牛乳中的维生素 K 是在瘤胃中合成后运输进入乳中，脂溶性维生素的含量取决于乳脂肪的含量，因此不同脂肪含量的乳中维生素 K 的含量不同。

（5）维生素 B_1

乳牛的营养状况对维生素 B_1 含量影响较小，而饲料对维生素 B_1 含量有一定的影响。初乳中维生素 B_1 含量较常乳高 5 倍。维生素 B_1 在 pH 为 3.5 ~ 5.0 时对热比较稳定，在中性或碱性条件下，对热和紫外线极不稳定。在酸乳制品生产中，维生素 B_1 的含量会增加约 30%，增加的维生素 B_1 主要由细菌合成。

（6）维生素 B_2

牛乳中维生素 B_2 的含量受泌乳期的影响较大，而受季节的影响不大，泌乳第 1 d 的牛乳中维生素 B_2 含量是泌乳第 7 d 的 4 ~ 5 倍。维生素 B_2 使乳清呈黄绿色，牛乳中维生素 B_2 少量溶解于水溶液中以游离状态存在，大部分与磷酸及蛋白质结合而形成氧化酶，参与呼吸氧化作用。维生素 B_2 在酸性条件下较稳定，而在碱性或紫外线下则会被破坏分解，维生素 B_2 在酸性环境中加热到 120℃处理数小时仍保持原有性质，因此在通常杀菌的情况下不致被破坏。

（7）维生素 B_6

生鲜牛乳中 80% 的维生素 B_6 以吡哆醛形式存在，20% 以吡多胺以及痕量的磷酸吡哆醛形式存在。牛乳中维生素 B_6 的含量约是人乳中的 5 倍，因此牛乳是良好的维生素 B_6 供应源。维生素 B_6 见光易降解，对热稳定，即使加热到 120℃亦无变化。

（8）维生素 B_{12}

乳中 95% 的维生素 B_{12} 结合到乳清蛋白上，其含量受牛乳品种间及季节的影响很小。维生素 B_{12} 能治疗恶性贫血，其易受强碱及强酸的破坏，但对热稳定，加热至 120℃对其仍无影响。

（9）烟酸

乳中大多数烟酸的活性形式为烟酰胺，通常情况下，冬季乳中烟酸的含量高于春季和夏季。烟酸对热稳定，但在制造奶酪过程中，尼克酸会被微生物利用而使其含量大幅降低。

（10）维生素 C

乳中 75% 的维生素 C 是以抗坏血酸形式存在，其余为脱氢抗坏血酸。维生素 C 是在肝中生物合成的。山羊体内不能合成维生素 C，但喂给山羊青饲料多时，其乳中维生素 C 含量可提高数倍。维生素 C 是所有维生素中最不稳定的一种。加热、煮沸、氧化、干燥、紫外线都能使维生素 C 分解而被破坏。含硫的化合物及含巯基的物质能防止维生素 C 的氧化，食盐也能阻止其氧化。

牛乳经 62 ~ 65 ℃杀菌处理 30 min 后，维生素 C 被破坏 30% ~ 60%。牛乳放在冷藏处保存 6 ~ 8 h 后，维生素 C 则减少 50%。如果把牛乳在日光下照射 15 min，维生素 C 全部被破坏。一般到达消费者手中的乳及乳制品几乎不含维生素 C。

（11）叶酸

叶酸是以游离型和结合型存在在牛乳中。叶酸除了对贫血有治疗效果外，对乳酸菌的繁殖有很大的效果。初乳中叶酸的含量为常乳的数倍。叶酸在酸性溶液中对热不稳定，煮沸后 97% 叶酸会被破坏。

7. 其他成分

除上述各类物质外，乳中还含有少量的有机酸、气体、色素、细胞成分、风味成分及激素等。

（1）有机酸

乳中主要的有机酸是柠檬酸，此外还有微量的乳酸、丙酮酸及马尿酸等。在酸败乳及发酵乳中，乳酸的含量会因乳酸菌的作用而增加，而马尿酸会在乳酸菌的作用下转化成苯甲酸。牛乳中的柠檬酸主要以盐类形式存在，除了酪蛋白胶粒中的柠檬酸盐外，还存在着离子状态的、分子态的柠檬酸盐，主要是柠檬酸钙。柠檬酸对牛乳的热稳定性、冷冻牛乳的稳定性均起重要的作用。

（2）细胞成分

乳中所含细胞成分是白细胞和一些乳房分泌组织的上皮细胞，也有一些红细胞。牛乳中的细胞数是乳房健康状况的一般标志，也可作为衡量牛乳卫生品质的指标之一。

（3）气体

牛乳刚挤出时，100 mL 乳中大约有 7 mL 气体，主要是 CO_2，其次是 N_2 和 O_2。在贮存和处理过程中，CO_2 因逸散而减少，而氧、氮因与大气接触而增多。氧的存在将导致维生素的氧化与脂肪的变质，所以牛乳应尽量在密闭容器及管路内输送、贮存及处理，特别要避免在敞口的容器内加热。

三、乳的物理性质

乳的物理性质与水的相似，但由于乳连续相中含有多种溶质（如蛋白质、乳糖、盐）及分散有乳化性质或胶体特性的物质，使其性质有了较大变化。

1. 乳的色泽与光学性质

新鲜正常的牛乳呈不透明的乳白色或稍带淡黄色。乳白色是乳的基本色调，这是由乳中的酪蛋白酸钙－磷酸钙胶粒及脂肪球等微粒对可见光散射的结果。水溶性的核黄素使乳清呈黄绿色，而牛乳中的脂溶性胡萝卜素和叶黄素使奶油和干酪略带淡黄色。由于胡萝卜素不是牛体合成，而是从饲料中获得的，因此饲料会影响乳脂肪的颜色，喂青草的牛所产的乳其脂肪比饲喂干草和精料者的颜色更黄。

因乳中有溶质存在，所以牛乳的折射率比水的折射率大。脂肪球会对光造成不规则反射，因而全乳的折射率不易准确测定。脱脂乳的折射率为 1.344 ~ 1.348，该值与乳中无脂干物质的含量有比例关系，以此可判断牛乳是否掺水。

2. 乳的热学性质

牛乳的热学性质主要有冰点、沸点和比热容。根据拉乌尔定律可知，与纯水相比，牛乳在溶质的影响下而呈现冰点下降而沸点升高的特征。

（1）冰点

牛乳的冰点为 −0.565 ~ −0.525℃，平均为 −0.540℃。牛乳中的乳糖和可溶性盐类是导致其冰点下降的主要因素。正常牛乳中乳糖及盐类的含量相对稳定，因此乳冰点是相对恒定的，所以牛乳的冰点是检测其是否掺水唯一可信的物理参数。乳经高温处理时，一些磷酸盐形成沉淀会导致冰点升高。酸败的牛乳冰点会降低，所以测定冰点要求生乳的酸度小于 20°T。

如果牛乳中掺 10% 的水，其冰点约上升 0.054℃。若乳的冰点为 −0.540℃或低于该值，则通常认为乳中未掺水。可根据冰点的变化用下列公式来推算掺水量：

$$X = \frac{T - T_1}{T} \times 100\% \qquad (11\text{–}1)$$

式中：X——掺水量，%

T——正常乳的冰点，℃

T_1——被检乳的冰点，℃

（2）沸点

在大气压为 101.325 kPa 下，牛乳的沸点约为 100.55℃，通常沸点的范围为 100 ~ 101℃。沸点受乳中固形物含量的影响，固形物含量升高，沸点也会上升。

（3）比热容

牛乳的比热容与其所含成分的含量、相态及其比热容相关。在 14 ~ 16℃时，乳中部分或全部乳脂肪呈固态，加热时部分热能要消耗在固态脂肪熔化的潜热上。因此在此温度范围内，乳中脂肪含量越多，使乳温上升 1℃所消耗的热量就越多。因脂肪本身的比热容小，故在其他温度范围内，乳中脂肪含量越高则其比热容越小。表 11–8 为乳和乳制品的比热容。

3. 乳的滋味与气味

牛乳带有的特殊香味取决于乳中含有的挥发性脂肪酸及其他挥发性物质。牛乳香味随温度变化而发生变化，加热乳香味会变浓，冷却后乳香味会变弱。乳中的乙醛、丙酮和甲醛等羰基化合物均与牛乳风味有关。牛乳很容易吸收外界的各种气味，所以挤出的牛乳如在牛舍中放置时间太久会带有牛粪味或饲料味，与鱼虾类放在一起则会带有鱼腥味，贮存容器不良时则产生金属味，

表 11-8 乳与乳制品的比热容

种类	脂肪含量 /%	比热容 / (kJ · kg^{-1} · K^{-1})		
		15 ~ 18℃	32 ~ 35℃	40 ~ 43℃
脱脂粉	–	3.961	3.915	3.885
全脂粉	3.5	3.940	3.877	3.839
稀奶油	18	4.321	3.789	3.609
稀奶油	25	4.639	3.743	3.442
稀奶油	33	4.756	3.563	3.236
稀奶油	40	4.802	3.408	3.014

消毒温度过高则产生焦糖味。总之，乳的气味易受外界因素的影响，因此，每个处理环节都必须密切注意周围环境的清洁状况以及各种因素的影响。

乳糖赋予新鲜纯净的乳微甜味，Cl^- 则使乳稍带咸味。常乳中的咸味因受乳糖、脂肪、蛋白质等调和而不易察觉，但异常乳（如乳腺炎乳）中 Cl^- 浓度较高，故异常乳有浓厚的咸味。乳中的苦味来自 Mg^{2+} 和 Ca^{2+}，而酸味则是由柠檬酸和磷酸所引起。

4. 乳的酸度与 pH

刚挤出的新鲜乳的酸度称为固有酸度或自然酸度，该酸度主要由乳中蛋白质、柠檬酸盐、磷酸盐及 CO_2 等酸性物质所引起。若以乳酸百分率计，牛乳的自然酸度为 0.15% ~ 0.18%。非脂乳固体含量越高，乳的固有酸度就越高。乳在挤出后的存放过程中，会受微生物的作用发生乳酸发酵，引起乳的酸度上升。由发酵产酸而升高的这部分酸度称为发酵酸度或发生酸度。固有酸度和发酵酸度之和称为总酸度。一般情况下，乳品工业中所测定的酸度指的就是总酸度。原料乳的酸度越高，对热的稳定性越差，因此测定乳的酸度对生产具有重要意义。

乳品工业中的酸度是指采用滴定法，用标准碱溶液进行滴定所测定的酸度，我国滴定酸度用吉尔涅尔度（°T）或乳酸质量分数（乳酸 %）来表示。

（1）吉尔涅尔度

吉尔涅尔度是指是以酚酞为指示剂，中和 100 mL 牛乳所消耗的 0.1 mol/L 氢氧化钠标准溶液的毫升数，消耗 1 mL 氢氧化钠标准溶液为 1 °T，也称 1 度。这种酸度与贮存过程中因微生物繁殖产生的乳酸无关。例如，新鲜的牛乳自然酸度为 16 ~ 18 °T，其中 3 ~ 4 °T 来源于蛋白质，约 2 °T 来源于 CO_2，10 ~ 12 °T 来源于磷酸盐和柠檬酸盐。

（2）乳酸度

乳酸度（乳酸 %）是用乳酸量表示酸度，测定方法同吉尔涅尔度的测定方法，按下列公式进行计算：

$$\text{乳酸度（\%）} = \frac{0.1\ \text{mol/L NaOH 体积（mL）} \times 0.009}{\text{（乳样体积} \times \text{比重）或乳样质量（g）}} \times 100\% \qquad (11\text{–}2)$$

若以乳酸百分率计，牛乳自然酸度为 0.15% ~ 0.18%。

（3）pH

pH 为离子酸度或活性酸度，正常新鲜牛乳的 pH 为 6.4 ~ 6.8，一般酸败乳或初乳的 pH 在 6.4 以下，乳腺炎乳或低酸度乳 pH 在 6.8 以上。

pH 反映了乳中处于电离状态的所谓的活性 H^+ 的浓度。乳挤出后，在存放过程中由于微生物的作用，乳糖会水解成为乳酸。乳酸是一种电离度小的弱酸，而且乳是一个缓冲体系（包括蛋白质、磷酸盐、柠檬酸盐等物质），该体系可使乳酸保持相对稳定的活性 H^+ 浓度。所以在一定范围内，虽然产生了乳酸，但乳的 pH 并未相应地发生明显的变动，在生产中可通过测定滴定酸度来间接掌握乳的新鲜度。

5. 乳的相对密度

乳的相对密度是指乳在 20℃时的质量与同容积水在 4℃时的质量之比，正常乳的相对密度平均值为 1.027。乳的相对密度受多种因素的影响，如乳的温度、脂肪含量、无脂干物质含量、乳挤出时间及是否掺假等。乳的相对密度与其温度呈负相关，因此在测定乳相对密度时必须同时测定乳的温度，并进行必要的校正。乳的相对密度在挤乳后 1 h 内最低，其后逐渐上升，最后可大约升高 0.001，这是由于乳中气体的逸散、蛋白质的水合作用及脂肪的凝固使容积发生变化的结果，故不宜在挤乳后即可测定其比重。乳中掺入固形物会使乳的相对密度升高，而掺入水则会使乳的相对密度降低，因此在乳的验收过程中可以通过测定乳的相对密度来判断原料乳是否掺水。

6. 乳的电学性质

（1）电导率

25℃时正常牛乳的电导率为 0.004 ~ 0.005 S/cm。乳中的离子，特别是 Na^+、K^+ 和 Cl^- 决定了乳的电导性。细菌发酵乳糖产生乳酸会使乳电导率升高。乳腺炎乳中 Na^+、Cl^- 增多，电导率会上升，一般电导率超过 0.006 S/cm 即可认为是病牛乳，故可应用电导率对乳腺炎乳进行快速鉴定。

（2）氧化还原电势

乳中含有大量具有氧化还原作用的物质，如维生素 B_2、维生素 C、维生素 E、酶类、溶解氧、微生物代谢产物等。在 25℃下，pH 为 6.6 ~ 6.7 的乳与空气相平衡时的氧化还原电势（E_h）为 +0.25 ~ +0.35 V。溶解氧浓度是影响乳品 E_h 的主要因素，无氧条件下乳的 E_h 比含氧乳的电势低。微生物生长发酵乳糖对乳的 E_h 有重要影响，乳酸菌生长可使乳的 E_h 下降，当可利用氧被细菌耗尽时 E_h 快速下降。因此，干酪、发酵乳制品的 E_h 是阴性。热处理会使乳中氧气含量降低，β- 乳球蛋白变性以致其 –SH 暴露，进而造成乳液 E_h 下降；E_h 的指示剂（刃天青或美蓝）可被用于通过测定还原时间长短来评价乳受微生物污染的程度。E_h 会影响乳与乳制品中微生物生长状况和乳成分的稳定性，降低 E_h 可有效抑制需氧菌的生长繁殖，显著降低乳品中易氧化营养成分的氧化分解，如脂肪的氧化分解。

在生产中，可以通过脱除乳中溶解氧的含量、调整乳中氧化还原物质的含量和状态（如乳粉的真空包装或充氮包装、乳酸菌发酵）等来降低产品的氧化还原电势。

7. 乳的黏度与表面张力

◎ **延伸阅读**
黏度对乳品加工有重要影响

（1）乳的黏度

一定条件下牛乳呈牛顿流体特征，25℃时正常乳的黏度为 0.001 5 ~ 0.002 Pa · s。脂肪和酪蛋白是决定乳黏度的主要因素，尤其是酪蛋白胶粒对黏度的影响最大。牛乳的黏度与含脂率成正比，与温度成反比。当含脂率一定时，牛乳的黏度随着乳固体含量的升高而增大。初乳和末乳的黏度均比正常乳高。在加工中，黏度会受脱脂、杀菌、均质等操作的影响。

（2）乳的表面张力

20℃时牛乳表面张力为 0.04 ~ 0.06 N/cm，测定表面张力的目的是鉴别乳中是否混有其他添加物。全乳的表面张力略低于脱脂乳，可能是因为乳脂肪球膜的物质和游离脂肪酸存在于全乳中而引起的。全乳和脱脂乳的表面张力随温度升高而降低。乳脂肪降解可降低乳的表面张力，其原因是脂肪降解产生了游离的脂肪酸。各种加工处理过程也可影响乳的表面张力。均质可降低原料乳的表面张力，其原因是乳中内源性脂肪酶导致脂肪水解并释放出表面活性脂肪酸；表面张力与乳的起泡性有关，加工冰淇淋或搅打发泡稀奶油时希望有浓厚而稳定的泡沫形成，但运送、净化、稀奶油分离、杀菌时则不希望形成泡沫。

四、乳的加工特性

◎ 延伸阅读
超高压对牛乳感官、理化及乳蛋白加工特性的影响研究进展

牛乳的加工方式主要有热加工、冷加工等加工类型，各种加工处理方式均会对牛乳产生影响，了解这些影响对于乳品加工中的质量控制具有一定的指导意义。

1. 热加工对乳的影响

热加工是乳品生产中最常见、最基本的处理方式，在热加工过程中乳会产生生物学、化学和物理化学等多方面的变化，这些将会影响到其营养学和理化特性等。

（1）一般的变化

① 形成皮膜

牛乳在 40℃以上进行加热时会在液面形成一层皮膜，这是由于在牛乳水分不断蒸发下，其界面蛋白质不断浓缩并在乳液与空气接触界面层所形成的不可逆转的凝结物。膜的厚度会随加热时间的延长和温度的升高而增加。凝结物的干物质中，乳脂肪约占 70% 以上，蛋白质占 20%～25%，其中乳清蛋白占蛋白质的多数。加热时不断搅拌或减少液面水分的蒸发可以防止皮膜形成。

② 产生褐变

◎ 知识拓展
美拉德反应

牛乳经长时间高温加热处理后会发生美拉德（Maillard）反应而发生褐变。乳糖焦糖化而致的褐变程度与温度、pH 和糖的种类相关。牛乳的温度和 pH 越高则褐变越严重，而乳中糖的还原性越强褐变也越严重。在制造甜炼乳时如选用转化糖高的蔗糖或者混入较多的葡萄糖就会产生严重的褐变。可通过添加 0.01% 左右的 L- 半胱氨酸、亚硫酸氢钠或 SO_2 来抑制褐变的发生。

③ 出现蒸煮味

牛乳加热后会产生一定程度的蒸煮味，其强弱与加热的时间和温度密切相关。例如牛乳经 74℃加热处理 15 min 后，就开始产生明显的蒸煮味，主要原因是由于 β- 乳球蛋白和脂肪球膜蛋白热变性而产生巯基，甚至产生挥发性的硫化物和硫化氢。75℃以上长时间加热，蒸煮味逐渐向焦糖味转变。蒸煮味的强弱程度随加热温度而异，具体见表 11-9 所示。

表 11-9　加热对牛乳风味的影响

加热温度	风味	加热温度	风味
未加热	正常	76.7℃、瞬间	蒸煮味 ±
62.8℃、30 min	正常	82.2℃、瞬间	蒸煮味 ++
68.3℃、瞬间	正常	89.9℃、瞬间	蒸煮味 +++

注：“±”表示疑似，“+”表示蒸煮味强弱

④ 形成乳石

在高温下加热或煮沸牛乳时，在与牛乳接触的加热面上常会形成称为乳石的结焦物。乳石的主要成分是蛋白质、脂肪和无机物，无机物主要为磷和钙，其次为镁。牛乳酸度高则易形成乳石，设备表面光洁度高则不易产生乳石，加热表面存在空气泡则可以加速乳石的生成，牛乳与加热蒸汽间温差大则会促进乳石的形成，牛乳的流速越大则乳石形成的机会越少。

（2）各种成分的变化

① 乳清蛋白的变化

热处理会导致蛋白质变性而引起蛋白质分子的凝聚，凝聚的程度与热处理的强度呈正相关。乳清蛋白的热稳定性低于酪蛋白，主要是因为乳清蛋白缺乏磷，以及低脯氨酸含量和高胱氨酸、蛋氨酸含量所致。

② 酪蛋白的变化

100℃长时间热处理或 120℃热处理时，酪蛋白会参与褐变反应。100℃温度以下对酪蛋白进行

加热处理虽然不会引起其化学性质的变化，但会明显改变其物理性质，如以高于63℃的温度对牛乳加热处理后，再用酸或者皱胃酶凝固时，凝块的物理性质会发生变化。

③ 乳糖的变化

乳糖在固态或者熔化状态下受到强烈的热处理，会发生多种变化，如变旋作用、异构化反应和产生多种挥发性的化合物，如100℃以上处理时乳糖会降解产生乳酸、醋酸等。在强酸性溶液中，乳糖受热会降解产生单糖和酸等产物。

④ 乳脂肪的变化

100℃以上温度加热，乳脂肪并不发生化学变化，但在热处理过程中，乳脂肪的物理特性会发生很大变化。65 ~ 70℃加热可以促使脂肪球物理状态发生变化，造成稀奶油分离性能变差，但经62 ~ 63℃加热30 min并立即冷却时，不会产生这种现象。高温加热会使乳脂肪球融化在一起上浮至液面形成稀奶油层。

⑤ 无机成分的变化

牛乳中CO_2在加热过程中会大量散失，进而引起滴定酸度的降低和pH升高。牛乳中的碳酸钙和磷酸钙受加热的影响较大，而其他盐类几乎不受影响。牛乳加热期间会形成胶态磷酸钙，磷酸钙的溶解度会随温度的升高而降低。加热过程中，可溶性磷酸钙沉淀在酪蛋白胶束上，同时Ca^{2+}浓度和pH会降低。经剧烈的热处理之后，受热的酪蛋白会沉淀。在UHT乳和灭菌乳中，可溶性钙和磷会降低40% ~ 50%。

2. 冷冻加工对乳的影响

（1）冷冻对乳蛋白质的影响

牛乳经 −5℃保存5周或在 −10℃保存10周以上，解冻后牛乳中酪蛋白胶粒会从原来的溶解状态变为沉淀。解冻牛乳中酪蛋白胶体的稳定性与乳中的盐类（尤其是胶体钙）浓度、乳糖结晶、冷冻前牛乳的热处理方式和解冻速度等因素有密切关系。乳发生冻结时，冰晶析出会造成乳中盐类浓度增大，如钙含量增高，这些离子抵消了酪蛋白胶粒的电荷以致引起酪蛋白胶粒发生凝集；乳冻结时乳糖结晶能够使蛋白质不稳定现象加剧；添加蔗糖可增加酪蛋白复合物的稳定性，其原因在于添加的蔗糖增大了牛乳的黏度而引起乳冰点的下降，同时还防止了乳糖结晶的作用。

（2）冷冻对乳脂肪的影响

冷冻会引起乳脂肪球膜受损，造成“游离脂肪”的释放，以致失去乳化力，造成脂肪团块浮于表面。当牛乳在静置状态下进行冻结时，由于稀奶油上浮，会使牛乳上层脂肪浓度增高，因而牛乳解冻后可呈现浓淡层现象。对冻结前的牛乳进行均质处理，可使脂肪球粒径降低至1 μm以下，同时乳的黏度也会有所提升，这可以克服乳解冻后脂肪上浮的缺点。含脂率50%的中高脂稀奶油受冻后极不稳定，因此，工业上冷冻稀奶油主要用于生产汤料、无水奶油和奶油等。

（3）不良风味的出现和细菌的变化

冷冻保存的牛乳常出现氧化味、金属味及鱼腥味，其原因在于乳处理时混入的Cu^{2+}等金属离子促进了乳中不饱和脂肪酸的氧化，形成不饱和羰基化合物所致。可通过向乳中添加抗氧化剂来防止此种情况的发生。

第二节　乳制品加工工艺

一、液态乳加工

液态乳是以生鲜牛乳、乳粉等为原料，经过适当的加工处理，制成可供消费者直接饮用的液态状的商品乳。这里主要介绍消毒乳、巴氏杀菌乳、超高温灭菌乳、再制乳以及风味乳的加工工艺。

1. 消毒乳的加工工艺

（1）工艺流程

消毒乳生产的工艺流程见图 11-2。

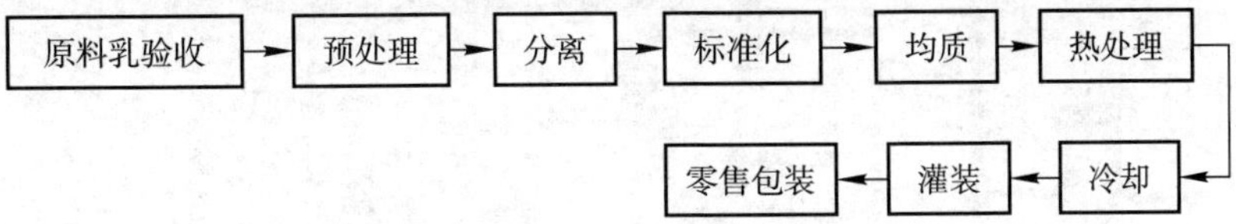

图 11-2　消毒乳生产的工艺流程

（2）主要工艺要点

① 均质。均质是指对脂肪球进行适当的机械处理，使其分散成更细小的微粒，均匀一致地分散在乳中。均质处理可使乳中脂肪球的直径平均缩小到原来的 1/10，均质乳中的脂肪球数量大约比未经处理的乳中多 1 万倍，这些小颗粒上浮速度极慢，因此，经过均质处理的牛乳很稳定。

均质时，牛乳以较高的压力被送入阀座与均质机头之间的间隙，400 m/s 的速度通过窄小的环隙，均质就在这 10 ~ 15 μs 中发生。牛乳的均质温度一般控制在 50 ~ 65℃。通常采用二级均质。均质效果可以通过测定均质指数来检查。方法：取 250 mL 均质乳样品在 4 ~ 6℃下储存 48 h，然后分别测定上层（容量的 1/10）和下层（容量的 9/10）乳中含脂率 $F_{上}$（%）和 $F_{下}$（%），按下面公式计算均质指数。

$$均质指数=100\times(F_{上}-F_{下})/F_{上} \tag{11-3}$$

一般均质乳的均质指数应在 1 ~ 10 的范围内。

② 杀菌（热处理）。消毒（纯）乳的杀菌方法现普遍采用 90 ~ 92℃/15 ~ 20 s 的高温短时杀菌法。

③ 冷却。经过杀菌的牛乳应尽快冷却至 4℃，冷却速度越快越好。这主要是预防磷酸酶的激活。

④ 灌装。采用的包装材料应无毒害、无污染；避光、密封性好，有一定的抗压强度；便于运输、携带、开启。常见的包装材料有玻璃瓶、聚乙烯塑料瓶、塑料袋、复合塑纸袋和纸盒。应避免二次污染，并且尽量避免灌装时产品升温。

⑤ 储存。巴氏杀菌的特点决定其产品在储存和分销过程中，必须保持冷链的连续性，尤其是从乳品厂到销售点的运输过程及产品在销售点的储存过程是冷链的两个最薄弱环节。

2. 巴氏杀菌乳的加工工艺

（1）工艺流程

巴氏杀菌乳的加工工艺流程见图 11-3。

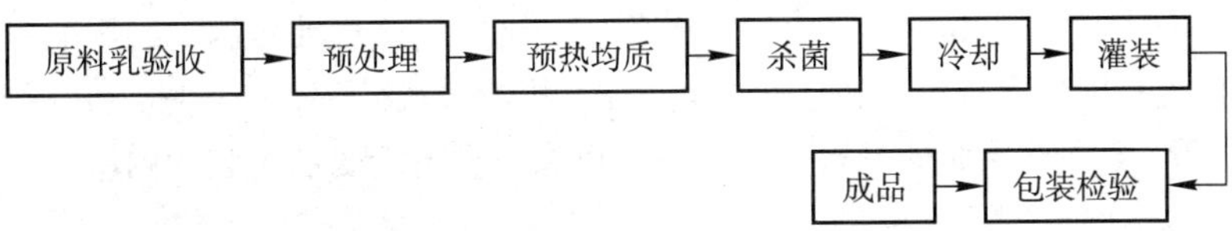

图 11-3　巴氏杀菌乳生产的工艺流程

巴氏杀菌乳的加工生产线见如图 11-4 所示。

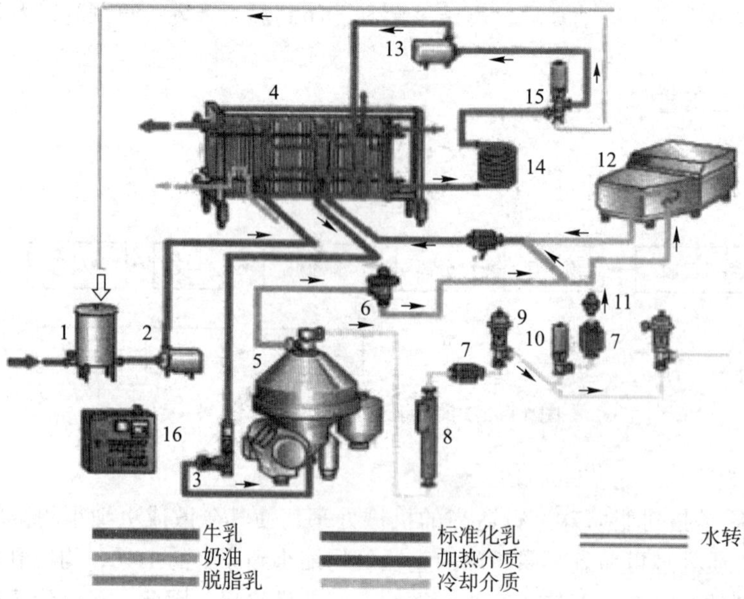

图 11-4　巴氏杀菌乳生产线

1. 平衡槽　2. 物料泵　3. 流量控制器　4. 板式换热器　5. 稀奶油分离机　6. 衡压阀　7. 流量传感器　8. 密度传感器　9. 调节阀　10. 关闭阀　11. 检测阀　12. 均质机　13. 升压泵　14. 保温管　15. 回流阀　16. 过程控制器

经验收合格的原料乳先通过平衡槽 1，然后经泵 2 送至板式热交换器 4。预热后，通过流量控制器 3 至分离机 5，以生产脱脂乳和稀奶油。其中稀奶油的脂肪含量可通过流量传感器 7、密度传感器 8 和调节阀 9 确定和保持稳定，即为了保证均质效果以及节省投资和能源的情况下，仅使稀奶油通过一个较小的均质机。实际上该固中稀奶油的去向有两个分支，一是通过阀 10、11 与均质机 12 相连，以确保巴氏杀菌乳脂肪含量；二是多余的稀奶油进入稀奶油处理线。此外，进入均质的稀奶油的脂肪含量不能高于 10%，所以一方面要精确地计算均质机的能力，另一方面应使脱脂乳混入稀奶油进入均质机，并保证其流速稳定。随后均质的稀奶油与多余的脱脂乳混合，使物料的脂肪含量稳定在产品要求含量范围，并送至板式热交换器 4 和保温管 14 进行杀菌。然后通过回流阀 15 和升压泵 13 保证杀菌后的巴氏杀菌乳在杀菌机内为正压。这样就避免了由于杀菌机的渗漏，导致冷却介质或未杀菌的物料污染杀菌后的巴氏杀菌乳。当杀菌温度低于设定值时，温度传感器将指示回流阀 15，使物料回到平衡槽。巴氏杀菌后，杀菌乳继续通过板式热交换器交换段与流入的未经处理的乳进行热交换，而本身被降温，然后继续到冷却段，用冷水和冰水冷却，冷却后先通过缓冲罐，再进行灌装。

（2）原料乳验收和分级

通常在牧场仅对牛乳的质量作一般的评价，到达乳品厂后再对感官、理化和卫生质量进行测定。

（3）预处理

① 脱气。牛乳刚刚被挤出后含 5.5% ~ 7% 的气体，经过贮存、运输和收购后，一般其气体含量在 10% 以上，而且绝大多数为非结合的分散气体。这些气体对乳品加工的影响主要有：a. 影响牛乳计量的准确度；b. 使巴氏杀菌机中结垢增加；c 影响分离效率；d. 影响牛乳标准化的准确度；e 影响奶油的产量；f. 促使脂肪球聚合；g. 促使游离脂肪吸附于奶油包装的内层；h. 促使发酵乳中的乳清析出。

所以，在牛乳处理的不同阶段进行脱气是非常必要的。通常用流量计量泵送牛乳时要在奶槽车上，在乳品厂收奶间流量计之前安装脱气设备。但是这种脱气设备对乳中细小的分散气泡是不起作用的，因此在进一步处理牛乳的过程中，还应使用真空脱气罐，以除去细小的分散气泡和溶解氧。

② 过滤、净化。过滤与净化的目的是去除混入到原料乳中的机械杂质，并可以少量去除牛乳中的部分微生物。

（4）标准化

◎ 延伸阅读
标准化的方法

巴氏杀菌乳标准化的目的是生产符合质量标准要求的产品，并使生产的每批产品质量均匀一致。就巴氏杀菌乳而言，一般只对乳脂肪标准化。

乳脂肪的标准化可通过添加稀奶油或脱脂乳进行调整，如将全脂乳与脱脂乳混合，将稀奶油和全脂乳混合，将稀奶油和脱脂乳混合及格脱脂乳和无水奶油混合等。根据每次标准化调整的需要，各种所需材料的添加量要计算准确。

（5）均质

◎ 延伸阅读
均质注意事项

为了防止脂肪的上浮分离，并改善牛乳的消化、吸收程度，将乳中脂肪球在强力的机械作用下破碎成小的脂肪球。均质可以是全部的，也可以是部分均质。

（6）杀菌

巴氏杀菌的目的首先是杀死致病微生物，其次是尽可能多地破坏能影响产品风味和保质期的其他微生物和酶类系统，以保证产品质量在保质期内的稳定。另外牛乳中也有些致敏因子，牛乳的热处理可以降低其致敏性。图 11-5 为牛乳加热时间服从的温度函数规律，图中显示的是剩余酶活力的百分比。

关于巴氏杀菌的方法，从杀死微生物的观点来看，牛乳的热处理强度是越强越好。但是，强烈的热处理对牛乳外观、味道和营养价值会产生不良影响。如牛乳中的蛋白质在高温下会变性；强烈的加热使牛乳味道改变，首先是出现“蒸煮味”，然后是焦味。因此，时间和温度组合的选择必须考虑到微生物和产品质量两方面，以达到最佳效果。表 11-10 是乳品厂常用的一些杀菌方法。

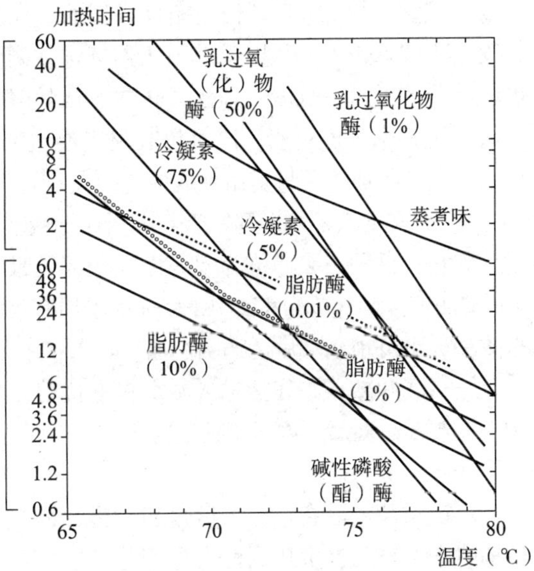

图 11-5　牛乳热处理对酶活力的影响（剩余活力）

◎ 延伸阅读
杀菌方法

（7）冷却

经过杀菌的牛乳，必须迅速冷却到 7℃以下，抑制残留微生物的生长和繁殖，同时低温贮藏对产品的品质保质也是十分有利的。冷却方法是将杀菌后的高温牛乳经换热器冷却，将杀菌乳冷却至 4 ~ 5℃。

表 11-10　乳品厂主要的热处理方法

杀菌方法	温度 /℃	时间
初次杀菌	63 ~ 65	15 s
低温长时巴氏杀菌	63	30 min
高温短时巴氏杀菌（牛乳）	72 ~ 75	15 ~ 20 s
高温短时巴氏杀菌（稀奶油等）	> 80	1 ~ 5 s
超巴氏杀菌	125 ~ 138	2 ~ 4 s

（8）灌装

冷却后的乳应迅速在卫生条件下灌装到要求的容器中。包装的目的是包容、保护、保藏食品，使其便于销售。目前我国巴氏杀菌乳的包装主要有玻璃瓶、塑料袋、复合纸盒和高密度聚乙烯包装等。

① 玻璃瓶。玻璃瓶是一种可回收的包装形式，玻璃瓶平均可重复使用约 50 次。每次回收使用时必须注意检查，保证瓶子完好无损，并经清洗、灭菌和干燥方可使用。

② 塑料袋。目前我国巴氏杀菌乳产品的包装中，销量最大的为塑料袋包装，其特点是卫生、方便、价廉。

③ 复合纸盒。复合纸盒在 UHT 乳无菌包装中的应用自然也促进了与其相似的包装在巴氏杀菌乳中的使用。屋顶包是广泛应用的包装形式之一，因为它将拉环和盖子固定在一起，使之很容易打开和倾倒。用于巴氏杀菌乳的纸盒材料是由起保护作用的外层—低密度聚乙烯（LDPE）层和卡板纸复合而成的。卡板纸的内表面也覆盖着 LDPE 保护层，卡板纸主要是为了提供机械强度。屋顶包是成型—灌装—密封包装，但与完全用复合材料制造的砖型包装相比，屋顶包的塑料盖是在纸盒成型时用 LDPE 颗粒经模具成型的。在生产过程中，首先复合纸卷形成筒状盒体，然后将其固定于塑料盖上，从巴氏杀菌机连续进入灌装机平衡罐的物料，由定容定量给料器从纸盒底部进料灌装，纸盒一旦灌满，立即热封。虽然罐装过程是卫生的，但不是无菌的，只有以严格的标准来管理整个生产过程，同时包装材料经过有效灭菌，巴氏杀菌乳才能有一个较理想的保质期。目前我国乳品加工厂只是用预成型包装盒进行灌装，然后密封。

④ 高密度聚乙烯包装。高密度聚乙烯包装容器是继纸盒之后的另一种可供选择的包装形式（可回收），这种包装已成为零售巴氏杀菌乳最流行的包装形式。塑料容器用的材料是高密度聚乙烯（HDPE）而不是 LDPE，因为前者才具有足够的强度和硬度。包装容器既可以在乳品厂现场吹塑成型，也可预成型后运送到乳品厂进行灌装。当然运输聚乙烯颗粒比运输空容器和盖子更经济，因此，现场吹塑成型在运输成本上占有优势。塑料容器的灌装操作的卫生管理必须非常严格，才能降低巴氏杀菌后二次污染的危险性。

（9）冷藏、运输

巴氏杀菌产品在贮存、运输和销售过程中，必须保持冷链的连续性，尤其从乳品厂至商店的运输过程及产品在商店的贮存过程是冷链的两个最薄弱环节。表 11-11 是瑞典乳业协会的调查结果，表明产品在装车、运输、卸车最后运至商店的过程中，时间不应超过 3 h，而且应该选用保温密封车甚至冷藏车运输。

表 11-11　运输条件与产品温度之间的关系　　单位：产品升温℃ /h

运输车	室温（20℃）	室温（10℃）
非冷藏，非保温混帐篷车	3℃	1.5℃
非冷藏，非保温密封车	1℃	0.5℃
非冷藏，保温密封车	1℃	0.5℃
冷藏，保温密封车	0.5 ~ 1℃	0℃

因此，巴氏杀菌乳在冷藏和运输中的具体要求包括：产品必须冷却到 10℃以下，并在 6℃以下尽量在避光条件贮藏和运输，分销时产品保持密闭。

3. 超高温灭菌乳的加工工艺

（1）工艺流程

超高温灭菌乳的加工工艺流程如图 11-6。

原料乳 → 验收及预处理 → 超高温灭菌 → 无菌平衡贮罐 → 无菌灌装 → 灭菌乳

图 11-6　超高温灭菌乳基本工艺流程

UHT 工艺与巴氏杀菌工艺相近，主要的区别：UHT 处理前一定要对所有设备进行预灭菌，UHT 热处理要求更严、强度更大，工艺流程中必须使用无菌罐，最后采用无菌灌装。

（2）主要工艺要点

① 对原料乳的要求。生产 UHT 产品，对原料乳质量要求较高，除生产巴氏杀菌乳的原料乳基本质量要求外，在蛋白质的稳定性、微生物指标等方面有特殊要求，具体包括：

a. 蛋白质的稳定性。在生产 UHT 产品时，尤其重要的是牛乳中的蛋白质在热处理中不能失去稳定性。蛋白质的热稳定性可以通过酒精试验来进行快速鉴定，如果牛乳在酒精浓度为 75% 时仍保持稳定，则通常可以避免在生产和货架期期间出现问题。

b. 微生物指标。在低温下长时间贮存的牛乳，可能会含有过高数量的嗜冷菌。嗜冷菌会产生一些经灭菌处理也不会失活的耐热酶类。在产品贮存期间，这些酶类引起产品滋味改变，如酸辣味、苦味，严重时会凝胶化。

因此生产 UHT 乳，原料乳必须具有很高的细菌学质量，包括细菌总数，以及影响灭菌率的芽孢形成菌的数量。通常要求原料乳细菌总数应小于 2.0×10^5 CFU/mL，耐热芽孢数小于 100 CFU/mL。

c. 体细胞。体细胞数应小于 3.0×10^5 个 /mL。

② 生产前设备杀菌。生产之前设备必须灭菌，以避免经灭菌处理后的产品被再污染，95 ~ 100℃热水灭菌设备的最短时间为 30 min，自达到适宜温度的某一瞬间到设备中所有部件都达到温度要求。然后设备冷却至生产要求的条件。

③ 均质、灭菌、冷却。原料乳经预热段预热到 75℃后，进入均质机均质，均质通常采用二级均质，二级均质压力为 5 MPa，总均质压力为 25 MPa。均质后的牛乳进入加热段加热到灭菌温度（140℃左右），保持 4 s 左右进行灭菌，然后进入热回收段进行冷却。

④ 无菌包装。无菌包装是生产 UHT 乳的一个重要过程，该过程包括包装材料或容器的灭菌，在无菌环境下流入无菌容器中，并密封。UHT 产品在非冷藏条件下具有长货架期，所以包装材料必须具有防光和防氧气作用。因此在聚乙烯塑料层之间需要有一个薄铝夹层。无菌包装系统有多种形式，可配无菌罐，也可不配无菌罐。

a. 无菌罐。无菌罐用于 UHT 处理乳制品的中间贮存。在 UHT 线上，无菌罐的作用主要有：如果包装机中有一台意外停机，无菌罐用于停机期间产品的贮存；几种产品同时包装，首先将一个产品贮满无菌罐，足以保证整批包装，随后，UHT 设备转换生产另一种产品，并直接在包装机线上进行包装。因此，在生产线上有一个或多个无菌罐，为灵活安排生产提供了方便。

另一种形式为，产品由 UHT 设备直接进行包装，UHT 系统要求不大于 20% 的产品回流，同时适度的产品回流循环可以保持灌装压力的稳定。如果处理的产品对热敏感，最好采用无菌罐。

b. 无菌灌装机。纸卷成型包装系统是目前使用最广泛的包装系统，包装材料由纸卷连续供给包装机，经过一系列成型过程进行灌装，封盒和切割。在这一过程中对包材的灭菌是获得无菌灌装的关键。包材的灭菌方式有多种，包括饱和蒸汽灭菌、双氧水灭菌、紫外线辐射灭菌以及双氧水与紫外线联合灭菌。对于纸或复合塑料包装系统最为广泛的是双氧水结合紫外线灭菌，一般双氧水浓度为 30% ~ 35%。

目前我国应用较多的包装形式有砖形包装、枕形包装和菱形包装等形式。

影响 UHT 货架期的理化因素，包括出现凝胶化、酸度增加、沉淀和脂肪上浮。影响货架期的感观因素是滋味、气味和颜色的改变。UHT 乳的货架期一般在 3 ~ 6 月。

⑤ UHT 乳质量检测。为确保得到最佳品质的 UHT 乳，应在生产中取样并检测某些参数，推荐使用以下检测程序。

a. 每批产品都应检测原料乳的成分。测定乳脂、蛋白质、总固体含量后可根据要求调整。

b. 应在显微镜下观察 UHT 乳以确保均质充分，减少脂肪上浮。该项检测应在均质前后都进行，每星期一次。

c. 在热处理前后检测原料乳的微生物指标。此检测应在刚开机时、开机 4 h 及 8 h 后进行。如果生产超过 8 h，则 8 h 后应每小时检测一次。

d. 应在热处理后立即对产品进行检测，以确保热处理达到预期效果。微生物的检测项目及数量应和热处理前一样。

e. 最终产品的检测应包括所有参数，且样品应代表全天的生产情况。它可进一步确认先前生产过程中的检测结果，保存留样以备有产品投诉情况出现时，再行检测。还应在两个星期后、1 个月后、2 个月后、3 个月后、4 个月后及 6 个月后检测留置样品的各项参数，以证实产品保存期，出库产品的保存期测试每周进行一次即可。

f. 保温试验。UHT 乳应取样于保温室中进行保温试验，保温试验时间为一周，以检测微生物及感官指标的变化。

4. 再制乳的加工工艺

（1）工艺流程

再制乳的生产工艺流程如图 11–7。

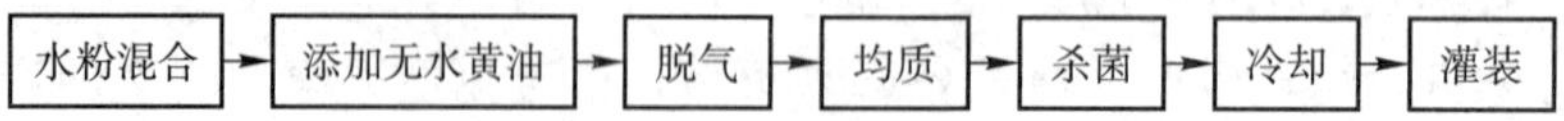

图 11–7　再制乳基本工艺流程

（2）主要工艺要点

① 原料质量要求

a. 乳粉。乳粉质量直接影响乳制品的品质。因此，要严格控制乳粉的质量。再制乳生产中所用脱脂乳粉、乳粉的标准见表 11–12 和表 11–13。

表 11–12　再制乳的原料脱脂乳粉的标准

指标	标准	指标	标准
水分	< 4.0%	细菌数	< 1.0×10^4 CFU/g
脂肪	< 1.25%	大肠杆菌	阴性
滴定酸度（以乳酸计）	0.1% ~ 0.15%	滋气味	无异味
溶解度指数	> 1.25%		

表 11–13　再制乳的原料乳粉的标准

指标	标准	指标	标准
乳清蛋白质	> 3.5（低温或中温干燥）	微生物	优质
溶解度指数	< 0.25 mL	丙酮酸盐试验	< 90 mg
风味	纯正乳香味		

b. 奶油。再制乳的风味主要来自脂肪中的挥发性脂肪酸，因此必须严格控制脂肪的质量标准。无水奶油的质量标准见表 11–14。

c. 水。水是再制乳的溶剂，水质的好坏直接影响再制奶的质量，要求必须是饮用水，且使用软化水质，一般要求水的总硬度（相当于碳酸钙）不应该超过 100 mg/kg，总不溶物低于 500 mg/kg。

表 11-14　再制乳的奶油的质量标准

指标	标准	指标	标准
含水量	< 0.1%	铜	< 0.05 mg/kg
脂肪含量	> 99.8%	铁	< 0.02 g/kg
游离脂肪酸	< 0.3%	大肠杆菌	阴性
过氧化物值	< 0.3 氧的 0.5 mol/kg	滋气味	无异味，具有奶油固有的香气

需要定期检测水中的芽孢。

d. 添加剂

乳化剂：稳定脂肪的作用，常用的有磷脂、单酰甘油、蔗糖酯等，添加量为 0.1%。

水溶性胶类：可以改进产品外观、质地和风味，形成新溶液，兼备黏结剂、增稠剂、稳定剂、填充剂和防止结晶脱水的功用。乳品工业常用的是海藻酸盐，用量为 0.3% ~ 0.5%。

盐类：如氯化钙和柠檬酸钠等，有稳定蛋白质的作用。

风味料：天然和人工合成的香精，增加再制乳的奶香味。

着色剂：常用的有胡萝卜素、安那妥等，赋予再制乳良好的色泽。

② 水、粉的混合。水的温度通常为 40℃，在该温度下脱脂奶粉的溶解度最佳。每批所需要的水和脱脂奶粉的量要计算准确，要考虑到奶粉的损耗率，一般为 3%。

当粉与水混合的一瞬间，奶粉颗粒在水中呈悬浊颗粒，只有当奶粉不断分散溶解、吸水膨润之后，奶粉才能成为胶体状态分布于水中。这个过程需要一定的时间，也就是常说的水合过程。这不仅能改进成品奶的外观、口感、风味，还能减少杀菌中的结垢。这个时间的长短，可根据生产设备配置情况而定，一般要求 30 min 以上。

③ 添加无水黄油。无水黄油熔化后与脱脂奶混合有两种方法：即罐式混合法和管道式混合法。

罐式混合法：将已溶化好的无水黄油加入贮罐中，然后泵送到混合罐中，重新开动搅拌器，使乳脂在脱脂奶中分散开来；用泵把混合后的奶从罐中吸出，经过双联过滤器，把杂质及外来物滤出。

管道式混合法：基本过程与上述相同，只是脂肪不与脱脂奶在混合罐中混合，而是在管道中混合。经熔化后的无水黄油，通过一台精确的计量泵，连续地按比例与另一管中流过的脱脂奶相混合，再经管道混合器进行充分混合。

④ 脱气。再制乳中空气含量过高往往易形成泡沫，并易在巴氏杀菌过程中形成乳垢，在均质机中产生空穴作用；同时增加脂肪氧化的可能性。因此，需要使用脱气装置或静置脱去再制乳中的空气。

⑤ 均质。混合的脱脂乳和奶油必须均质，以使脂肪处于分散状态。由于鲜乳中的脂肪外包有球膜，保护脂肪呈稳定状态存在，而无水奶油在加工过程中失去了球膜，分散的脂肪容易再凝聚，因此要求均质后的脂肪球直径为 1 ~ 2 μm，并且选择适宜的乳化剂。混合后的原料在热交换器中加热到 60℃ ~ 65℃，打入均质机，常用的均质压力为 5 ~ 20 MPa。如果使用脱气机，考虑到脱气过程中的热损失，把过滤后的乳加热到比均质温度高 7 ~ 8℃，脱气后进行均质。

⑥ 杀菌、冷却、灌装。经均质的乳再在热交换器中进行杀菌，杀菌可采用巴氏杀菌、HUT 杀菌等方法，而后在另一段进行冷却，打入缓冲罐或直接灌装，或与鲜乳混合以提高奶香味再灌装。

5. 风味乳的加工工艺

风味乳是以牛乳为基本原料，加入其他风味食品原料，如咖啡、可可、果汁等，再加以调色、调香而制成的饮用牛乳。全脂牛乳的用量应在 30% 以上，蔗糖 4% ~ 8%，乳脂肪 0.1% ~ 3%。

（1）原材料

① 咖啡。咖啡浸出液的调制：可用咖啡粒浸提，也可以直接使用速溶咖啡。由于咖啡酸度较高，容易引起乳蛋白质不稳定，故应少用酸味强的咖啡，多用稍带苦味的咖啡。

咖啡浸出液的提取：可用产品重0.5%～2%的咖啡粒；用90℃的热水（加水量是咖啡粒的12～20倍）浸提制取。浸出液受热过度，会影响风味，故浸出后应迅速冷却并在密闭器内保存。

② 可可和巧克力。通常采用的是用可可豆制成的粉末，稍加脱脂的称可可粉，粉。其风味随产地而异。不进行脱脂的称巧克力。巧克力含脂率50%以上，不容易分散在水中。可可粉的含脂肪率随用途而异，通常为10%～25%，在水中比较容易分散，故生产乳饮料时，一般均采用可可粉。用量为1%～1.5%。

③ 甜味剂。通常用4%～8%蔗糖，也可用饴糖或转化糖液。

④ 稳定剂。常用的有海藻酸钠、CMC、明胶等。明胶容易溶解，使用比较方便，使用量为0.05%～0.2%。此外，也有使用淀粉、琼脂、胶质混合物的。

⑤ 果汁。各种水果果汁。

⑥ 酸味剂。柠檬酸、果酸、酒石酸。

⑦ 其他。香精、乳酸等。根据产品需要确定香精类型。

（2）加工方法

① 可可牛乳及咖啡牛乳的配制。配制咖啡牛乳时，先制备咖啡汁，每1 kg咖啡加水10 kg，煮沸，保持1～3 min（最好在配有回流的装置中煮沸），趁热过滤。糖浆应另配制，并单独进行杀菌。然后，根据配方要求进行配制。混合后的乳经75～80℃、保持3～5 min或85℃、保持16 s进行杀菌处理，冷却至5℃后，进行分装。配制可可牛乳时，可先将可可粉及砂糖配成可可糖浆，然后进行杀菌（85℃，5～10 min），冷却，并按配方要求加入糖浆、牛乳、稳定剂。混合料应再一次进行加热杀菌，经冷却、调香，然后进行分装。由于可可粉中含有一定量的粗纤维，采用均质、研磨（如对可可糖浆在胶体磨中进行微细化加工）等方法，使可可粉的颗粒变小，再加入一定量的稳定剂，添加量视各个稳定剂的质量、性能而不同，以减缓可可粉沉淀。

② 果汁牛乳的配制。果汁如柑橘汁、梨汁、草莓汁、猕猴桃汁等均呈现酸性，并在一定的pH值下呈现其特有之风味。加工果汁牛乳时既需衬托所加入果汁的风味，又需保持蛋白质的稳定性，除采取适当的配制方法外，一般均采取加入稳定剂的方法，如专门适用于调制果汁牛乳的果胶。

③ 调味牛乳（果味牛乳）。应用各种香料、酸味剂、稳定剂和牛乳调配制成。所加入的香精，一般在经杀菌、冷却后，分装前加入为宜。产品呈酸性，因此生产的技术关键是乳蛋白质在酸性条件下的稳定性，需要适当的配制方法、选择适当的稳定剂并进行完全的均质。

（3）风味乳配比举例。见表11–15。

表11–15　风味乳的配比（%）

原料名称	可可牛乳	咖啡牛乳	果汁牛乳	果味牛乳
全脂牛乳	95	50～60	50～60	50～60
蔗糖	4～8	4～8	4～10	4～10
咖啡	—	0.5～2	—	—
可可粉	1～2.5	—	—	—
果料	—	—	3～6	—
香精	适量	0.2～0.4	适量	0.1～0.7
稳定剂	适量	适量	0.2～0.4	0.1～0.4
酸味剂	—	—	0.3～1	0.3～1

二、炼乳加工

1. 工艺流程

（1）甜炼乳加工工艺流程

甜炼乳是指含原料乳约 84%，加入约 16% 的蔗糖，经杀菌、浓缩到原容积的 40% 左右的含糖乳制品。甜炼乳生产工艺流程如图 11–8。

（2）淡炼乳加工工艺流程

淡炼乳是指鲜牛乳经过预热、杀菌，体积浓缩至原来的 40% ~ 45%，装罐后再经高温灭菌制成的产品。淡炼乳生产工艺流程如图 11–9。

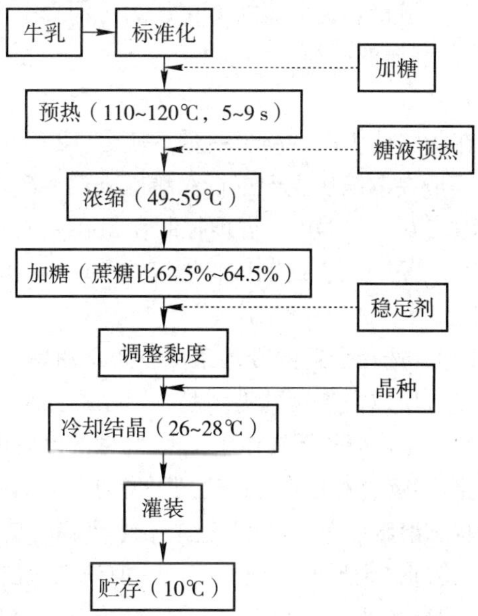

图 11–8　甜炼乳的生产工艺流程（虚线表示可能的工艺）

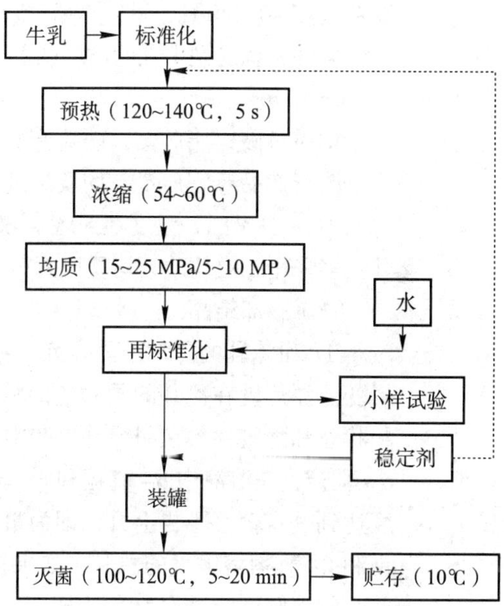

图 11–9　淡炼乳的生产工艺流程（虚线表示可能的工艺）

2. 主要工艺要点

（1）原料乳验收

① 甜炼乳。用于甜炼乳生产的原料乳除要符合乳制品生产的一般质量要求外，还要严格控制芽孢数和耐热细菌的数量。因为在炼乳生产时真空浓缩过程乳的实际受热温度仅为 65 ~ 70℃，而 65℃对于芽孢菌和耐热细菌是较适合的生长条件，有可能导致乳的腐败，所以需严格控制原料乳中的微生物数量。

② 淡炼乳。用于生产淡炼乳的原料乳也需严格控制微生物数量。此外，由于淡炼乳在装罐密封后要经过高压灭菌，所以对原料乳的热稳定性要求更高。乳的稳定性很大程度上取决于其酸度，要求其酸度尽量低，一般要求不得超过 18°T，除了采用 75% 酒精试验外，还要做热稳定试验（磷酸盐试验）来测定原料乳中蛋白质的热稳定性。

（2）标准化

生产炼乳时，原料乳的标准化主要是脂肪的标准化，使成品中的脂肪含量与非脂乳固体含量保持一定的比例关系。标准化处理的关键是要在采样、计算及计量上要做到精确，在实际操作时也要严格控制。由于淡炼乳的浓度较难控制，一般是先浓缩到比所要求的浓度稍高一些，浓缩后再加水调整到产品所要求的浓度，这一过程也被称为再标准化。

（3）预热

预热的目的是杀死致病菌和有害微生物，提高蒸发速度防止结焦，使酪蛋白适当变性，提高其热稳定性。预热采用的条件：甜炼乳可用 80 ~ 85℃，3 ~ 5 min；也可采用 UHT 法，135℃，2 ~ 5 s。淡炼乳可用 95 ~ 100℃，10 ~ 15 min；采用 UHT 法为 135℃，2 ~ 5 s。

（4）加糖

加糖是甜炼乳生产中的一个步骤，其目的是赋予甜炼乳甜味，而且可以抑制微生物生长繁殖，增强产品的保存性。甜炼乳中蔗糖含量与其溶液的比率用蔗糖比来表示，一般在 62.5% ~ 64.5% 之间。

◎ **延伸阅读**

浓缩的工艺参数

（5）浓缩

在炼乳生产中主要采用真空浓缩，即减压加热蒸发。真空（减压）情况下，将蒸发的沸腾温度控制在 40 ~ 70℃之间，热损失可降到最低。此时，牛乳沸腾的温度主要由压力（即真空度）决定。另外，也受到牛乳的浓度和蒸发器内的牛乳产生的静压的制约。

（6）均质

均质可破碎脂肪球，防止脂肪上浮；增加吸附在脂肪球表面的酪蛋白量，使炼乳易于消化吸收；改善产品感官质量。均质温度为 50℃ ~ 60℃，一般在浓缩后立即进行。甜炼乳第一次均质压力在 10 ~ 14 MPa，温度在 50℃ ~ 60℃；第二次压力为 3.0 ~ 3.5 MPa，温度控制在 50℃左右。淡炼乳大多采用二次均质，均质压力第一次为 14 ~ 16 MPa，第二次为 3.5 MPa，温度在 50 ~ 60℃。

（7）冷却结晶

① 甜炼乳的冷却结晶。炼乳在均质后应及时冷却，选择合适的冷却条件可防止甜炼乳变稠、褐变。甜炼乳在冷却的同时还伴随着乳糖结晶的发生，所以需控制乳糖结晶，赋予产品良好的组织状态和稳定性。在甜炼乳生产中通常采用强制结晶。在乳糖的异构体中，β- 乳糖的溶解度高于 α- 乳糖，在溶液中 α- 乳糖和 β- 乳糖可相互转化，当溶液中两者的转化达到平衡时，乳糖的溶解度达到一定值，不再上升，即为最终溶解度（饱和状态溶解度），实际上这个最终溶解度是 α- 乳糖和 β- 乳糖溶解度的总和。如果把乳糖的饱和溶液冷却，则形成过饱和溶液，但尚未析出晶体，此时的溶解度为过饱和溶解度。进一步冷却，溶液中开始析出 α- 乳糖，原来溶液中 α- 乳糖和 β- 乳糖的平衡被打破，此时 β- 乳糖向 α- 乳糖转变，溶解度下降，相应地继续析出晶体，直至达到该温度下的饱和，建立起新的平衡。处于过饱和状态的乳糖将要结晶而尚未结晶，此时只要创造必要的条件，就能促使其迅速生成大小均匀的细微结晶，这一过程就是强制结晶。 强制结晶需在确定了温度后，进行晶种的制备及添加。一般选择一定条件下粉碎后的精制乳糖粉作为晶种，添加量一般为甜炼乳成品量的 0.02% ~ 0.03%。

② 淡炼乳的冷却。淡炼乳冷却温度与装罐时间有关，当日装罐需冷却到 10℃以下，次日装罐则要降到 4℃以下。

（8）小样试验和添加稳定剂

淡炼乳在最后阶段要进行高温灭菌处理，这对其热稳定性要求很高，为了能够预见高温灭菌对产品品质造成的影响，需进行小批量的试验。常用的稳定剂是磷酸及柠檬酸的钠盐，也有添加磷酸氢二钠的。添加量以无水物计不超过成品量的 0.05%。一般希望添加稳定剂后，能将体系的 pH 控制在 6.6 ~ 6.7 的最佳稳定范围。

（9）装罐

① 甜炼乳灌装。冷却结晶后的甜炼乳一般温度在 20℃左右，夏季马上装罐会由于罐内外温差较大引起罐外壁“出汗”，即罐周围空气中的水蒸气因温度下降而达到饱和状态并凝结在罐外壁上，可在灌装前适当升温，一般以接近大气温度为准。另外，由于甜炼乳装罐后不再杀菌，所以，与甜炼乳接触的灌装机和容器均应严格消毒。

② 淡炼乳灌装。淡炼乳灌装工艺和设备与甜炼乳基本相同，但因其灌装后要进行高温杀菌，

故对装罐和封罐操作要求很高，容器和封口应能承受杀菌时的高温、高压，防止罐头发生裂漏。

（10）淡炼乳灭菌

要求杀死微生物、钝化酶；提高黏度，防止脂肪上浮。常采用高压灭菌锅、连续式杀菌机杀菌。采用的杀菌公式为：

$$15\ \text{min}/116℃ - 20\ \text{min}/116℃ - 15\ \text{min}/116℃ \tag{11-4}$$

三、乳粉加工

乳粉是均匀的粉末状又非常干燥的乳制品，它以鲜乳为原料，采用冷冻或加热法除去乳中几乎全部水分加工而成。这里主要介绍全脂乳粉和脱脂乳粉加工工艺。

1. 全脂乳粉的加工工艺

将新鲜原料乳经标准化后，直接加工成干燥的粉末状制品即全脂乳粉。全脂乳粉根据原料乳中加糖与否分为全脂甜乳粉和全脂淡乳粉两种，两种乳粉的加工工艺基本一致。

（1）工艺流程

采用喷雾干燥法生产全脂乳粉的工艺过程如图 11–10。

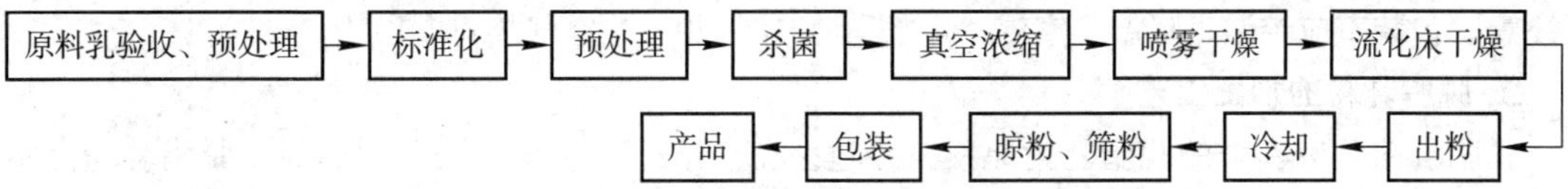

图 11–10　全脂甜乳粉的生产工艺流程

（2）主要工艺要点

① 原料乳验收。优质的原料才能生产出高品质的产品，加工乳粉的原料乳必须符合国家标准中的各项指标，严格地进行感官检验、理化性质检验和微生物检验。

② 原料乳的预处理。验收后的原料乳应及时进行过滤、净化、冷却、储存和均质处理，其要求与纯牛乳相同。

③ 标准化。为使成品中脂肪含量达到 26%，必须对乳中的脂肪进行调整。加工时一般控制在 27% 左右，加糖全脂乳粉则应控制在 20% 以上。

④ 杀菌。乳粉中不允许存在病原菌。原料乳的杀菌方法需根据成品的特性进行适当选择。生产全脂乳粉时，杀菌温度和保持时间对乳粉的品质，特别是溶解度和保藏性有很大影响。常见的杀菌方法见表 11–16。

表 11–16　生产全脂乳粉的原料乳常用杀菌方法

杀菌方法	杀菌温度、时间	杀菌效果	杀菌设备
低温长时杀菌法	60 ~ 65℃、30 min	可杀死病原菌，不能破坏所有酶类	容器式杀菌缸
	70 ~ 72℃、15 ~ 20 min		
	80 ~ 85℃、10 ~ 15 min	效果较以上两种好	
高温短时杀菌法	85 ~ 87℃、15 ~ 20 s	效果较理想	连续式杀菌器如板式、列管式、滚筒式
	94℃、10 ~ 15 s		
超高温瞬时杀菌法	120 ~ 140℃、2 ~ 4 s	微生物几乎全部杀死	管式、板式、蒸汽直接喷射式

高温短时杀菌或超高温瞬时杀菌比低温长时杀菌效果好，乳的营养成分破坏程度小，乳粉的溶解度及保藏性良好，因此得到广泛的应用。尤其是高温瞬时杀菌，不仅能使乳中微生物几乎全

部杀死，还可以使乳中蛋白质达到软凝块化，食用后更容易消化吸收。

⑤ 真空浓缩。将牛乳干燥之前进行浓缩具有重大的经济价值和特殊的技术质量要求。一般，浓缩至原体积的1/4左右。此时，乳固体含量为40%～45%。若乳温在47～50℃范围，其相对密度在1.089～1.100左右。可以取样测定浓缩乳的密度或黏度来确定浓度，也可以在浓缩设备上安装折光仪进行连续测定。乳粉的浓缩设备要选用蒸发速度快、连续出料、节能降耗的蒸发器。现在常用的蒸发器为双效降膜式、多效降膜式（三效、四效、五效、七效）等蒸发器，国外还有列管式、板式、离心式、刮板式蒸发器等。

◎ **延伸阅读**
喷雾干燥的方法

⑥ 喷雾干燥。这是乳粉生产中最关键的环节，直接影响乳粉的溶解度、水分、杂质度、色泽和风味等。它直接影响产品质量的好坏。目前，我国主要采用压力喷雾和离心喷雾两种干燥方法。

⑦ 出粉、冷却。沉降至干燥室底部的乳粉要迅速连续地卸出并及时冷却，以免受热过度。由于干燥室的温度较高，使得其中的乳粉温度在60～65℃左右，容易引起蛋白质变性，而且对于全脂乳粉来说，在其所含的脂肪熔点以上受热过久，导致游离脂肪增多，在储存期容易引起脂肪氧化变质，影响溶解度和色泽，严重降低产品的质量。喷雾干燥乳粉要求迅速冷却至30℃以下。

⑧ 称量、包装。全脂乳粉含有26%以上的脂肪，易受日光、氧气等作用而发生变化，且乳粉颗粒具有多孔性，表面积很大，吸潮性强。所以，对称量、包装操作和包装容器的种类都要加以注意。包装室应控湿、降温。室温一般控制在18～20℃，空气相对湿度为75%为宜。

2. 脱脂乳粉的加工工艺

脱脂乳粉是以新鲜的脱脂乳为原料，经过杀菌、浓缩、喷雾干燥而制成的。脱脂乳粉因脂肪含量极低，不易发生氧化，耐保藏。脱脂乳粉也是重要的蛋白质来源。

脱脂乳粉的生产工艺及设备与全脂乳粉大致相同，但脱脂乳粉中蛋白质含量明显高于全脂乳粉，加工过程中易出现受热不均现象，引起热敏性的乳清蛋白变性，进而影响到乳粉的溶解度。因此，生产脱脂乳粉的某些工艺条件与全脂乳粉还是有所区别。

（1）工艺流程

脱脂乳粉的生产工艺过程如图11–11。

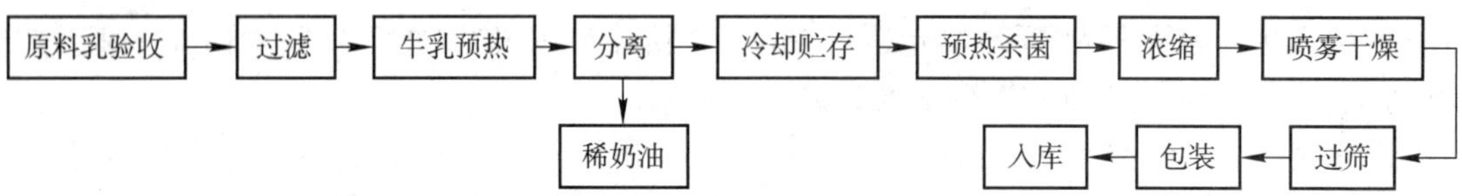

图11–11　脱脂甜乳粉的生产工艺流程

（2）主要工艺要点

① 预热、杀菌。脱脂乳中所含的乳清蛋白热稳定性差，在杀菌和浓缩时易引起热变性，降低乳粉的溶解度。另外，乳清蛋白中含有巯基，受热时会产生蒸煮味。因此，必须将乳清蛋白的变性程度控制在5%以内。研究表明，预热、杀菌条件为85℃/15 s时效果较好。

② 真空浓缩。为了控制乳清蛋白的变性程度，脱脂乳的蒸发浓缩温度以不超过65.5℃为宜，最终乳固体含量可控制在36%以上。

③ 喷雾干燥。将脱脂乳按普通方法进行喷雾干燥即可得到普通脱脂乳粉。但普通脱脂乳粉中的乳糖是非结晶型的玻璃态。α– 乳糖和β– 乳糖的混合物，具有很强的吸湿性，极易结块。如果采用特殊的干燥方法生产速溶脱脂乳粉，则可改善以上缺陷。

四、发酵乳加工

发酵乳制品是指用脱脂乳或全脂乳，经特殊微生物发酵而成的一种乳制品。它是对酸乳、酸牛奶、马奶酒、发酵酪乳和发酵稀奶油等产品的总称。在发酵乳制品生产中，通常采用乳酸菌或乳酸菌与酵母并用进行发酵。

1. 凝固型酸乳加工工艺

（1）凝固型酸乳的加工工艺流程如图 11-12。

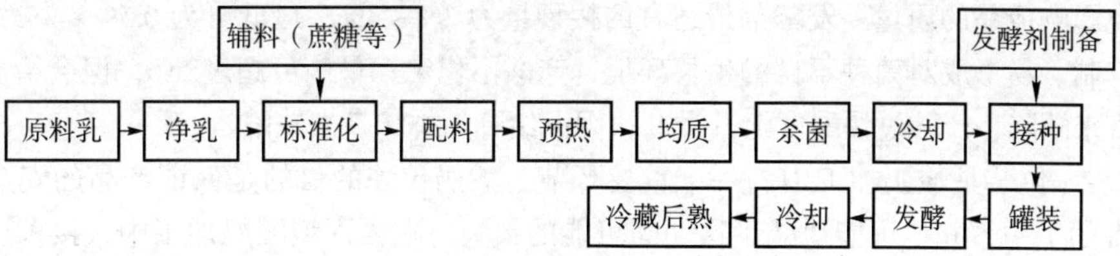

图 11-12　凝固型酸乳的加工工艺流程

（2）主要工艺要点

① 原料乳的要求。乳中固形物尤其是蛋白质的含量能影响酸乳的风味，提高酸乳的硬度和黏度，防止乳清析出。所以，制造酸乳的原料乳比一般乳制品的要求高，除了按规定指标验收合格外，还要求总乳固体含量不低于 11.5%。其中，非脂乳固体不低于 8.5%；不得使用含有抗生素或残留有效氯等杀菌剂的原料乳，否则将抑制发酵剂生长；不得使用异常乳，否则将会影响酸乳的风味和蛋白质的凝胶能力。

经验收合格的原料乳应及时过滤、净乳、预杀菌、冷却和贮藏，要求与消毒乳相同。

② 标准化。对原料乳进行标准化主要通过添加乳粉、浓缩实现。

a. 直接添加乳制品。在原料乳中直接加混全脂或脱脂乳粉或乳清粉、酪蛋白粉、奶油、浓缩乳等来达到原料乳标准化的目的。一般乳粉添加量为 1% ~ 1.5%。

b. 浓缩原料乳。浓缩过程包括蒸发浓缩、反渗透浓缩和超滤浓缩三种方式，其中蒸发浓缩应用最多。反渗透浓缩不需加温，也无相变过程，可以更好地保持原料乳的固有风味与性质，同时也具有能源费用经济的优点；超滤浓缩使一部分乳糖、矿物质盐类与水一起进入到滤液中，使原料乳的化学组成比例与初始乳不同，从而影响最终乳制品的风味、营养价值与质量。

③ 配料。为增加酸乳凝乳的黏度和稳定性，通常将原料乳中的非脂乳固体含量提高 1.5% ~ 3%（以浓缩或加乳粉的方式）。在原料乳中添加稳定剂，可以增加原料乳的稳定性，防止在灭菌处理时发生蛋白凝固。酸奶稳定剂的种类很多，如琼脂、果胶、淀粉、甜菜纤维等都可以起到稳定剂的作用。不同的稳定剂，其功能、作用机理和最佳使用量直接会影响到产品质地、口感特性和限制生产工艺。

另外，为了提高酸奶的甜味和黏度，改善乳的凝固性，一般在酸奶生产时加入 5% ~ 8% 优良的结晶蔗糖或甜菜糖，要求纯糖大于 99.6%，还原糖小于 0.1%，水分应在 0.07% 以内。加糖的主要方法是先将用于溶糖的原料乳加热到 50℃左右，再加入砂糖，待其完全溶解，过滤除去杂质，然后加入装有标准化乳的罐中。用原料乳溶糖。

④ 预热。物料通过泵进入杀菌设备，预热至 55 ~ 65℃，再送入均质机。预热可以杀死原料乳中的部分细菌，有利于糖的溶解。

⑤ 均质。在较高的压力（15 ~ 20 MPa）下，利用强力的机械将乳中的脂肪破碎成小的脂肪球，使两种互不相溶的乳液混合为一种相对均匀的乳状液。目的是防止脂肪上浮，并改善牛乳的消化、吸收程度。

⑥ 杀菌。目的是杀灭乳中的病原菌和有害菌；为发酵剂创造一个杂菌少、有利生长繁殖的外部条件；提高乳蛋白质的水合力。在酸奶的实际生产中，牛乳灭菌的方法很多，根据需要选择确定。

⑦ 冷却。杀菌后的物料，经杀菌器的预热段热交换，再在冷却段冷却至 30 ~ 45℃。

⑧ 香料或果料的添加。在酸奶中添加香料和果料可以使酸奶获得更丰富的口感。新鲜水果是一种季节性的农产品，其品质变化很大，因此在酸奶中应用较多的灌装水果汁和果酱。水果果料的添加可能会导致风味的损失，在实际应用中通常会添加一些香料来弥补这些损失。

◎ **延伸阅读**
接种的方法

⑨ 接种发酵剂。工作发酵剂按一定比例直接添加到物料中，混合搅拌均匀，不用加入粗大的凝块，以免影响成品的质量。发酵剂最适宜的接种量为 2%～3%；最低可为 0.5%～1%，其缺点是产酸易受抑制、易形成对菌种不良的生长环境、产酸不稳定；最高可超过 5%，但会给最终产品的组织状态带来缺陷，产酸过快酸度上升过高，因而给乳的香味带来缺陷。

⑩ 灌装。包装是酸奶加工中的一个重要环节，酸奶包装的目的是保证产品的安全运输和销售到消费者的手中，并尽可能地减少这期间可能的损失。在凝固型酸奶加工中，接种后经过充分搅拌的牛乳要：立即连续地灌装到零售用的小容器中。酸乳容器可以是塑料杯、瓷罐、玻璃瓶和纸盒等，但其材料应是无毒、无污染、不透光、稳定性好（不能被牛乳溶解或与牛乳发生化学反应）；具有抵御水汽、化学物质、微生物以及环境中的挥发型风味物质渗透的能力。

◎ **延伸阅读**
发酵终点的判断

⑪ 发酵。发酵温度和时间随菌种而异，用保加利亚乳杆菌与嗜热链球菌的混合发酵剂时，球菌与杆菌比例为 1∶1 或 2∶1。典型的短时间培养方法要求温度保持在 40～43℃，培养时间 2.5～4.0 h（2%～4% 接种量）；长时间培养要求温度为 30～32℃，培养时间 10～12 h 达到凝固状态即可终止发酵。

⑫ 冷却、贮藏。发酵好的凝固酸乳，应立即移入 0～5℃的冷库中，其目的是迅速抑制乳酸菌的生长，以免继续发酵而造成产酸过度；稳定酸乳的组织状态，降低乳清析出的速度；促进香味物质的产生。在冷藏期间，风味成分双乙酰含量会增加。试验表明，冷却 24 h，双乙酰含量达到最高，超过 24 h 又会减少。因此，发酵凝固后须在 0～4℃贮藏 24 h 再出售，通常把贮藏过程称为后熟，一般冷藏期为 7～14 d。

◎ **延伸阅读**
酸奶质量的感官评价

⑬ 质量评定。酸奶的质量可以依据理化指标、物理特性、微生物检测以及感官进行评价。前三种方法都需要相应的检测设备，感官评定是最简单、最直接的方法。

2. 搅拌型酸乳加工工艺

搅拌型酸乳是指在发酵罐中接种并培养，凝块在冷却和包装阶段被打碎，它是在凝固型酸乳基础上发展起来的。这种产品的特征是呈流动状态，有一定黏度，所以又称软质酸乳或液体酸乳。

（1）工艺流程

搅拌型酸乳工艺流程如图 11–13。

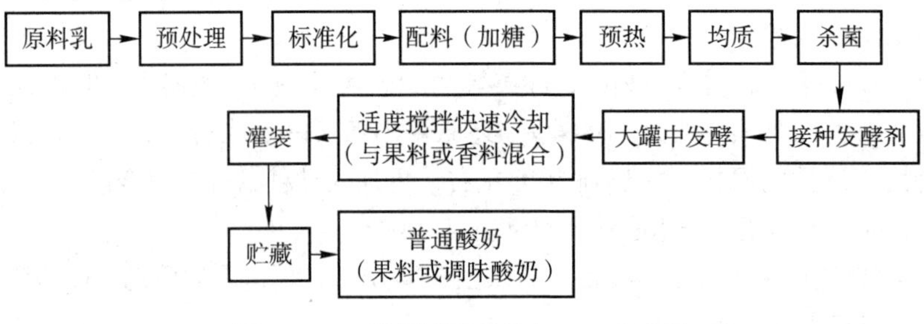

图 11–13　搅拌型酸乳的加工工艺流程

（2）主要工艺要点

① 原料乳验收、预处理、标准化、配料、预热、均质、杀菌、冷却、接种发酵等均同凝固型酸奶的要求一致。

② 培养。接种了工作发酵剂的乳在大发酵罐中保温培养，其培养的温度和时间与凝固型酸奶一致。通常发酵罐是利用罐周围夹层里的热媒体来维持一定温度，热媒体的温度可随培养的要求而变动。发酵罐装有 pH 计，pH 计可控制罐中酸度，酸度达到一定值，pH 计传出信号。当 pH 降

到4.7左右，乳在发酵罐中可以形成凝乳。

③ 冷却、搅拌。一旦达到所要求的pH，罐中酸乳立刻终止培养；在快速降温的同时适度搅拌凝乳，用容积式泵将酸乳送入板式或管式冷却器，冷却温度的高低根据需要而定。培养结束时的pH是由诸多因素决定的，包括冷却效率、排空发酵时间、培养方法、原料乳的配制和最终产品所需的pH。传统的冷却方法采用单段冷却，将酸奶的凝乳直接冷却到10℃以下，然后添加风味物质和进行灌装入库，这是在凝固型酸奶中常用的冷却方法，在搅拌型酸奶中一般采用两段冷却。两段冷却是指先将酸奶凝乳从发酵温度冷却到15～20℃，接着添加风味物质和果料等其他配料，并进行灌装，继续对酸奶冷却到10℃以下，进行冷藏保存。

④ 灌装、冷却、后熟。与凝固型酸奶一致。

五、干酪加工

干酪是在牛奶中加入凝乳酶，使奶中的蛋白质凝固，经过压榨、发酵等过程所制取的乳品，也叫奶酪、奶干、奶饼、奶豆腐。

1. 天然干酪的加工工艺

（1）工艺流程

天然干酪加工工艺流程如图11–14。

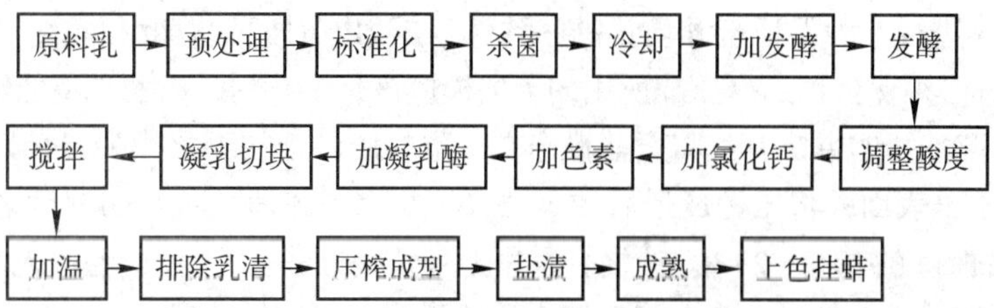

图11–14　天然干酪的加工工艺流程

（2）主要工艺要点

① 原料乳预处理。虽然各种哺乳动物的乳都可用于干酪生产，但牛乳仍是最主要的原料。生产干酪对原料乳的品质要求如表11–17所示。

表11–17　生产干酪对原料乳的品质要求

项目	指标
感官质量	色泽正常，无异味
酸度	＜18
酒精试验	72%酒精试验呈阴性
抗生素	抗生素试验呈阴性
乳成分	总固形物≥11.2%，脂肪≥3.1%
细菌总数	≤500 000 cfu/mL

由于细菌的芽孢在巴氏杀菌时不能被杀灭，对于酪的生产和成熟可能造成很大的危害。干酪生产中常采用离心净乳，不仅可以去除大量的杂质，还可以将乳中90%的细菌除去，尤其对比重较大的芽孢去除效果更好。

② 标准化。生产干酪时，除了对原料乳的脂肪进行标准化外，还要对酪蛋白以及酪蛋白/脂肪的比例进行标准化，一般要求其比例为0.7。

③ 杀菌。杀菌的目的是杀灭原料乳中的致病菌和有害菌，使酶类失活，使干酪质量稳定、安全卫生。杀菌温度要控制恰当。实际生产中多采用63℃、30 min的保温杀菌或71～75℃、15 s的高温短时杀菌。常采用的杀菌设备为保温杀菌罐或片式热交换杀菌机。

④ 加发酵剂。原料冷却到30～32℃，然后按要求加入活化好的发酵剂，加入量为原料的1%～2%，30～32℃条件下充分搅拌3～5 min，发酵时间30～60 min，最后酸度控制在0.18%～0.22%。

⑤ 调整酸度。为防止、抑制产气菌，同时还要加入适量的硝酸盐（要精确计算）。由于发酵酸度很难控制稳定一致，为了保证产品的质量，生产上一般用 1 mol/L 的盐酸将原料酸度调整为 0.21% 左右。

⑥ 加凝乳酶。这是干酪加工的一个重要环节，通常按凝乳酶的效价和原料的重量计算出酶的用量，用 1% 的食盐水将酶配成 2% 的溶液，加入原料乳中，充分搅拌 2 ~ 3 min，加盖，并在 28 ~ 30℃下保温约 30 min，使乳凝固并达到要求。

⑦ 凝乳切块。切割时需用于酪刀，干酪刀分为水平式和垂直式两种。钢丝刀刃间距一般为 0.79 ~ 1.27 cm。先沿着干酪槽长轴用水平式刀平行切割，再用垂直式刀沿长轴垂直切割，再沿短轴垂直切割，使其切成 0.7 ~ 1.0 cm^3 的小立方体。

⑧ 搅拌加温。凝块切割后即可用于酪耙或是干酪搅拌器轻轻搅拌，15 min 后搅拌速度可稍微加快。与此同时，在干酪槽的夹层里通入温水渐渐升温，初始时每 3 ~ 5 min 升高 1℃。当温度升高至 35℃时，则每隔 3 min 升高 19℃。当温度达到最终要求时（具体根据干酪品种而定），停止加热，维持此时的温度保持一段时间，并继续搅拌。

⑨ 排除乳清。在搅拌升温的后期，乳清的酸度达 0.2% 左右，凝块变硬，收缩至原来的一半大小，这时开始排出乳清。

⑩ 压榨成型。压榨是指对装在模中的凝乳颗粒施加一定的压力。压榨可进一步排除乳，使凝乳颗粒成块，并形成一定的形状，同时表面变硬。压榨可利用干酪自身的重量来完成，也可用专门的干酪压榨机来进行。为保证干酪质量的一致性，压力、时间、温度和酸度等参数在生产每一批干酪的过程中都必须保持恒定。压榨所用的干酪模应该是多孔的，以便乳清能够流出。

⑪ 盐渍。干酪加盐的方法有：将食盐撒布在干酪料中，开在干酪槽中混合均匀；将食盐涂布在压榨成形后的干酪表面；将压榨成形后的干酪置于盐水中腌渍，盐水的浓度第一天到第二天为 17% ~ 18%，以后保持在 20% ~ 23%。或混合采用上列几种方法。

⑫ 成熟。干酪的成熟是指人为地将新鲜干酪置于较高或较低的温度下，长时间存放，通过有益微生物和酶的作用，使新鲜的凝块转变为具有独特风味、组织状态和外观的过程。成熟干酪一般局限于用凝乳酶凝乳制成的干酪。

不同干酪成熟时要求的温度（2 ~ 16℃）和时间（2 ~ 48 个月）差别很大。干酪凝块挤压成型后，首先将表面擦干，挂蜡或用塑料膜密封，或涂上一层油，然后放入成熟室，定期翻转、加盐或清洗。

2. 再制干酪的加工工艺

将同一种类或不同种类天然干酪，经粉碎、混合、加热融化、充分乳化后，浇灌包装而制成的产品，称为再制干酪，也称为融化干酪或加工干酪。

（1）工艺流程

再制干酪的工艺流程如图 11–15。

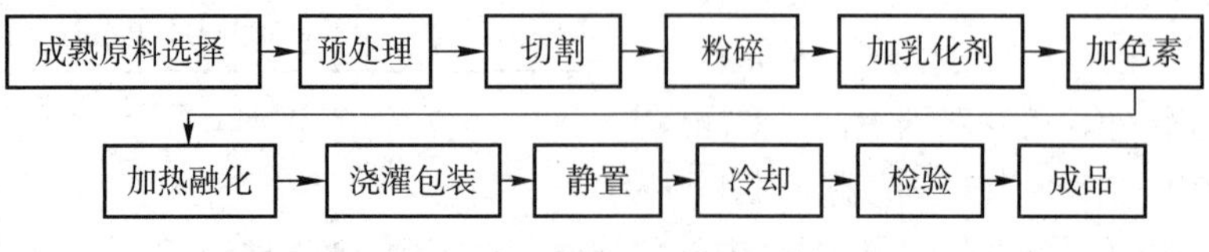

图 11–15　再制干酪的加工工艺流程

（2）主要工艺要点

① 选择原料。一般要求与天然干酪相同，但可以使用表面颜色、组织状态、大小和形状存在缺陷的天然干酪。有异味、腐败变质的干酪不允许使用。注意各种干酪之间在质地、成熟度、水分含量、风味等的搭配。

② 预处理。刮皮、修整、洗涤。

③ 切割、粉碎。用切碎机将原料干酪切成块状，用混合机混合。然后用粉碎机粉碎成 4～5 cm 的面条状，最后用磨碎机处理。

④ 熔融、乳化。先向蒸煮锅中加入干酪重量 5%～7% 的水，按要求加入适量的调味料和色素等，然后加入经过粉碎的干酪，通蒸汽加热，待温度达到 50℃，加入 1%～3% 的乳化剂。最后升温至 60～70℃，保温 20～30 min，使原料充分熔融，并杀菌。

⑤ 灌装。乳化、杀菌后的干酪，应趁热进行充填包装。加工块状干酪，采用缓慢冷却法，以便形成坚实的质地；加工涂布型干酪则需要迅速冷却，以保证良好的涂布性。灌装后在 0～5℃下冷却储藏。

⑥ 成品储藏。包装后的成品融化干酪应在 10℃以下的冷库中定型、储藏。

六、奶油加工

奶油是新鲜牛奶中分离出的乳脂肪。

1. 工艺流程

奶油生产工艺流程如图 11–16。

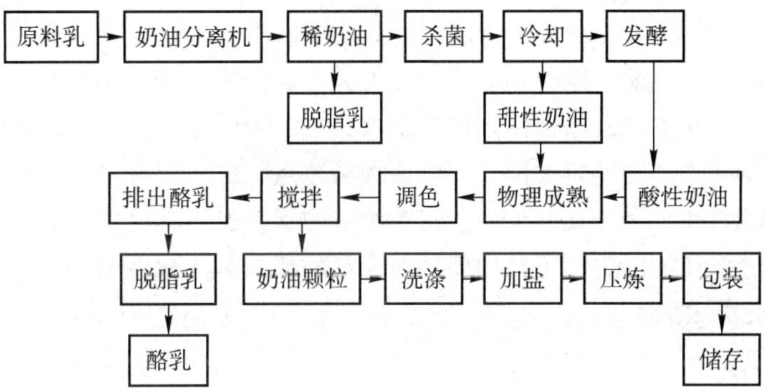

图 11–16　奶油的加工工艺流程

2. 主要工艺要点

（1）制备稀奶油

稀奶油是用离心分离机（奶油分离机）制得的含脂率较高的部分，含脂率 18% 以上，不放添加物。预备做奶油的稀奶油是经过几次离心分离得到的，含脂率为 36%～42%。

（2）物理成熟

8～10℃/8～12 h，目的是使乳脂肪中的大部分甘油酪由液态转变为结晶的固态，以利于下一步搅拌加工。

（3）调色

添加 0.01%～0.05% 的安那妥（Annatto），这是一种天然植物色素。

（4）搅拌

利用机械的冲击力破坏脂肪球膜，促使脂肪形成团粒。

（5）洗涤

水温比稀奶油温度低 1～3℃，水量为稀奶油量的 50%。

（6）加盐

酸性奶油一般不加盐。有些地区的甜性奶油喜欢加盐，加盐量不超过奶油量的 2%。

（7）压炼

使奶油中的水滴和盐分分布均匀，奶油粒变为组织细腻的团块。

七、冰淇淋加工

冰淇淋是以饮用水、乳品（乳蛋白含量在2%以上）、蛋品、甜味料、食用油脂等为主要原料，加入适量的香料、增稠剂、着色剂、乳化剂等食品添加剂，经混合、灭菌、均质、老化、凝冻等工艺或再经成型、硬化等工艺制成的体积膨胀的冷冻饮品。

1. 工艺流程

冰淇淋的加工工艺流程如图11–17。

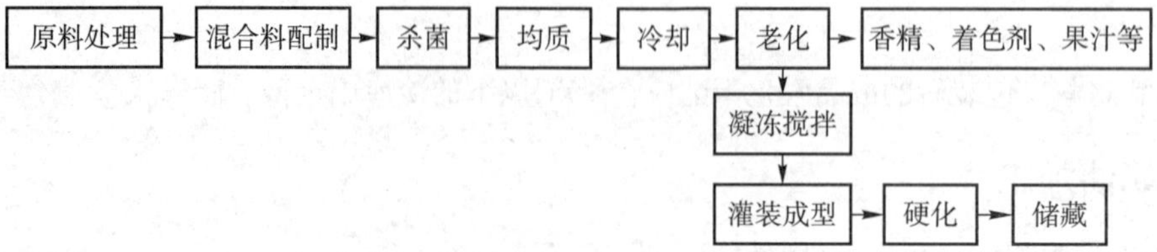

图11–17　冰淇淋的加工工艺流程

2. 主要工艺要点

（1）原料选择与处理

鲜牛乳使用前应经过滤除杂处理，120目筛滤。乳粉应先用温水（50℃）溶解，使乳粉充分溶解。奶油（人造奶油、硬化油）用刀切成小块，加入配料缸中。稳定剂（明胶）先将其浸入水中10 min，再加热至60～70℃。砂糖加热溶解成糖浆，100目筛网过滤。配成10%溶液。液体甜味剂用量为砂糖总量的5%～7%，加入量过多会使物料冰点降低。混合过滤后均质。加热温度不能高于50℃，避免鸡蛋液中的蛋白质热变性。蛋黄粉中的脂肪占60%，使用前先将其与加热到50℃的奶油混合，均匀分散在油脂中。果汁用前摇匀或经均质处理。稳定剂和乳化剂目前在工业生产中普遍使用复合乳化稳定剂，0.1%～0.3%。搅拌添加量一般为0.1%～0.3%。

（2）混合料配制

将各种原、辅料调和在一起成为均匀的混合料液，是冰淇淋生产中十分重要的一环。先往配料缸中加入50%左右的水、鲜牛乳、脱脂乳等黏度低的原料，加热至50℃。加入黏度稍高的原料（砂糖液、乳粉液、稳定剂、乳化剂）。再加入黏度高的原料（稀奶油、炼乳、浓果汁、糖浆、蜂蜜等）。然后加入数量较少的固体原料（可可粉、非脂乳固体乳清粉，可用细筛筛入配料缸内）。最后加水定容。

（3）杀菌

巴氏杀菌法可用68～70℃/30 min，大肠杆菌和致病菌已全部被杀死，其他杂菌也大部分被杀灭。高温短时（HTST）法采用85～90℃/3～5 min，具有更大的杀灭细菌能力，中小型企业使用较多的方法。超高温瞬间杀菌（UHT）法可采用135℃/3～5 s，杀菌效果好，大中型企业采用。

（4）均质

均质是冰淇淋生产中必不可少的工序之一，对冰淇淋的质量有极为重要的影响。均质目的是获得均匀液相混合物；防止脂肪分离；改善冰淇淋组织；促进消化和吸收；增加混合料黏度。均质压力为15～20 MPa。过低，脂肪球不能碎裂到所要求的大小，乳化效果差，凝冻不良，影响冰淇淋形体。压力过高使混合料的黏度过高，凝冻搅拌时空气混入较难，影响膨胀率。均质温度60～70℃。温度越低，脂肪球越难破碎，小于50℃，均质效果差；温度过高，大于70℃，凝冻时膨胀率会过大，有损于形体。

（5）冷却老化

混合料经均质处理后，温度在60℃左右，若不及时冷却老化会出现脂肪上浮、酸度增高现象。冷却是使物料降低温度的过程。老化方法将混合、均质、冷却后的物料，在0～4℃的条件下，经过 2 h 以上冷藏，从而使其黏度增加的过程。

（6）凝冻、搅拌

凝冻、搅拌是冰淇淋形成的最后一道极为重要的工序，直接关系到冰淇淋的质量。凝冻方法是将物料置于低温下经快速搅拌，形成密布细微气泡的体积膨胀并疏松的凝结体的过程。凝冻是在 -2 ~ -6℃低温下进行的。通过凝冻、搅拌使混合料更加均匀，使冰淇淋组织更加细腻，料液中的水分会结成冰。由于搅拌使得冰晶来不及长大，水分只能形成 4 ~ 10 μm 的微细冰晶。凝冻、搅拌还可以得到合适的膨胀率。膨胀率是冰淇淋混合原料在凝冻时，由于均匀混入许多细小的气泡，使制品体积增加的百分率。凝冻、搅拌加速了硬化成型过程。冰淇淋的物理结构较为复杂，它是由气相、液相与固相三相组成的。在气相中，气泡包含着结晶均匀分散在冰淇淋的液相中；在液相中，固态的超微粒的蛋白质与部分不溶性盐类，又均匀分布于呈溶液状的砂糖、乳糖、可溶性盐中。因此，冰淇淋是一种以可塑性的泡沫乳浊液结构为主要特征的三相多分散体系。

（7）灌装、成型

灌装成型是将凝冻后的冰淇淋定量灌注在包装容器中的过程。

（8）硬化、储藏

将灌装和包装后的冰淇淋迅速置于 -25℃以下的低温下。经过一定时间冷冻，品温保持在 -180℃以下，以固定其组织状态，并使其硬度增加的过程。

八、干酪素加工

干酪素也称为酪蛋白，是利用脱脂乳为原料，在皱胃酶或酸的作用下生成酪蛋白凝聚物，经洗涤、脱水、粉碎、干燥生产出的物料。

1. 酸法生产干酪素

（1）工艺流程

酸法生产干酪素的工艺流程如图 11-18。

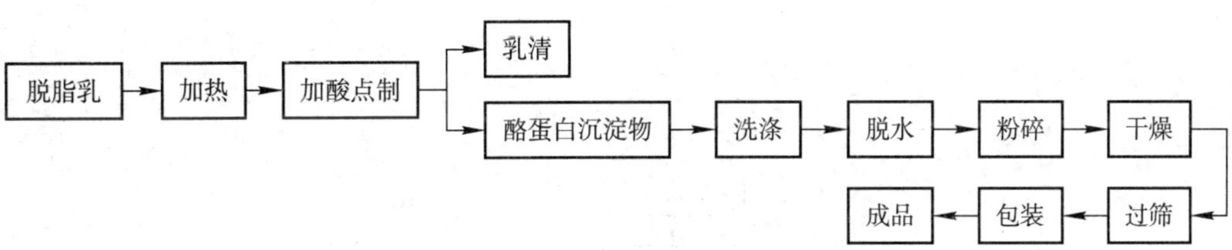

图 11-18　酸法生产干酪素的工艺流程

（2）主要工艺要点

① 原料乳是用经过离心分离处理的脱脂牛乳，脱脂乳必须洁净，无机械杂质，酸度不超过 23°T。

② 在稀释缸内加入需要量的 30 ~ 38℃温水。浓盐酸通过过滤后导入稀释缸，稀释后盐酸要搅拌均匀。按要求浓度配比，点制正常牛乳时浓盐酸与水的体积比为 1 : 6，点制中和变质牛乳时浓盐酸与水的体积比为 1 : 2。

③ 脱脂乳加温至 40 ~ 44℃，不断搅拌下缓慢加入稀盐酸，使酪蛋白形成柔软的颗粒，加酸至乳清透明，所需时间不少于 3 ~ 5 min，然后停止加酸，停止搅拌 0.5 min。开启搅拌器，第二次加酸应在 10 ~ 15 min 内完成，边加酸边检查颗粒硬化情况，准确地确定加酸终点。

④ 加酸到终点时，乳清应清澈透明，干酪素颗粒均匀一致、致密结实、富有弹性、呈松散状态。如情感的最终滴定酸度为 56 ~ 68°T。停止加酸后，继续搅拌 0.5 min。停止搅拌并静置 5 min，再放出乳清。

2. **酶法生产干酪素**

（1）工艺流程

酶法生产干酪素的工艺流程如图 11-19。

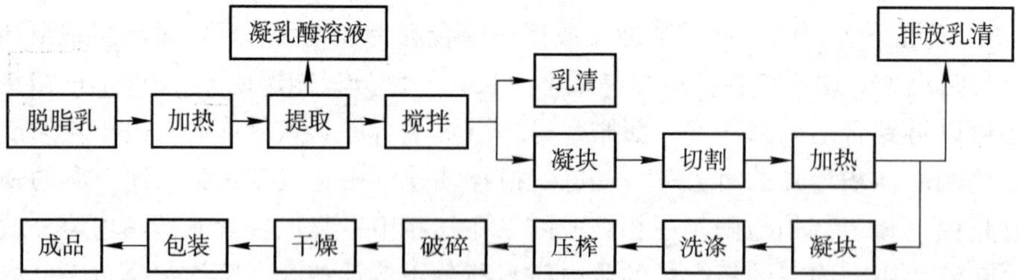

图 11-19　酶法生产干酪素的工艺流程

（2）主要工艺要点

酶法干酪素若不用作食品配料，则可以不经过巴氏杀菌，生产食用干酪素时要杀菌。脱脂乳加热至 35℃，添加凝乳酶，使酪蛋白凝结。凝乳酶的添加量以能使全部脱脂乳在 15 ~ 20 min 内凝固即可。加入酶，待乳凝结后，把形成的凝块慢慢地搅拌，然后速度加快，继续加酶到透明的黄中带绿的乳清分离为止。酪蛋白黏结成颗粒，进行第二次加热到 55℃，加热要缓慢，使乳清从干酪素颗粒中分离出来。此时颗粒具有弹性，放出乳清，用 25 ~ 30℃水洗两次，再经脱水、粉碎，并于 43 ~ 46℃温度下干燥，最后包装入库。

九、乳清粉加工

乳清粉属全乳清产品，它是以乳清为原料，采用真空浓缩和喷雾干燥工艺制成。

1. **工艺流程**

乳清粉的生产工艺流程如图 11-20。

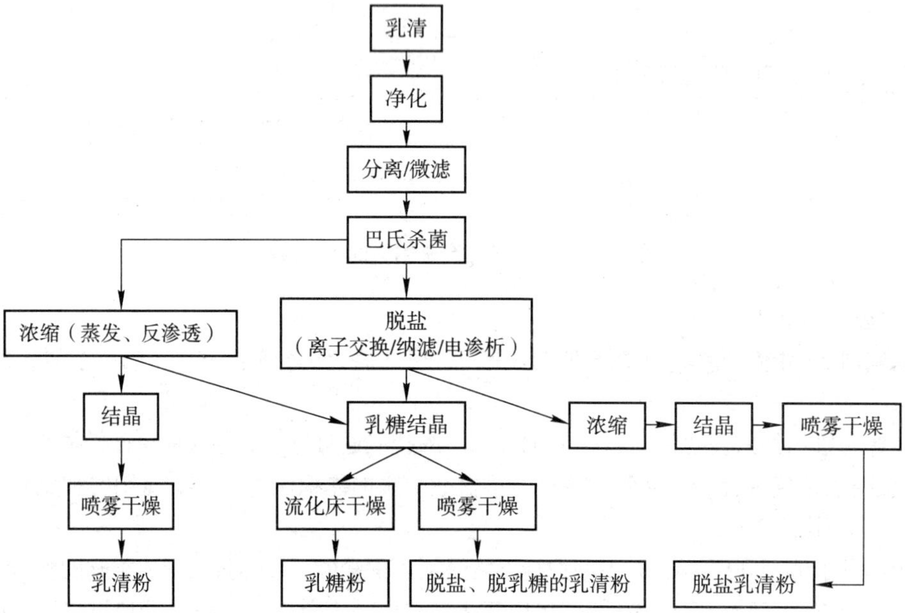

图 11-20　乳清粉的生产工艺流程

2. **主要工艺要点**

（1）乳清的预处理

生产干酪或干酪素排出的新鲜乳清首先要除去其中的酪蛋白微粒，然后分离除去脂肪和乳清中的残渣，如不能及时进行浓缩加工，则要迅速冷却至 10℃以下，抑制微生物的生长。

（2）杀菌

浓缩前先进行杀菌处理，杀菌条件为 85℃、15 s。

（3）浓缩

将乳清浓缩至干物质为 30% 左右的浓度，排出的浓缩液再与新鲜乳清混合成浓度 10% ~ 15% 的中间乳清，再经另一套蒸发器浓缩至最终所需浓度。

（4）乳糖的预结晶

首先将从蒸发器排出的温度约为 40℃的浓乳清迅速冷却至 28 ~ 30℃，然后将此浓缩液冷却至 16 ~ 20℃，泵入结晶缸进行乳糖的预结晶。在结晶缸中，调整温度为 20℃左右，并在此温度下保温 3 ~ 4 h，搅拌速度控制在 10 r/min 左右。浓缩乳清中含有 85% 的乳糖结晶时，停止结晶。

（5）喷雾干燥

乳清粉的喷雾干燥工艺基本上与乳粉相同，但采用浓缩乳清中乳糖预结晶的工艺后，要求选用离心雾化喷雾器。

十、乳糖加工

1. 粗制乳糖的生产工艺

（1）工艺流程

粗制乳糖的生产工艺如图 11–21。

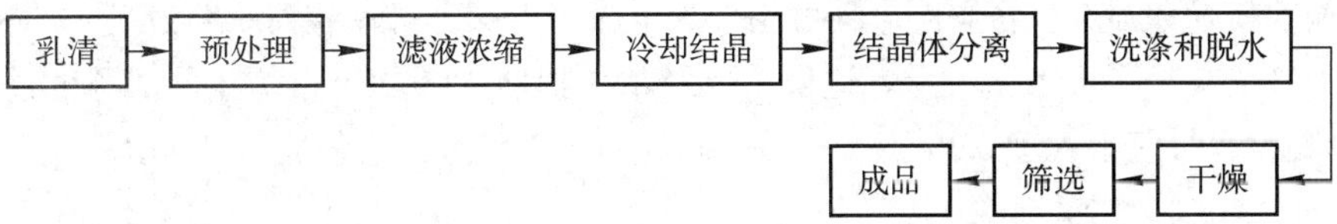

图 11–21　粗制乳糖的生产工艺流程

（2）主要工艺要点

① 乳清的预处理。制备粗制乳糖所使用的原料为干酪乳清、酸干酪素乳清、凝乳酶干酪素乳清等。由于乳清中含有脂肪、蛋白质及蛋白分解产物等，必须进行净化处理，除去非糖物质，以利于乳糖结晶。

② 浓缩。通常采用真空浓缩的方法将乳清浓缩 10 ~ 12 倍，便于乳糖结晶。为防止浓缩乳清色泽变深，蒸发最高温度不得超过 70℃。浓缩终了时，浓缩乳清的相对密度不应低于 38 ~ 40 波美度。通过浓缩乳清中干物质的含量以及温度来确定乳清的浓度是否已达到终点。

③ 冷却和结晶。可采用自然结晶法或强制结晶法使乳清冷却结晶。如采用自然结晶法，浓缩乳清在 30 ~ 35 h 内逐渐冷却至 10 ~ 15℃，一般在 20 h 后，浓缩乳清温度不超过 20℃。如采用强制结晶法，浓缩乳清在 5 h 内冷却至 10℃，并在此温度下保持 10 h，全部结晶过程仅 15 h。

④ 结晶体的分离。结晶体与母液分离的方法有离心分离法和沉降法两种。如果结晶液含蛋白质不多，结晶条件控制得好，母液黏度不高，可以用离心分离法使结晶体分离，加水洗涤后脱水。如果结晶液黏度很高，则先加水稀释。

⑤ 洗涤和脱水。用水将整个结晶体进行喷射，离心脱水至没有水分离出为止。分离后的湿乳糖含水量在 10% ~ 15%。

⑥ 干燥。采用沸腾干燥或真空干燥法对湿乳糖进行干燥，使其含水量最多不能超过 2%。将干燥温度保持在 60 ~ 70℃，干燥过程中不断搅拌，保持干燥的均匀。

2. **精制乳糖的生产工艺**

（1）工艺流程

精制乳糖的生产工艺如图 11–22。

图 11–22　精制乳糖的生产工艺流程

（2）主要工艺要点

① 粗糖溶解。在溶糖缸中加入适量的水，加入粗制乳糖和活性炭，搅拌使乳糖溶解并与活性炭充分混合，加热至沸腾。糖液溶解后，糖液浓度调节至 30 ~ 32 波美度，调节 pH 至 5.8 ~ 6.2。糖液应保持在 95℃以上，以利于压滤。糖液中的色素，连同中和产生的凝固蛋白质等被活性炭吸附。

② 压滤。糖液、活性炭混合液通过板框压滤机滤出白色或淡黄色纯净的糖液，放入结晶缸内。

③ 结晶。糖液在间歇搅拌下进行自然结晶。糖液的温度调整为冬季 45℃，夏季 40℃以下时停止搅拌，结晶时间冬季不超过 18 h，夏季不超过 15 h。

④ 母液的脱除与洗涤。结晶后糖液在离心脱水机中脱除母液，然后用无盐水或经活性炭吸附处理后的水洗涤，以除去残存的母液、可溶性蛋白质和盐类等。

⑤ 干燥、粉筛和筛选。精制湿乳糖可用架盘干燥箱干燥，每盘装糖厚度为 2 ~ 3 mm 为宜，干燥温度为 75℃左右，严防焦糖。干燥过程中要经常搅拌使干燥均匀；防止局部温度过高而焦化，成品精制乳糖含水量应不大于 0.3%。干燥后精制乳糖经粉碎过筛后包装。

十一、乳活性肽加工

乳蛋白源生物活性肽是指以非活性形式隐藏于乳蛋白质一级结构中，需经体外酶解、体内消化道蛋白酶或在食品加工过程中才能释放出来的具有生物活性和生理功能的肽段。下面以酪蛋白磷酸肽为例介绍其制备方法（如图 11–23）。

以牛乳酪蛋白为原料，通过采用胰蛋白酶、胃蛋白酶 – 胰蛋白酶、凝乳酶 – 胰蛋白酶、碱性蛋白酶等水解的方法，制备酪蛋白磷酸肽。

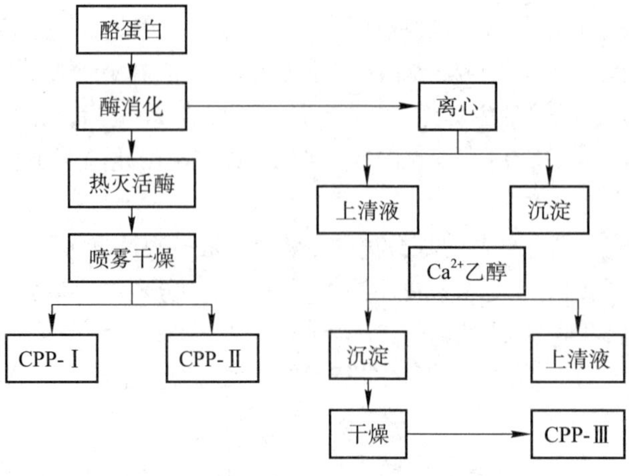

图 11–23　酪蛋白磷酸肽（CPPs）制备方法

开放讨论题

你认为未来乳制品还可以如何创新？

思考题

1. 乳的主要化学成分有哪些？
2. 试述乳脂肪球结构及其对乳脂肪稳定性的影响。
3. 试述酪蛋白和清蛋白的区别。
4. 简述酪蛋白的反应性质。
5. 试述乳物理性质与其品质的关系。
6. 热加工对乳性质有哪些影响？
7. 试述消毒乳、巴氏杀菌乳、超高温灭菌乳、再制乳和风味乳的加工工艺流程及工艺要点。
8. 试述甜炼乳和淡炼乳的加工工艺流程及工艺要点。
9. 试述全脂乳粉和脱脂乳粉的加工工艺流程及工艺要点。
10. 试述凝固型酸乳和搅拌型酸乳的加工工艺流程及工艺要点。
11. 试述天然干酪和再制干酪的加工工艺流程及工艺要点。
12. 试述奶油的加工工艺流程及工艺要点。
13. 试述冰淇淋的加工工艺流程及工艺要点。
14. 试述酶法生产干酪素和酸法生产干酪素的加工工艺流程及工艺要点。
15. 试述乳清粉的加工工艺流程及工艺要点。
16. 试述粗制乳糖和精制乳糖的加工工艺流程及工艺要点。

自测题

撰写人：黄群、周艳、史晓霞

第十二章

肉品与蛋制品加工

随着社会的进步和生活水平地提高，人们对肉、蛋的消费呈上升趋势。食品加工科技的进步，极大地促进了肉、蛋产品的深加工发展。目前，我国对肉、蛋的消费形式仍是以生鲜产品为主，肉、蛋深加工产品逐步得到发展，传统肉、蛋产品质量和安全性进一步提升。本章通过介绍肉和蛋原料的基本加工特性、肉和蛋加工原理与方法（尤其是生鲜优质肉和蛋的加工）、典型产品的加工工艺等知识。

知识目标

1. 理解肉、蛋原料的基本加工特性。
2. 理解并掌握肉、蛋加工原理与方法。
3. 掌握肉、蛋产品的加工基本工艺。

能力目标

1. 能够准确了解肉、蛋原料的主要特点与加工特性。
2. 能够根据肉、蛋加工的原理和方法，选取合适的工艺进行相应的产品质量与安全控制。
3. 能够掌握典型的肉、蛋产品加工工艺及制作方法。

素养目标

1. 认识肉、蛋加工的特殊性和独特性。
2. 认识肉品和蛋品科技知识传承与创新的意义。
3. 培养理论联系实际的能力。
4. 增强肉、蛋产品的质量与安全观念，形成严谨求实的科学态度。

知识导图

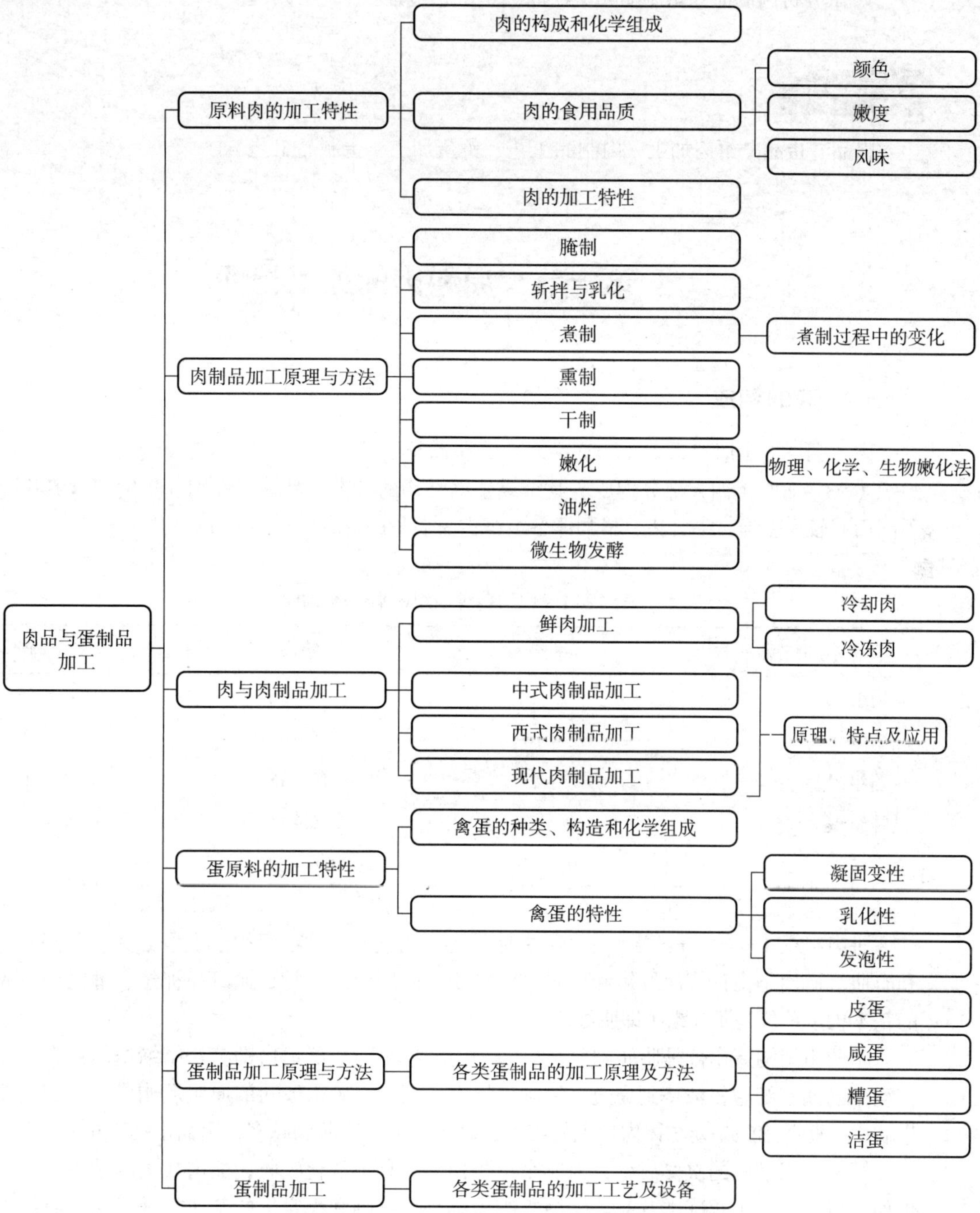

重点及难点

肉品和蛋品加工原理及方法；肉、蛋加工工艺的控制

问题导读

1. 简述肉品和蛋品原料的加工特性。
2. 试分析肉品和蛋品的加工原理及方法。

3. 生鲜肉品和蛋品加工的工艺特点。

4. 试分析肉制品和蛋制品典型产品加工工艺过程。

关键词

肉品　蛋品　鲜肉加工　肉制品工艺　鲜蛋加工　蛋制品工艺

第一节　原料肉的加工特性

一、肉的构成

肉（胴体）由肌肉组织（50%～60%）、脂肪组织（15%～45%）、结缔组织（9%～13%）和骨组织（5%～20%）四大部分构成。其组成依据动物的种类、品种、性别、年龄和营养状况等因素不同而有较大差异。牛、猪、羊胴体各组织占总质量的百分之比见表 12–1。

表 12–1　肉的各种组织占胴体质量的百分比　　单位：%

组织名称	牛肉	猪肉	羊肉
肌肉组织	57～62	39～58	49～56
脂肪组织	3～16	15～45	4～18
骨骼组织	17～29	10～18	7～11
结缔组织	9～12	6～8	20～35
血　液	0.8～1	0.6～0.8	0.8～1

肌肉组织（muscle tissue）是动物胴体的主要组成部分，在组织学上可分为：骨骼肌、平滑肌和心肌。肌肉是由许多肌纤维和少量结缔组织、脂肪组织、腱、血管、神经、淋巴等组成。肌肉的基本构造单位是肌纤维（即肌细胞）。

脂肪组织构造单位是脂肪细胞。脂肪细胞或单个或成群地借助疏松结缔组织连在一起，中心充满脂肪滴，细胞核被挤到周边。细胞外层有一层膜，膜由胶状的原生质构成，细胞核即位于原生质中。脂肪细胞是动物体内最大的细胞，越大里面的脂肪滴越多，因而出油率也高。

结缔组织是肉的次要成分，为非全价蛋白，不易被消化吸收，能增加肉的硬度，降低其食用价值，以用来加工胶冻类食品。结缔组织由细胞、纤维和无定形的基质组成。结缔组织纤维可分胶原纤维、弹性纤维和网状纤维。

骨组织是由骨膜、骨质和骨髓构成。骨膜是由结缔组织包围在骨骼表面的一层硬膜，里面有神经、血管。骨质根据构造的致密程度分为密质骨和松质骨。骨髓分红骨髓和黄骨髓。

二、肉的化学组成

肉类的化学成分主要包括水分、蛋白质、脂肪、浸出物、维生素和矿物质等。这些成分因动物的种类、品种、性别、年龄、管理条件、营养状态及部位的不同而有差异。不同畜禽肉的化学组成见表 12–2。

表 12-2 各种畜禽肉的化学组成

名称	水分 /%	蛋白质含量 /%	脂肪含量 /%	灰分 /%
牛肉（瘦）	65.7 ~ 71.3	16.5 ~ 21.3	7.9 ~ 13.7	0.8 ~ 1.1
牛肉（肥）	47.1 ~ 62.3	15.0 ~ 19.5	18.7 ~ 35.7	0.8 ~ 1.0
羊肉（瘦）	50.2 ~ 67.4	16.0 ~ 19.8	12.4 ~ 16.3	0.7 ~ 1.1
羊肉（肥）	39.9 ~ 43.3	13.9 ~ 14.7	41.7 ~ 44.9	0.8 ~ 1.0
猪肉（瘦）	38.7 ~ 57.2	12.4 ~ 14.5	34.2 ~ 50.0	0.8 ~ 1.0
猪肉（肥）	65.2 ~ 72.6	17.4 ~ 20.1	6.6 ~ 12.7	1.0 ~ 1.1
鸭肉	71.2	23.7	2.7	1.2
兔肉	73.5	24.2	1.9	1.5
鸡肉	71.8	19.5	7.8	2.0

1. **水分**

水是肉中含量最多的成分，且分布不均匀，其中肌肉中含水为 70% ~ 80%，骨骼中为 12% ~ 15%，皮肤为 60% ~ 70%。一般来讲，保持适宜比例水分的肉和肉制品鲜嫩可口、多汁味美，但水分多时细菌、霉菌等微生物容易繁殖，引起肉的腐败变质。肉中的水分并非像纯水那样以游离的状态存在，其存在的形式大致可以分为三种：结合水、不易流动水和自由水。

2. **蛋白质**

肉中蛋白质的含量仅次于水，主要存在于肌肉组织中。肌肉中蛋白质占鲜重的 20% 左右，占肉中固形物的 80%。可分为肌原纤维蛋白（占肌肉蛋白质总量的 50% ~ 60%，是盐溶性蛋白）、肌浆蛋白（约 30%，是水溶性蛋白）和基质蛋白（10% ~ 20%，是不溶性蛋白）三类。肉的加工特性主要是由肌原纤维蛋白的特性所决定。

3. **脂肪**

动物脂肪可分为蓄积脂肪和组织脂肪两大类。蓄积脂肪包括皮下脂肪、肾周围脂肪、大网膜脂肪及肌肉间脂肪等，主要是中性脂肪，常见的脂肪酸有棕榈酸、油酸、硬脂酸；组织脂肪为肌肉及脏器内的脂肪，主要是磷脂，磷脂中不饱和脂肪酸含量高，容易氧化，与肉的酸败程度有很大关系。纯净的脂肪无味、无色、无臭，但含有不纯物的天然脂肪，则因畜禽种类的不同而具有各种风味，如羊肉的特有气味，一般认为和辛酸、壬酸等中级饱和脂肪酸有关。

肉类脂肪有 20 多种脂肪酸，其中饱和脂肪酸以硬脂酸和软脂酸居多，不饱和脂肪酸以油酸居多，其次是亚油酸。相对来说鸡和猪的脂肪含不饱和脂肪酸较多，牛和羊的脂肪含饱和脂肪酸多。

不同来源脂肪的理化性质见表 12-3。

表 12-3 不同来源脂肪的理化性质

脂肪种类	相对密度	熔点 /℃	酸价	碘价	皂化价
牛脂肪	0.937 ~ 0.953	40 ~ 50	1 ~ 50	32 ~ 47	190 ~ 200
猪脂肪	0.915 ~ 0.923	28 ~ 48	0.5 ~ 8.7	40 ~ 60	193 ~ 200
羊脂肪	0.931 ~ 0.953	44 ~ 49	1 ~ 50	31 ~ 46.5	192 ~ 198
马脂肪	0.916 ~ 0.933	29.5 ~ 43.2	3.1 ~ 21.1	71.4 ~ 86.3	195 ~ 204
兔脂肪	0.928 ~ 0.957	25 ~ 46	—	102 ~ 107	198 ~ 205
鸡脂肪	0.924	33 ~ 46	—	55 ~ 77.2	193 ~ 204
乳脂肪	0.936 ~ 0.945	28 ~ 36	0.4 ~ 35	25.7 ~ 38	219 ~ 241

4. **浸出物**

浸出物是指除蛋白质、盐类、维生素外能溶于水的浸出性物质，包括有含氮浸出物（非蛋白质的含氮物质，如游离氨基酸、磷酸肌酸、核苷酸类、胍基化合物等。这些物质是肉滋味的来源）和无氮浸出物（不含氮的可浸出性有机物质，包括碳水化合物和有机酸）。

5. **矿物质**

矿物质是指一些无机盐类和元素，含量占 1.5%。这些无机物在肉中有的以单独游离状态存在，如镁离子、钙离子，有的以整合状态存在，有的以与糖蛋白和酯结合方式存在，如硫、磷有机结合物。鲜肉中各种矿物质含量如表 12-4 所示。

表 12-4　鲜肉中矿物质的含量　　单位：mg/100 g 鲜样

矿物质	猪 肉	牛 肉	犊牛肉	羊 肉	羔羊肉	鸡 肉
Na^+	63.0	51.9	90	91	75	46
K^+	326	386	350	350	295	407
Mg^{2+}	23.0	20.1	15	27.2	15	17.8
Ca^{2+}	6.0	3.8	11	12.6	10	5.8
Fe^{3+}	2.1	2.8	29	1.7	1.2	2.2
Pb^{2+}	2.25	5.1	—	—	—	1.1
Cu^{2+}	0.114	0.2	—	0.16	—	—
Mn^{2+}	0.032	0.2	—	—	—	—
P^{3+}	248	167	193	195	147	339
Cl^-	54.2	56.2	—	84	—	144
S^{2-}	201	—	226	228	—	129

6. **维生素**

肉中维生素主要有 VA、VB_1、VB_2、VC、VD、烟酸、叶酸等。其中脂溶性维生素较少，而水溶性维生素较多。肉是 B 族维生素的良好来源，尤其是人类膳食 VB_{12}（钴胺素）和 VB_6 的重要来源。各种肉类的维生素含量也有不同，如猪肉中 B 族维生素特别丰富，但 VA 和 VC 很少，而牛肉中的叶酸、VE 和 VB 族相对较多，见表 12-5。

表 12-5　肉中维生素含量　　单位：mg/100 g 鲜样

畜肉	VA/IU	VB_1/mg	VB_2/mg	烟酸/mg	泛酸/mg	生物素/μg	叶酸/μg	VB_6/mg	VB_{12}/μg	VC/mg	VD/IU
牛肉	微量	0.07	0.20	5.0	0.4	3.0	10.0	0.3	2.0		微量
小牛肉	微量	0.10	0.25	7.0	0.6	5.0	2.0	0.3	0		微量
猪肉	微量	0.0	0.20	5.0	0.6	1.0	3.0	0.5	2.0		微量
羊肉	微量	0.15	0.25	5.0	0.5	3.0	3.0	0.4	2.0		微量
牛肝	20 000	0.30	0.30	13.0	8.0	300.0	2.7	50.0	50.0	30.0	45

三、肉的食用品质

1. **肉的颜色（color）**

肉的颜色对肉的营养价值和风味并无较大影响，但在某种程度上影响食欲和商品价值，是重要的食用品质之一。肉的颜色一般呈现深浅不一的红色，主要取决于肌肉中的色素物质——肌红蛋白和残余血液中的色素物质—血红蛋白。如果放血充分，肌红蛋白占肉中色素的 80%～90%，是决定肉色的关键物质。肌肉中肌红蛋白的含量和化学状态决定了肉的色泽，如鲜肉刚开始时是肌红蛋白本身紫红色，与氧结合后生成鲜红的氧合肌红蛋白，是新鲜肉的象征，肌红蛋白和氧合肌红蛋白均可被氧化生成高铁肌红蛋白，呈褐色，使肉色变暗，如图 12-1。

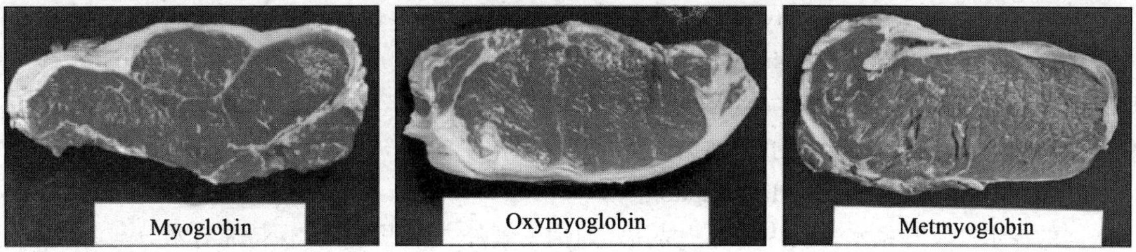

图 12-1　不同颜色状态的肌肉

肌肉中有硫化物存在时，肌红蛋白可被氧化生成硫代肌红蛋白，呈绿色，是一种异色肉。肌红蛋白与亚硝酸盐反应生成亚硝基肌红蛋白，呈粉红色，是典型的腌肉颜色。肌红蛋白加热后变性形成珠蛋白与高铁血色原的复合物，呈灰褐色，是熟肉的典型色泽。

2. **肉的嫩度**（tenderness）

肉的嫩度又称为肉的柔软性，指肉在食用时口感的老嫩，反映了肉的质地，由肌肉中各种蛋白质的结构特性决定。在肉的宏观结构上，肌纤维的粗细及结缔组织的质地直接影响肉的嫩度。因动物的年龄、品种、肌肉部位等不同而有所不同。常采用的肌肉嫩化方法有：吊挂、钙盐嫩化法、电刺激嫩化、加热嫩化、生物酶解和高压嫩化等方法。

3. **肉的风味**（flavour）

肉的风味是指生鲜肉的气味和加热后肉及肉制品的气味和滋味。它是由肉中固有成分经过复杂的生理生化变化产生的各种有机化合物所致，其特点是成分复杂多样，含量甚微，除少数成分外，多数不稳定，加热易破坏和挥发。肉的风味大都通过烹调后产生，生鲜肉一般只有咸味、金属味和血腥味，当肉加热后，前体物质反应生成各种呈味物质，赋予肉以气味和滋味。这些物质主要是通过美拉德（Maillard）反应、脂质氧化和一些物质的热降解三种途径形成。

肉的滋味物质主要有：①甜味：葡萄糖、果糖、核糖、甘氨酸、丝氨酸、苏氨酸、赖氨酸、脯氨酸和羟脯氨酸；②咸味：无机盐、谷氨酸钠和天冬氨酸钠；③酸味：天冬氨酸、谷氨酸、组氨酸、天冬酰胺、琥珀酸、乳酸、二氢吡咯羧酸和磷酸；④苦味：肌酸、肌酐酸、次黄嘌呤、鹅肌肽、肌肽、其他肽类、组氨酸、精氨酸、蛋氨酸、缬氨酸、亮氨酸、异亮氨酸、苯丙氨酸、色氨酸和酪氨酸；⑤鲜味：谷氨酸钠、5- 肌苷酸、5- 鸟苷酸和肽类。

肉中的香味物质可列出上千种，各有特色，但对那些起主导作用的一直缺乏共识。近年来发现 2- 甲基 -3- 呋喃硫醇、糠基硫醇、3- 巯基 -2- 戊酮和甲硫丁氨醛可能是肉的基本香味物质。

四、肉的加工特性

肉的加工特性主要包括溶解性、凝胶特性、乳化性和保水性等。影响肉的加工特性的因素很多，如肌肉中各种组织和成分的性质和含量、肌肉蛋白质在加工中的变化、添加成分的影响等。

1. **肉的溶解性**（solubility）

肌肉蛋白的溶解性指在特定的提取条件下，溶解到溶液里的蛋白质占总蛋白质的百分比。蛋白的溶解性对肉的加工品质起到重要的作用，只有在肌肉蛋白溶解的情况下，对于斩拌肉糜类产品蛋白的加工功能特性才得以显现。肌肉蛋白一般分为水溶性、盐溶性和不溶性蛋白。肌浆蛋白在水中或稀的盐溶液中呈可溶状态，肌原纤维蛋白是盐溶性蛋白，胶原蛋白（基质蛋白）在通常加工条件下是不溶的。

2. 肉的凝胶特性（gel）

肌肉蛋白凝胶是肌肉蛋白分子解聚后交联而形成的集聚体。形成的凝胶网络中容纳了大量的水。在凝胶形成或凝胶化（gelation）过程中，脂肪和水被蛋白质形成的三维网络结构所包裹。肌肉蛋白凝胶一般都由热诱导产生，形成的凝胶分为两种：肌球蛋白凝胶和混合肌原纤维蛋白凝胶。

3. 肉的乳化性（emulsibility）

乳化性是指肌肉在斩拌过程中，肌肉中蛋白质溶出，同时脂肪被分散成微粒，并且蛋白质主要是肌球蛋白逐渐包裹脂肪微粒，形成一种由蛋白质包裹脂肪微粒的稳定的乳状体系。肌肉的乳化特性对稳定乳化型肉制品中的脂肪具有重要作用。

4. 肉的保水性（water holding capability）

肉的保水性又称系水力或持水力，是指当肌肉受到外力作用时，其保持原有水分与添加水分的能力，关系到肉的多汁性和嫩度。所谓的外力指压力、切碎、冷冻、解冻、贮存、加工等。衡量肌肉保水性的指标主要有持水力、汁液损失、蒸煮损失等，汁液损失是描述生鲜肉保水性最常用的指标。

第二节　肉制品加工原理与方法

一、腌制

肉的腌制（curing）是指用食盐，添加或不添加硝酸盐、蔗糖、香辛料等辅料，对原料肉进行处理的工艺。腌制已成为肉制品加工过程中一个重要的工艺环节。通过腌制材料的渗透，使肉制品达到发色、增香、防腐等目的。

（一）腌制作用

1. 腌制的呈色机理

（1）肉色的形成

形成肉色的主要物质为肌红蛋白（myoglobin，Mb）和血红蛋白（hemoglobin，Hb），对宰杀放血充分的肌肉来讲，其呈现红色的主要物质是Mb。肉中的Mb呈球状，由一个球蛋白和一个血红素辅基组成，血红素的中心部位是一个铁原子，铁原子的氧化状态决定肉的色泽。肉在腌制时会加速Mb和Hb的氧化，形成高铁肌红蛋白（MetMb）和高铁血红蛋白（MetHb），使肌肉丧失天然色泽，变成带紫色调的浅灰色。当加入硝酸盐（或亚硝酸盐）后，由于肌肉中色素蛋白和亚硝酸盐发生化学反应，形成鲜艳的亚硝基肌红蛋白（NO-Mb），在之后的热加工中又会形成稳定的腌肉特有粉红色。

（2）影响腌肉色泽的因素

① 硝酸盐和亚硝酸盐的使用量。肉制品的色泽与亚硝酸盐的使用量有关，用量不足时，颜色淡而不均，在空气中氧气的作用下会迅速变色，造成贮藏后色泽的恶劣变化。为了保证肉呈红色，亚硝酸钠的最小用量为0.05 g/kg。用量过大时，不仅危害人体健康，且过量的亚硝酸根的存在又能使血红素物质中的卟啉环的α-甲炔键硝基化，生成绿色的衍生物。亚硝酸盐的最大用量为0.15 g/kg（硝酸盐最大用量为0.5 g/kg）。

② 肉的pH。肉的pH影响亚硝酸盐的发色作用。亚硝酸钠只有在酸性介质中才能还原成NO，

故 pH 接近 7.0 时肉色就淡。肉制品加工中为了提高其持水性，常加入碱性磷酸盐，加入后会造成 pH 向中性偏移，使呈色效果不好，所以必须注意其用量。在过低的 pH 环境中，亚硝酸盐的消耗量增大，如使用亚硝酸盐过量，又容易引起绿变，一般发色的最适宜的 pH 范围为 5.6 ~ 6.0。

③ 温度。生肉呈色的进程比较缓慢，经过烘烤、加热后则反应速度加快，肉品加工中，腌好的肉料不及时处理，易褪色，这就要求迅速操作，及时加热。

④ 腌制添加剂。添加抗坏血酸，当其用量高于亚硝酸盐时，在腌制时可起助呈色作用，在贮藏时可起护色作用；蔗糖和葡萄糖由于其还原作用，可影响肉色强度和稳定性；加烟酸、烟酰胺也可形成比较稳定的红色，但没有防腐和抗氧化作用，所以暂时还不能代替亚硝酸钠；添加香辛料如丁香则有消色作用。

⑤ 其他因素。微生物和光线等影响腌肉色泽的稳定性。正常腌制的肉，切开置于空气中后，切面会褪色发黄，这是由于亚硝基肌红蛋白在微生物的作用下引起卟啉环变化造成的。亚硝基肌红蛋白不仅受微生物影响，而且对可见光线也不稳定。在光的作用下，NO– 血色原失去 NO，再氧化成高铁血色原，高铁血色原在微生物等的作用下，使得血色素中的卟啉环发生变化，生成绿色、黄色和无色的衍生物。这种褪色或变色现象在发生脂肪酸败或过氧化物存在时可加速发生。

2. 腌制与保水性和黏着性的关系

肉制品（如西式培根、成型火腿、灌肠等）加工过程中腌制的主要目的，除了使制品呈现鲜艳的红色外，还可提高原料肉的保水性和黏着性。保水性是指肉类在加工过程中对本身水分及外添加水分的保持能力。保水性和蛋白质的溶剂化作用相关联，因而与蛋白质中的自由水和溶剂化水有关。黏着性表示肉自身所具有的黏着物质而可以形成具有弹力制品的能力，其程度则以对扭转、拉伸、破碎的抵抗程度来表示，黏着性和保水性通常是相辅相成的。

食盐和复合磷酸盐是腌制过程中广泛使用的增加保水性和黏着性的腌制材料。试验表明，绞碎的肉中加入 NaCl 使其离子强度为 0.8 ~ 1.0，即相当于 NaCl 浓度为 4.6% ~ 5.8% 时的保水性最强，超过这个范围反而下降。

肉中起保水性、黏着性作用的是肌肉中含量最多的结构蛋白质中的肌球蛋白，用离子强度为 0.3 以上的盐溶液即可提取到肌球蛋白，而纯化的肌动蛋白已被证实在热变性时不显示黏着性，但当溶液中肌球蛋白和肌动蛋白以一定比例存在时，肌动蛋白能加强肌球蛋白的黏着性。若宰后时间增长，或提取的时间延长，则肌球蛋白与肌动蛋白结合而生成肌动球蛋白，此时被提取的物质是以肌动球蛋白为主体的混合物，通常将此混合物称为肌球蛋白 B。

未经腌制的肌肉中的结构蛋白质处于非溶解状态，而腌制后由于受到离子强度的作用，使非溶解状态的蛋白质转变为溶解状态，也就是腌制时肌球蛋白或肌球蛋白 B 被提取是增加保水性和黏着性的根本原因。腌肉时添加焦磷酸盐，可直接作用于肌动球蛋白，使肌球蛋白解离出来，是增加黏着性的直接原因。而添加复合磷酸盐还通过提高 pH，增强离子强度以及结合到蛋白质分子上而发挥提高保水性和黏着性的作用。

（二）腌制风味的形成

腌制品风味的产生过程也是腌肉的成熟过程，发生了蛋白质降解反应、美拉德反应、脂肪分解及脂质氧化反应，使腌制肉制品形成特有的色泽、风味和质地。腌肉中形成的风味物质主要为羰基化合物、挥发性脂肪酸、游离氨基酸、含硫化合物等物质。同时，腌制剂如食盐、硝酸盐、亚硝酸盐、异抗坏血酸盐以及糖分等均匀扩散肉中，并和肉内成分进一步进行反应，当腌肉加热时就会释放出来，形成特有风味。但亚硝酸盐在腌肉风味中的作用机理还不够清楚，其可能对肌肉中自身含有的组织酶有促进作用。

在一定时间内，腌制品经历的成熟时间越长，质量越佳。通常条件下，出现特有的腌制香味需腌制 10 ~ 14 d，腌制 21 d 香味明显，40 ~ 50 d 达到最大程度。

有人认为长期腌制过程中形成的挥发性醛类也是腌肉风味来源之一。现认为的特殊风味是含有组氨酸、谷氨酸、丙氨酸、丝氨酸、蛋氨酸等氨基酸的浸出液，以及脂肪、糖和其他挥发性羰基化合物等少量挥发性物质，以及在一些微生物作用下糖类的分解物等组合而成。腌肉的成熟过程和温度、盐分以及腌制品成分有很大关系。

成熟过程中的化学和生物化学变化，主要由微生物和肉组织内本身酶活动所引起。腌制过程中肌肉内一些可溶性物质外渗到盐水中，如肌球蛋白、肌动球蛋白、肌浆蛋白等都会外渗到盐水中去，它们的分解产物就会成为腌制品风味的来源。

（三）腌制方法

肉的腌制方法很多，大致可分为干腌法、湿腌法、混合腌制法、滚揉腌制法等。不同原料、不同产品对腌制方法有不同的要求，有的产品采用一种腌制法即可，有的产品则需要采用两种甚至两种以上的腌制法，目前，盐水注射结合滚揉腌制在现代化的肉品加工中是较常用的使用方法。具体请见第 5 章第 2 节食品的腌制。

二、斩拌与乳化

（一）斩拌

斩拌（chopping）是用斩拌机对肉（含各种辅料）进行细切和乳化的过程，是生产肉糜型的灌肠（乳化肠）常用的加工方法。

1. 斩拌的目的和作用

通过斩拌破坏结缔组织薄膜，使肌肉中盐溶性蛋白释放出来，从而提高肉馅的黏结性、保水性和出品率；乳化作用，改善肉的结构状况，使瘦肉和肥肉充分拌匀，结合更牢固，防止产品热加工时“走油”；提高肉的嫩度，提高制品的弹性。

2. 斩拌原理

肌动蛋白和肌球蛋白具有结构的丝状蛋白体，外面由一层结缔组织膜包裹着，不打开这层膜，这层蛋白就只能保持本体的水分，不能保持外来水分。因此斩拌就是为了打开这层膜，使蛋白质游离出来，这些游离出来的蛋白质吸收水分，并膨胀形成具有很强的乳化性的网状蛋白质凝胶，能包裹住脂肪颗粒，又达到了保油的目的。

3. 斩拌操作

工业斩拌通常使用斩拌机来进行操作，斩拌机兼有斩拌、搅拌、乳化等功能。有真空斩拌机和非真空斩拌机两种，前者在真空下工作，具有卫生条件好，盐溶性蛋白溶出多，能够防止脂肪氧化，物料温度升高幅度小，产品质量好等优点；后者不带真空系统，在常压下工作。

4. 影响斩拌质量的因素

主要包括刀轴转速、装载量、斩拌时间、斩拌刀锋利程度、脂肪添加量等。具体来说：

（1）转速大型斩拌机的刀轴一般都具有 3 个转动速度，转速越高，乳化效果越好，但容易造成升温较大，因此必须控制好温度。

（2）装载量应合理，过多或过少都影响斩拌质量，合理的装载量应是所有的材料添加完后，即最终肉馅至锅边沿 5 cm 距离。

（3）随着斩拌时间的延长，瘦肉斩得越来越细，有利于达到良好的乳化状态，但同时脂肪细胞膜破坏的概率增大，使产品油水分离（出油）的风险增大，因此一般有效斩拌时间控制在 5 ~ 8 min。

（4）斩拌刀的锋利程度直接影响斩拌温度、时间、肉组织破坏及乳化效果。

（5）肉应先于脂肪斩拌，使蛋白质充分析出，能更好地乳化脂肪细胞分离出的油滴。理论上瘦肉和脂肪的比例在 1∶1 的情况下，就可以充分包住脂肪。但油水分离现象往往与脂肪的分散状态、脂肪质量或斩拌时温度上升等因素有关。为了避免油脂的析出，可将脂肪提前制作为乳化脂，加入原料肉中进行斩拌。由于乳化脂对脂肪颗粒进行了很好的包埋，与肌原纤维蛋白形成的网状结构是一种非常稳定的凝胶体系，即使脂肪添加量较多，也不易出油。

（二）乳化

肉的乳化（emulsification）是指肉在斩拌过程中，蛋白质、脂肪、水和盐充分混合，形成水包油型乳化特性的肉糊。乳化影响因素主要包括：基质形成、乳化温度、脂肪颗粒的大小、pH、可溶性蛋白质的数量和类型，以及肉糊的黏性等。

① 乳化温度：肉在斩拌乳化过程中，由于摩擦生热，脂肪融化，蛋白质初步变性，从而有利于蛋白质吸附并分散到脂肪颗粒上。如果温度过高，生成的乳浊液会被破坏。高速斩拌时一般要求：禽肉 10～12℃，猪肉 15～18℃，牛肉 21～22℃。

② 脂肪颗粒：脂肪颗粒小，有利于形成乳浊液。但斩拌过度，脂肪颗粒表面积过大，而导致蛋白质相对不足，不能包裹所有脂肪颗粒，而使乳浊液失去稳定性。

③ pH：pH 高有利于蛋白质的溶出。

④ 可溶蛋白：数量多，且主要以肌原纤维蛋白为主有利于乳浊液的形成和稳定。

⑤ 肉糊的黏性：当肉糊的黏度增加时，脂肪分离的趋势变缓，加热时脂肪微粒融化并呈液态，更易聚合。

三、煮制

煮制是对肉进行热加工的过程。加热的介质有水、蒸汽、油等，煮制肉的目的一是熟制作用，产生与生肉不同的色（稳定肉色、特有的熟肉颜色）、香（特有肉香味）、味（特有的质构和滋味）、型（固定制品的形态）等物理变化，以便于食用；二是杀死微生物和寄生虫，提高制品的耐保存性。

1. 肉在煮制过程中的变化

（1）蛋白质变化

肉在加热煮制过程中，肌肉蛋白质因发生热变性凝固，引起肉汁分离，体积缩小变硬，同时肉的保水性、pH、酸碱性基团及可溶性蛋白质发生相应的变化。随着加热温度的上升，肌肉蛋白的变化归纳如下：

① 20～30℃：肉的保水性、硬度、可溶性几乎无变化。

② 30～40℃：随着温度上升保水性缓慢地下降。从 30～35℃开始凝固，硬度增加，蛋白质的可溶性、ATP 酶的活性也产生变化。折叠的肽链伸展，以盐键结合或以氢键结合的形式产生新的侧链结合。

③ 40～50℃：保水性急剧下降，硬度也随温度的上升而急剧增加，等电点移向碱性方向，酸性基特别是羧基减少，而形成酯结合的侧链 R—CO—O—R′。

④ 50～55℃：保水性、硬度、pH 等暂时停止变化，酸性基也开始减少。

⑤ 55～80℃：保水性又开始下降，硬度增加，pH 以及酸性又开始减少，分子之间继续形成新的侧链结合，产生进一步凝固。到 60～70℃时，肉的热变性基本结束。60℃时肉汁开始流出；70℃时肉凝结收缩，肉中色素变性，由红色变灰白色；80℃呈酸性反应时，结缔组织开始水解，胶原纤维变为可溶于水的胶原蛋白，各肌束间的连接性减弱，肉变软。

⑥ 80～100℃：80℃以上开始生成硫化氢，影响着高温加热肉的风味，使肉的风味降低。90℃稍长时间煮制蛋白质凝固硬化，盐类及浸出物由肉中析出，肌纤维强烈收缩，肉反而变硬；继续煮沸（100℃）蛋白质、碳水化合物部分水解，肌纤维断裂，肉被煮熟（烂）。

在煮制时约有2.5%的可溶性蛋白质进入肉汤中，此蛋白质加热凝固形成污灰色泡沫，浮于肉汤表面，为肉汤中唯一的全价蛋白，但在传统的煮制加工中，多被撇掉。肉汤中全部的干物质（从肉中溶出的，不包括添加的）达肉质量的2.5%~3.5%，主要是含氮浸出物和盐类，如不把可溶性蛋白质撇掉，再加上调味料，将对煮肉制品呈味起主要作用。

（2）质量减轻与肉质收缩变硬或软化

肉类在煮制过程中最明显的变化是失去水分、质量减轻，如以中等肥度的猪、牛、羊肉为原料，在100℃的水中煮沸30 min质量减少的情况，见表12-6。

表12-6 肉类水煮时质量的减少比例（%）

类别	水分	蛋白质	脂肪	其他	总量
猪肉	21.3	0.9	2.1	0.3	24.6
牛肉	32.2	1.8	0.6	0.5	35.1
羊肉	26.9	1.5	6.3	0.4	35.1

为了减少肉类在煮制时营养物质的损失，提高出品率，在原料加热前应经过预煮过程。预煮使产品表面蛋白质立即凝固，形成保护层，可减少营养成分的损失，提高出品率。用150℃以上的高温油炸，亦可减少有效成分的流失。此外，肌浆中肌浆蛋白质受热之后由于蛋白质的凝固作用而使肌肉组织收缩硬化，并失去黏性。但若继续加热，随着蛋白质的水解以及结缔组织中胶原蛋白质水解转化成明胶等变化，肉质又变软。

（3）脂肪的变化

煮制加热时脂肪熔化，包围脂肪滴的结缔组织由于受热收缩使脂肪细胞受到较大的压力，细胞膜破裂，脂肪熔化流出。随着脂肪的熔化，释放出某些与脂肪相关联的挥发性化合物，这些物质给肉和汤增补了香气。不同动物脂肪所需的温度不同，牛脂为42~52℃，羊脂为44~55℃，猪脂为28~48℃，禽脂为26~40℃。

（4）结缔组织的变化

肌肉中结缔组织含量多，则肉质坚韧，但在70℃以上水中长时间煮制，结缔组织多的反而比结缔组织少的肉质柔嫩，这是由于此时结缔组织受热软化的程度对肉的柔软起着主导作用。结缔组织中的蛋白质主要是胶原蛋白和弹性蛋白，一般加热条件下弹性蛋白几乎不发生变化，主要是胶原蛋白的变化。肉在水中煮制时，由于肌肉组织中胶原纤维在动物体不同部位的分布不同，肉发生收缩变形的情况也不一样。当加热到64.5℃时，其胶原纤维在长度方向可迅速收缩到原长度的60%。因此肉在煮制时收缩变形的大小是由肌肉结缔组织的分布所决定的。在接近100℃时胶原蛋白迅速变成明胶，沸腾得越激烈，转变得越快。

（5）风味的变化

生肉的风味是很弱的，但是加热之后，不同种类动物肉产生很强的特有风味，通常认为是由于加热导致肉中的水溶性成分和脂肪的变化所形成的。加热肉的风味成分，与氨、硫化氢、胺类、羰基化合物、低级脂肪酸等有关。在肉的风味里，有共同的部分，主要是水溶性物质如氨基酸、肽和低分子的碳水化合物之间进行反应的一些生成物。特殊成分则是因为不同种肉类的脂肪和脂溶性物质的不同，由加热所形成的特有风味。

（6）浸出物的变化

在煮制时浸出物的成分是复杂的，主要是含氮浸出物、游离氨基酸、尿素、肽的衍生物、嘌呤碱等，其中以游离氨基酸最多，如谷氨酸等，它具有特殊的芳香气味，当浓度达到0.08%时，即会出现肉的特有芳香气味。此外，如丝氨酸、丙氨酸等也具有香味，成熟的肉所含的游离状态的次黄嘌呤，也是形成肉特有芳香气味的主要成分。

（7）颜色的变化

当肉温在60℃以下时，肉色几乎不发生明显变化，65～70℃时，肉变成桃红色，再提高温度则变为淡红色，在75℃以上时，则完全变为褐色。这种变化是由于肌肉中的肌红蛋白受热作用逐渐发生变性所致。此外，用硝酸盐或亚硝酸盐腌制发色的肉，由于其肌红蛋白已经变成对热稳定的亚硝基肌红蛋白，所以煮制后变成鲜艳的红色。

2. 煮制方法

在酱卤肉制品加工中煮制方法包括清煮和红烧。

（1）清煮

清煮又称预煮、白煮、白锅等。其方法是将整理后的原料肉投入沸水中，不加任何调料，用较多的清水进行煮制。清煮的目的主要是去掉肉中的血水和肉本身的腥味或气味，在红烧前进行，清煮的时间因原料肉的形态和性质不同有所差异，一般为15～40 min。清煮后的肉汤称白汤，清煮猪肉的白汤可作为红烧时的汤汁基础再使用，但清煮牛肉及内脏的白汤除外。

（2）红烧

红烧又称红锅。方法是将预煮后的肉放入加有各种调味料、香辛料的汤汁中进行烧煮，是酱卤制品加工的关键性工序。红烧的目的不仅可使肉品加热熟制，更重要的是使产品的色、香、味及产品的化学成分有较大的改变。红烧的时间，随产品和肉质不同而不同，一般为1～4 h。红烧后剩余之汤汁叫老汤或红汤，要妥善保存，待以后继续使用。制品加入老汤进行红烧风味更佳。

在煮制过程中，根据火焰的大小强弱和锅内汤汁情况，可分为大火、中火、小火3种。

大火又称旺火、急火等。大火的火焰高强而稳定，锅内汤汁剧烈沸腾。

中火又称温火、文火等。火焰较低弱而摇晃，锅内汤汁沸腾，但不强烈。

小火又称微火。火焰很弱而摇晃不定，锅内汤汁微沸或缓缓冒气。

四、熏制

烟熏（smoking）是一种已沿用多年的传统肉制品加工方法。长期以来，世界各地人们对不同浓度的烟熏味均有一定的喜好。许多肉制品，特别是西式肉制品，如灌肠、火腿、培根、生熏腿、熟熏圆腿等均需经过烟熏。肉品经过烟熏，不仅获得特有的烟熏味，而且保存期延长。

1. 烟熏的目的、原理、方法与设备

具体见第五章第三节食品的烟熏处理。

2. 烟熏肉制品中有害成分的控制

肉制品的传统烟熏方法中多环芳香类化合物易沉积或吸附在腌肉制品表面，其中3,4–苯并芘及二苯并蒽是两种强致癌物质；熏烟还可以通过直接或间接作用促进亚硝胺形成。因此，必须采取措施减少熏烟中有害成分的产生及对制品的污染，以确保制品的食用安全。常用的控制烟熏肉制品中有害的方法如下：

（1）控制发烟温度

发烟温度直接影响3,4–苯并芘的形成，发烟温度低于400℃时有极微量的3,4–苯并芘产生，当发烟温度处于400～1 000℃时，便形成大量的3,4–苯并芘，因此控制好发烟温度，使熏材轻度燃烧，对降低致癌物是极为有利的。但熏烟中的有用成分如酚类、羰基化合物和有机酸等的生成量会受影响。为了使熏烟中含有尽量多的有用成分和相对较少的有害物质，一般认为理想的发烟温度为340～350℃为宜。

（2）湿烟法

用机械的方法把高热的水蒸气和混合物强行通过木屑，使木屑产生烟雾，并将之引进烟熏室，同样能达到烟熏的目的，而又不会产生污染制品的苯并芘。

（3）室外发烟净化法

熏烟成分可受温度和静电处理的影响。采用室外发烟，在烟气进入烟熏室之前经过滤、冷气淋洗及静电沉淀等处理后，可将高沸点成分如焦油、多环烃及固体颗粒等减少到一定范围。再通入烟熏室熏制食品，这样可以大大降低有害物质的含量。

（4）液熏法

如前所述，液态烟熏制剂制备时，一般用过滤等方法已除去了焦油小滴和多环烃。因此液熏法的使用是目前的发展趋势。目前世界上先进国家生产的熏制食品基本上都采用液熏技术。

（5）隔离保护法

3,4–苯并芘对食品的污染部位主要集中在表层，所以可采用过滤的方法阻隔3,4–苯并芘，而不妨碍烟气有益成分渗入肉制品中，从而达到烟熏目的。有效的措施是使用肠衣，特别是人造肠衣，如纤维素肠衣，对有害物有良好的阻隔作用。

五、干制

肉的干制是将肉中一部分水分排出的过程，又称为脱水，曾是一种历史悠久的肉品保藏方法。随着干燥设备的研制和干燥方法的创新，目前干制已成为肉品加工一种重要的方法。肉品经过干制，水分含量降低到20%以下，耐藏性提高，质量轻、体积小、便于运输和携带。

1. 干制原理

见第四章第二节食品干制的基本原理。

2. 干制方法

肉类脱水干制方法目前已有自然干燥、人工干燥、低温冷冻升华干燥等。按照干制时产品所处的压力和加热源可以分为常压干燥、微波干燥和减压干燥。

（1）根据干制的方式分类

① 自然干制法。要求设备简单，费用低，但受自然条件的限制，温度条件很难控制，大规模的生产很少采用，只是在某些产品加工中作为辅助工序采用，如风干香肠的干制等。

② 烘炒干制。亦称传导干制。可以在常温下干燥，亦可在真空下进行。加工肉松都采用这种方式。

③ 烘房干。亦称对流热风干燥。直接以高温的热空气为热源，借对流传热将热量传给物料，故称为直接加热干燥。热空气既是热载体又是湿载体，如腊肉、板鸭等的加工。

（2）按照干制时产品所处的压力和热源分类

根据干制时的压力，肉制品干制方法包括常压干燥、减压干燥，减压干燥包括真空干燥和冻结干燥。另外还可以对肉品进行微波干燥。

六、嫩化

1. 嫩化的机理

肉嫩化的机理就是利用物理、化学及生物学方法处理原料肉，改变肌肉组织结构以达到提高肉嫩度的目的。

2. 嫩化的方法

（1）物理嫩化法

① 低温吊挂自动排酸法。将屠宰后的胴体后腿吊挂送入温度低、湿度大约85%的冷却室冷却一段时间，一是借助本身重力作用，二是牲畜活体各组织中存在着分解蛋白质的组织蛋白酶类的作用，使肉变得柔嫩多汁、风味增加。这种方法即肉类加工业常说的排酸成熟。

② 机械嫩化法。利用机械力的作用使肉嫩化，是常用的嫩化方法。根据作用方式不同可分为

滚揉嫩化法、嫩化机法、绞碎嫩化法及再成形嫩化法。滚揉是西式火腿加工中的重要工序，是把经过腌制的肉块，采用滚揉机进行滚揉，使肌肉组织发生改变。

③ 电刺激嫩化法。利用电刺激提高嫩度最早始于1949年，美国本杰明·富兰克林发现电击昏的火鸡“异常的嫩”。电刺激是采用探针或电极，利用电流对放血完全的胴体进行刺激的一种方法。该法是将电极与屠宰后的畜禽体头尾相接进行电流刺激，使引起肌肉收缩的能量从肌肉中耗尽，肌肉纤维便处于松弛状态而感觉柔嫩。经电刺激的肉体，由于电流的作用，加快了肌肉中三磷酸腺苷的迅速降解和糖原分解产生各种有机酸，使pH很快下降到6.0，这时再对肌肉进行冷加工，就可以防止肉的寒冷收缩，从而提高嫩度。

④ 超高压嫩化法。高压嫩化（1～10 MPa）具有嫩化效果明显、作用均一等优点，不仅合乎卫生条件，不会增加微生物污染的机会，而且可以起到杀菌作用，其工序是先将肉进行真空包装，在高压下处理10 min，即可提高肉的嫩度，可延长保质期。顺应了目前小包装分割冷却肉的国际消费趋势，极具发展前景。然而投资较大对该工艺的发展起到了限制作用。

⑤ 超声波嫩化法。超声波也是一种有效的嫩化方法，具有方便、快速的优点。超声波是一种机械弹性振动波，其独特的空化作用、热效应和机械作用，对提高肉质的嫩度、促进蛋白质的溶出和减少微生物等都能起到积极作用。

（2）化学嫩化法

① 多聚磷酸盐嫩化法。在西式火腿、灌肠加工中应用多聚磷酸盐使肉品细嫩、口感良好，切片性及出品率提高。多聚磷酸盐包括焦磷酸、偏磷酸和三聚磷酸盐。嫩化方法是将多聚磷酸盐配成腌制液用于腌制或注入肉中，然后进行滚揉。一般添加量为0.1%～0.45%，不超过0.5%。有报道称，复合磷酸盐对肉制品的作用优于单一磷酸盐，当聚磷酸钠、焦磷酸钠、偏磷酸钠以2∶1∶1添加0.4%时，效果较佳。

② 钙盐注射嫩化法。随着钙激活酶学说的不断成熟，于20世纪80年代后期建立起来的一种改善肉嫩度的方法。通常以$CaCl_2$为嫩化剂，作用时配制成150～250 mg/kg，用量为肉质量的5%～10%，可以采取肌内注射、浸渍腌制等方法进行处理，都可取得良好的嫩化效果，为肉嫩化提供了一个新的途径。其机理可能是：高浓度的Ca^{2+}渗透到肌细胞中，激活中性蛋白酶（CANP）及碱性磷酸酶，促进糖酵解，加速溶酶体破裂，组织蛋白释出，共同促进了嫩度的提高。

（3）生物嫩化法

生物嫩化法主要指酶嫩化法，在牛肉的嫩化中应用较广。所用的酶有植物性蛋白酶（木瓜蛋白酶、菠萝蛋白酶、无花果蛋白酶等）、细菌性蛋白酶（枯草杆菌的碱性蛋白酶、中性蛋白酶、嗜热芽孢杆菌的耐热性蛋白酶）、霉菌和放线菌蛋白酶等几大类，其中以植物性蛋白酶类的嫩化效果为好，它可分解胶原和弹性蛋白，能够特异性地水解肌肉中的结缔组织纤维，使其成为无定型团块；而细菌性蛋白酶只能消化肌肉细胞内膜，使肌肉横纹消失，不能水解结缔组织纤维。嫩化时，先将蛋白酶配制成水溶液，在屠宰放血后用压力注射器将酶注入畜体内，或者在屠前将酶注射到血液系统，也可将肉块浸入溶液中以达到嫩化的目的。

总之，肉的嫩化方法很多，各有所长。在肉的加工中综合利用它们，效果更佳。

七、油炸

油炸是利用油脂在较高的温度下对肉品进行热加工的过程。肉品在高温油炸作用下快速致熟，表面迅速形成干燥层，最大限度地将营养成分保持在肉制品内且不易流失，并赋予产品特有的色泽和浓郁油香味。同时，油炸高温灭菌有助于延长肉制品的保质期。

1. 炸制原理

油炸作为肉品熟制和干制的一种加工工艺由来已久，是最古老的烹调方法之一。

（1）油炸的作用

油炸的主要目的是改善食品的风味和色泽。油脂作为传热介质，具有升温快、流动性好、温度高等特点。

油炸时，油可以提供快速而均匀的传导热，肉品表面温度迅速升高，水分气化，使制品表面脱水而硬化，出现壳膜层；随着油炸的进行，水分气化层向肉品内部迁移，当肉品表面温度升至热油温度时，肉品内部的温度慢慢趋向100℃，同时表面发生焦糖化反应，表面蛋白质变性以及其他物质分解等，产生具有油炸香味的挥发性物质。同时，在高温下物料迅速受热，制品表面形成干燥膜，内部水分蒸发受阻，形成一定的蒸气压，水蒸气穿透作用增强，使制品在短时间内熟化。另外，由于内部含有较多水分，部分胶原蛋白水解使制品外焦里嫩。油炸还可以杀灭肉品的微生物，延长保质期。

（2）油炸的控制

炸制用油要求熔点低、过氧化物值低的新鲜卫生的植物油。目前，肉品的炸制主要使用大豆油、花生油、菜籽油、棕榈油和葵花籽油等。

油炸的油温分为温油（70～100℃），油面较平静、无青烟、无响声；热油（110～170℃），油面微有青烟，四周向中间翻动；旺油（180～220℃），油面冒青烟、仍平静，搅动时有爆裂响声；沸油（230℃以上），全锅冒青烟，油面翻滚并有较剧烈的爆裂响声。油炸温度和时间应根据成品的质量要求和原料的性质、切块的大小、下锅数量的多少来确定，一般油炸的温度控制为150～180℃。油炸时最好采用具有自动控制装置的油炸锅，以保证油温的恒定。

2. 炸制方法

根据油炸压力的不同分为常压油炸、真空油炸和高压油炸。

（1）常压油炸

炸制方法根据制品要求和质感、风味的不同，分为清炸、干炸、软炸、松炸、酥炸、脆炸、卷包炸等几种炸法。

常压炸制是一种比较传统的油炸方法。油炸锅一般都配备有相应的滤油装置。该油炸方法操作简便，但一般时间长，常会造成局部油温过高，往往会加速油脂的氧化变质。现多采用油水分离式的油炸锅，制品风味好、质量高、节油、健康环保。

（2）真空油炸

真空油炸属于低温油炸技术，在低温低压条件下，将油炸和脱水作用有机结合，能在短时间内完成油炸。该方法温度低（100℃左右），产品营养损失少，风味好，耐藏性好。

（3）高压油炸

高压油炸是在高压条件下，炸油的沸点升高，进而提高了油炸温度，缩短了油炸时间。该方法温度高，时间短，外酥里嫩，色泽鲜明，但需要耐高压的设备。

八、发酵

发酵肉制品是指畜禽肉在自然或人工控制的低温环境中，通过有益微生物发酵而成的一种营养丰富、风味独特、保质期长的肉制品。肉制品发酵常采用自然发酵工艺和人工接种微生物发酵剂工艺。目前微生物发酵剂发酵在全球范围内已被广泛用于各类肉制品发酵中，以提升产品的风味、质地、色泽等感官特性。

发酵原理、方法及工艺具体见第六章 食品的发酵。

第三节　肉与肉制品加工工艺

一、鲜肉加工

目前，我国肉类产量和消费量常年保持在8 000万吨以上，居于世界首位，其中70%以上为生鲜肉。生鲜肉分为：①热鲜肉：刚宰后、僵直前的肉，保持了活细胞的品质状态；②中温肉：宰后放置到肉温为10～15℃、僵直前的肉，保鲜时间短，肉质好；③冷却肉：宰后24 h迅速冷却到0～4℃，经过充分解僵成熟的肉；④冰鲜肉：保持在0℃以下、冰点附近的肉，如目前市场上出现的冰鲜鸡，保鲜时间长，肉质好；⑤冷冻肉：在低于–28℃环境下，将肉中心温度降低到–15℃以下，并在–18℃以下的环境中储存的肉。冷冻肉保藏时间长，但肉质差、解冻损耗高。其中冷却肉和冷冻肉是鲜肉的主要生产方式。

（一）冷却肉

冷却肉，又叫冷鲜肉、排酸肉，准确地说应该叫“冷却排酸肉”。与热鲜肉相比，冷却肉始终处于0～4℃环境中，大多数微生物的生长繁殖被抑制，肉毒梭菌和金黄色葡萄球菌等致病菌已不再分泌毒素，肉的安全卫生提高；同时冷却肉经历了较为充分的解僵成熟过程，质地柔软有弹性，滋味鲜美。与冷冻肉相比，冷却肉具有汁液流失少，营养价值高等优点。

1. 冷却肉的生产工艺

刚刚宰杀的猪胴体，肉中心温度高达40～42℃，表面潮湿，极适合微生物的生长繁殖，所以应迅速进行冷却。目前，猪胴体冷却工艺从理论上分为两种：快速冷却（qiuck chilling）和急速冷却（shock chilling）。表12–7列出两种冷却工艺的指导性参数。其中，急速冷却采用两阶段式冷却法，即在第一阶段采用低于肉冻结点的温度和较高的风速，时间1.5 h；第二阶段即转入0～2℃的冷却间经过8 h，使胴体温度均衡并最终降至7℃以下，两阶段冷却法更有利于抑制微生物的生长繁殖。从安全卫生和经济考虑，宰后胴体冷却降温的速度越快，越不利于微生物的生长繁殖；冷却时间越短，质量损失越小。胴体在冷却过程中，质量损失程度取决于两个因素：其一是肉组织结构状况，这与品种、饲养条件以及宰前受刺激程度有关；其二是冷却工艺，若制冷压缩机功率过小，冷却间单位时间内空气交换次数过少，则胴体冷却时间就越长，胴体的质量损失越大。但

表12–7　猪胴体冷却工艺指导性参数

	快速冷却	急速冷却	
		第一阶段	第二阶段
制冷功率/（W/m^3）	250	450	110
室温/℃	0～2	–6～–10	0～2
制冷风速/℃	–10	–20	–10
风速/（m/s）	2～4	1～2	0.2～0.5
冷却时间/h	12～20	1.5	8
胴体温度/℃	7～4	7	
质量损失/%	1.8（7℃）	0.95	

过度追求冷却速度，使肉组织发生冻结，将影响到冷却肉的品质。

2. 冷却链的建立

猪胴体经快速冷却处理，温度达 0 ~ 4℃后，在后续分割、剔骨、包装、流通及销售过程中，始终处于 0 ~ 4℃冷藏链控制下，最高不超过 7℃，以确保冷却肉质量与安全卫生。

（二）冷冻肉

冷冻肉经过冻结后其香味和色泽都不及热鲜肉和冷却肉优质，但因冻结后肉的储藏时间长，仍然被人们所广泛采用。

冻结与解冻方法如下

将肉的温度降低到 –18℃以下，肉中的绝大部分水分（80% 以上）形成冰结晶。该过程称为肉的冻结。

（1）肉冻结前处理

冻结前的加工大致可分为：①胴体劈半后直接包装、冻结；②将胴体分割、去骨、包装、装箱后冻结；③胴体分割、去骨后装入冷冻盘冻结。

（2）冻结过程

当肉的温度达到其冰点温度 –1.7 ~ –2.2℃时，肉中的水即开始结冰。在冻结过程中，首先是完成过冷状态。畜、禽、鱼肉的过冷温度为 –4 ~ –5℃。肉处在过冷温度时水分析出形成稳定的凝聚体，随之下降到冻结点而开始结冰。

冻结时肉汁形成的结晶，主要是由肉汁中纯水部分所组成。其中可溶性物质则集中到剩余的液相中。随着水分冻结，冰点下降，温度降至 –5 ~ –10℃时，组织中的水分有 80% ~ 90% 已冻结成冰（表 12–8）。通常将这以前的温度称作冰结晶的最大生成区（zone of maximum icecrystal formation）。温度继续降低，冰点也继续下降，当达到肉汁的冰晶点，则全部水分冻结成冰。肉汁的冰晶点为 –62 ~ –65℃。

表 12–8　肉的冻结温度和肉汁中水分的冻结率

冻结温度 /℃	–1.5	–2.5	–5	–7.5	–10	–17.5	–20	–25	–32.5
冻结率 /%	30	63.5	75.6	80.5	83.7	88.5	89.4	90.4	91.3

（3）冻结速度

一般在生产上冻结速度常用所需的时间来区分。如中等肥度猪半胴体由 0 ~ 4℃冻结至 –18℃，需 24 h 以下为快速冻结；24 ~ 48 h 为中速冻结；若超过 48 h 则为慢速冻结。有研究认为影响肉蛋白质变性的关键性因素是冻结速度，至于冻结的最终温度的影响则是次要的。

（4）冻结工艺

冻结工艺分为一次冻结和二次冻结。

① 一次冻结。宰后鲜肉不经冷却，直接送进冻结间冻结。冻结间温度为 –25℃，风速为 1 ~ 2 m/s，冻结时间 16 ~ 18 h，肉体深层温度达到 –15℃，即完成冻结过程，出库送入冻藏间贮藏。

② 二次冻结。宰后鲜肉先送入冷却间，在 0 ~ 4℃温度下冷却 8 ~ 12 h，然后转入冻结间，在 –25℃条件下进行冻结，一般 12 ~ 16 h 完成冻结过程。

一次冻结与二次冻结相比，加工时间可缩短约 40%，减少大量的搬运，提高冻结间的利用率，干耗损失少。但一次冻结对冷收缩敏感的牛、羊肉类会产生冷收缩和解冻僵直的现象，故一些国家对牛、羊肉不采用一次冻结的方式。二次冻结肉质较好，不易产生冷收缩现象，解冻后肉的保水力好，汁液流失少，肉的嫩度好。

（5）冻结肉的冻藏

冻结肉冻藏间的空气温度通常保持在 –18℃以下，温度变化幅度≤1℃。冻结肉应掌握安全贮藏，执行先进先出的原则，并经常对产品进行检查。冻结肉的冷藏条件和期限见表 12–9。

表 12–9　冻结肉类的冻藏期

肉的种类	温度 /℃	相对湿度 /%	贮藏期限 / 月
牛肉	–18 ~ –23	90 ~ 95	9 ~ 12
小牛肉	–18	90 ~ 95	8 ~ 10
猪肉	–18 ~ –23	90 ~ 95	7 ~ 10
猪肉	–29	90 ~ 95	12 ~ 14
猪肉片	–18	90 ~ 95	6 ~ 8
猪肉	–18	90 ~ 95	3 ~ 12
羊肉	–18 ~ –23	90 ~ 95	8 ~ 11
兔肉	–18 ~ –23	90 ~ 95	6 ~ 8
禽类	–18	90 ~ 95	3 ~ 8
内脏（包装）	–18	90 ~ 95	3 ~ 4

（6）冻结及贮藏对肉质量的影响

冻结及贮藏过程中肉品质变化受冻结速度和冻结后贮藏时间的影响。长期贮藏时，时间因素则比冻结速度的影响更大。冻结中肉质的变化主要有以下变化。

① 组织结构的变化。是由于冰结晶的机械破坏作用。在冻结过程中，由于纤维内部水分外移，因而造成纤维的脱水和收缩，促使纤维内蛋白质质点的靠近和集合。肌肉组织内的水分冻结后，体积约增大 9%。

② 胶体性质的变化。冻结会使肌肉蛋白质胶体性质破坏，从而降低肉的品质。蛋白质胶体性质破坏的原因是由于在冻结过程中蛋白质发生变性。

③ 肉在冻结冷藏中的其他变化。主要有干耗（在冻结和冷冻贮藏过程中因温差引起肉品表面的水分蒸发而产生的重量损失即为干耗。）、变色、汁液流失、脂肪氧化、产生冻结烧（冻结肉品在冻藏期间脂肪氧化酸败产生羰基，与蛋白质、氨基酸等含氨基成分发生羰氨反应导致，它不仅使肉品产生哈喇味，而且发生黄褐色的变化，感官、风味、营养价值都变差。）等变化。

（7）肉的冷冻保藏

通常采用将肉品真空包装后，再用低温冷冻的方式快速冻结，可以防止水分的散失，减轻重量损失，延长肉制品的货架期。在包装前后有对肉进行辐照、臭氧、超声、气调等处理，或者直接挂“冰衣”（常温下对鲜肉浸水（或抗冻剂）1 ~ 3 s 立即进行速冻或者采用喷淋速冻，使表面形成冰层。）后再冷冻保存。

（8）冻结肉的解冻

解冻是冻肉消费或进一步加工前的必要步骤，是将冻肉内冰晶体状态的水分转化为液体，同时恢复冻肉原有状态和特性的工艺过程，是冻结的逆过程。解冻肉的质量与解冻速度和解冻温度有关。试验表明，在空气温度为 15℃条件下，牛肉 1/4 胴体快速解冻时，损耗为 3%；在 3 ~ 5℃进行缓慢解冻时，损耗只有 0.5% ~ 1.5%。由此可见，缓慢解冻可降低损耗 1.5% ~ 2.5%。肉的保藏时间越长、解冻温度越高，肉汁的损失也越大。40℃时损失 11.5%，7℃时损失 4.35%，1℃时损失 2.55%。

常用的解冻方法如下：

① 空气解冻法。将冻肉移放到解冻间，靠空气介质与冻肉进行热交换解冻的方法。一般把在0～5℃空气中解冻称为缓慢解冻，在15～20℃空气中解冻称为快速解冻。目前研究表明：采用双阶段解冻（先在25℃解冻至肉中心温度为−3℃，再于−1℃下解冻至中心温度为−1℃）获得了更优质的鲜肉。

② 液体解冻法。液体解冻法主要用水（或盐水）浸泡或喷淋的方法。解冻速度较空气解冻快，但耗水量大，同时还会使部分蛋白质和浸出物损失，肉色淡白，香气减弱。水温10℃，解冻20 h；水温20℃，解冻10～11 h。解冻后的肉，需在约1℃条件下晾干。如包装后的肉在水中解冻则可以保证肉的质量。腌制肉的解冻可采用在盐水中解冻，盐会渗入肉的浅层。猪肉在温度6℃的盐水中10 h可以解冻，肉汁损失仅为0.9%。

③ 蒸汽解冻法。蒸汽解冻法解冻速度快，但肉汁损失比空气解冻大。重量由于水汽的冷凝会增加0.5%～4.0%。

④ 真空解冻。真空解冻利用水在真空状态下沸点低这一原理，依靠水蒸发所形成的水蒸气在冻结食品表面凝结释放的潜热来解冻食品。其解冻过程均匀、干耗少、蛋白和脂肪氧化程度小。厚度0.09 m，重量31 kg的牛肉，利用真空解冻装置只需60 min。

⑤ 微波解冻法。微波解冻是指利用电磁波对冷冻产品中的高、低分子极性基团起作用，尤其是冷冻产品中的水分子，它能使极性分子在电场中高速振荡，同时造成分子间剧烈摩擦，由此产生热量，将微波能转化为热能，达到解冻原料肉的目的。微波解冻频率通常为915或2 450 MHz。很多研究都表明，微波解冻技术最大的优点是解冻速率快，且可以降低解冻损失，在一定程度上保证了肉烹饪后的多汁性。

⑥ 超声波解冻。超声波和微波一样，具有解冻效率高的优点，由于超声波的特质，使其比微波解冻更均匀，不会出现加热不均导致肉品质下降的情况。前人在超声波解冻肉制品的研究中，发现超声波解冻随着功率的增大，解冻损失会随之增大，但总体来说较传统解冻方式能更好地保持肉的品质，其质构、pH、菌落总数等指标都较好。不同原料肉在不同功率下的解冻效果大有不同，所以在使用超声波进行解冻时，选择适宜的功率至关重要。因为超声波对脂肪和蛋白质的影响较小，解冻效率也比较高，与其他方式结合还可以在一定程度上降低解冻损失。

⑦ 高压静电场解冻。高压静电场解冻是将原料肉放置于极板之间，通过施加电压使冻肉解冻。在解冻过程中，可以采用施加正电压或者施加负电压的解冻方式。目前高压静电场在肉制品冷冻解冻及保鲜方面，以猪肉为原料的较多。高压静电场解冻相比传统解冻的显著优点是解冻效率高、解冻损失低。不同场强下效果不同，在使用高压静电场解冻法解冻原料肉的过程中，要选择合适的电压和电极板间距才能达到理想的效果。

二、中式肉制品加工

（一）酱卤肉

酱卤制品是我国典型的传统熟肉制品，酱卤肉制品是指以鲜（冻）畜禽肉和可食副产品放在加有食盐、酱油（或不加）、香辛料的水中，经预煮、浸泡、烧煮、酱制（卤制）等工艺加工而成的酱卤系列肉制品。酱卤肉制品具有酥软、色泽鲜艳、风味浓郁等特点，多具有独特地方传统特色，也是我国肉制品主要的消费产品形式。

1. 酱卤工艺

酱卤肉制品因其品种不同而异，但其主要加工方法是调味和煮制。

（1）调味

调味是获得稳定而良好风味的关键。调味的方法根据加入调料的时间和作用，大致可分为基本调味、定性调味和辅助调味三种。基本调味是原料经过整理后，在加热前经过加盐、酱油或其他配料腌制，奠定产品咸味的过程。定性调味是在煮制或红烧时，与原料肉同时加入各种香辛料和调味料，如酱油、酒、盐、香辛料等，赋予产品基本香味和滋味的过程。辅助调味是在原料肉熟制后或出锅前，加入香油、糖、味精等，以增加产品色泽或者鲜味的过程。

酱卤肉制品可按照加入调料的种类、数量，分为五香、红烧、酱汁、蜜汁、糖醋、咸卤等。五香味（在配料中使用了八角、桂皮、丁香、花椒和小茴香五种香料）是酱卤肉制品中的主要产品类型，其特点是酱油用量较大，制品呈现红棕色，故也称红烧。酱汁制品是在红烧的基础上，添加红曲米着色，使制品呈樱桃红色。酱汁制品使用的糖量较多，当肉已酥烂，汤汁收干准备出锅时，将糖熬成汁刷在肉表面。酱汁制品色泽鲜艳，口感咸中带甜，深受人们喜爱。蜜汁制品的特点是原料块小，烧煮时间短，一般需要油炸，以带骨制品较多，制品表面发亮，多为红色或者红褐色，制品鲜香可口，蜜汁甜蜜浓稠。

（2）煮制

详情见本章第二节。

2. 酱卤制品分类

酱卤肉制品依据加工过程中所用的配料和操作条件的不同，一般将其分为三种：白煮、酱卤和糟肉类。

（1）白煮

一般在食用时才调味。主要有白斩鸡、盐水鸭、白切猪肚、白切肉等。

（2）酱卤

产品的色泽和风味主要取决于调味料和香辛料。主要有苏州酱汁肉、卤肉、烧鸡、糖醋排骨、蜜汁蹄髈等。

（3）糟肉

原料肉经白煮后，再用“香糟”糟制而制成的冷食熟肉类制品。其主要特点是保持了原料固有的色泽和曲酒香气。糟肉类有糟肉、糟鸡和糟鹅等。

（二）腌腊肉

腌腊肉制品是指畜禽原料肉通过加盐（或盐卤）和香辛料进行腌制，并在适宜的温度条件下经过风干、成熟等工艺最终形成独特风味的腌腊风味的肉制品。腌腊肉制品的加工工艺蕴藏了中国传统肉制品制作的经验和智慧，具有肉质紧密、色泽红白分明、香味浓郁、咸鲜适口、耐贮藏等特点，深受我国及东南亚地区消费者的喜爱，在我国肉类消费结构中也占有重要地位。

1. 腌腊肉制品的分类

腌腊肉制品主要有咸肉类、腊肉类、酱封肉类和风干肉类。主要产品形式有：板鸭、腊鸡（风干鸡等）、腊肉、中式火腿等。

咸肉类产品是原料经过腌制加工而成的生肉类制品，食用前需经熟制加工。其主要特点是成品呈白色，瘦肉呈玫瑰红或红色，具有独特的腌制滋味，味稍咸。

腊肉类制品是原料肉经食盐、硝酸盐、亚硝酸盐、糖以及调味料等腌制后，再经晾晒、烘烤或烟熏处理等工艺加工而成的生肉制品，食用前需熟化。与咸肉制品相比，腊肉制品经过了较长时间的晾晒和熟化过程，或者在腌制之后经过了烘烤或熏制处理，水分含量比咸肉制品低，风味比咸肉制品浓。主要特点是成品呈金黄色或红棕色，具有浓郁的腊香，滋味鲜美。

酱封肉类制品是原料肉经食盐、酱料（面酱或酱油）腌制、酱制后，再经脱水（风干、晒干、烘干或熏干等）而加工制成的生肉类制品，食用前需熟化处理。与咸肉类和腊肉类制品比，酱封肉类制品加工时用了酱料，因此产品具有浓郁的酱香味，肉色棕红。

风干肉类是原料肉经过腌制后，经过洗晒（某些产品无此工序）、晾挂、干燥等工艺加工而成的生肉类制品，食用前需熟化加工。与其他腌腊肉制品相比，风干类产品水分含量较低，干而耐咀嚼，风味浓郁。

腌腊肉制品是典型的半干食品，水分活度为0.6～0.9，具有很好的耐贮性。早期的腌腊加工主要以保藏为目的，现在保藏的目的性已逐步淡化，生产风味独特的肉制品成为腌腊加工的主要目的。

2. 腌腊肉制品的主要加工操作

腌腊制品的种类很多，但加工过程基本相同。加工过程的主要单元操作为腌制、干燥脱水和成熟。

（1）腌制

详见本章第二节。

（2）干燥脱水

腌腊肉制品生产过程的干燥脱水工艺表现为通风、晾晒、烘烤等生产操作，主要目的是使原料肉进一步脱水使水分活度下降到产品安全保藏水平以下。

传统生产过程是将半成品悬挂于通风干燥处，于自然条件下将产品水分脱除到一定程度。关于香肠的烘干可采取低温烘干法，即在温度5～8℃，湿度40%～50%，低温干燥时间分别为：南京香肠（d38～40 mm 干肠衣）192 h，广式香肠、肉枣（d22 mm 胶原蛋白肠衣）为120 h，香肚（d49～51 mm）为330 h。低温干燥工艺会使产品酸价、过氧化值明显降低，产品更加营养、安全、健康。

（3）成熟

成熟是肉组织内部经历一系列生物化学变化，形成产品特有的风味、色泽和质地的过程。实际生产过程中，在产品经过腌制和晾晒之后，再在一定的条件下放置一段时间，这个过程习惯上称为成熟。

3. 中式香肠的加工

中式香肠是以猪肉为主要原料，经切碎或绞碎成丁，用食盐、硝酸钠、糖、曲酒、酱油等辅料腌制后，充入可食性肠衣中，经晾晒、风干或烘烤等工艺制成的肠制品。食用前需经熟制加工，产品中不允许添加淀粉、血粉、色素及其他非肉组分。

（1）原料

选用新鲜或冻猪前后腿肉，以每100 kg原料计，瘦肉占70%～80%，肥肉占20%～30%。

（2）配方（单位：kg）

食盐2.8～3、白糖9～10、一级生抽2～3、硝酸钠0.05、50°以上的白酒3～4、d 28～30 mm猪小肠衣（适量）。

（3）加工工艺

① 原料整理。将选好的猪的前后腿肉，分割后去除筋、腱、结缔组织，分别切成10～12 mm的瘦肉丁和9～10 mm的肥肉丁，用35℃的温水冲洗油渍、杂物，使肉粒干爽。

② 拌馅：将瘦、肥肉丁倒入拌馅机中，按配方要求加入辅料和清水，搅拌均匀。

③ 灌肠。拌好的肉馅用灌肠机灌入肠衣中，每隔一定间距打结。灌制要适度，过紧会胀破肠衣，过松影响成品的饱满结实度。然后针刺肠身，将肠内空气和多余的水分排出，再用温水清洗表面油腻、余液，使肠身保持清洁。

④ 晾晒与烘烤。将灌好的肠坯挂在凉棚上，在日光下晾晒3 h后翻转一次，约晾晒半天后转入烘房，在45～55℃条件下烘烤约24 h，包装即为成品。

（三）干肉制品

干肉制品是指肉经过脱水干制，使成品中水分含量控制在20%左右的熟肉制品。

肉类食品的脱水干制是人类最早使用的加工和贮藏方法之一。肉类经脱水干制后易于贮藏和运输，食用方便，风味独特。这类肉制品不仅在我国是一种深受消费者喜爱的肉制品，而且也是非常适宜出口的一种肉制品。随着近年来远红外干燥和微波加热干燥设备的发展，使传统干肉制品的加工方法发生了很大变化。营养学、卫生学的发展对传统干肉制品产生了影响，因此干肉制品的加工工艺和配方也得到了丰富和发展，生产出了更为营养、卫生的新型干肉制品。

1. 种类和特点

干肉制品主要包括肉干、肉脯、肉松。

（1）肉干

肉干是指瘦肉经过预煮、切丁（条片）、调味、浸煮、收汤、干燥等工艺制成的干、熟肉制品。由于原辅料、加工工艺、形状、产地等的不同，肉干的种类很多。按原料不同，肉干分为牛肉干、猪肉干、马肉干、兔肉干等；按风味分有五香、麻辣、咖喱、果汁、蚝油等；按形状分为肉粒、肉片、肉条、肉丝等；按产地分更是名目繁多。肉干营养丰富，食用方便，是青少年消费者休闲、旅游的必备佳品。

（2）肉脯

肉脯是指瘦肉经切片（或绞碎）、调味腌制、摊筛、烘干、烤制等工艺制成的干、熟薄片型的肉制品。肉脯不经水煮，直接烘干制成。按原料不同可分为猪肉脯、牛肉脯、兔肉脯等。按调味不同有果汁肉脯、麻辣肉脯、五香肉脯等，按产地分名目更多。

（3）肉松

肉松是指瘦肉经煮制、撇油、收汤、炒松干燥而成的绒絮状或团粒状的干、熟肉制品。按加工方法和配料的不同可分为太仓肉松和福建肉松等；按加工原料的不同可分为猪肉松、牛肉松、兔肉松和鸡肉松等。肉松色泽金黄，呈绒絮状或小颗粒状，是老人和幼儿补充动物蛋白质的优良食品。

2. 干制品的加工工艺

（1）肉干

肉干的工艺流程为：原料→初煮→切坯→煮制汤料→复煮→收汁→脱水→冷却、包装。

① 原料预处理。原料要求新鲜，一般选用前后腿瘦肉为佳。将原料肉剔去皮、骨、筋腱、脂肪及肌膜后，顺着肌纤维切成约 1 kg 的肉块，用清水浸泡约 1 h 除去血水、污物，沥干后备用。

② 初煮。将预处理后的肉块放在沸水中煮制，目的是进步挤出血水，并使肉块变硬以便切坯。煮制时以水盖过肉面为原则。初煮时一般不加任何辅料，也可加 1%～2% 的鲜姜去除异味。水温保持在 90℃以上，并及时撇去汤面污物，以切面呈粉色、无血水为宜，通常初煮约 1 h。肉块捞出后，汤汁过滤待用。

③ 切坯。根据工艺要求放在切坯机中切成小片、条、丁等大小匀致的形状。

④ 复煮收汁。将切好的肉坯放在调味汤中煮制，以进一步熟化和入味。复煮汤料配制：取肉坯重 20%～40% 的过滤初煮汤，将配方中不溶解的辅料装袋入锅煮沸后，加入其他辅料及肉坯，用大火煮制 30～50 min，随着剩余汤料的减少，用小火煨 1～2 h，待卤汁基本收干，即可起锅。

⑤ 脱水。见本章第二节五、干制。

⑥ 冷却、包装：经脱水干燥的肉干快速冷却，然后包装贮藏和销售。

（2）肉脯

肉脯的工艺流程为：原料选择修整→冷冻→切片→解冻→腌制→摊筛→烘烤→烧烤→压平→切片成型→包装。

① 原料与预处理。选用新鲜的畜禽后腿肉，去掉脂肪、结缔组织，顺肌纤维切成外形规则、边缘整齐、无碎肉和淤血的约 1 kg 肉块。

② 冷冻。将修割整齐的肉块移入 −10～−20℃的冷库中速冻，使肉块深层温度达 −3～−5℃为

宜，便于切片。

③ 切片。将冻结后的肉块放入切片机中顺肌肉纤维切片或手工切片。切片厚度一般控制在 1 ~ 3 mm。

④ 解冻。将切好的肉片放置于室温下自然解冻，不能用水解冻。

⑤ 腌制。将粉状辅料混匀后，与切好的肉片拌匀，在不超过 10℃的冷库中腌制约 2 h。

⑥ 摊筛。将腌制好的肉片摊放于竹筛上，晾干 2 ~ 3 h。

⑦ 烘烤。将晾干的肉片放入烘炉中烤制，温度为 80 ~ 100℃，时间约为 3 ~ 4 h，直到肉片呈金黄色。

⑧ 烧烤。将烤好的肉片放在炭火上烧烤，烤制时间约为 5 ~ 10 min。

⑨ 压平。将烤好的肉片放在砧板上，用锤子轻轻敲打，使其表面平整。

⑩ 切片成型。将压平后的肉片切成大小均匀的薄片。

⑪ 包装：将切好的肉片放入食品袋中，密封包装。

（3）肉松

肉松的工艺流程为：原料肉的选择与整理→配料→煮制→炒压→搓松→跳松→拣松→包装

① 原料肉及整理。将畜禽肉剔去皮、骨、筋腱、脂肪及肌膜后（注意结缔组织的剔除一定要彻底）。将修整好的原料肉顺肌纤维切成 1.0 ~ 1.5 kg 的肉块。

② 配料。肉 100、盐 2.2、白糖 15、芝麻 6、芸豆粉 8、油 12、味精 0.2、酒 0.5、葱姜八角适量。配料的种类及比例因原料肉的种类及产地等而异。

③ 煮制。香辛料用纱布包好后和肉一起入锅，加与肉等量水，常压煮制 2 ~ 3 h，不宜煮制过烂，肌肉纤维能分散即可。煮沸后或煮制结束后撇净油沫和浮油。

④ 炒压（打坯）。煮制结束后，改用中火，加入酱油、酒，边炒边压碎肉块。然后加入白糖、味精等，减少火力，收干肉汤。

⑤ 炒松、搓松。改用小火炒压肉丝至肌纤维松散后，转入炒松机内继续炒至水分含量小于 20%，颜色由灰棕色变为金黄色，具有特殊香味时即可结束炒松。然后利用滚筒式搓松机搓松，使肌纤维成绒丝松软状态即可。

⑥ 跳松。用机械跳动，使肉松与肉粒分开。

⑦ 拣松。跳松后的肉松送入包装车间的木架上晾松，凉透后，将肉松中焦块、肉块、粉粒等拣出。

⑧ 包装贮藏。传统肉松生产工艺中，在肉松包装前需约 2 d 的晾松，为防止二次污染和回潮，最好进行“热包装”肉松后再晾松。短期贮藏可选用复合膜，可贮藏约 3 个月；长期贮藏多选用玻璃瓶或马口铁罐，可贮藏约 6 个月。

三、西式肉制品加工

（一）香肠

肉经腌制（或不腌制）、绞切、斩拌、乳化成肉馅（肉丁、肉糜或其混合物）并添加调味料、香辛料或填充料，充入肠衣内，再经烘烤、蒸煮、烟熏、发酵、干燥等工艺（或其中几个工艺）制成的肉制品被称为香肠制品。

1. 香肠制品的分类

我国按照加工工艺的差异，将香肠制品分为四类：中式香肠、熏煮香肠、发酵香肠和肉粉肠。

2. 香肠制品的原料辅料

（1）原料

畜禽肉及其副产物经合理搭配均可用来生产香肠。原料肉须安全卫生、新鲜。

（2）辅料

在香肠生产中常添加一些辅料，如淀粉、蛋白粉和香辛料等。

（3）肠衣

常用的肠衣包括两大类，即天然肠衣和人造肠衣。

① 天然肠衣。也叫动物肠衣，是由猪、牛、羊的消化器官和泌尿系统的脏器除去黏膜后腌制或干制而成的。常用牛的大肠、小肠、盲肠（俗称拐头）和食管；猪的大肠、小肠；羊的小肠、盲肠（拐头）和猪、牛、羊的膀胱等。猪的肠衣每100码合为一把（91.5 m），每把不得超过18节，每节不得短于1.35 m，常见肠衣的分路标准见表12–10。

表12–10　部分盐渍肠衣的分路标准

	一路	二路	三路	四路	五路	六路	七路
猪小肠	24 ~ 26	26 ~ 28	28 ~ 30	30 ~ 32	32 ~ 34	34 ~ 36	36以上
猪大肠	60以上	50 ~ 60	45 ~ 50	—	—	—	—
羊大肠	22以上	20 ~ 22	18 ~ 20	16 ~ 18	14 ~ 16	12 ~ 14	—
牛小肠	45以上	40 ~ 45	35 ~ 40	30 ~ 35	—	—	—
牛大肠	55以上	45 ~ 55	35 ~ 45	30 ~ 35	—	—	—

② 人造肠衣。人造肠衣是用人工方法把动物皮、塑料、纤维、纸等材料加工成的片状或筒状薄膜，按照原料的不同分为原肠衣、纤维素肠衣、塑料肠衣和玻璃纸肠衣等。

3. 熏煮香肠的加工

熏煮香肠是指畜禽肉经腌制、绞切、斩挫、乳化成肉馅，充填入肠衣中，经烘烤（或不烘烤）、蒸煮、烟重（或不烟熏）、冷却等工艺制成的肠类制品。按照有关行业标准，熏煮香肠中的淀粉添加量应小于原料肉重的5%。

其主要工艺流程为：原料的选择与初加工→绞碎→腌制（或不腌制）→斩拌→灌制→烘烤→熟制→烟熏→冷却。

（1）熏煮香肠的加工

① 原料肉的选择与初加工。新鲜卫生的原料肉经修整，剔去碎骨、污物、筋、腱及结缔组织膜后，按肌肉组织的自然块形分开，并切成长条或肉块备用。皮下脂肪（背膘）经修整后切成5 ~ 7 cm的长条备用。

② 腌制。根据不同产品的配方将瘦肉加食盐、亚硝酸钠、复合磷酸盐等添加剂混合均匀，送入（2 ± 2）℃的冷库内腌制24 ~ 48 h，呈均匀的鲜红色、肉结实而富有弹性。

③ 绞碎。将腌好的肉和肥膘分别通过筛孔直径为3 mm的绞肉机绞碎。

④ 斩拌。选用绞制好的瘦肉先放入斩拌机内，启动刀低速和锅高速斩拌按钮，加入盐、复合磷酸盐、亚硝酸钠和抗坏血酸钠，斩拌3 ~ 4转后加入1/3的冰水。启动刀高速，肉温达3 ~ 4℃时加入背膘，继续高速斩拌，当肉温达到7 ~ 8℃时，加入蛋白粉、香辛料和1/3的冰，继续高速斩拌至均匀出锅，控制温度12℃以下，不要超过15℃。斩拌结束后，用搅拌速度继续转动几转，以排除肉馅中的气体。

⑤ 灌制。灌制又称充填。是将斩拌好的肉馅用灌肠机充入肠衣内的操作。应做到肉馅紧密而无间隙，防止装得过紧或过松。过松会造成肠馅脱节或不饱满，在成品中有空隙或空洞。过紧则会在蒸煮时使肠衣胀破。灌好后的香肠每隔一定的距离打结（卡）。

⑥ 烘烤。烘烤是用动物肠衣灌制的香肠的必要加工工序，一般烘烤的温度为70℃左右，烘烤时间依香肠的直径而异，约为10 ~ 60 min。塑料肠衣无需烘烤。

⑦ 煮制。采用蒸汽煮制或水浴煮制，煮制温度在 80 ~ 85℃之间，煮制结束时肠制品的中心温度大于 72℃。

⑧ 烟熏、冷却。烟熏温度一般为 50 ~ 80℃，时间为 10 min ~ 24 h。熏制完成后，用 10 ~ 15℃的喷淋冷水喷淋肠体 10 ~ 20 min，使肠坯温度快速降下来，然后送入 0 ~ 7℃的冷库内，冷却至库温，贴标签再行包装即为成品。

（2）高温火腿肠的加工

高温火腿肠是以鲜或冻畜禽肉为主要原料，经腌制、斩拌、灌入塑料肠衣、高温杀菌加工而成的乳化型香肠。

① 原料肉的处理。卫生安全、新鲜的畜禽肉，经修整去除筋、腱、碎骨与污物，用切肉机切成 5 ~ 7 cm 的长条后，按配方将辅料与肉拌匀，送入（2 ± 2）℃的冷库内腌制 16 ~ 24 h。

② 绞肉。将腌制好的畜禽肉，用筛孔直径为 3 mm 的绞肉机绞碎。

③ 斩拌。将绞碎的原料肉倒入斩拌机的料盘内，开动斩拌机用搅拌速度转动几圈后，加入碎冰总量的 2/3，高速斩拌至肉馅温度 4 ~ 6℃，然后添加剩余数量的碎冰继续斩拌，直到肉馅温度低于 14℃，最后再用搅拌速度转几圈，以排除肉馆内的气体。总的斩切时间要大于 4 min。

④ 充填。将斩拌好的肉馅倒入充填机的料斗内，按照预定充填的重量，充入 PVDC 肠衣内，并自动打卡结扎。

⑤ 灭菌。填充完毕经过检查的肠坯（无破袋、夹肉、弯曲等）排放在灭菌车内，按顺序堆入灭菌锅进行灭菌处理。灭菌处理后的火腿肠，经充分冷却，贴标签后，按生产日期和品种规格装箱，并入库或发货。

4. 发酵香肠的加工

发酵香肠通常由猪肉 / 牛肉、脂肪、盐和香料组成。通过斩拌、调味和腌制、填充肠衣、干燥并用天然微生物或商业发酵剂发酵制备而成，风味独特，酸味十足。典型产品有萨拉米香肠等。

发酵香肠的工艺流程为：原辅料处理→肉糜的制备和充填→接种发酵剂→发酵→干燥和成熟→包装。

① 原辅料处理。瘦肉占 50% ~ 70%，其次是脂肪，干燥后的含量有时可以达到 50%。辅料为 NaCl 2.5% ~ 3.0%、$NaNO_2$（或 $NaNO_3$）、抗坏血酸钠、葡萄糖、酸化剂、发酵剂和香辛料等。

② 肉糜的制备和充填。将搅碎的瘦肉糜和脂肪混合均匀，加入腌制剂、发酵剂等混匀。然后灌装，灌装温度不应该超过 2℃。

③ 接种霉菌或酵母菌。在香肠灌装之后将霉菌或者酵母菌的培养液喷洒在香肠表面，或者浸泡。

④ 发酵。发酵是与初期干燥同时进行的。一般来说，干香肠通常在 15 ~ 27℃下发酵 24 ~ 72 h；涂抹型香肠需在 22 ~ 30℃下发酵 48 h；而半干型切片香肠则需在 30 ~ 37℃下发酵 14 ~ 72 h。

⑤ 干燥和成熟。需要注意控制水分从香肠表面蒸发的速率，以使其与水分从香肠内部向表面转移的速率相等。

⑥ 包装。多数只采取简单的包装，如将产品放进纸板箱中、布袋里或塑料袋中，从而为单个产品提供必要的保护。

（二）西式火腿

1. 西式火腿简介

西式火腿亦称盐水火腿、方火腿，是西餐中的主要菜肴之一。是用去骨的猪后腿肉（整只腿肉或瘦肉块），经过整形、腌制，填充入特制的长方形（椭圆形）铝制或不锈钢模型中蒸煮而成。外形呈长方形，因而称为火腿。分带皮（一般利用腿肉上的整张肉皮（原皮）或以瘦肉块为原料，另配肉皮）和无皮两种规格。成品可直接食用，出品率高，肉质鲜嫩，咸淡适宜，鲜美可口。

2. 西式火腿加工工艺

（1）选料

加工西式火腿的原料肉要求较高，原则是肉的 pH≥5.8 的猪腿肉（已除掉骨）要超过 50%，如果全部选择 pH 低于 5.7 的肉做蒸煮火腿，会生产出劣质的火腿。同时，加工火腿的原料肉温，一般要求在 6～7℃。

（2）修整

整腿修整：把新鲜的猪腿切开，根据肌肉的组成将其分成与肉皮相连的三部分。去除新鲜猪腿的结缔组织、夹层脂肪、肌膜和多余的肉皮。肉块整修：切成拳头大的肉块，去掉疏松结缔组织、脂肪、肉块上的淋巴结、软骨和大部分筋、腱。此外，可在肉块上切出一些 2 cm 深的纵向和横向痕道。加工时室温控制在 8～12℃。

（3）盐水制备

盐水要求在注射前 24 h 配制，盐水配制顺序为：将混合粉倒入水中，水温 6℃，搅拌，待完全溶解后加入混合盐（将磷酸盐先放在少量热水中溶解）搅拌，加入调味料（葡萄糖、抗坏血酸、香辛料粉）搅拌至完全溶解。若要加入蛋白质，则在注射前 1 h 加入，然后搅拌倒入盐水注射机贮液罐中，7℃以下冷却储存备用。

（4）盐水注射

将配制好的盐水注射液均匀地注射到肉中，盐水注射后，肉重量要增加 12%，如果一次注射后重量没有增加 12%，则要补充注射液至增重 12%。成品中食盐的含量应为 1.8%～2.0%。

（5）滚揉

采用间隙式真空滚揉、并注意控制滚揉温度，一般的滚揉参数为：前 1 h 连续不断滚揉，温度 -1～-2℃、转数为 8 rpm；随后间歇式真空滚揉 18 h（8 rpm 滚揉 10 min，然后停歇 20 min，如此反复，温度为 1℃）。

（6）压缩、成型

取出滚揉好的肉，放入可伸缩的纱布袋中，用力摔打，以便把肉压紧实，系紧纱布袋。然后再放入包装袋真空包装。将真空包装后的肉逐块放入模型中，压实、压紧，不能留有空隙，模具装满后，盖上模型盖，压紧，最后进行定量装模。

（7）蒸煮

把装好肉的模具逐层排列，注入清水，水面稍高出模具。然后开大蒸汽，使水温迅速上升，温度控制在 75～80℃。当肉中心温度达到 68℃时，维持 20 min 即可。

（8）冷却

包括流水冷却和冷空气冷却两步。一般来说，火腿蒸煮后先在 22℃以下的流水中尽快冷却到肉温为 35～42℃，再转移到 2℃的冷风间冷却。

（9）切片包装

切片包装工艺流程：火腿成品→脱模→成品检验→紫外线照射→切片→称重→包装→封口→检查包装质量→贮存（5～10℃条件下）。

（三）培根

培根即烟熏咸五花猪肉。因大多是猪的肋条肉制成，亦称烟熏肋肉。培根经过整形、盐渍，再经熏干而成。加拿大的培根中也有加入胡椒和辣椒的。培根为半成品，相当于我国的咸肉，但多一种烟熏味，咸味较咸肉轻，有皮无骨，培根为西餐菜肴原料，食用时须再加工。

1. 培根的分类

根据原料不同，培根分为大培根（或称丹麦式培根）、奶培根、排培根、肩肉培根、胴肉培根、肘肉培根和牛肉培根等。

① 大培根。前端从猪的第三肋骨处斩断，后端从荐椎骨与尾椎骨之间斩断，再割除奶脯，经腌制、整形、烟熏制得的培根。成品为金黄色，割开瘦肉部分色泽鲜艳，每块重 7 ~ 10 kg。

② 奶培根。以去奶脯、排骨的猪方肉（肋条）为原料，经整形、腌制、烟熏而成。肉质一层肥，一层瘦，成品为金黄色。分带皮和无皮 2 种规格，带皮的每块重 2 ~ 4.5 kg，去皮的每块不低于 500 g。

③ 排培根。以猪的大排骨（脊背）为原料，经去骨整形、腌制、烟熏而成。是培根中质量最好的一种，成品为半熟品，金黄色，肉质细嫩，带皮，每块重 2 ~ 4 kg。

④ 肩肉培根。以猪的前、后臀肉作原料。

⑤ 胴肉培根。用猪胴体肉作原料。

⑥ 肘肉培根。用猪肘子肉作原料。

2. 培根制作方法

各种培根的加工方法基本相同，工艺流程为：剔骨选料→初步整形→冷藏腌制（盐水注射腌制）→浸泡整形→再次整形→烟熏。

（1）剔骨选料

以选择瘦肉型猪种为宜，肥膘厚约 1.5 cm 的细皮白肉猪体。

（2）整形

将去骨后的原料，修割使其表面和四周整齐、光滑的方形，修去碎肉，碎油、精膜、血块等杂物，刮尽皮上残毛，割去过高、过厚肉层。

（3）腌制

将生坯送至 2 ~ 4 ℃的冷库中，先用盐及亚硝酸钠揉擦生坯表面（每 50 kg 生坯用盐 1.75 ~ 2 kg，亚硝酸钠 15 g 拌和），将生坯摊搁 12 h 以上。次日再将生坯泡在 15 ~ 16 Bé 的盐卤中（盐卤配制：50 kg 食盐，3.5 kg 白糖和 250 g 亚硝酸钠，加水溶解而成），每隔 5 d 将生坯上下翻动一次，腌制 12 d 至肉色红透止。也可采取配制盐水直接注射的方式腌制。

（4）整修

生腌坯出缸后，浸在水中 2 ~ 3 h（热天用冷水，冷天用温水）。待盐卤溶化后，再用清水洗 1 次。刮净皮面上的细毛杂质。修整边缘和肉面的碎肉、碎油。然后在生坯的一端穿绳 3 ~ 4 处，结圈直径约 12 cm 以上，便于串入串杆，每杆挂肉 4 ~ 5 块，保持一定间距后熏烤。

（5）熏烤

熏烤温度保持在 60 ~ 70℃，经 10 h 熏烤，待皮面上呈金黄色后取出即为成品。

3. 培根几种不同的加工方法

（1）方法一

① 盐水配制。见表 12–11。

表 12–11　培根生产盐水配料表

葡萄酒	5 kg	味精	0.5 kg
水	100 kg	抗坏血酸	0.1 kg
亚硝酸盐	20 kg	鲜蒜	0.3 kg

② 工艺要求。猪腹肉 100 kg，连同盐水一起放入滚揉机间歇滚揉（开、停机各 1/2 时间，反复进行）12 h，室温要求 4 ~ 6℃，滚揉机速度 6 r/min。取出，挂在熏车上，在室温 14℃进行干熏。

（2）方法二

① 工艺流程。选料→第一次注射盐水→真空滚揉→第二次注射盐水→滚揉→烟熏

② 工艺要求。第一次注射盐水量为注射量的 50%，真空滚揉 10 h，第二次注射其余的 50%

盐水，再次真空滚揉 10 h。烟熏温度 55～65℃，时间 1.5～2 h。

四、现代肉制品加工

（一）调理肉

1. 调理肉制品概述

调理肉制品（prepared meat product）又称预制肉制品，是以畜禽肉为主要原料，添加适量的调味料或辅料，经适当加工，以包装或散装形式在冷冻（-18℃）、冷藏（7℃以下）或常温条件下贮存、运输、销售，可直接食用或经简单加工、处理即可食用的肉制品。调理肉制品因其食用方便、讲究营养均衡、附加值高、包装精美和小容量化等特点，深受消费者喜爱，生产量和消费量与日俱增，已成为国内城市人群和发达国家消费的主要肉制品品种。

调理肉制品的分类如下。

① 按加工方式和运销贮存特性分为：常温型和低温型（冷藏型和冷冻型）。

② 按生熟程度分为：熟品、半熟品和生品。

③ 按销售对象分为：家庭用餐型、集体给食型、餐饮业型和“外食”型。

④ 按包装材料分为：袋装型、托盘薄膜型、砂锅型和铝制品型等。

⑤ 按食用方法分为：即食型（ready-to-eat）、即热型（ready-to-heat）、即烹型（ready-to-cook）、即配型（ready-to-prepare）。

2. 调理肉制品加工实例

（1）速冻肉丸加工

速冻肉丸是以鸡肉、猪肉或牛肉为主要原料，添加辅料，经高速斩拌、成型、煮熟后速冻包装的产品。

① 配方

a. 速冻猪肉丸配方。瘦肉 140 g、肥膘 60 g、豌豆淀粉 30 g、食盐 4 g、味精 2.5 g、白胡椒粉 1.5 g、卡拉胶 1.5 g、蔗糖 1 g、磷酸盐 1 g、生姜粉 0.5 g、肉豆蔻粉 0.4 g、沙篙胶 0.1 g 和冰水 60 g。

b. 速冻鸡肉丸配方。鸡肉 160 g、猪肥膘 20 g、玉米淀粉 50 g、鸡蛋液 30 g、鸡皮 20 g、洋葱 18 g、食盐 5 g、蔗糖 3 g、生姜粉 0.6 g、味精 2 g、鸡肉香精 2 g、刺云豆胶 1.8 g、磷酸盐 1 g、沙篙胶 0.1 g、白胡椒粉 0.75 g 和冰水 50～60 g。

c. 速冻香辣肉丸配方。瘦肉 180 g、肥膘 70 g、淀粉 35 g、鲜姜 7.5 g、碎冰 20 g、香葱 5 g、蒜子 5 g、花生酱 15 g、干辣椒 7.5 g、食盐 3.75 g、味精 1.5 g、酱油 1 g、红曲米粉 0.5 g 和三聚磷酸钠 0.35 g。

d. 速冻五香肉丸配方。瘦肉 140 g、肥膘 60 g、糯米粉 28 g、碎冰 18 g、淀粉 8 g、鲜姜 4 g、葱 4 g、蒜子 4 g、魔芋精粉 0.8 g、食盐 3.2 g、花生酱 4 g、芝麻 4 g、五香粉 2～3.2 g、胡椒粉 1.2 g 和味精 0.4 g。

② 工艺流程。原料选择→前处理→打浆成型、煮制→冷却→速冻→包装贮存

③ 操作要点

a. 原料肉的选择与前处理。选择新鲜（冻）肉、猪肥膘作为原料肉。将瘦肉微冻，肥膘冷冻，再用带 10～12 mm 孔径的绞肉机将瘦肉、肥膘分别绞碎。

b. 打浆。将绞好的瘦肉放入斩拌机中斩拌成肉泥，再加入肥膘和用水调好的各种辅料，高速斩拌成黏稠的肉馅，最后加入用水调好的玉米淀粉，低速搅拌均匀即可。在打浆过程中注意加入冰水控制温度，使肉浆的温度始终控制在 10℃以下。

c. 成型。将肉浆用肉丸成型机成型，从成型机出来的肉丸立即放入 40 ～ 50℃的温水中浸泡 30 ～ 50 min 成型。成型机出来的肉丸也可随即放入滚热的油锅里油炸，炸至外壳呈浅棕色或稍黄

褐色后捞出。

d. 煮制。将成型后的肉丸在80～90℃的热水中煮5～10 min即可。

e. 冷却。肉丸经煮制后立即放于0～4℃的环境中迅速冷却至中心温度到8℃以下。

f. 速冻。速冻库中要求库温 -36℃，待肉丸中心温度达 -18℃出库。

g. 包装贮存。经包装后的产品，放于 -18℃的低温库中贮存。

（2）速冻调理鸭胸肉加工

① 配方。鸭胸50 kg、老鸭汤50 kg、精盐0.5 kg、白糖0.3 kg、冰水10 kg、大豆分离蛋白500 g、蛋白胶150 g、复合磷酸盐125 g、鸡膏50 g、洋葱粉30 g、白胡椒粉20 g和亚硝酸钠2.5 g。

② 工艺流程。原料检验及前处理→老鸭汤腌制→配置注射液→注射→滚揉→整形→包装→速冻

（二）重组肉

1. 重组肉的定义

广义上讲，重组肉是指将部分或完全分开的肉，采用热或冷定型，将这些碎片肉重新结合在一起，形成具有完整肌肉或肉某些品质的内聚体。热定型需要加热生产煮熟的产品，而冷定型不需加热而实现黏合。

2. 重组肉制品的分类

（1）按加工方法分类

重组肉制品的生产基本上有三种工艺：大肉块的成型、片块状的成型、撕块状及碎肉的成型。

（2）按原料分类

从技术上说，肉块成型肉制品是重组肉产品，这是因为他们是有分割肉块重新组合形成整块肉的产品，但是，肉块成型肉制品又不同于重组肉制品，重组肉制品是由肉片或碎肉重新组合成型加工而成的。肉块成型肉制品不经绞肉、乳化和切片或切块加工。它们是由完整的肌肉或局部的整块肌肉作为主要组分，或许用一些细碎肉，只是作为黏结而用的。从数量和价值上看，肉块成型肉制品构成了重组肉制品中最大的一类。

3. 重组肉制品的加工机理

大小不同（从肉块、碎肉到肉粒）的肉片均可结合在一起以模仿整肉的外观和质构，或形成质构独特的新产品。在所有这些产品中，相邻肉片的表面通过凝胶网络结构结合在一起。凝胶网络结构可能是由烹调过程中从胶原组织转化成的明胶形成的，也可能是由外源明胶形成的。重组肉块的专利加工工艺还包括采用海藻酸钙凝胶的反应或者利用血液中的钙辅谷氨酰胺转氨酶凝结血浆纤维蛋白原，这一凝结反应是凝血蛋白酶活化的。上述工艺都被用于重组肉制品的冷胶凝，但后两种方法可以形成热稳定凝胶，这种凝胶在随后的蒸煮过程中不会溶化。而在肉制品加工技术一书中将重组肉制品的加工机理表述为：表面肉蛋白相互作用必须形成一种黏合剂以便相邻肉块黏结成型；肉块把必须变得柔软顺畅易于压缩或入模成型；需要通过加热使蛋白质凝固，从而使相邻肉块或肌肉牢固地黏合在一起。并且最后一条原理与第一条密切相关，是因为热加工之前肉表面必须有蛋白质，这样经过加热和随后的冷却才会形成一个强有力的结合。

4. 重组肉加工技术

目前重组肉加工技术已广泛应用于鱼肉和畜肉制品加工中。根据重组肉的黏结机理可以将重组技术分为酶法加工技术、化学法加工技术、物理法加工技术。

（1）酶法加工技术

酶法加工技术是指利用酶催化肉的肌原纤维蛋白和酶的最适底物如酪蛋白（casein）、大豆分离蛋白（SPI）等同源或异源蛋白质的基团之间发生聚合和共价交联反应提高蛋白质的凝胶能力和凝胶的稳定性从而将肉片、肉块在外界合适的条件下黏结在一起的技术。酶法加工技术主要使用

转谷氨酰胺酶（简称TG）TG能够催化蛋白质分子内部或蛋白质分子之间的酰基转移反应产生共价交联。肌肉中的肌球蛋白和肌动蛋白正是谷氨酰胺转氨酶作用的最适底物之一经TG的催化肌肉蛋白分子间形成致密的三维网状结构从而将不同粒度大小的碎肉黏结在一起改善了肉制品的品质提高了产品的附加值。除了TG粉外还研制出血浆纤维蛋白黏合剂其黏结机理是模拟血凝的最后阶段反应。以Ca^{2+}激活纤维蛋白原形成半刚性纤维蛋白单体自发形成以氢键相连接的可溶性多聚体，通过物理作用与化学键黏合周围碎肉以形成大片肉或大块肉。

（2）化学法加工技术

由于TG粉的价格较贵，为了降低重组肉的生产成本保证产品质量人们研究使用了化学方法如使用海藻酸钠和氯化钙的方法，此方法已被申请专利。此法依据的原理是海藻酸钠的羧基活性较大可以与镁和汞以外的二价以上金属盐形成凝胶重组肉的生产则利用海藻酸钠与Ca^{2+}形成海藻酸钙凝胶其凝胶强度取决于溶液中Ca^{2+}的含量和温度从而获得从柔软至刚性的各种凝胶体；海藻酸盐和Ca^{2+}可形成热不可逆凝胶并将碎肉黏结起来。另据研究发现某些阴离子多糖如海藻酸盐可以通过静电作用力与肌球蛋白、牛血清蛋白等蛋白质相互作用。此外还有使用结冷胶的方法在加热状态下结冷胶呈不规则的线形存在在凝胶促进因子Ca^{2+}、Mg^{2+}等离子存在下将其冷却后即可形成刚性的双螺旋凝胶并通过。

（3）物理法加工技术

重组肉加工技术除了使用酶法、化学方法外。常用的生产技术还有加热技术，它是通过盐、磷酸盐和机械的作用从肉中抽提肌纤维蛋白形成凝胶而达到将肉黏结的目的，但加热法会产生令人不愉快的气味和难以接受的褪色。为了克服加热法生产重组肉的缺点能够生产具有鲜肉特征的重组肉现在已出现非热加工物理法加工技术手段：高压处理技术（压力 >200 MPa）其通过提高水分—蛋白质或蛋白质—蛋白质之间的相互作用以提高肉制品的功能特性。研究结果表明在200 MPa条件下添加0.25%的食盐和0.75%的δ—葡萄糖内酯和0.75%的卡拉胶在4℃条件下加压30 min虽然肉的颜色有点像蒸煮过的褪色但肉的结合力增强并且证实δ—葡萄糖内酯和卡拉胶可以作为食盐的替代物满足消费者的需求。

（三）植物基肉

1. 植物基肉的背景和发展现状

“植物肉”目前仍是一个相对笼统的术语，包括在质地、风味和外观上模拟动物全肌肉的类似物，以及模拟加工肉的重组产品，如汉堡肉饼、香肠和鸡块等。植物肉可分为基于植物的（大豆、豌豆、麸质）、基于细胞的（体外或培养的肉类）、基于发酵的（真菌蛋白）。该领域最新进展还包括其他蛋白质的来源，例如从螺旋藻中提取的微藻蛋白质和从昆虫中分离的蛋白质。

基于植物的肉类替代品是为了满足消费者的需求和未来食品供应的可持续性而开发的，近年来市场呈指数级增长。植物肉虽然已经取得了一些进展，以植物蛋白为基础的纤维在感官上可与整个肌肉切割相媲美，但复制整体感官轮廓的肌肉组织的层次结构仍然具有挑战性。目前，市场策略主要集中在重组或成型的仿肉制品上。

2. 植物基肉的加工工艺

许多基于植物的肉类替代品的加工技术已经被开发或采用，无论是全肌肉类似物还是重组替代品，大多数都是针对肌肉质地进行模拟。

其中热挤压是一种相对成熟且研究最多的技术，得到了广泛的应用。然而，也引入了几种替代方法来构建肌肉纤维类似物，例如湿法纺丝、静电纺丝和锥形剪切。但由于热挤压工艺其高生产率、低成本、多功能性和能源效率，目前是主要的加工技术，用于将植物蛋白质转化为结构性聚集体或原纤维，以便随后加工成肉类替代产品。挤出机是一种具有单螺杆或双螺杆正向泵送作用的阻力流装置。其中，单螺杆挤出依赖于筒体（和螺杆）与熔体之间的摩擦，而双螺杆挤出中，产品从一个螺杆散装转移到另一个螺杆，使正向输送更有效。因此，对于高水分蛋白质混合物，摩擦和黏性耗散较低，目前加工首选双螺杆挤出机。

热挤压可分为低水分挤压、中等水分挤压和高水分挤压。在低水分含量（低于 30% 水分）下挤出用于植物肉的原料制备，产品具有聚集且或多或少膨胀的构象。变性和聚集的蛋白质再水化后具有类似于肉颗粒的质地，因此被用作非肉类产品的主要成分。用浓缩大豆蛋白和豌豆蛋白制备的植物肉的原料可以进一步加工，制成重构的高蛋白块、块、条和形状不规则的碎屑（作为玉米卷填料和披萨配料）。

新兴的 3D 打印技术是一种新概念，通过精确控制植物蛋白质的添加，可能有助于创建肌肉样结构。印刷过程包括将蛋白质粉末与水混合，形成糊状物，然后通过一层一层地形成一个结构，模仿肌肉纤维的结构。为了获得理想的硬度和流变性，还将转谷氨酰胺酶和其他添加剂应用于打印植物肉的模型系统中。

第四节　蛋原料的加工特性

一、禽蛋的种类、构造和化学组成

1. 禽蛋的种类

禽蛋包括各种可食用的鸟类和家禽的蛋的统称。

通常意义的禽蛋包括鸡蛋、鸭蛋、鹅蛋、鹌鹑蛋、鸽子蛋、火鸡蛋、鸵鸟蛋等；鸡蛋、鸭蛋和鹅蛋为家禽蛋，是主要的禽蛋产品，其中鸡蛋的饲养和销售量最大；鸟类产蛋主要是鹌鹑蛋和鸽子蛋，相较于家禽蛋，鸟蛋的营养价值更高。

2. 禽蛋的结构

对禽蛋结构组成的研究有助于开展针对禽蛋化学组分、营养和功能特性的研究，以鸡蛋为例，对禽蛋的结构组成进行层层剖析。鸡蛋由蛋壳、蛋清和蛋黄组成，对各种组成部分进行细化，包括蛋壳、蛋壳膜、气室、系带、稀薄蛋白、浓厚蛋白、卵黄膜、胚盘、黄卵黄、白卵黄、潘氏核和卵黄心等组分（图 12–2）。

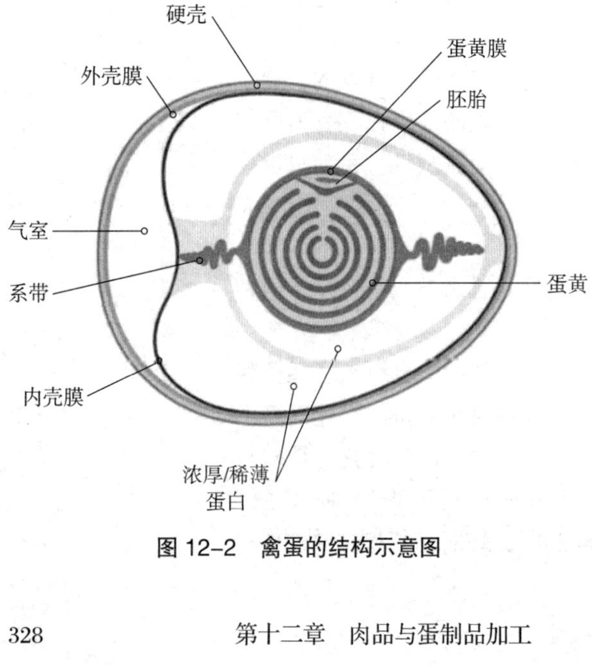

图 12–2　禽蛋的结构示意图

（1）外蛋壳膜

鸡蛋蛋壳表面覆盖着一层胶质性物质，叫外蛋壳膜，又称壳上膜、壳外膜或角质层，是由一种无定形结构、无色、透明具有光泽的胶质黏液干燥后形成的膜。完整的外蛋壳膜能够防止蛋内水分的蒸发和 CO_2 逸出，同时还能够保护禽蛋不受细菌和霉菌的侵入，起到保护禽蛋品质的作用。

（2）蛋壳

蛋壳又称石灰质硬蛋壳，是包裹在蛋内容物外面的一层硬壳，由泡沫状的角质层、碳酸盐或碳酸钙层及两层薄膜组成，具有固定蛋的形状及保护蛋清和蛋黄的作用。

（3）壳内膜

在蛋壳内表面和蛋清之间有一层白色的薄膜，称为壳内膜，又叫壳下膜，包括内壳膜和外壳膜两部分，厚度约为 73 ~ 114 μm。壳内膜的通透性较蛋壳小，进一步起到保护蛋内容物完整性和抑菌的功能。

（4）气室

鸡蛋包括钝端和尖端，在蛋的钝端，由蛋清膜和壳内膜分离而形成的气囊称为气室。

（5）系带

在蛋黄的两端各有一条白色的带状物，称为系带。系带由浓厚蛋白构成，鲜蛋的细带较粗，且富有弹性，含有大量的溶菌酶。系带的一端连接浓厚蛋白，另一端连接蛋黄膜，起到固定蛋黄的作用，保证鸡胚发育过程中的稳定。随着储藏时间的延长，系带会逐渐变细，直至消失，造成蛋黄移位上浮，出现靠黄蛋和黏壳蛋，因此，细带的存在状况也是鉴别蛋的新鲜程度的标志之一。

（6）蛋清

蛋清也称蛋白，位于蛋壳膜的内部、蛋黄膜的外部，约占蛋重的 50%～55%，是白色透明的半流动体，通过不同的浓度分层分布在蛋内。有学者将蛋清的结构由外到内分为 4 层：外层稀薄蛋白，占总蛋白体积的 23.3%；外层浓厚蛋白，占总蛋白体积的 57.3%；内层稀薄蛋白，占总蛋白体积的 16.8%；内层浓厚蛋白，占总蛋白体积的 2.7%。

（7）卵黄膜

卵黄膜是一层凝胶状的薄膜，包裹在蛋黄外面，主要功能是阻止蛋黄与蛋清融合，也是防止微生物入侵的最后一道屏障。

（8）蛋黄

蛋黄是包裹在卵黄膜下的一种浓厚且不透明的半流动黄色乳状液，是蛋中最有营养的部分，位于鸡蛋的中心，呈圆球形，鲜蛋蛋黄包括白卵黄和黄卵黄两部分，由这两部分基质交替组成，可分数层：在卵黄膜下面是一层较薄的白蛋黄，接着为一层较厚的黄蛋黄，再里面又是一层较薄的白蛋黄，依次循环，使得成熟的蛋黄内出现 7～10 个同心圆。这是由于在形成蛋黄时，昼夜新陈代谢速度不同，白天比夜晚有更多的色素沉积，造成不同颜色的同心圆的产生。

（9）胚珠

胚珠又称胚盘，是蛋黄表面上的一颗乳白色小点，未受精的称为胚珠，边缘不规则，呈锯齿状，且含有大量空泡，较胚盘小且致密；受精的称为胚盘（或胚胎），呈圆盘形，同心圆状（外周有一层均匀对称的白色环状结构，中部明亮透明），是胚珠大小的 1.5～2 倍，颜色偏白且透明。受精蛋不稳定，外界温度达到 25℃时，受精的胚盘就会发育。

3. 禽蛋的化学成分

禽蛋中化学成分复杂多样，除含有水分、蛋白质、脂肪、矿物质外，还有丰富的维生素、碳水化合物、色素、酶等，对不同种类禽蛋的基本化学组成（表 12–12）进行比较，鸡蛋的水分含量最高、脂肪含量最低，鸭蛋的脂肪含量最高，鹅蛋的碳水化合物含量最高，鹌鹑蛋的固形物和蛋白质含量最高。

表 12–12　不同种类禽蛋的化学组成成分表（可食部分）　　单位：%

蛋别	水分	固形物	蛋白质	脂肪	灰分	碳水化合物
鸡全蛋	72.5	27.5	13.3	11.6	1.1	1.5
鸭全蛋	70.8	29.2	12.8	15.0	1.1	0.3
鹅全蛋	69.5	30.5	13.8	14.4	0.7	1.6
鸽蛋	76.8	23.2	13.4	8.7	1.1	—
火鸡蛋	73.7	25.7	13.4	11.4	0.9	—
鹌鹑蛋	67.49	32.27	16.64	14.4	1.203	—

禽蛋的化学成分受到禽的种类、品种、年龄、产蛋大小、产蛋率、产蛋季节、饲养管理条件

及其他因素的影响。

（1）蛋壳的化学成分

蛋壳中的主要成分是无机物，约占蛋壳重量的94%～97%，其中碳酸钙约占93%，碳酸镁约占1%，还有少量的磷酸钙和磷酸镁；有机物含量约占蛋壳重的3%～6%，主要为蛋白质，还有极少量的脂质和色素。蛋壳的化学组成主要受饲料中钙含量的影响，饲料中若出现钙含量长期不足的情况，就会引起禽蛋生产软壳蛋或破损蛋。另外，蛋壳的颜色除了受禽类品种差异影响外，在很大程度上也受到饲料中色素含量及禽类生殖系统的生理状态的影响。

（2）蛋壳膜的化学成分

蛋壳膜是位于鸡蛋壳与鸡蛋清之间的纤维状薄膜，厚约70 μm，其中外蛋壳膜厚约50 μm，内蛋壳膜厚约15 μm。蛋壳膜约占蛋湿重的1.02%，干重的0.24%，含有约20%的水分和80%的有机物。蛋壳膜的有机成分主要为蛋白质（约占蛋壳膜干重的90%），还有少量灰分、脂质和多糖。

（3）蛋清的化学成分

不计蛋壳重量的情况下，禽蛋蛋清约占禽蛋内容物湿重的2/3，含有约90%的水分，还含有蛋白质、脂肪物质、维生素、矿物质及糖，因此可把蛋清看作是一种以水为分散介质、以蛋白质为分散相的胶体物质。不同种类的禽蛋蛋清化学组成也不相同，以鸡蛋为例，蛋清中含有85%～88%水分、11%～13%蛋白质、0.6%～0.8%灰分、0.7%～0.8%碳水化合物和微量的脂质成分。

蛋清中约含有11%～13%的蛋白质，随着蛋白质组学的发展，已从蛋清中检测到近百种蛋白质，多数蛋白质在蛋清中的丰度极低，归属于几个蛋白质种类：卵白蛋白、卵球蛋白、卵黏蛋白、卵类黏蛋白和伴白蛋白等，这些蛋白质可归纳为两类：简单蛋白和糖蛋白，其中，卵白蛋白、卵球蛋白和伴白蛋白属于简单蛋白，卵黏蛋白和卵类黏蛋白属于糖蛋白。丰度较高的蛋白质包括卵清蛋白、卵转铁蛋白、卵类黏蛋白、溶菌酶、卵黏蛋白和卵糖蛋白等，约占蛋清蛋白总量的86%。蛋清蛋白质的基本性质和特点见表12-13。

表12-13　蛋清蛋白质的种类及基本性质

蛋白质种类	相对含量/%	等电点	相对分子质量	功能特性
卵白蛋白（ovalbumin）	54～69	4.5～4.8	45 000	降血压、免疫调节、抑制血管紧张素
卵转铁蛋白（ovotransferrin）	12～13	6.05～6.6	70 000～78 000	与Fe、Cu、Zn等金属离子络和，抗菌、免疫调节、补血
卵黏蛋白（ovomucin）	1.5～3.5	4.5～5.1	—	抗病毒的血凝集作用
卵类黏蛋白（ovomucoid）	11	3.9～4.3	28 000	丝氨酸蛋白酶抑制剂、免疫调节
卵抑制剂（ovoinhibitor）	0.1～1.5	5.1～5.2	44 000～49 000	抑制蛋白酶，包括胰蛋白酶和糜蛋白酶
溶菌酶（lysozyme）	3.4～3.5	10.5～11.0	14 300～17 000	抗菌、消炎、免疫调节和免疫增强
卵糖蛋白（ovoglycoprotein）	0.5～1.0	3.0	24 400	属糖蛋白
黄素蛋白（flavin-binding protein）	0.8	3.9～4.1	32 000～36 000	结合核黄素
卵球蛋白G_2（globulins G_2）	4.0	5.5	36 000～45 000	发泡剂
卵球蛋白G_3（globulins G_3）	4.0	5.8	36 000～45 000	发泡剂

续表

蛋白质种类	相对含量 /%	等电点	相对分子质量	功能特性
卵巨球蛋白（ovomacroglobulin）	0.05	4.5～4.7	760 000～900 000	热稳定性强、促进伤口愈合
抗生物素蛋白（avidin）	0.5	9.5	53 000	结合维生素 H
无花果蛋白酶抑制剂（ficin inhibitor）	0.05	约 5.1	12 700	抑制蛋白酶，包括木瓜和无花果蛋白酶

（4）系带及蛋黄膜的化学成分

系带连接蛋清和蛋黄膜，嵌入蛋黄膜的系带纤维层称为系带膜状层。系带占鸡蛋蛋白总量的 0.2%～0.8%，系带膜状层占 2%。系带中含有 13.3% N、1.08% S、4.10% 胱氨酸和 11.4% 葡萄糖胺，结合较多溶菌酶。

蛋黄膜包裹在蛋黄外面，介于蛋清和蛋黄之间，半透明、有韧性，可耐受蛋清和蛋黄之间的渗透压差，防止大分子在蛋清和蛋黄中间相互转移，可透过水分子和离子等小分子物质。蛋黄膜平均质量为 51 mg，其中 88% 为水分；蛋黄膜的干物质中含有约 87% 蛋白质，3% 脂质和 10% 糖类，所含蛋白质属于糖蛋白类；糖基组分包括 8.5% 已糖、8.6% 已糖胺、2.9% 唾液酸和少量 N–乙酰已糖胺；脂质组分包括中性脂质和复合脂质，其中中性脂质包括甘油三酯、醇、醇酯及游离脂肪酸，复合脂质主要为神经鞘磷脂。

（5）蛋黄的化学成分

蛋黄中的蛋白质主要为脂蛋白，包括低密度脂蛋白、卵黄球蛋白、卵黄高磷蛋白、高密度脂蛋白和黄素蛋白几类。将蛋黄稀释并离心处理可得到沉淀的固形物和透明的浆状溶液部分，沉淀部分称为卵黄颗粒，包括高密度脂蛋白和卵黄高磷蛋白，浆质部分包括低密度脂蛋白和卵黄球蛋白。

蛋黄几乎包含了蛋内的全部脂质，脂质含量因禽种类不同而有所差异，鸡蛋黄含有约 30%～33% 的脂质，鸭蛋黄含有约 36.2% 的脂质，鹅蛋黄含有约 32.9% 的脂质。禽蛋黄内脂质包括甘油三酯、甘油磷脂、鞘磷脂和类固醇等，其中甘油三酯含量最高，约占总脂的 62.3%，其次为甘油磷脂，约占总脂的 32.8%，固醇类含量约占总脂的 4.9%。

蛋黄含有蛋内大部分的色素，使得蛋黄呈现出黄色或橙黄色的色泽。蛋黄内的色素多为脂溶性色素，隶属于类胡萝卜素，包括含有羟基的叶黄素类和不含羟基的胡萝卜素类。

二、禽蛋的加工特性

1. 蛋液的热凝固变性

蛋白质受热以后发生的变性称为凝固。由于蛋清和蛋黄的性质不同，故其热凝固所需要的温度也不相同。一般来说，当蛋清的 pH 为 9.3 左右、加热使蛋液温度达到 58℃时，开始出现乳浊状态；65℃呈半凝固状，80℃时才由半凝固状变成凝固体。而蛋黄在 65℃时即已开始凝固，达到完全凝固的温度要比蛋白液低。

2. 酒精的凝固变性

蛋白质遇到酒精后，能够脱去蛋白质分子表面及内部的水分。当其表面的水分脱去后，蛋白质分子就很容易发生碰撞；而当其内部的水分脱去后，蛋白质分子就会松弛，并由此使蛋白质变性、凝固。如加工糟蛋时蛋白与蛋黄之所以发生凝固，也都是这种道理。

3. 乳化性

蛋黄中的磷脂具有很强的乳化能力，它是天然乳化剂中效果最好的一种。目前，在食品加工业中主要利用蛋黄粉或是鲜蛋作为乳化剂，但是蛋清的乳化性较蛋黄差，这些乳化剂大多用于冰淇淋、人造黄油以及各种糕点的加工等方面。

4. 发泡性

鸡蛋蛋清容易发泡，蛋清液在强烈搅拌的情况下，能够产生大量雪白而松软的气泡，并能维持较长时间而不消失。大量实践表明，蛋清液的发泡性以其 pH 在 4.8 时最好。因此，生产中常常利用柠檬酸或乙酸调整蛋白液的 pH，以期达到提高其发泡性的目的。如果在蛋液中添加了适量的砂糖，蛋液泡沫的强度虽能得到提高，但对其发泡性却有一定影响。

第五节　蛋制品加工原理与方法

一、皮蛋

皮蛋成熟的变化过程，可以归纳成以下几个方面或阶段。

1. 蛋白与蛋黄的凝固

根据皮蛋在加工中的理化变化过程，共分为五个阶段。

化清阶段——蛋白从黏稠变成稀的透明水样溶液，蛋黄有轻度凝固，蛋白质的变性达到完全。其中含碱量为 4.4 ~ 5.7 mg/g（以氢氧化钠计）。这时蛋清蛋白质分子变为分子团胶束状态（无聚集发生），卵蛋白在碱性条件及水的参与下发生了强碱变性作用。这时蛋白质分子的一、二级结构尚未受到破坏，化清的蛋白还没有失去热凝固性。

凝固阶段——蛋白从稀的透明水样溶液凝固成具有弹性的透明胶体，蛋黄凝固厚度为 1 ~ 3 mm。蛋白胶体呈无色或微黄色（视加工温度而定），平均含碱量为 6.4 mg/g（6.1 ~ 6.8 mm/g），这个阶段蛋白含碱量最高。在氢氧化钠的继续作用下，蛋内蛋白质的二级结构开始受到破坏，氢键断开，亲水基团增加，使得蛋白质分子的亲水能力增加。蛋白质分子之间相互作用形成新的聚集体。溶液中的自由水又变成了束缚水，溶液黏度随之逐渐增大，达到最大黏度时开始凝固，直到完全凝固成弹性极强的胶体为止。

转色阶段——此阶段的蛋白呈深黄色透明胶体状，蛋黄凝固 5 ~ 10 mm（指鸭、鸡蛋）或 5 ~ 7 mm（鹌鹑蛋），转色层分别为 2 mm 或 0.5 mm。蛋白含碱度降低到 3.0 ~ 5.3 mg/g。这时蛋白、蛋黄均开始产生颜色，蛋白胶体的弹性开始下降。这是因为蛋白质分子一级结构受到破坏，放出非蛋白质性物质，同时发生了美拉德反应（Maillard Reaction），使蛋白胶体的颜色由浅变深，呈现褐色或茶色。

成熟阶段——蛋白全部转变为褐色的半透明凝胶体，仍具有一定的弹性，并出现大量排列成松枝状的晶体簇；蛋黄凝固层变为墨绿色或多种色层，中心呈溏心状。全蛋已具备了松花蛋的特殊风味，可以作为产品出售。此时蛋内含碱量为 3.5 mg/g。这一阶段的物理化学变化同于转色阶段。这阶段产生的松花是由纤维状氢氧化镁水合晶体形成的晶体簇。蛋黄的墨绿色主要是金属离子同 S^{2-} 反应的产物。模拟实验表明生色基团可能是由 S^{2-} 和蛋氨酸形成的。

贮存阶段——这个阶段为产品的货架期。此时皮蛋内的化学反应仍在不断地进行，其含碱量不断下降，游离脂肪酸和氨基酸含量不断增加。为了保持产品不变质或变化较小，应将成品在相对低温条件下贮存，还要防止环境中微生物的侵入。

2. 蛋白与蛋黄的呈色

（1）蛋白呈现褐色或茶色

蛋白变成褐色或茶色是由于蛋内微生物和酶发酵作用的结果。蛋白的变色过程，首先是鲜蛋在浸泡前，侵入蛋内的少量微生物和蛋内蛋白酶、胰蛋白酶、解脂酶及淀粉酶等发生作用，使蛋白质发生一系列变化；其次是蛋白中的糖类变化，它以两种形态出现，一部分糖类与蛋白质结合，直接包含在蛋白质分子里；另一部分糖类在蛋白里并不与蛋白质结合，而是处于游离的状态。它们的羰基和氨基酸的氨基化合物及其混合物与碱性物质相遇，发生作用时，就会发生褐色化学反应，生成褐色或茶色物质，使蛋白呈现褐色或茶色。

（2）蛋黄呈现草绿或墨绿色

蛋黄中的卵黄磷蛋白和卵黄球蛋白，都是含硫较高的蛋白质。它们在强碱的作用下，加水分解会产生胱氨酸和半胱氨酸，提供了活性的硫氢基（-SH）和二硫键（-SS-）。这些活性基与蛋黄中的色素和蛋内所含的金属离子相结合，使蛋黄变成草绿色或墨绿色，有的变成黑褐色。

3. 松枝花纹的形成

皮蛋松花的形成，是皮蛋加工行业长期未曾解开的一个谜。目前，经过研究取得了突破性进展，揭示了松花的实质为氢氧化镁水合晶体。

4. 皮蛋风味的形成

皮蛋风味的形成是由于禽蛋中的蛋白质，在混合料液成分的作用下，分解产生氨基酸，氨基酸经氧化产生酮酸，酮酸具有辛辣味。蛋白质分解产生的氨基酸中含有数量较多的谷氨酸，谷氨酸同食盐相作用，生成谷氨酸钠，谷氨酸钠是味精的主要成分，具有味精的鲜味。蛋黄中的蛋白质分解产生少量的氨和硫化氢，有一种淡淡的臭味。再加上食盐渗入蛋内产生咸味。茶叶成分具有香味。因此各种气味滋味成分的综合，使皮蛋具有一种清香、咸鲜、清凉爽口的独特风味。

二、咸蛋

1. 食盐在腌制中的作用

咸蛋主要用食盐腌制而成。食盐有一定的防腐能力，可以抑制微生物的生长，使蛋内容物的分解和变化速度延缓，所以咸蛋的保存期比较长。但食盐只能起到暂时的抑菌作用，减缓蛋的变质分解速度，当食盐的防腐力被破坏或不能继续发生作用时，咸蛋就会很快地腐败变质。所以，从咸蛋加工到成品销售，必须为食盐的防腐作用创造条件，否则不管何种成品或半成品，仍会在薄弱的环节中变质。

腌制咸蛋时，食盐的作用主要表现在以下几个方面：①脱水作用；②降低了微生物生存环境的水分活性；③对微生物有生理毒害作用；④抑制了酶的活力；⑤同蛋内蛋白质结合产生风味物质；⑥使蛋黄产生出油现象。

2. 鲜蛋在腌制中的变化

当鲜蛋包以泥料或浸入食盐溶液后，食盐通过气孔而渗入蛋内。其转移的速度除与盐溶液的浓度和温度成正比外，还和盐的纯度以及腌渍方法等有关。食盐中所含的氯化钠越多，渗透速度越快。如果盐中含有镁盐和钙盐较多时，就会延缓食盐向蛋内的渗透速度，从而推迟蛋的成熟期。蛋中脂肪对食盐的渗透有相当大的阻力，所以含脂肪多的蛋比含脂肪少的蛋渗透得慢，这也是咸蛋蛋黄不咸的原因。蛋的品质对渗透速度也有影响，新鲜，蛋白浓稠的原料蛋成熟较快，蛋白较稀的成熟较慢。加工过程中，温度越高，食盐向蛋内渗透越快，反之则慢。蛋内水分的渗出，是从蛋黄通过对蛋白逐渐转移到盐水中，食盐则通过蛋白逐渐移入蛋黄内。食盐对蛋白和蛋黄的作用并不相同，对蛋白可使其黏度逐渐降低而变稀，对蛋黄可使其黏度逐渐增加而变稠变硬。

三、糟蛋

鲜蛋经过糟制而成糟蛋，其原理目前还缺乏系统的研究，尚未完全清楚。一般认为，糯米在酿制过程中，受糖化菌的作用，淀粉分解成糖类，再经酵母的酒精发酵产生醇类（主要为乙醇），同时一部分醇氧化转变为乙酸，加上添加的食盐，共同存在于酒糟中，通过渗透和扩散作用进入蛋内，发生一系列物理和生物化学的变化，同时使糟蛋具有显著的防腐作用。最主要的是酒糟中的乙醇和乙酸可使蛋白和蛋黄中的蛋白质发生变性和凝固作用，而实际上制成的糟蛋蛋白呈乳白色或酱黄色的胶冻状，蛋黄呈橘红色或橘黄色的半凝固、柔软状态。其原因是酒糟中的乙醇和乙酸含量不高，故不至于使蛋中的蛋白质发生完全变性和凝固；酒糟中的乙醇和糖类（主要是葡萄糖）渗入蛋内，使糟蛋带有醇香味和轻微的甜味；酒糟中的醇类和有机酸渗入蛋内后，经长时间相互作用，产生芳香的酯类，这是糟蛋具有特殊浓郁的芳香气味的主要来源。

糟蛋在糟制的过程中加入食盐，不仅赋予咸味，增加风味和适口性，还可增强防腐能力，提高贮藏性。鸭蛋在糟制过程中，由于酒糟中乙醇含量较少，所以食盐亦不多，所以糟蛋糟渍成熟时间长，但在乙醇和食盐长时间作用下（4～6个月），蛋中微生物的生长和繁殖受到抑制，特别是沙门氏菌，可以被灭活，因此糟蛋生食对人体无致病作用。

四、洁蛋

洁蛋是指禽蛋产出后，经过表面清洁、消毒、烘干、检验、分级、喷码、涂膜、包装等一系列处理后的蛋产品。洁蛋虽然经过一系列的工艺处理，但仍然属于鲜蛋类。品质安全可靠，具有较长的有效保质期，可直接上市销售。我国现阶段生产的洁蛋基本都是鸡蛋产品。洁蛋的生产工艺如下：

1. 分拣

分拣是指在禽舍内的集蛋器上或从养殖车间经过传送带送至鲜蛋处理车间的过程中，将异常蛋、血斑蛋、肉斑蛋、异物蛋、过大蛋、过小蛋、破损蛋、裂纹蛋等不合格的蛋通过人工方式剔出的过程。

2. 上蛋

上蛋是指将鲜蛋放在洁蛋的生产线上。上蛋的方式有三种：手工上蛋、真空吸蛋器上蛋和传送带直接上蛋。

3. 分拣

上蛋后要进行的第一步是分拣，其目的是通过分拣将肉眼不易发现的破损蛋、裂纹蛋、腐败蛋等进一步拣出。

4. 清洁（洗）、杀菌

经分检后的蛋进入到清洁（洗）工艺。如果经过分拣、分拣后的蛋壳表面足够干净，清洁工艺可直接利用旋转的毛刷对蛋壳表面的浮尘进行机械擦拭，然后进入热风杀菌、分级、包装等后续工序。蛋壳粘有粪、饲料、血渍、泥或其他附着污物的鲜蛋需要水清洗工艺。

在我国，常用的鲜蛋消毒剂如次氯酸钠、二氧化氯、过氧乙酸、新吉尔灭、漂白粉等，对微生物有很好的杀灭作用。原则上在我国《食品安全国家标准　食品添加剂使用标准》（GB2760—2014）中规定的食品防腐剂都可以作为蛋壳表面的防腐消毒剂。

5. 烘干

经过清洗消毒后的蛋进入热风烘干工艺，将蛋壳表面的水蒸发干燥，烘干温度一般在40℃～60℃之间。也可以采用先低温蒸发水分然后高温杀菌的方式完成烘干过程。

6. 喷码

采用电脑打码机或喷码机在每个蛋体或包装盒上进行无害化贴签或喷码标识（包括分类、商标和生产期），所用喷墨必须是食品级的。

7. 涂膜

禽蛋涂膜后可在蛋壳表面形成一层保护膜，延长洁蛋保质期；涂膜可以在洁蛋生产的两个环节进行，一是鲜蛋清洗干净后立即用水溶性涂膜剂采用喷淋法和浸涂法涂膜，经烘干工艺得到均匀的膜，常用的水溶性涂膜剂有聚乙烯醇、壳聚糖、硅胶等。二是鲜蛋清洗干净经烘干后使用白油或油溶性被膜剂对蛋的表面喷涂涂膜，这种涂膜方式中使用的涂膜剂品种较多，共同的特点是油溶性的。涂膜保鲜剂必须无毒、安全与卫生。

8. 检验

此次为第二次检验，经过以上程序处理的鲜蛋，仍有可能破裂或未洗干净，在分级之前要求选出。根据设备的档次程度，有人工挑选、机械检验、人工和机械检验相结合的方法。

9. 分级

生产线上对蛋的分级是按蛋的个体重量来划分，这种分级方式有助于鲜蛋的包装满足不同消费者的需要。在国内主要按国家标准进行分级，出口时按进口国的需要分级。分级的方法主要有机械式和电子式两种。目前国外先进国家的分级作业均采用自动识别机或电脑系统进行洁蛋分级。

10. 包装

经分级后的禽蛋进入包装工艺，可通过生产线上的机械手完成内包和外包过程。

11. 贮藏、运输与销售

包装后的食用鲜蛋，应及时地送往销售卖场，或者放入冷藏库冷藏。所有经过处理后的洁蛋，都要在一定的保鲜时间内售完。

鸡蛋运送时最重要的问题为路况（振动）、温度与湿度等。

鸡蛋宜在低温下输送，故在炎热夏季需以冷藏车输送，而且在输送中需注意温度之变化，时冷时热之气候最易加速蛋品质之劣化。另外，雨季使蛋壳表面潮湿，极易导致微生物侵入蛋内增殖。

第六节　蛋制品加工工艺

一、皮蛋加工

腌制工艺不同，皮蛋可分为溏心皮蛋和硬心皮蛋，当前溏心皮蛋加工的工业化程度较高，具体工艺和配方如下。

1. 工艺流程

皮蛋加工工艺流程如图 12-3 所示。

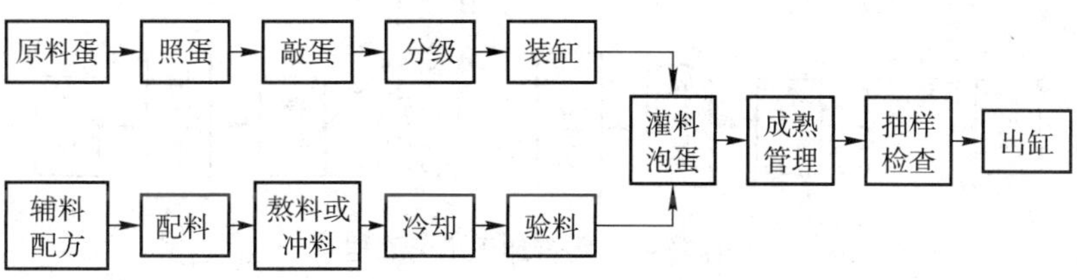

图 12-3　皮蛋加工工艺流程

2. 配方

（1）传统配方

我国主要松花蛋加工地区的传统配方使用了氧化铅。松花蛋加工中，实际配方应根据生产季节、气候等情况做出调整，以保证产品的质量。由于夏季鸭蛋的质量不及春、秋季节的质量高，蛋下缸后易于出现蛋黄上浮及变质发生，因此，应将生石灰与纯碱的用量适当加大，从而加速松花蛋的成熟，缩短成熟期。

（2）现代配方

所制成的料液，其氢氧化钠含量一般要求在 4% ~ 5%。

无铅传统配方　纯碱 3.5 kg，石灰 13 kg，茶叶末 1.25 kg，食盐 1.50 kg，硫酸锌 0.075 kg，硫酸铜 0.037 5 kg，植物灰 0.5 kg，清水 50 kg，鸭蛋 1 000 枚。

无铅清料配方　氢氧化钠 30 ~ 40 g，硫酸锌 2 ~ 3 g，硫酸铜 0 ~ 1 g，食盐 50 ~ 60 g，红茶末 25 g，沸水 1 000 mL，鸭蛋 20 枚。

二、咸蛋加工

咸蛋在我国各地均有大量生产，其加工也有多种方法，如草灰法、盐泥涂布法、盐水浸渍法、泥浸法、包泥法等。盐水浸泡法在工业生产中应用较多，具体工艺和配方如下。

1. 盐水的配制

冷开水 80 kg，食盐 20 kg，花椒、白酒适量。将食盐于开水中溶解，再放入花椒，待冷却至室温后再加入白酒即可用于浸泡腌制。

2. 浸泡腌制

将鲜蛋放入干净的缸内并压实，慢慢灌入盐水，将蛋完全浸没，加盖密封腌制 20 d 左右即可成熟。浸泡腌制时间最多不能超过 30 d，否则成品太咸且蛋壳上出现黑斑。用此水可留作第二次甚至于多次使用（但要追加食盐）。盐水的浓度与腌蛋的品质颇有关系，如用 10% 的盐水，所用的蛋平均质量为 81.7 g，腌制后，每含盐量为 1.245 g，全蛋含盐量为 1.5%，除壳后含盐量为 1.7%。用 20% 的盐水腌蛋，所用的蛋平均质量为 80.7 g，每蛋含盐量为 4.075 g，全蛋含盐量 5%，除壳后含盐量为 5.6%。用 30% 的盐水腌蛋，所用的蛋平均质量为 81.2 g，每蛋含盐量为 5.136 g，全蛋含盐量为 6.3%，除壳后含盐量为 7.8%。以上鸭蛋腌制期为 40 d。试验结果表明，用 20% 的盐水来腌蛋最适宜，10% 盐水腌的蛋味较淡。

三、糟蛋加工

糟蛋是鲜鸭蛋经糟制而成的再制品。它是我国著名的传统特产食品，营养丰富，风味独特，是我国人民喜爱的食品和传统出口产品。我国著名的糟蛋有浙江省平湖市的平湖糟蛋和四川省宜宾市的叙府糟蛋。以平湖糟蛋为例，其加工工艺如图 12–4 所示。

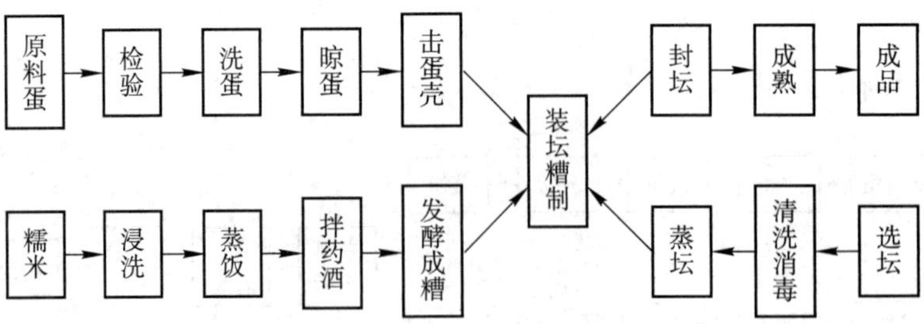

图 12–4　糟蛋加工工艺流程

四、液态蛋加工

1. 工艺流程

蛋液经过不同的加工方式处理之后，可得到种类繁多的液蛋产品，如全蛋液、蛋清液、蛋黄液、加盐蛋黄液等。液蛋产品的生产工艺包括原料蛋预处理，打蛋、去壳与过滤，预冷，蛋液的暂存与混合，蛋液的杀菌，充填、包装及运输等，生产工艺流程如图 12–5 所示。

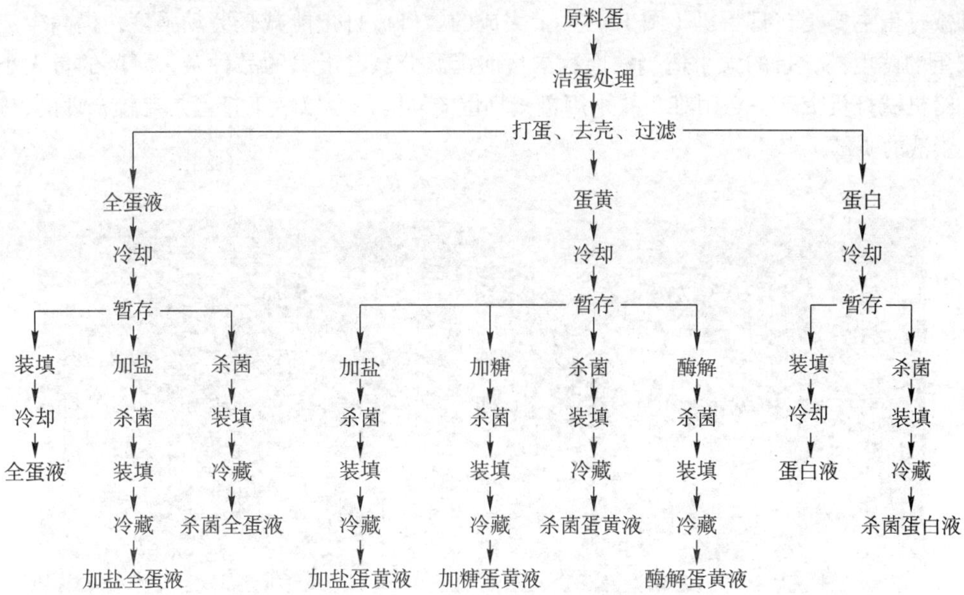

图 12–5　液蛋产品生产工艺流程

2. **设备流程**

蛋液的生产设备见图 12–6。

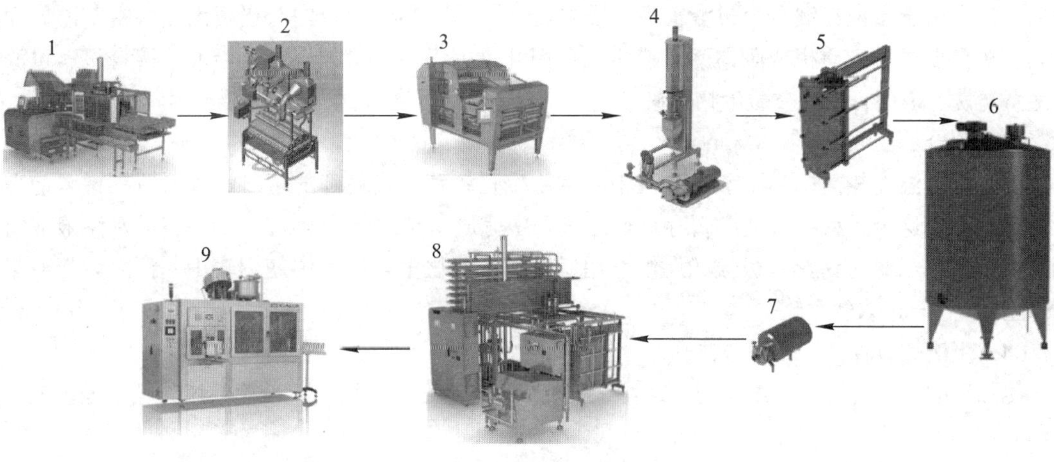

图 12–6　蛋液生产设备

1. 上蛋；2. 鲜蛋的清洗和消毒；3. 打蛋；4. 过滤；5. 预冷；6. 暂存罐；7. 泵；8. 巴氏杀菌；9. 罐装

3. **液蛋产品加工的关键工艺**

液蛋产品加工的关键工艺包括：原料蛋的预处理，打蛋、去壳与过滤，蛋液冷却，蛋液的暂存与混合，杀菌，充填包装等。

（1）打蛋

无论何种液蛋产品，均需经过打蛋、去壳、过滤等工序。一般是洗蛋干燥后将其送到打蛋车间进行打蛋，并在此之前检查蛋的质量，剔出洗蛋过程中的破壳蛋。打蛋就是将蛋壳击破，取出蛋液的过程，分为打全蛋和打分蛋两种。打全蛋就是将蛋壳打开后，把蛋白和蛋黄混装在一个容器里。打分蛋就是将蛋白、蛋黄分开，分放在两个容器里。从打蛋开始，蛋液开始暴露在空气中，因此需要在设备内部保持正压，且空气应该经过过滤处理。洗蛋的房间应该保持负压，以防止污染的空气进入打蛋间。打蛋的方法包括人工打蛋和机械打蛋。

机械打蛋主要是在打蛋机（图 12–7）上完成的。机械打蛋能减轻劳动强度，提高生产效率，但要求蛋的鲜度高，蛋的大小适当。而我国目前蛋源分散，蛋鸡的品种杂，所产的蛋大小不一，因此，给机械打蛋带来一定困难，故采用机械打蛋的同时配合以手工打蛋是比较合理的，这样可以保证蛋液的质量。

图 12–7　打蛋机

（2）过滤

打蛋结束，蛋液中混有少量的蛋壳、壳膜和系带等杂物，需经过过滤器（图 12–8）进行过滤。目前蛋液的过滤多使用压送式过滤机，但是在国外也有使用离心分离机以除去系带、碎蛋壳等杂物的方法。由于蛋液在混合、过滤前后均需要冷却，而冷却会使蛋白与蛋黄因相对密度差异而不均匀，故需要通过均质机或胶体磨，或添加食用乳化剂以使其均匀混合。蛋液的混合机、过滤机需注意清洗、杀菌，以免被微生物污染。

（3）预冷

由于打蛋温度较高，为了预防蛋液中微生物生长繁殖，收集到的蛋液在进入暂存罐之前需进行降温处理。这个过程在蛋液向暂存罐输送过程中完成，制冷剂为 0 ~ 3℃的乙二醇水溶液或氯化钙水溶液，由于氯化钙具有极强的腐蚀作用，目前工业化生产过程中使用较少。预冷后蛋液温度可降至 4℃，再进入暂存罐。

（4）蛋液的暂存

冷却后的蛋液进入暂存罐（图 12–9），积攒够一定量之后再被泵入杀菌系统。除去全蛋液、蛋

图 12–8　蛋液过滤器

图 12–9　蛋液暂存罐

白液和蛋黄液之外，根据实际生产需求，还会在蛋液中添加食盐、糖或酶等物质，以改善蛋液的加工特性。

（5）杀菌

原料蛋在洗蛋、打蛋去壳、蛋液混合、过滤处理过程中，均可能受微生物的污染，而且蛋经打蛋、去壳后即失去了一部分防御体制，因此生蛋液应经杀菌方可保证卫生安全。蛋液的巴氏杀菌是在彻底杀灭蛋液中的致病菌，最大限度地减少细菌总数，同时最大程度保持蛋液营养成分不受损失的加工措施。

全蛋液、蛋白液、蛋黄液和添加盐、糖的蛋液的化学组成不同，对热的抵抗能力有差异。因此，采用的巴氏杀菌加热条件不同。我国对全蛋液的巴氏杀菌要求是64.5℃，3 min。各国对蛋液巴氏杀菌的要求见表12–14。

表12–14　部分国家的蛋液低温杀菌条件

国家	全蛋液杀菌条件	蛋白液杀菌条件	蛋黄液杀菌条件
波兰	64℃，3 min	56℃，3 min	60.5℃，3 min
德国	65.5℃，5 min	56℃，8 min	58℃，3.5 min
法国	58℃，4 min	55 ~ 56℃，3.5 min	62.5℃，4 min
瑞典	58℃，4 min	55 ~ 56℃，3.5 min	62 ~ 63℃，4 min
英国	64.4℃，2.5 min	57.2℃，2.5 min	62.8℃，2.5 min
澳大利亚	64.4℃，2.5 min	55.6℃，1.0 min	60.6℃，3.5 min
美国	60℃，3.5 min	56.7℃，1.75 min	60℃，3.1 min

蛋液巴氏杀菌装置和杀菌车间分别如图12–10和图12–11所示。

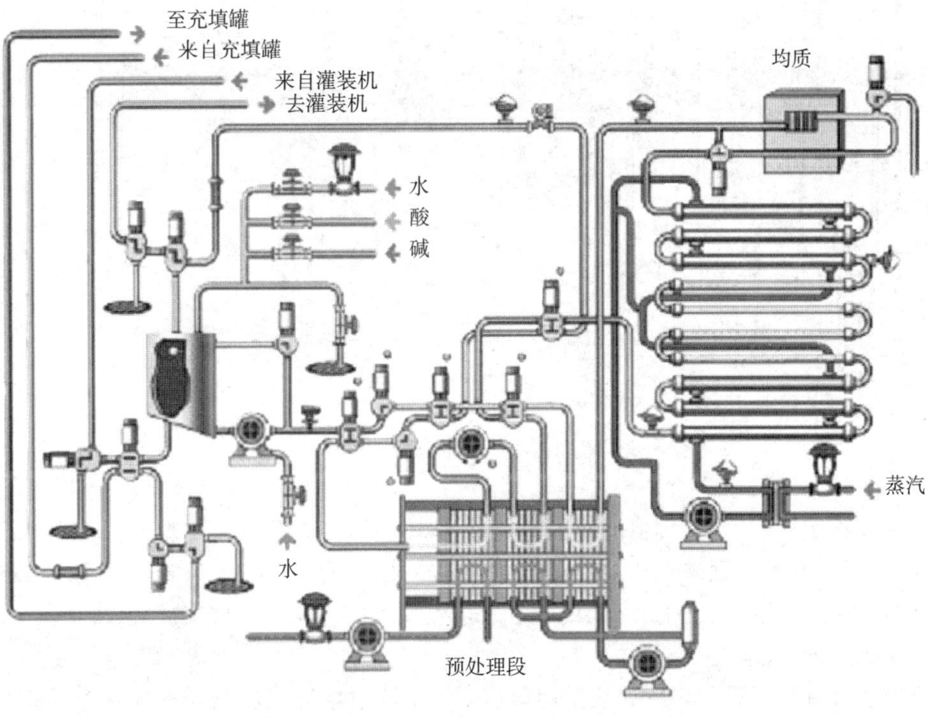

图12–10　蛋液巴氏杀菌装置

图 12-11　蛋液杀菌车间

高温短时杀菌装置不论其配置的热交换器型式如何均可以就地清洗（CIP）（图 12-12）及进行其机械设备的杀菌。

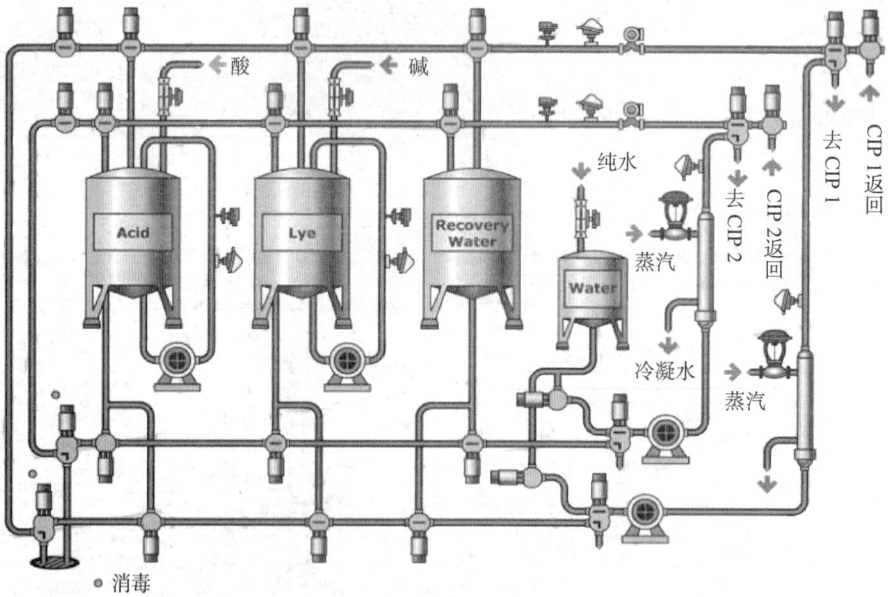

图 12-12　CIP 清洗系统

杀菌后的蛋液需要根据使用目的而迅速冷却，如供原工厂使用，可冷却至 15℃左右；若以冷却蛋或冷冻蛋形式出售，则需要迅速冷却至 2℃左右，然后再充填至适当容器。根据 FAO/WHO 建议，蛋液在杀菌后急速冷至 5℃，可贮藏 24 h；若急速冷却至 7℃，则仅能贮藏 8 h。

（6）填充、包装及运输

蛋液产品的填充容器和容量需根据销售途径和销售对象进行选择。为方便零用者，出现了塑料袋包装或纸盒包装，包装规格一般为 1 kg。供商业用途的蛋液产品包装多为塑料袋，包装规格有 5、10 和 20 kg 等。为避免巴氏杀菌蛋液的二次污染，蛋液产品的填充采用充填机完成

（图 12–13）。

液蛋产品多采用蛋液车或大型货柜完成运输。蛋液车备有冷却或保温槽，其内可以隔成小槽以便能同时运送蛋白液、蛋黄液及全蛋液。蛋液车槽可以保持蛋液最低温度为 0 ~ 2℃，一般运送蛋液温度应在 12.2℃以下，长途运送则应在 4℃以下。使用蛋液冷却或保温槽每日均需清洗、杀菌一次，以防止微生物污染繁殖。

（7）急冻

将不同的巴氏杀菌液蛋产品经过急冻加工制得的产品为冰蛋产品。

液蛋产品的急冻是在急冻间完成。急冻间内分布有均匀排列的排管，排管内部的制冷剂有液氨、工业用氟利昂等，液氨易爆炸，存在较大的安全隐患，现在冷库的制冷机组多采用工业用氟利昂，急冻间内温度可达 –30℃。经过 72 小时的急冻，液蛋产品温度可降至 –18℃左右，此时可视为达到急冻要求，经过外包装后转入冷藏库冷藏，库温应在 –18℃，温度波动不能超过 1℃。

图 12–13　蛋液充填机

五、干蛋制品加工

1. 蛋粉的加工工艺

蛋粉的生产工艺见图 12–14。

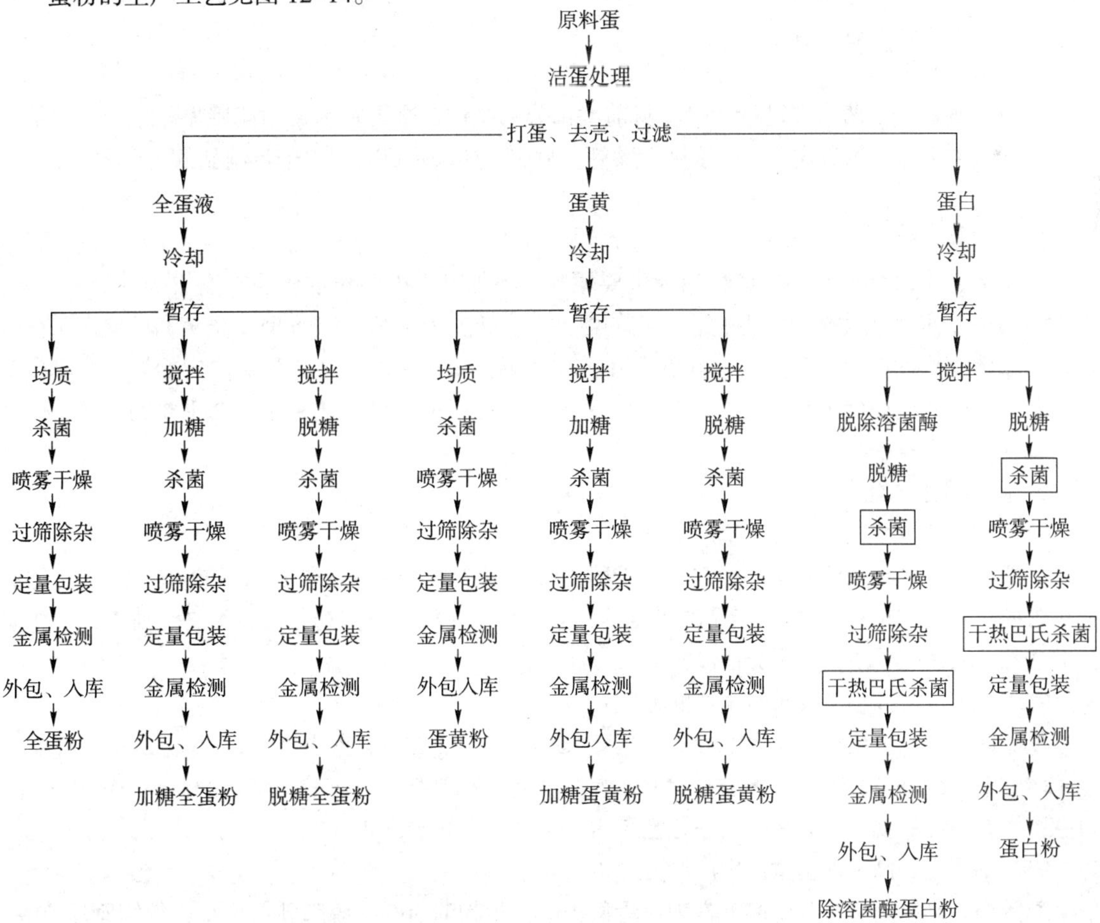

图 12–14　蛋粉生产工艺流程

2. **蛋粉加工的关键工艺**

（1）蛋粉加工前期工艺

禽蛋清洗除菌、拣蛋、打蛋分离、蛋液过滤、冷却、暂存、搅拌均同液蛋处理过程。

（2）脱糖工艺

蛋液根据商业需求，在蛋粉的加工程序可进行脱糖也可不脱糖。禽蛋中含有游离葡萄糖，如蛋黄中约有0.2%，蛋白中约有0.4%，全蛋中约有0.3%。未经脱糖的蛋粉在干燥后的贮藏期间，葡萄糖的羰基与蛋白质的氨基之间会发生美拉德反应，另外还会和蛋黄内磷脂（主要是卵磷脂）反应，使得干燥后的产品出现褐变，溶解度下降，变味及质量降低。脱糖方法有4种：自然发酵，细菌发酵，酵母发酵和酶法脱糖，其中，自然发酵和细菌发酵仅适用于蛋清产品的脱糖处理，酵母发酵和酶法脱糖均适用于蛋清粉、蛋黄粉和全蛋粉的脱糖工艺。

（3）蛋液的杀菌

经脱糖的蛋液，需经过40目的过滤器，再移入杀菌装置中进行低温巴氏杀菌，或经过滤并干燥后再予以干热巴氏杀菌。

干热巴氏杀菌（dried-heat pasteurization）是利用蒸汽热、电热或瓦斯热源，将干燥后的制品放置于50～70℃的密封室中保持一定时间的杀菌方法。由于干蛋在较高温度下加热不凝固，其中的细菌需经较高温度及较长时间方可被杀灭，故干蛋的杀菌多采用干热处理。干热巴氏杀菌在欧美广泛被使用，其实施方法是44℃保持3个月，55℃保持14 d，57℃保持7 d及63℃保持3 d等。另外，也有将干蛋白在54℃保持60 d的试验，其结果表明该条件对干蛋白的特性没有破坏。蛋白使用自然发酵、细菌发酵或酵母发酵脱糖时，蛋液细菌较多，所以多采用干燥后的干热处理杀菌。干燥全蛋与蛋黄在干热处理时，其脂肪易氧化生成不良风味，而其在干燥前的液体状态杀菌也相当有效，故不实施干热杀菌。

（4）蛋液的干燥

蛋液在脱糖、杀菌后即进行干燥。目前大部分的蛋白、全蛋及蛋黄均使用喷雾干燥，少部分蛋品使用真空干燥、浅盘式干燥、滚筒干燥等。喷雾干燥法是目前制造干蛋制品的主要方法。

六、蛋黄酱加工

蛋黄酱，是以蛋黄及食用植物油为主要原料，添加若干种调味物质加工而成的一种乳状液。蛋黄酱属于O/W型乳化体系。但它在一定的条件下会转变为W/O型，此时，蛋黄酱的状态将被破坏，导致流变性的改变，其黏度大幅度下降，在外观上蛋黄酱由原来的黏稠均匀的体系变成稀薄的“蛋花汤”状。在蛋黄酱加工时，是否能形成稳定的O/W型乳化体系是一个重要的问题，但这一问题受多种因素的影响。

1. **蛋黄酱生产配方**

（1）一般沙拉性调料蛋黄酱生产配方

一般沙拉性调料蛋黄酱生产配方为：蛋黄10%，植物油70%，芥末1.5%，食盐2.5%，食用白醋（含醋酸6%）16%。该配方产品的特点是：淡黄色，较稀，可流动，口感细腻、滑爽，有较明显的酸味。其理化性质为：水分活度0.879，pH 3.35。

（2）低脂肪、高粘度蛋黄酱生产配方

低脂肪、高粘度蛋黄酱生产配方为：蛋黄25%，植物油55%，芥末1.0%，食盐2.0%，柠檬原汁12%，α- 交联淀粉5%。该配方产品特点是：黄色，稍黏稠，具有柠檬特有的清香，酸味柔和，口感细滑，适宜作糕点夹心等。其理化性质为：水分活度0.90，pH 4.7。

（3）高蛋白、高黏度蛋黄酱生产配方

高蛋白、高黏度蛋黄酱生产配方为：蛋黄16%，植物油56%，脱脂乳粉18%，柠檬原汁10%。该配方产品特点是：淡黄色，质地均匀，表面光滑，酸味柔和，口感滑爽，有乳制品特有的芳香，宜做糕点等表面涂布。其理化性质为：水分活度 0.865，pH 5.5。

2. **生产工艺**

下面列举两种蛋黄酱的加工工艺流程。

（1）工艺流程一

食盐　糖　调味料　交替加植物油和醋
↓　↓　↓　↓
原料称量→消毒杀菌→搅拌→搅拌→搅拌→搅拌→成品

（2）工艺流程二

蛋黄→加入调味料、部分醋→搅拌均匀→缓加色拉油→加入余醋→继续搅拌→成品

七、禽蛋功能性成分提取

1. **蛋清中的溶菌酶**

（1）溶菌酶的提取

结晶法是提取溶菌酶的一种传统方法，又称等电点盐析法。溶菌酶是一种盐溶的碱性蛋白质，而蛋清中其他蛋白质的等电点都为酸性条件。利用这一特点，在蛋清中加入一定量的氯化物、碘化物或碳酸盐等盐类，并调节 pH 至 9.5 ~ 10.0，降低温度，溶菌酶会以结晶形式慢慢析出，而大多数蛋白质仍存留于溶液中。结晶体经过滤后再溶于酸性水溶液中，许多杂质蛋白形成沉淀析出，而溶菌酶则存留溶液之中；过滤后将滤液 pH 调节至溶菌酶的等电点，静置结晶，便得到溶菌酶晶体，可利用重结晶的方法将此结晶体反复精制，直至达到所需要的纯度为止。此方法的缺点是蛋清中含盐量高，蛋清的功能特性受到破坏，不能再利用，造成浪费。

（2）溶菌酶的纯化

① 离子交换法

离子交换法是利用离子交换剂与溶液中的离子之间所发生的交换反应来进行分离的，分离效果较好，广泛应用于微量组分的富集。目前国内外已用于溶菌酶分离纯化的离子交换剂主要有 724 和 732 弱酸型阳离子交换树脂、D903 和 D201 大孔离子交换树脂、CM- 纤维素、磷酸纤维素、DEAE- 纤维素、羧甲基琼脂糖、大孔隙苯乙烯强碱型阴离子交换吸附树脂、CM-Sephadex 阳离子交换树脂和 Duolite C-464 树脂等。

② 亲和色谱法

亲和色谱法是利用蛋白质和酶的生物学特异性，即蛋白质或酶与其配体之间所具有的专一性亲和力而设计的色谱技术。制备溶菌酶所用的吸附剂主要有几丁质及其衍生物（如几丁质包埋纤维素、羧甲基几丁质等）、壳聚糖等。将这些吸附剂固定在一定载体上或直接作为柱材，利用溶菌酶和底物之间的专一性结合，将溶菌酶从蛋清中分离，再进行洗脱得到溶菌酶。该法生产的溶菌酶纯度高，但是所用的亲和吸附剂的成本高。

③ 超滤法

超滤是以压力为推动力，利用超滤膜不同孔径对液体进行分离的物理分过程。蛋清溶菌酶是小分子物质，并与蛋清中其他相对分子质量高的蛋白质存在着静电作用力，以结合态存在，采用不同的前处理工艺，降低溶菌酶与其他蛋清蛋白之间的作用力，使溶菌酶处于解离状态后，采用超滤的方法对蛋清溶菌酶进行分离提取。

单一的溶菌酶分离纯化方法一般无法满足对溶菌酶纯度和回收率的要求，因此可以将两种或者几种方法结合起来，或者建立连续式的分离体系，应用于获得高纯度溶菌酶的规模化生产中。

2. **蛋黄免疫球蛋白**

免疫球蛋白资源的开发一直备受关注，近几十年，各国学者开始研究从蛋黄中提取免疫球蛋白 IgY，蛋黄作为免疫球蛋白提取材料的优点是：①鸡蛋收集方便，无须采集动物血液，也不需要

宰杀动物，成本低，易规模化生产。②产生有效免疫反应所需抗原量小，尤其是高度保守的哺乳动物蛋白质对种系发生学上距离较远的禽类通常有较强的免疫原性，且安全性高。这使得鸡蛋成为提取免疫球蛋白的最佳资源，鸡蛋黄 IgY 的开发日益受到重视。

至今已建立了很多较为高效而经济的 IgY 分离提纯方法。这些方法大多以聚乙烯乙二醇、葡聚糖硫酸钠盐、聚乙二醇 / 冷乙醇法、水稀释法、硫酸铵或硫酸钠法等方法初步提取，进一步分离纯化可用提纯蛋白质的其他方法。常见的有凝胶过滤、DEAE 纤维素阴离子交换柱色谱和亲和色谱等方法。通常将其中几种方法结合使用，也有用同一种方法而使用不同分离条件进行分离。

（1）水稀释法

简单的水稀释法可用于蛋黄液中亲水性部分和疏水性部分的分离。即将蛋黄液稀释一定倍数，调节溶液 pH 值，混匀静置后离心分离或长时间静置分离。该法易操作，几乎不使用化学试剂，生产成本低，适于规模化生产，但由于 IgY 被稀释，给后期提纯增加了一定困难。

工艺流程为：鸡蛋→去壳→去蛋清→稀释蛋黄→离心→盐析→浓缩→干燥→粗品 IgY。

（2）脂蛋白凝聚剂法

脂蛋白凝聚剂包括聚乙烯乙二醇、葡聚糖硫酸钠盐、酪蛋白钠盐、聚丙烯树脂和一些食品增稠剂，如卡拉胶、黄原胶等。这类物质能有效沉集蛋黄脂质与脂蛋白，但通常需要超速离心分离。有研究表明，在聚乙烯乙二醇分步沉淀法基础上提出的冷乙醇沉淀分级分离的方法，更适合于大规模制备 IgY。

（3）乙醇 $-CO_2$ 超临界脱脂法

先用乙醇将蛋黄粉中大部分磷脂质除去，然后用超临界 CO_2 将中性脂肪和残留的乙醇等同时除去。该法 IgY 活性没有损失，制得的含抗体的蛋白混合物是干燥状态的，易保存，而且可将蛋黄中与色香味有关的蛋黄脂类完全去除，适于批量制备 IgY 浓缩蛋白粉末（IgY 纯度约 10%）。

（4）重复冻融脱脂法

利用蛋黄脂质在低离子强度和中性 pH 条件下的凝集作用，将蛋黄水溶液反复进行冷冻和解冻，以加速脂质的凝聚作用，之后进行离心分离。此法回收率不高（50% 以上），但较经济。

（5）有机溶剂脱脂法

用事先预冷至 -20℃的有机溶剂，如乙醇等与蛋黄液混匀，反复多次浸提其中脂类物质。该法所制 IgY 的纯度高，回收率高，但有机溶剂用量大，成本高，不适于规模化生产。另外如果预冷不够，有机溶剂会使 IgY 部分变性。

（6）海藻酸钠提取法

较氯仿法和聚乙烯乙二醇法试剂用量少，且试剂基本无毒性。采用低浓度海藻酸钠，将蛋黄原液中的卵脂类除去，所以这些卵脂类中不含有毒物质，它可以用来提取卵磷脂等生化药品或试剂。

开放讨论题

你认为根据国家加快建立健全绿色低碳循环发展经济体系的要求，畜禽养殖和深加工科技创新的出路和未来方向在哪？

思考题

1. 如何辨别优质肉和次品肉？如何保证肉的新鲜度和卫生安全？

2. 蛋白质是肉的主要成分之一，你知道蛋白质的性质和结构吗？蛋白质结构对肉的质地和口感有何影响？

3. 烟熏和腌制对肉制品的影响是什么？这些方法如何改变肉的口感和风味？
4. 肉制品的加工方法有哪些？这些方法各有什么优缺点？如何选择适合的加工方法？
5. 简述高品质冷冻肉的生产工艺及注意事项。
6. 中国传统酱卤肉制品的生产工艺及注意事项有哪些？
7. 西式火腿的加工工艺及注意事项有哪些？
8. 调理肉是如何制作的？它和传统肉制品有什么不同？
9. 简述禽蛋的构造及其在加工贮藏中的意义。
10. 简述禽蛋中的主要蛋白质有哪些，它们的物理学、化学、生理学和食品加工性质是什么？
11. 试述禽蛋的功能特性及其在食品加工中的应用？
12. 简述皮蛋的加工原理。
13. 蛋液生产工艺流程有哪些？简述液蛋制品的种类与应用情况。
14. 干蛋制品加工中为什么要进行脱糖？脱糖的方法和原理是什么？

自测题

撰写人：熊国远、薛山、王宁

第十三章

水产品加工

水产品加工是延续我国渔业发展的重要发展方向，是优化渔业结构、实现食物资源多元化供给的重要途径。通过对特色水产品资源的精深加工，可丰富食物供给，满足不同消费者对健康营养的需求。本章介绍水产品原料的加工特性、水产品加工原理与方法、水产品加工工艺等知识。

知识目标

1. 熟悉水产品原料的外部形态、组织结构和营养价值。
2. 了解水产品加工的原理与方法。
3. 熟悉各类水产加工的基本工艺流程。

能力目标

1. 能够准确认识水产品原料的相同相异之处。
2. 能够正确选择适合水产品的加工方法。
3. 能够掌握各类水产制品的加工方法。

素养目标

1. 重视水产制品的质量安全问题。
2. 正确认识、体验与水产品原料有关的职业岗位，培养自主学习和拓展的能力。
3. 培养对水产品加工工艺的创新意识。
4. 培养动手操作能力。

知识导图

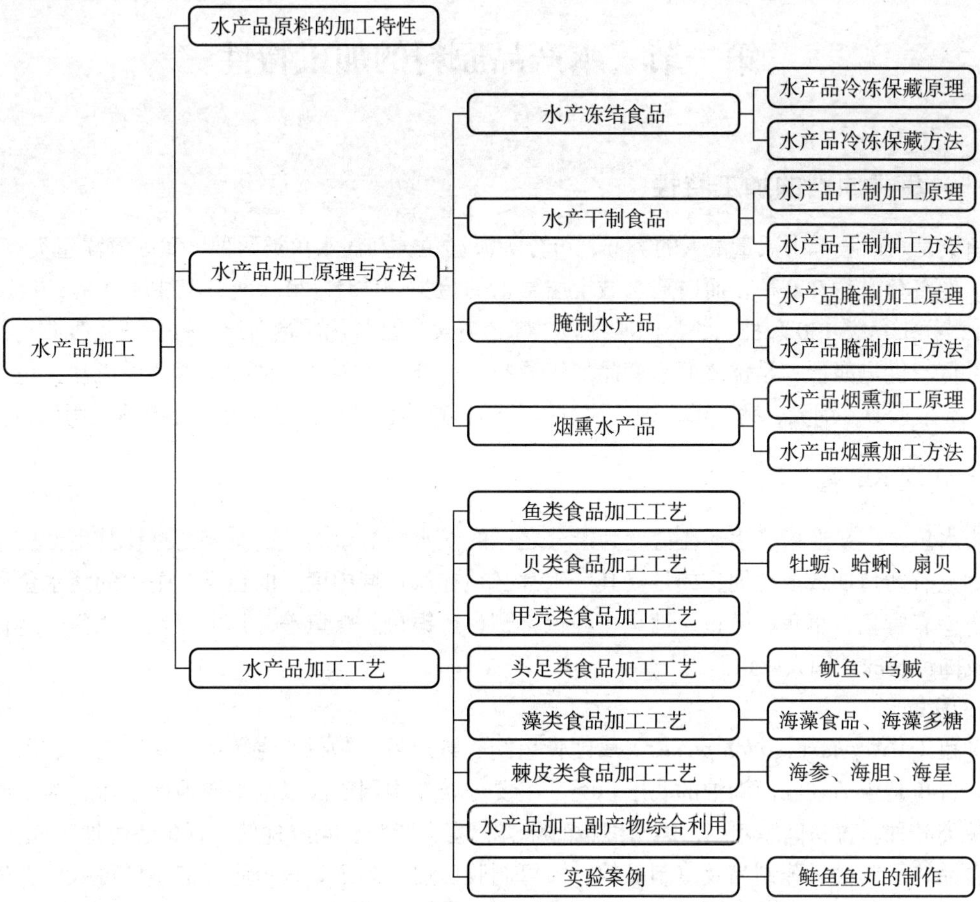

重点及难点

各类水产原料的加工特性；水产品加工的原理与方法；水产制品的加工工艺

问题导读

1. 分析各类水产原料的加工特性与异同之处。
2. 简述水产品加工的原理及方法。
3. 简述各类水产制品的加工工艺。

关键词

水产品加工　加工特性　水产冻结食品　水产干制食品　腌制水产品　烟熏水产品

第一节　水产品原料的加工特性

一、鱼类原料的加工特性

鱼类是水产资源中数量最大的类群，可分为海洋鱼类和淡水鱼类两种。我国海洋鱼类有 1 700 余种，经济鱼类约 300 种；而内陆水域定居繁衍的鱼类，估计 770 余种，其中不入海的纯淡水鱼 709 种，经济鱼类 140 余种。鱼类肉质细嫩，味道鲜美，富含优质蛋白质，容易消化吸收，并且脂肪含量低，供热能低，是优质的水产品加工原料。另外，鱼类含多种维生素和无机盐，包括维生素 A、维生素 D、烟酸、钙、磷、钾、铜、锌、硒、碘等，具有较好的促进健康的食用价值。

（一）淡水鱼类

淡水鱼，广义上指能生活在盐度为千分之三的淡水中的鱼类，狭义上是指在其生活史中部分阶段如只有幼鱼期或成鱼期，或是终其一生都必须在淡水域中度过的鱼类。中国的淡水鱼种类繁多，主要有青鱼、草鱼、鲢鱼、鳙鱼、鲤鱼、鲫鱼、银鱼、黑鱼等，其中青鱼、草鱼、鲢鱼和鳙鱼是我国传统的“四大家鱼”。

1. 青鱼

◎ **延伸阅读**
青鱼的形态特征

青鱼（*Mylopharyngodon piceus*）属硬骨鱼纲、鲤形目、鲤科、青鱼属，又称乌青、黑鲩、螺蛳青。青鱼是生活在江河湖泊的底层鱼类，主要分布在中国长江以南平原地区水域，为中国主要养殖鱼类品种。青鱼肉厚刺少，肉质细嫩而味美，富含脂肪。除鲜食外，青鱼还可加工成糟醉品、罐头食品、干制品、腌制品及熏制品等，鳞可制胶、皮可制革。青鱼胆经泡制后可入药，生食青鱼胆会引起中毒，症状初期表现为急性胃肠炎，最后会因急性肾功能衰竭致死。

2. 草鱼

◎ **延伸阅读**
草鱼的形态特征

草鱼（*Ctenopharyngodon idellus*）属硬骨鱼纲、鲤形目、鲤科、草鱼属，又名草鲩、草棍、白鲩等。草鱼生活在中国江河湖泊水体的中下层，分布于我国各大水系。草鱼是中国淡水养殖鱼类中产量最大的品种，产量约占淡水养殖产量的 20%。草鱼肉质细嫩，肥厚多脂，但稍逊于青鱼。目前，草鱼的中国市场需求仍以鲜活为主，加工比例较低。因草鱼含水量大、草腥味重、出水易烂，所以烹饪时应注意选料鲜活，烹制时间不宜过长，调味应多放酒、醋、姜等调料。

3. 鲢鱼

◎ **延伸阅读**
鲢鱼的形态特征

鲢鱼（*Hypophthalmichthys molitrix*）属硬骨鱼纲、鲤形目、鲤科、鲢属，又名白鲢、鲢子、白鱼，生活在江河湖泊水体的上层鱼类，分布于中国各大水系。除鲜食外，鲢鱼也可加工成罐头食品、熏制品、咸干制品、鱼糜及鱼糜制品；用鲢鱼加工的鱼糜制品色白、弹性好。

4. 鳙鱼

◎ **延伸阅读**
鳙鱼的形态特征

鳙鱼（*Aristichthys nobilis*）属硬骨鱼纲、鲤形目、鲤科、鳙属，又名花鲢、黑鲢、胖头鱼。鳙鱼人工饲养简便、产量大，是中国的主要经济类鱼。鳙鱼分布于中国东部、中部、南部地区江河中，栖息水体的中上层，但长江三峡上游和黑龙江流域则无鳙鱼的自然分布。鳙鱼肉质不及鲤鱼、青鱼等肥美，但在冬季肉质较厚实，可红烧、白灼、炖汤等。鳙鱼头部大，富含胶质，常配以豆腐、粉丝、粉皮等单独制成菜肴。除鲜食外，鳙鱼也可加工成罐头食品、熏制品、盐干制品及鱼糜制品。

◎ **延伸阅读**
鲫鱼的形态特征

5. 鲫鱼

鲫鱼（*Carassius auratus*）属硬骨鱼纲、鲤形目、鲤科、鲫属，又称喜头、鲫瓜子、鲋鱼、鲫拐子、刀子鱼、鲫壳子等。鲫鱼是中国重要食用鱼类之一，可与草、鲢、鳙、鲂、鲤等鱼种混养，对清除池中的残饵、改善池塘水质有较大作用。鲫鱼为中国广泛分布的鱼类，除青藏高原和新疆北部无自然分布外，全国各地淡水中均产。鲫鱼喜在水体的底层活动，对环境的适应能力强，在中国西北、东北碱性较重的湖泊中也能正常发育，对低氧的适应能力也很强。鲫鱼肉质细嫩，肉味甜美，营养价值高。其食用方法较多，最宜氽汤，也可清蒸、红烧、干烧等。例如奶汤鲫鱼，萝卜丝氽鲫鱼、蛤蜊鲫鱼汤、荷包鲫鱼等。

6. 鲤鱼

鲤鱼（*Cyprinus carprio*）属硬骨鱼纲、鲤形目、鲤科、鲤属，又名鲤拐子、鲤子、毛鱼、花鱼等。鲤鱼是中国分布最广、养殖历史最悠久的淡水经济鱼类，除西部高原水域外，广大的江河、湖泊、池塘、沟渠中都有分布。在世界上的分布遍及欧、亚、美三大洲。鲤鱼是底栖性鱼类，对外界的环境的适应性强，食量大，觅食能力强，能利用颌骨挖掘底栖生物。鲤鱼肉体肥厚，肥而带脆，细嫩少刺，适于多种食用方法。除鲜食后，鲤鱼还可加工成风干鱼、盐渍鱼。

◎ **延伸阅读**
鲤鱼的形态特征

（二）海洋鱼类

鱼类因肌红蛋白、细胞色素等色素蛋白的含量较高，肉色带红，称为红肉鱼类。许多洄游性鱼类，如金枪鱼、鲐鱼、沙丁鱼等属此类。相反，鱼肌肉中仅含少量色素蛋白，肉色近乎白色的鱼类，则称为白肉鱼类。

1. 白肉鱼类

（1）带鱼

带鱼（*Trichiurus haumela*）属硬骨鱼纲、鲈形目、带鱼科、带鱼属，又称刀鱼、牙鱼、白带鱼。长年来带鱼是中国高产的经济鱼种，也是中国海产主要经济鱼类之一。带鱼分布很广，中国以东海、黄海的分布密度为大，是暖温性近底层鱼类。带鱼为多脂鱼类，肉味鲜美，经济价值很高。除鲜销外，可加工成罐头制品、鱼糜制品、腌制品和冷冻小包装。

◎ **延伸阅读**
带鱼的形态特征

（2）大黄鱼

大黄鱼（*Pseudosciaena crocea*）属硬骨鱼纲、鲈形目、石首鱼科、黄鱼属，又称大鲜、大黄花、桂花黄鱼、大王鱼、石头鱼等。大黄鱼是中国重要经济鱼类之一，与小黄鱼、带鱼、乌贼（墨鱼）并称为四大海产经济鱼，主要分布于中国黄海南部至台湾海峡北部。中国捕捞大黄鱼已有1 700年的历史。该鱼的种群资源量虽然较大，但近数十年来，由于捕捞过度，使该鱼资源几乎陷于枯竭境地。

◎ **延伸阅读**
大黄鱼的形态特征

大黄鱼肉质细嫩清口，呈蒜瓣状，多供鲜食。除鲜用外，黄鱼可加工成冰鲜品、冷冻品、罐头食品、脱水脱脂半干制品（黄鱼鲞）和盐干制品（瓜鲞）等；大黄鱼的鳔也能干制成名贵的食品——鱼肚；大黄鱼肝中富含维生素 A，为制鱼肝油的上等原料；耳石则可作药用。

（3）小黄鱼

小黄鱼（*Pseudosciaena polactis*）属硬骨鱼纲、鲈形目、石首鱼科、黄鱼属，又名小黄花、花鱼、小鲜、小黄瓜等。小黄鱼亦为中国重要经济鱼类之一，与大黄鱼、带鱼、乌贼（墨鱼）并称为四大海产经济鱼。小黄鱼分布于黄海、渤海、东海、台湾海峡以北的海域，是温水性底层或近底层鱼类。其外形与大黄鱼很相像，它们的主要区别是：小黄鱼的鳞较大，在背鳍起点间有5 ~ 6个鳞片，尾柄较短；此外，小黄鱼的鱼体较小，最大一般为35 cm，重0.7 kg。

小黄鱼与大黄鱼同样情况，该鱼资源也已趋于枯竭。小黄鱼肉味鲜美，可供鲜食或腌制，鳔可制鱼鳔胶，精巢可提取鱼精蛋白。但由于个体较小，其利用价值不及大黄鱼，在日本是生产高级鱼糜制品的原料。

（4）海鳗

◎ **延伸阅读**
海鳗的形态特征

海鳗（*Muraenesox cinereus*）属硬骨鱼纲、鳗鲡目、海鳗科、海鳗属，又名狼牙鳝、牙鱼、门鳝、鳗鱼等，是海产经济鱼类。海鳗广泛分布于非洲东部、印度洋及西北太平洋。中国沿海均产，主要产于东海，为暖水性近低层鱼类。除鲜销之外，其干制品“鳗鲞”是美味佳品。海鳗还可加工成罐头以及作为鱼丸、鱼香肠的原料，用鳗鱼制作的鱼糜制品不但味美且富有弹性。海鳗的肝脏可作生产鱼肝油的原料。

（5）鳕鱼

◎ **延伸阅读**
鳕鱼的形态特征

鳕鱼（*Gadus macrocephalus*）属真骨鱼纲、鳕形目，又名大头鱼，大口鱼。鳕鱼分布于北太平洋，中国产于黄海和东海北部，为冷水性底层鱼类。鳕鱼肉色白，脂肪含量低，是代表性的白色肉鱼类。冬季味佳，除鲜销外可加工成鱼片、鱼糜制品、干制品、咸干鱼、罐头制品等。肝含油量为20%~40%，并富含维生素A和维生素D，是制作鱼肝油的原料。鳕鱼加工的下脚料是白鱼粉的主要原料。

（6）绿鳍马面鲀

◎ **延伸阅读**
绿鳍马面鲀的形态特征

绿鳍马面鲀（*Thamnaconus modestus*）属硬骨鱼纲、鲀形目、单角鲀科、马面鲀属，又称象皮鱼、剥皮鱼等。是20世纪70年代开发的鱼种，为中国主要加工对象之一。绿鳍马面鲀分布在北太平洋西部，中国沿海均产。具有从北向南的洄游规律，它是暖水性中下层鱼类。马面纯肉质结实，除鲜销外，主要加工成调味干制品（马面鱼片干），也可加工成罐头食品、软罐头和鱼糜制品。鱼肝占体重的4%~10%，且出油率高，可达50%以上，多用于鱼肝油制品的油脂来源。

2. 红鱼肉类

（1）鲐鱼

◎ **延伸阅读**
鲐鱼的形态特征

鲐鱼（*Pneumatophorus japonicus*）属硬骨鱼纲、鲈形目、鲭科、鲭属，又称日本鲐、青花鱼、油筒鱼、鲐巴鱼等，是中国重要的中上层经济鱼类之一。鲐鱼分布于太平洋西部，中国沿海一带均有分布，为暖水性外海中上层集群洄游性鱼类。鲐鱼产量较高，鱼肉结实，肉味可口，除鲜食外，是水产加工的主要对象之一。其油脂含量高，适于加工调味、油浸、茄汁、水煮类罐头、腌制品等；肝脏维生素含量高，还可炼制鱼肝油。

（2）鲱鱼

◎ **延伸阅读**
鲱鱼的形态特征

鲱鱼（*Clupea harengus*）属硬骨鱼纲、鲱形目、鲱科，又称青鱼、青条鱼，是世界重要的中上层经济鱼类，有数百年的捕捞历史，但资源变动较大。1972年产量高达18.2万t，20世纪80年代后由于资源补充量小，产量逐年下降。鲱鱼分布于北太平洋西部，中国产于黄海、渤海，属冷水性中上层鱼类。鲱鱼肉质细嫩，脂肪含量较高。除鲜销外，可加工成熏制品、干制品、罐制品、鱼油、鱼松等，鲱鱼籽的加工品味美价高。盐制鲱鱼子在日本视为佳肴。

（3）蓝点马鲛

◎ **延伸阅读**
蓝点马鲛的形态特征

蓝点马鲛（*Scomberomorus niphonius*）属硬骨鱼纲、鲈形目、鲭科、马鲛属，又称鲅鱼、马鲛鱼、燕鱼、尖头马加等。蓝点马鲛分布于北太平洋西部。中国产于黄海、渤海、东海近海水域，为暖温性上层经济鱼类。马鲛鱼肌肉结实，含脂丰富，主要鲜食，也可腌制和加工罐头。鱼肝含维生素A、维生素D较高，为我国北方地区生产鱼肝油制品的主要原料之一。但马鲛鱼肝和鲨鱼肝一样，其脂肪也会产生鱼油毒，鲜食时会引起中毒事故。症状多为眩晕、头痛、恶心呕吐、体温升高、口渴、唇干和剥脱性皮炎。中毒严重者还会脱发、脱眉，病程可持续1~2周，甚至1个月。然而，用马鲛鱼肝制作的鱼肝油制品，因加工过程中其脂肪经过专门处理，因而不会发生中毒现象。

（4）大眼金枪鱼

◎ **延伸阅读**
大眼金枪鱼的形态特征

大眼金枪鱼（*Thunnus obesus*）属硬骨鱼纲、鲈形目、鲭科、金枪鱼属，是金枪鱼类的一种。大眼金枪鱼广泛分布于世界热带、亚热带海域。中国见于南海和东海，为暖水大洋性中上层鱼类。金枪鱼类肉味鲜美，素有“海中鸡肉”之称。冷冻品大多用于制罐，如油浸金枪鱼罐头、盐水金枪鱼罐头、茄汁金枪鱼罐头等。在日本用金枪鱼肉制作生鱼片，视为上等佳肴。

（三）鱼类原料的加工特性

1. 多样性

鱼类一般可分为无颌类和有颌类。现知全世界共有鱼类21 700余种，中国有鱼类2 800余种。中国黄海、渤海区以暖温性鱼类为主，东海、南海以及台湾以东海区主要是暖水性鱼类。淡水鱼也有冷水性、冷温性、暖水性鱼类之分，不仅分类上有多样性，而且在鱼体各部分的化学成分方面，也具有明显差异。

2. 易腐性

鱼类易于腐败变质，其原因有两个方面，一是原料的捕获与处理方式，二是其组织、肉质的脆弱和柔软性。

◎ **延伸阅读**
鱼类易腐败的原因

3. 捕获量的多变性

鱼类的捕获量受季节、渔场、海况、气候、环境生态等多种因素的影响，难以保证稳定的供应，使其加工生产具有季节性。另外，鱼类资源的年际波动大，也给水产原料的稳定供应带来困难。然而，近年随冷冻技术的进步以及冷冻设施的增加，鱼类可作较长期的储藏，从而调节原料供应。

4. 鱼体成分的变动

鱼体的主要成分，如水分、蛋白质、脂肪等，以及腥味成分随季节（渔期）而变化，其中尤以脂肪的变动为甚。鱼体不同部位，肌肉成分也有一定差异，而脂肪的差异亦最为明显。此外，鱼龄、鱼体大小对成分也有影响。

二、贝类原料的加工特性

（一）贝类原料的分类

贝类身体全由柔软的肌肉组成，外部大多数有壳。贝类的种类很多，有海产贝类和淡水产的贝类两大类。海产贝类比较普遍的有牡蛎、贻贝、扇贝、蜡、蛤、蚶、蚬、蛏、香螺等。淡水产的贝类主要有螺、蚌和蚬。

1. 牡蛎

牡蛎俗称蚝、海蛎了，属软体动物门、双壳纲、珍珠贝目、牡蛎科。牡蛎在中国沿海分布很广，约有20种，常见的有褶牡蛎、近江牡蛎、长牡蛎、大连湾牡蛎，并已成为养殖的主要品种。

◎ **延伸阅读**
牡蛎的形态特征

2. 贻贝

贻贝是贻贝属贝类的总称，俗称淡菜或海红，属软体动物门、双壳纲、贻贝目、贻贝科。贻贝是重要的海产贝类，我国主要的经济品种有紫贻贝、翡翠贻贝、厚壳贻贝，并已进行人工养殖。紫贻贝主要产地在辽宁、山东沿海；厚壳贻贝产于辽宁、山东、浙江、福建；翡翠贻贝主要产于广东和福建。

◎ **延伸阅读**
贻贝的形态特征

3. 扇贝

扇贝属软体动物门、双壳纲、珍珠贝目、扇贝科。世界扇贝及近缘种达300余种，广布全世界。中国沿海有10余种，主要是栉孔扇贝，产于辽宁、山东沿岸；华贵栉孔扇贝，产于广东、广西沿海。

◎ **延伸阅读**
扇贝的形态特征

4. 中国圆田螺

中国圆田螺又称螺蛳，属腹足纲、节鳃目、田螺科、圆田螺属。中国各淡水域均有分布。

◎ **延伸阅读**
中国原田螺的形态特征

5. 蚌类

蚌类是珠蚌科的总称，属瓣鳃纲、真瓣鳃目，为经济价值较高的淡水贝类。中国各江、河、湖泊、池沼均有分布。

◎ **延伸阅读**
蚌类的形态特征

（二）贝类原料的基本特征

贝类种类虽然很多，形态变化又大，但是它们有共同的基本特征。

1. 一般身体柔软不分节，体型左右对称（但大多数腹足类身体左右不对称，是因为在发育过程中身体经过扭转造成的）。

2. 身体一般分为足和躯干部（又称内脏团或内脏囊）三部分（瓣鳃类头部退化）。体外被有外套膜和它所分泌的贝壳。贝壳的形态构造变化很大，是认识和鉴定种的重要依据。

3. 除掘足类和瓣鳃类外，其他类口腔内具有齿舌和颚片。

4. 体腔退化为围心腔。

5. 神经系统主要由脑神经节、脏神经节，足神经节，侧神经节和这些神经节之间的神经连索所组成。

6. 发育期间多数经过担轮幼虫期和面盘幼虫期。

（三）贝类原料的组成成分

1. 蛋白质

贝类肌肉蛋白质也包括肌浆蛋白、肌原纤维蛋白及基质蛋白；体内存在着内源蛋白酶，它能将不溶性肌肉蛋白质如肌原纤维蛋白转变为水溶性蛋白。与鱼肉相比，贝类蛋白质缬氨酸、赖氨酸、色氨酸等含量略低。

2. 脂肪

与鱼类一样，贝类肌肉或内脏也含有非极性脂肪（如甘油三酯、固醇、固醇脂等）和极性脂肪（如卵磷脂、鞘磷脂等），种类与含量也因种类不同而不同。翡翠贻贝 EPA 和 DHA 总量占总脂肪酸的 26.01%，具有较高的利用价值。胆固醇含量蚬类相对较高，一般贝类为 60 ~ 80 mg/100 g，与鱼肉接近。

3. 碳水化合物

主要碳水化合物为糖原和黏多糖，糖原是贝类尤其是双壳贝的主要能量贮存物质，这与鱼类不同。一般来说，贝类肌肉的糖原含量高于鱼类肌肉，蛤为 2% ~ 6.5%、蚬为 5% ~ 9%、牡蛎干为 20% ~ 25%、扇贝为 7%，红海鞘超过 10%。贝类糖原的含量存在明显的季节性，一般与其肥满期相一致。

4. 矿物质

Ca 和 Fe 的含量较为丰富。如文蛤可食部分 Ca 含量达到 140 μg/100 g，是虾蟹类的两倍；Fe 含量以蛤、文蛤和牡蛎为最高，分别达到 7.0 μg/100 g、5.1 μg/100 g 和 3.6 μg/100 g。深海贝类 Cu 含量偏高，头足类的乌贼与章鱼和贝类的牡蛎与蛤蜊分别为 0.78 ~ 12.30 μg/g 和 1.08 ~ 15.80 μg/g，是鱼类和甲壳类肌肉的数倍到数十倍。这些 Cu 主要存在于血蓝蛋白。

5. 维生素

脂溶性维生素 A 和维生素 D 含量极低，但维生素 E 含量却较多，如蝾螺、巨虾夷扇贝和赤贝分别含 1.44、0.51、0.38 mg/100 g，80% 以上为 α– 生育酚；一般都含各种水溶性维生素。

6. 抽提物成分

贝类抽提物的含量比鱼类的多，这是贝类更鲜美的主要原因。贝类游离氨基酸含量高，尤其是甘氨酸、丙氨酸、精氨酸以及牛磺酸，分别为 150 ~ 2 000 mg/100 g、90 ~ 300 mg/100 g、80 ~ 400 mg/100 g、500 ~ 1 000 mg/100 g。一般贝类牛磺酸含量最多，如黑鲍、巨虾夷扇贝和蛤蜊分别达到 946 mg/100 g、784 mg/100 g 和 664 mg/100 g；巨虾夷扇贝的游离甘氨酸含量最高可达 1925 mg/100 g。

一般情况下，贝类只含少量或没有氧化三甲胺。

（四）贝类原料的加工特性

最重要的加工特性仍然是呈味特性，但与鱼类和虾蟹类具有明显区别，表现在核苷酸的代谢分解途径不同，其肌肉中积累的是AMP而鱼类和虾蟹类肌肉中积累的是IMP。AMP尽管本身无味，但它却能显著增强谷氨酸的鲜味。因此，贝类同样也有很强的鲜味。尤其值得一提的是贝类含有较多的琥珀酸，这是贝类的特征呈味成分，在缺氧或死后会在体内大量积累，对贝类的鲜美是必不可少的。

（五）贝类原料的用途

1. 食用

贝类除了掘足类，无板类、单板类和多板类外，几乎都可以食用。其中主要有腹足类的鲍、红螺、香螺、玉螺，瓣鳃类的蜡，贻贝、扇贝、江瑶、牡蛎、文蛤、蛤仔、青蛤、镜蛤，蛤、西施舌以及头足类的乌贼和鱿鱼等，贝类味道鲜美，营养价值高，其肉质部含有丰富的蛋白质，脂肪和维生素。贝类除鲜食外，还可以加工成干制品和罐头。干贝，江瑶柱和带子分别为扇贝，江瑶和日月贝闭壳肌的干制品，都是珍贵的海味品。贝类由于加工佐料不同，可以制成各种各样的罐头。

2. 工业用

贝壳的主要成分是碳酸钙，是烧石灰的良好原料。我国东南沿海地区常用牡蛎、泥蜡等的贝壳作为烧石灰的原料。珍珠层较厚的马蹄螺、珍珠贝等可以制造纽扣。马蹄螺和夜光蝶螺的贝壳粉可以作为油漆的调和剂。江瑶、贻贝的足丝曾用作纺织品的原料。某些骨螺、海蜗牛等都曾为提取紫色和黑色染料的原料。

3. 药用

贝类在医药上用途较广药用贝类较多，如鲍、文蛤、青蛤、牡蛎、宝贝，珍珠贝及其珍珠、贻贝、窗贝以及乌贼的贝壳等均可作药材，其中乌贼的贝壳（海螵蛸）、鲍的贝壳（石决明）、宝贝的贝壳（海巴）、珍珠贝的贝壳及其珍珠、海兔卵群（海粉），都是享有盛名的医药品。

三、甲壳类原料的加工特性

甲壳动物大多数生活在海洋里，少数栖息在淡水中和陆地上。世界上的甲壳动物的种类很多，大约2.6万种。其中，我国的甲壳类水产品资源丰富，种类繁多，不但有大量的海捕虾、蟹，还有大量的淡水虾、蟹。

（一）甲壳类原料的特点

◎ 延伸阅读
甲壳类的形态特征

甲壳类水产品主要包括龙虾、基围虾、螃蟹等水产品，营养丰富，味道鲜美。作为极易腐败变质的水产品，必须在捕捞后进行有效的保藏，而单独的低温保藏效果并不够好，因此会在传统的低温保鲜基础上，辅助其他的技术手段，如蒸煮、镀冰衣、添加保鲜剂、包装等。

（二）甲壳类加工特性

1. 甲壳类营养价值

由于甲壳类水产品其特殊的生长环境，能够为人们提供特殊的营养成分，是人体优质蛋白的来源，还能够为人体提供多种不饱和脂肪酸，如EPA（二十碳五烯酸）、DHA（二十二碳六烯酸）等营养物质。虾肉具有较高的营养价值，其平均蛋白质含量为17.8%，脂肪含量为1.3%，另外还含有多种氨基酸。虾类浸出物成分中含多量的甜菜碱、精氨酸等成分，具有独特的风味。但是虾类的鲜度降低较快，多酚氧化酶（PPO）的活性高虾体易黑变、软化，这给虾类的加工与保鲜造成了较大的困难。

2. **甲壳类过敏原**

鱼类以及虾蟹等甲壳类水产品也是主要的食物过敏原，甲壳类是FAO规定的常见八大类食物过敏原之一。在亚洲儿童食物过敏患者中，甲壳类动物过敏占39%，鱼类占13.2%；在亚洲成人食物过敏患者中，甲壳类动物过敏占33.8%，软体类占18.9%，其中甲壳类的主要过敏食物为虾（21.7%）、蟹（16.2%）和龙虾（8.1%）。

◎ **延伸阅读**
甲壳类的主要过敏原

3. **甲壳类副产物蛋白的高值化利用**

水产品中甲壳类生物主要包括虾、蟹等，其头、尾和躯壳通常都可以当作加工副产物处理，并且这些副产物中蛋白质含量占比也很大。有关水产品加工副产物蛋白回收技术方法的创新是未来重要的研究方向和领域。现阶段，从水产品加工副产物蛋白中分离和纯化生物活性肽的技术包括纳滤、超滤和电膜过滤等膜分离技术，为获得特定分子量的蛋白肽提供了支持。此外，膜分离技术与色谱技术相结合可以纯化特定的活性肽。

◎ **延伸阅读**
水产品副产物的应用

四、头足类原料的加工特性

头足类属于软体动物门（Mollusca）、头足纲（Cephalopoda），至今已存在5亿年，广泛分布在太平洋、印度洋、大西洋和南极以及各国沿岸等海域，主要包括2亚纲、11目、50科、154属，约718种。头足类资源丰富，与南极磷虾、中上层鱼类共同被誉为当今三大未充分利用、开发潜力巨大的渔业资源。

（一）头足原料的分类

1. **乌贼类**

乌贼类也称墨鱼。属于头足纲、乌贼目、乌贼科软体动物。体宽短，多星盾形，有发达的石灰质内壳。乌贼的可食部分比例很高，达92%，除鲜销外，可加工冻品罐头、鱼糜制品，其干制品在南方叫螟蛹鲞，北方叫墨鱼干，是我国传统特产。调味干制品墨鱼丝是受欢迎的休闲食品。雄性生殖腺干品叫“乌鱼穗”，雌性缠卵腺干品“乌鱼蛋”是名贵海味。

（1）中国枪乌贼

◎ **延伸阅读**
中国枪乌贼的形态特征

中国枪乌贼（*Loligo chinensls*）属软体动物门、头足纲、枪形目、枪乌贼科，俗称鱿鱼，是世界枪乌贼科中最重要的经济品种，约占世界枪乌贼科总产量的60%。在我国，常见的鱿鱼有两种：一种是躯干部较肥大的鱿鱼，学名为枪乌贼；另外一种是躯干部细长的鱿鱼，学名为柔鱼。中国枪乌贼属暖温性水生软体动物，主要分布在南海和东海南部，我国主要的渔场在中国福建南部、台湾、广东和广西近海。除了中国枪乌贼，已成为捕捞对象的枪乌贼还有日本枪乌贼、剑尖枪乌贼、福氏枪乌贼、皮氏枪乌贼以及莱氏拟乌贼等。

（2）金乌贼

◎ **延伸阅读**
金乌贼的形态特征

金乌贼（*Sepia esculenta*）属软体动物门、头足纲、鞘亚纲、乌贼科，俗称墨鱼、斗鱼，属中型乌贼。我国沿海均有分布，以黄海、渤海产量较多。金乌贼是世界乌贼科中重要的经济种类之一，年产量在世界乌贼科种类中居第2位，是中国北方海域中经济价值最大的乌贼，也是日本列岛海域中产量最大的乌贼。

2. **柔鱼类**

◎ **延伸阅读**
柔鱼类的形态特征

柔鱼类（*Ommastrephes*）是柔鱼科的总称，属软体动物门、头足纲、枪形目、柔鱼科，俗称黑皮鱿鱼、鱿鱼。柔鱼是重要的海洋经济头足类动物，广泛分布于太平洋、大西洋、印度洋各海域。主要渔场在日本群岛的太平洋沿岸和日本海，黄海北部也有渔场。柔鱼的种类很多，已开发利用的主要有太平洋褶柔鱼、阿根廷滑柔鱼、新西兰双柔鱼、枪柔鱼、茎柔鱼以及鸢乌贼等。

3. 章鱼类

章鱼类属于头足纲、八腕总目章鱼目、蛸科软体动物，是头足纲最大科，至少有30种，已经开发的主要包括蛸属的真蛸、短蛸、长蛸。

◎ 延伸阅读
章鱼类的形态特征

（二）头足原料的加工特性

头足原料品种多、分布广，但外皮薄，在用底拖网、延绳网、刺网等捕捞时，易受到机械损伤，细菌易从受伤的部位侵入体内，导致腐败。同时，头足类原料的营养成分由于季节的变化，以及生长、生殖、洄游和饵料来源等生理生态上的变化不同，也呈明显变化。

五、藻类原料的加工特性

（一）海带

海带（*Laminaria*）是海带属海藻的总称，属褐藻门海带目海带科。海带质地脆嫩，口感良好，营养丰富，含有海藻酸、褐藻糖胶（岩藻多糖硫酸酯）、半乳聚糖等多糖类，以及谷氨酸、天冬氨酸、脯氨酸等氨基酸，还含有维生素 B_1、维生素 B_2、维生素C、烟酰胺、胡萝卜素等维生素以及碘、钾、钙等无机盐。常食海带能增加碘的摄入，增加钙的吸收。

◎ 延伸阅读
海带的品种特征

加工特性：海带中氨基酸的种类齐全，比例适当，十分接近理想蛋白质。海带可加工成各种风味独特的调味食品、即食食品和休闲食品，如海带酱、调味海带、海带酥条、海带饮料、海带速溶茶等。此外，海带含有丰富的多糖，常用其提取褐藻糖胶、甘露醇、膳食纤维和海藻酸钠等。

（二）裙带菜

裙带菜（*Undaria Pinnatifida*），纤维含量多，相对比较硬，同时还含有丰富的蛋白质，维生素（叶酸和维生素A、B_1、B_2、C等）和矿物质。不仅是一种食用的经济褐藻，而且可作海藻酸和褐藻糖胶的提取原料。

◎ 延伸阅读
裙带菜的品种特征

加工特性：新鲜裙带菜由于自身的某种“酶”的作用，会使裙带菜短时间内失去海藻特有的味道和光泽，藻体失去弹性。因此，为了能够常年食用裙带菜，需要降低裙带菜自身“酶”的酶活，将裙带菜做成各种加工品，比如淡干裙带菜、灰干裙带菜、裙带菜板、盐渍裙带菜等。

（三）紫菜

紫菜（*Porphyra*）含有大量的多糖、蛋白质、并含有丰富的碘、多种维生素和无机盐等微量元素，具有较高的营养价值。

◎ 延伸阅读
紫菜的品种特征

加工特性：紫菜可加工成干紫菜、调味紫菜、紫菜酱等产品。日常所见的即食紫菜，也就是海苔。紫菜中含有丰富的多糖、藻红蛋白等物质，煮制加工有利于紫菜中多糖的溶出和藻红蛋白的释放。

（四）红毛藻

红毛藻（*Bangia fusco-purpure*）俗称红毛苔、红毛菜、牛毛藻、红发菜，属红毛菜目，红毛菜种，是具有鲜明福建地域特色的经济海藻。红毛藻营养极其丰富、高蛋白低脂肪、香味独特的海藻，富含EPA、多糖等活性成分，具有较高的食用价值和药用价值。

◎ 延伸阅读
红毛藻的品种特性

加工特性：红毛藻一般用来做汤的居多或经烘烤后制成调味海藻。红毛藻中含有丰富的多糖类成分，具有辅助降血压、辅助降血脂、防止动脉粥样硬化等食用功效。

（五）江蓠

◎ 延伸阅读
江蓠的品种特性

江蓠（*Gracilaria*）是红藻门、真红藻纲、杉藻目、江蓠科、江蓠属的统称，富含蛋白质、多糖以及多种人体必需的微量元素和活性物质。江蓠多糖含量约占藻体的 50% 甚至更高，江蓠的食用功效和生物活性与其多糖密切相关。

加工特性：江蓠体内充满红藻胶，含胶达 30% 以上，是制造琼胶 / 琼脂和琼脂糖的重要原料之一。沿海群众用其胶煮凉粉食用，也直接炒食。煮水加糖服用，具有清凉、解肠热、养胃滋阴的功效。

（六）麒麟菜

◎ 延伸阅读
麒麟菜的品种特性

麒麟菜（*Eucheuma*）是麒麟菜属藻类的统称，属红藻门、真红藻纲、栅藻目、红翎菜科、麒麟菜属。

加工特性：麒麟菜主要成分为多糖，常用于加工卡拉胶。麒麟菜口感脆爽，可凉拌食用。

（七）螺旋藻

◎ 延伸阅读
螺旋藻的品种特性

螺旋藻（*Spirulina*）营养丰富，干基中蛋白质含量高达 60% ~ 70%，总脂量低，γ- 亚麻酸含量较高，微量元素丰富，特别是硒。此外，还含有多糖、β- 胡萝卜素等活性成分。

加工特性：螺旋藻干粉常被添加到常规食物或饮料中，主要有酱油、酸奶、果冻、饮料及面条等。

六、棘皮动物原料的加工特性

（一）棘皮动物的分类

棘皮动物门（Echinodermata）的主要特征如下。

① 次生性辐射对称，多数为五辐射对称。
② 具中胚层来源的内骨骼，常向外突出成棘刺，故名。
③ 真体腔发达，具特殊的水管系统和围血系统。
④ 胚胎发育过程极为典型：均黄卵，完全均等卵裂，属辐射型卵裂。
⑤ 以内陷法形成原肠，以肠体腔法形成中胚层和体腔囊，为后口动物。
⑥ 雌雄异体，体外受精，个体发育要经过双羽幼虫和短腕幼虫。

常见的棘皮动物包括以下几类。

1. 海星纲

◎ 延伸阅读
海星纲的形态结构

海星生活在 200 m 深的海底，身体扁平，呈五角星状。小的直径有 1 cm，大的直径可达 1 m。海星的再生能力很强，即使腕全部损失，也很容易再生。甚至只有一部分中央盘，就可以再生出一新的个体。尤其是带有筛板的那部分，更容易再生。

2. 蛇尾纲

体盘，5 个腕细长，腕与体盘间的界限明显。管足退化，无吸盘。它的筛板位于其口面。代表动物：蛇尾。

3. 海胆纲

身体星球状，生活在石灰质的胆壳内。体表上有许多可活动的刺棘。代表动物：海胆。

4. 海参纲

◎ 延伸阅读
海参的形态结构

海参再生能力很强，当受到不良刺激时，会引起身体强烈收缩，将内脏排出体外并弃掉，损失的部分很快会再生出来。

5. **海百合纲**

这一纲代表动物是海百合。海百合是现存最古老，最原始的棘皮动物。

◎ **延伸阅读**

海百合的形态结构

（二）棘皮动物的加工特性

棘皮动物的加工特性，主要对于活性成分的研究。目前主要集中于海星纲、海参纲和海胆纲。海参纲和海胆纲的一些种类自古即为滋补佳品，常被用来预防和治疗一些疾病。海星基本无食用价值，但其体内含有多种具抗菌、抗肿瘤、降压的活性物质，已分离提取到皂苷、多糖、蛋白、脂肪酸等多种成分，各成分的药效及保健功能也正不断被揭示出来。

第二节　水产品加工原理与方法

一、水产冻结食品

（一）水产品冷冻保藏的原理

鱼、虾、贝、藻等水产品是易腐食品，在常温下放置容易变质腐败。冷冻保藏作为一种传统的保鲜技术，是目前国内外水产品保鲜技术中应用最广泛、保鲜效果最好、安全性最高的保藏技术之一。

（二）水产品冷冻保藏的方法

1. **水产品的冷却贮藏**

水产品捕获后，一般应尽快将其温度降低到冰的融点附近。理论和实践证明：冷却速度越快，效果越好；冷却的最终温度越低，保鲜期也越长。

（1）冰冷却法

冰冷却法是水产品冷却最常用的方法。当冰与水产品接触时，固相的冰融化成液相的水，从水产品吸收大量的热量，水产品温度迅速下降。由于冰的冷却能力大，与水产品接触无害，价格便宜，便于携带，且用冰冷却的水产品表面湿润、有光泽，没有干耗，因此世界各国至今仍将这个传统方法放在极重要的地位。

（2）冷海水冷却法

冷海水冷却法是把水产品放在 -1 ~ 0℃的冷海水中进行冷却。冷海水的供冷方式通常有 2 种：由制冷机单独供冷，或由制冷机和碎冰结合供冷。一般认为，要在短时间内冷却大量海产品，采用制冷机和碎冰结合的供冷方式较为适宜和有效。

（3）微冻法

微冻是将水产品的温度降低至略低于其细胞液的冻结点，并在该温度下保藏的一种保鲜方法，又称为“过冷却”或“部分冻结”。例如，鱼类的微冻温度大多为 -3 ~ -2℃。由于微冻可以使鱼内部分水分形成冰晶，在一定程度上降低了水分活度，从而限制了大部分微生物的活性，所以延长了鱼的保鲜期，大致可保鲜 20 ~ 27 天，比冰保鲜延长 1.5 ~ 2 倍。鱼类的微冻保鲜方法有 3 种：冰盐混合物微冻、冷风微冻和低温盐水微冻。

2. **水产品的冻结贮藏**

冷却或微冻水产品只能做短期贮藏，为了达到长期贮藏的目的，必须对水产品进行冻结，使其温度降到 -18℃以下进行低温贮藏。水产品的冻结方法有吹风冻结法、盐水冻结法和平板冻结法。

（1）吹风冻结法

利用制冷机将冷空气吹向水产品，使其表面的温度达到 –3℃，此时内部温度一般在 –2 ~ –1℃，然后在 –3℃低温保藏，时间可以长达 20 天；缺点是吹风冷却速度慢，均匀性差，容易使水产品表面干燥。

（2）盐水冻结法

盐水冻结法又分为接触式盐水冻结法和非接触式盐水冻结法两种。接触式盐水冻结法采用饱和的氯化钠溶液，非接触式盐水冻结法采用氯化钙溶液。接触式盐水冻结法存在鱼冻结后盐分渗入鱼体，使鱼的味道变咸，以及冻鱼的表面变色、失去光泽的问题；非接触式盐水冻结方法存在与盐水接触的设备的腐蚀问题，因此其使用受到较大的限制。

（3）平板冻结法

平板冻结法是利用平板冻结装置的冻结平板与水产品进行接触传热的一种冻结方法，广泛应用于船上与陆上的水产品冻结。平板冻结机按平板放置的方式，可分为立式和卧式两类。平板冻结法的主要优点是冻结速度快。卧式平板冻结装置的主要缺点是劳动强度大，不能冻结大型的鱼；立式平板冻结装置虽然能减轻劳动强度，但由于散装，鱼体易变形，影响商品外观。近年来，美国和一些欧洲国家已开始使用进冻和出冻自动化的连续式平板冻结装置。

3. 水产冷冻加工新技术

（1）超低温冻结技术

超低温冻结技术是指在较短时间内将食品冻结到 –60℃以下的技术。目前较多采用 –196℃的液氮急冻贵重的食品，以保证食品的高质量。超低温冻结技术包括 –60℃超低温冷冻结和急速冻结。

（2）冷媒冻结技术

冷媒冻结技术是指将液态氨或液态二氧化碳置于水产品上达到快速冻结的目的，或者将水产品直接浸入液化气体中达到快速冻结的目的。

二、水产干制食品

（一）水产品干制加工的原理

水产品原料直接或经过盐渍、预煮后在自然或人工条件下干燥脱水的过程称为水产品干制加工，其制品称为水产干制品。

水产品的腐败变质通常是由微生物作用和生物化学反应造成的。任何微生物进行生长繁殖以及多数生物化学反应都需要以水作为溶剂或介质。干制就是通过对水产品中水分的进行脱除，进而限制微生物活动、酶的活力以及生物化学反应的进行，达到长期保藏的目的。微生物的生存需要一定的水分活度，当微生物所处环境的水分活度降低时，微生物的生长繁殖就会受到抑制，大多数处于休眠状态；当条件适宜以后，微生物会继续生长繁殖。从生化角度看，水分含量降低时，食品内部的酶活性也会降低。当食品中水分含量降低到 1% 以下时，酶活性会完全被钝化。由于酶在湿热条件下易钝化，所以为了减少食品中酶的活性，在干制之前通常会通过化学方法或湿热的方法将酶失活。

（二）水产干制品加工的方法

水产品干制的主要有自然干燥、热风干燥、冷风干燥、真空干燥、冷冻干燥、辐射干燥等。

1. 自然干燥

晒干与风干统称为自然干燥，是利用太阳辐射热和风力对物料进行干燥的一种方法。物料获得来自太阳的辐射能后，其温度随之上升，内部水分因受热而向表面周围介质蒸发，物料表面附近（界面）的空气中水蒸气处于饱和状态，与周围空气形成水蒸气分压差和温度差，于是在自然对流循环中促使食品中的水分不断向空气中蒸发，直到物料的水分含量降低到与空气温度及其相对湿度相适应的平衡水分为止。

2. 人工干燥

（1）热风干燥

一般水产品干燥风温大体 50～60℃范围。干燥器有箱式和隧道式，热风干燥的优点是不受自然气候的影响，可以迅速有效地达到干燥的目的，既能防止干燥过程中细菌的腐败作用，又可减轻脂质的氧化，保持制品的色泽。

（2）冷风干燥

冷风干燥采用低温去湿空气代替热风进行干制，依靠原料与冷风之间水蒸气分压压差进行干燥，即用冷却除湿器除掉空气中的水分，得到的干燥空气通过待干燥的物料带走物料中的水分，以达到干燥的目的。

（3）真空干燥

将食品放入真空干燥机中，抽真空，在水蒸气压力差和温度差的作用下进行干燥的方法。相对于常压干燥，此法具有干燥温度低、脱水速度快、氧化作用小、制品质地好、产品复水后的组织结构与新鲜原料接近等优点。因成本较高，此法适合于贵重海产品的加工。

（4）冷冻干燥

水产品冷冻干燥法有两种：一种是利用天然或人工低温，该法易使物料组织中的水溶性物质和水分流失，制品形成多孔性结构；另一种是真空冷冻干燥，在真空条件下，通过升华除去物料中水分的一种适合热敏物质的干制方法。理想冷冻干制后的物料，其物理、化学和生物性状基本不变。

（5）辐射干燥

辐射干燥法是利用电磁波作为热源使食品脱水的干燥方法。根据使用的电磁波的频率，分为红外线干燥和微波干燥两种。

① 红外线干燥。主要特点是干燥速度快，干燥时间仅为热风干燥的 10%～20%，因此生产效率较高。由于食品表层和内部同时吸收红外线，因而干燥较均匀，干制品质量较好。设备结构较简单，体积较小，成本也较低。

② 微波干燥。微波干燥设备体积小、结构简单、卫生，物料受热均匀，干燥速度快的优点，但能耗较高。

三、腌制水产品

水产品的腌制方法大致可分为干盐渍法、盐水渍法、混合盐渍法等腌制方法。

1. 干盐渍法

干盐渍法又称撒盐法，它是以固体食盐直接撒在水产品物料上，依靠物料自身渗出的水分和食盐形成的食盐溶液而进行盐渍的方法。

2. 盐水渍法

盐水渍法又称湿盐渍法，是将水产品物料浸入预先配制好的食盐水中进行腌制的方法。通常在坛、桶等容器中加入规定浓度的食盐水，并将物料放入浸腌。

3. 混合盐渍法

混合盐渍法是干盐渍法和盐水渍法相结合的腌制法。这种方法的特点是腌渍时水产品物料同时受到干盐和盐溶液的渗透作用，腌渍过程中渗出的水分可以及时溶解表面的干盐，保持盐水的饱和状态，避免盐水被冲淡从而影响盐渍效果。

四、烟熏水产品

烟熏方法大致可分为冷熏法、温熏法、热熏法，另外还有速熏法、液熏法以及电熏法等。

1. 冷熏法

冷熏法的熏干温度一般在30℃以下，熏室温度控制在蛋白质不发生凝固的温度区以下（15～30℃）进行长时间（1～3周）熏干的方法。在气温高的夏季，生产比较困难。为了防止熏制初期的原料变质，通常在前处理时使用较高浓度的食盐，将物料长时间盐制，使盐分含量稍高，再经脱盐，除去过多盐分及可溶性成分，这是一种烟熏与干燥相结合的方法。

2. 温熏法

温熏法是将物料置于添加适量食盐的调味液中短时间浸渍，然后在比较接近热源处，用较高温度（30～80℃）烟熏的方法。制品的水分含量为45%～60%，盐分含量为2.5%～3.0%，不耐贮藏，一般常温下为4～5天，制品肉质柔软，口感好，其风味优于冷熏法，但保藏性略差，欲长时间贮藏时，则要辅以冻藏、罐藏等手段。温熏法熏干温度较高，可常年生产。

3. 热熏法

采用高温（120～140℃）短时间（2～4 h）烟熏处理，蛋白质凝固，制品整体受到蒸煮，是一种可以立即食用的方便食品。热熏时因蛋白质凝固，以致制品表面上很快形成干膜，妨碍了制品内部的水分渗出，延缓了干燥过程，也阻碍了熏烟成分向制品内部渗透。因此，其内渗深度比冷熏浅，色泽较浅。制品水分含量高，贮藏性差，生产后应尽快消费食用。热熏法所用熏材量最大，温度调节困难，操作要求高。

第三节　水产品加工工艺

一、鱼类食品加工

（一）鱼类食品概述

1. 即食制品

即食制品是将原料经调味、烘烤等工序加工而成的熟制品，其营养价值高，味道鲜美，携带方便。例如即食多味烤鱼（以小鱼为原料）、即食五香烤鱼（以低廉的鱼类为原料）、即食烤鱼片（以新鲜或冷冻鱼为原料）、即食烤鱼骨等。

2. 干制品

鱼的干制品按其干燥之前的预处理方法和干燥方法的不同可以分为生干品、煮干品、盐干品、熏干品等。

（1）生干品

生干品又称素干品，是指原料不经盐渍、调味或煮熟处理而直接脱水的制品。利用干燥脱水来抑制细菌繁殖和酶的分解作用。在干燥脱水初期，不宜使用太高的温度，以防止酶的分解，一般以20～40℃为宜。一般的生干品有鳗鱼干、鱼肚、鱼卵、鱼翅等。

（2）盐干品

盐干品是指经过盐渍后脱水、干燥脱水的制品。主要用于不宜进行生干和煮干的大中型鱼类的加工。主要的制品有黄鱼干、鳗鱼干、盐干鳓鱼、盐干带鱼。

（3）煮熟干制品

煮熟干制品是将原料煮熟后再干燥而成的产品。例如熟干沙丁鱼、熟干海蜓鱼（幼小的日本鳀鱼煮熟晒干）等。

（4）熏干品

熏干品中最有名的干松鱼，又叫鲣节，是鲣鱼肉经煮熟、烟熏焙干、霉变加工后成为像木质的硬块干制品；采用冻结后干燥的方法制成。

3. 腌制品

鱼的盐腌制品是利用食盐的渗透作用，使鱼肉的水分和重量发生变化制成的。腌制后不仅便于贮藏和运输，而且改善了鱼肉的口感和风味。常用于腌制加工的鱼类如青鱼、草鱼、大麻哈鱼、鲐鱼、蓝点马鲛、鲱鱼、日本鳀鱼、鳓鱼等。

4. 熏制品

鱼的熏制品是采用山毛榉、青冈栎、白桦、苹果、山核桃等阔叶树的木材为熏材，使之不完全燃烧，周围放上物料熏制而成的。熏制后不仅增强了贮藏性，而且赋予了制品独特的香味。例如鲑鱼、赤眼鳟、鳕鱼、鲱鱼等鱼的熏制品。

5. 鱼糜制品

鱼糜制品是在鱼肉中加入2%～3%的食盐，再添加适当的调味料和淀粉并充分研磨成糊状，使其形成适当形状后加热形成凝胶状制品。例如鱼糕、鱼丸、鱼肉香肠等。

6. 冷冻制品

鱼类的冷冻制品以鱼片、鱼块为主。将鱼的精肉装盘冻结，切成适当的大小，黏附奶油糊状物、面包粉等制成。除此以外，有些鱼类油炸后制成冷冻品。

7. 罐头制品

将鱼类经过制熟、调味后装入罐装容器中，杀菌密封。在常温下可保存较长时间，且食用方便。例如凤尾鱼、铿鱼、鲐鱼、金枪鱼的罐头制品等。

8. 发酵制品

发酵食品是一类色、香、味、体等诸项调和的特殊食品，我国民间制作的发酵鱼类制品主要有鱼露（鱼酱油）。

（二）鱼类食品加工工艺

1. 即食制品加工工艺

随着人们生活水平的提高，市场上出现了大量的即食水产品，其中即食烤鱼种类较多。

（1）即食烤鱼片

工艺流程为：原料（新鲜鱼或冷冻鱼，若冷冻鱼需解冻）→清洗→“三去”处理（去头、皮、内脏）→清洗→剖片→漂洗、沥水→调味→摊片→烘干→揭片（半成品）→回潮→烤熟→二次滚轧→冷却→包装。

操作要点如下：

① 漂洗、沥水。将取好的肉片放在20℃以下的流水中冲洗60 min左右，以去除污物等。漂洗后沥水10～15 min。

② 调味。按照比例将调料放入鱼片中，加水拌匀，使调味料均匀地分布于鱼片表面，并确保在20℃以下渗透1 h左右。

③ 摊片、烘干。将调味鱼片放在紧绷的尼龙架上，放至烘干房烘干，烘干温度控制在36℃～43℃（具体温度根据干燥状态而定），使鱼片水分控制在20%左右为宜。

④ 回潮。一般回潮方式如下：将上述经过烘干后的鱼片迅速蘸取少许水分（或采取喷淋的方式）。让鱼片吸水回潮，回潮温度为20～25℃，回潮时间约为1 h，以表面无水珠为宜。回潮具体

时间根据温度综合考虑，最终水分控制在 24% ~ 25%。

⑤ 烘烤。将含水量为 24% ~ 25% 的回潮鱼片放置在烤炉内，并紧密排列。此阶段为高温烘烤，除熟制鱼片外，还具有杀菌作用，其条件为 240 ~ 250℃、3 min 左右。烘烤后的鱼片表面呈金黄色，有韧性，并有烤鱼片所特有的香气和滋味。

（2）即食烤鱼骨

鱼骨含有对人体有益的微量元素，是补充人体钙质的优良食品。由鱼骨加工成的即食烤鱼骨，不仅可以丰富食品种类，还可以起到保健作用。

工艺流程为：原料验收→清洗、修整→配制卤料→高压卤煮→烘烤→炭烤→蘸料浸涂→低温放置→真空包装→灭菌→检验。

操作要点如下：

① 高压卤煮。可自行设计卤煮料配方或在市场上购买卤煮料，加入适量的水分熬煮，熬制 1 ~ 2 h 为宜。此时，加入鱼骨，注意以没过鱼骨为准。再次加热至沸腾并保持 2 h，然后放入 121℃条件下保持 25 min，此工艺不仅能使鱼骨软化，而且还能充分入味，并兼有灭菌的作用。

② 烘烤。将经过高压煮过的鱼骨取出并沥干水分，放入烤箱中烘烤，先于 80℃烘干水分后再快速升温至 150℃后、烘烤 10 ~ 15 min。此阶段可以使鱼骨充分入味，使鱼骨具有特有的焦香和滋味。

③ 炭烤。将经烘烤的鱼骨进行炭烤处理，木炭熏烤时间为 60 min 左右，注意烘烤均匀，此工序主要是赋予鱼骨以炭烤风味。

④ 低温放置。温度以 4℃为宜。

⑤ 灭菌。采用高压蒸汽灭菌条件为 121℃、30 min。

2. 干制品加工工艺

（1）生干品

工艺流程为：选料→整理→脱水干燥→成品。

操作要点如下：

脱水干燥。为防止温度过高，制品不能直接受日光照射。成品含水量控制在 30%，过分干燥会使原有的风味损失较大。

（2）熏干品

工艺流程为：原料鱼→分切→蒸笼→煮熟→去骨→脱水→整修→熏干→日晒、削修→日晒、生霉→制品。

操作要点如下：

① 分切。把鱼头、内脏及腹部皮肉切去，洗净，切去背鳍。3 kg 以下者纵切成 2 片，称为“包片”；3 kg 以上者切成左右 2 片后，在腹背交界处各切成 2 片，称为“本节”。

② 蒸笼。切好后把鱼肉向下放在笼屉内固定，置水中，蒸熟后鱼肉凝固。新鲜原料鱼肉：80 ~ 85℃、40 ~ 50 min；本节：60 ~ 90 min。如果鱼肉鲜度较差，煮时温度可提高到 90 ~ 95℃，经 20 min 后可略呈沸腾状。

③ 焙干脱水。然后将鱼肉再放在蒸笼内，置于干燥脱水炉上，燃烧橡木、栎木等坚实的木材产生热和烟，约 85℃烘烤 1 h，进行焙干脱水，同时把几只笼屉上下替换以使温度均匀，同时还赋予制品烟熏香味、防止脂肪酸化，以及防止腐败。

④ 日晒、生霉。将熏干后的产品日晒 1 ~ 2 天，装入箱内放 3 ~ 4 天，其表面会吸水软化，修去表面黑褐色的污层，使里层的赤褐色露出。再日晒 2 天，刷去表面灰尘，装箱放两周后。待全部长青霉时取出日晒 1 天，再装箱使生霉，再次日晒，如此反复 4 次，使所生霉颜色从青绿色→灰绿色→淡褐色。制品收得率为原料的 16% ~ 19%。

（3）盐干品

工艺流程为：原料选择→加盐→腌渍→压石→干燥脱水。

操作要点如下：

① 加盐。将盐均匀撒在鱼体表面，并用竹制鱼耙翻拌，用盐量量约为物料重量的 25%。

② 腌渍。物料拌好盐后，将容器或腌制池洗净，底部撒一层 1 cm 厚的盐，放入待腌鱼。一层鱼一层盐，至九成满加封盐。

③ 压石。腌渍鱼经 1 ~ 2 天后铺上一层硬竹片，上压石块，石块重量为鱼重的 15% ~ 20%。以卤水淹没鱼体为准。

④ 干燥脱水。脱水后的样品含水量要 40% 以下。

3. 冷冻制品加工工艺

（1）冻黄鱼和冻带鱼

工艺流程为：原料→挑拣→淋洗→称量装盘→冷冻→脱盘→冷藏→成品。

操作要点如下：

① 淋洗。一般采用喷淋冲洗的方式清洗原料。

② 称量装盘。每盘装鱼 15 ~ 20 kg，加 0.3 ~ 0.5 kg 的水，以弥补冻结过程中鱼体水分挥发而造成的重量损失。

③ 冷冻。冷冻要迅速，鱼体中心温度要求在 14 h 之内降到 –15℃以下。

④ 脱盘。脱盘时不能直接进行，要求用 10 ~ 20℃的清水浸泡鱼盘，目的是使鱼盘和鱼体容易分开，不至于损伤鱼体。

⑤ 冷藏。冻鱼放入 –18℃以下冷库内储存。

（2）冷冻海鳗片

工艺流程为：选料→去头（放血）→洗涤→剖腹（去内脏）→再洗涤→切段→最后洗涤→称重→保护处理→真空包装→冻结→装箱冷藏。

操作要点如下：

① 选料。要求用活海鳗的原料。

② 洗涤。海鳗一般采用浓度为 10 mg/kg 的漂白粉水清洗，并浸泡 30 min，以除去体外污物。

③ 再洗涤。要求在 3 min 以内，用浓度为 7 mg/kg 的漂白粉水冲洗干净，去除内脏残留及杂质。

④ 切段。将海鳗沿椎骨剖开，去掉椎骨、鳍和尾部后，切成约 20 cm 长的小段。

⑤ 最后洗涤。用 5 mg/kg 的漂白粉水清洗，时间控制在 3 min。

⑥ 保护处理。将海鳗片蘸取脂溶性抗氧化剂溶液后，取出沥干，备用。

⑦ 冻结。将真空包装后的海鳗立即速冻，要求在 15 ~ 20 min 使海鳗中心温度降到 –15℃以下。

⑧ 装箱冷藏。通常按 8 块一箱（纸箱）包装，包装后应及时送入冷库贮藏。库温应控制在 –18℃以下。

4. 罐头制品加工工艺

清蒸鱼类罐头

工艺流程为：原料验收→原料处理→预煮→冷却→修整→罐装→排气密封→杀菌冷却→入库。

操作要点如下：

① 预煮、冷却与修整。将处理好的鱼体按料水 1∶1 的比例，投入沸水中预煮 5 min，然后捞出即刻投入冷水中冷却。冷却后在清水中修整，修去鱼腹腔中的残余内膜等污物，再次剔除不合格的鱼体。将修整好的鱼按料水比 1∶1 的比例投入到 4% 的煮沸盐水中进行二次预煮，预煮 10 min 后立即捞出，投入洁净的冷水中冷却。预煮时要及时翻动，以减少变形及粘连。预煮所用食盐水可以连续用 3 次，但每次应补加少量食盐，使盐水浓度为 4%。

② 装罐。经盐水预煮的鱼体即可装罐。一般选用抗硫涂料的860罐型马口铁罐。装箱时注意局部向上，排列整齐，加入的汤汁温度不低于70℃。装罐所用汤汁的配制：精盐1.5%、砂糖0.78%，加热溶解、煮沸过滤后使用。

③ 排气密封。装罐后的罐头可在90℃排气12 min，然后趁热密封并检验封口质量，不合格者马上开罐重装、重封。采用真空封罐时，要求真空度40 kPa。

④ 杀菌冷却。杀菌公式：（15—40—15）min/116℃。即用116℃的高温杀菌，升温时间15 min，杀菌时间40 min，降温时间15 min。杀菌后的罐头急速冷却至40℃左右，随即擦罐入库。

5. 鱼糜制品加工工艺

鱼丸

工艺流程为：原料鱼→去头、去内脏→洗涤→采肉→漂洗→脱水→精滤→冷冻鱼糜→解冻→斩拌或擂溃→成丸→二段式加热（凝胶定型）→冷却→包装→冷藏。

操作要点如下：

① 原料鱼。原料鱼的品种和鲜度对鱼丸品质起决定性作用。为确保鱼丸（特别是水发鱼丸）的良好品质，应选用凝胶形成能力较强、含脂量不太高、白色鱼肉比例较大的鱼种，如海鳗、乌贼、白姑鱼、梅童、鲨鱼等海水鱼以及草鱼、鲢鱼等淡水鱼。

② 斩拌或插溃。此工序是鱼丸生产过程中非常关键的工序，直接影响鱼丸的质量。为了保证鱼丸的质量，减少鱼肉中肌球蛋白变性，要求斩拌或擂溃后鱼糜的温度不超过10℃，因此，在斩拌或擂溃前一般都要预冷到3℃以下。擂溃分三阶段进行：空擂、盐擂和调味擂。先放入半解冻鱼糜空擂2～3 min后，加盐盐擂6～7 min，最后加入淀粉及其他调味料擂溃5～6 min。

③ 成丸。采用鱼丸成型机连续生产，生产数量少时也可用手工成型。

④ 二段式加热（凝胶定型）。将鱼丸放入45℃水浴锅中先加热定型30 min，随后再放入90℃中定型5～10 min。

⑤ 冷却。将定型后的鱼丸立即放入冰水中冷却20 min。

⑥ 冷藏。包装好的鱼丸应在低于5℃以下的冷库或冰箱中保存，数日内用完，否则应冻藏或采用罐藏。

6. 腌制品加工工艺

盐渍酶香鱼

工艺流程为：原料的选择和处理→盐渍操作→腌制发酵→压石→包装。

操作要点如下：

① 盐渍操作。将洗净的原料逐一掀开腮盖，用小木棒向其腹腔内塞盐，但不能捅破腹肉，以免影响发酵。肚盐和鳃盐的用量为鱼重的8%～10%，以在盐渍4天后能全部溶解为度。

② 腌制发酵。腌制前先在腌制池池底或盐渍桶底撒一层厚1 cm的盐，然后将鱼小心地背朝上平斜排入池或桶中，排放时头尾相间压紧，腌制鱼体间要十分紧密，以免成品鳞片松弛，各层鱼体之间应均匀撒上一层隔体盐，用盐量从下而上逐渐增加，装满时应将鱼体全部盖没。

③ 压石。鱼体产生酶香味后，表明其肌肉已经发酵，此后不会再松软，故压石不宜太重，以免鱼体互相黏着。先在鱼层顶上铺一张竹栅板和两块木板，板上压石，压石重量以将鱼层压到卤水水面下3～4 cm为宜，一般为鱼重的8%～10%。压石时间视发酵程度及气温情况来控制，一般为45天。

④ 包装。一般用木箱或竹筐包装，四周和底部先铺上一层竹叶，然后把鱼体排叠放入箱（筐）中，加入3%～5%的隔体盐，装满后盖上竹叶片，加盖，及时销售。

7. 发酵制品加工工艺

鱼露

工艺流程如图13–1。

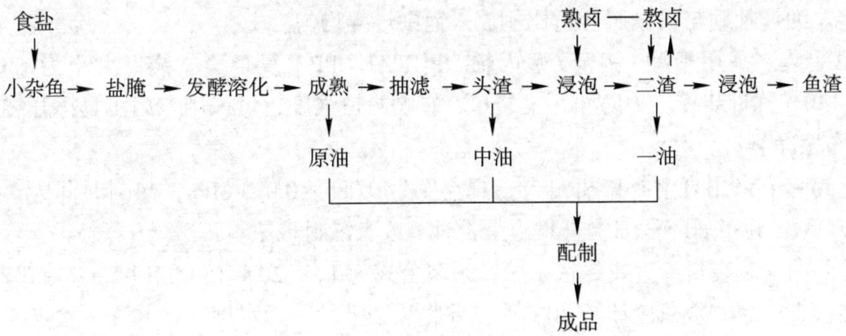

图 13–1　鱼露的传统发酵工艺流程

操作要点如下：

① 原料选择。鱼露的原料一般是经济价值低的小型鱼类，如沙丁鱼、鲭鱼、大眼鲱鱼以及各种混杂在一起的小杂鱼。原料各种成分含量的高低（尤其是蛋白质和酶）对鱼露加工工艺、成品的产量、营养价值、香气及味道有不同程度的影响。原料的新鲜程度也会影响到鱼露质量，因此原料新鲜至关重要。

② 盐腌。盐量为鱼重的 25% ~ 26%，腌制 2 ~ 3 天后，由于食盐渗透作用，渍出卤汁要及时封面压石。腌制过程中要及时把发酵醪表面的油去除。

◎ **延伸阅读**
鱼露传统发酵工艺中盐腌的注意事项

③ 成熟。将腌制成熟的鱼胚醪放入露天的陶缸或发酵池中继续发酵，此过程是露天开放式发酵，又称晒露发酵，发酵过程中要定期搅拌，以促进发酵。在移出下缸时，新旧或不同品种的鱼胚醪要互相搭配混合发酵，以稳定质量、调和风味。鱼胚醪转移时，一般用浓度为 23% ~ 25% 的盐水或渣尾水冲淋。发酵至渣和汁液分开时，开始定期测定汁液的氨基氮含量，当变化微小或不变时，上层汁液澄清发亮、颜色加深、滋味鲜美、香气浓郁，即可过滤取油。

④ 抽滤。发酵成熟后，将上清液抽取出来，即得到原油；在抽取原油以后剩下的渣中加入熟卤浸泡一段时间后，过滤得到的汁液称为中油；重复上述操作而得到的汁液称为一油；将剩下的滤渣加入盐水或腌鱼卤后，通过煮沸、过滤工序后得到的淡黄色、澄清透明的液体，被称为熟卤。滤出汁液若再转入后期发酵，可提高氨基酸含量，使鱼露澄清透明、口味醇厚、风味更为突出，且能经久耐藏。根据不同品种和发酵条件，鱼露后期发酵时间一般在 1 ~ 3 个月之间。充分成熟的鱼露，细菌数极少，不必加热灭菌就可以灌装。

⑤ 配制。将原油、中油、一油按不同比例配比，从而得到不同级别的成品鱼露。

二、贝类食品加工

（一）牡蛎

1. 牡蛎软罐头

工艺要点如下：

① 牡蛎原料处理。去壳取肉，选用新鲜肥满的牡蛎作原料，剥壳取肉。

② 清洗。用流动水充分淘洗去净牡蛎肉中的泥沙、碎壳，淘洗时防止损伤牡蛎肉。

③ 预煮与冷却。将 0.5% 盐水煮沸后将牡蛎肉放入煮 10 ~ 20 min，控制肉的脱水率为 40% ~ 45%，捞起立即放入冷水中冷透并淘洗一次。

④ 挑选与洗涤。冷却后的牡蛎应及时捞起进行挑选，剔除碎壳、杂质，然后再用清水洗涤一次并沥干水分。

⑤ 油炸。将精制植物油加热至 160 ~ 180℃，加入牡蛎肉，油炸时间 2 ~ 3 min，油炸时应轻轻搅动，以免粘连，炸后捞起沥油。注意不要油炸过度，以免色泽太深并带苦味。

⑥ 炒拌。油炸牡蛎与酱按照合适比例放入锅中炒拌均匀。

⑦ 称量装袋。采用聚酯 / 铝箔 / 聚丙烯（PET/AL/CPP）复合蒸煮袋，大小为 130×170 mm，按每袋净重 140 g 称量装袋。为防止污染袋口，影响封口强度，可采用专门工具撑开袋子装袋，必要时须用干布擦净袋口。

⑧ 真空封口。采用真空封口机封口，真空度为 0.085～0.093 MPa，热封时间为 2～3 s，热封温度 170～200℃，封口后应仔细检查封边是否过窄或有漏封现象。

⑨ 高压杀菌。装袋封口后要尽快杀菌，杀菌公式为 10 s–20 s–15 s/110℃，冷水冷却。

⑩ 保温检查产品。杀菌冷却至 40℃后，要将袋子上的冷却水擦干，并逐只检查，拣出不合格的产品，然后抽样，在 37±2℃保温 7 天商业无菌检查，合格后可进行成品包装。

2. 即食牡蛎

工艺流程为：新鲜牡蛎肉→漂洗→烫煮→调味→烘干→装袋→封口→杀菌→成品。

操作要点如下：

① 原料预处理。用清水充分冲洗新鲜牡蛎肉，注意清洗的细节，特别注意将夹藏在肉中的杂质清除。

② 烫煮处理。将牡蛎肉置于沸水中烫煮 1 min，按牡蛎肉与水的比例为 1∶4，水中加入 3%～5% 的食盐及适量生姜，至牡蛎肉漂浮起即可。汤汁澄清过滤后用于调味浸泡液的配制。

③ 烘干。利用热风式烘干机烘干牡蛎，确保烘干后的水含量水平在 40%～50%。

④ 装袋、真空封口。每 80～90 g 装好一袋，并利用真空封口机完成封口，封口时真空度要低于 0.06 MPa，从而为产品检验和进一步的保存提供便利。

⑤ 杀菌。在 100℃沸水中杀菌 30 min。

3. 牡蛎干

牡蛎干的加工方法，其要点是：把新鲜牡蛎肉平铺在竹箔上进行曝晒，一天后稍干便可，用竹片在牡蛎肉闭壳肌前方穿孔，用绳串成一排，每排串 50 个牡蛎肉，再晒 7 天，便成牡蛎干；将滴去水分后的熟牡蛎肉分散铺在竹帘上晒，并及时摘除粘着的牡蛎肉上的余壳，同时将大小不一的牡蛎肉按等级分开，直到牡蛎肉变硬外套膜碰之易破为止。

（二）蛤蜊

即食鲜蛤蜊

工艺流程为：鲜活蛤蜊→原料挑选→暂养→蒸制取肉→清洗整理→清洗沥干→腌制入味→脱水→高温短时杀菌→真空包装密封→二次杀菌→成品。

操作要点如下：

① 蛤蜊原料。原料选取是采收无污染海区的新鲜蛤蜊，拣选剔除原料中杂质、破碎的蛤蜊等。

② 暂养。暂养是将挑选的蛤蜊放入干净的海水中，暂养 12～24 h，以蛤蜊吐出腹中的泥沙为度。

③ 蒸制取肉。蒸制取肉是将暂养的蛤蜊清洗干净，放入蒸锅内，95～100℃，蒸 3～5 min，去壳，取得完整的蛤蜊肉。

④ 清洗沥干。清洗沥干是取出蛤蜊肉后，用 15℃以下冷却自来水冷却后、去杂、清洗、沥干备用。

⑤ 腌制入味。以沥干的蛤蜊肉重量为单位，称重加入调味品，调味品中食盐为蛤蜊肉重量的 1%～4%，糖 2%～6%，味精 0.5%～2%，鲜味剂 0.01%～0.05%，料酒 0.5%～3%，辣椒精油 0.02%～0.06%，混合并搅拌均匀，浸味时间为 30～60 min。

⑥ 脱水。脱水是将入味好的蛤蜊肉，摆在盘上，放入带有抽真空装置的蒸锅内，加热至

95～98℃，时间3～8分钟；打开抽真空装置，真空度50～150 Torr，5～10 min。

⑦ 高温短时杀菌。将脱水后的蛤蜊肉，在125～140℃，烤3～8 min；烤制结束进行真空冷却，打开锅盖，当物料的中心温度达到80～85℃，关闭锅盖，抽真空，最终真空度50～150 Torr，7～12 min。

⑧ 真空包装密封。真空包装密封是将处理好的蛤蜊肉放入包装袋中，每个包装袋中装入8～10 g蛤蜊肉，抽空度50～150 Torr。

⑨ 杀菌。杀菌是通过杀菌机进行，在85～95℃条件下，进行30～40 min杀菌。

（三）扇贝

1. 速冻扇贝串

工艺流程为：鲜活扇贝清洗、蒸煮去壳取肉→初选→水洗去内脏水洗→分级→水洗→穿串→摆盘→速冻→脱盘→镀冰衣→包装→冻藏。

操作要点如下：

① 原料收购。采收鲜活扇贝，用清洁海水冲洗干净，除去泥污等杂质，尽快运送到加工厂的理鱼间，再用清洁海水或自来水冲洗，减少细菌污染的机会。

② 蒸煮去壳去内脏。扇贝清洗后装入笼中进蒸煮锅用蒸汽蒸煮。蒸至锅中水沸腾并保持数分钟，见贝壳微张开即可。用刀沿微张开的贝壳内侧各划一刀取出贝肉，连同内脏一起送初选，除去劣变贝肉和杂质。将合格贝肉用镊子仔细摘除内脏及杂质，并保留附肌，边去内脏边在盘中清洗，然后送下道工序。

③ 分级清洗。按每磅粒数的多少来分级。如出口日本国的规格（用于贝肉串）分为：少于100粒/磅；101～150粒/磅；201～250粒/磅；251～300粒/磅；301～350粒/磅。分级后用三连桶水洗并沥水备用。

④ 穿串摆盘。用竹签把贝肉由小到大地穿成串，每串的贝肉个数有3个和5个两种。每串重量要符合规定要求。在消过毒的铁盘上先铺一层干净无毒塑料布，然后把肉串整齐地排放在上面，要求串与串之间不相连并呈单体状态，盘底塑料布尺寸要大于铁盘。如在单体速冻机上速冻，则摆盘这一工序则省去。

⑤ 速冻冻藏。摆好盘的串要立即送冻结间或速冻机上速冻，冻结条件为-30℃下冻至贝肉中心温度达-25℃，冻完后脱盘并立即镀冰衣，然后装袋、装箱，在低于-20℃的条件下冻藏。

2. 干贝

将新鲜扇贝洗净后投入沸腾的水中，煮熟至贝壳张开，立即取出使其冷却，然后割下闭壳肌；割下的闭壳肌浸泡在冷水中漂洗，并剥除其表面附着的薄膜，沥水；然后放入3～4倍3%盐水煮制2～3 min，待其收缩即取出，用3%的盐水沉去污沫，沥干；放在烘箱中，烘干再进行晒干，水分控制在11%以下。

3. 冷冻生扇贝柱

工艺流程为：选料→水洗→开壳剥肉→去内脏及外套膜→杀菌→沥水→洗肉→分级→杀菌→洗涤→摆盘→冻结→脱盘→镀冰衣→称量→包装→成品→冷藏。

操作要点如下：

① 水洗采收的鲜活扇贝。在岸边利用清洁海水将其冲洗干净，除去其泥污等杂质。然后运到剥肉车间，再用清洁海水或淡水冲洗。

② 剥肉。剥肉时刀从足丝孔伸入，紧贴右壳把闭壳肌切断翻转，摘掉右壳，用刀挑起外套膜和内脏，并用手捏住从闭壳肌上撕下，然后将附着在左壳上的闭壳肌切下。刀口要平滑，不允许闭壳肌切成两半而影响形态的完整性。

③ 杀菌。将剥出的扇贝肉回收后装入箱或笼子里进行杀菌处理，并不断搅拌使杀菌液与扇贝

肉充分接触。杀菌液表面要尽量布满碎冰以控制杀菌液的温度。当杀菌液混浊到看不清容器底时须更换，以保证杀菌效果。

④ 洗肉。将杀菌沥水后的贝肉立即送至洗肉工序操作台，不允许把装贝肉的箱直接放在地上。先用冰盐水初洗，边洗边用镊子摘除闭壳肌上残留的外套膜、内脏及黑线等，然后用清水冲洗干净，沥水后进入分级工序。

⑤ 冻结、镀冰衣。在清洗消毒的铁盘上铺一层干净无毒的塑料薄膜（尺寸大小要超过铁盘），把贝肉散放在上面，不相连呈单体状。速冻要求在 -28℃条件下，贝肉中心温度达 -25℃（如用流态化单体速冻装置则效果更好），冻结完毕即将贝肉放入杀菌消毒液或清洁冷水中瞬间浸渍镀冰衣。

⑥ 包装、冷藏。将单冻贝肉称量后用聚乙烯袋包装，并加热封口，检封合格的成品送冷库中冷藏。

4. 即食扇贝

工艺流程为：带壳的新鲜扇贝→去壳、去边、去内脏→扇贝柱→清洗→漂烫→入味→高温短时杀菌、真空冷却→真空包装→杀菌→即食扇贝。

操作要点如下：

① 新鲜扇贝的预处理。将带壳的新鲜扇贝去壳、去边、去内脏，得扇贝柱。采用沸水漂烫扇贝，有效去除黏附在贝壳表面的杂质，同时使外围菌体失活。

② 入味。以扇贝柱重量为基准，称重加入相应的调味料，其中食盐为扇贝柱重量 1.5%、糖 4%、味精 1.5%、鲜味剂 0.03%、料酒 1.5%、异维生素 C 钠 0.15%，倒入混合机进行混合，搅拌均匀，入味时间为 30 min，每 5 min 搅拌 1 次。

③ 高温短时杀菌、真空冷却。将入味后的扇贝柱放入烹饪锅，125～135℃烤 5～15 min；烤制结束，打开锅盖，当贝柱的中心温度达到 80～85℃，锅盖，抽真空，最终真空度 7～20 kPa，真空冷却 8～15 min；使物料的温度尽快降到 40℃以下出锅。

三、甲壳类食品加工

传统热加工技术是指蒸煮、烘烤、高温油炸等，还有一些新型热加工技术，如微波、真空油炸、远红外加热等，其中微波加热已广泛应用。非热加工技术主要有超高压（UHP）、高密度 CO_2（DPCD）、高压脉冲电场（PEF）、紫外照射（UV）、辐照、超声波等，它们通过杀死常见的致病菌和腐败菌，钝化多酚氧化酶（PPO）的活性等提高其货架期。虾蟹的加工工艺主要包括冷冻、罐头、发酵、干制等。

1. 冷冻即食

冷冻加工是目前食品工业中应用作为广泛的一项技术，它能够抑制食品中微生物的生长繁殖，降低酶促反应效率以及各种生化反应。虾蟹冷冻加工主要与原料种类、预处理方式、冻结方式、冻藏温度等有关。

2. 罐头加工

虾蟹类罐头也是虾蟹加工的一大类，罐头食品保藏期长且便于运输，其制作工艺主要包括原料挑选及处理、蒸煮、装罐、排气封罐、杀菌冷却等。

3. 发酵工艺

虾蟹酱是以小型鲜虾蟹为原料，加盐自然发酵后并经磨细呈黏稠酱状的制品。

4. 干制

虾干通常选用长度 2 cm 之下的小虾为原料，经盐水煮熟后晒干制成。

四、头足类食品加工

（一）鱿鱼食品加工技术

鱿鱼肉质细嫩，干制品称“鱿鱼干”，肉质佳、营养丰富，在国内外海味市场享有盛名。在我国，被开发利用的头足类主要有15种左右，鱿鱼制品可分为鱿鱼冻品、鱿鱼干制品、休闲食品等，主要分销国内和出口，出口比例较高，约占70%。

1. 冷冻鱿鱼加工工艺

冷冻鱿鱼加工即是对新鲜鱿鱼进行冷冻处理，方法简单易操作，适用于大批量新鲜鱿鱼加工处理，且保证了鱿鱼的营养价值，提高鱿鱼的经济价值；同时冷冻鱿鱼可直接作为食材，烹饪美味菜肴，也可再加工成系列产品。

（1）冷冻鱿鱼制品

冷冻鱿鱼制品是不加任何添加剂或配料，原料经清洗后，进行切片、切条等处理，从原先整体冷冻鱿鱼胴体形式进一步开发成方便消费者食用的冷冻鱿鱼制品，如冷冻鱿鱼条、冷冻鱿鱼片等，避免了冻块销售时导致的汁液流失、鲜度降低、再贮藏难等问题，受到了广大消费者的青睐。其加工工艺流程如下：原料→清洗→去内脏、去皮→样式处理→速冻→封口→装箱贮藏。

◎ **延伸阅读**
传统的鱿鱼干加工法与现代机械烘干法的区别

（2）冷冻调味鱿鱼制品

鱿鱼经原料处理、裹粉或调味、冷冻等加工工艺制成的冷冻调味鱿鱼制品。其加工工艺流程如下：原料→清洗→去内脏、去皮→成型处理→调味→速冻→封口→包装贮藏。

2. 鱿鱼制品

采用不同的加工工艺、调味处理及贮藏销售方式，开发了一系列的鱿鱼制品，有鱿鱼干、鱿鱼丝、熏鱿鱼、鱿鱼休闲食品、鱿鱼罐头、鱿鱼糜等产品。目前，除了鱿鱼丝等干制品加工较为成功外，其他形成规模生产的精深加工产品较少。

（1）鱿鱼干

鱿鱼干的加工方法包括传统的自然晒干法和现代机械烘干法，鱿鱼加工企业目前主要以传统加工法为主，机械烘干法为辅。其加工工艺流程如下：原料→清洗→去内脏→干燥→封口→包装贮藏。

（2）熏鱿鱼

烟熏鱿鱼制品是继鱿鱼丝的另一广受消费者欢迎的休闲水产食品，由于其独特风味、食用方便等优势，越来越多的水产企业已生产加工烟熏鱿鱼制品。烟熏鱿鱼圈是鱿鱼烟熏加工主要产品，其搭配调料及切圈大小是影响产品品质关键因素之一。烟熏鱿鱼圈的加工工艺流程如下：原料→解冻→去头、去耳、去内脏→清洗→脱皮→蒸煮→冷却、清洗→调味渗透→烟熏、干燥→切圈→调味渗透→干燥→分级→金检→称量、包装→冷藏。

（3）鱿鱼调味干制品

调味鱿鱼干制品是鱿鱼干制品最具有开发前景的领域之一，其中以鱿鱼丝为主要代表产品。鱿鱼丝是20世纪90年代风靡全国的休闲水产食品，由于味道鲜美、食用方便、贮藏要求低、受到了消费者的欢迎。其加工工艺流程为：原料→解冻→清洗→水煮→一次调味→渗透→干燥→半成品→回潮→焙烤→延压→拉丝→二次调味→干燥→成品。

（4）鱿鱼软包装食品

鱿鱼软罐头加工工艺流程如下：原料→预处理→调味→烘干→真空封口→灭菌→冷却→保温→成品。 鱿鱼软包装食品除了鱿鱼胴体之外，还开发了鱿鱼嘴、鱿鱼头、鱿鱼脖等口味鲜美的系列鱿鱼食品。

3. **副产物的综合利用**

鱿鱼加工副产物，如鱿鱼皮、内脏、卵、墨囊、软骨及废汁液。这些副产物含丰富的活性成分，如胶原蛋白、β- 甲壳素、硫酸多糖、磷脂型 DHA 及鱿鱼黑色素等。

◎ **延伸阅读**

鱿鱼副产物的实际应用

鱿鱼内脏占体重的 15%，其中蛋白质含量为 21.24%，脂肪占 21.15%，营养丰富。经初级加工成鱿溶浆、内脏粉等作为鱼虾饲料，也可采用酶解发酵等方法制作天然调味品。

鱿鱼皮约占鱿鱼质量的 10%，其中胶原蛋白含量丰富，制备成本低，有低抗原性、低过敏性等优点。鱿鱼皮胶原蛋白提取技术常采用酸提取法、酶提取法或酸酶结合提取法。

鱿鱼墨汁含有丰富的活性物质如黑色素、多糖类、肽类物质等，可用于食品色素和功能活性成分提取资源。

鱿鱼眼含有较多的玻璃体，可以作为透明质酸的提取资源。

鱿鱼软骨主要成分是硫酸软骨素和胶原蛋白。

（二）乌贼食品加工技术

乌贼除鲜销外，可加工冻品罐头、鱼糜制品，其干制品是我国的传统特产。

乌贼经加工取得可食部分，剩余的内脏、皮、墨汁等加工废弃物占乌贼总比例 35% 以上。乌贼的内脏可以榨制内脏油。乌贼皮主要用于提取明胶和制备生物膜。乌贼墨是乌贼加工过程中的副产物，其主要化学成分为黑色素和蛋白多糖复合体。乌贼骨，含有大量甲壳素，又名几丁质。乌贼眼含有较多的玻璃体，可作为透明质酸的良好来源。

五、藻类食品加工

（一）海藻食品加工工艺

1. **海藻干制品加工工艺**

（1）海带干制品

工艺流程为：海带→收割→清洗→晒菜→缓潮→理菜→分级→复晒→称量→包装→验质收购。

操作要点如下：

① 海带收割。根据海带成熟和天气情况，决定收割期。

② 清洗。海带收割时必须先在海区荡洗一次，除去杂质，黏附杂质严重的另外存放，要在岸边洗净。收割洗净后的海带运至晒场或腌制场所，要尽量避免叶体触地黏附泥沙，若已附着泥砂，必须洗净。清洗过程中用滚筒或软刷清洗，不破坏海带表皮。

③ 晒菜。晴天随收随晒，当天晒干。晾晒过程将海带进行搭架挂晒或在石头堆上铺晒，避免沙土上晾晒，保持通风良好，晒时将叶体平铺，不要重叠，2 ~ 3 h 翻动一次，使干燥均匀，尽量当日次晒干晒透。

④ 缓潮。晒干后的海带，应入库整形、堆垛缓潮，存放置干燥室内 7 天，避光自然干燥，经过 7 天，缓潮过程结束，海带内部的水分均匀透向外部并被干燥，叶体具有特殊海带鲜味，外观色泽浓褐，有光泽。

⑤ 理菜。理菜必须在叶体缓潮后进行，这样易于清除杂质，同时避免叶体折断破碎。除杂方法：采用把海带逐一平放在已备的木板或石板上，手执棕丝或刷子将叶体刷干净。

⑥ 分级。理好的海带，根据等级规格质量标准进行分级。要随理随分。按等级每 10 ~ 12 棵用同级海带在叶基部扎成一小只，以备复晒。

（2）裙带菜干制品

工艺流程为：收获、选菜→过沸水→冷却→沥水拌盐→脱盐→缓冲液浸渍→脱水干燥→压缩成品。

操作要点如下：

① 裙带菜收获。可视裙带菜藻体的生长情况，采用整收割或间割收割，平衡掌握，一绳比较整齐的裙带菜采取整绳收，而大小不一，符合继续挂养条件的可收大留小。此外，对于色泽不好的裙带菜，应实行专门培育后再采收。

② 过沸水。用含氧化钙或氢氧化钙的热水（或海水）浸烫新鲜裙带菜，浸烫液必须用食用级的氧化钙或氢氧化钙，pH 应保持在 6.0 ~ 9.0。

③ 冷却、沥水拌盐、脱盐。将浸烫后的裙带菜取出冷却，沥去多余的水分，拌入食盐，即制成不易腐败变质的盐藏品，再用淡水或海水脱盐。

④ 缓冲液浸渍。脱盐后的裙带菜放入用磷酸钠和乙酸配制的缓冲溶液中浸渍 20 min 以上，其中磷酸钠浓度 0.5% ~ 3.0%，乙酸水溶液浓度 0.05% ~ 0.30%，pH 应保持在 8.0 ~ 9.0。

⑤ 脱水干燥。缓冲液浸渍后的裙带菜进行脱水干燥，即得到干品。由于含水量大，干燥时间长，可采用热风干燥，也可以在阴凉通风处干燥，干燥后的藻体含水量为 5% ~ 20%。

⑥ 压缩成品、入库保存。干燥的裙带菜按一定形状压制成压缩品，入库保存，库温不得超过 10℃。

（3）紫菜干制品

工艺流程为：采摘→冲洗→调和→脱水→干燥→剥离→入火→分选→包装。

操作要点如下：

① 冲洗。摘采的原料藻，先用海水充分洗涤，最好用蓄冷剂将原藻于 5℃下保存，运至加工工厂。

② 洗净。运至加工厂的紫菜原料经机械细切后，用淡水清洗干净。原藻水分含量约为 88%，经细切、洗净后约为 95%。

③ 调和、抄贴、脱水。洗净的紫菜在抄制机中连水翻抄调和，定量灌注于框形网筛上，再将网筛上的紫菜压实，水自筛孔流出，完成脱水过程。在加工过程中，切洗、抄贴需大量的淡水（大约为干紫菜 100 片用水 100 L），为防止水溶性色素和呈味物质的流失，要在低温短时间内进行。

④ 干燥、剥离。干燥是用干燥机经 30℃、2 ~ 2.5 h 进行的。干燥过程中紫菜的水分变化由抄贴时的 95% 减少到干燥后的 13.7%。干燥后的紫菜，呈片状从紫菜筛上取下。原藻抄贴到筛网上质量约为每张 25 g，经干燥终了剥离下来的干制品约为 3 g。

⑤ 入火。经以上初次干燥的紫菜，其水分含量约为 13%，在该含水量情况下，制品的品质会迅速劣变，所以在产品生产后的 1 ~ 2 个月内，还要进行称之为“入火”的第二次干燥工序。这时将紫菜的折痕伸展开，压平，然后将紫菜放入供箱内，将紫菜水分烘至 3.5% ~ 5.0%。

⑥ 分选、包装。干燥后的紫菜按质量情况进行分选、包装。为了防止色素、香气成分、脂肪、腥味成分的变质，多采用低温保藏、充氮包装、装入脱氧剂等方法。

成品质量标准：感官指标：片状，色泽明亮，无可见杂物；理化指标：铅≤3 mg/kg，砷≤2 mg/kg，汞≤0.3 mg/kg；卫生指标：细菌总数≤5 000 个 /g，大肠杆菌≤ 30 个 /100 g，致病菌不得检出。

2. 海藻盐制品加工工艺

盐渍裙带菜

工艺流程为：原料收割→原料处理→漂洗沥水→漂烫冷却→二次冷却→沥水拌盐盐渍→脱水→去茎→二次脱水→脱盐→选择修正→装袋→成品

操作要点如下：

① 原料收割。在海上收割裙带菜以后，用罩布遮盖，防止阳光直射，上岸后立即运回工作车间。

② 原料处理。把裙带菜运回车间后，迅速切去根部，用洁净海水漂洗，冲去泥沙杂质，然后沥水。

③ 漂烫。漂烫时要严格控制温度在 90～95℃，时间一般为 27～34 s，具体视裙带菜的状态而定。

3. 海藻调味品加工工艺

（1）调味裙带菜

挑选优质裙带菜，洗净余烫后浸泡淡水中脱盐，重复多次，沥干水分后加入酱油、砂糖等进行调味，最后于 70～90℃进行二次干燥得到成品。

（2）紫菜酱

原料选择鲜亮、无霉、厚薄均一的优质紫菜清洗备用。将洗净的紫菜进行高温蒸煮，软化组织。将蒸煮软化的紫菜匀浆后进行调味，最后杀菌罐装。

（3）海带花生酱

优质新鲜海带洗净切碎打浆，采用酵母发酵法进行脱腥，发酵结束后与花生酱按 1∶2 比例混合均匀后煮浆冲浆，最后分装定型得到成品。

（二）海藻多糖加工工艺

1. 琼胶的加工工艺

工艺流程为：琼胶原藻→预处理→漂白→加热提取→过滤→滤液→凝胶→脱水→干燥→琼胶。

操作要点如下：

① 预处理。根据原料的种类选择不同的预处理方法，预处理的方法决定了琼胶的化学性质，以石花菜为原料只需除去杂物即可：以江蓠、紫菜为原料，则需用一定浓度的碱液处理，以提高琼胶凝胶强度。碱处理可使分子中的 L- 半乳糖 -6- 硫酸酯脱去硫酸基，转变为 3,6- 内醚 - 半乳糖，善其性质，提高产品凝胶强度。同时，碱处理还可以破坏原料中的一部分色素和蛋白质。

② 漂白。碱洗后的海藻，要进行酸处理和漂白处理。酸处理是为了破坏细胞壁软化海藻，便于藻胶溶出。漂白和酸处理同时进行。常用的酸有盐酸或硫酸：漂白剂普遍使用的是次氯酸钠。漂白后的海藻要用水反复浸洗至中性。

③ 提胶。提胶可在开口锅或压力锅中进行，把已洗好的藻体投入带有蒸汽夹层的不锈钢锅、搪瓷锅或压力锅中，加入适量的水，加水量以使提取的琼胶液为 1% 左右的溶液为宜。热提取时间，以使原料煮成粥状为宜，若用压力锅提取，压力宜保持在 1 kg/cm^2。

④ 过滤。琼胶提取过程中，胶液与许多杂质及藻渣混在一起，必须经过过滤分离得到琼胶，需添加助滤剂珍珠岩。

⑤ 凝胶。过滤后的热琼胶溶液，必须经过冷却凝胶后才可得到琼胶。

⑥ 脱水：凝胶后的琼胶中含有 98% 左右的水分，采用最经济的方法脱去水分是最关键的问题。实用的方法有：冻融脱水法、压力脱水法两种。

冻融脱水法是利用琼胶不溶于冷水及水溶性杂质大量溶于冷水中的特性，以除去绝大部分含于凝胶中的水和绝大多数水溶性杂质。

压力脱水法脱水效率高、耗能少、产品质量高，是目前最普遍的脱水方法，如板框挤压法。

⑦ 干燥。一般可采用太阳晒干、热风烘干等方式进行干燥。太阳晒干，设备简单，无须耗能，成本低，而且阳光具有脱色、漂白作用，产品的光泽较好。

⑧ 粉碎。对干燥后的琼胶用粉碎机进行粉碎，粉碎后的琼胶粉应经 60～80 目过筛。

2. 卡拉胶的加工工艺

工艺流程为：麒麟菜→碱处理→水洗→熬胶→凝冻→切条→冻结→脱水→干燥→粉碎→成品。

操作要点如下：

① 原料处理。将晒干的麒麟菜先用水洗，以除去其中的砂石、盐分及其他杂物。

② 碱处理。将洗净的麒麟菜浸润在浓度为5%的氢氧化钠溶液中，加热至90℃保温1 h，再用水反复洗涤，直至其为中性时为止。

③ 熬胶。将经碱液处理过的麒麟菜投入夹层锅中，加入为干原料量50倍的水，加热至90℃保温1 h。胶液的pH应在6.5～7.0。

④ 过滤。趁热将上述胶液过滤，除去其中的残渣。

⑤ 凝冻。在上述澄清的胶液中加入适量的凝固剂，充分搅拌均匀后静置，待胶液自然冷却后，胶液即成胶冻状态。

⑥ 切片、冻结。用专用刀具将胶冻块切成细条，放入铁盘内或布袋中，置于10～15℃的冷库中冻结48～72 h，使之冻透为止。

⑦ 脱水、干燥。将冻结成块的胶冻取出解冻，采用自然解冻或用自来水冲洗解冻，解冻后的胶冻条再经压榨除去其中的水分。再用日光或人工烘干的方法，除去多余水分。人工烘干应在70℃以下的热风中干燥。

⑧ 粉碎。将干燥好的胶条粉碎，过筛。

3. 海藻活性多糖的加工工艺

工艺流程为：海藻→水洗→干燥→粉碎→甲醇脱色→热水抽提→脱蛋白→乙醇沉淀→冻干。

操作要点如下：

① 粗提。新鲜海藻洗净后，置于烘箱中50℃烘干至恒重，之后用粉碎机粉碎，过60～200目筛网。藻粉加入适量甲醇反复浸泡清洗，去除色素物质和醇溶性杂质，经热水抽提或碱液冷抽提（可采用微波辅助提取），取上清液浓缩，一定终浓度（多为75%）乙醇醇析沉淀后离心、冷冻干燥获得海藻粗多糖。海藻中如紫菜、红毛藻等蛋白质占细胞干重较大，因此，提取海藻多糖关键是有效地去除蛋白质。目前，去蛋白的方法主要有Sevage法、泡沫分离技术、三氯乙酸（TCA）法、加热浓缩法、酶法等。

◎ 延伸阅读
Sevage法去除蛋白质

② 纯化。通过热水抽提－乙醇沉淀法提取得到的海藻粗多糖可能含有多个混合糖组分及小分子杂质，需进一步分级纯化才能得到多糖单一纯品，一般以柱层析后观察到单一狭窄的峰作为纯度鉴定的标准，常用的纯化方法有离子交换纤维素柱层析和凝胶过滤柱层析。

六、棘皮动物食品加工

（一）海参

干海参主要包括盐干海参和淡干海参。盐干海参是在鲜活海参煮制之后，加盐促进海参脱水，然后加入草木灰进行晾晒脱水。由于烘干设备的出现和发展，可通过低温烘干代替拌灰脱水来制备盐干海参。脱盐干海参是将盐渍海参在沸水中脱盐后进行低温干燥所得。淡干海参是将鲜活海参洗净，去牙质、内脏及腹内沙质，用海水煮制后，经低温干燥而得。近几年市场上出现了一种新的干海参—纯淡干海参，其采用淡水煮制且无须加盐，经低温干燥即可获得。

盐渍海参是我国加工海参的传统方法，通过盐渍的方式来抑制微生物的生长繁殖，以达到长期保存海参的目的。盐渍海参大致分3种：精品盐渍海参、泡水盐渍海参和半干盐渍海参。

冻干海参是将盐渍海参或干海参煮制至可食用状态后，采用真空冷冻干燥技术进行冻干。冻干海参在运输过程中易破碎，且食用前复水时间久，目前市场中鲜有出售；而免煮速发海参的出现恰好成为了冻干海参的良好替代品。免煮速发海参是在鲜活海参熟化后，经冷风干燥加工而成的一种产品，其加工成本低，不易破碎，且食用时无须煮制，只需在保温杯中加入沸水泡发8～12 h即可。

即食海参按原料进行分类一般可分两种：一种是将鲜活海参清洗、煮制好后进行高压处理并进行速冻，然后杀菌包装所得；另一种是将干制海参或盐渍海参进行发制后包装所得，是海参的深加工产品。即食海参的保存条件要求较高，保存期较短。

（二）海胆

1. 海胆酱

工艺流程为：原料→切开→去内脏→盐水冲洗→挖取生殖腺→漂洗控水→称重→加盐脱水→加酒精调味→拌匀→密封→包装→成品。

操作要点如下：成品包装；经过 3 ~ 6 个月的密封贮存，海胆生殖腺开始发酵、成熟，蛋白质分解为呈味的氨基酸，此时即可包装。包装中应注意剔除杂质，准确称量后装入塑料袋中，并注意各批产品的盐分、水分的调配和卫生条件。

2. 盐渍海胆

工艺流程为：原料→开壳→去内脏→取生殖腺→盐水漂洗→控水→称重→浓盐水浸泡→沥水→盐渍→称重→包装→成品。

操作要点如下：成品包装；盐渍后的海胆，定量称重，10 kg/ 箱，外包装箱用无味木箱，内衬两层无毒聚乙烯袋，袋口扎紧，排除袋内空气。销售前，把加工好的盐渍海胆放在 −18℃的冷库内贮存。如贮存期超过 6 个月后，要重新进行检验，合格的产品方可外运销售。在冷库内贮存时，勿与鱼、肉等产品混放，以免染上异味。

3. 冰鲜海胆

工艺流程为：原料→开壳→去内脏→盐水漂洗→明矾水浸泡→控水→摆盒→包装→成品。

操作要点如下：

① 摆盒。将海胆生殖腺整齐摆放在盒内，融化的生殖腺不得放入，呈褐色、褐黄色的生殖腺也不能放入。每个小盒约分装 30 ~ 35 g，每 10 盒扎成一叠；中型盒装 120 g，每 8 盒扎成一叠。

② 包装。将盛放海胆的小盒放在聚苯乙烯泡沫箱内。为防止箱内小盒翻倒，箱内应用食品级纸张等柔软材料填充。包装箱内要加化学冰或冰块降温。如果加入的是冰块，应用双层聚乙烯袋包住，防止冰块融化而污染海胆。

③ 贮存和运输。包装后要在 24 h 内运到销售地。在运输前的一段时间内，要放在 0 ~ 5℃的冷库内保存，贮存时间不宜超过 24 h。

④ 注意事项。应用不锈钢及无毒塑料制品的器具；生产用水、海水需经杀菌；气温超过 25℃时，操作间应降温；地面应经常用水冲洗，早、中、晚各用次氯酸钠溶液消毒 1 次，工器具、手套等每天消毒 1 次；海胆壳等杂物堆放在车间 50 m 以外的场所，下水道等处经常用消毒水冲洗；操作场所应符合卫生标准。

4. 酒精海胆

工艺流程为：原料→开壳→去内脏→盐水漂洗→控水称重→加盐脱水→称重→加酒精→称重→包装→成品。

贮存期：酒精制品的有效保质期取决于其盐分、酒精含量及水分，对于按近几年来低盐工艺加工的含盐 100%、酒精 70%、水分 50% 的低盐制品，低温下的贮存期不超过 3 ~ 5 个月。

5. 蒸海胆卵

用蒸气将洗净的海胆生殖腺蒸 30 min（或高压蒸气蒸 15 min），脱去 20% ~ 30% 的水分，进行低温包装。蒸海胆卵可保持其原有风味，但必须低温贮存，贮存时间不宜过久。

6. 烘烤海胆卵

将洗净并沥去水分的海胆卵放入 190℃烘箱中烘烤 50 min，脱去 40% 以上的水分，包装销售。

7. **速冻海胆卵**

将洗净并沥去水分的海胆生殖腺，摆放于商品盒内，经 -17℃低温速冻而成。

8. **海胆饮料**

用新鲜海胆生殖腺或冰鲜海胆与饮料液配制。海胆生殖腺与饮料液的配比为海胆生殖腺 5 ~ 500 g、饮料液 1 000 g。本饮料具有海胆生殖腺独特的鲜香风味，口感好，营养丰富。

（三）海星

海星煮熟后成为淡黄色小米穗状，蘸以酱油十分香鲜，但有麻辣感，将生海星置稀碱中浸泡 1 ~ 2 h，则麻辣消除。蒸熟后的海星黄具有悦目的橙黄色，呈小米状，香气特浓，口感嫩松而不散不韧，滋味很鲜。海胆罐头曾外销日本而大受欢迎，海星黄制成的汤与海胆黄汤相比鲜度不相上下，而香气则海星黄尤高于海胆，海星黄鲜美程度高于海胆黄，其蛋白质、脂肪含量也高，尤其是资源量与可食部分远多于海胆。

◎ **延伸阅读**
海星的形态特征

工艺流程为：海星→清洗→冷冻→分割→海星黄→脱毒→装罐→调味→预封→杀菌→冷却→包装→成品。

操作要点如下：

① 原料处理。海星取自黄海，清除泥沙等杂质，用干净海水冲洗 2 ~ 3 遍，仔细去除表面及杂质，冷冻备用。

② 脱毒。海星的体壁、胃、消化腺、生殖腺、皮层皆含有毒物质——皂苷，人食用后会呕吐、头晕甚至昏迷不醒；牲畜食后有死亡之例，可通过淡碱脱毒操作除去。

◎ **延伸阅读**
海星生殖腺所含毒素

③ 调味。脱毒后的海星经过调味料液中搅匀，装瓶。各种调料的比例为：油 1.0%，糖 5.0%，盐 3.0%，味精 1.0%，料酒 1.0%，胶 0.5%，梨酸钾 0.1%。

④ 装罐杀菌。调味后的海星装瓶上盖，不要旋紧，在排气箱中 100℃排气 15 min 后取出旋紧罐盖，而后进杀菌锅在 105℃杀菌 10 min，取出后迅速用 70℃、40℃水分段冷却至室温。严格控制反压，杀菌时升温、降温要平稳。

⑤ 保温检验。罐头食品如因杀菌不充分或其他原因有微生物残存时，一遇到适宜的温度就会生长繁殖而使罐头食品变质，而大多数腐败菌会产生气体而使罐头膨胀。根据这个原理，用保温贮藏的方法给微生物创造生长繁殖的最适温度，放置到微生物生长繁殖所需要的足够时间，观察罐头是否膨胀，以鉴别罐头质量是否可靠，杀菌是否充分，这就是罐头的保温检验。水产类罐头采用 37 ± 2℃保温 7 昼夜的检验法，要求保温室上下四周的温度均匀一致。37℃恒温保藏 7 天，没发现胖罐或鼓盖现象，说明杀菌完全，可以保证罐头在常温保质期内的质量。

⑥ 罐头检验结果。商业无菌。

七、水产品加工副产物综合利用

随着各种水产品加工业的迅速发展，水产品加工副产物的产生量激增。因此，如何有效利用各种水产品加工副产物，实现资源利用的最大化，减少资源浪费和环境污染越来越受到人们的关注。目前，对水产品加工副产物进行利用主要体现在：

① 对蛋白质的利用。蛋白质的利用有浓缩鱼蛋白、鱼粉、水产胶原蛋白的制备、水产蛋白水解物的制备。其中，鱼粉生产是开发利用低值鱼蛋白的主要手段。

② 鱼油的提取。可以利用水产品加工副产物提取富含多不饱和脂肪酸的鱼油，用于开发鱼油保健品、功能食品和饲料级用。

③ 钙的提取和利用。钙的提取和利用主要有骨粉、骨糊、骨类保健食品、利用贝壳中的钙、食品级磷酸氢钙的制备等。

④ 生产调味料。我国常见的水产调味料包括鱼露、虾油、蚝油等传统水产调味料和化学鱼酱

油、虾头汁、虾味素、黑虾油等利用化学或生物技术开发的新产品。

开放讨论题

你认为随着居民食物消费持续升级、结构不断优化，未来水产品加工产业会有何变局?

思考题

1. 简述鱼类原料的加工特性。
2. 举例说明几种白肉鱼类的典型代表。
3. 简述贝类原料的基本特征及组成成分。
4. 简述甲壳类副产物蛋白的高值化利用。
5. 简述水产品冷冻保藏的方法。
6. 简述人工干燥的方法。
7. 比较几种水产品冻结贮藏方法的优缺点。
8. 简述水产品干制、腌制加工的原理。
9. 简述烟熏水产品加工方法。
10. 阐述一种水产品加工工艺。

自测题

撰写人：姜泽东、郑明静

郑重声明

读者意见反馈

为收集对教材的意见建议，进一步完善教材编写并做好服务工作，读者可将对本教材的意见建议通过如下渠道反馈至我社。

咨询电话　400-810-0598

反馈邮箱　gjdzfwb@pub.hep.cn

通信地址　北京市朝阳区惠新东街4号富盛大厦1座　高等教育出版社总编辑办公室

邮政编码　100029

防伪查询说明

用户购书后刮开封底防伪涂层，使用手机微信等软件扫描二维码，会跳转至防伪查询网页，获得所购图书详细信息。

防伪客服电话　(010)58582300